普通高等教育"十一五"国家级规划教材

中国轻工业"十三五"规划教材

焙烤食品工艺学

（第三版）

李里特　江正强　编著

中国轻工业出版社

图书在版编目(CIP)数据

焙烤食品工艺学/李里特,江正强编著.—3版.—北京:中国轻
工业出版社,2023.7

普通高等教育"十一五"国家级规划教材

ISBN 978-7-5184-2145-9

Ⅰ.①焙⋯　Ⅱ.①李⋯②江⋯　Ⅲ.①焙烤食品—食品工艺
学—高等学校—教材　Ⅳ.①TS213.2

中国版本图书馆CIP数据核字(2018)第238518号

责任编辑:伊双双　　责任终审:劳国强　　整体设计:锋尚设计
策划编辑:伊双双　　责任校对:吴大鹏　　责任监印:张　可

出版发行:中国轻工业出版社(北京东长安街6号,邮编:100740)
印　　刷:河北鑫兆源印刷有限公司
经　　销:各地新华书店
版　　次:2023年7月第3版第6次印刷
开　　本:787×1092　1/16　印张:27.5
字　　数:630千字
书　　号:ISBN 978-7-5184-2145-9　　定价:58.00元
邮购电话:010-65241695
发行电话:010-85119835　传真:85113293
网　　址:http://www.chlip.com.cn
Email:club@chlip.com.cn
如发现图书残缺请与我社邮购联系调换
231020J1C306ZBW

第三版前言 | Preface

　　《焙烤食品工艺学》第二版自 2009 年出版至今，反响依然热烈，供不应求。应广大读者的要求，现将第二版进行修订后重新出版。

　　本教材作为食品类专业的主要教材，我们既是教材的编写者也是教材的使用者。自教材出版之日起我们一直在不断检查和审视这本教材，为保证其在充分发挥高素质、高技能人才培养中的作用，在教材修订过程中力求在充分系统地反映本教材基本内容的同时，保证语言简练、内容通俗易懂，避免因文字、图例等不够准确的情况影响教学质量。

　　随着焙烤食品加工科技的不断进步和烘焙产业的迅速发展，本教材有许多内容需要修订，本次修订结合最新的相关研究进展，在保持原有体系的基础上，更新和增加了最新的信息和知识。

　　《焙烤食品工艺学》（第三版）主要在以下几方面进行了修订：

　　1. 充实了面团性质测定的仪器和方法。主要包括 Mixolab 混合实验仪、AlveoLab 全自动吹泡仪和新一代流变发酵测定仪 F4。Mixolab 混合实验仪是目前世界上常用的检测小麦、面粉、大米及其它谷物品质特性的设备，获得的 Mixolab 典型曲线图表达了面粉从"生"到"熟"特性的大量综合信息，反映了蛋白质、淀粉、酶对面团特性的影响以及它们之间的相互作用。除了能更全面、更科学、更直接地表征面粉的质量，还能通过建立混合实验指数剖面图综合评价不同用途面粉的质量。AlveoLab 全自动吹泡仪相比传统吹泡仪而言，主要对硬件和软件进行了创新，其硬件的自动化使实验变得更简单、结果更精准，其软件的现代化设计不仅增加了方便日常生产管理的附加功能，如全自动配麦配粉功能、改良剂指引功能等，而且预装了不同的测试协议和一些功能性试验协议。新一代流变发酵测定仪 F4 只需一次简单测试，可以得出 CO_2 的产量和面团中的保留量，还可以测定面团发酵过程中体积和耐发性的变化。面团发酵流变曲线和气体释放曲线会实时记录下来。

　　2. 新增了小麦制粉工艺、酶制剂作为面粉改良剂的应用、焙烤食品防腐剂、饼干类食品的包装等内容。酶制剂具有高效、专一、安全、易操作等优点，是非常理想的面粉改良剂，目前常用的面粉改良用酶制剂主要有淀粉酶、木聚糖酶及氧化酶等。其中氧化酶能将面筋分子中巯基（—SH）氧化为二硫键（—S—S—），从而起到强化面筋、促使面粉熟成和提高烘焙质量的作用。

　　焙烤食品中含有丰富的营养物质，在物理、化学和微生物等的作用下会发生腐败变质，为了减少食品浪费，延长食品保质期，人们普遍采用添加防腐剂的方法来抑制或杀灭微生物进而防止或延缓食品的腐败。按来源分类，食品防腐剂可分为化学防腐剂和天然防腐剂，我国现规定允许添加的食品防腐剂共 28 种。焙烤食品常用的化学防腐剂有丙酸及其钠盐和钙盐、山梨酸及其钾盐、脱氢乙酸及其钠盐等；常用的天然防腐剂有纳他霉素、ε－聚赖氨酸等。

3. 更新了耐冷冻酵母、面包老化、无菌包装等内容的最新研究进展。

4. 更新了各类焙烤食品添加剂的种类及使用标准，如防腐剂、抗氧化剂、乳化剂、甜味剂和色素等。

5. 对焙烤食品相关标准及部分统计数据进行了更新。

6. 修订了原教材中不规范的文字，更正了图例中的错误以及教材中部分结构、内容不合理的地方。

第三版虽然已做了大量修正，但错误、疏忽之处仍在所难免，敬请广大读者批评指正。

编著者

2019 年 5 月

第二版前言 | Preface

　　《焙烤食品工艺学》第一版出版至今，作为我国许多大专院校食品专业的教材被广泛使用，同时也得到广大从事相关食品生产同行的高度评价和热情支持，重印后仍供不应求。同时，随着焙烤食品加工科技的不断进步和烘焙产业迅速发展的需要，本教材的许多内容也需要修订，及时补充新的内容，增加最新的信息和知识。

　　以面包为代表的焙烤食品是西方国家的主要谷类食品之一，由于近年来社会进步、科技发展和人们生活方式发生变化，无论是它的消费倾向，还是相应的技术开发都有很大变化。消费者更加重视新鲜风味、安全卫生、促进健康效果和方便性，出现了一系列新式面包，诸如冷冻面团法面包、半烘焙面包、杂粮面包、米粉面包和所谓厨艺面包（Artisan bread）等。同时，由于科技进步和社会对食品安全更加关注，对于过去普遍被认可的一些面包添加剂也有了新的认识，有些甚至被一些国家禁用等。

　　人类发展史上，由于社会历史、自然环境等原因，形成了不同的饮食文化圈。大体可归纳为两大类，即：以中餐为代表的农耕食文化和以西餐为代表的游牧食文化。由于游牧生活方式和以畜产为中心的饮食习惯，烘烤成为主要的食物加工方法。有趣的是，谷物中只有小麦粉含有面筋蛋白，可以加水和成有弹性和延展性的面团，符合烘烤条件。因此，古代游牧食文化中主要的谷类食品就是面包、饼干类食品。这就造成国人印象中烘焙食品是西餐的代表，而焙烤加工技术研究开发的中心也在欧美。我国改革开放以来，随着麦当劳、必胜客等快餐店和各种西餐文化的渗透，面包等烘焙食品在我国发展很快，深刻地影响着我国居民的饮食结构和小麦产业。然而，我们不能不关注中国特色传统焙烤面食的技术进步和现代化发展，因为它更加适合中国小麦生产实际和人们的饮食习惯。西方焙烤的方法主要是烘炉，而中国传统焙烤的设备主要是平底锅，从广义上讲，也可以包括蒸煮加工。这些加工方法也有着自己的优势，应当不断发展。

　　在中国人心目中面包、西饼只是小麦食品的一种，多作为糕点，小麦原料的主食还是馒头、包子、烙饼等，至少在很长时期其主食地位不会改变。因此，学习、研究、吸收西方焙烤食品加工工艺和新的科技成果，也是发展我国传统特色面食的需要。实际上西方许多国家也在研究学习中国馒头、包子等食品的加工技术。

　　第二版《焙烤食品工艺学》也力图反映这方面的教学思想。为此，我们在初版的基础上，进行了一些修改和补实。

　　新增加的内容，一方面以一些面包制作新技术为重点，例如，冷冻面团法制作面包技术，介绍相关的特殊功能酵母、面团改良剂和面包制作工艺最新成果。另一方面备受关注的生物工程技术进步也反映在面包制作工艺改进上，也就是各种新型酶制剂在面包加工中发挥了越来越重要的作用，因此，第二版内容的重点之一是有关面团改良用酶制剂新进展。

同时，对近年在西方流行的所谓即烤即卖的半焙烤面包加工技术做了简要介绍，对面包添加剂等新的规范也作了论述。遗憾的是，关于我国传统烘焙食品由于研究成果不多，本教材还做不到系统地论述，也希望各位读者、同行和专家今后对本教材的不断更新和充实给予更多支持和指教。

另外，对焙烤食品相关法规与标准和部分统计数据进行了更新，并订正了第一版的一些表述不当之处。

本书的第二版经编著者共同讨论，由江正强执笔完成。

本书自出版以来，得到许多读者的关心，并对本书提出了很好的修改建议，在此表示衷心感谢！

编著者

2009 年 7 月

第一版前言 | Preface

随着社会的发展、农业科技的进步，我国人民已经迎来了"饱食时代"。食物丰富不仅使人们淡忘了饥荒的忧患，甚至还给食物生产者平添了越来越多"过剩"的压力。于是发展粮食加工、推进主食工业化生产成为当前的热门话题。在世界绝大多数国家中，无论是人们的主食，还是副食品，焙烤食品都占有十分重要的位置。因此，我国焙烤食品也迎来了大发展的时期。

人类食品文化的历史，几乎就是小麦食文化的历史。无论是古埃及的金字塔，还是我国古代遗迹，都展现了多彩的焙烤食品文化。人类钟爱焙烤食品首先是它营养丰富。从营养学角度分析，粮谷类食品是人类最重要的营养源，以小麦粉制品为中心的焙烤食品又在谷类食物中占有突出地位，且不说多数焙烤食品都适合添加各种富有营养的食物原料，仅就其主原料小麦粉而言，就有着其他谷物望尘莫及的营养优势。小麦粉所含蛋白质是大米的 2~3 倍，是玉米粉的 2 倍左右，尤其是其含钙量约为大米的 4 倍，玉米粉的 8 倍以上。因此，在西方国家，焙烤食品的面包（Bread）几乎就成了食物和粮食的代名词，以唐菓子为代表的我国焙烤食品，也在世界食文化历史上占有重要位置。唐菓子传到今天，不仅有月饼、点心，还有烙饼、馅饼、馒头、包子之类，成为我们主食的主要组成部分。

焙烤食品不仅营养丰富，更具有其他食品难以比拟的加工优势。小麦粉特有的面筋成分使得以其为主要原料的焙烤食品不但可以加工成花样繁多、风格各异的形式，而且由于其面团的加工操作性、烘烤胀发性、成品保藏性和食用方便性等特点，使它成为人类进入工业化时代以来最有影响的工业化主食品。早在 1870 年伴随着工业革命，西方国家就开发出了面包和面机，1880 年发明了面包整形机，1888 年出现了面包自动烤炉，尤其是在 20 世纪 40 年代，人们对以面包、饼干为代表的焙烤食品的开发，已不仅是生产操作的机械化和自动化，而且扩展到以提高品位和质量为中心的生产工艺的开发，逐步建立了对产品品质控制和评价的质量测试系统。同时，对其发酵工艺和添加剂的研究也取得进展，使得焙烤食品加工不再是家庭主妇或作坊面包师的手艺，它已经发展成为可以指导生产实践、涉及许多学科的一门科学。

欧美等国家和地区 18 世纪的工业革命和第二次世界大战后的经济发展，都曾伴随着面包生产工艺的革命性进步。我国正处在迎接新时代的巨大变革时期，焙烤食品加工业的发展无疑会更加令人瞩目。

我国焙烤食品近年不管是从加工工艺方面，还是品种方面，都有了较大的进步，但也存在着一些不容忽视的问题。其一，它在人们日常饮食中还未占到应有的地位，与世界其他国家相比，无论是加工技术、成品质量，还是生产规模、花色品种方面，还有较大差距。其中，科研和技术上的差距比较突出。其二，对我国的传统焙烤食品研究不够。要使焙烤食品在我国有进一步的发展，不但要学习和引进外国的焙烤食品加工技术，而且更要研究适合我国国情的焙烤食品。

笔者曾于20世纪80年代留学日本，学习食品加工专业并取得博士学位；又在日本最大的面包公司——山崎面包公司中央研究所对面包、糕点工艺进行了一段博士后研究，积累了许多焙烤食品加工工艺的资料和经验，包括关于面食文化的资料和面包开发新技术的成果，于1990年完成了《焙烤食品工艺学》讲义，比较系统全面地论述了焙烤食品工艺学知识。内容不仅有较深的研究方法和分析，还有详细的操作实践经验。在教学和研究实践过程中，讲义内容也得到不断充实。为满足我国对焙烤加工技术知识的需要，笔者决定与中国农业大学食品学院从事焙烤食品教学和科研的教师江正强、卢山一起，对原讲义进行较大的修改和补充，正式出版。

本书主要包括八章：第一章概述；第二章焙烤食品原料学；第三章饼干生产工艺；第四章面包生产工艺；第五章糕点生产工艺；第六章焙烤食品包装与储藏；第七章焙烤食品品质保持；第八章焙烤食品有关标准。其中，第一章至第四章由李里特编写，第五章至第八章由江正强编写，卢山参与了全书的校对和部分图表制作。

本书的特点：不仅讲述焙烤食品的加工方法，更叙述了焙烤食品加工的科学原理。例如，对搅拌的理论与操作、发酵的原理与品质、烘烤理论与设备、面包老化的机制及研究现状等，都作了详细论述。本书对焙烤食品原料科学也作了深入介绍，其中对小麦粉、糕点用油脂、蛋品、面团改良剂、酵母等所介绍的一些内容，填补了国内同类书的空白。为了满足广大技术人员的要求，本书也注重实际制作技术的详尽表述，对各种典型的糕点、面包，列举了它们的配方、加工步骤和要点。本书的内容不仅可以直接指导面包、糕点的制作，其理论对于馒头、烙饼等传统食品的开发也具有重要参考价值。

本书既可以供从事食品专业和食品科研的技术人员和从事食品生产的技术工人参考，也可以作为食品专业大专院校的教材。

由于笔者水平有限，错误和疏漏在所难免，敬请读者批评指正。

中国农业大学食品学院

李里特教授

目录 | Contents |

概　论

第一节　焙烤食品的概念和历史

一、　焙烤食品的概念

焙烤食品，又称烘焙食品，是指以谷物为主原料，采用焙烤加工工艺定型和熟制的一大类食品。虽然肉、蛋、蔬菜也有类似的加热工艺，但这里指的主原料为谷物，主要是小麦粉的焙烤加工食品。因此，焙烤食品与小麦粉有着非常紧密的关系，也是我们生活中最重要的食品之一。焙烤食品除了我们常说的面包、蛋糕、饼干之外，还包括我国的许多传统大众食品，如烙饼、锅盔、月饼、点心、馅饼等。

二、　焙烤食品的历史和现状

焙烤食品多以小麦粉为主原料，所以焙烤食品的生产和发展与小麦栽培的发展有着不可分割的关系。按照人文学的观点，不但把人类的饮食文化当成人类进化的一个重要部分，而且还认为人类的饮食文化是从芋文化、杂谷文化、米文化发展到小麦文化这一淀粉文化层的最高峰的。科学家发现人类早在 3 万年前就掌握了利用淀粉和水制作饼类食物的技巧，彻底颠覆了古人只懂茹毛饮血的观念。因而，焙烤食品体现了人类饮食文化和科学技术的结晶。焙烤食品是自有历史以来即被发现而成为人类的食品的。历史上关于此类记载屡见不鲜，最早可以追溯到金字塔时代。人们已经发现，大约 6000 年前，埃及已有用谷物制作的类似面包的食品。在公元前 1175 年，古埃及首都底比斯的宫殿壁画上，考古学家就发现了制作面包的图案。据说这一面包技术后来传到希腊。希腊人在公元前 1000 年就有用大麦粉制作的烙饼，称作"Mazai"。公元前 8 世纪，他们从埃及学来了发酵面包的方法。随着面包的发展，希腊人往面团里掺了蜂蜜、鸡蛋、干酪等，于是蛋糕类也产生和发展起来。后来面包技术又从希腊传到罗马，据史料记载，公元前 312 年罗马就有一个 25 人的面包作坊，还办了面包制作学校，罗马的中央广场还有一个国营的大烤炉，人们和好面，去那里焙烤。中世纪后，面包的做法传到法国，逐步形成了所谓大陆式的面包（Continental Type）。即：面包原料除了小麦粉外，还有少量的其他谷物粉，除盐外，不用或很少添加糖、蛋、奶、油等辅料，是当时流行于欧洲大陆的面包，也称硬式面包或乡土面包。后来面包技术传到了英国，因为英国畜牧业发达，故在面包中加入了牛奶、黄油等。随后英国人把此项技术带到美国，美国人则在面包中加了很多糖、黄油及其他大量辅料，就发展成所谓的英美式面包（Anglo – American Type）。

饼干是由面包发展而来的，饼干一词最早出自法语"Biscuit"，是把面包片再烤一次的意思，也就是烤面包片。

据历史推考，我们的先民是利用小麦磨成粉后，掺水做成糊状的面糊，然后放在土窑内烤成薄饼的形状，成品又硬又脆。如今北方的烙饼、锅盔乃是我国特有的焙烤食品。另外，中式点心也是世界众多焙烤食品中的一大门类。其中，月饼更是驰名中外，是深受欢迎的焙烤食品之一。

值得一提的是，由于我国蒸炊技术的发达，汉代以后面粉制品采用烤制的已不多，而代之以蒸煮加工，主要有馒头等。古代馒头是有馅的，相当于今天的包子。现在我国北方主食除馒头之外，还有花卷、窝头等。所以，广义地讲馒头等也应算作焙烤食品。因为除熟制工艺外，其他加工的基本操作都很相似。因此，焙烤食品加工工艺知识也是研究我国传统蒸制、烙制谷类食品的基础。

第二节　我国焙烤食品的现状和发展前景

我国焙烤食品的加工，近年来不管是在加工工艺还是品种方面都有了较大的发展，特别是面包、饼干、糕点的生产，不仅在品种上，而且在消费量上都显著增加。2015 年我国面包行业规模已经超过了日本，达 271 亿元，且持续稳定增长，但我国面包行业集中度低，企业数量多且分散。烘焙行业仍处于快速发展期，规模以上企业 1500 多家，主营业务收入 3000 多亿元。但是也存在以下两个主要问题。

一、焙烤食品在人们日常生活中尚未占到应有的地位

与世界其他国家相比，我国面包等焙烤食品的加工技术、成品质量、生产规模、花色品种还有较大差距。尤其是我国的焙烤食品还没有发挥在国民经济中应有的作用，还没有对广大人民的饮食生活现代化产生巨大的影响。例如：面包在欧洲、美国、俄罗斯等世界许多国家和地区都是人们的主食，其工业化、自动化的发展，对减轻广大人民的家务劳动，使食品方便化、

合理化，以及节约能源、解放生产力起了巨大的推动作用。欧美等国家和地区 18 世纪的工业革命和第二次世界大战后的经济发展，都曾伴随着面包生产工艺的革命性进步。就连祖祖辈辈以大米为主食的日本，面包类的消费也是惊人的。1955 年日本经济恢复初期，当时日本的经济安定本部就做了一个粮食生产计划。在制订计划时，许多专家学者做了这样一个有趣的分析：纵观世界各民族的主食，可分为食米民族和食面包民族，而发展中国家都属于前者，发达国家都属于后者。食米民族的日本要通过高速经济成长赶上食面包的先进国家，就要看日本的饮食生活以多大速度向食面包的民族接近。的确，日本当时的面包发展战略和学校标准面包供给制对日本经济的起飞和人民体质，特别是青少年体质的改善起了重要的作用。目前，我国焙烤食品市场仍处于发展阶段，我国人均烘焙食品消费量不仅远低于西方发达国家，而且也低于东亚的日本、韩国。收入提高和消费习惯的改变带动了我国焙烤行业的发展。我国焙烤食品年人均消费量逐年上升，2012 年至 2015 年分别达到 5.06kg、5.40kg 和 5.83kg。现在，烘焙食品在我国也更多的作为主食和休闲食品。面包配牛奶成为国人最喜欢的早餐之一，越来越多的年轻人和上班族（据统计占 11.4%）选择面包为早餐。

二、 对我国的传统焙烤食品研究不够

要使焙烤食品在我国有大的发展，不但要学习和引进国外的焙烤食品加工技术，而且更要研究适合我国国情的焙烤食品。我国也有许多传统的焙烤食品，这些食品大多原料简单、经济实惠，具特殊风味，深受我国消费者的欢迎。然而，由于对这些食品重视不够，不仅使我国的这些焙烤食品加工技术一直处于落后状态，而且一些品种已不多见了。焙烤食品向高级化发展的现状是我国焙烤食品加工业发展缓慢的原因之一。国外的面包技术并非是作为糕点发展起来的，而是作为他们的主食而被研究和发展的，因而具有广大的市场和发展潜力。

在社会高速发展的时候，以往的传统生活方式和饮食习惯不改是不行的。焙烤食品加工业应对我国的家务劳动社会化、饮食结构合理化、食品炊事工业化、现代化发挥更大的作用。我们学习焙烤食品加工工艺这门科学，从这个意义讲，也是学习现代化知识的一个重要方面。教学计划中我们虽然主要学习面包、饼干和糕点的焙烤工艺，但是基本理论和原理也适合于其他焙烤食品，甚至也对其他面类食品（如馒头等）的加工有指导意义。我们学习了焙烤食品加工工艺学后，除了要发展我国的面包、饼干和糕点制造外，一定不要忘记我国的主食、传统食品中也有很多焙烤食品。我们不但要引进世界先进技术，而且还要用学到的东西来整理、改良和发展适合我国人民生活习惯、消费水平的焙烤食品。

第三节 焙烤食品的分类

焙烤食品已发展成为种类繁多、丰富多彩的食品。例如：仅日本横滨的一个面包工厂生产的面包就有 600 种之多，因而分类也是非常复杂的。通常根据原料的配方、制法、制品的特性、产地等进行分类，这里介绍一种按发酵和膨化程度的分类。

（1）用培养酵母或野生酵母使之膨化的制品　包括面包、苏打饼干、烧饼等。

（2）用化学方法膨松的制品　包括各种蛋糕、炸面包圈、油条、饼干等，总之是利用化学

疏松剂小苏打、碳酸氢铵等产生的二氧化碳使制品膨松。

（3）利用空气进行膨化的制品　如天使蛋糕（Angel Food Cake）、海绵蛋糕（Sponge Cake）等不用化学疏松剂的食品。

（4）利用水分气化进行膨化的制品　主要指一些类似膨化食品的小吃，它不用发酵也不用化学疏松剂。

另外，还有按生产地域分类、产业特点分类等。

按照生产工艺特点分类有如下一些种类。

（1）面包类　包括听型面包、硬式面包、软式面包、主食面包、果子面包等。

（2）饼干类　包括酥性饼干、韧性饼干等。

（3）蛋糕类　包括清蛋糕等。

（4）松饼类　包括牛角可松（Croissants）、丹麦式松饼（Danish Pastry）、派类（Pie）及我国的千层油饼等。

（5）点心类　包括月饼等。

由此可见，焙烤食品不但种类非常多，而且不断发展变化。由于篇幅的原因，本书主要介绍面包、饼干和糕点的加工工艺。

🔍 **思考题**

1. 什么是焙烤食品？
2. 浅谈我国焙烤食品的现状和发展前景。
3. 焙烤食品的分类方法有哪些？举例说明每种分类方法所包含的焙烤食品。

第二章

CHAPTER

2

焙烤食品原料

[学习目标]

1. 掌握用于焙烤食品的原料分类。
2. 熟悉每种原料的种类、特性及其在焙烤食品中的作用。
3. 了解常用焙烤食品的添加剂种类及使用标准。

第一节　小麦粉

小麦粉（也称面粉）是制造面包、饼干、糕点等焙烤食品最基本的原材料。面粉的性质对于面包等焙烤食品的加工工艺和产品的品质有着决定性的影响；而面粉的加工性质往往是由小麦的性质和制粉工艺决定的。所以，从事焙烤食品制造的技术人员一定要了解一些关于小麦和面粉的知识，只有掌握了焙烤食品这一基本原材料的物理、化学性质后，才能帮助我们解决产品加工及其开发研制中的问题。

一、小麦的生产

小麦不但是我国的主要粮食作物之一，而且更是世界上分布最广、栽培面积最大、生产量最多的粮食作物。它生长在北纬30°～60°、南纬27°～40°的广大地域里。表2－1所示为2017年世界主要谷物生产量的比较，从表中可以看出我国小麦的产量已是世界之首。另外，我国还从国外进口粮食，其中有相当一部分是小麦。因此在我国，小麦的加工是很重要的，焙烤食品的发展余地十分广阔。

表2-1　　　　2017 年度世界产粮大国和地区主要谷物生产量比较 （估算）　　　单位：10^6 t

国家和地区	谷物总产量	小麦	稻谷	粗粮
全世界	2646	757	502	1385
中国	564.5	129.8	208.6	226.1
俄罗斯	98.9	85.8	1	12.1
美国	456	47.4	6.0	402.6
欧盟 15 国	305.2	150	7.6	147.6
加拿大	55.3	30	—	25.3
澳大利亚	35.2	21	0.6	13.6
印度	248.4	97.1	111	40.3
日本	9	0.8	7.3	0.9

二、 小麦的种类

按植物学分类，小麦属于 *Gramineae* 科 *Triticum* 属，按生殖细胞的染色体数可把小麦分为一粒系（单粒小麦：Einkorn Wheat）、二粒系（二粒小麦：Emmer Durum Wheat）、普通系（普通小麦：Common or Bread Wheat）和提莫菲氏系（Timopheeri Wheat）四大类。但和小麦食品加工工艺有关的分类却是表 2-2 中所示 10 种常用的分类方法，也称商品学分类。

表2-2　　　　　　　　　　　　　　小麦的商品学分类

依据	胚乳质地	麦粒				体积质量	蛋白质	面筋性质	播种期	穗芒
		硬度	形状	大小	皮色					
分类	角质*	硬质	圆形种	大粒	红	丰满	多筋	强力	春	有芒
	粉质	软质	长形种	小粒	白	脊细	少筋	薄力	冬	无芒

＊角质也称为玻璃质。

（一）播种期

小麦可按生长时期或品种生态特点分为冬小麦（Winter Wheat）和春小麦（Spring Wheat）。冬小麦是我国主要的小麦品种，在秋天播种、夏天收获。春小麦是春天播种、秋天收获的小麦，我国种植不多，多分布在天气寒冷、小麦不易越冬的地带，如北美北部、北欧、俄罗斯等地。一般来说春小麦比冬小麦产量低一些，但作为面包用小麦，性质优良的品种比较多。

（二）皮色

小麦的色泽主要是由谷皮和胚乳的色泽透过皮层而显示出来。按皮色可分为红麦和白麦，还有介于其间的所谓黄麦（或称棕麦）。白麦面粉色泽较白，出粉率较高，但多数情况下筋力较红麦差一些。红麦大都为硬质麦，粉色较深，麦粒结构紧密，出粉率也较低，但筋力比较强。近年来，科学家培育出紫小麦，含有丰富的花青素，有抗炎、抗癌、抗糖尿病和增强视力的作用。紫小麦制作的面包圈和饼干获得了俄罗斯年轻人的喜爱。

（三） 胚乳质地

按照小麦的胚乳质地可分为粉质和角质小麦。一般识别方法是将小麦以横断面切开，观察其断面，如果呈粉状就称作粉质小麦，呈半透明状就称作角质或玻璃质小麦，介于两者之间的称中间质小麦。具体的判断方法是根据断面中粉质和玻璃质所占面积比来分类：玻璃质/粉质 >70% 为角质；70% > 玻璃质/粉质 >30% 为中间质；玻璃质/粉质 <30% 为粉质。为什么会有不同的截面色泽呢？从小麦粒的组织上看，小麦粒胚乳中的蛋白质是以充填在淀粉颗粒之间的空隙而存在的。蛋白质越多，淀粉之间的间隙越少，粒质就呈半透明状态，称为玻璃质粒（Glassy Kernel or Vitreous Kernel）；相反蛋白质越少，淀粉之间的空隙就越多，粒质就呈粉质状态，称为粉状质粒（Mealy Kernel or Chalky Kernel）；两者之间称为中间质粒（Semi - glassy Kernel）。

从硬度上讲，玻璃质粒的硬度大，粉状质粒硬度小。这是因为充填淀粉颗粒之间空隙的蛋白质越多，淀粉之间的空隙越少，粒质组织就越致密，硬度就越大。相反，淀粉颗粒之间没有充填的蛋白质，淀粉之间的空隙就只是微小的气泡，胚乳质地就软弱。所以一般也把玻璃质、中间质、粉质小麦称作硬质、中间质、软质小麦。用玻璃质率可以推测小麦的蛋白质含量，但是这两者的数学相关性不是太高，只能作为参考，进行准确的测定要用仪器。譬如，GB/T 24899—2010《粮油检验 小麦粗蛋白质含量测定》中是使用近红外分析仪快速测定小麦的蛋白质含量。

（四） 面筋性能

从小麦粉的面筋性能上可将其分为强力、中力和薄力粉等。硬质小麦磨成的面粉称为强力粉（也称高筋粉），中间质小麦磨成的面粉称为中力粉（也称中筋粉），软质小麦磨成的面粉称为薄力粉（也称低筋粉）。在国外还进一步根据面粉面筋的强弱，把小麦粉细分为特强力、强力、准强力、中力和薄力粉等品种。我国的台湾把以上分类称作特高筋、高筋、粉心、中筋和低筋粉。一般来说，面粉的筋力不同，用途也不相同。例如，强力粉较贵，多用来制作面包；中力粉多用来制作面条；薄力粉比较便宜，多用来制作饼干和蛋糕。加工时往往要根据制品的种类、加工工艺和品质要求来选择面粉。

小麦往往根据以上分类被称作硬质红春小麦（Hard Red Spring）和软质白冬小麦（Soft White Winter）等。GB 1351—2008《小麦》根据小麦的种皮色泽和硬度指数将小麦分为硬质红（白）、软质红（白）和混合小麦。

三、 小麦的物理结构

小麦籽粒是单种子果实，植物学名为颖果。小麦完整粒的结构可以分为顶毛、胚乳、麸皮和麦胚四部分，胚乳所占的质量大约为85%，麦胚约为2.5%，麸皮约占12.5%，如图2-1所示。

（一） 顶毛（**Beard**）

在小麦籽粒一端呈细须状，在脱粒时一般都被除去。

（二） 胚乳（**Endosperm**）

胚乳是制造面粉的主要部分。细胞极小，细胞膜很薄，内含淀粉（Starch）和面筋质（Gluten - Parenchyma）。越靠近麦粒中心的胚乳，面筋含量越少，但是其面筋质量越好；面筋最多的

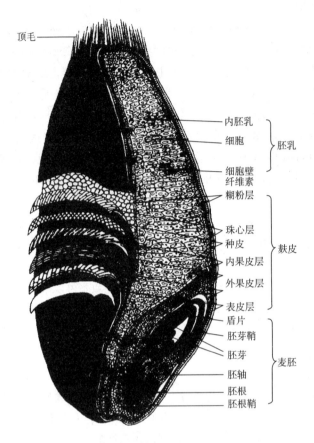

顶毛

内胚乳
细胞 } 胚乳
细胞壁纤维素

糊粉层

珠心层
种皮
内果皮层 } 麸皮
外果皮层
表皮层

盾片
胚芽鞘
胚芽
胚轴 } 麦胚
胚根
胚根鞘

图 2-1　小麦籽粒的构造

胚乳靠近麸皮的第六层（糊粉层）。小麦成熟胚乳主要由淀粉颗粒和蛋白质构成，还包括少量的戊聚糖和脂肪类物质。胚乳蛋白质由清蛋白、球蛋白、醇溶蛋白和谷蛋白组成，其中前两者为代谢蛋白，约占籽粒蛋白质总量的 20%，决定小麦的营养品质；后两者为种子储藏蛋白，约占籽粒蛋白质总量的 80% 左右，决定小麦的加工品质。淀粉颗粒在造粉体内合成，被残留的造粉体膜包围，又被连续的蛋白质基质包围，是小麦胚乳最主要的组成成分，占籽粒干重的 60%~70%，由直链淀粉和支链淀粉 2 种淀粉分子组成。在成熟的小麦胚乳中，已发现 2 种类型的淀粉粒：直径 10~35μm、呈椭球形状的 A 型淀粉粒和直径小于 10μm、球形或无规则形状的 B 型淀粉粒。A 型淀粉粒的数量约占总淀粉粒数量的 3%，却占胚乳总淀粉粒质量的 70%；B 型淀粉粒的数量约占 97%，质量只有总淀粉粒质量的 30%。与 A 型淀粉粒相比较，B 型淀粉粒体积小，表面积相对较大，从而可以结合更多的蛋白质、脂类和水分；B 型淀粉粒越多，面团吸水率越高，从而影响面团的揉混性和食品的烘焙特性。

（三）麸皮（Bran Coat）

在 150 倍的显微镜下可看出小麦的麸皮从外向内共分为 6 层：第一层为表皮层（Epidermis）或称长细胞层；第二层为外果皮层（Epicarp），也称横断面细胞层；第三层为内果皮层（Endocarp），或称管形细胞层。以上三层是小麦的外皮，总称果皮（Pericarp），其灰分含量为 1.8%~2.2%，在磨粉时较易被除去。第四层为种皮（Testa），比以上三层小，质地很薄，与第五层紧密结合在一起，不渗水，包含小麦有色体的大部分，又称为色素层；第五层为珠心层（Nucellar Layer），与第四层紧密结合在一起，不易分开；第六层为糊粉层（Aleurone Layer），细胞较大，呈方形分布，灰分含量很高，体积约占麸皮总量的1/3。以上三层总称为种子种皮（Seed Coat），灰分含量达7%~11%，所以面粉中的麸皮含量可以用灰分含量表示。

小麦的皮主要由木质纤维及易溶性蛋白质所组成，图2-1将小麦的皮分三部分来说明。最外层（包括表皮及外果皮）的纤维最多；中层（包括内果皮及种皮）的纤维较少，有色体成分较多；内层（包括胚珠层及糊粉层）的纤维最少，蛋白质最多，但灰分含量最高。小麦粒的颜色主要取决于种皮（Testa）里存在的色素。由于麸皮部分透明，胚乳的颜色可以呈现出来。在胚乳是粉状质时，光线射到白粉状组织表面，反射出的颜色就淡。如果是玻璃质胚乳，一部分光线被吸收，所以呈暗一些颜色。所以小麦一般有颜色从淡到黄，蛋白质也随之增多的倾向，但当种皮颜色深时就不准确了。因而用小麦的外表颜色是不能准确判定小麦粉性质的。白小麦虽然磨出来的面粉白，而且出粉率高，是不是麸皮薄一些呢？从组织学观点看，红小麦和白小麦麸皮厚度没有差异，只不过在磨粉时，麸皮即使混在面粉中，也不大影响白度而已。小麦的颜色和光泽还受收获时的成长状况、脱粒干燥过程的条件等影响。一般来说，麸皮是面粉中不需要的东西，它的存在不仅使面粉白度下降，而且会影响面团的结合力，降低面团保存气体的能力，成品的口感和味道也会受到影响，因而在制粉时是去除的对象。长期以来，麸皮作为小麦制粉的副产品主要作为饲料，近年来因其含有丰富的生物活性物质、膳食纤维等而备受关注，其综合利用是重点发展方向之一。

（四）麦胚（Germ）

麦胚在麦粒的一端与顶毛相对，是发芽与生长的器官。它由图2-1所示的胚芽（Plumule）、胚轴（Hypocotyl）、胚根（Radicle）及盾片（Scutellum）等四部分组成。麦胚的组织细胞小而紧密，麦胚平均长2mm、宽1mm、厚0.5~0.7mm，与胚乳之间的结合较松散，水分、脂肪含量较高，大约为10%，因而具有软、黏、不易破碎，抗压而不抗剪切，受压后易成片的特性。小麦胚的含量和大小因小麦品种的不同而有差异，小麦品种不同则小麦胚与胚乳间结合的松紧程度也不同。一般来讲，硬麦的皮薄，胚所占的比重大，易于脱落；软麦的皮层厚，不易研碎，难分离，因此硬麦提胚率高于软麦且纯度较高。小麦的水分含量也影响小麦胚的韧性，水分含量高，则麦胚韧性好，容易脱落，提取胚较完整，反之，胚容易破碎。制粉过程中提取的麦胚一般是片状的，呈浅黄色。

小麦胚占麦粒质量的1.5%~3.9%，是整个麦粒营养价值最高的部分，含有优质的蛋白质和脂肪以及丰富的维生素、矿物质和一些微量生理活性成分，营养丰富均衡。麦胚蛋白质不仅含量丰富，而且质量优良。蛋白质中氨基酸比例合理，是一种完全蛋白质。麦胚虽然含有小麦粒中脂肪及类脂肪的大部分，但是其内部所含的脂肪酶、脂肪氧化酶、过氧化酶等各种酶活性也都非常高，这些活性强的酶会作用小麦胚中的不饱和脂肪酸，产生自由基，导致脂肪酸氧化，从而使脂肪氧化酸败。又因小麦胚营养丰富，含水量高，相当于一种天然培养基，使得微生物大量繁殖，导致麦胚发生霉变、发酵酸败、结团等不良现象，因此易使面粉在储藏期中变质。为解决麦胚的不稳定性，国内外研究者也进行了不少的研究。挤压法、微波干燥法、干热和湿热法、γ辐照和红外线稳定化处理法均能在一定程度上延长小麦胚储藏期。

四、 小麦的物理性质

（一） 麦粒的形状和大小 （Shape、 Dimension）

作为商品的小麦，其形状和大小一般都有一定规格。把小麦粒的长度与横断面宽度相比，可分为三类：长/宽 >2.2 为长型；长/宽 =2.0 ~2.1 为中型；长/宽 <1.9 为圆型。

（二） 相对密度 （Specific Gravity of Grain）

整粒小麦的相对密度在 1.28 ~1.48，硬质小麦较软质小麦的相对密度大一些。春小麦相对密度：硬质为 1.420，软质为 1.406；冬小麦相对密度：硬质为 1.423，软质为 1.403。

（三） 千粒重 （The Mass of 1000 Grain）

千粒重是测定小麦品质的一个标准，即 1000 粒洁净小麦的质量。其大小相差很大，在 15 ~50g。当然千粒重与种子大小成正比，但与水分含量也有关，所以国际上常换算成无水千粒重来表示。

（四） 体积质量 （Test Weight）

体积质量旧称为"容重"，是指一定体积的小麦质量。由此物理量可以推知小麦的结实程度，一般说来体积质量越高的小麦，品质越好，出粉率也越高。

（五） 硬度 （Hardness）

小麦硬度通常与其小麦粉的强度成正比。所谓小麦粉强度，是以它做成面包后，其体积的大小及其形状的良好与否来评价的。强度较高的小麦粉具有较高的吸水性，做出的面包体积大。但特硬的小麦粉不适于制作面包，而主要制成硬质小麦内胚乳粉 （Semolina），用来生产通心粉（Macaroni）。它因含有高的麦芽糖，作为其他面粉的添加物，可增加面团发酵时气体的产生能力。这种特硬小麦有美国的"Durum"小麦、阿尔及利亚小麦及印度小麦等。

硬麦通常也称强力小麦，大量用于制作面包的面粉，此种面粉粒度较粗，富有流动性。半硬小麦也称中力小麦，这种小麦即使配合强力小麦或薄力小麦使用，也不会使面粉强度相差很大，但这种小麦通常具有较好的香味、颜色和出粉率，常用于制造面条和馒头。软麦也称薄力小麦，适于制作饼干、蛋糕等，也可作为面包用粉的调节剂。这种小麦香味极佳，制作出的面包很白。

五、 小麦的化学组成

小麦各部分的化学组成如表 2 -3 所示，不同组分（除水分外）在小麦粒中的分布是不均匀的。

表 2 -3　　　　　　　　　　小麦各部分的化学组成 （干基）　　　　　　　　单位:%

名称	比率	蛋白质	脂肪	水分	灰质	碳水化合物		
						粗纤维	戊聚糖	淀粉等糖类
全粒	100.0	14.4	1.8	15	1.7	2.2	5.0	74.9
表皮层	4.1	3.6	0.4	—	1.4	32.0	35.0	27.6
果皮层、种皮	0.9	10.6	0.2	15	13.0	23.0	30.0	23.8

续表

名称	比率	蛋白质	脂肪	水分	灰质	碳水化合物		
						粗纤维	戊聚糖	淀粉等糖类
珠心层	0.6	13.7	0.1	15	18.0	11.0	17.0	50.2
糊粉层	9.3	32.0	7.0	15	8.8	6.0	30.0	16.2
胚芽	2.7	25.4	12.3	15	4.5	2.5	5.3	50.0
胚乳	82.0	12.8	1.0	15	0.4	0.3	3.5	82.0

注：表中数据为不同小麦的平均值。

（一）蛋白质（Protein）

在国外制作面包等焙烤食品时，因产品品种的不同而对面粉的选择是十分严格的。选择的着眼点就是小麦中蛋白质的量和质。小麦中所含蛋白质的多少与品种有很大关系。一般小麦的蛋白质含量占全粒的8%～16%。制成面粉后的蛋白质含量基本与小麦中的含量成正比，为8%～15%；鸡蛋中蛋白质含量大约是12.8%，大米中蛋白质含量为6%～8%，可见小麦蛋白质的含量是相当高的。其中，一般小麦的蛋白质含量以硬麦为高，粉质软麦为低。加拿大硬质春麦与美国红春麦蛋白质含量为13.0%～17.0%，普通软麦则为8.0%～12.0%。

乳糜泻又称面筋蛋白不耐症，是因摄入含麸质食品（如小麦、大麦和裸麦及其制品）而诱发的自身免疫性肠病，主要原因是麸质的摄入导致患者小肠黏膜病变，临床表现为腹泻、贫血、骨质疏松等症状。据报道，欧美国家乳糜泻发病率达到1%，中国近年来也报道了乳糜泻病例，而终身食用无麸质食品是当今唯一治疗乳糜泻的方法。因此，乳糜泻成为一个需要关注的问题。

1. 小麦蛋白质的组成

按Osborne的种子蛋白质分类法，小麦中所含蛋白质主要可分为麦白蛋白（清蛋白质类：Albumin）、球蛋白（Globulin）、麦胶蛋白（麸蛋白：Gliadin）和麦谷蛋白（Glutenin）四种。前两者易溶于水而流失，后两者不溶于水。麦胶蛋白和麦谷蛋白这两种蛋白质与其他动植物蛋白不同，最大特点是能互相黏聚在一起成为面筋（Gluten），因此也称面筋蛋白。这一特点可因储藏时间太长、潮湿气候的影响、面粉或小麦发霉程度的增加而逐渐变化，蛋白质含量虽未减少，但面筋凝结力已逐渐降低，甚至全部消失，使其加工性能大大下降。小麦中的蛋白质组成如表2-4所示，麦谷蛋白和麦胶蛋白占小麦中蛋白质含量的80%左右，通常这两种蛋白质含量相当。

表2-4　　　　　　　　　小麦中的主要蛋白质组成　　　　　　　　单位:%

蛋白质名称	春小麦	冬小麦	溶解性
麦胶蛋白（Gliadin）	3.96	3.90	可溶于70%酒精
麦谷蛋白（Glutenin）	4.68	4.17	不溶解
麦白蛋白（Albumin）	0.39	0.36	溶于水
麦球蛋白（Globulin）	0.62	0.63	溶于水

2. 小麦蛋白质所含的氨基酸

小麦蛋白质的肽链由氨基酸缩合而成，仅面筋蛋白中就有18种氨基酸。小麦蛋白质中主要氨基酸的组成及其中的必需氨基酸与其他农产品的比较如表 2-5 所示。

表 2-5　　　　　　　　　小麦及其他农产品中蛋白质的氨基酸组成　　　　　　　　单位:%

氨基酸	小麦			玉米	大米	鸡蛋
	面筋蛋白	白蛋白	球蛋白			
丙氨酸（Alanine）	2.1	3.4	3.3			
精氨酸（Arginine）	2.3	5.9	8.2			
天冬氨酸（Aspartic acid）	2.8	5.9	7.1			
半胱氨酸（Cysteine）	2.0	3.7	1.9			
谷氨酸（Glutamic acid）	35.8	19.5	11.6			
甘氨酸（Glycine）	2.6	3.2	9.0			
组氨酸（Histidine）**	2.1	3.4	5.2			
异亮氨酸（Isoleucine）*	3.8	3.6		4.6	4.7	6.6
亮氨酸（Leucine）*	6.5	6.7	11.4	13.0	8.6	8.8
赖氨酸（Lysine）*	1.4	3.9	3.0	2.9	4.0	6.4
蛋氨酸（Methionine）*	1.8	1.8	1.1	1.9	1.8	3.1
苯丙氨酸（Phenylalanine）*	4.8	3.8	3.5	4.5	5.0	5.8
脯氨酸（Proline）	12.6	10.0	2.2			
丝氨酸（Serine）	4.7	4.6	6.7			
苏氨酸（Threonine）*	2.3	2.4	2.0	4.0	3.9	5.0
色氨酸（Tryptophane）*	1.0	2.8	1.2	0.6	1.1	1.7
酪氨酸（Tyrosine）	3.8	3.9	3.2	6.1	4.6	4.3
缬氨酸（Valine）*	3.8	5.7	4.6	5.1	7.0	7.4

＊必需氨基酸；＊＊婴儿必需氨基酸。

注：玉米、大米和鸡蛋只列出必需氨基酸组成。

（二）碳水化合物（Carbohydrate）

1. 可溶性碳水化合物（Soluble Carbohydrate）

可溶性碳水化合物是指碳水化合物中可为人体消化利用的部分，包括淀粉和糖类。小麦淀粉主要集中在麦粒的胚乳部分，糖分布于胚芽及糊粉层中，这两种碳水化合物占麦粒的 70%（干物）以上，其中以淀粉为主，糖约占碳水化合物的 10%。

2. 粗纤维（Crude Fiber）

小麦的粗纤维不但不能为人体吸收而且由于它大多含在麸皮之中，它的存在影响面粉质量，在制粉过程中应将其除去到最低程度。粗纤维又可分纤维素（Cellulose）和半纤维素（Hemicellulose），半纤维素中值得一提的是戊聚糖（Pentosan），它在小麦胚乳中只有 2.2% ~ 2.8%，皮部较多，虽不能消化，但对面团的流变学性质影响很大。据研究表明，它有增强面团强度、防止成品老化的功能。

（三） 脂肪 （Oil and Fat）

小麦的脂肪主要存在于胚芽和糊粉层中，含量很少，只有1%～2%，这虽是营养成分，但多由不饱和脂肪酸组成，很易氧化酸败使面粉或饼干等制品变味，所以在制粉过程中一般要将麦胚除去。

（四） 矿物质 （Ash or Mineral Matter）

小麦或面粉中的矿物质（钙、钠、磷、铁等）主要以盐类的形式存在，小麦或面粉完全燃烧之后的残留物绝大部分为矿物质盐类，因而也称灰分。面粉中灰分是很少的，灰分大部分在麸皮中，小麦粉的等级也往往以灰分量分级，以表示麸皮的去除程度。

（五） 维生素 （Vitamin）

小麦胚芽中含有丰富的维生素 E。小麦中维生素 B_1、维生素 B_2、维生素 B_5 较多，还含有少量的维生素 A 和微量的维生素 C，但不含维生素 D。

（六） 小麦的化学结构与制粉工艺的关系

1. 从营养角度来看

小麦胚芽中含有丰富的维生素和蛋白质，但高级面粉、精白粉中几乎不含胚芽，这是因为胚芽含脂肪及酶较多，会影响面粉的发酵能力，而且因脂肪中含有胡萝卜素（Carotene）这样的黄色素而影响面粉的洁白度，尤其是脂肪存在于面粉中时，使面粉易受氧化酸败的影响，所以不易储存。

2. 从面粉加工上看

麸皮中种皮的糊粉层含蛋白质较高，纤维素含量较少。果皮中纤维素含量远高于种皮，在高产率的制粉操作中如何将果皮层除去，而将种皮层保留下来是制粉工艺中的一个研究课题。

六、 小麦制粉

小麦制粉工艺的主要目的是将胚乳碾磨成小而细的颗粒，并尽可能地除去皮层。现代制粉工艺基本分为传统制粉和剥皮制粉两种工艺。传统制粉方法又称逐道研磨法，是将清理干净的小麦先进行初步研碎，然后逐步从麸皮上剥刮下胚乳，并保持麸片的完整，即传统制粉工艺是破碎小麦，从里向外逐道刮剥，轻研细磨，多道筛理的方式提取面粉，目前国内外大多数面粉加工厂采用的是传统制粉方法。这种制粉方法，按出粉主要位置的不同，可分为中路出粉工艺和前路出粉工艺，或者称之为长粉路和短粉路。

前路出粉工艺的特点是粉路短，研磨系统少，只有皮磨和心磨系统。在第一道皮磨和第一道心磨大量出粉。相比其他制粉工艺而言，单位产量高，能耗最低，投资少。但皮磨操作紧，各道研磨强度大，在研磨过程中，麸皮被较多地破碎而混入小麦粉，因此，小麦粉中含麸皮碎片较多，粉色差。适合生产要求低、粒度粗的小麦粉，一般出粉率可达85%；整个粉路平均灰分高，适合生产灰分不超过1.2%的标准粉。如果对小麦粉精度要求不高，而要求较高的出粉率，可选用前路出粉工艺。

中路出粉工艺是指在整个粉路中，出粉位置不像前路出粉工艺那样主要集中在一道皮磨和一道心磨，而是着重在心磨系统。其特点是粉路长，研磨层次多，通常包括皮磨、渣磨、清粉、心磨和尾磨。和其他制粉工艺相比，中路出粉工艺优质粉比例大，设备使用寿命长，经济效益高。一般出粉率可达70%～75%，整个粉路平均灰分低，适合生产高等级小麦粉。因此，如果要求较高的加工精度，可选用中路出粉工艺。

小麦的剥皮制粉法是剥去小麦的皮层，提出麦胚，将胚乳和皮层尽可能地分离，使入磨原料是含较少皮层的洁净籽粒。小麦剥皮制粉工艺的工作原理最重要的一点就是在研磨取粉前对小麦进行剥皮，采用剥皮机通过控制摩擦力度除去小麦皮层，以及通过摩擦去除附着的麦皮碎片等。在小麦入磨前先脱去小麦腹沟以外占总量70%左右的麦皮，再根据去皮麦粒的研磨特性进行制粉。小麦共有六层皮，分别是表皮、外果皮、内果皮、种皮、珠心层和糊粉层，采用脱皮前处理可除去小麦的外三层皮，此外对种皮和珠心层也有一定程度地剥离和破坏。细菌、农药残留、重金属残留和灰尘主要集中在小麦的外三层皮，脱皮处理剥去了大部分麦皮，不但大大提高了食品的安全性，而且极大地减轻了剥刮的任务，降低了麦皮混入面粉中的可能性，缩短了粉路，提高了低灰分的优质粉出率，降低了动力消耗，在一定程度上提高了面粉产品的商业价值。

七、 小麦及面粉中各种成分的性质

（一） 水分

经过干燥成为商品小麦的水分与当地的气温、湿度有关，一般为8%～18%。我国小麦则为11%～13%。水分太高会降低小麦的储藏性，引起变质。而且，水分高的小麦也会给制粉带来困难。面粉中的水分含量一般为13%～14%。

小麦在制粉前，一般都有一个水洗和调质的工序。这一工序的目的，除为了洗去泥土、石块等异物和调节水分外，还有一个非常重要的意义，即改善小麦的制粉加工性能。调质的效果可简述如下：①使麸皮变韧，减少细小麸屑形成，增进面粉颜色；②使胚乳与麸皮易于分离，减少麸皮磨除的动力消耗；③使胚乳易于粉碎，减少细磨的动力消耗；④麸片大，使筛粉工序易于进行；⑤使成品水分含量适当；⑥提高出粉率，降低灰分含量；⑦改进面粉的焙烤性能。

（二） 蛋白质

1. 面筋 （Gluten）

面筋蛋白是小麦蛋白质的最主要成分，是使小麦粉能形成面团（Dough）的具有特殊物理性质的蛋白质。面粉加入适量的水揉搓成一块面团，泡在水里30～60min，用清水将淀粉及可溶性部分洗去，剩下即为有弹性像橡皮似的物质，称为湿面筋（Wet Gluten）。去掉水分的面筋称为干面筋。一般湿面筋与干面筋的主要成分如表2-6所示。

表2-6		湿面筋与干面筋的化学组成				单位:%
面筋种类	水	蛋白质	淀粉	油脂	灰分	纤维
湿面筋	67	26.4	3.3	2.0	1.0	0.3
干面筋		80	10	6	3	1

面筋蛋白主要有麦胶蛋白（Gliadin）和麦谷蛋白（Glutenin）。这两种蛋白质也都并非单一成分，而是多种蛋白质的混合物。麦谷蛋白比麦胶蛋白相对分子质量大得多，是许多有三级结构的多肽链（亚基：Subunit）分子以—S—S—键组合而成，而麦胶蛋白则是三级多肽链分子内的—S—S—键结合。这两种蛋白质的氨基酸组成也很相似，都含有相当多的半胱氨酸，使分子

内和分子间的交联结合比较容易。麦胶蛋白有良好的伸展性和强的黏性，但没有弹性。麦谷蛋白富有弹性，缺乏伸展性。所以，这两种蛋白质经吸水膨润、充分搅拌后，相互结合使面团具有充分的弹性和伸展性。由于麦胶蛋白和麦谷蛋白都是具有—S—S—键结合的多肽链结构，因此，当分子在膨润状态下相互接触时，这些分子内的—S—S—键就会变为分子间的结合键，连成巨大的分子，形成网状结构。面粉内的淀粉充塞在面团的网状组织（面筋）内，当面团产生气体时，网状组织就会形成包围小气泡的膜。当面团焙烤时，这些小气泡内的气体由于受热而产生压力，使面团逐渐膨大，直至面团的蛋白质凝固，出炉后即成松软如海绵状的制品，称为面包。之所以只有小麦可以做成面包，就是因为它含有其他谷物所没有的，可以连成巨大分子网状组织的活性面筋蛋白。所以，判断面粉加工性能时不仅要看面筋蛋白的数量，也要看其质量。如果面筋蛋白变性，—S—S—键结合受到破坏，就不会形成具有好的黏弹性、伸展性（Vitality）的面团。小麦粒糊粉层和外皮的蛋白质，含量虽然很高，但由于不含面筋质，所以品质差。麦粒越是近中心部分，其蛋白质含量越低，但品质比外围的要好。面筋的性能常常与其胀润时的吸水能力有关，活性面筋蛋白的吸水量为自身重（干基）的 2.8 倍左右。

活性面筋蛋白不仅对做面包等焙烤食品、面条类食品不可缺少，而且还被加工成粉末谷朊粉作为肉制品、水产品的黏结剂以增加弹性。利用面筋的黏弹性，还可加工成面筋制品（油面筋、烤麸）、人造肉等。

2. 面粉蛋白质所含的氨基酸（Amino Acid）

小麦蛋白质的氨基酸组成参见表 2-5。其中与食品加工关系较大的主要有以下几种。

（1）赖氨酸（Lysine）　面粉蛋白质属于不完全蛋白质，因为一种重要的人体必需氨基酸——赖氨酸（Lysine）在面粉中含量极少。因此，制作营养面包时常常要加入脱脂乳粉等乳制品，除了可以改善面团的物理性质和面包的风味颜色之外，其最重要的目的是提高面包的营养价值。在面包中添加适量的氨基酸，特别是赖氨酸［乳粉的酪蛋白（Casein）含有丰富的赖氨酸］，来弥补面粉蛋白质的不足，使之成为较完全蛋白质食品的制作方法，越来越受到重视。

（2）谷氨酸（Glutamic Acid）　在未使用发酵法制造味精前，制造味精的基本材料是面粉的面筋，因为面粉蛋白中含有 40% 的谷氨酸基可供提取制造谷氨酸钠（味精）。

（3）半胱氨酸（Cysteine）　小麦中含有的半胱氨酸对小麦粉的加工性能有很大影响。半胱氨酸含有巯基（—S—H—），—S—H—具有和—S—S—迅速交换位置，使蛋白质分子间容易相对移动，促进面筋形成的作用。因而它的存在使面团产生黏性和伸展性。但当—S—H—含量较多时，这一作用将使面筋蛋白结构中的—S—S—结合点无法固定，面筋缺乏弹性，面团发黏不易操作，而且会使面团气体保留性差，成品体积小，组织粗糙。—S—H—还具有还原性，氧化后可成为连接蛋白质分子的—S—S—，增加面筋的弹性和强度。以上原理可以用图 2-2 说明。

因为以上原因，刚磨出的面粉因含有较多的半胱氨酸，故不宜马上用来做面包。常用自然陈化或添加改良剂处理的方法氧化—S—H—基为—S—S—结合形式，使面粉的加工性能得到改善。改良剂一般是指氧化剂（碘酸钾、维生素 C 等）。

（三）碳水化合物 （Carbohydrate）

小麦粉中的碳水化合物主要有淀粉、糖和（半）纤维素。小麦淀粉主要集中在麦粒的胚乳部分，糖分布于胚芽和糊粉层中。这两种碳水化合物占麦粒的 70% 以上（干物质），其中以淀粉为主。糖约占碳水化合物的 10%，随着小麦粒的成熟，糖大多转化为淀粉。糖所占比

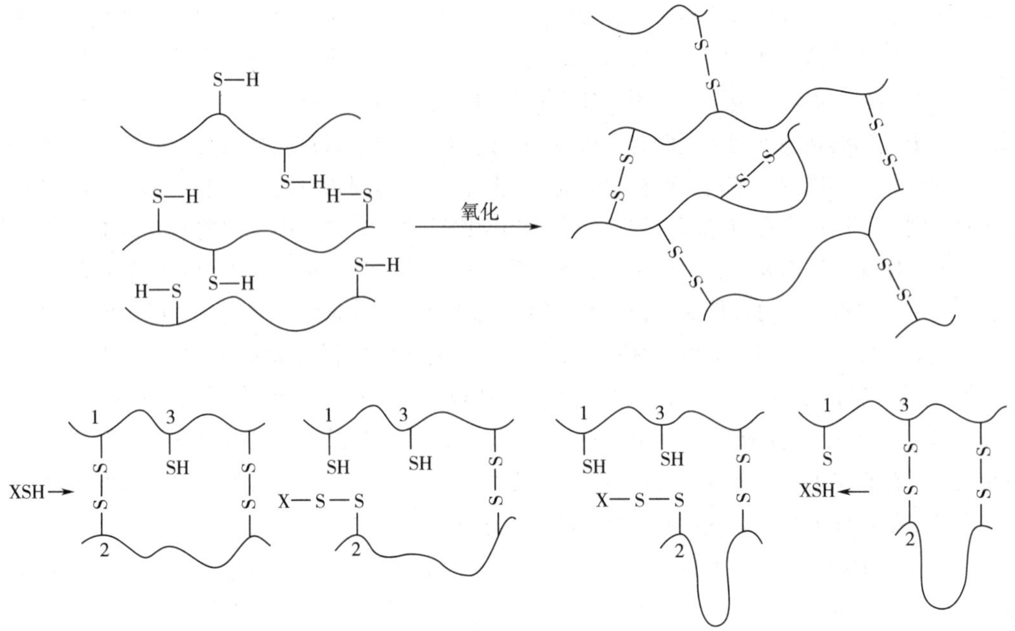

图2-2　面筋蛋白结构的互变

例虽小，然而在面团发酵时，却是酵母呼吸和发酵的基础物质。它可以由酵母直接分解为二氧化碳和醇，所以有一定的重要性。

小麦淀粉由直链淀粉（Amylose）和支链淀粉（Amylopectin）构成，前者由50~300个葡萄糖基构成，后者的葡萄糖基数量为300~500个。一般淀粉中直链淀粉占20%~30%。小麦淀粉中，直链淀粉为19%~26%，支链淀粉占74%~81%。直链淀粉易溶于温水，而且几乎不显示黏度，而支链淀粉则容易形成黏糊。用显微镜观察小麦淀粉时可以发现其淀粉颗粒分大颗粒和小颗粒两种，没有中间粒，大的形状如鹅卵石（25~35μm），小的接近球形（2~8μm）。

一般，淀粉在常温下不溶于水。但当加热到约65℃时，淀粉粒开始吸水膨润，当继续加热到85℃，淀粉粒一直会膨润到原直径的5倍以上，全体变成半透明的糊状，成为有黏性的状态。这是因为淀粉粒胀裂后分子成为单分子状态，这些直链或支链淀粉分子在被搅动时互相缠绕钩挂，即呈现黏性。这种糊化状态的淀粉称为α淀粉。未糊化的淀粉分子排列很规则，称为β淀粉。一般来讲，由β淀粉变成α淀粉，在加热温度65℃时，要经过十几小时，80℃要经几小时，90℃要经3h，100℃只要20min便可完全糊化。面类食品由生到熟的过程，实际上就是经历由β淀粉变成α淀粉的过程。α淀粉比β淀粉易消化。但α淀粉在常温下放置又会依条件不同逐渐变为β淀粉，这种现象称作α淀粉的老化（Retrogradation）。面包在刚制成时，淀粉为α状态，但放置一段时间后也会老化，使其口感、外观等商品价值下降。因而面包的防老化问题也是面包制作工艺中一个很重要的课题，同样，对其他焙烤食品也有这一问题。

在焙烤过程中，淀粉的作用是十分重要的。当面团中心温度达55℃时，酵母会使淀粉酶（Amylase）加速活化，使得淀粉分解为糖的变化加速，面团因之会变软。这时淀粉吸水膨润，形状变大，与网状面筋结合形成强劲结构。由于在膨润中，从面筋中吸取了水分，使得面团组织的弹性力和强度大大加强。

面粉中的纤维素来自制粉过程中被磨细的麦皮和从麦皮上刮下来的糊粉层。加工精度高，出粉率低，粗纤维含量少；反之，加工精度低，出粉率高，粗纤维含量多。纤维素属于糖类，虽然不能被人体消化吸收，但纤维素能促进胃肠蠕动，刺激消化腺分泌消化液，帮助消化其他营养成分，对预防结肠癌等有重要作用。面粉中还含有一些非淀粉多糖类物质，主要是戊聚糖，有水溶性及水不溶性之分。小麦不同部位的戊聚糖含量不同，其中皮层部分、糊粉层含量高，胚乳中含量较少。小麦籽粒中戊聚糖的含量一般在5%~8%，而面粉中戊聚糖的含量一般在2%~3%。与小麦中蛋白质、淀粉含量相比，戊聚糖含量较少，但与小麦品质却有着非常密切的关系。研究发现，戊聚糖影响小麦硬度、小麦的加工品质、面团的流变学特性、面包的烘焙品质以及淀粉的回生等。戊聚糖本身作为一种细胞壁物质，其所具有的特性与小麦硬度、小麦加工品质有关。戊聚糖在小麦中的分布特征，即它主要存在于胚乳之外的皮层和糊粉层部分，而在胚乳中含量较少，决定了其与面粉精度或灰分之间存在一定的相关性。戊聚糖所具有的较高吸水特性、持水特性及氧化交联形成凝胶的特性，对面团的流变学特性和面包的烘焙品质有着非常重要的影响。另外，它还影响小麦淀粉和谷朊粉生产中淀粉与蛋白质的分离。面粉用戊聚糖酶处理，就是将其中的细胞壁多糖（主要是戊聚糖）水解，可以使淀粉和蛋白质更有效地进行分离。面粉中的戊聚糖在面包烘焙中主要有以下三个方面的重要性质：①影响面团的混合特性及面团的流变特性。②可以与面筋一起包裹发酵过程中产生的气体，延缓气体的扩散速率，使面团的持气能力增加。③可以通过抑制淀粉的回生而延缓面包的老化等。

（四）脂肪 （Oil and Fat）

面粉本身脂肪含量很低，通常为1%~2%。如前文所述面粉中由于脂肪的存在，易发生酸败而产生不良影响。但最近也有研究表明，面粉中含有的类脂质（Lipid）的性质和作用对面粉性质有较大影响。研究认为，大部分脂质在胚芽中，这部分脂质易酸败，属质量不好的脂质，而胚乳中的类脂质是形成面筋的重要组成部分，如卵磷脂还是良好的乳化剂，它具有使面包组织细匀、柔软和防止老化的作用。

一般利用脂肪酸败的特征，通过测定面粉中脂肪的酸价或碘值来判别面粉的新鲜程度，国标中要求小麦粉的脂肪酸值≤80（湿基计）。

（五）面粉中的酶 （Enzyme）

面粉中含有多种内源酶，对小麦粉的贮藏和加工品质都有一定影响。

1. 淀粉酶（Amylase）

面粉中含两种对焙烤食品制作非常重要的淀粉酶：α-淀粉酶和β-淀粉酶。这两种酶可以使一部分α淀粉（糊精）和β淀粉水解转化为麦芽糖，作为供给酵母发酵的主要能量来源。但β-淀粉酶对热不稳定，所以它的糖化水解作用都在发酵阶段。α-淀粉酶能将可溶性淀粉变为糊精，改变淀粉的胶性。它对热较为稳定，在70~75℃仍能进行水解作用，温度越高作用越快。α-淀粉酶的存在，大大影响了焙烤中面团的流变性，因而谷类化学专家公认α-淀粉酶在烤炉中的作用可大大改善面包的品质。

正常的面粉内含有足量的β-淀粉酶，而α-淀粉酶一般在小麦发芽时才产生。在良好的储藏条件下小麦几乎不发芽，因而α-淀粉酶很少。为弥补这一缺点，可在面粉中加入适量的麦芽粉（Malt）或含有α-淀粉酶的麦芽糖浆（Malt Syrup）。但淀粉酶的活力过大，也会有不好的影响，因为它会使大量的淀粉链支解断裂，使面团力量变弱和发黏。受潮发芽的小麦加工成的面粉就是因此才难以制作面包。

2. 蛋白酶（Protease）

面粉中蛋白酶可分为两种，一种是能以内切方式直接作用于天然蛋白质的蛋白酶；另一种是能将蛋白质分解过程中的中间生成物多肽类再分解的多肽酶。搅拌发酵过程中起主要作用的是蛋白酶，它的水解作用可降低面筋强度，缩短和面团的时间，使面筋易于完全扩展。

3. 脂肪酶（Lipase）

脂肪酶对面包、饼干的制作影响不大，但对已调配好的蛋糕粉（Rrepared Mix）则有影响，因为它可分解面粉里的脂肪成为脂肪酸，易引起酸败，缩短储藏时间。

八、 小麦粉的品质测定及评价

（一） 小麦粉的品质及影响因素

因为小麦比大米及其他谷物有更多的可食形态，加工方法也比较繁杂，所以，小麦粉品质的评价包括许多方面。

1. 加工性能

小麦粉的品质与原料有着直接的关系，因此评价小麦粉加工性能时有必要简单了解小麦的加工性能。小麦的加工性能分为一次加工性能和二次加工性能。一次加工性能是指小麦与制粉关系较大的性质；二次加工性能是指以小麦粉为原料，加工成面包、饼干、糕点、馒头、面条及其他食品时所表现的性质。例如，前者包括出粉率、制粉难易程度以及粉色等；后者有小麦的成分，特别是蛋白质的量和质（即面筋情况）、含酶情况等。

2. 用途对品质的要求

按可食形态的品种不同，对原料的性能要求也不同。大体上一次加工性能的评价对所有小麦粉制品是相通的。二次加工性能的评价对不同的制品往往有所不同。

（二） 小麦的一次加工性能及测定评价方法

小麦的一次加工性能是指从小麦粒加工成面粉的性能。

1. 小麦粒的物理性质测定

（1）饱满粒率（整粒率） 以 2.0mm 网眼的筛筛分，判断饱满粒率。

（2）体积质量 其值与测定方法关系很大，因此，每种测定方法使用的器具都有严格的规定，主要有美国的"Test Weight Apparatus"，欧洲、加拿大等地通用的"Schopper Scale（Chondrometer）"，日本等地的"Browel Scale"等。我国的斗和升也是以体积质量原理计量的，但很不准确，现在我国粮油、油料检验体积质量测定法（GB/T 5498—2013《粮油检验容重测定》）的单位为"g/L"。

（3）千粒重（Thousand Kernels Weight） 如前小麦粒物理性质中所述。

（4）玻璃质率（Vitreous Kernel Rate） 取 100 粒整粒小麦，用谷粒切断器或锋利刀片将每粒拦腰切断，观察其断面半透明的玻璃状部分的面积，超过端面面积70%的为玻璃质粒或硬质粒；玻璃状部分的面积是断面面积的 30% ~70% 的称为半玻璃质（中间质）粒；在30% 以下（包括30%）的称为粉质（软质）粒。玻璃质率的计算方法如式（2-1）所示。

$$玻璃质率 = [玻璃质粒数 + （半玻璃质粒数 \times 0.5）]/试验粒数 \times 100 \qquad (2-1)$$

2. 小麦和小麦粉的组成分析

（1）水分（Moisture Content） 一般面粉的含水量为 10% ~ 14%。在加工焙烤食品时，必须要了解小麦粉的水分，以确定调粉时的加水量。一般测定时，面粉水分以 14% 为准。水分多用绝对干燥法测出。测定时的干燥条件：干燥温度为（130±2）℃，干燥时间 1h，试料量为 2g 等，详见粮油、油料检验水分测定法（GB 5009.3—2016《食品安全国家标准 食品中水分的测定》）。

（2）灰分（Ash Content） 测量灰分是取 3g 面粉先在电炉上预烤，烟尽后，将面粉置于马弗炉（600±50）℃中焚烧 3~4h，称量后计算。天平要求精度在 0.0001g，详见粮油、油料检验灰分测定法（GB 5009.4—2016《食品安全国家标准 食品中灰分的测定》）。

（3）蛋白质 常用的测定方法有化学分析法、含氮量自动分析装置测定法等。具体测量方法这里不作介绍。

3. 制粉试验

测定小麦的一次加工性能，最综合的评价方法是制粉试验，而且制粉试验所采用的标准制粉方法，也为小麦粉的评价提供了可靠的比较基准。制粉试验一般是通过标准的制粉机测定的。试验制粉机系统主要有两种：一种是德国 Brabender 公司制造的"Test Miller"；另一种是瑞士制造的"Buhler Test Miller"。

（三） 小麦的二次加工性能及测定评价方法 （即面粉的加工性能及测定评价方法）

面粉的加工性能指以面粉为原料制作具体食品时表现出的加工特性，包括基本成分分析及粉色、面团的物理性能，介绍如下。

1. 成分分析

如前所述，小麦粉成分分析与小麦基本相同，主要有水分含量、灰分含量和蛋白质含量。但是，二次加工性能对蛋白质含量的测定主要是针对面筋的评价。由于面筋的质与量决定了面粉的加工性质，所以面粉的品种往往以面筋含量或蛋白质含量来划分，根据湿面筋的含量可将小麦粉分为强力粉、中力粉、薄力粉等。湿面筋含量可采用手洗法（GB/T 5506.1—2008《小麦和小麦粉 面筋含量 第 1 部分：手洗法测定湿面筋》）或仪器法（GB/T 5506.2—2008《小麦和小麦粉 面筋含量 第 2 部分：仪器法测定湿面筋》）测定。也有以干面筋含量划分的，因为干面筋的组成绝大部分为蛋白质，所以也可认为是近似的蛋白质含量。由于手洗法的操作误差比较大，国外一般采用专用测定仪器自动操作测定。2018年 10 月 1 日实施的 GB/T 35993—2018《粮油机械 面筋测定仪》中规定，可以采用面筋测定仪对面粉中的面筋含量进行测定。一般来说，面筋不仅从数量上影响面团的加工性能，而且面筋的质量也对面团的性能有十分重要的影响。

2. 小麦粉颜色（粉色）的测定

小麦粉颜色的测定主要有肉眼观察法（Pekar test）和仪器（白度仪）测定法。利用白度仪测定白度是评价面粉色泽的一种有效方法，已广泛应用到实际工作中，工作原理如下。

白度仪是利用积分球实现绝对光谱漫反射率的测量，由卤钨灯发出光线，经聚光镜和滤色片成蓝紫色光线，进入积分球，光线在积分球内壁漫反射后，照射在测试口的试样上，由试样反射的光线经聚光镜、光栏滤色片组后由硅光电池接收，转换成电信号。另有一路硅光电池接收球体内的基底信号。两路电信号分别放大，混合处理，测定结果数字显示。工作原理如图 2-3 所示。

3. 面团物理性能的测定

搅拌好的面团应有三种特性：

（1）胶黏的流动性（Fluidity） 使面团具有良好的流动性，胀发时能充填在烤具的每一个部位，得到组织、形状好的产品。

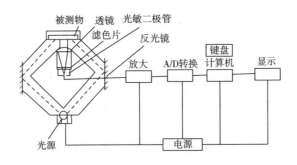

图2-3　白度仪工作原理图

（2）塑性（Plasticity）　可使面包变得柔软，易于滚圆和整形。

（3）弹性（Elasticity）　使面团具有强韧的物性，在发酵和焙烤过程中，保气性好，能耐面包膨胀时所受的张力，而使面包达到最大的体积。

面团性质的测定比较有名和广为使用的主要有布拉本德（Brabender）测定系统和肖邦（Chopin）系统。布拉本德测定系统包括了从制粉、面筋测定到面粉、面团性质测定的由德国Brabender公司生产的一整套仪器，主要有面团粉质仪（阻力仪）、面团拉力测定仪（延伸图仪）、淀粉黏焙力测定仪等。以上测定系统所测定的面团的延伸性、弹性、黏度、强度等，不是单一的物理性质，而是一个综合指标，虽然用纯物理学观点来分析这些指标，也许有种种不合理的地方，但对于就是高分子化学也没有完全解决的面筋、淀粉等混合物——面团的复杂性质来说，这些测定仪器不失为一种有效的测定手段。而且在现代化的面粉食品厂，这些仪器都是质量管理必不可少的设备。此系统的测定单位都定为"Brabender Unit"，简写为BU。这些仪器的刻度、记录纸都是统一的规格，所以很难直接换算成表示单一物理性质的单位。

（1）面团阻力仪（粉质仪：Farinograph）　由调粉（揉面）器和动力测定计组成，如图2-4所示。它是把小麦粉和水用调粉器的搅拌臂揉成一定硬度（Consistency）的面团，并持续搅拌一段时间，与此同时自动记录在揉面搅动过程中面团阻力的变化，以这个阻力变化曲线来分析面粉筋力、面团的形成特性和达到一定硬度时所需的水分（也称面粉吸水率）。

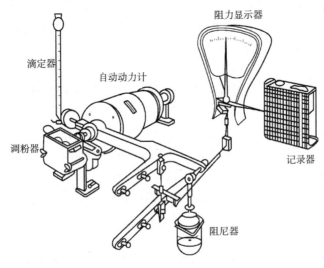

图2-4　粉质仪

操作方法：称量300g（有的仪器是50g）的面粉（水分13.5%）放入揉面器内搅动，并从滴定管加入水（30℃）。一边加水（25s内加完），一边观察记录器的曲线变化，加水量要使阻力曲线中心线的顶点刚好在（500±20）BU的范围内。一般没有经验的人，一次掌握不好加水量，可反复操作，直到达到要求。这时再继续使揉面机搅动12min以上。记录纸得出的面团阻力曲线就称粉质曲线，如图2-5所示。

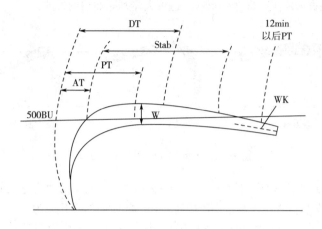

图2-5　粉质曲线

AT—面团初始形成时间　PT—顶点时间　DT—面团形成时间　Stab—面团稳定度

W—面团宽度　WK—面团衰落度

①面团初始形成时间（AT：Arrival Time）：从面粉加水搅拌开始计算，粉质曲线中心线到达（500±20）BU时所需时间，说明面团初步形成。此时间表示面粉吸水时间，此值越大，反映面粉吸水量越大，面筋扩展时间越长。一般调制硬式面包、丹麦式面包、炸面包圈等面团就是在此时刻结束调粉，只要面团水化作用完成，面团的软化留待发酵阶段进行。

②面团形成时间（DT：Dough Development Time）：从揉面开始至达到最高黏度的时间。但是在最高黏度值持续时，这时间就指从揉面开始至到达最高值后此值开始下降时所需的时间。也有的把这两个时间分开定义，把初达到最高点的时间称为顶点时间（PT：Peak Time）。此时面团的外观显得硬而粗糙，面团的流动性最小，即所谓的"连续相"（Micro Plug Flow）阶段。

③面团稳定度（Stab：Stability）：阻力曲线中心线最初开始上升到（500±20）BU下降到（500±20）BU之间所需的时间。在此时间段内搅拌，面团质量不下降。因此这段时间越长，说明面团加工稳定性越好。在此阶段，面团面筋不断结合扩展，使面团成为薄的层状结构，随着搅拌臂的运动而流动，即所谓"薄层流动"（Laminar Flow）阶段，此时膜的伸展性和面团的弹性最好，最适合做面包。

④面团衰落度（WK：Weakness）：曲线从达到PT开始时起12min后曲线中心线的下降值（BU）。面团衰落度越小，说明面团筋力越强。此时已结合的面筋组织被撕裂，处于"破裂"（Break Down）阶段。

⑤面团宽度（W：Width）：粉质曲线的宽度表示面团的弹性。弹性大的面团，曲线截面则宽。

⑥综合评价值（VV：Valorimeter Value）：用面团形成时间和衰落度来综合评价的指标，是用本仪器附属的测定板在图上量出。其原理为把理想的薄力粉设定为 VV = 0，这时 DT = 0，WK = 500；理想的强力粉：VV = 100，DT = 26，WK = 0；然后把这中间划分为等份，作为评价的得分。因为 VV 含有两个因素，是二元函数，所以分析时往往与 DT 一起用来比较。一般 VV 与面包的体积、面粉的蛋白质含量等有较大的相关性。强力粉在 70 以上，薄力粉在 30 以下。如图 2 - 6 所示，根据面团阻力曲线的形状，也可大体判断面粉的性质。

强力粉　　　　　　中力粉　　　　　　薄力粉

图 2 - 6　不同面粉面团的阻力曲线

（2）面团拉力测定仪（面团拉伸仪：Extensograph）　这是测定具有一定软硬度面团的延伸程度和延伸强度的装置。它可以测定面团的筋力和其随时间的变化，为下一步的发酵工艺提供面团的有关性质。因为测定中有时间因素，所以也可以反映小麦粉中酶类、氧化作用等的影响，获得比粉质仪更详细的情况（图 2 - 7）。

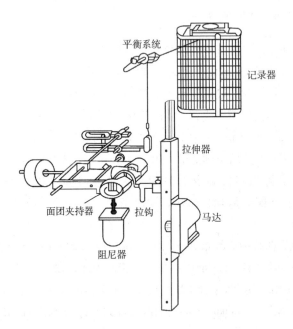

平衡系统

记录器

拉伸器

面团夹持器　拉钩

马达

阻尼器

图 2 - 7　面团拉力测定仪

操作方法：称量面粉 300g（水分 13.5%），精确称量 6g 食盐。将面粉放入面团粉质仪的调粉器中。将食盐溶于纯水中，水量是根据经验，使面团粉质仪中面团的硬（黏稠）度达到 500BU 的量。实际操作时，开始时食盐水溶液的水量可少一些，调粉时再加入余下的水，一边搅拌一边加水。一般是先搅拌 1min，再盖上盖放置 5min，再搅拌 2min，使最终面团的硬度达到（500 ± 10）BU（如达不到再重做），并记下达到 500BU 时的纯水用量。和好面团后，从机器中将面团取出，并在不拉伸的情况下（用剪刀剪）将面团分为（150 ± 1）g 的两块。然后在仪器的滚圆器和搓条器里把这两块面团整形成圆柱体后，放入仪器的恒温恒湿箱中静置 45min，再放到延伸拉力测定记录上。水平夹住面团两端，面团中间上方有一个钩，开动机器时，钩以一定速度向下拉伸面团，直到拉断。这时自动记录仪上就可得出一幅记录拉伸力变化和时间（延伸长度）关系的面团延伸性曲线图。然后把拉断的面团再整形，恒温静置 45min 后，再测定每一块面团的延伸情况。同一块面团，一共测定三次，即在恒温、恒湿环境中静置45min、90min、135min后测定，分别可得到三条曲线。两块面团可得到六条曲线，这些曲线称为构造缓和曲线，由此可以研究面团的性质及其中改良剂和各种酶的影响。

得到的面团构造缓和曲线（Extensograph Structural Relaxation Method）的形状和参数如图2-8所示。

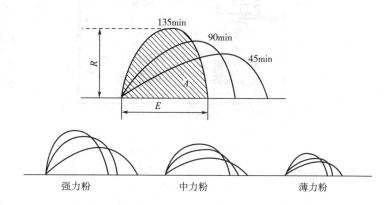

图2-8　面团构造缓和曲线

A（Area）—曲线面积（cm^2）　R（Resistance）—抗张力（BU）

E（Extensibility）—延伸长度（mm）　R/E（Ratio Figure）—形状系数

强力粉的曲线面积（A）、抗张力（R）、延伸长度（E）一般比薄力粉大，且与蛋白质含量具有正相关关系。R/E越小，说明面筋力越弱。R如果越大，且每隔45min后增加量越大，加工性能越好，做面包比较合适。做面条用的面粉希望E大一些，而且R/E比焙烤食品的小一些，一般影响不大。如果R特小，R/E也过于小，加工性能就差。收获时遭雨发芽的小麦，因淀粉酶增多，R降低，E增大，而且随时间延长，R增加很少。

（3）肖邦混合实验仪（Mixolab Station）　Mixolab混合实验仪由主机、混合室、定量加水系统、温度控制系统、测力系统、运算软件、显示器等部分组成，如图2-9所示。混合室由基座、一对S形混合刀、侧板三部分组成，是仪器重要的工作部件。温度控制系统由温度传感器、电热加温、冷水循环（外接自来水）、温度程序控制器等部件组成，温度控制范围30~90℃，升温、降温速率为4℃/min。测试完全由电脑控制，并可进行校准和数据储存。在测试开始之前，仪器进行自我校准，以保证测刀和温控系统在特定范围内运转。为了确保样品之间的可比性，混合实验仪在chopin实验协议中，加水和面后面团的重量为75g（对应面粉质量大概为50g），目标扭矩为1.1N·m（±0.05N·m），两个S形搅拌刀的转速为80r/min。混合实验仪测定在搅拌和温度双重因素下的面团流变学特性，主要是实时测量面团搅拌时两个揉面刀的扭矩变化。一旦面团揉混成型，仪器开始检测面团在过度搅拌和温度变化双重制约因素下的流变特性变化。在实验过程的升温阶段，所获得的面团流变特性更加接近食品在烘焙及蒸煮工艺上的特性。混合实验仪标准实验的温度控制分为3个过程：①8min保持30℃恒温阶段；②加温阶段，15min内以4℃/min速度升温到90℃并保持高温7min；③降温阶段，10min内以4℃/min速度降温到50℃并保持5min，整个过程共计45min。

实验结束后可以获得Mixolab典型曲线图（图2-10），图中各曲线段上的参数为：

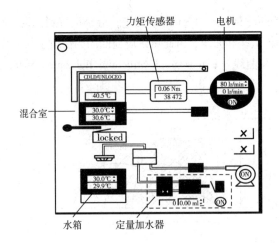

图2-9　Mixolab 混合实验仪

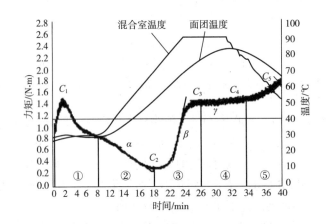

图2-10　Mixolab 典型曲线图

C_1（N·m）—揉混面团时扭矩顶点值，用于确定吸水率　C_2（N·m）—依据机械工作和温度检测蛋白质弱化

C_3（N·m）—显示淀粉老化特性　C_4（N·m）—检测淀粉热糊化热胶稳定性

C_5（N·m）—检测冷却阶段糊化淀粉的回生特性　α—30℃结束时与 C_2 间的曲线斜率，

用于显示热作用下蛋白网络的弱化速度　β—C_2 与 C_3 间的曲线斜率，显示淀粉糊化速度

γ—C_3 与 C_4 间的曲线斜率，显示酶解速度

　　前段（C_1、C_2）主要表达面粉中蛋白质组分的特性，后段（C_3、C_4、C_5）主要表达面粉中淀粉组分的特性，整条曲线即表达面粉中蛋白质组分和淀粉组分的特性。曲线区间①表示面团形成阶段（恒温，30℃）；曲线区间②表示蛋白质弱化阶段；曲线区间③表示淀粉糊化阶段；曲线区间④表示淀粉酶活性（升温速率恒定）；曲线区间⑤表示淀粉回生阶段。混合实验仪力矩曲线表达了面粉从"生"到"熟"特性的大量综合信息，包括面粉的特性、面团升温时的特性、面团熟化时的特性以及面团中酶对面团特性的影响等，反映了蛋白质、淀粉、酶对面团特性的影响，以及它们之间的相互作用。

　　混合实验仪除了能更全面、更科学、更直接地表征面粉的质量，还能综合评价不同用途面粉的质量。2008 年，法国肖邦公司在大量实验数据的基础上，采用科学的数理统计方法，建立了混合实验指数剖面图（Mixolab profiler），如图 2-11 所示。图中各指标的含义为：

吸水率指数（Absorption index）：表示面粉各组分吸水的特性。吸水率指数越大，面粉吸水率越高。

混合指数（Mixing index）：表示恒温过程中面团的稳定性。混合指数越大，面团稳定性越好。

面筋强度（Gluten + index）：升温过程中面筋的强度。面筋强度越大，面筋耐热性越好。

黏度指数（Viscosity index）：升温过程中黏度的特性。黏度指数越大，黏度增加越大。

淀粉酶指数（Amylase index）：淀粉酶降解淀粉的特性。淀粉酶指数越大，淀粉酶活性越低。

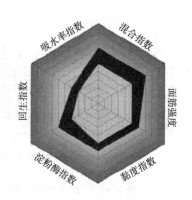

图 2-11　混合实验指数剖面图

回生指数（Retrogradation index）：降温过程中淀粉的特性。回生指数越大，成品的货架期越短。

对于某种特定的面粉（如面包粉、饼干粉、馒头粉），首先要建立该面粉的"目标指数剖面图"，图中的黑色区域就是该"目标指数区间"。由于混合实验目标指数剖面图是针对不同用途面粉制定的，所以各种用途面粉目标指数剖面图"目标剖面区间"的形状也是不相同的。当测定结果与目标指数剖面图不完全吻合时，可以使用"混合实验指导"（Mixolab Guide）软件对该面粉的质量进行修正。此外，还可以使用"混合实验研究工具"（Mixolab Research Tool）进行修正。由于混合实验指数剖面图是在大量实验数据的基础上建立的，所以能全面且正确地评价面粉的质量。

（4）气泡式延伸仪（吹泡仪，Alveograph）　这是根据欧式面包（法国面包等）的特征设计的，是法国肖邦公司制造的测定仪器，也称"Chopin Extensimeter"，其基本测定目的和面团拉力测定仪相同。

吹泡仪由三个部分组成：和面机、吹泡器和数据记录系统，如图 2-12 所示。吹泡仪测试的是在充气膨胀变成面泡过程中面团的黏弹性，整个测试包括四个主要步骤。"面粉和盐水的混合→5 个标准面片的制备→面片的醒发→向面片内充入气体直至面片变成面泡且破裂"，这些步骤模拟了面团发酵的整个过程：压片，搓圆，成型，最后发酵过程中

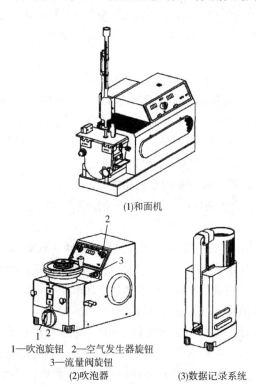

(1)和面机

1—吹泡旋钮　2—空气发生器旋钮
3—流量阀旋钮
(2)吹泡器
(3)数据记录系统

图 2-12　吹泡仪

产生二氧化碳使面团产生形变。

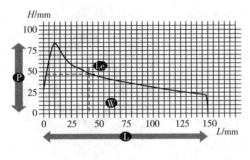

图2-13 标准吹泡实验曲线

标准协议实验下获得的吹泡实验曲线如图2-13所示，表示面泡内部压力随时间的变化。随着空气的流入，面片抵抗形变的发生，当气流量增加到一个特定值时，面片内部压力增加。使面片产生形变的压力代表了面团的韧性，即"P"值。"P"值越大，面团的韧性越大。当无法承受更多压力时，面团开始膨胀，一旦气泡体积开始增加，内部压力就开始降低。气泡持续膨胀的时间依赖于它自身的延展特性。

当达到最大延伸力时，气泡破裂，内部压力降低到零，实验结束。面团的最大延伸性标记为"L"值，该值越高，面团的延展性越强。也可以以膨胀面积（标记为"G"）检测面团的延展性。公式为：$G = 2.226\sqrt{L}$。以"W"表示使面团产生形变所做的功，计算公式为：$W = 6.54S$。S代表曲线下方的面积，以cm^2计算，参数W被称为"面粉的烘焙力"，代表气泡完成形变所做的功。Ie值代表面团的弹性系数，当面泡中注入200mL空气时所对应的"L"值为40mm，内压用另一个参数"P_{200}"表示，$Ie = (P_{200}/P) \times 100\%$。$Ie$值越高，面泡膨胀阻力越大。但如果$Ie$值过高，则会出现面团皱缩的现象（特别是在面片挤出和压平的过程中表现较为明显）。相反，如果Ie值太低，面团极不稳定，尤其是在制样的过程中。

由Chopin公司制造的最新型AlveoLab全自动吹泡仪已面市。Alveolab全自动吹泡仪由两部分组成，数据记录系统由外置计算机完成。一部分为和面器和醒发室，该部分还包含了自动注水系统，另一部分为吹泡器。

在硬件上，全自动吹泡仪提高了主要实验步骤的自动化程度，对测试条件进行精确地监控，从而减少了操作者及环境条件对结果的影响。实验第一步是面团的形成，Alveolab会根据操作员的实验设定自动调节水温、自动加水、自动和面。第二步是面片的准备，该过程Alveolab配备了自动圆切刀和防粘涂层的新型醒发片。面片制备后陆续进入醒发室进行醒发，醒发室温度恒温25℃。为了增加实验效率，Alveolab配备了三组醒发室，可以实现三组实验同时进行。最后一步是吹泡，面片的定位和膨胀均在温湿度可控的操作室内全自动进行，消除了外部条件对实验结果的影响，Alveolab的气泡设计为倒置，由于顺应地心引力的作用使倒置的气泡更圆，与面制品实际生产过程更加接近。

Alveolab现代化的软件设计，针对面粉及食品用户还增加了方便日常生产管理的附加功能，例如全自动配麦配粉功能、改良剂指引功能等。还预装了不同的测试协议供选择，包括：经典的恒量加水标准吹泡仪协议和恒量加水稠度协议；适量加水吹泡协议和适量加水稠度协议（适量加水实验主要用于硬麦或高筋粉）；杜伦麦检测协议；衰减实验协议；松弛实验协议。新的吹泡仪软件还增加了基于吹泡的一个新的研究参数，即应力应变指数（SH），来解释吹泡面泡抵抗形变的能力，其应力应变曲线的拟合函数，即$y = K \cdot e^{SH \cdot x}$，如图2-14所示。该应力应变曲线不同于传统吹泡曲线（显示压力随时间变化），它给出了两个新的参数，K（常数）和SH（应力应变指数），能够识别出面团破裂时的最大张力。研究显示，K值与面团的韧性P值显著正相关，SH值与面团的结构正相关。具有良好SH值的面团，其制作出的面包体积更大、面包芯纹理更均匀。同时，SH 值低于 1 时，气泡壁不再稳定，快速合并导致所持气体流失，从而影响产品体积和纹理结构。

（5）面粉的发酵性能和发酵流变仪
由 Chopin 公司制造的新一代流变发酵测定仪 F4 如图 2-15 所示。F4 由恒温发酵室、二氧化碳吸收反应池、压力位移传感器和电子控制系统等组成，外接电脑直接控制，可实时观察发酵过程曲线变化，储存和比较有关测定数据。可以测定二氧化碳的产量和面团中的保留量，同时还可以测定面团发酵过程中体积和耐发性的变化。

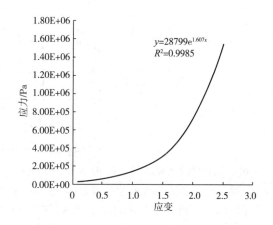

图 2-14　吹泡结果——应力应变曲线

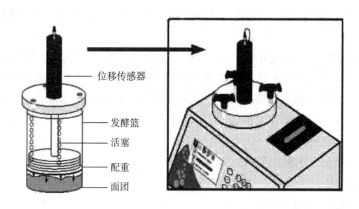

图 2-15　流变发酵测定仪 F4

流变发酵测定仪 F4 在恒温控制条件下，周期性地测定装有面团的密闭发酵篮的压力值。测试分为直接周期和间接周期，在直接周期中，仪器测定总的二氧化碳气体生成情况，即酵母活动。在间接周期中，仪器测定二氧化碳气体保持在面团中的情况，即面团的漏气情况。位于面团上方的位移传感器可精确测定面团的发酵情况和稳定性，面团的发酵流变曲线（图 2-16）和气体释放情况的曲线（图 2-17）会实时地记录下来，直到最终的设定时间，由此可以确定面团的最佳发酵时间。

一般来说，发酵前期，二氧化碳气体不会泄漏，产气和面团体积都会迅速达到最高值；之后，由于

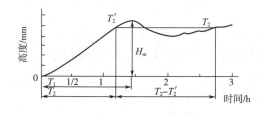

图 2-16　面团发酵流变曲线

H_m—面团发酵达到的最大高度，用 mm 表示　T_1—面团达到最大发酵高度的时间，与酵母的活动有关，用 h 表示　$T_2 - T_2'$—面团的稳定时间，发酵最高点与面团的稳定性和面团的最佳入炉时间有关

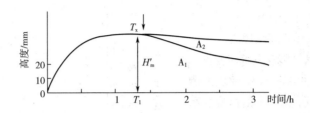

图 2-17　气体释放曲线

H'_m—气体释放曲线最大高度，用 mm 表示　T_1—达到气体释放曲线最大高度的时间，用 h 表示　T_x—面团出现孔洞的时间，即面团开始泄漏二氧化碳的时间，用 h 表示　总体积—释放气体的总体积，用 mL 表示　二氧化碳总损失体积（图中 A_2）—测定面团在发酵过程中总的二氧化碳气体的溢出，用 mL 表示　气体保留体积（图中 A_1）—测试结束时仍保留在面团中的二氧化碳体积，用 mL 表示

二氧化碳的泄漏，产气曲线发生分离，即面团已不能再将所有气体保留在内，因此面团体积也会随之减小。发酵后期，泄漏的气体越来越多，产气量和体积变化会因面粉品质的差异而不同。

面团发酵流变曲线反映了面粉中蛋白质网络、淀粉等特性，也可以反映酵母的活性以及品质改良剂的功效。通过气体释放曲线可以计算保留系数 R。R =（保留体积/总体积）× 100%。R 值越大，说明面粉的质量越好，发酵性能越好；反之，面粉质量越差，发酵性能也越差。

4. 小麦粉物化性能的测定

（1）面筋含量测定法和面筋拉力简易测定法

面筋含量测定法：

①准确称量 25g（20g）面粉。

②将称好的面粉放入容器中加水并用玻璃棒搅拌。

③然后用手揉成团，再揉 10min 左右（面筋形成）。

④使之具有弹性、延伸性（用手拉试）。

⑤在水中浸泡 10min。

⑥在水中揉洗、换水，直到水变清亮。

⑦把得到的面筋放在手中，用手掌心压干水，测定湿面筋质量。

⑧放在过滤纸上，再放入 110℃ 的恒温干燥器中，干燥 3h 后，称干面筋质量。

计算方法如式（2-2）、式（2-3）所示。

$$湿面筋含量\% =（湿面筋质量/使用小麦粉质量）×100\% \tag{2-2}$$

$$干面筋含量\% =（干面筋质量/使用小麦粉质量）×100\% \tag{2-3}$$

面筋拉力简易测定法：

①取 500mL 量筒 1 只，外壁贴上有刻度的纸条，口上盖一扁平的金属盖，盖的内壁中心部位有一固定的金属钩子，另外定制 1 只不锈钢或银质的具有砝码的钩子，砝码带钩子质量应是 5.5g（例如用 5.0g 的砝码）。

②用以上洗面筋的方法洗出湿面筋，准确称取 25g。称好面筋后用双手拉成条状，尖头

向下，使搓力集中在尖头上，这样操作重复 6 次，使之形成面筋球。

③搓成面筋球，在球的中心挂上量筒盖板的钩子，并将砝码钩子穿于同一孔内，这样上下两只钩子形成对拉的状态。

④将挂上面筋的金属盖板放在量筒顶部，在量筒中盛放 30℃清水至满，置于 30℃恒温箱中观察延伸情况的变化［测定每分钟延伸长度（mm）］。

注：①操作必须严格一致，特别是在洗面筋、搓面筋球时要注意。

②面筋物理性质参考测定数值：

面包用面粉：延伸速度 5 ~ 8mm/min；延伸长度 250mm 以上。

饼干用面粉：延伸速度 10 ~ 15mm/min；延伸长度 250mm 以上。

③面筋含量参考：见表 2 - 7。

表 2 - 7　　　　　　　　　　　　　不同面粉的面筋含量及其性质

面粉性质	强力粉	中力粉	薄力粉
湿面筋量	35% 以上	25% ~ 35%	25% 以下
干面筋量	11% 以上	7% ~ 11%	7% 以下
面筋性质	强 ←	→	弱
用途	面包	面条	饼干、蛋糕
性质与加工法	面团黏性、弹性大，加水 55% ~ 65%，充分揉面	面团的延伸性好，加水 30% ~ 40%，充分揉面到筋力可口	面团柔软、流变性好，按要求和成柔软的面团，不希望面筋形成

（2）面粉及面筋的膨润性质测定法

①沉淀试验（Sedimentation Test）：面粉中如果面筋品质好，含量多，那么在水中吸水多，膨润大，沉淀速度慢。将小麦粉和水（为使膨润容易）调整成 pH 为 2 的溶液，放入量筒中搅拌混合，然后静置 5min 后，测量沉淀表面的高度。将沉淀表面的高度称为沉淀值（Sedimentation Value）。

②面筋膨胀力试验（Berliner Test）：即面筋膨润度（Swelling Power）的测定。面筋膨润度的测定原理与面粉的沉淀试验基本相同，只是试料为切细的湿面筋。膨润度测定中，沉淀表面的高度越高，表明面筋的性质越好，越有利于加工面包。

（3）落下度仪（Falling Numder）：这是一种测定淀粉酶活力的落球式黏度计（见图 2 - 18），也是 Brabender 公司测定系统的仪器之一。其测定虽然简单迅速，但在黏度较高的情况下不够灵敏，仅对小麦淀粉酶活力变动大的可以测出。

工作原理：在一个沸水水槽中放入装有一定量淀粉（7g）和水的悬浊液（25mL）的试管，然后用手拿一根形似滑雪杆的棒，上下搅拌试管内的液体，1s 搅两次，搅 59s 后，然后在第 60s 提起搅棒至液面，并松开，同时记录时间，直到在试管内某一位置停留住。这段下降的时间（s）称为落下度或落下数。据统计，落下数与粉力仪的最高黏度有较大的直线相关关系。

（4）淀粉粉力测定仪（Amylograph）：这是 Brabender 公司出品的又一常用面粉性质测定仪，属于外筒旋转扭力式黏度计的一种（图 2 - 19），主要用来综合测定淀粉的性质，包括淀粉酶的影响和酶的活力。工作原理：将面、水按一定量和比例和成面糊，放入一圆筒中，与圆筒配合有一形如蜂窝煤冲头的搅盘。将带圆柱的搅盘插入盛面糊的圆筒中，然后按一定的温度上升速度（1.5℃/min）加热面糊，同时转动搅盘，并自动记录搅盘所受到的扭力，就会得到如图2-20所示的一条淀粉黏度变化曲线。其测定值的计算和评价如下：

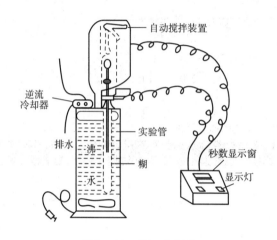

图2-18　落下度仪图

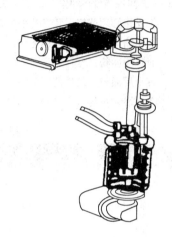

图2-19　淀粉粉力测定器

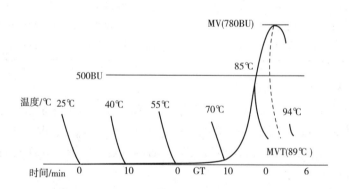

图2-20　淀粉黏度曲线

GT（Gelatinization Temperature）—糊化开始温度（℃）

MV（Maximum Viscosity）—最高黏度（BU）

MVT（Maximum Viscosity Temperature）—最高黏度时的温度（℃）

如果最高黏度（MV）过高，说明面粉淀粉酶活力低，这种面粉由于发酵特性不好，做面包不合适，但做面类、点心等对品质几乎没有影响。MV如果过低，说明酶的活力太高，加工时面团软弱、发黏，做面包、点心和面条都不好。有时小麦收获后遇雨就会得到所谓的发芽小麦，这种小麦制作的面粉就属于淀粉酶活力太高。如MV过高，可添加麦芽粉（Malt Flour）来改良，但如果过低，则很难改良。这种仪器比较贵，装置复杂，操作也较复杂。

（5）其他测定　除了对面粉可以用前面讲过的仪器进行检测外，在设备差的情况下，也可以凭感官、经验来判断，当然这难度比较大，需要长期的经验。

①粒度检查（Particle Size）：即面粉粗细度的评价。硬质小麦淀粉粒之间充填着较多的

蛋白质，在制粉过程中，由于这些蛋白质的缓冲和保护作用，得到的颗粒比较大，而软质小麦经磨粉后粒度就小一些。当然制粉工艺本身也能影响面粉粒度的大小。一般来说，粒度越小，损伤淀粉粒也就越多，这样，粒度大的面粉与粒度小的面粉就有不同的加工性质。颗粒粗的面粉往往是强力粉。

筛分法和激光粒度分析法均可测定面粉的粒度分布。激光粒度分析法具有测试速度快、重复性良好、操作简单等优点，能够较真实准确地体现出小麦粉的粒度分布情况。此分析法是根据衍射角和粒度成正比的原理，可变量包括光的散射形式、颗粒外观和散射光的测定。

当然，筛分法和激光粒度分析法均有自己的缺点，而且两者的测定结果往往是不一致的。传统的筛分法简单易行，但受小麦粉颗粒水分以及粒度等的影响，筛理过程中容易产生面粉糊筛、筛枯或难以筛透的情况，筛分效果受颗粒形状的影响较大。而且，一些较小的小麦粉颗粒容易吸附到较大颗粒的表面，导致对小麦粉粒度分布检测尤其是在微观状态下的分布表达不准确。激光粒度分析法所测出的是颗粒的等效体直径，即是与实际颗粒相同体积的球体直径，受颗粒形状的影响较大，测量结果也会偏小。因此，由于测定原理的不同，筛分法和激光粒度分析法的测定结果是不一致的。要想准确地测定小麦粉的粒度分布状况，往往需要筛分法和激光粒度分析法结合使用。

②经验法（最简便方法）：抓一把面粉用手撰（捏）紧，然后松开。如果松开时手中面粉立即散开则为强力粉，如果成为一团不散开则为薄力粉。当然，散开程度和成团程度要根据经验来判定。

5. 制作试验

制作试验不仅是测定面粉性质的最终、最准确的方法，而且也是食品厂制定加工工艺的依据。制作试验就是用标准的配方、标准的制作方法将材料加工成成品，然后以统一的评分标准对面粉进行评价的方法，包括面包制作试验、蛋糕制作试验等。面包制作试验方法将在第三章讲述。

九、 面粉的熟成

面粉蛋白质中含有半胱氨酸（Cysteine），过量半胱氨酸的存在往往使面团发黏，结构松散，不仅加工时不易操作，而且发酵时面团的持气力差，造成成品品质下降。面粉在储藏一段时间后，就不会有上述现象发生。因为在储藏过程中半胱氨酸的疏基会被逐渐氧化成双硫基而转化为胱氨酸（Cystine），这一过程也称面粉的熟成。面粉的熟成方式有两种，自然陈化和添加剂促陈。储藏一段时期，使面粉自然熟成。为了使—SH尽快氧化为—S—S—，常采用改良剂（熟成剂：Maturing Agent）促使面粉氧化。溴酸钾曾经是一种广泛应用的面粉改良剂，日本于1982年发现溴酸钾有明显的致癌性，因此，一些国家已禁用或限用溴酸钾，我国也于2005年禁用溴酸钾。目前使用的化学改良剂有二氧化氯、氯气、碘酸盐、偶氮甲酰胺（ADA）、过氧化丙酮、抗坏血酸、过氧化钙等。酶制剂作为一种生物催化剂，具有高效催化作用，并且用量少效果好，其蛋白质属性决定其安全性，因而是非常理想的面粉改良剂，目前较常用的面粉改良酶制剂主要有葡萄糖氧化酶、脂肪氧合酶、过氧化物酶等。

（1）二氧化氯（Chlorine Dioxide） 二氧化氯和氯气都不仅有熟成的作用，而且还有漂白面粉的作用。二氧化氯主要用于高筋面粉，改善面团的加工性能和面包的组织，使用量为0.4～2.0g/kg。

（2）碘酸盐（Iodate） 这是一种快速反应剂，主要有碘酸钾等，它遇面粉的巯基（Sulfhydyl）4min 就可完全作用，事实上 1min 就有 85% 可完成反应。而同浓度的溴酸盐，要经过 9h 才能完成反应的 50% 左右。

（3）偶氮甲酰胺（Azodicarbo Namide） 偶氮甲酰胺是一种新型的面粉改良剂，其又称脲叉脲，简称 ADA，分子式为 $C_2H_4NO_2$，美国的商品名称为 Maturox。脲叉脲是一种黄色结晶粉末，结构式为：

$$H_2N-\overset{\overset{\displaystyle O}{\|}}{C}-N=N-\overset{\overset{\displaystyle O}{\|}}{C}-NH_2$$

偶氮甲酰胺具有氧化性，是一种速效氧化剂，它可使半胱氨酸在水溶液中很快变为胱氨酸，本身还原为联二脲（Biurea），用量限制为 45mg/kg。ADA 的作用速度与碘酸钾（KIO_3）相似，也可用于不经基本发酵的面包制作（No Bulk Fermentation Process）。

（4）过氧化丙酮（Acetone Peroxide） 过氧化丙酮有漂白作用（Bleaching）和熟成作用（Maturing），由丙酮（Acetone）和过氧化氢（Hydrogen Peroxide）反应而成（约 35%∶50%）。因反应后为液体，所以加玉米淀粉使之变成粉末状，同时加磷酸钙（Tricalcium Phosphate）以防止结块，商品名为 Keetox。其优点是即使使用过量，也不会有大的不良影响。

（5）抗坏血酸（Ascorbic Acid，C_6H_8O） 即维生素 C，是唯一的还原剂（Reducing Agent）。它是白色粉末，也是一种营养剂，在干面粉状态并不起作用，但面粉经搅拌成面团后，由于面粉内触酶（Catalase，也称催化酶）的作用，可将抗坏血酸变成脱氢抗坏血酸（Dehydro Ascorbic Acid），因而具有氧化作用。一般经过短时间的搅拌，面团中的 L - 抗坏血酸就有 70% 被转化成脱氢抗坏血酸，但这种转化是在酵母和酶存在的条件下进行。在搅拌过程中，由于氧气充分，产生脱氢反应。在发酵时，由于氧气不足，则吸收氢原子的反应成了主要反应，使面筋中 —SH 减少，—S—S— 结合增加。另外，抗坏血酸本身是人体不可缺少的维生素，它常作为抗氧化剂和营养剂使用。维生素 C 对于一般面包其使用量为 10 ~ 20 mg/kg。因维生素 C 反应速度较慢，必须加大使用量（75 ~ 150mg/kg），也可以与其他改良剂同时使用。

（6）过氧化钙（Calcium peroxide，CaO_2） 过氧化钙是一种快速氧化剂，过氧化钙与面粉中的水分作用产生 Ca(OH)$_2$ 和负氧离子。它的使用效果与抗坏血酸相似，添加后粉质曲线变成双峰，拉伸曲线中抗延伸性阻力增长幅度较大，延伸性则大幅度减小。

（7）葡萄糖氧化酶（Glucose Oxidase，GOD） 葡萄糖氧化酶被认为是“最有前途的绿色小麦粉强筋剂”，其改良效果已得到广泛认同。最先于 1982 年在黑曲霉和灰绿曲霉中发现，一般由黑曲霉生产而得。pH 和温度的作用范围较广，一般 pH 在 3.5 ~ 7.0，温度在 30 ~ 60℃，均具有较高活性。葡萄糖氧化酶在氧气存在条件下能将葡萄糖转化为葡萄糖酸，同时产生过氧化氢。过氧化氢是一种强氧化剂，能将面筋分子中的巯基（—SH）氧化为二硫键（—S—S—）。葡萄糖氧化酶能够显著改善面粉粉质特性，延长稳定时间，减小弱化度，强化面筋，增大面包体积，从而提高烘焙质量。葡萄糖氧化酶在面包制作中能成功替代溴酸钾，对弱筋粉改良效果更加显著。但添加过多则面筋太硬，伸展性降低。

（8）脂肪氧合酶（Lipoxygenase，LOX） 脂肪氧合酶又称为不饱和脂肪酸氧化还原酶，在苜蓿、豌豆等豆科植物中活性较强，一般 pH 在 3.0 ~ 6.0，最适温度为 20 ~ 30℃。脂肪氧合酶可以催化分子氧，对面粉中具有戊二烯 -1,4 双键的油脂发生氧化反应，形成过氧化氢，过氧化氢能够氧化蛋白质分子的巯基（—SH）生成二硫键（—S—S—）并诱导蛋白质分子聚合，使蛋白质分子变得更大，从而起到强化面筋的作用。此外，脂肪氧合酶还可以通过偶合反应破坏胡萝卜素的双键结构，从而漂白面粉，改善面粉色泽；在催化亚油酸过程中产生的过氧化物，可以显著改善面包的香气。

（9）过氧化物酶（Peroxidase，POD） 广泛存在于各种动物、植物和微生物体内，可催化过氧化氢对多种有机物和无机物的氧化作用。无过氧化氢存在时，氧分子可作为氢受体发生氧化反应，能将面筋分子中巯基（—SH）氧化为二硫键（—S—S—），增强面团的面筋网络结构，增大面包的体积。一般过氧化物酶和葡萄糖氧化酶配合使用效果更好。

十、 面粉的种类和等级

目前我国小麦虽然有很多品种，但长期以来面粉一般不分品种，只是按出粉率的多少分为精白粉与标准粉两个等级。所谓精白粉是指在制粉过程中尽量将靠胚乳中心的部分用筛子分离出来所得到的面粉；标准粉含麦粒外围部分多一些。1986 年颁布了《小麦粉》（GB 1355—1986）。1993 年国内贸易部颁布了面包、面条、馒头、饺子、酥性饼干、蛋糕、糕点用粉 7 种行业标准。后来对 GB 1355—1986《小麦粉》进行修订时兼顾专用小麦粉的标准（LS/T 3201—1993 ~ LS/T 3209—1993），修订后的标准涵盖了所有的小麦粉产品，形成一个完整的小麦粉标准，此标准目前还没有实施。

目前面粉加工企业生产的面粉品种主要有标准粉、特一粉、特二粉、精制粉（统称）、强化面粉、自发、预混粉和专用粉等。按加工精度可分为特制一等粉、特制二等粉、标准粉、普通粉等不同等级。按用途划分为工业用面粉和食品专用面粉。工业用面粉一般为标准粉和特二粉，主要用于生产谷朊粉、小麦淀粉、黏结剂、浆料等。食品用面粉可以分成三大类：通用小麦（通用粉）、专用小麦（专用粉）和配合小麦（配合粉）。通用粉的食品加工用途比较广，习惯上所说的等级粉和标准粉就是通用粉；专用粉是按照制造食品的专门需要而加工的面粉，品种有低筋小麦粉、高筋小麦粉、面包粉、饼干粉、糕点、面条粉等；配合粉是以小麦粉为主根据特殊目的添加其他一些物质而调配的面粉，主要包括营养强化面粉、预混合面粉等。国外一般是按蛋白质（面筋）含量等把面粉分为许多品种，每一品种又按出粉率（灰分）的多少分为几个等级。日本的小麦粉根据蛋白质含量高低分为 5 类：强力小麦粉、准强力小麦粉、薄力小麦粉、普通小麦粉、特殊小麦粉（表 2 - 8），每类又根据灰分高低分为若干等级。

表 2 - 8　　　　　　　　　　　日本小麦粉的种类和用途

种类 等级　灰分/%	强力粉高筋	准强力粉粉心	中力粉中筋	薄力粉低筋	特强粉特高粉
特等　0.3 ~ 0.4	高级主食面包、高级硬式面包	高级面包卷	法式面包	蛋糕、油炸面圈	高级通心粉（Macaroni）、意大利面条（Spaghetti）（Durum）

续表

种类 等级　灰分/%	强力粉 高筋	准强力 粉粉心	中力粉 中筋	薄力粉 低筋	特强粉 特高粉
一等　0.4～0.45	高级主食面包、馄饨、饺子	高级果子面包、高级挂面、馄饨、饺子、方便面	高级面条、细挂面、凉面	一般蛋糕、饼干、酥饼、馒头、糕点	
二等　0.45～0.65	主食面包、意大利面条	果子面包、挂面、生面条	面条、挂面	一般蛋糕、硬饼干	
三等　0.70～1.0	烧卖	面筋	糖蜜果子	油炸果子	
末等　1.2～2.0	新蛋白食品黏着剂	工业用粉		面糊、饲料	
蛋白质含量/%	11～13	9.5～10.5	8.5～9.5	8～8.5	11～15

表2-8所示只是大的种类，还有向食品加工厂供应的各种专用面粉。国外几乎对应每一种小麦粉为原料的食品都有其专用面粉，有的则连食盐、乳粉、糖、改良剂等辅料都混合进去，谓之混合专用粉。向家庭供应的面粉，一般都装在1kg的纸袋中，分强力、准强力、中力、薄力等几种面粉出售，也有混合专用粉出售，例如"饺子专用粉""蛋糕专用粉""面包专用粉"等。

第二节　糖

在焙烤食品加工过程中，除了面粉和盐之外，糖可以说是使用场合最多的一种材料，尤其是甜味食品，其用量仅次于面粉。除了使焙烤食品具有甜味外，糖还对面团的物理、化学性质有各种不同影响。糖的一般来源有由甜菜、甘蔗榨取而来的蔗糖（白砂糖、红糖等）；由蔗糖水解而成的转化糖（浆）；由淀粉经水解而来的葡萄糖粉、葡萄糖浆等淀粉糖；由碎米、甘薯淀粉、玉米淀粉等麦芽糖化制成的饴糖（Malted Syrup Solid）；还有蜂蜜（Honey）、糖蜜（Molasses）等。各种糖都有不同性质，作为焙烤技术人员，必须了解各种糖的特性，才能掌握使用方法。

一、各种糖的特性

（一）蔗糖（Sucrose）

焙烤食品中使用的蔗糖，国内主要有白砂糖、黄砂糖、绵白糖等。蔗糖是一种使用最广泛的、较理想的甜味剂。愉快的甜味要求甜味纯正、反应快、很快达到最高甜度、甜度高低适当、甜味消失迅速，蔗糖的甜味符合这一要求。蔗糖的甜味纯，刺激舌尖味蕾时，1s内感到甜味并很快达到最高甜度，约30s后甜味消失。而葡萄糖的甜味感觉反应比蔗糖慢，甜度也较低。蔗糖的发热量较高，约1672kJ/100g。但蔗糖的缺点主要是：溶液中的蔗糖易结晶析出，给食品加工操作带来困难，同时也会对成品产生不良影响；蔗糖还能促进龋齿，且与心脏病的发生有关等，这些影响人体健康的问题越来越引起人们关注。因此，在现代食品加工中，蔗糖用量逐渐受到限制。

1. 白砂糖（White Granulated Sugar）

白砂糖是白色透明的纯净蔗糖晶体，与其他糖类相比，蔗糖具有易结晶的性质。将这种糖溶解并长时间放置使之缓慢结晶，得到的大块结晶称为冰糖。白砂糖的溶解度很大，在0℃其饱和溶液含糖64.13%，溶解度随温度升高而增大。100℃时溶解度为82.97%。精制度越高的白砂糖，吸湿性越小。

白砂糖微溶于沸腾的纯酒精，不溶于氯仿、醚和甘油等有机溶剂。

工厂中为了自动化操作，一般都使用液糖（也称糖浆），即白砂糖溶液。因此，有必要了解白砂糖溶液的物理性质。白砂糖溶液的温度、浓度与其黏度的关系如表2-9所示。可以看出，白砂糖溶液随着温度的降低，浓度的增大，黏度也变大，但温度对黏度的影响大于浓度的影响。因此常用温度控制液糖的流动性。为防止砂糖再结晶析出，液糖一般为不饱和溶液。

表2-9　　　　　　　　　　　白砂糖溶液温度、浓度与其黏度的关系

温度/℃	流下速度/s	浓度/（g/100mL）	流下速度/s
16	476	100（未饱和）	22
30	164	219（已饱和）	164（标准）
42	86	239（过饱和）	248
61	86	256（过饱和）	373
71	30	270（过饱和）	464

注：（1）表中为"Engler"黏度计测定结果。浓度测定时的温度为30℃。

（2）浓度单位为100mL水中白砂糖的质量（g）；浓度测定时的温度为30℃。

（3）流下速度指100mL糖液从黏度计孔流下所需时间（s）。

2. 黄砂糖（Brown Sugar）

黄砂糖是制造白砂糖的初级产物，因含有未洗净的糖蜜杂质，故带黄色。土法用锅熬制的糖含有更多的杂质，故称为红糖或黑糖。黄砂糖因含杂质较多，所以常用于低、中档产品。其含铜量较高，易使饼干在保存中变质。黄砂糖因含水多一般不宜直接使用，常以糖液形式使用。在卫生管理上也要注意，不能生食。

3. 绵白糖

绵白糖是由粉末状的蔗糖加入转化糖粉末制成，十分细洁。因为颗粒微小因而易于搅拌和溶解，加工面包、饼干等时可直接在调粉时加入。它还更多地用来作为一些油脂多的面包和油炸面圈表面的饰粉，以使外观看起来更有食欲和增加香甜风味。绵白糖易结块，为防止结块常常搀有玉米粉。

本书中提及的原料"砂糖"为"白砂糖"。

（二）转化糖（Invert Sugar）

食品厂使用的液糖，除把蔗糖直接加水制成浓度为67%的液糖（Sucrose Type）外，国外

常用的是转化糖浆（Invert Type 或 Invert Syrup）。转化糖是蔗糖与酸共热或在酶的催化作用下水解而成的葡萄糖（Glucose）和果糖（Fructose）的等量混合物。转化糖因有还原作用，也称为还原糖（Reducing Sugar）。一般转化糖浆的组成为未转化的蔗糖（40%～50%）和转化得到的果糖、葡萄糖（50%～60%），因果糖和葡萄糖的量比较多，所以这种糖有不易结晶、甜度大的优点。而且转化糖不会造成龋齿，因此是比较理想的甜味剂。

转化糖浆的化学法工业生产中，通常加入盐酸作催化剂，反应结束后加入碱液中和其中的盐酸，即为转化糖浆，如再用交换树脂将中和后的杂质除去，就得到纯净的转化糖浆。食品中，尤其是高甜度食品（如豆沙馅、羊羹等）中，为防止砂糖结晶，常使用转化糖代替砂糖。

（三）淀粉糖（饴糖）

淀粉糖是以淀粉或淀粉质为原料，经酶法、酸法或酸酶法加工制成的液（固）态产品，包括食用葡萄糖、低聚异麦芽糖、果葡糖浆、麦芽糖、麦芽糊精、葡萄糖浆等。淀粉糖过去也称饴糖，是我国最古老的糖，大约公元前1000年左右我国就有淀粉制糖的记载，那时的"糖"就写成"饴"字，是用植物淀粉经麦芽的作用制成。传统淀粉糖（饴糖）根据加工方法不同，分为以下几种。

1. 酸水解淀粉糖浆

这种糖是淀粉中加草酸（Oxalid Acid）或盐酸，加水分解成糖化液，再经中和、脱色、离子交换、浓缩后制成。淀粉在糖化过程中会产生糊精（Dextrins）等多糖类中间产品，如反应进行到底则生成葡萄糖。

2. β - 淀粉酶饴糖

这种糖是由淀粉糊加 β - 淀粉酶分解而成。由于 β - 淀粉酶对支链淀粉分解不完全，反应得到的是麦芽糖（Maltose）和界限糊精。

3. 麦芽饴糖

麦芽饴糖由淀粉糊加麦芽（α - 淀粉酶等）分解制成。淀粉酶水解淀粉一般生成糊精和麦芽糖。

过去淀粉糖的一般制法是酸糖化法和酶糖化法并用，即先用酸糖化法将淀粉糖化到一定程度，然后再用酶糖化使其余的淀粉和中间产物转化为麦芽糖。所生成的糖浆中含有葡萄糖和麦芽糖。可根据不同的需要，控制糖化工艺的程度，制成含有不同比例的糊精、麦芽糖和葡萄糖的淀粉糖。淀粉糖形似水玻璃，是无色透明的黏稠胶体，有强的吸湿性，可防止砂糖的析出。

淀粉糖的性状和甜度与淀粉水解糖化的程度有关，淀粉水解糖化的程度以糖化率（葡萄糖值）表示，通常称为 DE（Dextrose Equivalent），如式（2 - 4）所示。

$$DE = 直接还原糖（以葡萄糖表示）/固体成分 \times 100\% \qquad (2-4)$$

糖化率越高，味道越甜，黏度越低，而且吸湿性、抑制砂糖结晶的作用也越小。按照淀粉糖中糖的转化程度或葡萄糖、麦芽糖的含有量也有把淀粉糖分为结晶葡萄糖、全糖（葡萄糖含量95%～97%，颗粒状或粉末状）和饴糖等产品。饴糖是淀粉经不完全糖化而得的产品，糖分组成为葡萄糖、麦芽糖、低聚糖、糊精等，根据转化程度分为低转化（DE < 20% 葡萄糖值）、中转化（38% < DE < 50%）和高转化（50% < DE < 70%）饴糖。工业上产量最大、生产最为普遍的是中转化饴糖，糊精与葡萄糖之比为 1∶1。各种淀粉糖的糖化率及其性质如表 2 - 10 所示。

表 2 - 10 各种淀粉糖的糖化率及其性质

名称	水分/%	DE/%	甜味	黏度	糖结晶性	抑制糖结晶的能力	吸湿性
结晶葡萄糖	8.5 ~ 10	98.5 ~ 99.9	大	小	大	小	小
精制葡萄糖	10 以下	97 ~ 98					
粉末葡萄糖	8 ~ 12	90 ~ 96					
固体葡萄糖	10 ~ 13	80 ~ 93					
葡萄糖浆	20 ~ 30	70 ~ 90					
高转化饴糖	16 ~ 20	51 ~ 70					
饴糖	16	35 ~ 50					
低转化饴糖	16 ~ 20	30 ~ 39					
饴糖粉	5 以下	20 ~ 40	小	大	小	大	大

有些文献把酸糖化法制成的饴糖称为淀粉糖浆，其主要糖分为葡萄糖；把酶法制成的糖称为饴糖，其主要糖分为麦芽糖。现在基本以酶法制备。麦芽糖的热稳定性较葡萄糖高，受热不易变色。一般饴糖的固体物质含量在 73% ~ 88%。饴糖中因为有大量的糊精，所以在面包、饼干等的面团操作中要考虑其黏度的影响。另外饴糖在脱水后可制成（颗粒状）固态糖，称为脱水糖浆。一般糖化程度较高的糖（转化糖含量 70% 以上）常用作水果糖的原料。

100% 转化的淀粉糖就是平时成为商品的葡萄糖。葡萄糖在低浓度溶液中甜度较同浓度的蔗糖淡一些，但随浓度升高，其甜度增加较快。例如，12.7% 葡萄糖溶液的甜度相当于 10.0% 蔗糖溶液，31.5% 葡萄糖溶液的甜度相当于 30.0% 蔗糖溶液，而浓度在 40% 以上时，葡萄糖溶液和蔗糖溶液的甜度相等。葡萄糖溶化时吸收较多的热量，故食入口中具有瞬时的清凉感。葡萄糖与蔗糖相比，在较低的温度下易着色，故宜在焙烤食品中使用。

异构糖也称果葡糖（浆）或高果糖（浆），是一种常见的淀粉糖。过去其制法是：先把玉米淀粉等经酸糖化处理分解为葡萄糖，然后经酶（葡萄糖异构酶）或碱处理使之异构化，一部分转变成果糖，其主要成分为果糖和葡萄糖。异构糖在 1967 年时开始商品化生产，日本、美国等国家近十年内异构糖的产量增加了几十倍。1967 年，异构糖中果糖含量（异构转化率）只达到 42%，葡萄糖占 50%。现在生产的异构糖中果糖含量已在 55% 以上，有的已达 90%。

异构转化率为 42% 的异构糖，其甜度与蔗糖相等，但比砂糖渗透压高、耐热性差、加热易发生褐变。因为异构糖一般都制成糖浆使用，所以在现代化食品工厂中使用非常方便。把果葡糖浆用于面包生产中，果糖的发酵性、焦化性及保湿性能作为优点充分发挥出来。果葡糖浆代替蔗糖，发酵反应快而好，面包松软，略有湿润感，并且易于着色，美观且风味好。果葡糖浆用于蛋糕，膨松性好，存放 30d 后仍然柔软，而使用砂糖的蛋糕，在数天后即干硬、表层松碎。

（四）蜂蜜（Honey）

蜂蜜的主要成分为果糖、葡萄糖、蔗糖、蛋白质、糊精、水分、淀粉酶、有机酸、维生素、矿物质以及蜂蜡等，具有较高的营养价值。蜂蜜作为甜味剂加入到焙烤食品，主要提高了产品持水性，改善产品质构、风味和口感。当蜂蜜添加到面团中，可以作为一种良好的面团改良剂，提升新鲜或冷冻面团面包的焙烤品质。添加到蛋糕中可以有很好的持水能力。近年来，蜂蜜干粉的开发为蜂蜜在食品中的应用扩大了范围。蜂蜜干粉是天然蜂蜜固化干燥得到的产品，既保留了蜂蜜的营养价值，又克服了液体蜂蜜在使用中的不便。有研究表明，相比液体蜂蜜，蜂蜜干粉的吸湿性更好，因此加入面包中会使面包烘焙品质更佳。蜂蜜干粉完全替代蔗糖，可以延缓面包的老化速率。

（五） 其他甜味剂

一些甜味剂虽不属于糖的范围，但在我国砂糖缺少时，甜味剂常用作糖的代用品，有的因为具有特殊的疗效或有改善食品品质的特殊性质，已越来越多地受到重视。

1. 天然甜味剂

（1）木糖（Xylose）和木糖醇（Xylitol） 纤维质原料（如锯木屑、玉米芯）用酸水解后，再经发酵除去葡萄糖，然后浓缩，即可得到木糖。木糖是无营养的甜味剂，甜度为蔗糖的40%，常用于无糖食品和糖尿病患者使用的特医食品。木糖还原后还可得到另一种甜味剂木糖醇（Xylitol）。木糖醇的热量与蔗糖相似，甜度略高于蔗糖，可以作为人体能源物质，但其代谢不影响糖原的合成，故不会使糖尿病患者因食用而增加血糖值，可作为糖尿病患者使用的特医食品。另外，由于它不能为酵母菌和细菌所发酵，因此还有防龋齿的效果。

（2）山梨糖醇（Sorbitol） 天然的山梨糖醇从果实（苹果、桃、杏、山梨等）中提取。然而，生产中用的山梨糖醇多是以葡萄糖为原料，在高温高压下加氢，然后用离子交换树脂精制。在低热量食品和糖尿病、肝病、胆囊炎患者食品中，山梨糖醇是蔗糖的良好代用品。山梨糖醇的甜度为蔗糖的60%。由于山梨糖醇在溶解时吸收热量，所以在口中给人以清凉的甜味感。山梨糖醇的吸湿性强，在糕点类食品中能防止干燥，延缓淀粉老化。它还有不褐变、耐热、耐酸等优点，在面包、糕点类食品中的用量一般为2%~5%。

（3）非糖天然甜味剂 甘草苷（Glycyrrhizin）是从甘草中提取的、甜度为蔗糖的100~500倍，甜味特点是感应缓慢，存留时间长，所以很少单独使用。甘草一般与蔗糖一起使用，由于甘草有强的增香效果，故常用于糖果、罐头、中草药等。

甜菊苷（Stevioside）是从原产南美的菊科植物甜叶菊中提取的、味感与蔗糖相似但存留时间比较长的甜味剂。甜度约为蔗糖的300倍，由于它的热稳定性好，可广泛用于饮料、罐头、糕点、糖果等。

2. 合成甜味剂

（1）甜蜜素（Sodium Cyclamate，环己基氨基磺酸钠） 白色针状、片状结晶或粉末状结晶，对热、光、空气稳定，加热后略有苦味。由氨基磺酸钠和环己胺反应、精制而成，甜度为蔗糖30~80倍，可代替蔗糖，或与其他甜味剂复配使用。在面包和糕点中的最大使用量为1.6g/kg，在饼干中的最大使用量为0.65g/kg。

（2）安赛蜜（Acesulfame Potassium，乙酰磺胺酸钾） 白色结晶状粉末，极易溶于水，对热和酸稳定性好，不吸湿，高浓度时有苦味。常使用其钾盐。由双乙酰酮与胺基磺酸反应，经SO_3环化反应、KOH中和、结晶工序制得。甜度为蔗糖的200倍，可单独使用，也可与其他甜味剂复配使用。在焙烤食品中的最大使用量为0.3g/kg。

（3）三氯蔗糖（Sucralose，蔗糖素） 白色至近白色结晶粉末，热稳定性好，无臭，不吸湿，是一类蔗糖衍生物。由蔗糖分子中的三个羟基被氯原子选择性地取代而得到，甜度为蔗糖的600倍。温度和pH对它几乎无影响，适用于酸性至中性食品，在人体内不参与代谢、不吸收、热量为零。在焙烤食品中的最大使用量为 0.25g/kg。

（4）阿斯巴甜（Aspartame，天门冬酰苯丙氨酸甲酯）　白色结晶粉末，属二肽类化合物，由 L - 天冬氨酸衍生物进行脱水得到酸酐，再与 L - 苯丙氨酸衍生物进行反应制得。其甜味纯正，具有和蔗糖极其近似的清爽甜味，甜度为蔗糖的 200 倍。短时间内较稳定，患苯丙酮尿症者不宜食用，因此添加阿斯巴甜的食品应标明："阿斯巴甜（含苯丙氨酸）"。该甜味剂在面包中的最大使用量为 4.0g/kg，在糕点和饼干中的最大使用量为 1.7g/kg，在焙烤食品馅料及表面用挂浆中的最大使用量为 1.0g/kg，在其他焙烤食品中的最大使用量为 1.7g/kg。

（5）纽甜（Neotame，N - ［N - （3，3 - 二甲基丁基）］ - L - α - 天门冬氨 - L - 苯丙氨酸 1 - 甲酯）　白色结晶粉末，约含 4.5% 结晶水，是阿斯巴甜氨基烷基化产物，由阿斯巴甜与 3，3 - 二甲基丁醛在还原剂作用下进行氨基烷基化得到。其甜味与阿斯巴甜相近，无苦味及后味，甜度是蔗糖 8000 倍，摄入人体后不会被分解为单个氨基酸，苯丙酮尿症患者也可食用。在干粉状态下，其稳定性极佳。在湿度条件下，其稳定性与 pH、温度和时间有关。在焙烤食品中的最大使用量为 0.08g/kg，在焙烤食品馅料及其表面用挂浆中的最大使用量为 0.1g/kg。

在最新的食品添加剂使用标准（GB 2760—2014《食品安全国家标准　食品添加剂使用标准》）中规定，糖精钠的适用范围不包含面包、糕点、饼干等焙烤食品。

（六）各种主要糖的特性

各种主要糖的特性如表 2 - 11 所示。

表 2 - 11　　　　　　　　　　　各种主要糖的特性

种类	来源	甜度	溶解度/（g/100mL）	备注
蔗糖	甘蔗、甜菜	100	204	使用最多，主要有白砂糖、黄砂糖、绵白糖
果糖	水果、菊芋	150 ~ 175	375	转化糖的主要成分，甜味强；能防止其他糖的结晶
转化糖	蜜蜂	130	83	花中所含蔗糖分解而成
麦芽糖	玉米淀粉、大米、薯类淀粉	30	83	饴糖的主要成分
乳糖	动物乳	15	20	甜味弱，不能被酵母发酵
葡萄糖	薯类淀粉、玉米淀粉	55 ~ 70	107	发酵作用同蔗糖，甜度为其一半。也称果葡糖浆或高果糖浆，因含有 25% 的水分，使用时要换算
异构糖	玉米淀粉	100 ~ 130		

二、糖在焙烤食品中的主要作用

（一）甜味剂（Sweetener）

糖能给烘焙食品以适当的甜味。常用糖类的甜度顺序（表 2 - 11）为：果糖 > 蔗糖 > 葡萄糖 > 麦芽糖 > 乳糖。

（二）酵母的能源（Energy Source）

酵母在发酵时一般只能利用单糖（六碳糖），如葡萄糖、果糖等。双糖类（如蔗糖、麦芽糖）因分子太大无法透过酵母的细胞膜，所以不能为酵母直接吸收利用。但蔗糖可经过转化糖酶（Invertase）或酸的水解作用分解为单糖。面粉内的淀粉酶可以把面粉内的损伤淀粉（Damaged Starch）转化为麦芽糖，麦芽糖又受酵母中麦芽糖酶（Maltase）的作用分解为葡萄糖供给酵母利用。酵母内缺少乳糖酶（Lactase），所以乳糖无法利用。还有一些比较特殊的酵母稍微能利用半乳糖（Galactose）。

面团内加一小部分砂糖（4%～8%）可以促进发酵，但超过了8%，酵母的发酵作用会因糖量过多而受到抑制（主要因为渗透压增加），导致发酵速度有减慢趋向。

葡萄糖、果糖如果分别使用，葡萄糖的发酵速度稍大于果糖，但如混合使用，葡萄糖的发酵速度与果糖的差异会加大。一般面团发酵过程中约有2%的糖被酵母利用产生二氧化碳和酒精，发酵剩余的糖称为剩余糖。显然，如果葡萄糖和果糖混用时或使用砂糖时，剩余糖中果糖较多。面团内同样浓度的葡萄糖与砂糖在发酵速度上没有大的区别。这是因为在调粉时，蔗糖会同时在转化糖酶（Invertase）的作用下分解为葡萄糖和果糖。

糖是供给酵母营养的主要来源。几乎所有的糖都可以在酶的作用下分解为葡萄糖和果糖，酵母就是利用它们进行发酵的。发酵后的最终产物为二氧化碳和酒精。

（三）形成特有的表皮颜色（Crust Color）

面包和饼干都因其特有的表面颜色来引起人们的食欲。不加糖的面包是淡黄色的，如硬式面包（Hearth Bread），而甜面包却可以烤成诱人的红棕色。这都是因为糖在加热时发生了焦糖化反应（Caramelization）和美拉德反应（Maillard Reaction）。焦糖化反应是糖在高温下发生褐变反应，如蔗糖在温度达160～170℃时才能发生焦糖化反应。美拉德反应是氨基酸、蛋白质等和糖在受热的情况下发生褐变反应。由于面团中的葡萄糖、果糖、麦芽糖及乳粉内的乳糖在同样温度烘烤时，成品形成的颜色深浅不同，所以有经验的人便能从面包的颜色判断出面包中糖的成分和含量。果糖对热最为敏感，与葡萄糖相比，在较低温度下易着色，葡萄糖又比蔗糖的着色能力好。但因蔗糖在发酵时已完全转变为葡萄糖和果糖，因此在同样添加量的情况下，蔗糖比结晶葡萄糖易产生理想的红棕色。

（四）风味（Flavor）

面包、饼干和糕点风味的形成是由材料的种类、用量以及制作方法决定的。除了盐有调味功能外，以糖对风味影响最大。面包、饼干中虽有不用糖的品种（如硬式面包、咸饼干等），但尤其是对我国消费者，在没有把面包、饼干作为主食的情况下，甜味品种更受欢迎。在制作过程中，糖可分解为各种风味成分。在焙烤时糖所发生的焦糖化反应或美拉德反应产物都可使制品产生好的风味。以面包为例，面包制作时添加2%的糖足以满足酵母发酵产生二氧化碳的需要，但一般的面包用糖量却超过2%，为2%～7%，其目的就是要使过量的剩余糖产生理想的风味。糖多的面包不仅味甜，易着色，而且在焙烤过程中有利于形成密封的面包表皮，使面包内部发酵所产生的挥发成分，不致由于蒸发而损失。

（五）形态和口感

糖对于面包的影响主要是，可以保持面包的柔软性（Softness），抑制产品老化。糖虽然本身不是柔性材料，但含糖多的面包在焙烤时着色快，可以缩短焙烤时间，因而可以保存更多的水分于面包内，使面包柔软。糖少的面包由于焙烤时间长，成品干硬，所以称作硬式面包。

对于饼干的制作，使用较多的糖能够限制在调粉时形成面筋，使成品具有酥脆的口感，如用糖过少，口味就会僵硬；而使用糖量过多又会使面筋形成量过低，不仅操作时不易成形，而且口感硬脆。

糖对蛋糕的质地影响很大。糖用量过低，制品结构形成早，易造成蛋糕表皮开裂；糖含量过高，制品不膨松，或膨松后经冷却易出现塌陷现象。严格地讲，糖对面包的抗老化作用（Anti staling）影响不大，也就是说糖无法防止面包变硬。但糖的吸湿性可以改善焙烤食品的柔软度，从而延长货架期。糖的吸湿性当然与周围环境的相对湿度有关。我们知道还原糖有较大的吸湿性，尤其是果糖。含糖量少或只含结晶葡萄糖的面包，果糖剩余量较少，因此面包易干硬。而高含糖量（20%～25%）的面包，由于发酵后剩余较多的果糖，因此有抑制面包水分蒸发、防止面包变干发硬的功效。

（六）营养

1g 砂糖约含 16.72kJ 的能量，可作为人体的能源成分被吸收。

（七）改善面团的物理性质

1. 吸水量（Absorption）

面筋形成时主要靠蛋白质胶体内部的浓度所产生的渗透压吸水膨胀而形成面筋。糖的存在会增加胶体外水的渗透压，对胶体内水分也就会产生反渗透作用。因而过多地使用糖会使胶体吸水能力降低，妨碍面筋形成。每增加 5% 砂糖使用量，吸水率减少约 1%。这只是参考数值，调粉时应按制品实际情况掌握。

2. 面团扩展（形成）时间（Dough Development Time）

糖还影响调粉时面团搅拌所需时间。当糖使用量在 20% 以下时，影响不太大，由于反水化作用的原因，搅拌时间稍需增加。但在高含糖量（20%～25%）配方的面团调粉时，面团完全形成时间大约增加 50%，因而这类面团最好高速搅拌。而对于不希望形成面筋的面团（如饼干、蛋糕等），高糖量有利于抑制面团面筋的形成。糖的形态（固、液）与搅拌时间无关。

3. 使用量

一般说来，在面包发酵时糖用量越多，产生气体越多。但有一定限度，糖的使用量最大不超过 30%。用糖过多，面筋未能充分扩展，会使产品体积小，组织粗糙。在制作高糖面包时，应适当延长搅拌时间或采用高速搅拌机。对于不希望过多形成面筋的面团，如饼干面团、酥性点心面团等，高糖利于抑制面筋的形成，使产品在焙烤时不变形，酥脆、可口。

（八）防氧化作用

氧气在糖溶液中的溶解量比在水溶液中低得多，因此糖溶液具有抗氧化性。因砂糖还可以在加工中转化为转化糖，具有还原性，所以是一种天然抗氧化剂。在油脂较多的食品中，这些转化糖就形成了油脂稳定性的保护因素，防止酸败的发生，增加保存时间。

（九）抑制微生物生长繁殖

这在糖含量较多的烘焙食品中效果比较明显，一般细菌在 50% 的糖度下就不会增殖。含糖量高的蛋糕，一定程度上可抑制微生物的生长主要是由于这方面原因。

第三节 油　　脂

一、　油脂的概念

可供人类食用的动物油和植物油称作食用油脂，简称油脂（Oil and Fat）。在食品中使用的油脂是油（Oil）和脂肪（Fat）的总称。在常温下呈液体状态的称油，呈固体状态的称为脂。它的原料来自动植物，石油等矿产物中不含有如上所述的油脂。

油脂是由碳（Carbon）、氢（Hydrogen）、氧（Oxygen）三元素所构成。化学上油脂属于简单脂质（Simple Lipid），它的分子是由一分子甘油和三分子脂肪酸结合而成。脂质（Lipid）除了三酸甘油酯（Triglyceride）外，还包括单酸甘油酯（Monoglyceride）、双酸甘油酯（Diglyceride）、磷脂（Phosphatide）、脑甘油酯类（Cerebroside）、固醇（Sterol）、脂肪酸（Fatty Acid）、油脂醇（Fatty Alcohols）、脂溶性维生素（Fat Soluble Vitamin）等。通常所说的油脂是甘油与脂肪酸所形成的酯，也称为真脂或中性脂肪（True Fat），而将其他脂质统称为类脂（Lipid）。

油脂可分解成甘油和脂肪酸，其中脂肪酸占比例较大，约占油脂质量的95%，而且脂肪酸种类很多，它与甘油可以结合成状态、性质各不相同的许多种油脂。

脂肪酸可分为饱和脂肪酸（Saturated Fatty Acid）和不饱和脂肪酸（Unsaturated Fatty Acid）。不饱和脂肪酸分子中含有1个甚至6个不饱和双键。饱和脂肪酸又可分为低级饱和（挥发性）脂肪酸和高级饱和脂肪酸（固态脂肪酸）。低级饱和脂肪酸分子中，碳原子数在10以下，其油脂常温下为液态。分子中碳原子数多于10的就是高级饱和脂肪酸，其油脂常温下为固态。脂肪酸不饱和键越多，则熔点越低，越易受化学作用，如油脂酸败、氧化、氢化作用等。

所有脂肪中饱和脂肪酸以软脂酸（棕榈酸：Palmitic Acid，C16）和硬脂酸（Stearic Acid，C18）最为普遍。不饱和脂肪酸主要有油酸（Oleic Acid，C18，含1个不饱和键）、亚油酸（Linoleic Acid C18，2个不饱和键，也叫亚麻油酸）和亚麻酸（Linolenic Acid，C18，3个不饱和键，也称次亚麻油酸）。生物化学中按不饱和键的位置将脂肪酸分为两大类，即不饱和键从第3个碳原子开始的称 $\omega-3$ 系列脂肪酸，从第6个碳原子开始的称为 $\omega-6$ 系列脂肪酸。$\omega-3$ 系列脂肪酸主要包括亚麻酸、二十碳五烯酸（EPA）和二十二碳六烯酸（DHA）；$\omega-6$ 系列脂肪酸主要包括亚油酸和花生四烯酸（ARA）。

二、　油脂的种类

（一）天然油脂

1. 植物油

常用的植物油为大豆油（Soybean Oil）、棉籽油（Cottonseed Oil）、花生油（Peanut Oil）、芝麻油（Sesame Oil）、橄榄油（Olive Oil）、棕榈油（Palm Oil）、菜籽油（Rapeseed Oil）、玉米油（Corn Oil）、米糠油（Rice Bran Oil）、椰子油（Coconut Oil）、可可油（Cocoa Tincture）、葵花籽油（Sunflower Oil）等。主要介绍以下几种。

（1）大豆油　大豆油是世界上消费最多的油，常作为油炸制品用油以及人造油脂的原料。

其脂肪酸组成中，不饱和脂肪酸占80%以上。其特征为有8.3%的高度不饱和脂肪酸（亚油酸），所以有一种腥味。为此常经过少量氢化处理制成与棉籽油成分相近的产品。

（2）棉籽油 从棉花种子中得到的油，必须经过精炼除去有毒的成分棉酚。棉籽油的熔点为5～10℃，如在低温放置一段时间，可以得到固态的油脂。这时，如果过滤就可分离为液体和固体。将这一不使用溶剂进行食用油脂分提的方法称作"冬化"（或脱蜡：Wintering）。所得的液体称色拉油（Salad Oil）或称冬青油（Wintergreen Oil）。色拉油的熔点为－6～－4℃，分离后的固体脂称为棉籽硬脂（Cottonseed Stearin），占棉籽油的30%左右。

棉籽油的饱和脂肪酸为软脂酸24%、硬脂酸1.6%，比动物油少。不饱和脂肪酸以亚油酸为多，精制的棉籽色拉油中亚油酸含量更多。这些脂肪酸是必要的营养物质，是蛋黄酱（Mayonnaise）的重要材料，作为油炸制品用油也具有好的特性。

棉籽油是起酥油（Shortening Oil）的优质原料。

（3）玉米油 此油是从玉米磨粉后剩的胚芽（30%）中得到的油，熔点为－18～－10℃，是熔点比较低的油，不饱和脂肪酸占85%，其中亚油酸占59%。玉米油的特点是含磷脂质、生育酚（维生素E：tocopherol）和固醇等微量成分较多，尤其卵磷脂含量较高，这些成分的优势不仅使玉米油具有好的保健功能，而且稳定性很好。油酸据说有减少血液中胆固醇的作用，因此玉米油是制作人造奶油（Margarine）、色拉油、油炸用油和调味油的理想原料。

（4）棕榈油 棕榈油是从油椰子树的果实中得到的油。从果肉中可以提取棕榈油，从种子核中可以提取棕榈核油。棕榈油的脂肪酸组成中，不饱和脂肪酸为50%～60%，比其他植物油少。而且不饱和脂肪酸中油酸较多，饱和脂肪酸中软脂酸（棕榈酸）较多，占45%左右，因此稳定性很好，是熔点在30～40℃的半固体脂，常温下为固体植物脂。大约有60%棕榈油用于食品，40%为工业用油。

棕榈油如果在半熔融状态下静置一段时间，下层形成固体脂，上层成为液体油。上层的油可分离出来作为油炸油使用，下层微软的固体可作起酥油用，更硬一些的可作为硬奶油（Hard Butter），常用来代替可可脂，是巧克力的原料。

（5）椰子油、棕榈核油 椰子油是从椰子果实（Coconut）的果肉里得到的，椰子的果肉含油量达35%，压榨出的油称为椰子油。棕榈核油的来源则如（4）所述。棕榈核油与椰子油脂肪酸组成很相似，脂肪酸的种类也比较多，但其中月桂酸（Lauric Acid，C12）最多，约占50%。其他饱和脂肪酸多为C6～C18的脂肪酸。不饱和脂肪酸是少量的油酸。

这两种油脂从甘油酯的构成上看，性质与可可脂相似，固体脂有爽口清凉的熔化性质，风味清淡，可用作代可可脂、代乳脂，是冷点心、巧克力和冰淇淋的理想材料。液体油可用于焙烤食品、氢化油或肥皂。但其水解后带有肥皂味，并且由于脂肪酸组成的较大差异不易与可可脂相溶，因此限制了在食品工业的应用，70%左右都是用于化工产品。

（6）可可脂 可可脂是浅黄色固体，带有可可豆特有的可口滋味和香味。它是从自热带植物可可树的种子可可豆中取得，是巧克力的主要成分。其脂肪酸的种类较少，其中油酸40%、硬脂酸31%、软脂酸25%，熔点为32～39℃，在口中有清爽的熔化性质和特殊的香味。一般可可脂不需要脱酸、脱胶、脱臭等处理，它比其他油脂稳定性都好，不易因氧化而酸败变质。

2. 动物油

（1）黄油（Butter Fat） 黄油也称奶油，是从牛乳中分离出的油脂，具有以下特征：①含有各种脂肪酸；②饱和脂肪酸的软脂酸含量最多，也含有只有4个碳原子的丁酸（酪酸，Butyric Acid，C4）和其他挥发性脂肪酸；③不饱和脂肪酸中以油酸最多，亚油酸较少（1.3%）；④熔点31~36℃，口中熔化性好；⑤含有多种维生素，叶黄素是使其呈黄色的主要色素，但其胆固醇含量往往使消费者顾忌；⑥双乙酰（diacetyl）等羟基化合物使其具有独特的风味。由于以上特征，它不仅是高级面包、饼干、蛋糕加工中很好的原料，还常被用来当作固体油脂的基准。

（2）猪油（Lard）　猪油是猪的背、腹皮下脂肪和内脏周围的脂肪，经提炼、脱色、脱臭、脱酸精制而成。猪油的脂肪酸特点是其碳原子数有奇数的，这在鉴定猪油时很有用。猪油的不饱和脂肪酸占一半以上，多为油酸和亚油酸，饱和脂肪酸多为软脂酸。猪油熔点较低，板油约28~30℃，肾脏部的脂肪品质最好，熔点35~40℃，因此在口中易熔化，使人感到清凉爽口。猪油常被作为洋式火腿（Ham）、中餐烹饪和糕点用油。

猪油的起酥性较好，但融合性稍差，稳定性也欠佳，因此常用氢化或交酯反应（Ester Interchange）处理来提高猪油的品质。猪油不仅常作为食品的直接原料，而且因为其比较便宜，所以常用来作为乳化剂的原料。

（3）牛油（Beef Tallow）　牛油是从牛身体中提炼的油脂，其中也有碳原子为奇数的脂肪酸。熔点比猪油高，为35~50℃，在口中的熔化性不那么好，其一部分也可用来做人造起酥油和人造奶油，但大部分用来做肥皂，因为它的脂肪酸中硬脂酸、软脂酸等饱和脂肪酸较多。

牛油起酥性不好，但融合性比较好，常作为加工用高熔点的人造奶油或起酥油的原料。作为油炸食品用油，因为它在口中熔化性不好，特别是放凉后很难吃，所以不太使用，但常用来做油茶。

（4）鱼油（Fish Oil）　鱼油主要来自海洋鱼类，我国生产很少。过去鱼油主要用于燃料等工业用途，作为食品流通很少，而且由于鱼油所含多不饱和脂肪酸易酸败生成鱼腥味和引起变色，所以几乎不能直接食用。经过氢化处理后，制成硬化鱼油，稳定性得到改善，可以食用，熔点为20~45℃。硬化鱼油有好的加工性能，被用作起酥油和人造奶油的原料。在二十碳五烯酸（EPA）和二十二碳六烯酸（DHA）的生理功能被发现后，鱼油才真正成为受欢迎的功能食品原料。含EPA和DHA浓度较高的鱼油，往往只能做成胶囊服用。

3. 微生物油脂

微生物油脂（Microbial Oil）又称单细胞油脂（Single Cell Oil，SCO），是由藻类、酵母、细菌和霉菌等微生物在特定环境下，利用碳水化合物和一般油脂为碳氮源以及一定的无机盐类，在微生物细胞内产生的油脂。与传统油脂生产工艺相比，利用微生物生产油脂具有油脂含量高、生产周期短、生产成本低、不易受天气及季节变化的影响、能持续大规模生产等优点；并且可以利用细胞融合、细胞诱变等技术，使微生物生产的油脂比重、植物油脂更符合人们对高营养油或某些特定脂肪酸油脂的需求。目前微生物油脂在食品中的应用主要集中在开发二十碳四烯酸（ARA）单细胞油脂及DHA单细胞油脂，并将其应用于婴幼儿乳粉中。微生物油脂的生产技术在不断提高，其必将成为新世纪油脂工业中最重要的研究热点之一，并在促进人类的医疗保健方面和解决人类面临的能源资源危机问题中起到重要的作用。

（二）人造油脂

1. 起酥油（Shortening Oil）

（1）概念　起酥油也称雪白奶油，最早出现在19世纪末的美国，由于猪油短缺，棉籽油丰收，为了生产一种猪油代用品，就将棉籽油和牛油混合起来，做成类似猪油的东西，当时称为混合猪油（Lard Compound），因为这种油有很好的起酥性，便又被通称为"起酥油"。1910

年美国引进了油脂硬化技术，起酥油即从原来的混合型（Blended or Compound Type Shortening）发展到全氢化型（All Hydrogenated Shortening），即以植物油为原料，经硬化处理生产起酥油，开始了起酥油的新时代。这种全氢化型起酥油比混合型起酥油抗酸败性好，很适于焙烤食品的要求。油脂的硬化程度多种多样，用选择性的硬化可得到任意熔点的硬化油脂。经氢化处理的起酥油不仅提高了抗氧化性和热稳定性，同时也可改善油脂的气味、色泽和滋味，从而扩大了油脂的应用范围。尽管食用动物脂肪有猪油、牛油、羊油、海产动物油等，但其中最受欢迎的是猪油，因为它稠度适当，易操作，味道香。但随着食品工业向高品质、自动化生产的发展，其缺点便暴露出来，主要是稠度稍软，性质不稳定，融合性不好，另外，未经处理的猪油易酸败等。所以，这些都是后来起酥油在使用中渐渐占了上风的原因。

起酥油在国外被称作"Shortening or Compound Cooking Fat"，没有国际统一名称。起酥油原来只是指焙烤食品原料的固形脂，但后来油炸食品用油也被称作"Shortening"，甚至将液体的油也称"Liquid shortening"，糊状的油称作"Fluid Shortening"等。因此起酥油范围相当广泛，很难下明确定义，一般可以理解为动、植物油经精制加工或硬化、混合、速冷、捏合等处理使之具有可塑性、乳化性等加工性能的油脂。它一般不直接消费，而是作为食品加工的原料。

（2）起酥油的分类　起酥油的分类方法很多，有按原料种类分类的，如植物型、动物型、动植物混合型起酥油。也有按制作方式分的，即混合型和氢化型起酥油。

混合型的配方很多，仅举几例：

①55%牛油和45%棉籽油；

②5%硬脂（stearine），45%牛油和50%棉籽油；

③5%硬脂，15%牛油，60%猪油和20%棉籽油；

④牛油和大豆硬化油；

⑤棉籽硬化油和棉籽油等。

混合型起酥油中因为植物油较多，比较易被氧化酸败，其抗氧化指标AOM（Active Oxygen Method）[1]一般约40h，有的只有16~18h。但因为可塑性、稠度较好，且价格便宜，故常用来制作点心、面包等。

氢化型油一般用单一的植物油（棉籽油、大豆油）等氢化而成。这种氢化法制得的起酥油与混合法制得的相同稠度的油相比稳定性好。AOM在70h以上。如果将两种以上的氢化油混合，可得到不但稳定性好而且可塑性范围大的起酥油，对饼干和油炸制品，最好使用这种氢化起酥油。

根据氢化处理的程度不同，氢化方法可分为部分氢化和完全氢化。部分氢化是根据需要控制氢化反应条件和过程，只对油脂中部分不饱和脂肪酸的双键加氢的氢化反应，又称为选择性氢化；完全氢化是指对油脂中所有不饱和脂肪酸的双键加氢，使所有不饱和脂肪酸变为饱和脂肪酸的氢化反应，也称为高度氢化。完全氢化后得到的油脂硬度很大，在实际生产中较少使用，部分氢化作用目前应用最多。

氢化后的油脂呈固态或半固态，具有熔点高、氧化稳定性好、货架期长、风味独特、口感更佳等优点，且成本上更占优势，在食品行业广泛应用。虽然氢化油脂的使用改善了起酥油的

---

1)　AOM是表示油脂抗氧化性能的指标。其测定原理：将油保持在97℃，以一定的速度吹入空气并计时，当过氧化物值达到100时所需要的时间（h）就是AOM。

综合品质，但由于油脂的氢化是在高温、高压和催化条件下进行，氢化的同时也伴随反式脂肪酸的产生。营养学专家认为：过量食用氢化油脂对人体有害，特别是反式脂肪酸对人体的危害超过了饱和脂肪酸，过多摄入会引起一系列疾病，会加快动脉硬化，增加人类心血管病患病率，患心脏病的危险性也增大；还有增加血液黏稠度和凝聚力的作用，诱导血栓形成；会提高人体胆固醇含量，特别是低密度脂蛋白胆固醇含量；孕期或哺乳期妇女食用氢化油过多，还会影响胎儿和新生儿的生长发育；对女性患 2 型糖尿病有潜在的副作用；降低记忆力、引起肥胖；影响男性生育能力。

为了降低反式脂肪酸的生成量，对氢化工业进行改良，主要有以下方面：一是严格控制氢化反应条件，降低反应温度，提高反应压力，增加反应系统搅拌速度并增大催化剂用量，可获得反式脂肪酸含量较低的产品；二是采用新型催化剂，贵金属催化剂（Pt、Pd 或 Ru）作为触媒，不但可在较低温度下反应，而且可使反式脂肪酸生成量极低；三是采用电化学氢化反应，反应温度低、能耗少、易控制，反应中硬脂含量高、反式脂肪酸含量少；四是采用超临界流体氢化反应，研究表明，在超临界状态下，油脂与氢气均匀溶解后反应速度极快，且反式脂肪酸生成量很低；五是采用完全氢化反应。将油脂完全氢化，可使油脂中脂肪酸完全饱和，从而避免产生反式脂肪酸。然而，其最终产品硬化油并不适用于在食品加工中直接利用，但可将其作为调配油脂使用。另外，还可以开发一些新的油脂加工方法减少油脂中反式脂肪酸含量，可以采用固体脂与液体油进行酯交换反应；可以用固体脂含量高的天然油脂进行分提；还可以进行油料育种改良。

面对反式脂肪酸对人体可能造成的危害，不少国家在监管上也采取了措施。丹麦是世界上第一个采取措施限制使用反式脂肪酸的国家。2008 年，加拿大一些城市决议，在餐厅与速食店使用的油脂中，反式脂肪酸含量不可超过 2%。而美国政府则要求，2018 年 6 月 18 日以后，除非获得批准，否则加工食品将不再允许添加氢化植物油。作为消费者应该合理摄取各种营养，保持均衡饮食，避免高脂、高能饮食方式，避免过量进食含反式脂肪酸较多的氢化油产品。

起酥油的其他分类方法还有：按照是否添加乳化剂，分为非乳化型（油炸、涂抹用油）和乳化型起酥油；按性状分为固态、液态和粉末状起酥油等；按用途分类，起酥油种类更多，大的可分为一般用起酥油（All Purpose. S.）和专用起酥油。一般用起酥油也常在商店出售作为家庭用油，其可塑性范围比较广，融合性也较好。起酥油中更多的是专用起酥油，例如有面包用、丹麦式面包（Danish Pastry）裹入用、千层酥饼用、蛋糕用、奶油表饰用、酥饼干用、饼干夹层用、涂抹用、油炸用、冷点心用等十几种起酥油。

焙烤食品用起酥油（Bakery. S.）中常用的是面包用起酥油，也称超甘油化起酥油（Super Glycerinated Shortening），这是含有多量单甘酯的油脂。面包用单酸甘油酯的原料为部分氢化或完全氢化的猪油，硬脂酸甘油酯效果最好。它的功能主要有：使面团有好的延伸性，吸水性增加；使成品面包柔软，老化延迟；内部组织均匀、细腻，体积增大。单酸甘油酯也是乳化剂，它可以使面筋有较好的延伸性，改善面团的物理性质和面包的品质。

2. 人造奶油（Margarine）

（1）概念　人造奶油作为奶油的代用品，产生于 1869 年。当时由于爆发了普法战争，奶油特别缺乏，于是法国科学家麦其姆勒（Megee Mouries）将牛油的软质部分分离出来加入牛乳并乳化，得到了类似奶油的东西，从此人造奶油便发展起来。人造奶油技术诞生不久就传到美国，美国利用这一技术不但发明了起酥油，而且美国人造奶油和起酥油生产量都居世界第一位。当初作为奶油代用品而登场的人造奶油现在已具有胜过奶油的品质，不但因用途不同作为具有各种加工特性的油脂，而且还有许多制品加入了维生素。

人造奶油的定义（GB 15196—2015《食品安全国家标准 食用油脂制品》：以食用动、植物油脂及氢化、分提、酯交换油脂中的一种或几种油脂的混合物为主要原料，添加或不添加水和其他辅料，经乳化、急冷或不经急冷捏合而制成的具有类似天然奶油特色的可塑性或流动性的食用油脂制品。）它与起酥油最大的区别是含有较多的水分（20%左右）。也可以说是水溶于油的乳状液（Emulsion）。

（2）制造方法

①原料：主要原料为油脂（80%）、水分（14%～17%）、食盐（0～3%）、乳化剂（0.2%～0.5%）、乳成分、合成色素及香味剂。油脂主要是植物油及其氢化油脂，例如常见人造奶油的油脂为氢化大豆油（Hydrogenated Soybean Oil），使用比例高于60%，再与其他油，如棉籽油、猪油、可可油（Cocoa Butter）、鱼油（Fish Oil）等混合。

辅料有乳成分（一般为牛乳、脱脂牛乳和乳粉，最好是鲜牛乳。使用量按固形物计算不超过1%）、香料（Diacetyl or Vanilla）、食盐、调味料。食盐不仅有调味效果，而且有防腐作用，有时还加一点味精。

乳化剂主要为单酸甘油酯和卵磷脂（Lecithin），前者主要防止水的分离，后者在炒、炸时防止油的喷溅。一般用量各为0.1%～0.3%。

色素一般采用β-胡萝卜素（Carotene）和胭脂树橙色素（Annatto）等。

合成保存剂有 DHA （Dehydroacetic Acid，即脱氢乙酸），有抗霉作用。另外人造奶油中还常添加抗氧化剂如 BHA（丁基羟基茴香醚）、BHT（二丁基羟基甲苯）等。

②制作原理：人造奶油的基本原料有两部分，一部分为油溶性原料，溶于脂，一部分为水溶性原料，溶于牛乳，将两部分原料混合在一起剧烈搅拌，通过急速冷却设备（Votator）结晶，包装而制成。主要制法有湿法、缓冷法、冷却转筒法、连续密闭热交换器法等。

（3）家庭用人造奶油（Table Margarine） 因为常是用于涂抹到面包上食用，所以有以下要求：①高温下不能熔化流动；②在口中易融化，有奶油一样的风味；③对氧化稳定，维生素 A 不易损耗。

生产加工用人造奶油则因其用途不同，而对油脂的加工性能（主要指如起酥性、可塑性、融合性、乳化性、分散性、保水性、吸水性和稳定性等）有不同要求，这将在下文详述。

三、 油脂的性质

（一）油脂的物理性质

1. 相对密度（Specific Gravity）

所有油脂都不溶于水，但它可溶于醚、苯、四氯化碳等溶剂。比水轻，相对密度在0.7～0.9，若陈旧则相对密度稍增加。

2. 熔点、凝固点（Melting Point、Freezing Point）

油脂的凝固点比熔点稍低一些，例如熔点为34.5℃的奶油的凝固点为22.7℃。熔点和凝固点也由于测定方法不同而稍有差别。油脂的熔点依其组成的脂肪酸不同而异，含饱和脂肪酸多的动物油，在室温下为固体，熔点较高；而含不饱和脂肪酸多的植物油，在室温下为液态，熔点低一些。油脂由于是脂肪酸甘油酯的混合物，且油脂成分还存在同质多晶现象（Polymorphism），所以通常没有固定的熔点，它将在一定温度范围内软化熔解。

3. 黏度和稠度（Viscosity – & – Thickness）

液体油的黏度随着存放时间延长而增加，而且与温度有关，温度越低黏度越大，随着温度升高，黏度大幅度降低。例如大豆油在0℃时黏度为0.175Pa·s，而20℃时为0.06 Pa·s，100℃时为0.01Pa·s。稠度是测量油脂硬度的指标。在评价油脂可塑性或稠度时常用"固体脂肪指数"来评价。固体脂指数简称为SFI（Solid Fat Index），就是指在油脂中含有固体脂的百分率。一般来说，SFI为15%~25%的油脂，加工性能较好。SFI随温度升高而降低。一般自然固体脂随温度变化，SFI变化较大，因而加工温度范围窄；而起酥油、人造奶油的SFI受温度影响变化较小，因而加工温度范围宽一些。

4. 颜色（Color）

一般来说，油色越淡，表示精制品质越好。但橄榄油、芝麻油为了保持香味，往往不进行脱色、脱臭的处理，色就比较浓。但即使是精制的油放陈后，颜色也变暗。奶油和人造奶油放久了，周边会因熔化而变透明。空气、光线、温度都会使油色变浓，尤其加热后油会发红，变浓。

5. 比热容（Specific Heat）

油脂的比热容约为水的1/2，即1.672~2.09J/（g·K）。加热时一般不沸腾，360℃左右就会燃烧。

6. 发烟点（Smoke Point）、引火点（Flash Point）和燃点（Fire Point）

当油加热到200℃左右，开始冒烟，这时的温度称为发烟点；接近火时开始点燃的温度称为引火点；当温度升高，在无外源火致燃的情况下，自身燃烧时的温度为燃点。发烟点随油脂不同而异，游离脂肪酸少的油，发烟点较高，游离脂肪酸多的油发烟点较低。油越陈，因为游离脂肪酸多而发烟点越低。燃点、引火点也有类似倾向。从表2-12可以看出猪油的引火点最低，因此在使用时要注意。

表2-12　　　　　　　　　　　油脂的发烟点、引火点和燃点

油脂	油脂/℃	引火点/℃	燃点/℃
玉米油	227	326	359
大豆油	256	326	356
橄榄油	199	321	361
芝麻油	178	—	—
猪油	190	215	242
奶油	208	—	—

（二）油脂的化学性质

1. 水解作用（Hydrolysis）

油脂可以与水作用发生水解，分解成脂肪酸和甘油。油脂的水解在油炸操作时发生，温度的上升，酸、碱、酶的存在都可以促进油脂的水解作用。在有碱存在时，还产生皂化作用（Saponification）。测定油脂的两个重要指标，即皂价（Saponification Value，SV）和酸价（Acide Value，AV）。皂价是指皂化 1g 脂肪中全部脂肪酸（包括游离脂肪酸与结合脂肪酸）所需氢氧化钾（KOH）的质量（mg），它是鉴定油脂纯度、分解程度的指标。油脂的酸价以中和 1g 脂肪中游离脂肪酸所需消耗的 KOH 的质量（mg）表示。根据酸价的变化，可以推知油脂储藏的稳定性。一般新鲜的油脂，酸价在 0.05 ~ 0.07。酸价在 1.0 以上的油脂已不适于食用。一般规定，起酥油的酸价要在 1.0 以下（GB 15196—2015），动物油脂的在 2.5 以下（GB 10146—2015《食品安全国家标准　食用动物油脂》），植物油脂中，作为植物原油的米糠油酸价在 25 以下，棕榈（仁）油、玉米油、橄榄油、棉籽油、椰子油的酸价在 10 以下，其他的在 4 以下；作为食用植物油（包括调和油）的棕榈（仁）油、玉米油、橄榄油、棉籽油、椰子油的酸价在 3 以下；作为煎炸过程中的食用植物油的棕榈（仁）油、玉米油、橄榄油、棉籽油、椰子油的酸价在 5 以下（GB 2716—2018《食品安全国家标准　植物油》，2018 年 12 月 21 日实施）。

2. 氧化与酸败

油脂暴露在空气中会自发进行氧化作用而产生异臭和苦味的现象称为酸败（Rancidity）。酸败是含油食品变质的最大原因之一，因为它是自发进行的，所以不容易完全防止。油脂酸败后，皂价和酸价都有所增加，而碘价则趋于减少。酸败的油脂其物理常数也有所改变，如相对密度、折射率。酶、阳光、微生物、氧、温度、金属离子的影响，都可以使酸败加快。水解作用也是促进酸败的主要因素，因此油炸过的油保存时间变短。

影响酸败的主要因素有：①氧的存在；②油脂内不饱和键的存在；③温度；④紫外线照射；⑤金属离子存在。为了防止酸败，就要从以上因素着手，例如密封、防湿、减少油表面积、氢化处理、低温、避光保存、避免接触金属离子。金属离子中，铜的影响最大，是铁的 10 倍，铝的影响小于铁。在选择容器和操作工具时要注意金属离子对酸败的影响。抗氧化剂的添加也是防止酸败的有效方法。

面包、蛋糕的储藏时间（Shelf Life）较短，所以只要用新鲜油来制作，酸败的影响不大，但对饼干及苏打饼干等储藏时间较长的制品就要考虑酸败的影响。

酸败程度的指标有过氧化值（Peroxide Value，POV）和硫代巴比妥酸值（Thiobarbituric Acid Value，TBA）。过氧化值以每 100g 脂肪中成为过氧化物的物质的量（mmol）表示，有时亦可表示为过氧化物从碘化钾中析出碘的百分数。POV 在 10 以下，在使用上可认为油脂是新鲜的。TBA 法使用也较多，它是利用 TBA 试剂与脂肪氧化物的衍生物丙二醛生成红色复合物的反应，生成红色复合物的量与油脂酸败程度相关。

3. 加成反应（氢化作用：Hydrogenation）

不饱和脂肪酸在催化剂（铂、镍）存在下，可以在不饱和键上加氢，使不饱和脂肪酸变为饱和脂肪酸，液态的油变为固态的油脂，这种油称为氢化油。起酥油、人造奶油就是经氢化处理而制成的。与氢相同，不饱和键还可以与卤素发生加成反应，吸收卤素的量反映不饱和双键的多少。通常用碘价（Iodine Number）来测定脂肪酸的不饱和程度。它是指卤化 100g 脂肪或脂肪酸所吸收碘的质量（g）。

不饱和脂肪酸比饱和脂肪酸易酸败，所以油脂的稳定性与不饱和脂肪酸的多少有关。常用碘价和 AOM 来判断油脂的稳定性，现举例如表 2－13 所示。

表 2－13　　　　　　　　　　　　　油脂的 AOM 和碘价

油脂	AOM/h	碘价	油脂	AOM/h	碘价
大豆油	12	131.2	棕榈油	45	54.3
棉籽油	13	109.3	椰子油	160	8.9
米糠油	15	107.8	高度稳定液状油 1	90	89.5
菜籽油	15	103.5	高度稳定液状油 2	450	76.5
玉米油	18	113.2			

注：①高度稳定液状油为经氢化处理的植物油（部分氢化处理）。
　　②一般饼干、酥饼要求油脂 AOM = 100～150h。

4. 交酯反应（Interesterification）

油脂	丙三醇	双脂酸甘油酯	单脂酸甘油酯
（Fat/Oil）	（Glyorine）	（Diglyorineride）	（Monoglyorineride）

油脂、醇类在有催化剂的条件下加热，油内的脂肪酸分子分解重组，接于醇基上（醇与脂肪酸进行置换）形成新酯的反应称交酯反应。交酯反应中甘三酯与醇进行的置换反应称为"醇解"，与脂肪酸进行的置换反应称为"酸解"。乳化剂就是根据这一反应制得的，如单酸甘油酯。

交酯反应与氢化反应一样，现已广泛用于食品油脂物理性质的改良。例如猪油经交酯反应改良其结晶性状，再与各种油脂配合及利用分提技术，便能获得具有各种加工性能的新型油脂。

四、 油脂的加工特性

油脂的加工特性（Working Quality of Fat）是指可塑性、起酥性、融合性、乳化分散性、稳定性、热稳定性等。各种焙烤食品对油脂加工性能的要求如表 2－14 所示。

表2-14		各种焙烤制品对起酥油加工性能的要求			
种类	融合性	可塑性	起酥性	乳化性	稳定性
一般面包	—	＊＊	—	＊	—
咸酥饼干	—	＊	＊＊	—	＊＊
蛋糕	＊＊	＊	—	＊＊	—
饼干	—	＊	＊＊	—	＊
千层酥皮	—	＊＊	＊＊	—	＊
丹麦面包、哈斗类	—	＊＊	—	—	—

注：（1）哈斗：松饼（Puff）；（2）＊＊极重要；＊重要；一不太重要。

（一）可塑性（**Plasticity**）和可塑性范围

固体油脂在一定温度范围内有可塑性。所谓可塑性就是柔软性（用很小的力就可使其变形），可保持变形但不流动的性质，奶油的延伸性（Spread Quality）就是因为其具有可塑性。可塑性产生的机制可以如此理解：由于油脂不是单一物质，而是由不同脂肪酸构成的多种油脂的混合物，因而在固体油脂中可以认为有两相油脂存在，即在液状的油中包含了许多固态脂的微结晶，这些固态结晶彼此没有直接联系，互相之间可以滑动，其结果就是油脂的可塑性。因此，使油脂具有可塑性的温度范围是必须使混合物中有液态油和固态脂的存在。如果液相增加，油脂变软。如果固相增加，则油脂变硬。如果固态结晶超过一定界限则油脂变硬、变脆，失去可塑性。相反，液相如超过一定界限量，油脂流散性增大，开始流动。

面包、蛋糕、饼干、丹麦面包（Pastry）、千层酥皮（Puff Crust）的制作要求起酥油有可塑性，因而称为可塑性起酥油。这种起酥油要求在操作所用的温度范围具有最好的可塑性，也希望在好的可塑性下温度范围越广越好。可塑性好的油可与面团一起伸展，因而加工容易，产品质量好，可以使面包体积发大，使丹麦式面包形成薄而均匀的层状组织，口感良好。太硬的起酥油容易破坏面团的组织，太软又因接近液状，不能随面团伸展。一般可塑性不好的油脂，起酥性和融合性也不好。

（二）起酥性（**Shortening Function of Fat**）

起酥性是指用作饼干、酥饼等焙烤食品的材料可以使制品酥脆的性质。起酥性是通过在面团中阻止面筋的形成，使得食品组织比较松散来达到起酥作用的。起酥性一般与油的稠度（可塑性）有较大关系。稠度适度的起酥油，起酥性就比较好，如果过硬，在面团中会残留一些块状部分，起不到松散组织的作用；如果过软或为液态，那么会在面团中形成油滴，使成品组织多孔、粗糙。油脂起酥性的测定可用如图2-21所示的油脂起酥性测定仪进行：即将条形压头以匀速向下移动，使放在两个平行支撑上的饼干破

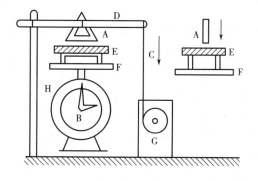

图2-21　油脂起酥性测定仪（Shortmeter）

A—压头　B—测力器　C—拉绳　D—压杆
E—试料饼干　F—试料支撑　G—卷绕机　H—支架

断，将材料破断瞬间测力器上表示的力（g）按试料质量平均值（g）换算得到的值（g/g）称作起酥值（Shortening Value）。起酥值越小，起酥性越好。该仪器对各种油进行比较时有一定的实用意义。表 2 - 15 所示为日本的中泽等人做的一组测定。

如表 2 - 15 所示，可塑性不好的油起酥性也不好，猪油起酥性最好。但随着氢化程度的提高，起酥性也降低。关于起酥性有一个 Belle Lowe 学说，他认为对于一种特定的焙烤食品，单位质量的脂肪包裹小麦粉粒的面积越大，其起酥性就越好。关于起酥性的机制，现在还有各种各样的研究和学说，但比较明确的是可塑性与起酥性关系较大。

表 2 - 15　　　　　　　　　　　各种油脂的起酥值

油脂名称	熔点/℃	起酥值/（g/g）
椰子油	24.0	127.9
椰子硬化油 1	27.0	134.8
椰子硬化油 2	35.0	155.2
人造奶油（棉籽油）	44.0	140.2
起酥油（棉籽油）	39.0	126.2
起酥油（菜籽油）	37.0	123.0
起酥油（牛油为主）		119.5
猪油		<60
猪油∶起酥油（牛油80％，大豆油20％）		
0∶100％		120
20％∶80％		85
50％∶50％		70
猪油硬化油 1	34.0	82.7
猪油硬化油 2	42.0	97.7
猪油硬化油 3	49.0	127.5

（三）　融合性　（Aerating Function of Fat）

融合性是油脂在制作含油量较高的糕点时非常重要的性质。它指像黄油（Butter）和奶油（Cream）那样经搅拌处理后油脂包含空气气泡的能力，或称为拌入空气的能力，其衡量尺度称为融合价（Creaming Value）。Bailey 测定法规定每克试料拌入空气的立方厘米数的 100 倍为该试料的融合价。据试验，起酥油的融合价比奶油和人造奶油都好。制作各种蛋糕时，虽然化学膨化剂也能使蛋糕膨大，但油脂融合性的好坏是影响蛋糕组织特性的关键。研究表明，面糊内搅拌时拌入的空气都在面糊的油脂成分内，而不存于面糊的液相内。试验结论指出：搅拌时面糊拌入空气，可形成无数核心气泡，这样做出的蛋糕体积越大，油脂搅拌所形成的油脂颗粒表面积越大，则做出的蛋糕组织越细腻、均匀，品质也越好。有的蛋糕不加化学膨化剂，则这种蛋糕主要靠拌入油脂内的空气膨胀。而靠化学膨化剂胀发的蛋糕，组织孔洞不规则，颗粒粗糙。

关于融合性的机制有许多学说，主要是从油脂的结晶性质上来解释。比较认可的学说为 Hoerr 学说，即将油脂结晶分为四类：α、β – prim、intermediate 和 β，其各自的性质如表 2 – 16 所示。

表 2 –16　　　　　　　　　　　　油脂的结晶型和性质

性质	结晶型			
	α	β – prim（初级）	Intermediate（中级）	β
结晶大小 / μm	5	1	3 ~ 5	20 ~ 30
性状	不稳定结晶，可向 β 方向变化	可拌和大量微小气泡，非常细小	可互相结合成大块	气泡量少，体积大
加工特性	—	融合性最好，起酥性也最好	融合性在 β – prim 和 β 之间，起酥性好	起酥性好，伸延性好，融合性差
油脂原料	—	牛油、棉籽硬化油、棕榈硬化油、交酯硬化油、交酯处理后的猪油	大豆高度硬化油	大豆油、椰子油、棕榈核油等极度硬化油
用途	—	各种蛋糕、软奶油饼干、酥饼	饼干、酥饼、夹心用软奶油、涂抹用	千层酥皮、巧克力

牛油、棉籽油、棕榈油经硬化处理后，棕榈酸含量较多，分子大小不齐，因而形成 β – prim 后不再长大，结晶小就可以融合大量的细小气泡。而大豆油等因为 C18 脂肪酸较多，极度硬化处理后形成硬脂酸，分子大小比较一致，所以初级结晶 β – prim 会向 β 变化，使得结晶大，空气泡也大，融合性就差，但相反，伸延性却比较好。

（四） 乳化分散性

乳化分散性指油脂在与含水的材料混合时的分散亲和性质。做蛋糕时，油脂的乳化分散性越好，油脂小粒子分布会更均匀，得到的蛋糕也会越大、越软。在制作奶油蛋糕时，常常需要加更多的糖，这样水、乳、蛋等都要增加，含水量就会增多，油脂的分散就困难一些，因此需要乳化分散性好的油脂。乳化分散性好的油脂对改善面包、饼干面团的性质，提高产品质量都有一定作用。

（五） 吸水性

起酥油、人造奶油都具有可塑性，所以在没有乳化剂的情况下也具有一定的吸水能力和持水能力。硬化处理的油还可以增加水的乳化性。在 25℃ 时，猪油、混合型起酥油的吸水率为 25% ~ 50%，硬化猪油为 75% ~ 100%，全氢化型起酥油为 150% ~ 200%，含单甘酯的起酥油在 400% 以上。吸水性对制造冰淇淋、焙烤点心类尤其有重要意义。

（六） 稳定性

稳定性是油脂抗酸败变质的性能。起酥油与普通猪油相比，其主要优点之一就是稳定性好，不易受氧化而酸败。经氢化处理的油脂平均 AOM 可达 200h 以上。

由于起酥油有以上优点，因而常用起酥油来制造需要保存时间长的焙烤食品，如饼干、酥饼、点心、油炸食品。为了提高起酥油的稳定性，往往添加少量的抗氧化剂。对于这些焙烤食品用油脂的抗氧化剂，必须要求焙烤后也能起抗氧化作用，具备这种性质的抗氧化剂有：BHA（Butyl Hydroxy Anisolo）、BHT（Butylated - hydroxytoluene）、生育酚（维生素 E：Toccopherols）等。在选择油脂时，AOM 是重要依据之一。如要使饼干在38℃条件下保存 12 个月不酸败，就必须使用 AOM 为 100h 以上的油脂。

五、 油脂在焙烤食品中的功能

（一） 油脂的可塑性

油脂的可塑性在焙烤食品中的作用如下：

（1）可增加面团的延伸性，使面包体积增大。这是因为油在面团内，能阻挡面粉颗粒间的黏结，从而减少由于黏结在焙烤过程中形成坚硬的面块。油脂的可塑性越好，混在面团中的油粒越细小，越易形成连续性的油脂薄膜。

（2）可防止面团的过软和过黏，增加面团的弹力，使机械化操作容易。

（3）油脂与面筋的结合可以柔软面筋，使制品内部组织均匀、柔软，改善口感。

（4）油脂可在面筋和淀粉之间形成界面，成为单一分子的薄膜，可以防止成品中的水分从淀粉向面筋的移动，所以可防止淀粉老化，延长面包保存时间。

（二） 油脂的融合性

油脂的融合性在焙烤食品中的作用如下：

（1）油脂可以包含空气或面包发酵时产生的二氧化碳，使蛋糕和面包体积增大。

（2）由于能形成大量均匀的气泡，所以使制品内相色泽好。

（3）由于油脂融合性的作用，有稳定蛋糕面糊的功效。如面糊未搅入适量空气，呈现稀薄易流散的性质，尤其是高糖量的配方，面筋结构会更加脆弱，缺乏筋力。油脂的融合性越好，气泡越细小、均匀，筋力越强，体积不但能发大，组织也好；对面包也有类似效果。而且均匀气泡的形成使得焙烤时传热均匀，透热性良好，风味好。

（三） 油脂的起酥性

饼干、酥饼等焙烤食品中，油脂发挥着重要的起酥性作用。这样的食品油脂含量一般都比较高。油脂的存在可以阻碍面团中面筋的形成，也可伸展成薄膜状，阻止淀粉与面筋之间的结合，并且由于大量气泡的形成使得制品在烘烤过程中因空气膨胀而酥松。猪油、起酥油、人造奶油都有良好的起酥性，植物油效果不好。

（四） 油脂的风味和营养

（1）各种油脂可以给食品带来特有的香味。

（2）油脂本身是很好的营养源。各类油脂都具有约 39.71kJ/g 的热量，是食品中能量最高的营养素，热量的主要来源。同时，油脂内含有脂溶性维生素，随油脂被食用而进入体内，使食品更富营养。

（五） 其他用途

油脂经硬化处理和其他处理后，可作成夹心饼干、蛋糕、面包等的夹心馅，表面装饰等。

六、 各种不同焙烤制品对油脂的选择

（一） 主食面包、 餐包

除一些品种外，一般油脂的使用量为5%～6%。选择油脂时主要应考虑以下几点：

（1） 可塑性使制品更柔软，更好吃。

（2） 融合性增加面团的气体保留性质。

（3） 润滑作用润滑面筋，增加面包体积。

考虑以上要求，猪油、起酥油最适合制作面包。

（二） 甜面包

这种面包使用油脂量为面粉量的10%左右。为了增加面包风味及柔软性，以含有乳化剂的油脂为最好，如氢化油脂、奶油等。

（三） 饼干类 （Biscuits、 Cookie）

饼干类油脂的一般使用量为面粉的7%～10%。要求油脂可塑性好、起酥性好、稳定性好、不易酸败，同时各类饼干用油还要考虑风味影响。因此以氢化油较好，也可部分使用猪油。

（四） 蛋糕

蛋糕用油脂主要考虑因素如下：

（1） 融合性 尤其是糖油拌和法及面粉油脂拌和法制作油脂蛋糕时最为关键。

（2） 乳化性 尤其是含有许多糖、油、蛋的蛋糕，由于糖多，必须有多量水才能溶解，若面糊没有乳化作用，则面团中的水与油脂易分离，得不到理想的品质。

由以上可知，蛋糕用油脂以含有乳化剂的氢化油最为理想，配上奶油作调味用。奶油只可使用一部分用于调整风味，不能全部使用，因为奶油融合力差，做出的蛋糕体积小。

（五） 千层酥皮 （Puff Crust）

千层酥皮要求使用起酥性好、可塑性范围大的油，其他特征如融合性、乳化性及稳定性并不重要。其中以脱臭精制的氢化猪油最为理想，其他氢化油也可使用。

（六） 丹麦式甜面包、 松饼类

松饼采用裹入用油脂，使用量为面粉的60%～80%。要求：

（1） 塑性范围大，便于裹入面团后延展层叠。

（2） 熔点高，如高熔点的起酥油、人造奶油。

（七） 油炸面包圈 （Doughnut）

油炸面包圈要求使用发烟点高的油，一般以氢化棉籽油和氢化精制花生油最好。

（八） 装饰用奶油 （Buttercream）

装饰用奶油为糖浆、糖粉、油脂、空气的混合物，因而要有好的融合性、可塑性和乳化性，以含有乳化剂的氢化油最佳，另外配上奶油作调味用。

七、 油脂的储藏

从油脂的化学反应可知，在储藏过程中，要针对油脂酸败和水解这两个主要变质途径采取防止对策 （表2-17）。

表2－17　　　　　　　油脂储藏过程中变质的原因、防止方法和检验指标

	氧化变质	水解变质
原因	空气中的氧气	水分
促进因素	油脂表面积大、光线（特别是太阳、紫外线）、热、金属、干燥环境	微生物（霉菌、酵母）、热（油炸）
防止方法	抗氧化剂（BHA、维生素E，蛋白分解物、香料），不使接触空气（氮气、水分）	低水分、清洁、卫生
易变质油脂	植物油（含亚油酸，亚麻酸多的油）、猪油	椰子油、棕榈油、奶油
变质气体	油臭（回生臭）、酸败臭	肥皂臭
检验指标合格标准	过氧化值（POV）＜30	酸价（AV）＜3

注意事项：

（1）一般储藏温度20℃左右较好。温度升高会破坏油的结晶，再冷却后就会失去原有的特性。温度若太低，要恢复原有性质，必须使温度缓慢回升以免破坏组织。

（2）储藏场所应没有异味，因为油脂易吸收异味。

（3）应密闭，不使之接触空气，避光保存。

第四节　乳及乳制品

乳及乳制品因为具有很好的营养、良好的加工性能及特有的干酪香味，是焙烤食品，尤其是高档面包、饼干等的重要原料之一。因我国乳制品消费水平较低，所以在传统糕点的制作上使用较少，为了改善我国人民的饮食习惯，弥补我国饮食习惯中营养不足，开发和扩大乳制品在焙烤食品中的应用十分必要。随着焙烤食品进一步向高档化、多样化、方便化、保健化发展，乳及乳制品的使用将越来越重要。

一、乳的组成和营养

乳品的来源有牛、山羊、绵羊、水牛、马、鹿等。在我国牛乳还不普及的情况下，山羊、绵羊、牦牛的乳在一些地区仍占据重要位置，但从世界的总消费量看，生产最多的还是牛乳。

如表2－18所示，动物乳的成分与人乳很相似，含有较多的脂肪、蛋白质、乳糖等。以下主要以牛乳为例，介绍乳及乳制品的有关知识。

动物	水分	脂肪	无脂固形物	蛋白质	乳糖	灰分	全固形物
人	88.2	1.7	10.0	2.8	7.1	0.2	11.8
牦牛	82.1	7.0	10.9	5.0	4.6	0.9	17.9
水牛	83.2	7.5	9.3	3.8	4.7	0.7	16.8
山羊	86.8	4.5	8.7	3.3	4.6	0.8	13.2
绵羊	81.6	7.5	10.9	5.2	4.4	0.8	18.4
荷兰牛	87.9	3.5	8.6	3.3	4.6	0.7	12.1
嘎吉牛	86.2	4.7	9.1	3.7	4.7	0.7	13.8

表 2-18　　　　　　　　　　　　各种动物乳的成分　　　　　　　　　　单位:%

（一）　牛乳脂肪（Milk Fat）

牛乳脂肪一般称为奶油（Butter Fat）或直译为白脱油。关于奶油在前文已述，其特点是含有脂肪酸的种类最多，还含有羰基化合物，如双乙酰，这些提供了奶油的特殊风味。奶油中含有很少量的乳脂类，如磷脂类的卵磷脂、脑磷脂。用搅拌法制造的奶油，奶油中所含的磷脂量很少，只有 0.023%～0.099%。奶油中还含有 0.25%～0.45% 的胆固醇。奶油呈黄色，所以也称黄油，其色素 90% 为胡萝卜素，10% 为叶黄素。脂溶性的维生素 A、维生素 D 也存在于奶油中。乳脂肪不溶于水，而是以脂肪球状态分散于乳浆中，其平均直径约为 $1\mu m$。

（二）　蛋白质（Protein）

牛乳内最主要的蛋白质是酪蛋白（Casein）、乳清蛋白（Lacto Albumin）和乳球蛋白（Lacto Globulin）。

1. 酪蛋白

酪蛋白并不是单一蛋白质，而是在 20℃ 条件下，将脱脂乳的 pH 调整到 4.6（加酸）时沉淀出的一类蛋白质。酪蛋白约占牛乳中蛋白质的 80%。酪蛋白含有多种人体不可缺少的必需氨基酸（Essential Amino Acids，EAA）。

2. 乳清蛋白及乳球蛋白

将脱脂乳中酪蛋白沉淀后，剩余的液体就是乳清，它在鲜乳中的含量约为 0.5%。乳清中的乳清蛋白及乳球蛋白是对热不稳定的蛋白，加热可使其变性，凝结。乳清蛋白中还含有各种人体必需氨基酸，尤其是赖氨酸、亮氨酸、苯丙氨酸、苏氨酸、组氨酸等含量相当丰富。

（三）　乳糖（Lactose）

牛乳内除了少量的葡萄糖、果糖、半乳糖外，99.8% 以上的碳水化合物是属于双糖的乳糖。乳糖在牛乳中的含量约为 4.7%，在乳糖酶或酸的作用下可分解为葡萄糖和半乳糖。乳糖虽有甜味，但其甜度只有蔗糖的 1/6 左右。在焙烤食品中，因为一般酵母没有乳糖酶，故不能利用乳糖发酵。但一些特殊酵母和乳酸菌可分解乳糖发酵，产生乳酸及二氧化碳，不产生酒精。

（四）　维生素

牛乳中含有几乎所有已知的维生素，特别是维生素 B_2 的含量非常丰富，但维生素 D 的含量不高，作为婴儿食品是需要进行营养强化的。

（五）　无机物（Inorganic Matter）

牛乳中的无机物亦称为矿物质，是指除碳、氢、氧、氮以外的各种无机元素，主要有钾、钙、氯、磷、镁、硫、钠，其含量分别为 0.14% ~ 0.01%。除此以外，还有微量的铁、锌、硅、铜、氟等元素。矿物质总量占牛乳的 0.6% ~ 0.9%，这些矿物质也是人体营养物质。

二、 乳制品的种类及特性

牛乳制品的种类非常繁多，按照加工特性和用途以及与焙烤食品的关系主要介绍以下一些产品。

（一） 液体乳品 （Fluid Milk Products）

1. 鲜牛乳

鲜牛乳是以新鲜牛乳为原料，经过脂肪标准化、均质化、加热杀菌等一系列处理的牛乳，可以直接饮用，不用再加热。

2. 加工乳

除一部分原料用鲜乳外，还常以脱脂乳粉、无盐奶油加水调整牛乳成分。经与牛乳同样的处理方法加工成浓缩牛乳［脂肪 3.5%，可溶性固形物含量（SNF）8.5% 左右］、低脂肪牛乳（乳脂肪 1.0% ~ 1.5%，SNF 9.5% 左右）、脱脂牛乳（Skim Milk）等产品。

3. 乳饮料

牛乳中加入咖啡、果汁及甜味剂、香料等风味剂，并添加某些微量营养成分，或加入乳糖酶，使乳糖水解为葡萄糖和半乳糖的一类乳饮料或强化牛乳制品。

以上乳品中鲜牛乳及加工牛乳常作为焙烤食品的原材料。

（二） 稀奶油 （生奶油： Raw Cream）

牛乳中的脂肪是以脂肪球的形式存在的，它的相对密度约为 0.94，所以牛乳在静置之后，往往由于脂肪球上浮形成一层奶皮，这就是稀奶油，是将脱脂乳从牛乳中分离出来后而得到的一种 O/W 型乳状液。稀奶油不仅是制造奶油的原料，而且也可直接用来制造冰淇淋和用作蛋糕装饰奶油及其他焙烤食品的馅等。现在稀奶油的制法是用离心分离机将乳脂肪同牛乳的其他成分分离出来。稀奶油中不允许添加其他油脂，而乳油脂是呈球状颗粒存在，除油脂外还有水分和少量蛋白质，它是 O/W 型乳化状态混合物。

稀奶油的种类和组成如表 2-19 所示，除咖啡饮料用稀奶油多用于冲调咖啡外，其他都可用作糕点的原料。另外，还有含脂肪 80% 以上的所谓可塑性稀奶油（Plastic Cream），水分在 1% 以下的粉末状奶油（Dried Cream），吹入气体的搅奶油（Whipped Cream）等。最近还有以植物性脂肪代替乳脂肪而制造的稀奶油（Imitation Cream）。稀奶油（Cream）与奶油（Butter）的区别在于稀奶油的乳化状态是 O/W 型，而奶油是 W/O 型。

表 2-19　　　　　　　　　　　稀奶油的种类和组成　　　　　　　　　单位:%

稀奶油名称	水分	蛋白质	脂肪	乳糖	灰分
咖啡饮料用稀奶油（Coffee Cream）	76.60	3.10	15.20	4.50	0.60
果膏（Fruit Cream）	67.93	4.04	24.44	2.96	0.63
中浓度稀奶油（Mhick Cream）	55.00	6.00	36.20	2.50	0.30
浓奶油（Thick Cream）	37.62	1.83	58.77	1.46	0.32
酸凝稀奶油（Clotted Cream）	26.10	4.90	67.50	1.00	0.50

（三） 奶油 （Butter）

奶油是焙烤食品的重要原料之一，主要有以下几种。

（1）鲜制奶油（Sweet Cream Butter）　用高温杀菌的稀奶油制成的加盐或无盐奶油。

（2）酸制奶油（Ripened Cream Butter or Sour Cream Butter）　用高温杀菌的稀奶油经过添加纯乳酸菌发酵剂，发酵制成的加盐或无盐奶油。

（3）重制奶油（Butter Oil）　用稀奶油经过加热熔化，除去蛋白质和水而制成。

奶油的制造原理为：将稀奶油经搅拌工序，即利用机械的冲击搅打力，使稀奶油的脂肪膜破坏而形成脂肪团粒，使原料的乳化状态由 O/W 相变成 W/O 相。搅拌后，得到米粒大小的脂肪颗粒和可以分离出来的液体部分，然后将颗粒状的油脂压成团块，挤去液体部分，即可得到奶油。

（四） 干酪 （Cheese）

干酪又称奶酪，是成熟的或未成熟的软质、半硬质、硬质或特硬质、可有涂层的乳制品，其中乳清蛋白/酪蛋白的比例不超过牛乳中的相应比例。GB 5420—2010《食品安全国家标准 干酪》中规定干酪由下述方法获得。

在凝乳酶或其他适当的凝乳剂的作用下，使乳、脱脂乳、部分脱脂乳、稀奶油、乳清稀奶油、酪乳中一种或几种原料的蛋白质凝固或部分凝固，排出凝块中的部分乳清而得到。这个过程是乳蛋白质（特别是酪蛋白部分）的浓缩过程，即干酪中蛋白质的含量显著高于所用原料中的蛋白质的含量。其加工过程为用皱胃酶或凝乳酶将原料乳凝聚，再将凝块（Curd）加工、成型、发酵、成熟而制得。

干酪是重要的乳制品之一，在焙烤食品中也是重要的原料之一，如意大利饼（Pizza）和千层酥（Puff）就是在面饼上放上蔬菜、肉、干酪、香料烤制而成。干酪的营养价值很高，其中含有丰富的蛋白质、脂肪及全部的必需氨基酸、维生素和矿物质等。干酪中蛋白质的含量一般为 20% ~35%，实际可消化率达到 96.2% ~97.5%，比全脂牛乳的消化率还要高，并且干酪蛋白质中必需氨基酸的利用率为 89.1%，高于牛乳蛋白，和鸡蛋相差无几。新鲜干酪中的脂肪含量可达 12% 以上，而成熟干酪通常含有 20% ~30% 的脂肪，干酪中的脂肪在人体内的消化率达到 88% ~94%，虽然脂肪含量较高，但胆固醇含量很低，通常在 0 ~100mg/100g。干酪也适合乳糖不耐症和糖尿病患者食用。

干酪的种类很多，由于成熟工艺不同，会使干酪具有不同的风味、口感和储藏性能。其种类主要有如下几种。

1. 自然发酵干酪（Natural Cheese）

自然发酵干酪是以鲜乳、稀奶油、酪乳（Butter Milk）或这些乳品的混合物为原料，使其凝固后除去乳清（Whey）得到的新鲜制品或经成熟后得到的制品。按其硬度（或水分含量）可分为软质、半硬质、硬质、超硬质干酪。

（1）软质干酪（40% 以上水分）　较有代表的产品有不经成熟工艺的"Cottage Cheese"和经成熟工艺的"Blue Cheese"。"Cottage Cheese"水分较多，含脂肪较少，常作为餐桌食品或烹饪材料，一般不易保存。"Blue Cheese"由青霉菌熟成，风味浓烈，是干酪爱好者最喜欢的产品，被称为干酪之王。软质干酪一般风味最强，变化也多，嗜好性强，成熟时间短，多作为餐桌食品。

（2）半硬质干酪（36% ~40% 水分）　较有代表的产品有"Gouda Cheese"和"Edam

Cheese"，这两种都是荷兰有名的干酪。半硬质干酪既有丰富的风味，滋味又比较温和，主要作为餐用，也被用作加工干酪的原料。

（3）硬质干酪（25%～36%水分）　主要有"Emmentatar Cheese"（Swiss Emmentatar）、"Cheddar Cheese"等。Swiss Emmentatar 是瑞士有名的干酪，略有甜味，常制成直径 90～100cm、厚15cm、重 80～100kg 的圆盘状。"Cheddar Cheese" 是英国有名的干酪，带一点快感的酸味，香味浓郁，是世界上产量最大的干酪。硬质干酪既可作餐用，又可作为加工干酪的原料。它的成熟期长，风味比较稳定，生产量也最大。

（4）超硬质干酪（25%以下水分）　主要有"Parmesan Cheese"等。Parmesan Cheese 是意大利的代表干酪，成熟期 1 年以上，非常坚硬，常刮成粉末使用，因此也称 Powder Cheese。超硬质干酪多作为加工干酪的原料。

2. 加工干酪（Process Cheese）

加工干酪是由几种（或 1 种）自然干酪为原料，再添加诸如奶油、乳脂肪、香味剂，经粉碎、混合、加热熔融、乳化等工艺而制成的产品，乳固形物含量在 40% 以上。这种干酪是焙烤食品的常用原料。

（五）　酸乳　（Yoghurt）

酸乳是以生牛（羊）乳或乳粉为原料，经杀菌、接种嗜热链球菌和保加利亚乳杆菌（德氏乳杆菌保加利亚种）发酵制成的产品（GB 19302—2010《食品安全国家标准　发酵乳》），酸乳含有高营养的乳蛋白、矿物质和维生素，也含有一些具有生理活性的物质，如有机酸、抗生物质、超氧化物歧化酶（SOD）、胞外多糖、活性酶等，对机体功能有一定调节作用，可以调整肠内菌群平衡、减轻乳糖不耐症、降低胆固醇、抗氧化、延缓衰老、降血压等。而且牛乳经过了发酵，易消化。还因为乳酸菌的存在，使肠内能保持适宜酸度，可以抑制腐败细菌的繁殖，有整肠作用。根据其性状可分为硬质酸奶（Hard Yoghurt）、软质酸奶（Soft Yoghurt），这类产品作为健康食品近年发展很快，种类也十分丰富。近年来用于蛋糕等点心的装饰中，又创立了新的酸乳蛋糕品种。

（六）　乳粉　（Dried Milk Products）

乳粉是将原料乳浓缩干燥，除去牛乳中大部分水分而制成的粉状制品，因而在同样量的营养成分下具有体积小、质量轻、耐保藏和使用方便的特点。乳粉也是焙烤食品中最常用的原料之一。

乳粉的种类也很多，常用于焙烤食品生产的主要有以下几种：

（1）全脂乳粉（Whole Milk Powder）　鲜乳经标准化、杀菌、浓缩、干燥制成的粉末状制品。若按规定标准添加蔗糖则称为加糖全脂乳粉（Sweetened Whole Milk Powder）。

（2）脱脂乳粉（Nonfat Dry Milk Powder or Skim Milk Powder）　用脱脂鲜乳加工制成的粉末状制品。脱脂乳粉一般都不加蔗糖。

（3）乳清粉（Whey Powder）　利用制造干酪或干酪素的副产品乳清干燥制成。

（七）　干酪素　（Casein）

干酪素与干酪不同，它是酪蛋白，不含乳脂肪和其他成分。干酪素的用途：减肥（Diet）食品、疗效食品、蛋白质强化剂、乳化稳定剂（咖啡中用）；冰淇淋、搅奶油中的起泡剂；面团组织改良剂（面包、饼干）、黏着剂（肉制品、水产加工品）等。

三、 乳制品在焙烤食品中的作用

（一） 风味及滋味 （Flavor and Taste）

乳制品的添加可使焙烤食品具有乳制品特有的美味和香味，尤其对高档面包、饼干，乳制品成为必须添加的原料。

（二） 营养 （Nutrition）

普通的面包（不含乳粉）含碳水化合物虽多，但蛋白质、矿物质及维生素含量较低，而且面粉蛋白质为一种不完全的蛋白质，缺少赖氨酸（Lysine）、色氨酸（Tryptophane）和蛋氨酸（Methionine）等人体必需氨基酸。如面包配方中加入6%的乳粉，可使赖氨酸增加46%、色氨酸增加1%、蛋氨酸增加23%、钙质增加66%、维生素 B_2 增加13%，使面包更富营养、更适合食用。对其他蛋糕、西点、饼干等焙烤食品也同样适用。乳制品可以强化焙烤食品中的乳蛋白和矿物质，弥补焙烤食品营养的不全面之处，提高成品的营养价值。乳品所含重要氨基酸及其含量见表2-20。

表2-20　　　　　　　　　　乳品所含重要氨基酸及其含量　　　　　　　　　单位:%

氨基酸	全脂乳粉	脱脂乳粉	酪蛋白	乳清蛋白
异亮氨酸 （Isoleucine）	1.648	2.271	6.550	0.734
亮氨酸 （Leucine）	2.535	3.493	10.148	1.043
赖氨酸 （Lysine）	2.009	2.768	8.013	0.769
蛋氨酸 （Methionine）	0.632	0.870	3.084	0.188
苯丙氨酸 （Phenylalanine）	1.251	1.724	5.389	0.323
苏氨酸 （Threonine）	1.191	1.641	4.277	0.677
色氨酸 （Tryptophane）	0.364	0.502	1.335	0.147
缬氨酸 （Valine）	1.774	2.444	7.393	0.640

（三） 对发酵的影响

面团发酵时，面团的酸度增加，发酵时间越长，酸度增加越大。乳蛋白可缓冲酸度的增加，增强面团的发酵耐性，使发酵过程变缓慢，面团也变得柔软光滑，便于机械操作，有助于品质的管理。例如不加乳粉的面团，搅拌完后平均 pH 为 5.8，经 45min 发酵后，平均 pH 降为5.1；而含有乳粉的面团，搅拌完后 pH 为 5.94，经 45min 发酵后，降为 5.72。淀粉分解酶（Diastase）的最适 pH 为 4.7，因此淀粉分解酶在没有乳粉的面团中发酵比有乳粉的面团快。糖量少或没有添加糖的面团，加入乳粉会降低淀粉分解酶作用，最终减少面团气体的产生，在此情况下，可加入麦芽粉（Malt Flour）、麦芽糖浆（Malt Syrup），补救乳粉的影响。内部已含有足量糖的面团，乳粉的添加可加速气体的产生，因为乳粉能刺激酵母内酒精酶的活力，加快发酵速度，增加气体的产生。

（四） 外表颜色 （Crust Color）

牛乳内的主要碳水化合物为乳糖，具有还原性。同时乳糖不被酵母发酵，可成为剩余糖。焙烤食品于烘烤时所形成的颜色主要有三方面原因：糊精化作用（Dextrinization）、糖焦化作用

（Caramelization）及美拉德反应（Maillard Reaction）。面包表皮的着色以美拉德反应最重要，而还原糖与蛋白质是主要反应物质，添加乳粉会使蛋白质和剩余糖量增加，因此有利于面包表皮及其他焙烤食品颜色、光泽的形成。

（五）面团加工性能

乳制品用于焙烤食品，应注意其种类。乳制品对面包加工性能的作用有以下几点。

1. 搅拌耐性（Mixing Tolerance）

新式的搅拌机都采用高速搅拌机改善面包颗粒、组织及体积。乳粉可增加面团的吸水性，但必须配合充分的搅拌。乳粉可增强面筋的韧性和面团的搅拌耐性，不致由于搅拌时间的延长，而导致搅拌过度。

2. 吸水量（Water Absorption）及面筋的强度

牛乳内的蛋白质主要为酪蛋白（Casein），占牛乳蛋白质的75%～80%。乳品的吸水量与酪蛋白的变性程度有关，其变性程度越大，吸水量越大。酪蛋白是对热稳定的一种蛋白质，一些牛乳加工过程热处理温度在60～94℃，酪蛋白变性程度很小，而适合焙烤食品用的牛乳，要求能保持高度的黏度，具有吸水和吸油量大的性质，所以必须经更高温处理，使酪蛋白变性。

适当热处理的乳粉，可以增加面团的吸水率和增强面筋，增加面包的体积，面筋弱的面粉比面筋强的面粉受乳粉的影响大。适当热处理的乳粉吸水量约为其质量的100%～125%，而面包用面粉的吸水量只有其质量的58%～64%，因此乳粉对吸水量的影响较大。调粉时要考虑乳粉吸水的影响。

3. 面团的物理性质

牛乳加入面团内除了增加营养外，适当热处理的牛乳具有还可以改善发酵面团的物理性质。研究表明，全脂新鲜牛乳及脱脂牛乳如未经热处理，因含有具有大量巯基的乳清蛋白质，不仅不能改善面团的物理性质，而且降低了面团的吸水性，使面团黏软，面包体积小。牛乳经85℃、30min的加热，使乳清蛋白变性（Whey Protein Denaturation），且部分蛋白质相互结合成更大的分子，因而失去巯基的活泼性，这样可减低对面团的不良影响。

面包厂一般使用的乳品以脱脂乳粉为最多，而脱脂乳粉是经加热、浓缩、干燥而成的，所以一般而言对面包的品质有益而无害。假如使用新鲜牛乳或新鲜脱脂牛乳，则必须加以适当的热处理。

（六）成品结构

1. 颗粒及组织状态（Grain and Texture）

脱脂乳粉可以改善面包的颗粒及组织，使面包颗粒细小、均匀、柔软，并富有光泽。

2. 面包体积（Loaf Volume）

乳粉可增强面筋，增加面包体积。试验室的烘焙试验表明，使用品质良好的乳粉，可增加面包体积5%～10%，但在商业化的生产中，乳粉增加体积的效果较小。

（七）保存性

面包老化的原因除了面包内淀粉的老化作用（Retrogradation）外，水分减少引起的硬化也是重要原因之一。含有乳粉的面包有较强的保湿性，可减缓水分的蒸发，使面包保持柔软的时间增长。

第五节　蛋及蛋制品

蛋品富有营养，是用途较广且较廉价的一种动物性食品。同时，由于它的美味、色泽和烹调性质使得它在人们的饮食生活中占有十分重要的位置。蛋制品不仅是烹饪，而且是生产面包、饼干、糕点和其他各种食品不可缺少的原料。

焙烤食品原料中用量最多的蛋品是鸡蛋，包括带壳鲜蛋、冻蛋、全蛋粉、蛋清粉等。

一、蛋的构造

蛋的构造大体为：最外层是蛋壳，蛋壳内有薄膜，膜内有蛋白，蛋白中间有蛋黄，详细结构如图2－22所示。

（一）蛋黄（Egg Yolk）

蛋黄是由亮卵黄层和暗卵黄层相间的多层构造，最外面被卵黄膜所包围，保持蛋黄的圆形。蛋黄还包括蛋黄中心的亮卵黄通向胚的胚颈（Latebra），蛋黄外面是小小的胚（Embryo）。蛋黄是颗粒状的构造，颗粒是直径为 $70 \sim 120\mu m$ 的多面体，其模型很像石榴粒，但如果破坏了蛋黄膜，颗粒状构造也立即消失。

（二）蛋白（Egg white）

蛋白介于蛋壳与蛋黄之间，靠近卵黄膜的部分是黏度较低的蛋白，称为内稀卵白。最外层也是黏度较低的蛋白，称为外稀蛋白。中间是黏度较大的蛋白，称为黏稠蛋白或浓厚蛋白，它的一部分与蛋壳黏着在一起。在蛋黄两端各有一不透明纤维状卵带伸向蛋白中，固定蛋黄于蛋白中间。

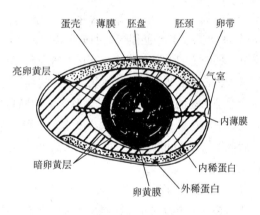

图2－22　蛋的构造

（三）壳（Egg Shell）

壳是硬而脆的粒状构造，厚度约为0.3mm，表面有很多气孔。壳的内侧有两层蛋壳膜黏在一起，在两层膜之间靠蛋的大端有一气室，蛋储存时间越久，气室越大。本书介绍蛋的成分时一般不计蛋壳。

二、蛋的成分

全蛋中，蛋壳质量约占10.3%，蛋黄占30.3%，蛋白占59.4%，即蛋白与蛋黄的质量比约为2∶1。鸡蛋可食部分的化学组成如表2－21所示。表中只是一个平均数字，由于鸡的品种、储放时间、饲料、饲养条件不同，成分会有差异。鸡蛋的平均质量一般为50~60g，在此质量范围内的蛋，蛋黄和蛋白的比例差不多，但若蛋太大或太小，则蛋黄比例减少，而蛋白比例较大。

表 2-21　　　　　　　　鸡蛋可食部分（去蛋壳）的化学组成　　　　　　　单位:%

	水	油脂	蛋白质	灰分	葡萄糖	非氮抽出物
全蛋	73.0	11.5	13.3	1.0	0.3	1.1
蛋黄	49.5	33.3	15.7	1.1	0.15	
蛋白	88		10.4	0.7	0.38	

（一）蛋黄

蛋黄中的蛋白质大部分是脂蛋白质类（Lipoprotien），即结合蛋白质。其中主要的物质是脂蛋黄磷蛋白和脂蛋黄类黏蛋白（表 2-22），两者都含有多量的脂质。除去脂质部分，其蛋白质部分均为磷蛋白质（Phosphproteins），分别称为蛋黄磷蛋白（Vitellin）和蛋黄类黏蛋白（Vitellomucoid）。蛋黄磷蛋白可以用电泳的方法分为 α、β、γ 三种成分，它属于水溶性蛋白质，95℃以上加热可使其完全热凝固。蛋黄中的大部分酶存在于蛋黄磷蛋白中。蛋黄中还有一种蛋白质称为卵黄高磷蛋白，约含 10% 的磷。

蛋黄脂质的特点是磷脂质含量高，组成为甘油酯（62.3%）、磷脂质（32.8%）、固醇（Sterol，4.9%），其中胆固醇在卵黄脂质中占 4%。磷脂质由卵磷脂（58%）与脑磷脂（Kephalinor Cephalin，42%）组成，在蛋中大部分与蛋白质结合。构成以上物质的脂肪酸中，不饱和脂肪酸为多，因而非常容易被氧化。蛋黄的乳化性主要是脂蛋白质及其组分卵磷脂的作用。蛋黄本身就是水包油（O/W）型的乳状液。油脂在蛋黄内是均乳化状态，一些油脂与卵磷脂结合。蛋黄中的色素主要是黄体素、玉米黄质等叶黄素类物质。蛋内所有油脂都存在于蛋黄内，因此蛋黄打发（Whipping）性质差。蛋黄中的蛋白质除与蛋白不同外，也缺少类似蛋白纤维状的组织。

（二）蛋白

蛋白是一种由蛋白质和水组成的胶体物质，其中 85%~89% 为水分，9.7%~10.6% 为蛋白质，0.4%~0.9% 为碳水化合物，0.5%~0.6% 为矿物质元素，0.03% 为脂类和少量维生素等。蛋白中的蛋白质主要包括 54% 的卵白蛋白（Ovalbumin）、12% 的卵转铁蛋白（Ovotransferrin）、11% 的卵类黏蛋白（Ovomucoid）、3.4% 的溶菌酶（Lysozyme）、4.0% 的 G2 球蛋白（Globulin G2）、4.0% 的 G3 球蛋白（Globulin G3）、3.5% 的卵黏蛋白（Ovomucin）、0.8% 的卵黄素蛋白（Flavoprotein）、0.5% 的卵巨球蛋白（Ovomacroglobulin）、0.05% 半胱氨酸蛋白酶抑制剂（Cystatin）、1.5% 的卵抑制剂（Ovoinhibitor）以及 0.05% 的抗生物素蛋白（Avidin）。其中具有功能性的蛋白质主要有：卵白蛋白，有潜在的免疫活性，同时也是蛋白的主要过敏源；卵转铁蛋白，具有抑菌活性，可作为工业化的营养强化剂添加到食品或保健品中；卵黏蛋白，除了具有维持蛋清结构及黏度等物理功能，还有抗病毒活性；溶菌酶可作为免疫调节和免疫激活剂；黄素蛋白，具有抗繁殖能力、运载或储存铜离子的能力，可保证胚胎的正常发育；抗生物素蛋白，具有抑菌和杀虫活性。

如表 2-22 所示，在蛋白中存在至少 9 种蛋白质。卵白蛋白是蛋白中的主要蛋白质。

（三）维生素

蛋中还含有丰富的维生素 A、维生素 D、维生素 E、维生素 K 和相当多的 B 族水溶性维生素。其中维生素 B_2（Riboflavin）多在蛋黄中，蛋白中也少量存在，给蛋白以淡绿黄色色调。蛋中几乎不含维生素 C。

表 2 – 22   蛋黄和蛋白的蛋白质组成   单位:%

蛋黄组成	含量	蛋白组成	含量
脂蛋黄磷蛋白（Lipovitellin）	43 ~ 44	卵白蛋白（Ovalbumin）	54.0
		卵转铁蛋白（Ovotransferrin）	12.0
脂蛋黄类黏蛋白（Lipovitellonin）	30 ~ 31	卵类黏蛋白（Ovomucoid）	11.0
		溶菌酶（Lysozyme）	3.4
蛋黄球蛋白（Livetin）	10	卵球蛋白 G2（Globulin G2）	4.0
		卵球蛋白 G3（Globulin G3）	4.0
高磷蛋白（Phosvitin）	14 ~ 15	抗生物素蛋白（Avidin）	0.05
		卵黏蛋白（Ovomucin）	3.5
		卵黄素蛋白（Flavoprotein）	0.8
		卵巨球蛋白（Ovomacroglobulin）	0.5
		半胱氨酸蛋白酶抑制剂（Cystatin）	0.05
		卵抑制剂（Ovoinhibitor）	1.5

（四）矿物质

蛋中矿物质磷的含量较大，因此蛋是很强的酸性食品。蛋黄比蛋白富含钙、磷、铁，而缺少钠、钾、硫、氯。蛋白中含硫较多。

（五）酶

溶菌酶（Lysozyme）：溶菌酶化学名称为 N – 乙酰胞壁质聚糖水解酶，又称胞壁质酶，是一种葡萄糖苷酶，其化学性质稳定，干燥条件下在室温可长期保存。其纯品为白色或微黄色结晶体或无定型粉末，无臭，味甜，易溶于水，不溶于丙酮、乙醚。存在于蛋白中的溶菌酶，不仅具有抗菌、抗病毒作用，还有止血、消肿、防腐、抗肿瘤及加快组织修复、增强免疫力等功能。蛋白中的溶菌酶是由 18 种 129 个氨基酸残基组成的单肽链蛋白质，在分子中的 4 对含硫氨基酸半胱氨酸（Cys）间形成 4 个 S—S 键，等电点约为 11.1，最适溶菌温度为 45 ~ 50℃，pH 为 6.0 ~ 7.0。在酸性环境下，溶菌酶对热的稳定性很强，pH 在 4.0 ~ 7.0 范围内，100℃处理 1min 仍有近 100% 的活力，210℃加热 1.5h 仍具有活性；在中性水溶液中，溶菌酶可维持数天而不失去活性；在碱性条件下，其稳定性较差。

鸡蛋蛋白酶（Proteinase）：鸡蛋储藏中黏稠蛋白的稀化，就是由于蛋白酶使卵黏蛋白性质变化引起的。

三、鸡蛋的品质

刚产下的鸡蛋几乎是无菌状态，但因为蛋的外壳是多孔性，蛋本身富有营养，如储藏不良或卫生条件不好，细菌或霉菌能在短时间内侵蚀，使之腐败变质。另外，由于蛋是生命体，也有呼吸，由于水分的蒸发和二氧化碳的呼出，其组织状态也会发生变化而影响其加工性能。所以，在使用鸡蛋时必须对鸡蛋的品质进行判定。

（一） 鸡蛋在保存中非微生物引起的变化

1. 相对密度的变化

刚产下的鸡蛋几乎看不出有气室，但随着蛋温度的降低、体积的减少和水分的蒸发，气室会逐渐扩大。新鲜蛋的气室高度大约有2mm，将蛋反倒、转动时，气室的位置不会发生变化而在端部固定着。随着保存时间变长，气室变大，气室就变得容易在蛋内移动了。新鲜鸡蛋的相对密度为1.07～1.08，保存时间越长，相对密度将越小。陈蛋往往放在水中后大端翘起，向上浮，以此也可以判断鸡蛋的新与陈。

2. pH的变化

新鲜鸡蛋的pH约为7.6，但在储存过程中pH会逐渐升高，如在室温中存放，蛋白的pH会很快（24h）增加到9.0。蛋白在普通食品中为酸性较强的食品，放陈后pH会更高；蛋黄pH的变化较小，初生下时约为6.0。

3. 黏稠蛋白的稀化和蛋黄变化

鲜蛋的构造中，稀蛋白与黏稠蛋白的比例在最初为4:6，在储藏过程中随着pH上升，稀蛋白的比例会增加。这是因为黏稠蛋白中的卵黏蛋白在蛋白酶的作用下构造崩坏，失去其胶状性质。由于蛋白黏度减小，使其搅打起泡性和气泡的稳定性变差。

人们常利用黏稠蛋白稀化的变化来判断鸡蛋新鲜与否，即打开蛋，使之自然摊在平面上，计算这时黏稠蛋白的高度和蛋白形状平均直径的比，新鲜蛋的比值约为0.04，而陈旧蛋的比值会变小。另外，观察蛋黄的位置和移动性也可判断鸡蛋的品质：新鲜鸡蛋由于蛋白黏度大，蛋在倒置旋转时，蛋黄偏离中间位置较少，且不易移动；相反，假如是陈放或已变质的蛋，蛋黄将偏离中间位置，而且容易移动。蛋黄的黏度也会在储藏过程中变小，变得不易保持球形。

（二） 微生物引起的鸡蛋变质

蛋白中含有的杀菌因子称为溶菌酶，它可以阻止许多微生物经多孔性蛋壳接近蛋白部分，延长储存时间。但外界环境对蛋的保存影响很大。

1. 温度条件

鸡蛋在不冻结的情况下，温度越低，越不易变质，-4～-0.5℃时可以储藏6个月。一般冰箱内温度约为5℃，可使鸡蛋保存几周。

2. 湿度条件

蛋的干燥状态有利于蛋的保存。水洗过的蛋，或结露水的蛋都会使细菌渗入蛋内，从而引起蛋的腐败。

（三） 鸡蛋品质检查方法

GB 2749—2015《食品安全国家标准 蛋与蛋制品》中关于鲜蛋的品质检验方法为：取带壳鲜蛋在灯光下透视观察；去壳后置于白色瓷盘中，在自然光下观察色泽和状态；闻其气味。鲜蛋的感官要求如下所述。

色泽：灯光透视时整个蛋呈微红色；去壳后蛋黄呈橘黄色至橙色，蛋白澄清、透明，无其他异常颜色。

气味：蛋液具有固有的蛋腥味，无异味。

状态：蛋壳清洁完整，无裂纹，无霉斑，灯光透视时蛋内无黑点及异物；去壳后蛋黄凸起完整并带有韧性，蛋白稀稠分明，无正常视力可见外来异物。

1. 普通检查方法

检查项目和方法如表2-23所示。

表2-23　　　　　　　　　　　鸡蛋品质检查的一般基准

检查项目	特级	1级	2级	级外
外观检查和透光检查				
蛋壳	清洁、无伤、正常	大体清洁、无伤，仅很少异常	仅很少的污染，无伤，有异常之处	蛋壳有伤，并有明显污染，形状和组织明显异常
透光检查				
蛋黄	中心位置可隐约见其轮廓，无缺点	大体在中心位置，大体轮廓可见，仅有缺点：蛋黄是扁形，稍有扩展	偏离中心较大，呈扁平形并有大扩展，能看出一些缺点	蛋黄、蛋白发现异常，如血块、其他异物，或稍有臭味
蛋白	透明而粘稠	透明，但变较稀	稀而呈液状	
气室	深度<4mm，位置几乎固定	深度<8mm，有小的移动	深度为8mm或更大，有大的移动	
破蛋检查				
扩展面积	小	普通	相当大	
蛋黄	呈球形隆起	稍呈扁平	扁平	
黏稠蛋白	量多而隆起，将蛋黄包围	量少，变得扁平	几乎没有	
稀蛋白	量较少	普通量	量较多	

2. 实验室检查方法

（1）相对密度　由于新鲜鸡蛋的相对密度为1.08~1.09，随储藏时间增加而相对密度减小（气室增加），所以常用不同相对密度的食盐水，观察蛋在其中的沉浮情况来判断鸡蛋的新与陈。一般可认为陈蛋在4%的食盐水中（相对密度1.029）上浮。

（2）pH测定　这属于仪器测定，前面讲过从pH的增大程度可知蛋白陈旧程度。

（3）黏稠蛋白的比例　黏度稠的蛋白越多，越新鲜，如前所述。

（4）卵白系数（Albumen Index）　将蛋打破，使蛋流到平板上，如图2-23所示，测量并计算黏稠蛋白的厚度和平均直径的比即为卵白系数，

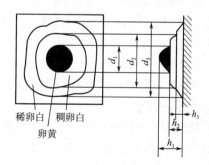

图2-23　卵白系数的测定

新鲜蛋的 $h_2 : d_2 = 0.14 \sim 0.17$。

（5）滩值（Haugh Unit，HU）

$$HU = 100\log\ (H - 1.7W^{0.37} + 7.6)$$

式中　H——黏稠蛋白厚度（h_2），mm；

　　　W——蛋的质量，g。

这是判断蛋的新与陈的国际通用办法，新鲜蛋的 HU 为 86～90。

（6）卵黄系数（Yolk Index）　与卵白系数相似，是摊在平板上的蛋黄厚度与其直径之比（$h_1 : d_1$）。新鲜蛋的卵黄系数为 0.36～0.44，当其在 0.25 以下，蛋黄就很容易破散。

四、鸡蛋的物理化学特性

鸡蛋有着其他食品所不具有的特殊加工性能，主要有稀释性、热凝固性、起泡性和乳化性。

（一）稀释性

所谓稀释性，就是鸡蛋可以和其他食品原料如水、牛乳、小麦粉或淀粉均匀混合，并被稀释成任意浓度在食品加工中被利用的性质。最典型的就是制作鸡蛋羹时，向鸡蛋中掺入不同量的水和其他调味料，可做成不同硬度的鸡蛋羹。它还可以与豆乳、牛乳混合做成蛋豆腐、布丁（Custard Pudding）等。

（二）热凝固性

这一性质是蛋在食品加工中特别重要的性质。例如：煮鸡蛋、鸡蛋羹、蛋糕中的鸡蛋在加热时都会凝固。蛋的凝固温度由于加热速度的不同而稍有不同。蛋白为 60℃ 左右，蛋黄为 65℃ 左右开始凝固。在 70℃ 时蛋黄会迅速凝固，但蛋白呈溶胶状，要使蛋白失去流动性必须使温度在 80℃ 以上。凝固的性状与蛋的新鲜度也有关。比如煮鸡蛋，刚产的新鲜鸡蛋，煮后皮不好剥离，剥开后是没有光泽的白色，含水多，比较软。经储藏后的鸡蛋，煮后剥起来就容易，表面光滑，有光泽，弹性好，比较符合人们的嗜好。其理由是：新鲜蛋的蛋白中含有的二氧化碳还未释放，加热后急速气化，在蛋白中形成微细的小空穴，呈海绵状，所以使人感到含水多，质地软。还由于膨胀的压力使蛋白与蛋壳膜和蛋壳被压紧，而难以剥离。

温度是鸡蛋凝结变性的主要因素，蛋白在 54.4～57.2℃ 开始变性，于 60℃ 时变性加快，但如在受热过程中将蛋急速搅动可以阻止变性进程。

蛋白质中如果加入水则使浓度减小，变性温度提高。

pH 对蛋白的热凝固性也有影响。在蛋白等电点（Isoelectric Point）附近的 pH 时，热凝固最快，白蛋白的 pH 为 4.6～4.8。

在蛋液中加入无机盐（如食盐），可使热凝固性增大。

蛋白内加入高浓度的砂糖，也可以加大蛋白的热凝固性。

（三）起泡性

起泡性也称打发性，指将蛋白激烈搅拌，便可以形成大量稳定的包含空气的泡沫的性质。鸡蛋的这一性质很重要，它可以使食品的质地膨松、柔软。

1. 起泡性的原理

蛋白之所以容易打发且气泡稳定，主要是由于蛋白的表面张力较小，表面比较容易扩展。蛋白打发性好的另一个原因是它容易被外力扩展成薄膜而包住空气，而且其黏度较大，因而形成的气泡比较稳定。关于形成薄膜的原理，普遍的说法是认为蛋白中的蛋白质由于机械力的搅拌，使得缠绕折叠成团的多肽（Polypeptides）链被表面的能拉伸，即所谓表面作用，引起蛋白质的变性。在气液界面上的蛋白质分子由于受到不平衡力的作用，使得被拉开的肽链排列成与表面平行的状态。这些与表面平行的多肽链便组成了薄膜。因此当搅拌过度时，表面变性进一步发展，泡沫将变得白浊，生成棉花样絮状凝固，成为不稳定的泡。

2. 起泡性的测定

起泡性的测定主要有两种方法。一种是用搅拌机打发蛋液，然后观察打发情况，并测定打发至良好状态的时间。这种方法需要有一定经验。另一种方法是将搅拌一定时间的蛋液倒入一定体积的容器中（例如玻璃器皿中），称其质量，算出其相对密度，越轻说明打发性越好。

泡沫稳定性的测定方法是将打发的泡液用漏斗使之流入量筒中，然后随着时间变化，比较其体积变化。

3. 影响起泡性的因素

（1）蛋白的温度　温度较高（蛋白打发界限温度为 30～40℃）的蛋白比温度低一些的起泡性（打发性）好。

（2）稀蛋白的含量　稀蛋白较多时起泡性也好。这是由于蛋白表面张力较小的缘故。而且食盐（酒石酸）等的添加可使蛋液黏度降低，促进表面变性，但这样容易使打发过头，也就是泡沫的稳定性不好。

（3）黏稠蛋白的比例　从稳定性来看，黏稠蛋白较多的新鲜蛋、冷藏蛋黏度较大，打发性虽差，但稳定性好。

（4）砂糖　砂糖可以抑制蛋白中蛋白质的表面变性，使其黏度增大，起泡性变差，也就是打发时，搅拌时间较长。但在打发操作中，不易打发过头，对于形成稳定的气泡有良好的效果。因此，在打发时先不放糖，打发到一定程度后再加入糖搅打比较好。

（5）搅打操作　打发搅拌时，如果过度，气泡的膜就会变薄，失去弹性，加热时易破裂，造成制品发不起来或塌陷的缺点。为了克服这些缺点，常加入一些添加剂，如酒石酸可使打发性变好，然后再利用糖加强气泡的稳定性。

（6）蛋成分的影响　起泡性最好的是蛋白，其次是全蛋，蛋黄的起泡性最差。在利用蛋白打发时，加入很少量的蛋黄或 1% 以下的油脂，起泡性就会明显降低。蛋黄打发虽需要更长时间的搅拌，但最后可形成比较稳定的稀奶油状的泡液。蛋黄中的脂蛋白质可以在含油脂的结构下发生表面变性，形成气泡。而且由于它固体成分多，浓度大，黏度高，稳定性较好。蛋糕的制作实际就是靠蛋的打发来膨松的。

（7）pH 的影响　起泡性的因素不但与蛋白液的 pH 大小有关，而且与调整 pH 时使用酸的种类也有关系。白蛋白在 pH6.5～9.5 时起泡性较好，pH5 时起泡性差，泡沫形成时间要长。据研究，pH 较小，泡沫形成虽慢，但形成的泡沫比较稳定。在调整 pH 时，酸性磷酸盐、酸性酒石酸钾比醋酸及柠檬酸对增加起泡性更有效。

（四）乳化性

1. 乳化性

蛋白、全蛋和蛋黄都具有乳化性，尤其是蛋黄具有很强的乳化能力。它们对油脂和对水都有很强的亲和力。这在一些食品，如蛋黄酱、海绵蛋糕的加工工艺中非常有用。蛋黄中的卵磷脂是 O/W 型乳化剂，胆固醇又是 W/O 型乳化剂，但一般认为蛋黄的乳化性主要是卵磷脂和蛋白质结合而成的卵磷脂蛋白的作用。卵磷脂蛋白不仅显示了 O/W 的乳化能力，使水油界面张力下降，而且由于蛋白的表面变性，使之可成为分散相的界面保护膜，即可将油滴包起来，使得乳液的稳定性加强。蛋白的乳化性大约为蛋黄的 1/4。向蛋黄中加入食盐，可使乳化容量稍有增大。

2. 乳化容量

乳化容量是表示原料乳化能力的物理量，其测定方法为先将连续相（例如水）提前加入乳化剂，然后一边搅拌，一边以一定速度加入分散相（例如油脂），当达到转相时（分散相变成连续相，连续相变成分散相），以这时所加入分散相的量来表示乳化容量。在蛋黄液中加入醋酸使 pH 降到 4 以下时，蛋黄的乳化容量会急剧下降，这是在制造蛋黄酱时要注意的。蛋的鲜度低下，也会使其乳化容量降低，使乳化速度、乳液黏度和稳定性都有所降低，因此在制造蛋黄酱时一定要用新鲜蛋。

五、 鸡蛋制品的种类和加工方法

（一） 带壳蛋

带壳蛋大多是供给家庭或小食堂用的，我国带壳蛋的处理还不普及。而在国外，商店出售的鸡蛋都是经过工厂洗涤、分选、包装等处理的带壳蛋，一般要求在 0 ~ 5℃冷藏，长期储藏还需要利用气调冷藏（二氧化碳浓度为 88%、氮浓度为 12% 的混合气体，0 ~ 1℃）。这样可抑制黏稠蛋白的稀化，储藏期达 6 ~ 8 个月。不过随着鸡蛋的充足供应，这样的长期气调储藏已无必要。

（二） 液蛋

液蛋的加工过程：鸡蛋在洗蛋、检蛋后，用机器打开，并根据用户要求或全蛋混合，或分成蛋黄、蛋白，过滤掉蛋黄膜和系带，在约 60℃条件下低温杀菌 3 ~ 5min，然后装入塑料桶或金属桶中。如不经杀菌，0℃下可保存 3 ~ 4d。

（三） 冷冻蛋 （冰蛋）

为了便于保存，常将蛋加工成冷冻蛋来供食品工厂使用。蛋白部分经过冻结，在使用时再经过解冻，在这些过程中除了黏稠蛋白的比例有所下降外，其他特性几乎不发生变化。如果是全蛋或蛋黄，如一经冷冻处理，还会产生冷冻变性，使黏度增加，蛋白胶质化，这时复原比较困难。为了减轻这种变性，可在冷冻前在蛋黄中加入适量的食盐（3% ~ 5%）、蔗糖（约 10%）和聚磷酸盐（如焦磷酸钠和三聚磷酸钠）。

冷冻蛋的处理方法：先将液蛋加热杀菌（60℃，3.5min），冷却后再于 - 18 ~ 15℃冻结。由于冷冻蛋的保存性比液蛋好，随着制冷设备的发展，目前食品加工用蛋主要是冷冻蛋。

（四） 浓缩蛋

浓缩蛋就是使全蛋或蛋白中的水分减少，而浓缩其成分的制品。但如果将全蛋未经处理而加热浓缩，就会引起蛋白质的热变性，使起泡能力下降。为了防止这一现象，在加热浓缩时，应向蛋液中加入蔗糖，并在 60℃附近减压浓缩。如果加糖率为 50%，浓缩率为 2 倍时，在常温下能保存 1 个月左右。蛋白比全蛋容易引起热变性，所以在国外已有应用反渗透、超滤的方法使之浓缩 2 倍的产品。

（五） 干燥蛋 （全蛋粉、 蛋黄粉）

为了使搬运、保管更加方便，将蛋液的大部分水分除去，便可加工成干燥蛋（也称蛋粉）。但是如前所述，由于蛋白质的热变性，会使得其加工性能变坏。由于鸡蛋中含有游离状态的葡萄糖（全蛋中 0.3%、蛋黄 0.2%、蛋白 0.4%），在干燥中会与蛋白质发生羰氨反应，产生褐变和难闻的臭味，因此在干燥前要进行脱糖处理。脱糖处理主要有两个方法：微生物发酵脱糖法和葡萄糖氧化酶（Glucose Oxidase）脱糖法。脱糖处理后的蛋液经过滤后，用喷雾干燥法或盘子干燥法（Pan Drying）干燥。

喷雾干燥法：将蛋液喷成细雾状与热空气接触，使水分蒸发，得到干燥粉末（Spray Dried Egg White）。此制品水分含量为 4%～8%。

盘子干燥法：将蛋白倒入浅盘中，利用 50～55℃ 的热风干燥。干燥后的产品为片状结晶，含 14%～16% 水分。再经筛选、粉碎、包装成蛋粉。这种产品溶解性好，加水复原时间短。

六、 蛋白、 蛋黄在焙烤食品中的功能

蛋在焙烤食品中的功效如下：

（1）增加产品的营养价值。

（2）增加产品的香味，改善组织（口感）及滋味。

（3）增加产品的金黄颜色。

（4）作黏结剂可结合其他各种不同材料。

（5）作为产品的膨松剂，如天使蛋糕（Angel food cake）、海绵蛋糕（Sponge Cake）等。

（6）提供乳化作用。蛋黄中卵磷脂（Lecithin）等的乳化作用可使面团光滑，改善制品颗粒，使面包、蛋糕质地细腻、增加柔软性，使饼干酥松。

（7）改善产品的储藏性，主要是由于乳化作用，可以延迟制品老化。

（一） 蛋白在焙烤中的功能

焙烤食品工业使用蛋白的主要功能，为蛋白可形成膨松、稳定的泡沫，可以融合大量的面粉及糖。蛋白融合其他材料所形成的泡沫，必须要维持到焙烤时蛋白质变性形成稳定复杂的蛋白质结构，方能使融合的大量材料不至于沉淀或下陷。

要形成稳定性泡沫，必须要有表面张力小及蒸气压力小的成分存在，同时，泡沫表面成分必须能形成固形基质。黏度大的成分有助于泡沫初期形成。有研究者（Mac Donnell）指出，蛋白内的球蛋白（Globulin）具有使蛋液降低表面张力、增加蛋白黏度，使之能被快速打入空气形成泡沫的作用。黏蛋白（Mucin）及其他蛋白质在搅拌时，受机械力作用，在泡沫表面变性，形成固化薄膜。

蛋白经搅拌后，颜色由浅绿变白，逐渐变为不透明的白色。同时，泡沫的体积及硬度增加。如超过此阶段，泡沫表面固化增加，变性增加，泡沫薄膜弹性减少，蛋白变脆，失去蛋白的光泽，说明已搅拌过度。

（二） 蛋黄在焙烤中的功能

蛋黄的结构比较复杂，因此，目前对蛋黄的构造及功能的了解还不深入。但人们从经验

知道，蛋黄对于焙烤食品的加工工艺主要有以下一些作用。

（1）乳化剂（As an Emulsifying Agent）　改善产品组织、延迟老化。

（2）凝固剂（As a Coagulating Agent）　保持产品良好形态。

（3）膨松剂（As a Leavening Agent）　具有稳定泡沫的性质。

蛋黄黏度的变化比较稳定，蛋黄内含有较多的油脂成分，有保护蛋黄蛋白质不易受热变性的作用。蛋黄的表面张力强度只有蛋白的2/3，其形成的泡沫与蛋白不同，是一种油、水和空气的乳状液，一般很少利用蛋黄作食品发泡的基本材料。

蛋黄、全蛋是制作海绵蛋糕、奶油空心饼（Cream Puff）、巧克力手指形小蛋糕（Eclair）、油炸面包圈（Doughnut）、布丁、蛋黄酱等不可缺少的重要材料。

七、　鸡蛋在焙烤食品中的使用注意事项

（一）　品种不同，　蛋的使用量不同

饼干中使用量较少，一般不超过4%。过量使用蛋制品（如蛋黄粉），会使产品产生令人不快的腥味，即产品经短时间储藏后会产生一种令人难以接受的蛋腥味，失去新鲜时的香味。但是面包、蛋糕由于水分较多，保存时间短，鸡蛋用量较大。主食面包、果子面包中的用量为5%～20%（对粉），蛋糕中的用量为15%～200%（对粉）。

（二）　制作面包时蛋的使用注意事项

（1）对于含有75%水分的面团，添加量若少于10%，其效果不明显；添加量如超过30%，面团的黏结力将变差，难揉成团。一般如需要多添加蛋，全蛋使用量至多到30%，其余可添加蛋黄。

（2）添加蛋后，如面团发酵时间过长，由于蛋白质的变性会产生异臭。

（3）调粉时的加水量要考虑蛋中含水量，使用蛋的制品要适当减少加水量（水的减少量为蛋量的60%～70%）。

（4）与面粉混合搅拌前最好先将蛋白与蛋黄搅拌均匀，如不然，有时蛋黄会凝固、胶化留在面团中。

（5）由于添加了鸡蛋，面团在焙烤过程中体积会发得更大，所以在分割和发酵中应注意这一因素。

（6）焙烤时容易上色，在烤的过程中应注意观察，防止烤焦。

第六节　疏　松　剂

一、　焙烤食品的疏松剂

除焙烤食品外，还有其他谷物食品，大部分都需加入各种不同的疏松剂（也称膨大剂、膨松剂），以便在焙烤、蒸煮、油炸时增加食品体积，改变组织，使之更适于食用、消化及形态变化。在日常主食食品中，如面包、包子、苏打饼干、馒头等都需要经酵母发酵；蛋糕、饼干、酥饼等西点则多用化学疏松剂使其组织膨大疏松，中式食品如油条、麻花中也常

使用苏打粉、明矾［$KAl(SO_4)·12H_2O$］等疏松剂起疏松作用。本节将就各种不同疏松剂的性能、用法和作用加以讨论。

（一）疏松剂的作用

（1）使食用时易于咀嚼　疏松剂能增加制品的体积，产生松软的组织。

（2）增加制品的美味感　疏松剂使产品组织松软，内部有细小孔洞，因此食用时唾液易渗入制品的组织中，溶出食品中的可溶性物质，刺激味觉神经，感受其风味。没加入疏松剂的产品，唾液不易渗入，因此味感平淡。

（3）利于消化食品　经疏松剂作用成松软多孔的结构，进入人体内，如海绵吸水一样，更容易吸收唾液和胃液，使食品与消化酶的接触面积增大，提高了消化率。

（二）食品疏松的方式

1. 由机械作用将空气拌入及保存在面糊（Batter）或面团（Dough）内

（1）糖油拌和法（Cream Method）及面粉油脂拌和法（Blend Method）　将空气打入油脂内，在烘烤时空气受热，体积膨胀，气体压力增加而使产品质地疏松，体积膨大。如制作布丁蛋糕时，奶油等油脂成分含量越高，打入空气也就越多。在此情况下，发粉的使用量可以减少甚至不用发粉。

（2）蛋液打发法　打发蛋液成泡沫，焙烤时这些气泡膨胀，使产品的体积增大。例如海绵蛋糕由全蛋和糖搅拌打发；天使蛋糕则由蛋白及糖搅拌打发，这些都不另外加入发粉即可疏松。

2. 酵母发酵

面包、馒头、苏打饼干、锅盔、烧饼之类一般都用酵母发酵的办法使之疏松。酵母发酵时不仅产生二氧化碳使焙烤制品疏松，更重要的是还能产生酒精及其他有机物，产生发酵食品的特殊风味，因此不能仅仅看成是一种疏松剂。

3. 添加化学疏松剂

利用苏打粉、发粉（Baking Powder）、碳酸铵（Ammonium Carbonate）、碳酸氢铵（Ammonium Bicarbonate）等化学物质加热时产生二氧化碳使制品疏松膨胀。

4. 水蒸气

蛋糕面糊或面包面团在焙烤时温度升高，内部水分变成水蒸气，受热膨胀，产生蒸气压，制品体积迅速增大，而使产品膨松。因此水蒸气的疏松作用都在焙烤的后半期。除膨化食品外，一般焙烤食品中水要变成水蒸气膨胀，首先要有气泡存在，所以只能在其他疏松剂作用产生气泡后才能使制品体积增大。

二、　化学疏松剂

（一）小苏打

一般的甜饼、一些蛋糕、油炸面食多用化学疏松剂，小苏打是最基本的一种化学疏松剂。小苏打（Baking Soda）也称苏打粉，化学名称为碳酸氢钠，白色粉末，分解温度为60～150℃，产生气体量为261cm^3/g。受热时的反应式如下：

$$2NaHCO_3 \longrightarrow Na_2CO_3 + CO_2 \uparrow + H_2O$$

由于小苏打内有碳酸根，那么当有机酸或无机酸存在，或酸性盐存在时，发生中和反应产生二氧化碳。以上反应所产生的二氧化碳便是疏松作用的主要来源。

小苏打分解时产生的碳酸钠，残留于食品中往往会引起质量问题。若使用量过多，则会使饼干碱度升高，口味变劣，心子呈暗黄色（这是由于碱和面粉中的黄酮醇色素反应生成黄色）。如果将苏打粉单独加入含油脂蛋糕内，分解产生的碳酸钠与油脂在焙烤的高温下发生皂化反应（Saponification），产生肥皂（Soap）。苏打粉加得越多，产生肥皂越多，因此烤出的产品肥皂味重，品质不良，同时使蛋糕 pH 增高，蛋糕内部及外表皮颜色加深，组织和形状受到破坏。所以，除了一些特别的蛋糕，如魔鬼蛋糕（Devil's Cake）、巧克力蛋糕（Chocolate Cake），以及含可可粉或巧克力等材料及其他需要加深颜色（深红色，如豆沙馅）的品种外，苏打粉很少单独使用，一般都使用已调好的发粉，即小苏打与有机酸及其盐类混合的疏松剂。

饼干和甜酥饼（Cookie）常使用小苏打作为疏松剂，它可以扩大产品的表面积。这是因为苏打粉为碱性盐，可以溶解面筋，减少面筋强度，消除由于面筋的拉力使产品表面难以伸张的影响。同时，苏打粉可以增加饼干、甜酥饼的颜色，但使用量太多会产生前述的缺点。

化学药品中，含有碳酸根的药品种类很多，如碳酸氢钾（$KHCO_3$）、戊酮二酸（Acetone Dicarboxylic Acid）等，都是可产生二氧化碳的化合物，但从人体健康观点来看，苏打粉、戊酮二酸较好，但后者因为成本较高，所以不如小苏打经济。小苏打不仅经济，而且主要是对人体安全。

（二）　碳酸氢铵和碳酸铵 （臭粉）

碳酸铵和碳酸氢铵（铵盐，俗称臭粉）在较低的温度（30～60℃）加热时，就可以完全分解，产生二氧化碳、水和氨气。因为所产生的二氧化碳和氨都是气体，所以疏松力比小苏打和其他疏松剂都大。产生气体量700m^3/g，约为小苏打疏松力的 2～3 倍。其分解反应式如下：

$$NH_4HCO_3 \longrightarrow NH_3 \uparrow + CO_2 \uparrow + H_2O$$
$$(NH_4)_2CO_3 \longrightarrow 2NH_3 \uparrow + CO_2 \uparrow + H_2O$$

由于其分解温度过低，往往在烘烤初期即产生极强的气压而分解完毕，不能持续有效地在饼坯凝固定型之前连续疏松，因而很少单独使用。

另外分解物氨的水溶性较大，当产品内水分含量多（如蛋糕、面包等）时，使用碳酸氢铵和碳酸铵作疏松剂，烘烤结束后，一部分氨会溶于成品中，使成品带有氨臭味而不可食用。因此碳酸氢铵或碳酸铵只适于含水量低的食品，如饼干等。这些产品中水分只有2%～4%，所以氨都将在烘烤时蒸发掉，不会残留在食品内。

碳酸铵和碳酸氢铵的加热分解物虽然基本相同，但由于其分解温度不同，所以使用方法也不同。碳酸铵比碳酸氢铵分解温度低，所以在加工操作中温度比较高的面糊或面团使用碳酸氢铵较为理想，否则疏松剂在面糊或面团还未进炉以前已分解，将损失一部分疏松力。

磷酸盐类（Phosphate）疏松剂在焙烤食品中的最大使用量为 15g/kg。硫酸铝钾（Aluminium Potassium Sulfate）又称钾明矾，硫酸铝铵（Aluminium Ammonium Sulfate）又称铵明矾，作为疏松剂在焙烤食品中被限制铝的残留量 ≤100mg/kg，并且 GB 1886. 245—2016《食品安全国家标准　食品添加剂　复配膨松剂》规定"添加了含铝食品添加剂（如硫酸铝钾、硫酸铝铵）的复配膨松剂产品应在包装标识上标示产品的铝（Al）含量，未添加含铝食品添加剂（如硫酸铝钾、硫酸铝铵）的复配膨松剂产品可在包装上标示未添加铝"。

（三）发粉

1. 发粉的概念

为了克服单一疏松剂的缺点，人们研制出了性能较好、专用来胀发烘烤食品的一种复合疏松剂，称为发粉（Baking Power），也称泡打粉、发泡粉。它是 1895 年由一位美国人首先研制出来的，一般为苏打粉配入可食用的酸性盐，再加淀粉或面粉为填充剂而成的一种混合化学添加剂。规定发粉所产生的二氧化碳不能低于发粉质量的 12%，也就是 100g 的发粉加入水完全反应后，产生的二氧化碳不少于 12g。又有规定含碳酸根的碱性盐只能用苏打粉，不准使用其他含有碳酸根的碱性盐。发粉中的酸性成分和苏打遇水后发生中和反应，释放出二氧化碳而不残留碳酸钠，其生成残留物为弱碱性盐类，对蛋糕等制品的组织不会产生太大不良影响。在未研制出发粉前，人们只是凭经验知道在苏打粉中加入一些酸性食品，如酸牛乳（Sour Milk）、转化糖（Invert Sugar）、果汁（Fruit Juice）、蜂蜜（Honey）、糖蜜（Molasses）等即有膨发作用。但酸性食品如未经化学定量，性能很不稳定，影响产品品质。苏打粉与乳酸反应式如下：

$$NaHCO_3 + H（C_3H_5O_3）\longrightarrow Na（C_3H_5O_3）+ H_2O + CO_2 \uparrow$$

一般与小苏打一起使用的有机酸（盐）为柠檬酸、酒石酸、乳酸、琥珀酸等。苏打粉与各种不同的酸性盐作用，必须达到完全中和，才不会影响产品的香味（Aroma）、质地（Texture）、颜色（Color）及滋味（Taste）。

为了使疏松剂性质稳定，使用方便，人们才利用各种酸性盐类与苏打粉调配，研制成发粉。为了使发粉在反应时达到完全中和，调配发粉时需要知道酸性盐单位质量的酸性强度，即中和值（Neutralizing Value），简写为 NV。中和值的定义为中和 100g 酸性盐所需要苏打粉的克数。例如：酸性磷酸钙 100g 需 80g 苏打粉去中和，则酸性磷酸钙的中和值为80。对于双重反应的发粉，也就是有反应快慢不同的酸性盐混合时，可由快性发粉与慢性发粉所占的比例查出酸性盐不同的中和值算出调配质量。

2. 发粉的种类和调配

各种焙烤食品对发粉反应释放二氧化碳的速度要求不同，例如饼干、酥饼等，焙烤时间比蛋糕短，同时面团水分含量较少，故发粉的反应要快一些；而蛋糕要求二氧化碳在较长的烘烤定型时间内持续产生，所以一般用双重反应的发粉（Double Reaction Baking Powder），由快性及慢性发粉调配而成。每一种产品的大小、形状、组织都不同，因此焙烤温度、时间也不同，故所需的发粉也不同。

发粉按反应速度的快慢或反应温度的高低可分为快性发粉、慢性发粉和双重反应发粉。由于规定发粉中的碱性盐只能使用苏打粉，因此唯一能控制发粉反应快慢的方法，是选择不同酸性盐来调配。酸性盐与苏打粉反应的快慢由酸性盐氢离子解离（Dissociation）的难易程度所决定，因此可利用酸性盐解离的特性，调配成各种反应速度不同的发粉。

（1）快性发粉（Fast Acting Powders）　此类发粉一般在面糊搅拌后、未进炉前二氧化碳已开始释出。

①最快性发粉（very Fast）：这种发粉在常温时几乎已将所有二氧化碳释出，以致面糊进炉时，得不到需要膨胀的气体，因此糕饼制造一般不使用，调配比例如表 2 - 24 所示。

表2-24　　　　　　　　　　　　　　最快性发粉调配比例

调配材料		中和值（NV）
酒石酸（Tartaric Acid）	$H_2C_4H_4O_6$	120
酒石酸氢钾（Potassium Bitartarate）	$KHC_4H_4O_6$	50
苏打粉（Baking Soda）	$NaHCO_3$	
玉米淀粉（Corn Starch）	$(C_6H_{12}O_6)_n$	

注：中和值指每100份酸性盐需要多少份 $NaHCO_3$ 和 $NaHCO_3$ 中和，此时 $NaHCO_3$ 的份数即为该酸性盐的中和值。

反应式：
$$H_2C_4H_4O_6 + 2NaHCO_3 \longrightarrow Na_2C_4H_4O_6 + 2CO_2 \uparrow + 2H_2O$$
$$KHC_4H_4O_6 + NaHCO_3 \longrightarrow KNaC_4H_4O_6 + CO_2 \uparrow + H_2O$$

②次快性发粉（Moderately Fast Baking Powder）：其酸性盐为酸性磷酸钙（Calcium Biphsophate），它可在室温时释出 1/2～2/3 的二氧化碳。这种发粉适合双重反应发粉的快性部分，以及适合用作饼干、小酥饼的发粉，调配比例如表2-25所示。

表2-25　　　　　　　　　　　　　　次快性发粉调配比例

调配材料		中和值（NV）
酸性磷酸钙（Calcium Acid Phosphate Monohydrate）	$Ca(H_2PO_4)_2$	80
苏打粉（Baking Soda）	$NaHCO_3$	
玉米淀粉（Corn Starch）	$(C_6H_{12}O_6)_n$	

反应式：　$3Ca(H_2PO_4)_2 + 8NaHCO_3 \longrightarrow Ca_3(PO_4)_2 + 4Na_2HPO_4 + 8CO_2 \uparrow + 8H_2O$

（2）慢性发粉（Slow Acting Powder）　慢性发粉在未进炉前释出的二氧化碳量很少。

①一般慢性发粉（Moderately Slow）：这一类发粉的酸性盐为酸性焦磷酸盐（Pyrophosphate Salt），包括其钙盐及钠盐，水溶性较差，因此反应慢。酸性焦磷酸钠微溶于冷水，温度升高，溶解加快，反应速度增加，同时有软化面筋的功能；其缺点为中和完成后剩下的盐类为焦磷酸钠，食用后有发热的感觉。但由于使用量少，故不会有太大的影响。一般蛋糕用发粉，以酸性焦磷酸钠作为双重反应发粉的慢性反应剂部分，它还常做蛋糕道纳司（Cake Doughnut）的发粉，调配比例如表2-26所示。

表2-26　　　　　　　　　　　　　　慢性发粉调配比例

调配材料		中和值（NV）
酸性焦磷酸钠（Disodium Dihydrogen Pyrophosphate）	$Na_2H_2P_2O_7$	72
酸性焦磷酸钙（Calcium Dihydrogen Pyrophosphate）	$CaH_2P_2O_7$	
苏打粉（Baking Soda）	$NaHCO_3$	
玉米淀粉（Corn Starch）	$(C_6H_{12}O_6)_n$	

反应式：　$2CaH_2P_2O_7 + 4NaHCO_3 \longrightarrow Ca_2P_2O_7 + Na_4P_2O_7 + 4CO_2 \uparrow + 4H_2O$
$$Na_2H_2P_2O_7 + 2NaHCO_3 \longrightarrow Na_4(P_2O_7) + 2CO_2 \uparrow + 2H_2O$$

②次慢性发粉（Slower Than Moderately Slow）：这类发粉的酸性盐为磷酸铝钠（Sodium Aluminum Phosphate），其反应比酸性焦磷酸钠慢，亦可作为双重反应的慢性发粉，调配比例如表 2-27 所示。

表2-27　　　　　　　　　　　　　　　次慢性发粉调配比例

调配材料		中和值（NV）
磷酸铝钠（Sodium Aluminum Phosphate）	$NaAl_3H_{14}(PO_4)_8 \cdot 4H_2O$	100
苏打粉（Baking Soda）	$NaHCO_3$	
玉米淀粉（Corn Starch）	$(C_6H_{12}O_6)_n$	

反应式：　　　$2CaH_2P_2O_7 + 4NaHCO_3 \longrightarrow Ca_2P_2O_7 + Na_4P_2O_7 + 4CO_2\uparrow + 4H_2O$

$Na_2H_2P_2O_7 + 2NaHCO_3 \longrightarrow Na_4(P_2O_7) + 2CO_2\uparrow + 2H_2O$

③最慢性发粉（Very Slow Acting Baking Powder）：这类发粉的酸性盐为硫酸盐或明矾（Alum）。硫酸盐反应慢，在常温时二氧化碳释出非常少，必须在焙烤时才与苏打粉发生作用，因此很少单独使用，常作为双重反应发粉的慢性发粉及炸油条时所用的发粉，调配比例如表 2-28 所示。

表2-28　　　　　　　　　　　　　　　最慢性发粉调配比例

调配材料		中和值（NV）
硫酸铝钠（Sodium Aluminum Sulphate）	$NaAl(SO_4)_2$	100
苏打粉（Baking Soda）	$NaHCO_3$	
玉米淀粉（Corn Starch）	$(C_6H_{12}O_6)_n$	

反应式：　　　$2NaAl(SO_4)_2 + 6NaHCO_3 \longrightarrow Al_2O_3 \cdot 3H_2O + 4Na_2SO_4 + 6CO_2\uparrow$

3. 双重反应发粉（Double Acting Baking Powder）

此种发粉的酸性盐由快性部分及慢性部分混合而成，快性部分使用酸性磷酸钙，慢性部分使用酸性焦磷酸钠、磷酸铝钠或硫酸铝钠，这种双重反应的发粉在室温下释出 1/5～1/3 的气体，其他在烤炉内释出。

面糊在搅拌时拌入一部分空气，快性发粉部分反应释出的二氧化碳也保存在面糊内，这部分气体在焙烤时起气泡核心作用，这些核心分散越均匀，气泡的稳定性越好，烤出蛋糕的颗粒越细小，气孔壁越薄。乳化剂可以使气体分散更加均匀，有稳定气泡的作用，对蛋糕组织的改善有很大的影响。另一方面，面糊由于气体的介入，相对密度减轻，黏稠性降低，装烤盘时易于操作。

蛋糕面糊由搅拌到烘烤完成的各个阶段，对发粉二氧化碳的释出量都有一定要求。如快性发粉太多，焙烤初期反应快，膨大较快，但此时蛋糕组织尚未凝固定型，焙烤后期因产生气体不足，膨大力无法继续，成品容易塌陷，蛋糕组织粗。相反，如慢性发粉太多，焙烤初期膨大太慢，当二氧化碳还未完全释出时，制品已凝固定型，一部分发粉因此失去膨大的效果，造成蛋糕体积小、顶部易于胀裂的缺陷。总之每一种产品的大小、形状、组织都不同，因此烘烤温度、时间也不同，故应按产品的特点选配合适的疏松剂。几种常用发粉的配方如表 2-29 所示。

表2-29　　　　　　　　几种常用发粉的配方　　　　　　　　单位：%

调配成分	家庭用（Household type）				焙烤行业用（Baker's type）		
	A	B	C	D	A	B	C
苏打粉	27	30	30	30	30	30	30
酸性磷酸钙	—	38	12	12	5	—	12
硫酸铝钠	—	—	23	23	—	—	23
酸性焦磷酸钠	—	—	—	—	36	42	—
塔塔粉（酒石酸氢钾）	47	—	—	—	—	—	—
乳酸钙	—	—	—	—	2	—	—
玉米淀粉	36	32	35	28	27	28	28
碳酸钙	—	—	—	7	—	—	7

第七节　酵　　母

对于如面包、馒头、包子等发酵食品，酵母发酵的作用，除了使产品膨松外，同时还可以产生特殊的风味。这是几千年来酵母用于面包及其他发酵食品的主要目的。

酵母的种类很多，有的适合酿酒，也有的适合于焙烤食品。科学家、研究人员不断地按照用途的不同，分离、培养纯化不同品种的酵母，以适应不同的目的。目前，我国面包生产大都采用压榨酵母或干酵母发酵，但还有地方采用野生酵母。

一、焙烤用酵母的分类

焙烤用酵母在分类学上归于啤酒酵母，属于食品加工用酵母中的面用酵母，在工业产品中的分类有以下几种。

（一）根据酵母形态的不同分类

1. 酵母乳液（Cream Yeast）

酵母乳液是面包酵母经纯种培养和大生产的扩大培养后，经离心机分离洗涤而成的乳液状酵母。酵母乳液的含水量为80%～86%，需在2～10℃的低温下储存。由于酵母乳液的含水量较高，因此其保质期较短（一般不超过1周），而且运输困难，一般不直接用于面包、馒头等的生产。

2. 鲜酵母（Fresh Yeast）

鲜酵母又称压榨酵母，它是酵母乳液经压榨脱水而制成的。鲜酵母的含水量为66%～70%，需在2～4℃下保存。由于鲜酵母的含水量仍较高，因此其保质期也较短，一般只有3～4周，而且运输和储存都不方便。鲜酵母的活性较低，在面包和馒头等的使用中用量较大，一般为干酵母的 1 ~ 2 倍，且发酵时间较长。

3. 干酵母（Dry Yeast）

干酵母是由鲜酵母经低温干燥而制成的，一般为条状或颗粒状，颜色为浅黄色至浅棕色。干酵母的含水量为 4% ~ 6%，可在常温下长期储存而不变质，保质期长达 2 年甚至更长。干酵母很容易储存和运输，使用也很方便。而且干酵母的活性较高，发酵时间短，用量较少，因此干酵母的应用越来越广泛。

（二） 根据酵母活性的不同分类

1. 活性酵母（Active Yeast）

活性酵母的活性较低，发酵力一般为 600mL CO_2 以下。由于其发酵力低，因此其发酵时间较长，用量较多，目前国内已很少生产。

2. 即发酵母（Instant Yeast）

即发酵母也称速发酵母或高活性酵母，发酵力一般为 900mL CO_2 以上。即发酵母的发酵力较高，发酵速度快，用量较少，目前国内大多数酵母厂家都是生产这种酵母。

（三） 根据酵母用途的不同分类

1. 高糖酵母（High Sugar Yeast）

高糖酵母可以耐较高的渗透压，在有糖条件下发酵力较高，因此适用于含糖 8% 以上的面团发酵，一般用于生产甜面包、甜馒头和甜糕点等。

2. 低糖酵母（Low Sugar Yeast）

低糖酵母不能耐受高的渗透压，在无糖条件下发酵力较高，因此适用于含糖 8% 以下的面团发酵，一般用于生产咸面包、主食面包、无糖馒头、咸糕点和苏打饼干等。

二、 焙烤用酵母的生物特性

（一） 酵母在自然界的位置

焙烤食品发酵所利用的酵母是一种椭圆形的肉眼看不见的微小单细胞微生物，命名为 *Saccharomyces cerevisiae*。酵母的体积比细菌大，用显微镜可以观察到。酵母按生物在自然界的分类为菌类亚门（Fungi Subphylum）中的子囊纲（Ascomycete Class），不整子囊菌亚纲（Plectomycete Subclass），不整子囊菌目（Plectomycete Order），有孢子酵母科（Endomycetaceace Family），酵母亚科（Saccharomycoideas Suborder），酵母属（*Saccharomyces* Genus），啤酒酵母种（*Saccharomyces cerevisiae* Species）。

啤酒酵母（*Saccharomyces cerevisiae*）也称面包酵母或葡萄酵母，最早工业化生产的面包酵母就是啤酒酵母，后来人们经分离培养，进一步将其分为酿酒用酵母和焙烤用酵母。有的书也将啤酒酵母称为上面酵母，面包、焙烤食品用酵母称为下面酵母。

酵母虽然属于子囊菌（Ascomycete），但一般却不以子囊孢子的方式繁殖，在温度、湿度、营养适当时，一般以出芽生殖法繁殖；只有在不良环境，例如受温度、湿度、营养、光线、药剂的影响时，才以孢子的方式繁殖。因此它不能合成营养物质，这些特性与细菌（Bacteria）、霉菌（Mold）的特性相似，微生物学家则将酵母列为真菌类。

酵母与其他微生物相同，分布于整个自然界，尤其是在有糖存在的环境，如水果的外皮，苹果、葡萄、李子等果园的土壤中等，空气中也存在。

（二）　酵母细胞的构造及外表形态

1. 酵母的形状

酵母的形状为圆形或椭圆形，但也有长形和腊肠形的酵母，其外形有时也随环境的变化有所改变，一般不以形状来判断酵母的种类。酵母的宽度一般为 $4 \sim 6\mu m$，长度为 $5 \sim 7\mu m$。1g 酵母中约有酵母细胞100亿~400亿个。

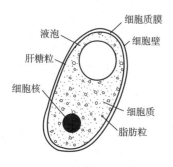

图 2-24　酵母细胞的构造

2. 酵母细胞的构造

酵母为单细胞体（Unicellular），所以它的营养器官（Vegetable Cell）也是增殖器。酵母细胞的构造如图 2-24 所示，包含细胞壁（Cell Wall）、细胞质膜（Cytoplasmic Membrane）、细胞质（Cytoplasm）、细胞核（Nucleus）、液泡（Vacuole）、储藏物颗粒等。

（1）细胞壁　幼小的酵母细胞壁薄而透明，成熟的酵母细胞壁厚，由葡聚糖、甘露聚糖（Mannan）等组成。

（2）细胞质膜　细胞壁的内层是细胞质膜，它的作用是以半透膜渗透的方式吸收营养和排泄废物。另外，它的外表还有些酶存在，如转化糖酶可以将不能渗入细胞内的大分子（如蔗糖）养分分解成小分子（葡萄糖和果糖），再渗入到细胞体内。细胞膜和细胞壁还有固定酵母外部形态、保护细胞的作用。

（3）细胞核　细胞核的作用为控制细胞的新陈代谢、核酸合成、遗传基因等。

（4）细胞质　主要是胶体状的蛋白质，为维持酵母生命和发酵活力发挥重要作用。

（5）液泡　形似空气泡，里面是透明的汁液，是酵母储存食物的仓库，其个数与大小因酵母的种类及老幼而不同。普通老细胞中空泡较多，干酵母没有空泡。

（6）储藏物颗粒　储藏物颗粒是酵母细胞储备养分的组织，有肝糖粒、脂肪粒等，这些颗粒中还含有各种酶。

3. 酵母的颜色

酵母的颜色一般指酵母在水中的颜色，一般为灰白色或淡土白色。

（三）　酵母的化学组成

一般焙烤食用新鲜（压榨）酵母的水分含量为 60%~70%，干酵母的水分含量为 4%~6%，另外还有蛋白质、碳水化合物、油脂和矿物质。除水外，这些成分的含量大体如表 2-30 所示。

表2-30　　　　　　　　　　酵母的主要组成　　　　　　　　　　单位：%

成分	含量	成分	含量
蛋白质（Protein）	52.41	油脂（Fat）	1.72
肝糖（Glycogen）	30.25	半纤维质及胶质（Hemicellulose and Gum）	6.88
灰粉（Ash）	8.74		

由表 2-30 可知，酵母是高蛋白质含量的微生物，而且蛋白质中有人体必需氨基酸，除蛋氨酸（Metionine）含量较少外，其粗蛋白氨基酸的组成与肉粗蛋白的组成很接近，可以说是一

种完全蛋白质，可作为人们所需蛋白质的重要来源。

（四）　酵母的繁殖

1. 无性繁殖法（Asexual Reproduction）

（1）出芽繁殖法（Budding）　酵母在一般正常环境下都以出芽生殖法繁殖，出芽繁殖在最适当的环境下（温度、营养、空气）大约需2h，一个健康的酵母可以连续长25次芽，在适宜环境下一个酵母在62h内可繁殖62亿个酵母。但在实际情况下，由于酵母的分泌物影响，大大地抑制了繁殖速度。大约出芽25次的酵母成为老化酵母，不再出芽。

（2）孢子繁殖法（Sporulation）　在环境不良时，酵母进行孢子繁殖，即酵母的细胞先形成子囊（Ascus），子囊内形成孢子（Spore）。子囊孢子长到适当的大小，遇到适当的环境，子囊壁就破裂，孢子释出，再进行出芽繁殖。酵母孢子可抗热、耐干燥和其他不良环境，但酵母孢子的耐热性比细菌低，一般在60℃就被杀死。一般面包酵母不分裂增殖。

2. 有性繁殖法（Sexual Reproduction）

有性繁殖法是实验室为培养更良好的酵母品种时采用的手段，如为了加强发酵力、储藏性，使用各种不同优良性质的酵母，利用杂交法来繁殖新的、良好的品种。用这样的方法可以培养选育出更适合焙烤食品用的酵母。

（五）　酵母所需要的营养

由酵母的基本成分可以知道，酵母的生长与繁殖需要碳源供给生长的能量，还需要氮源合成蛋白质和核酸，另外还需要无机盐类、维生素等物质。由于酵母的细胞膜为半透膜，酵母所吸收的养分要先溶于水，其中小分子的物质才能渗入并被吸收（如盐、单糖、氨基酸），其他大分子的营养则要靠酶分解后吸收。不管多新鲜的酵母，总有一部分老死的酵母，由于其自己分解而自溶（Autolysis），酵母内的各种酶便分泌到酵母体外，进行大分子的分解作用。

氨盐对酵母的发酵有很大的促进作用，无论是有机含氮物还是无机的氨盐都可以作为酵母菌的食物，称为"Yeast Food"。含氮的酵母食物中天门冬酰胺最好，但比较昂贵，所以多用含氮的无机盐类作为酵母食物。这些为酵母提供食物的无机盐类（Mineral Yeast Food），如硫酸铵、磷酸铵二钾、硫酸镁等，是面包改良剂的成分之一，酵母需要的其他物质一般在面粉中都能提供。

（六）　酵母的发酵反应

曾有人将酵母利用碳水化合物转变成二氧化碳和酒精的反应总结成如下反应式（Gay Lussac 公式）：

$$C_6H_{12}O_6 \longrightarrow 2CO_2\uparrow + 2C_2H_5OH + 100.8kJ$$

一般认为，面团的发酵是在无氧状态下进行的，上面只是一个基本反应式，因为酵母发酵并不只是产生二氧化碳和酒精，还有其他少量的发酵副产物（Byproduct），如琥珀酸（Succinic Acid）、甘油醇（Glycerol）、酯类（Ester）等。这些成分给不同的面包制品带来了其特有的风味。

酵母发酵并不一定由完整的细胞才能产生酒精及二氧化碳。将酵母压成汁（Yeast Juice），发酵仍可进行，所以发酵可以认为是酵母内酶作用的结果。发酵虽然可简单地写成以上反应式，但反应中间是许多复杂的生物化学变化。

可以被发酵的单糖有葡萄糖、果糖、甘露糖（Mannose）。半乳糖不容易为酵母所利用，酵母利用半乳糖（Galactose）必须经酵母适应之后才可进行。据计算，25℃时1g糖产生281mL的二氧化碳。但实验测得，每克砂糖可得到 225mL 的二氧化碳，葡萄糖或麦芽糖可得到 215mL 的二氧化碳。

酵母的发酵作用是在无氧环境中进行的，发酵的最终产物为二氧化碳及酒精。但如果在有氧情况下，酵母进行呼吸作用，可加速酵母繁殖而消耗更多的能量，最终产物为二氧化碳和水，总反应式为：

$$C_6H_{12}O_6 + 6O_2 \longrightarrow 6CO_2 \uparrow + 6H_2O + 2817.23kJ$$

如 Gay Lussac 公式所示，相同量的葡萄糖只释出 100.8kJ 热能。呼吸作用所释放的能量约为发酵作用的 25 倍。酵母生产主要是进行有氧情况下的反应。

（七）影响酵母发酵的各种因素

1. 温度

一般随温度升高，酵母的发酵速度增加，气体的发生量增加。一般发酵温度不超过 36.6 ~ 40.5℃。实验和面包制作实践证明：正常的面包制作时，面团的理想温度为 30℃。温度超过 30℃，虽然对面团中气体产生有利，但易引起其他杂菌如乳酸菌、醋酸菌的繁殖，使面包变酸。发酵最适温度为 35 ~ 38℃；10℃ 以下，发酵活动几乎停止，即使冷却到 - 60℃，只要不是每分钟 10℃ 那样急剧的冷却，酵母菌不会被杀死。

2. pH（氢离子浓度）的影响

酵母对 pH 的适应力最强，尤其可耐 pH 低的环境。实际上面包制作时，面团 pH 维持在 4 ~ 6 最好。

3. 乙醇（酒精）的影响

酵母对乙醇的耐力较强，但在发酵过程中，乙醇产生多，发酵有减慢的倾向。

4. 不同糖的影响

发酵之所以能产生二氧化碳和酒精等，主要是因为面团内含有可以为酵母利用的四种糖：砂糖、葡萄糖、果糖、麦芽糖，其中葡萄糖与果糖的发酵速度差别不大，葡萄糖稍快些，麦芽糖的发酵速度比葡萄糖和果糖慢。发酵时，几乎是在葡萄糖、果糖、砂糖用尽后才利用麦芽糖。一般酵母最适发酵的糖浓度为 3% ~ 5%（以面粉为 100%），当糖的浓度高时，发酵就会受到抑制，因此，最好选择高糖酵母。

5. 渗透压的影响

酵母细胞是靠半透性的细胞膜以渗透的方式获得营养的，所以外面溶液浓度的高低影响酵母的活力。高浓度的砂糖、盐、无机盐和其他可溶性的固体都足以抑制酵母的发酵。面包制作中影响渗透压的主要物质有盐和糖。糖量在 0 ~ 5% 时，对于酵母发酵不但没有抑制作用，还可促进发酵；超过 8% ~ 10% 时，由于渗透压的增加，发酵受到抑制。干酵母比鲜酵母耐高渗透压环境。砂糖、葡萄糖、果糖比麦芽糖的抑制作用大，盐比糖抑制发酵的作用大（渗透压相当值为：2% 食盐 = 12% 蔗糖 = 6% 葡萄糖）。

6. 酵母浓度的影响

需短时间发酵的面包及糖含量较多的面包一般需用多量的酵母促进发酵，但是酵母倍数的增加，不可能使发酵速度也成倍数增加。

7. 死干酵母的影响

死的酵母中含有谷胱甘肽（由甘氨酸、谷氨酸、半胱氨酸形成的三肽），有降低面筋气体保持性的作用。为了不使面团保气性过低，需要加入一些改良剂，如碘酸钾等氧化剂。

三、 酵母的制造

（一） 培养液的制备

目前，酵母的制造方法一般为糖蜜加氨的培育法，即将甘蔗制糖时的废糖蜜用离心分离机澄清，去掉其中的固形物和渣滓，杀菌调整成一定浓度后放入调整槽中。另外，将酵母的其他营养物质如磷酸盐、铵盐等也配合成一定浓度储存起来备用。

（二） 种酵母的培养

将要培养的菌种放入试管中，加入培养液，并在繁殖后逐步移到三角烧瓶和更大型的容器中培养繁殖。这也是在实验室培养。

（三） 大量培养

将以上准备的培养液和种酵母再移到体积一般为 $100 \sim 200m^3$ 的发酵罐中培养，一次可培养得到酵母 $5 \sim 10t$。如前所述，酵母在有氧环境时进行呼吸作用可加速酵母细胞的繁殖，而不进行发酵，所以此时要不断通入无菌空气，并不断按繁殖情况添加培养液（废糖蜜液和副原料液）。一般在 $28 \sim 32℃$、pH4 ~ 6 的条件下培养。

（四） 加工、 处理

接近繁殖终了时，用过滤或离心分离的方法将酵母与培养液分离。一般多用离心分离机分离，将分离得到的浆状酵母用干净的冷水洗净，再分离，如此淘洗数次，最后得到不含废液的、浓缩到65%左右的酵母糊。将这些酵母糊冷却后，用滚筒式真空脱水机进行连续脱水作业，于是得到水分含量为65% ~68%的酵母。将这些浅土白色的酵母压缩整形成方块，包装或装入塑料袋中，然后移入冷库中，使其中心温度冷却到5℃下。

这种酵母称为鲜酵母或压榨酵母（Compressed Yeast），干酵母是将鲜酵母经低温干燥制成的干燥活酵母（Active Dry Yeast）。干酵母的水分含量为鲜酵母水分含量的1/10左右。包装一般采用真空包装或氮气充填包装方式，干酵母的储藏性比鲜酵母好。

四、 面包酵母的作用

酵母是面包等发酵焙烤食品生产中不可缺少的一种微生物疏松剂，也是制作面包的基本原料。

（一） 生物膨松作用

这是酵母的重要作用之一。在发酵过程中，酵母可以利用面团中的糖发酵，产生大量的二氧化碳气体，使得面团膨松并在焙烤过程中膨大，面包的网状组织得到充填，疏松多孔，体积膨大。

（二） 面筋扩展作用

酵母可增强面筋扩展，使二氧化碳气体得以保留在面团内部并提高面团的保气能力。在发酵过程中，面包酵母中的各种酶不仅促进面团中所含各种糖的分解，而且也使淀粉、蛋白质发生复杂的生物化学变化。变化的产物除了二氧化碳外，还有酒精、酯类和酸。这些生成物往往增加了面筋的伸展性和弹力。也就是说在发酵过程中，面团是一个熟成过程，最终得到细密的气泡和很薄的膜状组织，具体如下所述。

（1）酒精在发酵完成时浓度约为2%，它可使脂质与蛋白质的结合松弛、面团软化。

（2）二氧化碳在形成气泡时从内部拉伸面团组织，增强面团的黏弹性。

（3）在酵母发酵的同时，乳酸菌和醋酸菌也起作用，生成乳酸和醋酸，这些酸的生成不仅使面团pH下降，有利于酵母发酵，而且还增加了面团中面筋胶体的吸水和膨润，使面筋软化，延伸性增大。

（三）改善面包风味的作用

发酵过程中的一系列产物，如酒精、有机酸、醛类、酮、酯类等都会给面包增添特别的风味。酵母在发酵时所产生的酒精和面团中的有机酸在烘烤中形成酯类，使面包具有酯香，从而形成面包的独特风味，而使用化学膨松剂则不具有这种芳香味。

（四）增加面包的营养价值

酵母的主要成分是蛋白质，它在酵母（干物质）中占40%~48%。除此之外，酵母还含有大量的B族维生素，每克干酵母中含有20~40μg硫胺素，60~85μg核黄酸，280μg烟酸等。酵母的这些营养成分补充了面粉中所缺乏的各种营养素，从而提高了面包的营养价值。

因此，从后三种作用看，酵母的作用是化学疏松剂所不能代替的。

五、酵母在面包生产中的应用

（一）面包酵母的使用方法

面包酵母对温度的变化最为敏感，它的生命活动与温度的变化息息相关，其活性和发酵力随着温度变化而改变。影响酵母活性的关键工序之一，首先是面团搅拌。由于我国有些面包厂生产车间无空调设备，搅拌机不能恒温控制，面团的温度需根据季节变化而调整水温来控制，故在搅拌过程中酵母的添加应按照以下情况来决定。

（1）春秋季节多用30~40℃的温水来搅拌，酵母可直接添加在水中，既保证了酵母在面团中均匀分散，又起到了活化作用。但水温超过50℃以上时，不可把酵母放入水中，否则酵母将失活。

（2）夏初季节多用冷水搅拌，冬天多用热水搅拌。这两个季节应将酵母先拌入面粉中再投入搅拌机进行搅拌，这样就可以避免酵母直接接触冷、热水而失活。酵母如果接触到15℃以下的冷水，其活性将大大降低，在面包行业中俗称"感冒"，造成面团发酵时间长，酸度大，面包有异味。如果接触到55℃以上的热水则很快失活。将酵母混入面粉中再搅拌，则面粉先起到了中和水温和酵母的保护伞作用。

（3）盛夏季节室温超过30℃，酵母应在面团搅拌完成前的5~6min时，干撒在面团上搅拌均匀即可。如果先与面粉拌在一起搅拌，会出现边搅拌边产气发酵的现象，影响面团的搅拌质量。盛夏高温季节搅拌时，不可将酵母在水中活化，这样会使搅拌过程中产气发酵得更快，更无法控制面团质量。

（4）在搅拌过程中，酵母添加时要尽量避免直接接触到糖、盐等高渗透压物质。

（二）面包酵母的使用量

面包酵母的使用量与诸多因素有关，应根据下列情况来调整。

（1）发酵方法 发酵次数越多，酵母用量越少，反之越多。因此，快速发酵法用量最多，一次发酵法次之，二次发酵法用量最少。

（2）配方 辅料越多，特别是糖、盐用量越高，对酵母产生的渗透压越大；鸡蛋、乳粉用量多，面团韧性增强，应增加酵母用量。因此，点心面包酵母用量多，主食面包酵母用量少。

（3）面粉筋力　面粉筋力大，面团韧性强，应增加酵母用量；反之，应减少用量。

（4）季节变化　夏季温度高，发酵快，可减少酵母用量；春、秋、冬季温度低，应增加酵母用量，以保证面团正常发酵。

（5）面团软硬度　加水多的软面团发酵快，可少用酵母。加水少的硬面团则应多用。

（6）水质　使用硬度较高的水时应增加酵母用量，使用较软的水时则应减少用量。

（7）不同酵母之间的用量关系　由于鲜酵母、活性干酵母、即发干酵母的发酵力差别很大，因此，它们在使用量上也就明显不同。它们之间的用量换算关系大致为：

$$鲜酵母：活性干酵母：即发干酵母 = 1：0.5：0.3$$

（三）　面包酵母的选购

要制作出高质量的面包，就必须选购优质的酵母。以即发活性干酵母为例，选购时应注意以下几点。

（1）要注意产品的生产日期　因为酵母是一种微生物，只能在一定条件下保存一定时间，超过了保质期，生物活性便降低，甚至失去生物活性。用它来制作面包，面团便不能起发良好，甚至不能起发。因此，应选购生产日期最近或在保存期之内的酵母。一般情况下，生产日期都标明在包装袋的侧部或底部，应注意观察。

（2）要选购包装坚硬的酵母　因为即发活性干酵母采用真空、密封包装，酵母本身与空气完全隔绝，故能较长时间地保存。如果包装袋变软，说明包装不严，已有空气进入袋内，影响和降低了酵母活性，故不要选购，也不要使用松包、漏包、散包的产品。

（3）要选购适合面包配方要求的酵母　同一品牌的即发活性干酵母有不同的包装颜色或印有不同文字，以区别于适合什么配方的产品。例如，有的品牌为高糖、低糖两种包装，低糖包装适合生产低糖（8% 糖以下）面包，高糖包装适合生产高糖（8% 糖以上）面包。高糖面包酵母一般在包装袋上印有"高糖"字样，低糖酵母则不一定有此类标识，多数只是包装袋的颜色不同而已。

（四）　面包酵母的发酵

面团的发酵是个复杂的生化反应过程，所涉及的因素很多，尤其是诸如水分、温度、湿度、酸度、酵母营养物质等环境因素对整个发酵过程影响较大。

发酵过程的营养物质供应如下：

①酵母在发酵和增殖过程中都要吸收氮素，合成本身所需的蛋白质，其来源分有机氮（如氨基酸）和无机氮（如氯化铵、碳酸铵等）两种。其中氯化铵的效果比碳酸铵好，但二者混合使用效果更佳。

②酵母要吸收糖类物质，以进行发酵作用。发酵初期，酵母先利用葡萄糖和蔗糖，然后再利用麦芽糖。在正常条件下，1g 酵母每 1h 吸收分解约 0.32g 葡萄糖。

③其他物质如酶、改良剂、氧化剂等，都对发酵过程中的许多生化反应具有促进作用，如面粉本身存在的各种酶或人工加入的淀粉酶，可促进淀粉、蛋白质及油脂等的水解；无机盐可作为面团的稳定剂；改良剂、氧化剂则可改变面团的物理性质，改善面团的工艺性能。

发酵产物如下：

①二氧化碳气体是使面团膨松、起发的物质。在面团发酵期间，面粉本身的或人工添加的液化酶将破裂淀粉转化成糊精，再由糖化酶的作用转变成葡萄糖，最后通过酵母细胞内的酶将

葡萄糖分解成为酒精及二氧化碳。但所产生的二氧化碳并不完全以气体形式存在于面团内，而是有部分溶于水变成碳酸，碳酸的解离度很小，对面团的 pH 影响不大。

②酒精是发酵的主要产物之一，也是面包制品的风味及口味来源之一。酒精虽然会影响面团的胶体性质，但因其产量较少，故影响不太大。而且当面包进炉烘焙后，酒精会挥发出去。面包成品中大约只含 0.5% 的酒精。

③酸类物质是面包味道的来源之一，同时也能调节面筋成熟的速度。它们是乳酸、醋酸等有机酸和碳酸以及极少量的硫酸、盐酸等无机强酸。

一般理想的发酵温度为 27℃，相对湿度 75%。温度太低，会因酵母活性较弱而减慢发酵速度，从而使发酵所需的时间延长；温度过高，则会导致发酵速度过快。湿度低于 70%，面团表面由于水分蒸发过多而结皮，不但影响发酵，而且使成品质量不均匀。适于面团发酵的相对湿度应等于或高于面团的实际含水量，即面粉本身的含水量（14%）加上搅拌时加入的水量（60%）。面团在发酵后温度会升高 4~6℃。若面团温度低，可适当增加酵母用量，以提高发酵速度。

面团的发酵时间不能一概而论，而要按所用的原料性质、酵母用量、糖用量、搅拌情况、发酵温度及湿度、产品种类、制作工艺（手工或机械）和方法等许多因素来确定。

在正常环境条件下，干酵母用量为 1% 的中种面团，经 3~4h 即可完成发酵；或者观察面团的体积，当发酵至原来体积的 4~5 倍时，即可认为发酵完成；又或者用手指轻按面团，面团上留下手印，但手印周围不下陷即可认为发酵完成。

（五）面包酵母在实际生产中的使用

面包生产的方法有很多种，其中面包酵母的使用也有所差异，采用哪种方法主要应以工厂的设备、工厂空间、原料的情况甚至顾客的口味要求等因素来决定。各种生产方法的区别主要是发酵工序以前各工序不同，而成型后的工序大同小异。目前，世界各国普遍使用的基本方法有五种，即一次发酵法、二次发酵法、快速发酵法、冷冻面团法、液体发酵法等。另外，有的地方还使用三次发酵法、低温过夜面团法等其他发酵方法。下面介绍相应的酵母使用方法。

1. 在一次发酵法中的使用

一次发酵法又称直接发酵法，就是采取一次性搅拌、一次性发酵的方法，其面团配方见表 2-31。

表 2-31　　　　　　　　　　　　　一次发酵法的面团配方

原辅料	用量/%	参考用量/%
高筋面粉	100	100
水	50~65	60
干酵母	0.8~2.0	1.5
糖	2~12	4
盐	1~2.5	4.5
蛋	0~6	4
油脂	0~5	3
乳粉	0~8	4
乳化剂	0~0.5	0.35
改良剂	0~0.75	0.5

一次发酵法的工艺流程如下：

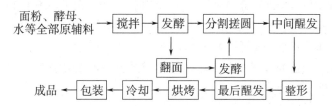

发酵室理想温度为 28 ~ 30℃，相对湿度 75% ~ 80%，发酵时间主要由酵母用量来决定。如果面团中含有酵母营养物质，发酵时间则会大大缩短。如果使用 2.5% 鲜酵母，发酵时间约为 3h；使用 1.0% 即发干酵母，发酵时间为 2.5 ~ 3h。

2. 在二次发酵法中的使用

二次发酵法又称中种法，即采取两次搅拌、两次发酵的方法。第一次搅拌的面团称为种子面团或中种面团，第二次搅拌的面团称为主面团。

二次发酵法面团配方（表 2-32）的设计主要根据：一是面粉的筋力和性质；二是发酵时间的长短。

表 2-32　　　　　　　　　　　　二次发酵法的面团配方

面团	原辅料	用量/%	参考用量/%
中种面团	高筋面粉	60 ~ 100	65
	水	50 ~ 60	60
	干酵母	0.8 ~ 1.5	1
	改良剂	0 ~ 0.75	0.5
主面团	高筋面粉	0 ~ 40	35
	水	50 ~ 65	62
	盐	1.5 ~ 2.5	2
	糖	2 ~ 14	8
	油脂	0 ~ 7	3
	乳粉	0 ~ 8	3
	蛋	0 ~ 8	4
	乳化剂	0 ~ 0.5	0.35
	氧化剂	0 ~ 65mg/kg	20mg/kg
	防腐剂	0 ~ 0.35	0.25

面粉应选择筋力较高的高筋面粉，如果面粉筋力不足，则在长时间的发酵过程中，面筋会受到破坏。因此，筋力较弱的面粉应放在主面团中。筋力高的面粉在种子面团中的比例应大于在主面团中的比例，发酵时间也应长于主面团。

二次发酵法种子面团中一般不添加除改良剂以外的其他辅料。种子面团和主面团的面粉比例有以下几种：80/20、70/30、60/40、50/50、40/60 和 30/70。高筋面粉多数使用 70/30 和 60/40，即种子面团面粉用量高些。中筋面粉（例如国产特制粉）多使用 50/50，即种子面团面粉用量少些，发酵时间不宜太长。种子面团与主面团的面粉比例应根据面粉筋力大小来灵活调整。

种子面团的加水量可根据发酵时间的长短来调整。一般情况下，种子面团加水量少，发酵时间虽长，但面团膨胀及面筋软化成熟效果好。而水分用量多的种子面团，虽然发酵时间短、速度快，但面团膨胀体积小，面筋软化成熟差。

二次发酵法比一次法酵母酵母用量少，一般比正常的一次发酵法减少20%左右。

二次发酵法的工艺流程如下：

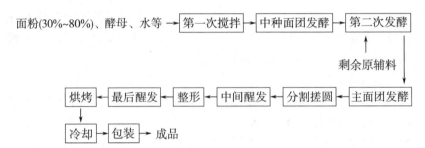

种子面团不必搅拌时间太长，也不需要面筋充分形成，其主要目的是使酵母生长繁殖，增加主面团发酵和醒发的能力。可将面团搅拌得稍软、稍稀一些，以利于酵母生长，加快发酵速度。搅拌后面团的温度应控制在24~26℃。种子面团的发酵是在28~30℃、相对湿度70%~75%的发酵室中进行，发酵4~6h即可成熟。

主面团发酵时间为40~60min，并应根据种子面团与主面团的面粉比例来调节。如果种子面团面粉比例大，则主面团发酵时间可缩短；反之，则应延长。

3. 在快速发酵法中的使用

快速发酵法是指发酵时间很短（20~30min）或根本无发酵的一种面包生产方法，整个生产周期只需2~3h。这种工艺方法是在欧美等国家发展起来的，它是在特殊情况或应急情况下需紧急提供面包食品时才采用的面包加工方法，平时一般不用，主要原因是面包质量差，保鲜期短。近年来，我国不少中小型面包厂也多采用这种工艺，并有了一定的创新和发展，其面团配方见表2-33。

表2-33　　　　　　　　　　　　　　　快速发酵法面团配方

原辅料	用量/%	参考用量/%
高筋面粉	100	100
水	45~65	58
干酵母	1.5~3	2.2
盐	0.6~1.5	10
糖	4~20	10
蛋	0~8	4
乳粉	0~6	3
油脂	0~6	3
改良剂	0.5~1.2	0.8
香精	适量	适量

快速发酵法的工艺流程如下：

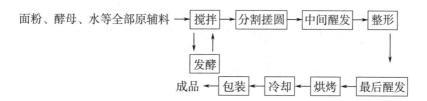

发酵时间一般为 20 ~ 30min，温度 30℃，相对湿度 75% ~ 80%。当用手拍打面团，出现"空空"的声音时即可。但有时面团可不经过发酵而直接分割，但面包体积比经过发酵的小。最后醒发时间比一次发酵法和二次发酵法缩短约 1/4，为 30 ~ 45min。最后醒发的温度为 38℃，相对湿度为 80% ~ 85%。

4. 在冷冻面团法中的使用

冷冻面团法是 20 世纪 50 年代以来发展起来的面包新工艺，目前在许多国家和地区已经相当普及，特别是国内外面包行业正流行连锁店经营方式，冷冻面团法得到了很大发展。冷冻面团法，就是由较大的面包厂（公司）或中心面包厂将已经搅拌、发酵、整型后的面团在冷库中快速冻结和冷藏，然后将此冷冻面团送往各个连锁店（包括超级市场、宾馆饭店、面包零售店等）的冰箱储存起来，各连锁店只需备有醒发箱、烤炉即可，随时可以将冷冻面团从冰箱中取出，放入醒发室内解冻、醒发，然后焙烤即为新鲜面包。顾客可以在任何时间都能买到刚出炉的新鲜面包。现代面包的生产和销售越来越要求现制、现烤、现卖，以适应顾客吃新尝鲜的需要。冷冻面团法的面团配方见表 2 - 34。

表 2 - 34　　　　　　　　　　　　冷冻面团法面团配方

原辅料	用量/%	参考用量/%
高筋面粉	100	100
水	50 ~ 63	56
干酵母	3.5 ~ 5.5	4.5
盐	1.5 ~ 2.5	1.8
糖	4 ~ 20	12
蛋	0 ~ 8	4
乳粉	0 ~ 6	3
油脂	2 ~ 6	3
改良剂	0.5 ~ 1.2	0.8
氧化剂	60 ~ 110mg/kg	85mg/kg

从酵母活性的观点来看，在使用干酵母时，正确的使用量应是鲜酵母用量的 1/2。另外，干酵母中含有一定数量的损伤酵母细胞和谷胱甘肽，谷胱甘肽是一种还原剂，它对面筋具有软化作用，通过添加抗坏血酸等氧化剂能够弥补这种缺点。因此，当使用干酵母时，应该同时使用较多的氧化剂，这可使面团在冻结和储存阶段能保持相对稳定的质量。采用冷冻面团法生产

面包时，酵母的耐冻性是影响面包质量的关键，必须要选择耐冻性好的酵母。

冷冻面团法的工艺流程如下：

面粉、酵母、水等全部原辅料 → 搅拌 → 发酵 → 分割搓圆 → 中间醒发

成品 ← 烘烤 ← 发酵 ← 解冻 ← 储存 ← 包装 ← 冷冻 ← 整形

面团的温度对于生产高质量和保鲜期长的产品来说是非常重要的，面团搅拌后的温度范围在 18 ~ 24℃ 是理想的。较低的面团温度会使酵母的活性在面团冻结前尽可能降低，将延长面团搅拌时间。如果面团温度过高，将有助于酵母活性被大大激活，从而造成酵母过早产气发酵，在分块时不稳定，不易整型，导致保鲜期缩短。

发酵时间通常在 0 ~ 45min 内，平均为 30min。缩短发酵时间能减少酵母在冻结加工期间被损害的程度，增加发酵时间将导致冻结储存期缩短。

5. 在液体发酵法中的使用

液体发酵法就是借助于液体介质来完成面团发酵，最初是由美国乳粉研究所研究出来的。该方法是先将酵母置于液体介质中，经几个小时的液体繁殖，制成发酵液，然后用发酵液与其他原辅料搅拌成面团。欧美等国家多采用此法，大批量、自动化、连续化生产面包。

液体发酵法的工艺流程如下：

酵母、水等原料混合 → 液体发酵 → 低温储存 → 搅拌 → 主面团发酵

其他原辅料

成品 ← 包装 ← 冷却 ← 烘烤 ← 最后醒发 ← 整形

液体发酵有两种形式：无面粉发酵和含面粉发酵。无面粉发酵是发酵液中没有加入面粉，面粉主要加到主面团中，发酵液中主要是酵母和水，水与酵母的比例为（4 ~ 20）：1。含面粉发酵与无面粉发酵的主要区别是发酵液中含有一定量的面粉，面粉的添加量为 10% ~ 60%。

液体发酵法的面团配方见表 2 - 35。

表 2 - 35 　　　　　　　　　　　液体发酵法面团配方 　　　　　　　　　　单位:%

面团	原辅料	配方（1）	配方（2）
液体面糊	水	55	55
	面粉	0	40
	干酵母	3.3	1.4
	糖	3.3	1.4
	碳酸钙	0.17	0
	硫酸钙	0	0.04

续表

面团	原辅料	配方（1）	配方（2）
主面团	面粉	100	60
	水	2.5	2.5
	盐	1.8	1.8
	糖	10	10
	乳粉	2	2
	油脂	2	2
	改良剂	0.5	0.5
	丙酸钙	0.25	0.25

在无面粉发酵液中，当水与酵母的比例为4∶1时，可以使用所有酵母，但只能使用总水量15%左右的水；当水与酵母的比例为20∶1时，可以使用所有酵母和全部水。无面粉发酵液的酵母用量比有面粉发酵液的酵母用量要多。为使酵母正常生长，在液体面糊中的加糖量是面粉添加量的3.5%，或者是等于液体面糊中酵母的用量。为了防止在液体发酵过程中pH下降得太低，影响酵母的发酵，当液体面糊中面粉含量低于40%时，需加入总面粉量0.1%～0.25%的缓冲剂（如碳酸钙等）。液体发酵完成后，发酵液要冷却到4～7℃下保存，这样可以储存24～48h甚至更长的时间。液体发酵液中，广泛使用的水和面粉的比例为1∶1。液体面糊的发酵温度为27～29℃；无面粉的液体发酵时间为1～1.5h，有面粉的液体发酵时间为2～2.5h。主面团的温度为26～28℃，无面粉发酵液的液体发酵温度和主面团温度都高于有面粉发酵液。液体发酵法的主面团发酵时间为20～30min。液体发酵法的最后醒发温度为36～38℃，醒发湿度为80%～85%，醒发时间为55～60min。

6. 在三次发酵法中的使用

三次发酵法在欧洲国家非常盛行，例如著名的法国面包、俄罗斯面包、意大利面包、维也纳面包等品种就是利用三次发酵法来生产的。一般来说，制作面包时，面团发酵次数越多，面包的风味就相对越好，但生产周期较长。我国目前面包生产中采用三次发酵法的很少，国际上大多数国家也不采用。但是，对于一些高质量的传统名特面包，采用三次发酵法来生产，可以在风味上与大众化的其他方法生产的面包相区别，形成鲜明特色，提高产品的知名度和市场竞争力。在此以法国面包为例介绍面包酵母在三次发酵法中的使用。

三次发酵法的工艺流程如下：

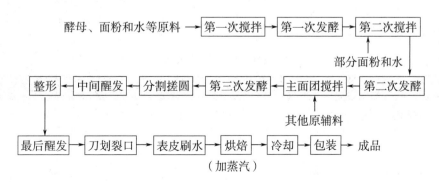

三次发酵法的面团配方见表2-36。第一次发酵是在26~28℃、相对湿度70%~75%的条件下，发酵2~2.5h；第二次发酵2~3h；主面团发酵40~60min。

表2-36　　　　　　　　　　　三次发酵法面团配方

面团	原辅料	用量/%
第一次种子面团	高筋面粉	15
	水	9
	干酵母	1
	改良剂	0.2
第二次种子面团	高筋面粉	30
	水	18
主面团	高筋面粉	55
	水	33
	糖	1
	油脂	2
	盐	2

7. 在低温过夜液体发酵法中的使用

低温过夜液体发酵法是每天下班时，将第二天所需要的发酵面糊搅拌好，保存在0~5℃的低温环境中，进行低温发酵。第二天再与其他原辅料混合，重新搅拌成面团，经过短时间的延续发酵后，即可进行正常生产工序。

低温过夜液体发酵法的工艺流程如下：

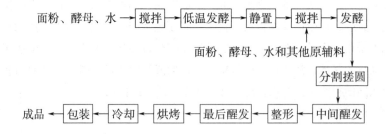

低温过夜液体发酵法的面团配方见表2-37。

表2-37　　　　　　　　　　　低温过夜发酵法面团配方

面团	原辅料	用量/%
低温发酵面糊	高筋面粉	50
	干酵母	1
	水	40

续表

面团	原辅料	用量/%
主面团	高筋面粉	50
	干酵母	0.5
	水	14
	糖	20
	盐	0.6
	乳粉	4
	蛋	8
	油脂	4
	改良剂	0.3

8. 在低温过夜面团法中的使用

低温过夜面团法是指在每天下班前，将面包配方中60%～80%的面粉以及相应的水量一起搅拌均匀成面团，然后存放于0～5℃的低温环境中12h左右，第二天取出在常温下稍微软化后，再与其他原辅料重新搅拌成面团的一种方法。该方法与低温过夜液体发酵法的区别是，前者是面团、无酵母；后者是面糊、含酵母。

低温过夜面团法的工艺流程如下：

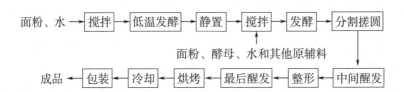

低温过夜面团法的面团配方见表2-38。

表2-38 低温过夜面团法面团配方

面团	原辅料	用量/%
低温过夜面糊	高筋面粉	70
	水	40
主面团	高筋面粉	30
	水	14
	干酵母	1.5
	盐	0.6
	乳粉	4
	蛋	8
	糖	18
	油脂	4
	改良剂	0.3

六、 酵母在饼干生产中的应用

饼干中只有发酵饼干的生产才使用酵母，面包酵母在饼干中的应用也即是在发酵饼干中的应用。

由于发酵饼干有发酵过程，因此在冲印成型之前的工艺与其他类型饼干的生产有较大的不同。以下以发酵饼干的典型品种苏打饼干为例进行介绍。

1. 苏打饼干的生产工艺流程

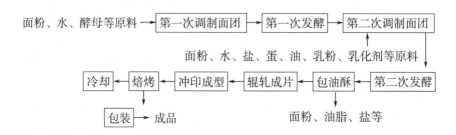

2. 配方（普通苏打饼干）

（1）面团面粉 50kg，精盐 0.25kg，干酵母 0.5kg，精炼混合油 6kg，小苏打 0.25kg，饴糖 1.5kg，香兰素 7.5g。

（2）油酥面粉 15.7kg，精炼混合油 6kg，精盐 0.94kg。

3. 酵母的使用要点

（1）第一次发酵 将 25kg 面粉与已将全部干酵母溶化的 10kg 温水在和面机中混匀（约 4min）后，保持面团温度为冬天 28～32℃，夏天 24～28℃，发酵约 4h。

（2）第二次发酵 在第一次发酵好的面团中逐一加入其余 25kg 面粉及其他辅料，在和面机中搅拌 6min，保持面团温度为冬天 30～33℃，夏天 28～30℃，发酵约 3h。

此外，面包酵母还应用于速冻食品、速冻面点等的生产中。

七、 酵母的使用注意事项和保存

（一）品质检查

在面包、苏打饼干等发酵产品的制作中，酵母的好坏是整个工艺过程的重要因素，如果酵母的性能不好，会给面包制作带来难以弥补的损失。所以，对使用的酵母要进行品质鉴定。首先从外观上检查，鲜酵母一般可由外表颜色、味道辨认出来。良好的鲜酵母外表颜色一致，没有不良的斑点，同时具有清香的酵母味。一般用手指摁时，比较容易破碎。如果有斑点而且发臭，用手指摁时表面发黏，可摁下去一个坑时，说明酵母已经变质，不宜使用。对于干酵母，其品质好坏很难用观察的方法来辨别，一般采用以下办法。

1. 实验室方法

（1）显微镜法 将要测定的酵母加以染色，因活酵母细胞外围附有黏液，所以不易被染上，但死酵母可以被染上。因此用显微镜观察染色情况，可算出活酵母与死酵母的比例。死酵母越多，发酵力越低。

（2）压力法 压力法又有两种，即压力计法和汞柱法。其原理基本相同，即：将一定量的酵母、面粉和水搅拌成团放入密闭容器，上附一压力计或连接有汞柱的 U 型管，保温于 30℃的温水，使其发酵，产生二氧化碳。在一定时间内，记录压力计或汞柱的压力变化。酵母性能越好，则密闭容器内压力越大。

（3）气体体积法 将蔗糖（40g）、磷酸二氢钾（2g）、磷酸二氢铵（1g）、硫酸镁（0.25g）、硫酸钙（0.2g）和水（250mL）配制成 30℃的培养液，将一定量的酵母（10g）放入培养液中，并加水稀释到 400mL，以一定温度（30℃）发酵，测定单位时间所产生的气体体积。

2. 简易工厂法（面团法）

与实际制作面包时的配方一样，在配比一定的情况下，将含不同酵母的面团压入相同的量筒或其他有刻度的容器中，使面团在相同条件下发酵，产生二氧化碳，然后测定面团的升高速度及高度来比较酵母之好坏。

（二）使用注意事项

酵母是制造焙烤食品的原料中唯一有生命的，所以它的使用比较复杂，主要应注意以下事项。

1. 发酵的温度和时间要严格操作

酵母在 30℃左右发酵的速度为 20℃左右时的 3 倍，所以，温度的微小差异，都会使发酵工艺的进行受到大的影响。在调粉、发酵过程中温度的适宜是很重要的，直接影响到产品的品质。与发酵有关的还有酵母的发酵能力、调粉后的温度、发酵时间等，这些必须在面包的制作工艺中严格掌握。

2. 酵母的种类和使用量

在国外，焙烤食品用酵母按使用目的、条件的不同，有许多不同品种。有的是以膨松为主要目的的酵母，有的是以更多地生成特殊风味为主要目的的酵母，这就要根据使用目的来选择酵母。另外，还要根据制作工艺特点，包括原料配合、工艺、机械和一次的发酵量等，来选择不同品种的酵母或决定使用量。例如在制作不使用糖的法国面包时，就要挑选在无糖面团中能迅速发酵的酵母；在制作果子面包时，因其含糖量在 35% 左右，所以宜用耐糖性强的酵母。对于尤其需要增加面包发酵风味的品种，多使用干酵母。在选择酵母使用量时，表 2 – 39 可以作为参考。

表 2 – 39 酵母使用量选择参考

项目	条件	使用量	项目	条件	使用量
发酵时间	长、短	长：减少	水硬度	硬、软	硬：增加
手作业	多、少	多：稍减少	水的 pH	酸、碱	碱：稍增加
气温室温	高、低	高：稍减少	乳用量	多、少	多：增加
一次发酵量	大、小	大：稍减少	砂糖量	多、少	多：增加
粉的新陈	新、陈	新：稍增加	酥油量	多、少	多：增加

3. 干酵母的使用

干酵母在制作面包时，除了有利于保存的优点外，还有以下优点：①可以缩短面团搅拌时间；②使面包烤色得到改良；③加强面包的风味。以上结果是因为在干燥时，酵母中将有4% ~

15%死亡。这些死去的细胞中的各种氨基酸、酶会被溶出到面团中，而改变面团或面包的性质。例如谷胱甘肽等还原性物质会使面团伸展性改善，揉面时间缩短。

在使用干酵母时，因为酵母在干燥环境中成休眠（Dormant）状态，因此，在将干酵母加入面团前，必须用温水（40~43℃，4~5倍酵母的量）将干酵母溶解，放置5~10min，让酵母重新恢复原来新鲜状态的活力，这样才能与鲜酵母保持相同的发酵时间，而不影响品质。另外，即发活性干酵母可不经活化直接使用。按相同发酵效果计算，干酵母与鲜酵母使用量之比约为1:3，但因干酵母在干燥或储藏时会损失一部分活力，所以实际比例应为1:2。

（三）酵母的保存

酵母因为是活的有生命的东西，所以在保管和使用时，应注意到它有以下特点。

（1）酵母是有寿命的，存放时间越长，存活酵母越少。

（2）酵母在缺乏食物时，如温度上升，它会因自己本身存在蛋白酶，使自身细胞分解，即出现自溶现象，也称自我消化。

（3）在没有外界食物供给时，酵母还会消耗细胞内的储藏物质糖原来维持生命活动，称为自己发酵。自己发酵往往会使温度升高，促进自我消化。所以，酵母的保管和储藏是十分重要的工作。鲜酵母的货架期通常为2周，冷冻条件下可达2~4个月。活性干酵母的水分含量低，条件适当可保存2年之久。鲜酵母的保管温度应当在0~4℃，并且要防止储存期间温度的升高。酵母本身也是其他杂菌的良好营养源，所以保管中要加强卫生管理，防止杂菌感染。研究表明：鲜酵母在13℃可存放14d，在4.4℃可存放30~35d，而在-29℃时可存放16个月，只失掉10%的活力。干酵母49℃时可存放1周，32℃时可储存6个月，21℃时可储藏21个月，4.4℃时可储藏24个月，可见无论鲜酵母还是干酵母都最好在低温下存放。

第八节　品质改良剂

一、品质改良剂的概念

在制造面包、饼干等焙烤食品时，为了改善面团的性质、加工性能和产品质量，需要添加一些化学物质，一般称为面团改良剂（Dough Improver）。例如，改善面筋性能的面筋改良剂及促进发酵作用的酵母营养剂等都属于面团改良剂。面团改良剂还被称为酵母营养剂（Yeast Food）、面团调节剂（Dough Conditioner）、面包改良剂（Bread Improver）等。品质改良剂实际上包括：作为酵母的营养物质，促进发酵的添加剂；改良面团性质的添加剂；卵磷脂类的乳化剂；调整水的硬度、pH，改善面团延伸性的添加剂。最早使用面团改良剂是在20世纪初，是为了调整水的硬度而添加的水质改良剂，从此面包以及其他焙烤食品的生产就同化学研究更加紧密地结合起来，从而发展了一系列的添加剂。

二、品质改良剂的种类及作用

品质改良剂的种类按化学成分分为化学品质改良剂（不含酶的化学添加剂）、生物品质改良剂（主要以酶发生作用的制剂）和混合型改良剂（前两者混合的添加剂）。按所起作用可分为酵母营养物质、发酵促进剂、面筋调节剂等。按用途还可以分为面包品质改良剂和饼干品质改良剂等。

（一）化学品质改良剂

1. 钙盐

钙盐的作用主要是调整水质（即水的硬度），最早的品质改良剂就是为改善水质而发明的。而且一些钙盐还有中和发酵过程中产生的酸，使发酵在适当的 pH 环境下顺利进行的所谓缓冲作用。

（1）碳酸钙　中等程度硬水（Medium Hard Water）一般认为最适合面包制作。硬水所含的部分矿物质如钙、镁等，不但有增强面筋、增加面包体积的作用，还可以为酵母提供营养，促进发酵。碳酸钙可提高水的硬度和使 pH 增加，在 500mg/kg 浓度时，增强面筋强度的效果最佳。在小麦粉中的最大使用量为 0.03g/kg。

（2）硫酸钙　也有增强面筋强度、帮助发酵、增加面包体积的作用，但它的添加会使 pH 降低，使用浓度为 0.3g/kg。

（3）磷酸氢钙　除增加水的硬度和使 pH 下降的作用外，还有促进面团性能的作用。由于小麦粉中自然含有，一般不需要添加。如需添加，最大的添加量限定为 5.0g/kg。

2. 铵盐

主要有如氯化铵、硫酸铵、磷酸铵等，因为含有氮元素，所以主要充当酵母菌的食物，促进发酵，并且其分解后的盐酸对调整 pH 也有一定作用，使 pH 降低。

3. 还原剂和氧化剂

（1）还原剂　还原剂，如 L - 盐酸胱氨酸，可将—S—S—键断裂成—SH 键，另外失活干酵母中含有谷胱甘肽，它也可以增加面团中的巯基（—SH），由于面筋中硫氢键和双硫键之间的交换结合作用，使面筋双硫键的结点易于移动，使面筋的结合力松弛，增强了面团的延伸性。另外失活干酵母还含有较多的蛋白酶和淀粉酶，可以使面筋弱化。如果适量使用还原剂，不仅可以使调粉和发酵时间缩短，还能改善面团的加工性能、面包色泽及组织结构和抑制产品的老化。L - 盐酸胱氨酸只作为面包添加剂，而一般氨基酸都有抗氧化的效果。

（2）氧化剂　氧化剂不仅可以将—SH 氧化为—S—S—，使面团保气性、筋力增强，延伸性降低，也能抑制面粉蛋白酶的分解作用，因此能减少面筋的分解与破坏。氧化剂的种类和性质如前文面粉一节所述。

（二）酶制剂

与焙烤食品制作相关的酶制剂主要有淀粉酶（Amylase）、葡萄糖氧化酶（Glucose oxidase）、木聚糖酶（Xylanase）、脂肪氧合酶（Lipoidoxygenases）、脂肪酶（lipase）、蛋白酶（Proteases）、谷氨酰胺转氨酶（Transglutaminase）、植酸酶（Phytase）等。

（1）淀粉酶　淀粉酶分解淀粉的模型如图 2 - 25 所示，α - 淀粉酶存在于植物、哺乳动物组织和微生物中，在面包工业中应用最广。α - 淀粉酶可以随机的方式从直链淀粉内部水解 α - 1，4 糖苷键，最终产物是麦芽糖和葡萄糖，但不能水解支链淀粉的 α - 1，6 糖苷键，因此最终产物是麦芽糖、葡萄糖和异麦芽糖。因它能使黏稠的淀粉胶体水解成稀薄的液体，所以也称为液化酶（Liquefying Enzyme）。β - 淀粉酶也称糖化淀粉酶，它是从淀粉链的非还原端每次切下 2 个葡萄糖单位，即 1 个麦芽糖分子，并使麦芽糖分子的构型从 α 型变成 β 型。但 β - 淀粉酶不能切开支链淀粉中的 α - 1，6 糖苷键，因此对于支链淀粉，它只能分解支链结点以外的部分，所剩余部分则成为界限糊精。

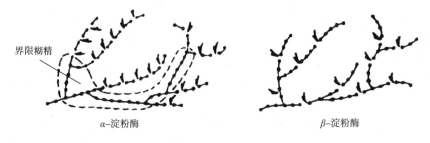

图2-25　α-淀粉酶、β-淀粉酶作用部位

　　一般情况下，β-淀粉酶在面粉中不存在缺乏的问题，而α-淀粉酶却显不足。α-淀粉酶对损伤淀粉的分解力比β-淀粉酶大；α-淀粉酶的热稳定性较β-淀粉酶高，在70℃下也不失去活力。焙烤时淀粉酶活力的关键期如图2-26所示。小麦面粉中天然存在一些α-淀粉酶，但不同面粉中的淀粉酶活力存在差异，大多数面粉中α-淀粉酶含量很少。当面团处于发酵阶段时，面筋是面团骨架，但烘烤时实际上是淀粉在维持面包体积，如果酶活力不足，淀粉胶体干硬，会限制面团适当膨胀，面包比体积小、品质差；相反，如果酶活力过大，则易出现面包黏心，且比体积小。α-淀粉酶的来源有细菌、麦芽、霉菌或曲。其中细菌淀粉酶的耐热性很强，往往使淀粉过分分解软化，使得支持面包胀发的质构崩溃，所以一般不用。麦芽粉含有较多的α-淀粉酶和β-淀粉酶，但是大量使用也会使面团过于软化发黏，所以必须控制使用量。真菌淀粉酶是比较新的添加剂，它的耐热性弱，在65℃持续5min或者75℃即全部被破坏，即使使用过量一点也不会造成太大影响，但要防止产品中含有蛋白分解酶。为控制面粉适度酶解，宜选用热稳定性较低的真菌α-淀粉酶。在加工过程中，小麦淀粉未完全糊化时酶大部分已失活。添加真菌α-淀粉酶以补充面包粉中α-淀粉酶活力不足，能将面粉中的损伤淀粉连续稳定水解成小分子糊精和可溶性淀粉，再继续水解成麦芽糖、葡萄糖，为酵母生长繁殖提供能量来源，保证面团正常连续发酵，增加酵母活力。α-淀粉酶可软化面团，改善面团操作性及持气性，且水解产生的还原糖有利于面包着色。

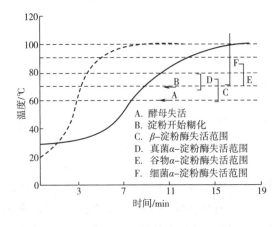

　　A. 酵母失活
　　B. 淀粉开始糊化
　　C. β-淀粉酶失活范围
　　D. 真菌α-淀粉酶失活范围
　　E. 谷物α-淀粉酶失活范围
　　F. 细菌α-淀粉酶失活范围

图2-26　焙烤时淀粉酶活力的关键期

以上两种酶在焙烤食品生产中的作用如下所述。

①将面团内的损伤淀粉（Damaged Starch）分解为麦芽糖及葡萄糖，提供给酵母发酵，产生二氧化碳，是使面包膨大的重要能源。

②增加剩余糖量，供面包在焙烤时着色反应用。

$$损伤淀粉液（Damaged\ Starch）\xrightarrow{\alpha-淀粉酶} 糊精（Dextrin）或小分子淀粉$$

$$糊精（Dextrin）或小分子淀粉 \xrightarrow{\beta-淀粉酶} 麦芽糖（Maltose）$$

$$麦芽糖（Maltose）\xrightarrow{麦芽酶、酵母} 葡萄糖（Dextrose）$$

③由于淀粉酶对一部分淀粉的分解作用可以使面团软化、伸展性增加，因而从这个意义上讲，添加 α-淀粉酶可以改善面团的性质，促使面团伸展性增强，得到体积大而组织细腻的面包。所以，很早以前人们便把 α-淀粉酶当成小麦粉的改良剂。

④增加面包焙烤时的膨发体积。面包在烘烤时，温度升高，面筋会首先变性凝固，此时淀粉糊化，因 α-淀粉酶的抗热性强，在 α-淀粉酶尚未被破坏的高温下，其活力很强，作用于淀粉，可改变糊化淀粉的胶凝性，软化胶体，使面包面团的气泡伸展性增强，胀发大。

⑤由于淀粉性质的改变，淀粉的老化作用较为缓慢，面包保持柔软的时间较长。

淀粉在淀粉酶作用下的分解同样也受温度和 pH 的影响。一般温度越高，淀粉酶分解活动越剧烈，在 55℃ 达到最高值，继续升温，酶的活力下降。pH 在 5.0 左右时对淀粉的液化最适宜。β-淀粉酶的糖化作用温度为 $25\sim40℃$，因此麦芽糖的产生都在发酵阶段进行，由糖化酶作用产生。α-淀粉酶所产生的麦芽糖可以说是微不足道的，它一般只用于筋力很强的小麦粉。

总之，合理使用 α-淀粉酶可以加快面团发酵速度，缩短发酵时间，提高入炉急胀性（ovenspring），改善面包内部组织结构，使面包具有较好的松软度，增大面包比体积，使面包表皮色泽良好而稳定，减缓淀粉老化，延长面包保鲜时间。

（2）葡萄糖氧化酶（Glucose oxidase） 葡萄糖氧化酶最先于 1928 年在黑曲霉（*Aspergillus niger*）和灰绿青霉（*Penicillium glaucum*）中发现，具有较宽的 pH 适应范围，pH 在 $4.5\sim7.0$ 范围内，酶活力稳定。在较宽温度范围 $30\sim60℃$ 内，温度对葡萄糖氧化酶活力影响不显著。葡萄糖氧化酶是一种新型酶制剂，作为一种强筋剂用于面粉中，氧化面筋蛋白中巯基（—SH）形成二硫键（—S—S—），从而增强面团网络结构。另一些研究表明，葡萄糖氧化酶氧化作用的对象是面粉中水可提取部分，主要是水溶性戊聚糖。产生的过氧化氢在面粉中过氧化物酶的作用下，产生自由基，促进水溶性戊聚糖氧化胶凝作用。戊聚糖的氧化胶凝特性主要是由于戊聚糖中阿魏酸参与氧化交联反应，阿魏酸通过氧化交联形成较大网状结构，增强面筋网络弹性。

葡萄糖氧化酶能显著改善面粉粉质特性，延长稳定时间，减小弱化度，提高评价值，增大抗拉伸阻力，减弱延伸性。葡萄糖氧化酶加强面筋蛋白间三维空间网状结构，强化面筋，生成更强、更具有弹性面团，更大面包体积，从而使烘烤质量得到提高，在相当多烘焙配方和制作工艺中能成功替代溴酸钾。对于某些面筋较弱的小麦面粉，如我国大部分地区的国产小麦，其作用更为明显。

（3）木聚糖酶（Xylanase） 面粉中非淀粉多糖主要为戊聚糖（化学组成为阿拉伯木聚糖），在面粉中的含量很低（占面粉干基的 $2\%\sim3\%$），但对面团的流变学性质和面包的品质起着重要作用。1968 年，Kulp 首次报道戊聚糖酶对面包品质的影响，但关于木聚糖酶在面包制作过程中的作用机制目前尚不清楚。近十年来，关于戊聚糖在面团中的作用及其对面包品质的影响进行了大量的研究。

目前，非淀粉多糖水解酶（特别是木聚糖酶）在焙烤工业中的应用引起了人们的广泛关注。在面包加工过程中适量添加戊聚糖酶（主要是木聚糖酶），不仅能提高面团的机械加工性能，而且可以消除发酵过度的危害，增大面包体积，改善面包芯质地以及延缓老化等。木聚糖酶能够通过降解面团中的阿拉伯木聚糖来改善产品品质，因此可应用在面包的焙烤和其他一些食品中。*Aspergillus niger* var. *awamori* 木聚糖酶可以提高面包的品质，主要表现在提高面包的比容。当与淀粉酶复合使用时，这种效果会更明显。大多数研究者使用中温真菌木聚糖酶，添加木聚糖酶的面包体积最大增加量为30%左右。江正强等探讨了耐热木聚糖酶在面包焙烤中的作用，发现添加一些耐热木聚糖酶能使面包比体积的最大增加量达40% ~ 60%。

关于木聚糖酶如何在面包制作过程中起作用，机制尚不清楚，较为普遍认为水溶阿拉伯木聚糖（WE – AX）利于面包品质的改善，而水不溶阿拉伯木聚糖（WU – AX）有不利影响。图 2 – 27 所示为木聚糖酶在面包制作中的作用机制示意图。木聚糖酶的浓度以及对 WE – AX 和 WU – AX 作用的特异性不同，在面包的焙烤中表现出不同的作用效果。在面包制作中，对 WU – AX 特异性的木聚糖酶催化将对面团不利的 WU – AX 转化为大分子的 ES – AX ［图 2 – 27（2）］时，主要通过两种方式来提高面团的稳定性。除了提高面包的体积、面包瓤的组织结构和柔软性，添加适量的木聚糖酶还能提高面团发酵的稳定性、面筋网络的机械耐性以及炉内胀发。在黑麦面包的制作过程中，添加木聚糖酶的优点更明显，面团的体积在发酵过程中明显增大，同时醒发时间显著减少。添加木聚糖酶对面团的不利影响是 WU – AX 的过度降解会导致面团持水力下降。当酶的浓度很低时，这种影响会由于 ES – AX 导致面团黏性的增加而消除。而当酶的浓度很高时，搅拌后面团的松弛性和黏性就成为限制性因素。木聚糖酶对 WE – AX/ES – AX 的作用具有特异性，由于在 WU – AX 到 ES – AX 的转变之前，WE – AX 和 EX – AX 就被降解为小分子，当酶的添加量很小时，会降低面包体积 ［图 2 – 27（3）］，但这种作用在酶的添加量增加时，会由于 WU – AX 降解的增加而消除。与对 WU – AX 具有特异性作用的木聚糖酶相比，WE – AX 的水解以及伴随而来的面团持水能力的下降主要出现在面团发酵过程中。这表明，尽管在搅拌后能够得到一个很好的面团，但是面团会在发酵过程中趋于松弛，特别是在酶的添加量过大时，导致面团失败。

模型（1）表示没有添加木聚糖的对照组。模型（2）表示添加了对 WU – AX 具有特异性的木聚糖酶。WE – AX 液膜稍被溶解，WE – AX/ES – AX 的含量增加，同时延迟了气泡的融合。模型（3）表示添加了对 WE – AX 具有特异性的木聚糖酶。WE – AX 明显水解，导致了面团的稳定性降低，同时还增大了面团中气泡的融合（与对照组相比）。WU – AX 的不利影响依然存在。

面包的老化是一个复杂的过程，通常定义为面包瓤硬度的增加和与之伴随的面包新鲜度的下降。面包老化中最主要的变化是面包芯硬度逐渐增加。Haros 等研究了添加不同水解酶对面包品质的影响，发现木聚糖酶确实能改善新鲜面包瓤的硬度，降低面包老化速率。Martínez - Anaya 等和 Laurikainen 等的研究也证实了添加木聚糖酶能够降低面包的老化速率。也有报道称木聚糖酶不能影响面包的老化速率，但却能通过增加面包体积从而降低了新鲜面包瓤的硬度。Gil 等的研究却表明添加半纤维素酶对面包的硬度和老化速率均没有明显的影响。关于木聚糖酶如何延缓面包老化的机制至今未有定论。

（4）脂肪氧合酶（Lipoidoxygenases） 该酶在面团中有双重作用，一是氧化面粉中的色素

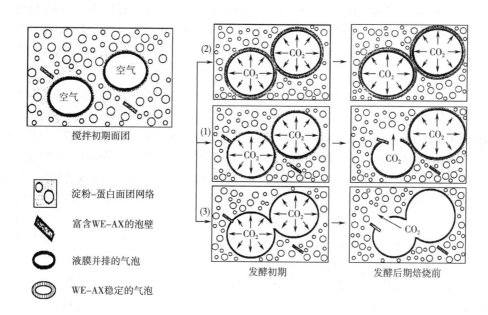

图2-27 木聚糖酶在面包制作中的作用机制

使之褪色，令面包内部组织洁白；二是氧化不饱和脂肪酸使之形成过氧化物，过氧化物可氧化蛋白质分子中的硫氢基团，形成分子内或分子间二硫键，并能诱导蛋白质分子聚合，使蛋白质分子变得更大，从而提高了面团筋力。

脂肪氧合酶是一种氧化还原酶，在氧气参与下，将不饱和脂肪酸（如亚油酸、亚麻酸、花生四烯酸）及酯氧化。因脂肪氧合酶在大豆中含量最高，所以常从大豆中提取。在面粉中加入1%含脂肪氧合酶的大豆粉，能改进面粉颜色和焙烤质量。在面粉中加入脂肪和大豆粉后，脂肪经脂肪氧合酶作用所生成的氢过氧化物起着氧化剂作用。在后者作用下，面筋蛋白质巯基（—SH）被氧化成—S—S—，这对于强化面团中蛋白质，即面筋蛋白质三维网络结构是必要的。面团在无氧条件下形成时，结合脂肪增加是由于在游离脂和面筋之间形成疏水键。当面团在空气中混合时，脂肪氧合酶与不饱和脂肪酸作用产生氧化中间物进入面筋蛋白非水区域，使—SH被氧化，这会引起蛋白质构象变化和带电基团转向蛋白质表面。原来脂蛋白胶束结构中的疏水结合转换成亲水结合，使水分子有可能进入蛋白质结构和释出结合脂肪。脂肪氧合酶的重要性在于防止脂肪结合，这就保证了外加起酥油能有效改进面包体积和柔软度。在促进面筋蛋白质氧化的过程中，氧化脂肪中间物也起了重要作用。因此，脂肪氧合酶对面包质量的改进可能通过两条不同途径：在面筋蛋白质中形成二硫键，从而改变面团流变性；通过面筋蛋白质氧化而增加面团中游离脂肪数量。另外，脂肪氧合酶可通过偶合反应破坏胡萝卜素双键结构，从而漂白面粉，改善面粉色泽。由此可见，脂肪氧合酶兼具强筋和增白功效，可改善面包质构，使面包瓤更加柔软。

（5）脂肪酶（lipase） 面粉成分中含有1%～2%脂肪，其中大部分是甘油三酯。脂肪酶催化甘油三酯水解生成甘油二酯或甘油一酯或甘油。应用于面粉工业的脂肪酶来源于微生物，其最适作用条件为pH7.0、温度37℃，可被钙离子及低浓度胆盐激活。脂肪酶能调整面团性能，如改进面团流变性，增加面团过度发酵时的稳定性，增加烘焙膨胀性以使面包有更大体积，使面包内部结构均匀，质地柔软。研究发现，脂肪酶可显著改善面粉流变学特性、提高面包品质及延缓面包老化。在面粉中适量添加脂肪酶可使面粉抗拉伸阻力和能量明显增加，而延伸性也有所增加。脂肪酶对面团强度有明显的改善作用，且可解决加入强筋剂后面粉延伸度变得过小的缺点。

（6）蛋白酶（Proteases）　蛋白酶根据其水解特性可分为内肽酶和外肽酶。内肽酶能水解蛋白质中多肽链内部肽键，使蛋白质分解为相对分子质量较小的多肽碎片。而外肽酶可分别将蛋白质或多肽链游离氨基端或游离羧基端的氨基酸残基逐一水解生成游离氨基酸。因此，它在面团中的存在可以破坏面团中的面筋结构，降低面筋强度，减少面团的硬脆性，增加面团的延展性，使在滚圆、整形时容易操作，改善面包的颗粒及组织结构。但添加蛋白酶的整个操作过程和时间必须严格控制，一般在二次发酵时添加，如果作用太久，会使面筋结构遭到较大破坏，所以面包制作中不经常使用。因为蛋白酶破坏蛋白质肽链，使面筋膜变薄，所以发酵时面筋网孔变得细密，最后得到的面包触感柔软、质地紧密而且均匀。

完好的面粉中蛋白酶活力很低，但由于小麦被田间害虫所感染，会使蛋白酶活力急骤增加。面包制作时使用蛋白酶是为了改善面团的物理性质和面包的质量，使面团易于延伸，以较快速度成熟。当面质很硬或需要面团具有特别的柔韧性和延伸性时才加入蛋白酶，但必须适量添加，过量会导致面团松软、持气能力下降，添加量通过测定面团的流变学性质而定。蛋白酶的添加会使面团中多肽和氨基酸含量增加，氨基酸是香味物质形成的中间产物，多肽则是潜在的滋味增强剂、氧化剂、甜味剂或苦味剂。蛋白酶种类不同，产生的羰基化合物也不同，若蛋白酶中不含产生异味的脂酶，适量添加有利于改善面包的香气。

（7）谷氨酰胺转氨酶（Transglutaminase）　谷氨酰胺转氨酶（简称TGase）是一种催化酰基转移反应的转移酶，在蛋白质之间架桥生成 $\varepsilon -$（$\gamma -$谷氨酰基）赖氨酸异肽键，形成分子内和分子间的网状结构，赋予蛋白食品更好的功能特性。面粉中的麦胶蛋白和麦谷蛋白都是谷氨酰胺转氨酶的良好底物，它能使面粉蛋白改性，使团粒结构变成网状结构，改善面粉制品的口感，提高成品的弹性、黏性、乳化性、起泡性和持水能力等。因而，谷氨酰胺转氨酶在面粉制品的加工中具有广泛的应用前景。在日本，味之素公司已将谷氨酰胺转氨酶应用于面粉制品的加工中。Larre 等使用十二烷基硫酸钠聚丙烯酰胺凝胶电泳（SDS－PAGE）分析发现，用谷氨酰胺转氨酶处理后，不可溶蛋白增加，高分子质量（HWM）谷蛋白亚基受到很大影响。Baure 等发现经过谷氨酰胺转氨酶作用后，高分子质量（HWM）谷蛋白亚基和 $\alpha -$麦胶蛋白发生交联。有关研究表明，清蛋白和球蛋白也可与高分子质量谷蛋白交联。谷氨酰胺转氨酶催化交联使面筋蛋白平均相对分子质量上升。

谷氨酰胺转氨酶在面包烘焙中的作用类似氧化剂。它可改善面团形成过程中的流变学特性，提高面团稳定时间和断裂时间，降低公差指数和弱化值，使面粉评价值上升，使面团抗拉伸阻力，粉力和储能模量大大提高。在烘焙工艺中，它还可代替乳化剂和氧化剂改善面团稳定性，提高烘焙产品质量，使面包颜色较白，内部结构均一，增大面包体积。

面团的性质与面筋的黏弹性有关。面筋蛋白包括单体的麦胶蛋白和麦谷蛋白亚单位，后者之间通过二硫键彼此联结，形成大分子质量的聚合物。面筋蛋白通过疏水键和氢键形成面筋网络，其黏弹性与麦谷蛋白聚合物的种类和大小有关。氧化剂和还原剂能够改变麦醇溶蛋白—SH—和—S—S—基团的氧化还原状态，从而影响面团或面筋的机械性质。这种影响可能是因为麦谷蛋白亚单位的聚合状态在诱导下发生改变，但是尚不清楚这些变化的机制，而且这些氧化还原剂对面团和面筋黏弹性的作用也有待于进一步研究。过去的几十年里，人们一直用抗坏血酸作为面团改良剂，而且人们一直在研究其作用机制。1995 年，Berland 和 Launay 又报道了抗坏血酸在面粉的氧化过程中起中介作用，提高面团的储能模量 G' 和损耗模量 G''，但是 G''/G' 的值不变。Larre 等人在 2000 年报道了 TGase 能够交联面筋蛋白，生成大分子质量的聚合物，这些聚合物的形成能够产生较强的面筋网络，并提高其物理化学性质以及流变学性质。该酶能够在分子间或分子内形成 $\varepsilon-$（$\gamma-$谷氨酰基）赖氨酸异肽键，能够使蛋白质发生聚合。即使在赖氨酸含量较低的面筋中，这种酶也能够诱导产生大分子质量的聚合物。面筋蛋白因分子间或分子内的 $\varepsilon-$（$\gamma-$谷氨酰基）赖氨酸异肽键共价交联，使三维网络结构变得更加紧密，黏弹性的稳定值升高，并能够加快与储能模量 G' 和损耗模量 G'' 有关的转换频率。谷氨酰胺转氨酶还可以催化谷氨酰胺残基脱氨基，使之成为谷氨酸残基。如果面团中发生了此反应，那么面筋蛋白的亲水性上升，使其有更好的持水性。

近年来，国内外不断报道 TGase 在焙烤食品加工中的应用，特别是在面包加工中广泛应用。TGase 在面包加工中有如下优点。

① TGase 对面团性质的影响：添加了 TGase 的面团与对照样品相比，在发酵初期其膨胀较大，面团的硬度下降，同时面团产生弹性，从而改变其可塑性。

② TGase 对面团发酵的影响：在面团松弛试验中发现，TGase 可以显著增加面团的应力松弛时间，与 L－抗坏血酸处理的面团相比，随着反应时间的延长或 TGase 用量的增加，应力松弛时间明显增大，面团的要求更低且不需要很高的搅拌强度。

③TGase 对加水量的影响：TGase 的添加可以减少劳动量和增加面团的水分吸收，并提高面包出品率。在面包中水分含量增加6%意味着会降低成本，也降低了添加酶的成本。因为 TGase 的添加将蛋白质内的麦谷蛋白残基水解成谷氨酸（Alexandr 等，1993），使其亲水性增加。

④ TGase 对面包瓤硬度的影响：TGase 还可以大大增加面包块的捏碎强度，减少切片碎屑，同时有利于在面包上涂抹黄油。

⑤ TGase 对消耗功要求的影响：面团的最佳消耗功是指为使面团达到最大硬度所需用于搅拌的能量。添加了 TGase 能够降低消耗功，消耗功的降低能够直接降低面包的生产成本。

在焙烤工艺中，TGase 还可以代替乳化剂和氧化剂来改善面团的稳定性，提高焙烤产品的质量，使面包的颜色较白，内部结构均一，增大面包的体积。作为乳化剂，TGase 可以改善面团的手感、稳定性和烘焙产品的品质，产生更均匀一致的面包瓤结构和增加面包体积；也可以作为化学氧化剂的替代物，如取代溴酸钾、偶氮甲酰胺和其他化学成分，用以增加面团筋力和用于化学发面。TGase 与抗坏血酸混合使用效果更佳。

随着对烘焙工艺及产品质量和新鲜度要求的不断提高，新的烘焙技术应运而生，即采用深度冷冻或延迟发酵，将面团储存一段时间后再进行焙烤。但是，这种工艺的面团焙烤后，面包的质量变差，口感降低。添加了 TGase 后，通过其共价交联作用，保证了冰晶中面筋网络更大的耐冻耐融性，使网络结构的强度增大，改善了面包质构。

TGase 不仅用于面包的生产中，而且还可用于饼干和蛋糕的加工中。1990 年，Ashikawa 在日本的特许公告中报道：生产蛋糕时，面粉中加入适量的 TGase，蛋糕的外观、内在结构和口感都得到了明显的提高。

（8）植酸酶（Phytase） 植酸酶是催化植酸和植酸盐水解成肌醇和磷酸（盐）的一类酶的总称，系统名称为肌醇六磷酸酶，属于磷酸单脂水解酶，是一类特殊酸性磷酸酶，能水解植酸最终释放出无机磷。植酸广泛存在于植物组织和相应粮食产品中，在小麦、稻谷和大麦等种子中，植酸集中存在于谷粒糊粉层与外层。植物中有60%～70%以上磷和植物中肌醇及某些矿物质结合形成难溶性植酸盐。这种物质很难被人体吸收，大部分随粪便排出体外。研究表明，食品中的植酸（盐）对动物和人的消化和吸收有不利影响，不但对体内许多种酶有抑制作用，且对各种二价阳离子和蛋白质营养成分吸收利用具有广泛抑制作用，因而又被称为抗营养因子。全麦面包中含有大量对人体有益的膳食纤维，但全麦粉中也存在一些植酸（盐），所以在全麦面包中应用植酸酶是必要的。植酸酶不会影响面团pH，可缩短面团醒发时间，改善面包质构，增加面包比体积。

总而言之，酶制剂是烘焙工业中最重要的添加剂之一。酶的最佳添加量应在参考产品说明书和实际试验基础上，最终确定最佳添加水平，不可盲目添加。例如淀粉酶添加过量，使面包体积小，瓤发黏。葡萄糖氧化酶过量添加导致过度氧化，面包体积小、品质差。酶制剂最好复合使用，几种酶制剂复合作用的效果比单独使用一种酶制剂效果更好，能产生协同增效作用。如木聚糖酶、真菌 α -淀粉酶与脂肪酶复合，葡萄糖氧化酶、脂肪酶与脂肪氧合酶复合，葡萄糖氧化酶与真菌 α -淀粉酶复合，谷氨酰胺转氨酶、真菌 α -淀粉酶与脂肪酶复合等都可很好地改善面团流变性和面包品质。各种酶制剂还可与乳化剂或其他面粉改良剂联用，同样有良好的协同增效作用。如硬脂酰乳酸钠、二乙酰酒石酸酯、L-抗坏血酸等，均可和各种酶制剂共用。例如，将葡萄糖氧化酶、硬脂酰乳酸钠与 α -淀粉酶复合，谷氨酰胺转氨酶与抗坏血酸复合可作为溴酸钾的替代品。

（三）面包品质改良剂

现代化工厂中多使用混合型改良剂，以下主要介绍一种混合型改良剂（也称标准型）的组成和各种成分的作用。标准型改良剂组成如表2-40所示。

表2-40　　　　　　　　　　面包品质改良剂的组成和各成分的作用

	材料名称	主要效果	配比/%	用量/（g/100g）
分散剂	淀粉或小麦粉	提高改良剂的保存性和便于称量	44	0.0356
钙盐	碳酸钙、磷酸钙、磷酸氢钙	改善水质，调整pH，使加工稳定，品质均一	25	0.0182
铵盐	氯化铵、硫酸铵、磷酸铵	酵母营养物质，促进发酵，增大面包体积	15	0.0109
酶制剂	α -淀粉酶 β -淀粉酶 蛋白酶	分解淀粉和蛋白质，为酵母提供食物，提高面包的风味和色泽，抑制老化	10	0.0073
还原剂	失活的干酵母 L-盐酸胱氨酸	改善面团性质，使调粉发酵时间缩短，增强面团伸展性	5	0.0036
氧化剂	L-抗坏血酸		1	0.0007

注：溴酸钾已禁用。

除表2-40所示的标准型改良剂外，还有两例混合型改良剂配方（表2-41）。

表2-41   混合型改良剂配方

无酸度缓冲型 （阿克地型：Arkady）	配比/%	用量/ （g/100g）	酸度缓冲型	配比/%	用量/ （g/100g）
氯化铵（NH_4Cl）	9.4	酵母营养物质	磷酸氢钙（$CaHPO_4$）	50.0	缓冲作用
硫酸钙（$CaSO_4$）	30.0	增强面筋	硫酸铵[（NH_4）$2SO_4$]	7.0	酵母营养物质
氧化剂	0.3		盐	19.4	增量剂
盐（NaCl）	35.0	增量剂	氧化剂	0.125	
淀粉	25.3	增量剂	碘酸钾（KIO_3）	0.1	氧化剂
			淀粉	2.34	增量剂

注：溴酸钾已禁用。

（四）饼干品质改良剂

面包与饼干由于对面团的要求不同，所以所使用的改良剂也有所不同。面包需要紧密的强力面筋结构，而饼干为了获得良好的塑性，则需要松弛的结构。要使面团松弛，除了选择低面筋含量的低筋粉，增加糖油比等方法外，添加改良剂也是常用的方法。饼干品质改良剂按用途分主要有韧性饼干改良剂、发酵饼干改良剂和酥性饼干改良剂。

1. 韧性饼干改良剂

生产韧性饼干的配方中，因面团中油糖比例较小，加水量较多，因此面团的面筋可以充分地膨润，如果操作不当常会引起制品收缩变形，所以要使用改良剂。常用的为带有—SO_2基团的各种无机化合物，如亚硫酸氢钠、亚硫酸氢钙、焦亚硫酸钠和亚硫酸等。这些物质都有还原剂的性质，可将—S—S键断裂成—SH键。添加的目的主要是使面团筋力减小、弹性减小、塑性增大，使产品的形态平整、表面光泽好，还可使搅拌时间缩短。但因亚硫酸盐会给产品风味带来不良影响，并且其用量超过一定基准时，对人体有害，所以规定使用量（以SO_2计）不超过0.1g/kg，成品中残留量不能超过20mg/kg。许多发达国家也有使用蛋白酶或半胱氨酸来代替亚硫酸氢钠等作为韧性饼干改良剂，但目前亚硫酸氢钠的使用还相当普遍。因亚硫酸性质不稳定，易于分解而放出二氧化硫气体，对面团的改良效率低，并有腐蚀性，所以焦亚硫酸钠作为改良剂相对比较有效和安全，但都要严格控制添加量。

2. 发酵饼干改良剂

（1）蛋白酶 在制造饼干时，当使用了高面筋含量、质地较硬的强力粉时，常使面团在发酵后还保持相当大的弹性，在加工过程中会引起收缩，焙烤时表面起大泡。而且，产品的酥松性会受到影响。因而，要利用蛋白酶分解蛋白质的性质来破坏面筋结构，改善面团性质。一般是在第二次发酵时加入，加入量为第二次面粉量的0.02%（胃蛋白酶）或0.015%（胰蛋白酶）。这不仅有改善饼干产品形态的效果，而且还可使产品变得易于上色，这是由于分解生成的氨基酸促进了羰氨反应的结果。

（2）α-淀粉酶 α-淀粉酶在苏打饼干面团中使用的目的和原理与面包中相同，即促进淀粉糖化，供给酵母发酵的营养物质，促进发酵进行，防止发酵时间过长导致乳酸发酵、醋酸发酵生成过多的酸。

3. 酥性饼干改良剂

酥性饼干改良剂实际上是利用乳化剂来改善面团性质，因为酥性面团中脂肪和糖的含量很大，这些都足以抑制面团面筋的形成，所以不需要使用上述改良剂。但也产生一些问题，也就是面团发黏，不易操作。所以，经常需要添加卵磷脂来降低面团黏度。卵磷脂可以使面团中的油脂部分乳化，为面筋所吸收。饼干、面包中都有使用，它不仅解决了面团发黏的问题，而且改善了面筋状态，使得饼干在烘烤过程中容易形成多孔性的疏松组织，使饼干的酥松性得到改善。另外，卵磷脂还是一种抗氧化增效剂，可使产品保存期延长。由于磷脂有蜡质口感，所以不能多用，一般用量为1%左右，过量会影响风味。

三、 几种改良剂使用注意事项

使用改良剂的方法也就是种类和量的选择，要从产品特性、工厂设备、加工工艺特点、原料品质、气温等方面考虑。同时在考虑这一问题时，一个重要原则就是：在能达到目的情况下尽量少用。

（一） 原料同改良剂的使用关系

1. 小麦粉

（1）新磨面粉　增加氧化剂，减少酶制剂。

（2）面筋含量过多　稍增加氧化剂。

（3）面筋过硬　使用还原剂、酶制剂，减少氧化剂。

（4）面粉等级过低　稍增加氧化剂。

（5）需漂白的面粉　稍增加氧化剂。

2. 脱脂乳粉多的面粉

使用酸性的改良剂、酶制剂，增加氧化剂。

3. 砂糖、液糖多的面团

可稍增加混合型改良剂用量。

4. 水质

生产面包一般用硬水比软水好，改良剂最早就是调节水质用的，水质与改良剂使用的关系如表2-42所示。

表2-42　　　　　　　　水质与改良剂使用的关系

水质		改良剂类型	改良剂使用量	其他特别措施
酸性 pH<7	软水	标准型	普通量	稍减量加入食盐，水太软则加入硫酸钙
	中硬水	标准型	普通量	—
	硬水	标准型	普通量	严重时加入麦芽粉或麦芽糖浆
中性 pH7~8	软水	标准型	稍加量	—
	中硬水	标准型	普通量	—
	硬水	标准型	稍减量	中种里加麦芽粉
碱性 pH>8	软水	酸性或标准型	稍加量	稍减量加磷酸氢钙，严重时加磷酸钙

续表

水质	改良剂类型	改良剂使用量	其他特别措施
中硬水	酸性	普通量	—
硬水	酸性	稍减量	增加麦芽粉量，严重时加醋酸、乳酸

注：水的硬度是将水中钙、镁等离子的数量换算成碳酸钙的浓度来表示。软水：50mg/kg 以下；中硬水：50~100mg/kg；硬水：100~200mg/kg。

（二） 加工时间、 发酵时间与改良剂的使用关系

要缩短发酵时间，加快工作进度，增加改良剂使用量。反之则减少使用量。

（三） 机械化程度与改良剂的使用关系

手工操作时，改良剂使用量可以减少。在使用机械时，为了使面团延伸性好，可稍增加酶制剂、还原剂。

（四） 温度与改良剂的使用关系

室温太低，面团冷凉时，增加改良剂用量；室温过高时，则减少用量。

（五） 产品品质与改良剂的使用关系

要使体积增大，加大改良剂用量；要使色泽好，增加酶制剂；要使风味改善，使用酶制剂；要使外观显得丰满，增加氧化剂。

（六） 面包品种与改良剂的使用关系

对于一些特殊的面包品种，改良剂的用量和配方也不同，例如果子面包葡萄干使用较多时，增加酶制剂，减少氧化剂，使用小苏打。

四、乳化剂

（一） 食品乳化剂的概念

乳化剂不仅在面包、蛋糕、饼干等焙烤食品中是一种常见的添加剂，而且也是糖果、乳制品、油脂制品等生产中起重要作用的添加剂。所谓乳化，就是将本来不相融合的两种物质，例如水和油，变成像牛乳那样均一混合的状态（乳浊液），将起这种作用的物质称之为乳化剂，准确地讲，应称为表面活性剂（界面活性剂）。表面活性剂的定义为具有易向表面（界面）集中，并能显著改变表面性质的物质。一般将两种性质不同的物质的境界面称为界面，如果有一方是气体（空气），则称为表面。例如水和油的界面，水和水之间、油和油之间互相有吸引力，油和水分之间也有引力，这称为界面张力，只是这几种引力相互不同。界面活性剂的作用就是改变界面的张力，使界面间张力下降。从微观角度讲，界面活性剂是一种分子中具有亲水基和亲油基的物质，它可介于与油和水之间，使一方很好地分散于另一方中，而形成稳定的乳浊液。界面活性剂分子亲水基的部分主要有甘油、蔗糖、山梨醇、丙烯甘油醇等，亲油基部分是脂肪酸。

并非具有亲水基和亲油基分子的物质都可以称为界面活性剂，因为界面活性剂的定义为必须有能向界面集中的性质。如果亲油的力太大，那么就会分散于油相之中，而起不到改变界面张力性质的作用。亲油性和亲水性的平衡十分重要，一般亲水性强的乳化剂可形成"油/水"

型乳浊液，称为"O/W 型"乳化剂；亲油性强的乳化剂称为"W/O 型"乳化剂。表示乳化剂亲水基和亲油基平衡指标的最常用方法是 1949 年由 Griffin 提出的亲水疏水平衡（HLB，HydrophileLipophile Balance）法。根据 Griffin 的大量实验结果，分子中亲水基的量为 0 时定 HLB 为 0，亲水基 100% 时定 HLB 为 20。将 0~20 之间划分 20 等份，将这些值称为 HLB 值，也就是说亲水基与亲油基等量时，HLB 值为 10。HLB 值与这种乳化剂对于水的溶解度或它的乳化作用几乎是一致的，乳化剂的 HLB 值与性质及其在食品加工中的作用如表 2 – 43 所示。HLB 值的计算：$HLB = 20 \times H/M$（M：相对分子质量，H：亲水部分的质量）。

表 2 – 43　　　　　　　　　　　　乳化剂的 HLB 值与用途

比率		HLB 值	在水中的表现	HLB 值	用途
亲水基	亲油基				
0	100	0	不分散	1~3	消泡剂
10	90	2 ⎫			
20	80	4 ⎬	只有极少量的分散	3~6	W/O 乳化剂
30	70	6 ⎭			
40	60	8	乳状分散	7~9	湿润剂
50	50	10	稳定乳状分散		
60	40	12	透明分散	8~18	W/O 乳化剂
70	30	14 ⎫			
80	20	16 ⎬	胶质溶液	13~15	洗净剂
90	10	18 ⎭		15~18	溶化剂
100	0	20 ⎭			

食品中的乳化剂虽然使用历史不很长，但其重要性和使用的广泛性非常引人注目。乳化剂的最早应用是人造奶油的工业生产（1930 年），此后在面包、糕点等方面的应用非常迅速地发展起来。2009 年数据显示，欧美等发达国家和地区对食品乳化剂的需求量超过 30 万 t，日本每年的需求量约 1.7 万 t，其中 70% 都用于面包、蛋糕、饼干等焙烤食品的加工。目前，联合国粮农组织/世界卫生组织食品添加剂联合专家委员会（the Joint FAO/WHO Expert Committee on Food Additives，JECFA）评价的食品乳化剂及具有乳化功能的食品添加剂一共有 114 种，有 INS 号的为 104 种。

但各国都根据自己国家的情况有所限制，美国大约使用 27 种，日本允许使用 8 种。到 2014 年，我国允许使用的乳化剂达到 49 种。在食品工业中，乳化剂的功能和用途主要如表 2 – 44 所示。

表 2 – 44　　　　　　　　　　　　食用乳化剂的功能和用途

乳化剂的功能		用途举例
界面活性	乳化	W/O：人造奶油、奶油
		O/W：乳饮料、冰淇淋、稀奶油

续表

乳化剂的功能		用途举例
	分散	巧克力、可可豆的加工品、花生酱
	起泡	蛋糕、餐后甜点
	消泡	豆腐、发酵工业、果子糖
	湿润	粉末食品类、口香糖、泡泡糖
	溶解	香料
	洗净	食品工业用洗涤剂
使形成淀粉复合体	保护淀粉粒	方便土豆食品
	防止老化	面包、蛋糕
	防止黏着	意大利面条、面条类
	防止凝胶化	面糊
改善油脂性能	调整结晶	人造奶油、起酥油、巧克力
	融合性	专用人造奶油
	保水性	烹饪用油
改善蛋白质性质	改良面筋	面团改良剂
	其他	豆腐
其他	防菌防霉（脂肪酸成分的作用）、可塑性、抗氧化剂等	

（二）乳化剂在焙烤食品生产中的应用

1. 面包

现代化面包制作中，乳化剂的使用量相当大，主要品种是单硬脂酸甘油酯，使用量最高可达面粉量的0.5%。一般制成粉剂使用，但有时作为起酥油的成分之一使用。

面包中使用乳化剂的主要目的为改良面团的加工特性，防止产品老化。在大规模机械化、自动化制造面包时，乳化剂更是必不可少的添加物。美国则把面包用乳化剂分为两种：一种是面团改良剂（Conditioner）；另一种是软化剂（Softener），也称抗老化剂（Antistaling Agent）。乳化剂在面包制作中的作用主要有以下几方面。

（1）改良面团的物理性质，例如克服面团发黏的缺点，增强其延伸性等。

（2）提高机械耐性。

（3）有利于烘烤成柔软而体积大的面包，使面包组织细腻，有触感，口感得到改善。

（4）防止产品老化，保持新鲜。

以上效果是小麦中的淀粉、蛋白质和脂质与乳化剂分别作用的综合效果。关于乳化剂改良面团性质的学说很多，目前比较统一的认识是：认为乳化剂在形成面团时，与小麦粉中形成面筋的蛋白质结合成复合体，促进了面筋的形成和它对机械操作的耐性，也就是说改变了蛋白质的性质。

防止面包老化的乳化剂基本上是单甘油酯（Monoglycerides）。其作用原理比较复杂，较有影响的说法（Schoch学说）是：调粉、发酵过程中，单甘油酯与淀粉中的直链淀粉结合成复合体，使得烘烤过程中淀粉膨润溶胀时从淀粉中溶出的直链淀粉减少，也就是使这些直链淀粉在糊化时对淀粉粒间的黏结力降低，所以得到柔软的面包。另外，由于直链淀粉成为复合体后，抑制了直链淀粉的再结晶，即阻止了糊化（α化）的淀粉分子又自动排列成序，形成致密、高度晶体化的不溶解性的淀粉分子微束。在 Schoch 之后还有许多研究证实了单甘油酯不仅将淀粉表面溶出的直链淀粉变成不易再结晶的糊化淀粉，而且还能渗透到淀粉的内部与支链淀粉结合，在面包放置期间，防止糊化淀粉的再结晶。同时，乳化剂还有能减少与淀粉结合的水分蒸发的作用，使面包较长时间地保持柔软的性质。乳化剂防止老化的原理如图2-28所示。

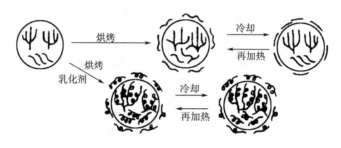

图2-28　乳化剂防老化原理示意图

2. 蛋糕

乳化剂用于蛋糕制作时的作用如下：

（1）缩短加工时间，使蛋糕膨发得更大，组织结构得到改良。

（2）在机械化操作时，改善原料在加工中对机械的适应性。

制作蛋糕时所添加的乳化剂要求 HLB 值在 2.8～4.0。在这个范围内可以选一种，也可以选几种配合使用，经过试验选出最合适的配方。但是，蛋糕制作时直接向面粉中加入乳化剂的情况不多，一般作为起泡剂、乳化油、液体起酥油的成分使用。

（三）焙烤食品常用的乳化剂

1. 单甘油酯（Monoglycerides）

这类乳化剂有许多种，以硬脂酸与甘油形成的单酯最好。我国食用乳化剂主要是单硬脂酸甘油酯，也称单甘酯（Glycerin Monostearateor Monostearate）。另外，还有一些衍生物，如酒石酸单甘油酯（面包皮软化剂）、单醋酸甘油酯、乳酸单甘油酯、琥珀酸单甘油酯等。单甘油酯是焙烤食品的主要乳化剂，它用于淀粉食品主要有以下一些作用：①保护淀粉粒，抑制其溶胀；②提高淀粉的糊化温度；③保护已溶胀的淀粉粒，防止可溶性淀粉溶出；④在加热时促进淀粉α化，并防止已α化的淀粉再结晶；⑤防止淀粉糊的凝胶化。

2. 大豆磷脂（Soybean Phospholipid）

大豆磷脂中主要是卵磷脂（Lecithin）。这类乳化剂溶于油脂，但不溶于水，添加到面团中可以提高面团的发酵耐性，并使面包外壳烘烤后颜色均一，有改良面团性质和软化面包表面的效果。这也是我国常用的乳化剂之一。改性大豆磷脂（Modified Soybean Phospholipid）和酶解大豆磷脂（Enzymatically Decomposed Soybean Phospholipid）也可以在焙烤食品中作为乳化剂按生产需要适量添加。

3. 蔗糖脂肪酸酯（Sucrose Estersof Fatty Acid）

蔗糖脂肪酸酯是一种高效而安全的表面活性剂。一般作为油/水形成乳化剂，HLB 值范围较广，4~18 范围内有各种产品。这种乳化剂也可以与淀粉结合成复合体，所以有防止老化作用，用于蛋糕、面包、稀奶油、面粉糊等的加工。在焙烤食品中的最大使用量为 3.0g/kg。它还可以作为可可脂的结晶析出抑制剂，也有良好的起泡和保持泡沫的作用。另外，可用作为速溶乳粉、速溶咖啡、速溶可可粉的分散剂，是食用乳化剂中唯一具有湿润、分散、悬浊化作用的乳化剂。

4. 丙二醇脂肪酸酯（Propylene Glycol Esters of Fatty Acid）

丙二醇脂肪酸酯是一种油溶性、起泡力强的乳化剂，是蛋糕用流动起酥油的主要成分，常作为蛋糕的疏松剂、面包皮软化剂和防老化剂。在糕点中的最大使用量为 3.0g/kg。

5. 硬脂酰乳酸钙（Calcium Stearoyl Lactylate）

硬脂酰乳酸钙也称 CSL，是易溶于油、难溶于水的粉末，常被称作面团强劲剂或体积增大剂。它可以大大增加面筋的稳定性和弹性，增加面团调粉时对机械的耐性，并使面包质地好、体积大、表皮柔软，还有防老化效果。在面包、糕点、饼干中的最大使用量为 2.0g/kg，添加过多对面包风味有影响。

6. 山梨醇酐脂肪酸酯（Sorbitan Esters of FattyAcid）

山梨醇酐脂肪酸酯是一种由白色到黄褐色的液状和蜡状物，由于其含脂肪酸不同，性状也不同，通常包括：山梨醇酐单月桂酸酯（Sorbitan Monolaurate），又名司盘 20；山梨醇酐单棕榈酸酯（Sorbitan Monopalmitate），又名司盘 40；山梨醇酐单硬脂酸酯（Sorbitan Monostearate），又名司盘 60；山梨醇酐三硬脂酸酯（Sorbitan Tristearate），又名司盘 65；山梨醇酐单油酸酯（Sorbitan Monooleate），又名司盘 80。常用于冰淇淋以增大体积，也用作起酥油的乳化剂，有防止老化、改善面团性质的作用。在面包、糕点、饼干中的最大使用量为 3.0g/kg。

7. 聚氧乙烯（20）山梨醇酐脂肪酸酯［Polyoxyethylene（20）Sorbitan Esters of FattyAcid］

根据其含脂肪酸不同，可分为：聚氧乙烯（20）山梨醇酐单月桂酸酯［Polyoxyethylene（20）Sorbitan Monolaurate］，又名吐温 20；聚氧乙烯（20）山梨醇酐单棕榈酸酯［Polyoxyethylene（20）Sorbitan Monopalmitate］，又名吐温 40；聚氧乙烯（20）山梨醇酐单硬脂酸酯［Polyoxyethylene（20）Sorbitan Monostearate］，又名吐温 60；聚氧乙烯（20）山梨醇酐单油酸酯［Polyoxyethylene（20）Sorbitan Monooleate］，又名吐温 80。在面包中的最大使用量为 2.5g/kg，在糕点中的最大使用量为 2.0g/kg。

除以上所述外，根据 GB 2760—2014《食品安全国家标准 食品添加剂使用标准》规定，丙二醇（Propylene Glycol）、聚甘油脂肪酸酯（Polyglycerol Esters of Fatty Acids）、麦芽糖醇和麦芽糖醇液（Maltitol and Maltitol Syrup）、山梨糖醇和山梨糖醇液（Sorbitol and Sorbitol Syrup）、硬脂酸钾（Potassium Stearate）等都可以作为焙烤食品的乳化剂使用。

第九节　食盐与防腐剂

（一）食盐

食盐是制作焙烤食品的基本配料之一，虽然用量不大，但对制品的品质改良作用明显。食盐主要有以下作用。

1. 提高面食的风味

盐与其他风味物质相互协调、相互衬托，使产品的风味更加鲜美、柔和。

2. 调节控制发酵速度

盐的用量超过 1% 时，就能产生明显的渗透压，对酵母发酵有抑制作用，降低发酵速度。因此，可通过增加或减少盐的用量来调节和控制面团发酵速度。

3. 增加面筋筋力

盐可以使面筋质地细密，增强面筋的主体网状结构，使面团易于扩展延伸。

4. 可改善面食的内部色泽

实践证明，添加适量食盐的面包、馒头其瓤心比不添加的白。食盐的添加量应根据所使用面粉的筋力，配方中糖、油、蛋、乳的用量及水的硬度具体确定。食盐一般是在面团即将形成时添加。

（二）防腐剂

焙烤食品中含有丰富的营养物质，在物理、化学、酶及微生物等的作用下会发生腐败变质，以至于给生产者和消费者带来了很大损失。为了减少食品的浪费，延长食品的保质期，人们普遍采用添加防腐剂的方法来抑制或杀灭微生物进而防止或延缓食品的腐败。由于防腐剂价格低廉且使用方便，越来越受到人们的关注。

1. 食品防腐剂的概念及分类

食品防腐剂是一类能防止由微生物引起的腐败变质、延长食品保质期的添加剂。因兼有防止微生物繁殖引起的食物中毒的作用，又称抗微生物剂。它的主要作用是抑制食品中微生物的繁殖和生长。

食品防腐剂按照产生的效果可分为杀菌剂和抑菌剂。杀菌剂是指添加后可有效杀灭微生物的物质；抑菌剂的作用主要是通过抑制微生物的生长繁殖来达到防腐的效果。二者常因微生物的种类、性质不同和作用时间不同等原因而不易区分。

按照来源分，食品防腐剂可分为化学防腐剂和天然防腐剂两大类。GB 2760—2014《食品安全国家标准　食品添加剂使用标准》中我国规定的允许添加的食品防腐剂共有 28 种。

2. 焙烤食品常用的防腐剂

（1）化学食品防腐剂

①丙酸及其钠盐、钙盐（Propionic Acid，Sodium Propionate，Calcium Propionate）：丙酸别名初油酸、甲基乙酸、乙基甲酸，纯丙酸为无色、具有腐蚀性的液体，有刺激性气味，与水、乙醇、乙醚、氯仿互溶；其相应的钠盐、钙盐为无色透明结晶或颗粒状结晶粉状物，略带有特殊气味，具有吸潮性。丙酸及其盐类目前广泛用于糕点、面包等焙烤食品，能抑制霉菌、需氧芽孢杆菌和革兰氏阴性杆菌的生长繁殖，但对酵母菌无抑制作用。只有在酸性条件下，丙酸及其盐类才有抑菌效果，一般适用于 pH 在 5.5 以下的食品。在面包和糕点中的最大使用量为 2.5g/kg。

②山梨酸及其钾盐（Sorbic Acid，Potassium Sorbate）：山梨酸别名清凉茶酸、2，4 – 己二烯酸，无臭或微臭，白色结晶粉状物，易溶于无水乙醇、丙酮、环己烷等有机试剂，微溶于水。其相应的钾盐为无色或白色鳞片状结晶性粉状物，无臭或微臭，在空气中容易吸潮，易溶于水、乙醇。山梨酸在 pH 低于 5.0～6.0 时抑菌效果最好，对霉菌的抑制效果最佳，除此之外山梨酸对酵母菌、好氧性微生物有明显抑制作用，但对可形成芽孢的厌氧型微生物和嗜酸乳酸杆菌的

抑菌能力不足。山梨酸可以参与人体的正常代谢，并最终被氧化成 CO_2 和水，对人体基本无害，且对食品风味无不良影响，是目前国际上公认的最安全的食品化学防腐剂之一。在焙烤食品中山梨酸与丙酸、丙酸钙等防腐剂可产生协同作用，提高防腐效果。在面包、糕点和焙烤食品馅料及表面用挂浆中的最大使用量为 1.0g/kg。

③脱氢乙酸及其钠盐（Dehydroacetic Acid, Sodium Dehydroacetate）：脱氢乙酸又名 α，γ-二乙酰基乙酰乙酸、脱氢醋酸，呈白色或淡黄色结晶粉末状物，无臭、无味，难溶于水，其相应的钠盐为白色或近白色结晶性粉状物质，无臭，易溶于水，耐光、耐热性好。脱氢乙酸及其钠盐对酵母菌、霉菌有着极强的抑制作用，并且不会随着酸碱度和温度的改变使抑菌效果受到影响，因此是焙烤食品中理想的优良防腐剂。在面包、糕点和焙烤食品馅料及表面用挂浆中的最大使用量为 0.5g/kg。

④对羟基苯甲酸酯类及其钠盐（P-hydroxy Benzoates and its salts）：对羟基苯甲酸酯类及其钠盐主要指对羟基苯甲酸甲酯钠（Sodium Methyl P-hydroxy Benzoate）和对羟基苯甲酸乙酯及其钠盐（Ethyl P-hydroxy Benzoate, Sodium Ethyl P-hydroxy Benzoate）。对羟基苯甲酸酯类别名尼泊金酯类、对羟基安息香酸，对羟基苯甲酸酯类及其钠盐为白色结晶粉状物，难溶于水，可溶于碱性水溶液及有机试剂。对羟基苯甲酸酯类对酵母菌、霉菌具有广泛的抗菌作用，但对乳酸菌和革兰氏阴性杆菌的抗菌效果较差，为了更好地发挥防腐作用，最好是将 2 种或 2 种以上的该酯类混合使用。目前该防腐剂在焙烤食品中只能用于焙烤食品馅料及表面用挂浆（仅限糕点馅），最大使用量为 0.5g/kg。

⑤双乙酸钠（Sodium Diacetate）：双乙酸钠又名二醋酸钠，是一种新型的多功能、绿色、高效防腐剂。双乙酸钠对耐热菌马铃薯杆菌（Bacillus mesentericus）、枯草芽孢杆菌（Bacillus subtilis）的孢子及霉菌有很强的抑制作用，对黑曲霉、黑根霉（Rhizopus nigricans）、绿色木霉（Trichoderma viride）的抑制效果优于山梨酸钾，较少受到食品本身 pH 的影响。在蛋糕中添加双乙酸钠防腐剂可以显著延长蛋糕保藏时间，添加 0.1% 双乙酸钠与添加 0.06% 山梨酸钾的防霉效果相当。在糕点中的最大使用量为 4.0g/kg。

⑥单辛酸甘油酯（Capryl Monoglyceride）：单辛酸甘油酯是安全性比较高的防腐剂，它进入人体后在脂肪酶的作用下会分解为甘油和脂肪酸，对人体不会产生不良的蓄积性和特异性反应，热力学稳定。它对革兰阴性菌、霉菌、酵母菌具有抑制作用，是一种高效、广谱的食品防腐剂。在糕点、焙烤食品馅料及表面用挂浆（仅限豆馅）中的最大使用量为 1.0g/kg。

（2）天然食品防腐剂

①纳他霉素（Natamycin）：纳他霉素又称匹马霉素，是由纳他链霉素发酵生成的一种白色、无臭无味的具有烯醇式结构的大环内酯化合物，难溶于水、耐高温，其活性受 pH、温度、光强度以及氧化剂和重金属的影响。纳他霉素对酵母菌、霉菌等丝状真菌的抑制作用很强，但对细菌、病毒的抑制效果不佳。在制作焙烤食品时用纳他霉素对面团进行表面处理，有明显的延长保质期的作用。以喷雾剂形式使用纳他霉素（0.1g/kg）具有较好的效果。在糕点中的最大使用量为 0.3g/kg。如果是表面使用，混悬液喷雾或浸泡，残留量 <10mg/kg。

②ε-聚赖氨酸（ε-polylysine）：ε-聚赖氨酸为淡黄色粉状物，略带苦味，易溶于水，热稳定性很好，是白色链霉菌（Streptomyces albus）的发酵产物，对革兰氏阳性菌及阴性菌、真菌、芽孢杆菌和厌乙梭菌都有显著的抑制作用。ε-聚赖氨酸在微酸性和中性条件下的抑菌效果很强，但在强酸性或碱性条件下的抑菌效果很差。有研究表明，ε-聚赖氨酸对月饼皮中细

菌的抑制效果要优于丙酸钙、纳他霉素和山梨酸钾；对霉菌的抑制效果要优于山梨酸钾和丙酸钙，仅次于纳他霉素。在焙烤食品中的最大使用量为 0.15g/kg。

第十节 淀 粉

淀粉是指在焙烤食品中除主原料小麦粉本身含有的淀粉外，为了其他目的而添加的淀粉。食品工业中所使用的主要几种淀粉及其特性如表 2-45 所示。一般淀粉都是用水洗的方法从农作物中提取，其中大米的淀粉与蛋白质结合较紧密，提取比较困难，所以淀粉产品中以大米为原料的不多。小麦因含有较多的蛋白质，提取也较困难。薯类和玉米是提取淀粉的常用原料，薯类淀粉和玉米淀粉也是面包、饼干和蛋糕的常用原料之一。

表 2-45　　　　　　　　　　　各种淀粉的主要特性

原料	粒形	粒径/μm	平均直径/μm	水分含量/%	直链淀粉含量/%	糊化温度/℃	最高黏度/BU
甘薯	多面形，吊钟形复粒	2~40	18	18	19	70~76	685
马铃薯	球形，单粒	5~100	50	18	25	55~65	1028
玉米	多面形，单粒	6~21	16	13	25	65~75	260
小麦	凸透镜形，单粒	5~40	20	13	30	60~80	104
大米	多面形，复粒	2~8	4	13	19	59~63	680
木薯	多面形，吊钟形复粒	4~35	17	12	17	59~70	340

面包制作一般来说不使用淀粉，但为了制作一些有特别风味的面包，或为了合理利用粮食，有时也添加玉米粉。添加玉米粉后，面团的性质会受影响，使面包体积变小，所以一般需要添加乳化剂来弥补这一不足。有时为了提高营养价值还可在混合粉中添加大豆粉。一般认为，在材料中添加20%的玉米粉、5%的大豆粉和0.5%的乳化剂，便可制得满意的面包。

饼干的制作中，常用淀粉作冲淡面筋浓度的稳定性填充剂，尤其对韧性面团，几乎成了必须添加的材料。当小麦粉中的面筋含量多时，会使面团筋力过强，弹性大，可塑性不好，使产品酥性受到影响。添加淀粉后，可以相对地使面筋含量降低，使面团的黏性、弹性和强度降低，使得加工操作顺利，饼干成型性好，酥松度提高。但使用量也不能太高，一般为5%~8%，过量会使烘烤胀发率降低，破碎率增高。饼干目前使用较多的为小麦淀粉和玉米淀粉；在制作点心时还常用到薯类淀粉，尤其是马铃薯淀粉为多。

第十一节 食品香料

在焙烤食品中，不仅蛋糕、饼干、点心的制作要使用香料，而且我国的传统食品烙饼、锅盅等也都以各种香料来烘托其风味。

香料具有挥发性的发香物质，食品使用的香料也称赋香剂，可分为天然香料和合成香料两大类。除一些传统食品、家庭制作的食品如葱花油饼、烙饼等使用葱、茴香、花椒等天然香料外，一般食品工厂多使用合成香料。焙烤食品使用的合成香料主要有乳脂香型、果香型和草香型等。

人们往往又把将十种香料调和成剂，称作香精。食用香精又分为水溶性和油溶性两大类。水溶性香精是用蒸馏水、乙醇、丙二醇或甘油为溶剂，由各种香料调配而成，一般为透明液体，由于其易于挥发，所以适用于冷饮品、冰淇淋等。油溶性香精（也称香精油）是用精炼植物油、甘油或丙二醇为溶剂与各种香料配制而成，一般是透明的油状液体，主要用于饼干、蛋糕、糖果及烘烤食品的加香。

饼干、蛋糕中常需使用各种香料增加风味，尤其是蛋糕，使用香料还可以掩盖蛋腥味。这些食品香料的选择都要考虑到产品本身的风味和消费者的习惯印象。例如饼干使用的果香型香料与饮料、糖果使用的就不同，某些香料如杨梅、葡萄、桃子、桑葚、苹果、草莓、樱桃、梨甚至菠萝等均不太适用，而饼干中用得比较普遍的是柠檬、橘子、椰子、杏仁、香蕉等。面包除少数品种使用一些香兰素香精外，一般不用赋香剂。

乳脂香型香料常用于蛋糕、西点中，目前在配制饼干香味时也越来越受到重视，其中比较典型的就是丹麦的曲奇饼干。乳脂香味料的成分主要有 δ – 癸酸内酯（δ – Decalactone）和香兰素等。

焙烤食品常用的香料还有香兰素、奶油、巧克力、可可型、乐口福、蜂蜜、桂花等香精油，以及天然香料肉桂粉、丁香粉、洋葱汁、腐乳汁等。香兰素俗称香草粉，是使用最多的赋香剂之一，天然存在于香荚兰豆、安息香膏、秘鲁香膏中，目前多为人工合成的产品。

焙烤食品在焙烤过程中要经受 $180 \sim 200$℃ 的表面高温，因此，要求使用沸点较高的香料油，使其在产品中最大限度地保留。夹心饼干中的浆料因不经过高温处理，为了降低沸点，使香味挥发、扩散得快些，常使用水溶性香料。饼干中不常使用乳化香精，饼干中香精油的使用量需视香料本身的香气强烈程度而定，如杏仁、桂花、蜂蜜等烈性香料，用量一般为0.05% ～ 0.1%。乙基香兰素的香味比香兰素强 $3 \sim 4$ 倍，可酌量减少。

与其他食品添加剂一样，随着人们逐渐对各种香原料与人体健康之间关系认识的加深，发现了一些对人体有害的成分，有的被禁用，例如香豆油、黄樟素。对黑香豆、洋茉莉醛、茴香醚、杨梅醛、水杨酸酯类、环己基丙酸丙烯酯等则需进一步调查研究。香豆素过去一度曾作为焙烤食品中的定香剂被广泛采用，其本身香味亦佳，但现已查明有致癌性。

第十二节 着 色 剂

食用色素是以食品着色为目的的食品添加剂。随着人们生活水平的提高，对食品的要求会逐渐从营养、安全方面而扩大到食品的味道、香气、色泽和外型上面。尤其对放于商店橱窗作为商品的食品，首先能引起顾客注意的还是它的色泽。色泽美丽的食品可以增强人的食欲，增加生活的色彩。因此，食用色素成为一些食品的重要添加剂。

一、 食品调色的原则

（一） 食品色泽和食欲的关系

有人研究了食品色泽和食欲的关系，如果把颜色按赤、橙、黄、黄绿、绿、青、紫排列，研究结果如图2-29所示。可以刺激食欲的颜色为红色、赤红色、桃色、咖啡色（黄褐色）、乳白色、淡绿色和明绿色。蓝绿色食品虽不多见，但在包装的印刷上多被采用。对食欲不利的颜色被认为是紫红色、紫色、深紫色、黄绿色、黄橙色和灰色。

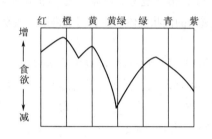

图2-29 食品色泽和食欲的关系

（二） 影响食品色泽设计的其他因素

颜色对食欲的刺激并不是对所有食物都一样，例如桃的桃色给人以甜的感觉，但对于其他食物不一定感觉都好。在美国，曾经也贩卖过各种颜色和花斑的面包，但终于因为不为人们接受而失败。但在饼干和蛋糕中，色素的应用的确收到好的效果。由于民族习惯、地区风俗的不同，人们对食品颜色的感觉也不同。

由于食品包装的普及，用气味判断食品已比较困难。研究表明，人们往往是从食品的颜色联想食品的味道、气味的，所以在一些食品制作时，要用不同的颜色表现美味。例如，橘子要做成橙色，葡萄汁要做成紫色，蛋黄饼干要做成黄色等。

但是随着制造者在色泽上的追求，也产生了负面的问题，主要是由于一些合成色素含有对人体有害的物质，大量使用造成了严重的污染，这是食品工作者不能忽视的问题。

二、 常用着色剂

（一） 着色剂的概念

着色剂，按其来源和性质可分为食用天然色素和食用合成色素。食用天然色素是指从动植物组织以及微生物中提取的色素，主要是植物色素和微生物色素。植物色素有胡萝卜素、叶绿素、姜黄素，微生物色素有核黄素及红曲色素，动物色素有虫胶色素等。从化学结构上分，食用天然色素则可分为类胡萝卜类色素、卟啉类色素、酮类色素、醌类色素、β-花青素及黄素类色素等。

焙烤食品要经过高温烘制，而一般天然色素因为对高温耐性小，所以使用较少。合成色素不仅比天然色素鲜艳、坚牢度大、性质稳定、着色力强，而且可以任意调色、使用方便，价钱也低廉，所以在饼干制作中常有应用。

（二） 常用食用合成色素

我国目前作为食品添加剂的食用合成色素都属于焦油色素，是以从石油里提取的苯、甲苯、二甲苯、萘等为原料合成的，有以下五种。

1. 苋菜红（Amaranth）

苋菜红是紫红色均匀粉末，无臭，溶解度为17.2g/100mL，略溶于酒精，不溶于植物油，有耐热、耐光、耐酸、耐碱的性质。它对氧化还原作用敏感，故不适于在发酵食品中使用。但在不发酵的饼干中能较好地保持色泽。近年来有研究称此色素会降低生育能力，对于大白鼠有致癌性。但也有研究得出相反结果，所以不能定论。在焙烤食品中，只能用于糕点上彩装和焙烤食品馅料及表面用挂浆（仅限饼干夹心），最大使用量为0.05g/kg。

2. 胭脂红（Ponceau 4R or New Coccine）

胭脂红也称丽春红4号，为深红色粉末，无臭。溶于水和甘油，微溶于酒精，不溶于油脂。在水中的溶解度为23mg/100kg。耐热、耐碱性较差，耐光、耐酸性尚好，遇碱会变成褐色，因至今未发现有安全上的问题，所以在红色素中常优先使用。在焙烤食品中只能用于糕点上彩装和焙烤食品馅料及表面用挂浆（仅限饼干夹心和蛋糕夹心），最大使用量为0.05g/kg。

3. 柠檬黄（Tartrazine）

柠檬黄也称肼黄，为橙黄色均匀粉末，无臭。溶于甘油、乙醇，不溶于油脂。柠檬黄对热、酸、碱等的耐性都很好，是这几种色素中用得最广泛的一种。在安全性方面也还没有发现有问题。用于糕点上彩装的最大使用量为0.1g/kg，用于焙烤食品馅料及表面用挂浆（仅限风味派馅料、饼干夹心和蛋糕夹心）的最大使用量为0.05g/kg，用于焙烤食品馅料及表面用挂浆（仅限布丁、糕点）的最大使用量为0.3g/kg。

4. 日落黄（Sunset Yellow）

日落黄又称橘黄，是橙色颗粒或粉末，无臭，易溶于水，0.1%的水溶液呈橙黄色，溶于甘油，难溶于酒精，不溶于油脂，溶解度为25.3%。耐光、耐热、耐酸性非常强，耐碱性尚好，遇碱时会呈现红褐色，还原时褪色，也是一种安全性较好的色素。用于糕点上彩装和焙烤食品馅料及表面用挂浆（仅限饼干夹心）的最大使用量为0.1g/kg，用于焙烤食品馅料及表面用挂浆（仅限布丁、糕点）的最大使用量为0.3g/kg。

5. 靛蓝（Indigo Carmineor Indigotine）

靛蓝为蓝色均匀粉末，无臭，0.05%的水溶液呈深蓝色。在水中溶解度低（1.1%），溶于甘油，不溶于酒精和油脂，对热、光、酸、碱、氧化都很敏感，但安全性好。用于糕点上彩装和焙烤食品馅料及表面用挂浆（仅限饼干夹心）的最大使用量为0.1g/kg。

（三）常用食用天然色素

1. 红曲色素（Monascus Red）

红曲色素也称红曲米，是将红曲霉接种于蒸熟的大米经培育制得的产品，然后可用酒精提取红曲红色素。红曲红色素不溶于水，色调为橙红色。与其他天然色素相比，对pH稳定，耐热（120℃以上也相当稳定）、耐光，几乎不受氧化剂和还原剂影响。在香肠、火腿、糕点、酱类、腐乳中都有使用。在糕点中的最大使用量为0.9g/kg，在焙烤食品馅料及表面用挂浆中的最大使用量为1.0g/kg，在饼干中可以按生产需要适量使用。

2. 紫草红（Gromwell Red or Alkanet）等红色素

紫草红制品为鲜红色粉末，色调随pH不同而异。pH由4.5升至5.5时由橙黄色变为橙红色，pH>5.5时为紫红色。在糕点中的最大使用量为0.9g/kg，在饼干中的最大使用量为0.1g/kg，在焙烤食品馅料及表面挂浆中的最大使用量为1.0g/kg。其他红色素还有紫胶红（Lac Dye Red）、番茄红素（Lycopene）、辣椒红（Paprika Red）、辣椒橙（Paprika Orange）、萝卜红（Radish Red）、葡萄皮红（Grape Skin Extract）等。紫胶红目前在焙烤食品中只能用于焙烤食品馅料及表面用挂浆（仅限风味派馅料），最大使用量为0.5g/kg。番茄红素在焙烤食品中的最大使用量为0.05g/kg。辣椒红和辣椒橙在糕点中的最大使用量为0.9g/kg，在糕点上彩装和饼干中可以按生产需要适量使用，在焙烤食品馅料及表面用挂浆中的最大使用量为 1.0g/kg。萝卜红在糕点中可按生产需要适量使用。葡萄皮红在焙烤食品中的最大使用量为 2.0g/kg。

3. 姜黄素（Curcumine or Turmeric Yellow）等黄色素

姜黄素是从姜黄的植物中提取出来的。姜黄素为橙黄色粉末，不溶于冷水，溶于乙醇，易溶于冰醋酸和碱溶液。在碱性时呈红色，中性、酸性时，呈黄色。有特殊味道和芳香，但耐光、热、铁离子性较差。其他黄色素还有子黄素（Crocin）、胡萝卜素（β - Carotene）、红花黄素（Carthamine）、姜黄（Turmeric）、栀子黄（Gardenia Yellow）、叶黄素（Lutein）等。目前姜黄素在焙烤食品中只能用于蛋糕的装饰，最大使用量为 0.5g/kg，但天然色素姜黄可用于焙烤食品，并且可按生产需要适量使用。栀子黄可用于糕点、饼干和焙烤食品馅料及表面用挂浆，最大使用量分别为 0.9g/kg、1.5g/kg 和 1.0g/kg。叶黄素在焙烤食品中的最大使用量为 0.15g/kg。

4. 焦糖色（Caramel Colour）

焦糖色也是天然色素，是红褐色或黑褐色的液体或固体。本品过去常用于酱油、醋等调味品及酱菜、香干等食品的着色。目前在罐头、糖果、饮料、饼干中经常使用。焦糖色（加氨生产）（Caramel Colour Class Ⅲ - ammonia Process）和焦糖色（普通法）（Caramel Colour Class Ⅰ - plain）在饼干中的使用量可根据"正常生产需要"使用。对于焦糖色（亚硫酸铵法），（Caramel Colour Class Ⅳ - ammonia Sulphite Process）在饼干中的最大使用量为 50g/kg。

5. 可可壳色（Cocao Husk Pigment）

可可壳色又称可可壳，是由可可豆及其外皮制取的呈巧克力色粉末，溶于水，无臭，味微苦，易吸潮。颜色随 pH 升高而加深，但对色调无影响而较稳定。耐热、耐光、耐氧化。可可壳色对蛋白质及淀粉的着色性较好，特别是对淀粉的着色，远比焦糖色好，在加工和保存过程中很少发生变化。在面包中的最大使用量为 0.5g/kg，在糕点中的最大使用量为 0.9g/kg，糕点上彩装最大使用量为 3.0g/kg，在饼干中的最大使用量为 0.04g/kg，在焙烤食品馅料及表面用挂浆中的最大使用量为 1.0g/kg。

6. 叶绿素铜钠盐（Chlorophyllin Copper Complex）

叶绿素铜钠也是一种天然色素，是将提取的叶绿素经过皂化、铜化等反应，并经过精制而成，是具有特殊气味的墨绿色粉末，易溶于水和乙醇溶液，水溶液为透明的翠绿色，随浓度增高而加深，耐光、耐热，稳定性较好。易被人体吸收，对机体细胞有促进新陈代谢功效，也可促进胃肠溃疡面的愈合，促进肝功能恢复。在焙烤食品中的最大使用量为 0.5g/kg。

7. 栀子蓝（Gardenia Blue）

栀子蓝色素是一种水溶性极强的国际上流行的天然色素，它是以栀子果实为原料经过微生物发酵或酶的生物转化作用制得的深蓝色粉末。栀子蓝因其能产生独特的蓝色调，具有物化性质稳定、着色力好、食用安全等优点，广泛应用于食品行业。在焙烤食品中的最大使用量为 1.0g/kg。

8. 植物炭黑（Vegetable Carbon，Carbon Black）

植物炭黑又称食用炭黑、天然黑色素等。植物炭黑是以植物树干、壳为原料，经炭化、精制而成的。为黑色粉状微粒，无臭、无味，不溶于水和有机溶剂。可用于糕点和饼干中，最大使用量为 5.0g/kg。

三、 着色剂的使用方法

合成色素的使用较多，其使用注意事项如下所述。

（一） 着色剂溶液的配制

直接使用色素粉末不易使之在食品中分布均匀，可能形成色素斑点，所以最好用适当的溶剂溶解，配制成溶液应用，配制时色素的称量必须准确。一般使用的浓度为1%～10%，过浓则难于调节色调。此外，溶液应该按每次的用量配制，因为配好的溶液久置后易析出沉淀。配制溶液时应尽可能避免使用金属器具，剩余溶液保存时应避免日光直射，最好在冷暗处密封保存。

（二） 色调的选择与拼色

色调的选择应考虑消费者对食品色、味、形方面的认识，应该选择与食品特征、名称协调的色调。

根据色合成的原理（图2-30），由红、黄、蓝三种基本色即可拼制出各种不同的色谱来。各种食用合成色素溶解于不同溶剂中可能产生不同的色调和强度，尤其是在使用两种或数种食用合成色素拼色时，情况更为显著，故需要精心调配，严格遵守配方条件。此外，食品在着色后的水分变化、光照强度等都会对各种色素产生不同的影响。由于影响色调的因素很多，在应用时必须通过具体实践灵活掌握。

图2-30 色合成原理

🔍 **思考题**

1. 焙烤食品用原料有哪些？
2. 小麦的制粉工艺有哪些？各有何优缺点？
3. 简述小麦粉物化性能的测定方法。
4. 简述面团物理性能的测定指标及方法。
5. 简述常用的面粉改良剂。
6. 焙烤食品用糖的种类有哪些？每种糖的基本特性是什么？简述糖在焙烤食品中的主要作用。
7. 什么是油脂？焙烤食品用油的种类有哪些？
8. 什么是反式脂肪酸？反式脂肪酸对人体的危害有哪些？如何降低反式脂肪酸含量？
9. 油脂的物理性质、化学性质和加工特性分别有哪些？简述油脂在焙烤食品中的作用。

10. 油脂储藏中变质的原因有哪些？如何防止油脂的变质？

11. 乳的组成及营养成分有哪些？简述乳制品的分类、基本特性及在焙烤食品中的作用。

12. 蛋的构造和成分有哪些？

13. 鸡蛋的加工性能有哪些？鸡蛋制品的种类和加工方法有哪些？蛋白、蛋黄在焙烤食品中的作用分别是什么？

14. 简述焙烤食品中常用的疏松剂。

15. 焙烤用酵母的分类及生物特性有哪些？简述面包酵母的作用及在面包生产中的使用。

16. 什么是面团改良剂？面包类和饼干类面团改良剂分别有哪些？作用是什么？

17. 什么是食品乳化剂？乳化剂在焙烤食品生产中的应用有哪些？简述焙烤食品常用的乳化剂。

18. 简述焙烤食品常用的防腐剂。

19. 焙烤食品常用的食品香料有哪些？

20. 食品着色剂的分类有哪些？简述焙烤食品常用的着色剂。

面包加工工艺

[学习目标]

    1. 掌握面包的概念、特点及分类。

    2. 掌握面包的常用制作方法及工艺流程。

    3. 熟悉面包面团调制及发酵过程中的相关技术；了解面包在烘烤过程中的反应及面包烘烤新技术。

    4. 认识面包老化的机制、面包老化的测定方法及控制方法；学习面包的制作实验和品质鉴定方法。

第一节　面包的名称和分类

一、　面包的概念

    面包是焙烤食品中历史最悠久、消费量最多、品种繁多的一大类食品。在欧美等许多国家，面包是人们的主食。英语中将面包称为 Bread，是食物、粮食的同义词。一些国家将面包称为 Pan，是葡萄牙语，也是粮食的意思。可见面包在一些国家如同我国的馒头、米饭一样是饮食生活中不可缺少的食品。面包虽在我国被称作方便食品或属于糕点类，但随着国民经济的发展，面包一定会在人们的饮食生活中占据越来越重要的地位。面包是以小麦粉为基本材料，再添加其他辅助材料，加水调制成面团，再经过酵母发酵、整型、成型、烘烤等工序完成的。面包与饼干、蛋糕的主要区别在于面包的基本风味和膨松组织结构主要是靠发酵工序完成的。作为食品，面包有以下特点。

（一）具有作为主食的条件

    面包经发酵和烘烤不仅最大限度地发挥了小麦粉特有的风味，营养丰富、味美耐嚼、口感柔软，而且主食面包适于与各种菜肴相伴，也可做成各种方便快餐（热狗、汉堡包等）。这一特点是糕点、饼干不易办到的。由于这一特点，西方国家有 2/3 的人口以面包为主食。

（二） 有方便食品的特点

面包的流通、保存和食用的适应性比馒头、米饭好。面包可以在 2~3d，甚至更长一些时间，保持其良好的口感和风味，在保存期限内可以随时食用，不用特别地加热处理，很适于店铺销售或携带餐用。而馒头因需要热蒸现卖，不仅商品化的难度大，而且在家庭食用也不很方便。

（三） 对消费的需求适应性广

从营养到口味、从形状到外观，面包在长期的历史中发展成为种类特别繁多的一类食品。例如，有满足高档消费要求的，含有较多油脂、干酪和其他营养品的高级面包；还有方便食品中的三明治、热狗；还有具有美化生活功能、丰富餐桌的所谓时尚食品（Fashion food）的各类花样面包。作为功能性营养食品，它在一些发达国家被规定为中小学生的午餐，里面添加了儿童生长发育所需的所有营养成分和维生素，已经取得了明显效果。例如，日本少年儿童的平均身高比起第二次世界大战后增加了 10cm 以上，据说这是与中小学实行标准面包供给制（School Lunch Bread），改善了青少年的营养结构有很大关系。日本面包生产量的 17% 是供学校用的面包，称为"学给パン"。

面包虽然有以上优点，但由于生活习惯和生产等原因，面包在我国的发展水平还较低，如主食面包的生产和消费还停留在一般糕点的位置。2011—2016 年，我国面包行业的销售量年复合增长率为 7%，销售额年复合增长率为 12%。2016 年面包市场规模占我国烘焙整体规模的17%，销售量达 210.87 万 t，销售额 285.85 亿元。行业规模虽已超过了日本，但当前我国面包的人均年消费量仅为 1.5kg，与美国人均 14.6kg 以及英国人均 31kg 的面包消费量相差甚远。而与我国饮食习惯相近的日本以及香港地区，人均面包消费量也都超过了 7kg，大约是我国人均消费量的 5 倍。由此可见，我国面包行业的成长空间还很大。随着国民经济的发展、生活节奏的加快及西方饮食文化的影响，面包生产将对我国人民的主食工业化、商品化、科学化发挥越来越大的作用，未来对面包的需求会越来越大。

二、 面包的分类

面包的种类十分繁多，有的按产地分类，有的按形状、口味和保质期分类，现将目前世界上比较广泛采用的分类，即按加工和配料特点的分类介绍如下（图 3-1）。

（一） 听型面包 （吐司面包）

1. 方面包 （Pullman Bread）

方面包也称方包，在带盖的长方体型箱（听子）中烤成，是生产量最大的主食面包之一，常切成片状出售，也是三明治的 1 次加工品。形状为长方体，断面为近似正方形，有 500g（10cm×10cm×12.5cm）、1000g（10cm×10cm×25cm）、1500g 型（10cm×10cm×37cm）等规格。1500g 型多用作三明治，气泡细小、均匀、口感轻柔、湿润。1000g 型比 1500g 型辅料稍高档一些。

2. 圆顶面包 （Round Top Loaf）

圆顶面包也称不带盖吐司面包、枕型面包，在不带盖的长方体型箱中烤成，口感轻柔，气

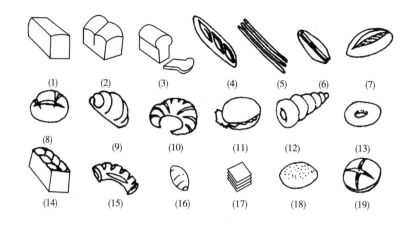

图 3-1 常见的几种面包样式

(1) 方包　　(2) 山形包　　(3) 圆顶面包　　(4) 法式长面包　　(5) 棍式面包　　(6) 香肠面包

(7) 意大利面包　　(8) 百里香巴黎面包　　(9) 牛油面包　　(10) 牛角酥　　(11) 汉堡包

(12) 奶油卷筒面包　　(13) 油炸面包圈　　(14) 美式起酥面包　　(15) 巧克力开花面包

(16) 主食小面包　　(17) 三明治面包　　(18) 夹馅圆面包　　(19) 硬式面包

泡薄。

3. 英国式软面包

英国式软面包也称山型面包，同圆顶面包基本相同，也在不带盖的长方体型箱中烤成，只是顶部隆起 2~4 个大包。

以上三种面包因其原料中不含麸皮所以也统称为白面包（White Bread），是主食面包的主要品种。这些种类面包的主要辅料为食盐 2.0%、砂糖 2.0%~6.0%、起酥油 4%~6% 和脱脂乳粉 2.0%~6.0%。国外学校餐用面包即属于这一类，但对于添加剂的使用更严格，例如将一部分砂糖改为葡萄糖等。

4. 花式面包

花式面包的配料和做法与以上面包基本相同，只不过除以上主要辅料外还掺入了一些农、畜、海产原料以增加风味和营养。例如：全麦面包（Graham Bread，含麸皮，维生素 B 含量高）、黑麦面包（Rye Bread）、玉米面包（Corn Bread）、大豆面包（Soya Bread）、大米面包（Rice Bread）、洋葱面包（Onion Bread）、土豆面包（Potato Bread）、牛乳面包（Milk Bread）、奶酪面包（Cheese Bread）、酸奶面包（Yogurt Bread）、水果面包（Fruit Bread）、鸡蛋面包（Egg Bread）和蜂蜜面包（Honey Bread）等。

听型面包的特点是一般都放在烤模中烘烤，制作时水分较多，使用高筋面粉，搅拌使面筋扩展充分，组织柔软、体积大、外观美，价钱也比较便宜，以咸味为主，多用作主食。

（二）软式面包（Soft Roll）

1. 餐桌用面包（Table Roll）

餐桌用面包也称餐包，包括小圆面包（Dinner Roll）、牛油面包（Butter Roll）、热狗（Hot Dog Roll）、汉堡包（Hamburger）和小甜包（Bun）。

2. 花式软面包（Variety Roll）

花式软面包主要有干酪面包（Cheese Roll）、不倒翁餐包（Cottage Roll）、指形餐包（Finger Roll）、牛乳面包（Milk Roll）、葡萄干面包（Raisin Roll）、葱花面包卷（Onion Roll）、火腿面包卷（Ham Roll）、辫子面包、牛角面包等。这种面包的辅料配比基本与餐桌面包相同，只是加入了一些农、畜、海产物。

软式面包的特点是表皮比较薄，讲求式样漂亮，组织细腻、柔软；有圆形、圆柱形、海螺形、菱形、圆盘形等。这种面包比听型面包含糖多一些（6%～12%），油脂也稍多（8%～14%），其中高级品的奶油、蛋、乳酪含量也相当多。整形制作工艺多用滚圆、辊轧后卷成柱的方法，因此多称为 Roll。而且，使用面粉的面筋比听型面包低一些，因此比听型面包更为柔软，并且有甜味。

（三） 硬式面包 （Hard Roll）

硬式面包也称欧洲式面包和大陆式传统面包，主要有以下品种。

1. 法式面包（French Bread）

法国面包采用的配方较为简单，只有面粉、水、酵母、盐四种原料。但其制作极其讲究，从面团调制到整型、发酵、烘烤，都需要较高的技术。因此认为法国面包在一般面包中香味最浓，并且最受人欢迎。常见的有长面包（Baguette），中间有几道斜裂口，由于它的有名和漂亮，常用来做各种关于面包的广告。还有半球形的法国面包（百里香巴黎面包，Parisien）等。

2. 维也纳面包（Vienna Bread）

维也纳面包在一般硬式面包中具有最良好的香味和味道，同时有较薄而脆、且为金黄色的外皮。它与其他硬式面包的不同之处在于配方内含有乳粉，增加了面包外表的漂亮颜色，有棒状、橄榄形和辫子形，属大型面包。

3. 意大利面包（Italian Bread）

意大利面包在一般硬式面包中配方最简单，原料仅有面粉、水、盐和酵母。此外，最大的特点是调制面包时需要添加其他面包制作后剩余的老面团，以增加发酵的风味。其制作方法与法国面包大致相同。但法国面包表皮松脆，而意大利面包表皮厚而硬。其形状很多，有橄榄形、半球形和绳子形等。橄榄形和半球形面包在进炉前，用利刀划出各种条纹，只是意大利面包较维也纳面包裂缝大而脆。

4. 德国面包（German Bread）

德国面包与意大利面包的不同之处主要是使用黑麦面，但其也是用老面发酵，由于酵头中的乳酸发酵，使面包稍带有酸味，乡土气味较浓。

5. 英国茅屋面包

英国茅屋面包是英国式硬面包，最明显的特点是将两块面团叠在一起像不倒翁形状。多为英国家庭制作，商店销售不多。因为皮多，内心柔软部分少，不受欢迎。

6. 荷兰脆皮面包（Holland Dutch）

荷兰脆皮面包也属于地方性品种，对面团和配料没有特别要求。软式面团的配方也可制作这种面包，只是脆皮面包最大的特点是在焙烤前在面团表面涂一层米浆，米浆经烘烤后产生了脆硬的表皮，更增加了面包的香味。

7. 硬式餐包

在一般正式宴会和讲究的餐食中，餐包极为重要。餐包分两类：一类为软式，一类为硬式，欧美人一般喜欢硬式餐包。硬式餐包的基本做法与以上几种硬式面包的做法相同，有法式、意大利式、维也纳式等，只不过形状花样多些，而且也多为小型。它要求：①外表有光滑而光泽的金黄颜色；②皮应脆而薄，不可坚硬和有韧性，内部组织必须和听型面包一样柔软，但组织不像听型面包细密，而是多孔，并具有丝样光泽，用刀切断时，不可有颗粒落下。

这样的面包咀嚼时，外皮脆而香，内部柔软而有强韧的弹性。常见的有橄榄形法国餐包（罗宋面包）、硬式圆餐包、洋葱餐包、意大利餐包、维也纳餐包等。

硬式面包的特点是配方都比较简单，几乎都是只有面粉、水、酵母和盐四种，只是在制作程序和形式上稍有不同，因此式样、组织和表皮性质不同，形成了各种不同的硬式面包。欧美等面食国家和地区几乎有 2/3 左右是以各种面包为主食，其中硬式面包又占了一半以上。亚洲的越南、新加坡等地也以硬式面包为主食，近年来，日本也流行起吃硬式面包。这是因为硬式面包麦香浓郁，表皮松脆芳香，而且内部组织柔软有韧性，回味无穷，越嚼越香。我国北方的硬面火烧、锅盔与硬式面包颇有相似之处，尤其是表面浓郁的麦香和老面发酵的香味可与硬式面包媲美，风味浓郁，便于储存，但内部组织不够膨松，比较坚硬，有的吃时要喷上水吃或泡水吃，如羊肉泡馍等。

另外，如俄罗斯、阿富汗、印度等国家和地区的老面发酵硬面饼，其制作方法也属于此类型。

（四）果子面包

这种类型的面包从商品角度上讲接近于糕点类，即属于花样零食。按制作特点分为两大类。

1. 东方型果子面包

与其他面包相比，这种面包面团配方中糖用量很多（15% ~ 35%），表皮薄而柔软，味道比较甜，可以说这种面包是一种中西结合。它有包子的特点：一般都包馅（芝麻酥、杏仁、果脯、枣泥等），表面装饰有奶油糖面、杏仁糖面、蛋糕屑糖面、菠萝皮、巧克力菠萝皮、起酥皮，只是成熟采用烘烤而不是用蒸的办法。最典型的有豆沙馅面包、果酱馅面包、稀奶油馅面包、美浓酥皮面包、冰晶酥皮面包等。这类面包较符合东方人的口味，但也有缺点：一是中国人喜欢吃热食，最好现烤现卖；二是包馅或雕花多用手工，效率较低。

2. 欧美式果子面包（西式甜面包）

（1）丹麦式面包（Danish Pastry）　这是一种在面团中裹入较多油脂（26% ~ 58%）夹层的，类似我国千层油饼的面包。这类面包常在中间或表面夹有稀奶油、果酱、水果等，外形多样，十分漂亮。常见的有牛角酥（可颂面包，Croissant）和各式水果油酥面包。

（2）美式甜面包（Sweet Dough）　这种面包辅料比较丰富，使用大量的糖、油脂、乳制品和蛋等，味道较甜，其形式也非常多样。由于糖、油、乳较多，在美国也称为"Cake"，如"Coffee Cake""Butter Cake"。成型方法也很多样，主要有：①直接卷成棒状（String Roll）；②辊轧成方形，切成各种花样（Square Roll）；③折叠成层状做成各种花样（Folded Roll）；④编织成各种形状（Twist）；⑤其他特殊整型。

（五）快餐面包（Fast Food Bread）

1. 烤前加工面包

烤前加工面包的主要品种有便餐面包（Lunch Roll）、火腿面包（Ham Bread）、香肠面包（Sausage）、意大利薄饼包（Pizza Bread）和馅饼式面包（Croquette）。这种面包都是在烘烤前加上馅，成型，再去烘烤。

2. 深加工面包

深加工面包的主要品种有三明治、热狗、汉堡包等，这种面包是将成品面包切开加上各种蔬菜、肉馅等制成。

（六）半焙烤面包 （PBB，Part – baked Bread，Partially Baked Bread）

半焙烤面包与普通面包的不同之处在于这种面包在焙烤至硬的外壳基本形成、颜色刚开始形成时终止焙烤，通常由大的面包店生产，多为主食面包，根据需要再进一步入炉焙烤成成品。为了延长保存期和延缓老化，半焙烤面包通常采用冷冻储藏的方式运输和储藏，因此，有时也称为冷冻半焙烤面包（Frozen Partially Baked Bread，FPBB）。半焙烤面包更为方便，只需要焙烤15min 左右即可生产出新鲜面包，相比而言，冷冻面团面包需要 3h 以上才能生产出成品，因此半焙烤面包在欧洲市场上也很常见。

（七）其他面包

主要品种有油炸面包类（Doughnuts）、速制面包（Guick Bread）、蒸面包等。这些面包多用化学疏松剂膨胀，面团很柔软甚至是糨糊状（Hin Batter、Drop Batter 和 Soft Dough），一般配料较丰富，成品虚而轻，组织孔洞大而薄，如松饼（Muffins）之类。

第二节　面包制作方法与工艺流程

一、 面包制作方法

（一）直接发酵法 （Straight Process）

直接发酵法也称一次发酵法，是将所有的面包原料一次混合调制成面团进入发酵制作程序的方法。直接发酵法的优点是：操作简单、发酵时间短、口感、风味较好，节约设备、人力、空间；缺点是：面团的机械耐性差、发酵耐性差，成品品质受原材料、操作误差影响较大，面包老化较快。直接发酵法又分为以下几种方法。

1. 标准直接发酵法（Standard Straight Process）

基本配方为面粉 100（强力粉 70，中力粉 30），糖 3~7，油脂 2~4，盐 1~2，鲜酵母 2，酵母营养物 0.1~0.4。

将所有原辅材料一次拌和调制成面团，发酵约 2h（在面团膨胀 60% 左右时要翻面揿粉）后，最后面团温度要求达到 25~27℃，然后分割、烤制。

2. 速成法（No – time Dough Method）

加大酵母、酵母营养物、改良剂用量和面团发酵温度，缩短制作时间，一般是为了应付紧急情况的需要。当然比起正常发酵，味道和品质都有较大差距。主要做法是加大酵母使用量（增加 1 倍），增加改良剂，可酌减盐（但不能低于 1.75%）、乳粉和糖，可使用 1%~2% 醋酸。搅拌面团时温度高一些（30~32℃），时间长一些（延长 20%~25%）；发酵室温也稍高一些，主要减少主发酵和最后发酵时间。

3. 无翻面法（No – punch Dough Method）

不管发酵多长时间，中间不翻面，其他工序同上。

4. 后加盐法（remix dough process）

先将除食盐以外的原料调制成面团，发酵 2 ~ 5h 后，再加入食盐搅拌捏合。因为盐有硬化面筋的作用，与面团形成要求面筋充分吸水相矛盾，采用后加盐方法可使面团筋力更强。欧洲的连续面团作业法多采用这种方法。此外，还有后糖后盐法。

（二） 中种发酵法 （Sponge Process）

中种发酵法也称二次发酵法，是美国 19 世纪 20 年代开发成功的面包制作方法。首先将面粉的一部分（55% ~ 100%）、全部或者大部分的酵母、酵母营养物等品质改良剂、酶制剂、全部或部分的起酥油和全部或大部分的水调制成"中种面团"发酵，然后再加入其余原辅材料，进行主面团调粉，再进行发酵、成型等加工工序。

中种发酵的优点：面团发酵充分，面筋伸展性好，有利于大量、自动化机械操作（机械耐性好）。比直接发酵的产品体积大、组织细腻、表皮柔软，有独特芳香风味，老化慢。

中种发酵的缺点：使用机械、劳动力、空间较多，发酵时间长，香味和水分挥发较多。

1. 标准中种法基本配方（表 3 - 1）

表 3 - 1 　　　　　　　　　　　标准中种法基本配方　　　　　　　　　　单位：kg

成分及用量	第一次用量	第二次用量	成分及用量	第一次用量	第二次用量
面粉：100	70	30	盐：2	—	2
酵母：2	2	—	油：4	—	4
酵母营养物：0.1	0.1	—	水：60	40	20
糖：4 ~ 8	—	4 ~ 8			

将面粉的 70%、酵母、酵母营养物、水调制成中种面团，中种发酵 4 ~ 4.5h 后，再加入其余的材料，进入主面团调制。

2. 100% 中种法

100% 中种法是在中种中使用 100% 的面粉量。

3. 基本中种法（宵种法）

基本中种法是使中种进行长时间发酵的方法，这是为适应小型面包工厂多种面包制作而总结的方法。为了改变正常中种法早上调粉，下午或晚上才能烘烤的情况，可以随时储存和发酵一些中种（酵面），也就是每天收工前和好中种面团，放在发酵室内任其发酵，一般发酵时间长达 9 ~ 18h。在这段时间任意割取基本中种，制作各种面包，非常方便。

4. 全风味法（Full - flavour）

全风味法是 100% 中种法的变种，将除砂糖、食盐外的全部材料先制成中种发酵后，再加入糖、盐制成主面团发酵。

5. 加糖中种法

加糖中种法是在标准中种（70%）中加入少量的糖，主要适用于面团配合中用糖量较多的面包品种。在中种中加一些糖是为了增加酵母的耐糖性。

（三） 液种面团法 （Pre - ferment and Dough Method）

液种面团法（也称水种法）是把除小麦粉以外的原料（或加小量面粉）与全部或一部分的

酵母作成液态酵母（液种），进行预先发酵后，再加入小麦粉等剩余原料，调制成面团。以后的工艺可以采取直接发酵或中种发酵法。这种方法常给液种中加入缓冲剂，以稀释发酵中产生的酸，使 pH 在发酵后稳定在 5.2 左右。

由于在发酵过程中面筋熟成（Gluten Development）无法进行，所以，在调制面团时应予以补救（Mechanical Development）。

这种方法的优点：液种可大量制造并在冷库中保存，生产管理容易，适应性广，节约时间、劳动力、设备，产品柔软，老化较慢。这种方法的缺点：面包风味稍差，技术要求较高。

这种方法起源于德国、苏联等国，是制作黑面包时的传统发酵方法。我国北方的馒头、烙饼等发酵也常用这种方法。

这种方法按使用缓冲剂的不同可分为：①酿液法（Brew Process）：缓冲剂使用碳酸钙；②面粉酿液法（Flour Brew Process）：缓冲剂使用面粉；③ ADMI（美国乳粉协会）法：缓冲剂使用脱脂乳粉；④连续面团制造法（Continuous Dough Making Process）：这是生产规模较大的生产方法。其主要做法是，一边制作大量的液种，发酵并储存，一边在调制面团时，将发酵好的液种不断与主原料面粉搅拌捏合。调粉时，使用倾斜 5°、长 15m 的搅拌槽，使面团调制的工作不断进行，与后面的加工形成流水作业。这种方法与一般分批制作法不同，所以也有人将这种方法另列为一大类，作为特殊制作法。这种制作方法在欧美都曾十分流行，但目前已逐渐为直接法和中种法所替代，不过德国、俄罗斯在制作黑面包时仍采用这种方法。

前述三种方法中，以 ADMI 法制作的面包风味最好，面粉酿液法次之，酿液法较差，均为一般的间歇式分批发酵方法（Batch System）。

（四）冷冻面团法

冷冻面团保存期可达数星期到半年，冷冻法主要有：①面团冷冻法：将主面团调制好后，冷冻（或冷藏发酵）；②小块冷冻法：将分割后的小块面团冷冻（或冷藏发酵）；③成型冷冻法：将成型好待烤的面包冷冻（或冷藏发酵）。

冷冻面团在冷冻、储存及解冻过程中由于各种因素的影响会使其品质下降，在众多影响因素中以酵母和面粉的特性对冷冻面团生产面包的质量影响程度最大，其他辅料对其品质也有影响，下面简要介绍冷冻面团中原辅料的选择。

1. 原料的选择

（1）面粉　冷冻面团所需要的面粉要比通常的主食面包含有较高的蛋白质。这种面粉可以是春小麦和冬小麦的混合物。蛋白质含量应该在 11.75% ~ 13.5%。要求面粉中蛋白质含量高的原因是保证面团具有充足的韧性和强度，提高面团在醒发期间的持气性。

（2）面团吸水率　面团吸水率为 50% ~ 63%，冷冻面团的生产采用较低的吸水率是理想的。因为较低的吸水率限制了自由水的量，自由水在冻结和解冻期间对面团和酵母具有十分不利的影响。较低的吸水率在冻结期间对保持面团的形状是相当重要的。在考虑吸水率的时候，应该在面团中尽可能多地加水，以使面团能充分吸水，但要以最低限度的自由水为前提。

（3）酵母用量　酵母用量通常是 3.5% ~ 5.5%，这个用量可以根据产品的种类或糖的用量来改变。如果使用面包用压榨酵母，这种酵母储存不应超过 3d，这将有助于使冷冻面团储存更长的时间。从酵母活性的观点来看，要保证酵母的质量，在面包食品厂通过做酵母的发酵力试验来检验酵母的活性和质量。

也可以使用活性干酵母。但是，在使用活性干酵母时，必须注意以较低的用量来使用，正确的使用量应是鲜酵母用量的1/2。活性干酵母中也含有一定数量的损伤酵母细胞和谷胱甘肽。谷胱甘肽是一种还原剂，它对面筋具有软化作用，通过添加抗坏血酸能够弥补这种缺点。因此，当使用活性干酵母时，应该同时使用较多的氧化剂，这可使面团在冻结和储存阶段保持相对稳定的质量。

采用冷冻面团生产面包时，酵母的耐冻性是影响面包质量的关键，必须要选择耐冻性好的酵母。不同的酵母其耐冻性亦不同，目前，对冷冻酵母的研究比较活跃。

所谓冷冻酵母就是在冷冻、冷藏和解冻过程中，酵母仍能保持较高的活性、发酵力以及较大产气性。各种研究表明，酵母体内的海藻糖是保护酵母安全度过低温环境和干燥环境的化合物。酵母体内的海藻糖含量越高，其耐冷冻性、抗干燥性越好。

海藻糖的保护机制目前仍在研究之中，其中有2种假说最被人们所接受，一种称为"水替代"假说，另一种称为"玻璃（糖浆）态"假说。

"水替代"假说：Corwe等提出了"水替代"假说，认为生物体中的蛋白质、核酸、糖类、脂质类及其他生物大分子周围均包着一层水膜，当干燥、冷冻等条件下失去水膜时，海藻糖分子能在失水部位与生物大分子以氢键连接，形成一层保护膜以代替失去的结构水膜。海藻糖和磷脂的直接结合有助于维持膜流动性，在严重脱水期间海藻糖和磷脂的直接结合正是保持机体完整性的重要原因。

玻璃（糖浆）态假说：在干燥条件下生物活性物质会被海藻糖紧紧包住，形成一种在结构上与玻璃态的冰相似的碳水化合物玻璃体，从而使生物活性物质维持原有的空间结构。Colaco等研究表明，海藻糖与生物大分子形成一种类似水晶状的玻璃体结构，从而有效保护酵母避免冷冻伤害。Gottfried等发现，由于在机体蛋白质周围形成玻璃态物质，使得整个系统（包括机体蛋白质和玻璃态物质）的黏度增大，系统中所有物理化学反应速度减慢，进而保护了机体蛋白质的活性。

（4）矿物质态酵母营养剂　酵母营养剂的正常用量应该达到适当的水质改良，它同样也能改善酵母在发酵过程中均匀地产气，以得到理想的醒发效果。

（5）盐　正常的盐用量应该是1.75%～2.5%。

（6）糖　糖的使用量根据产品的种类而定。对于冷冻面团，糖的用量要比普通面包的配方高一些。在冷冻面团中糖的用量一般是6%～10%。糖用量较高的产品储存期要稳定得多，这是由于糖具有较大的吸湿性。

（7）油脂　油脂的用量为3%～5%。这将增加面团的起酥性能，使面团更有利于机械加工，也改善了面团在醒发期间的气体保持性能。

（8）面团干燥剂　过氧化钙、SSL、CSL具有干燥作用。这些物质可以与水互相结合，降低面团中的自由水。SSL和CSL还具有使组织柔软的作用，改善面团在醒发阶段中的气体保持性能。

（9）氧化剂　在冷冻面团中选择适当的氧化剂和合理的用量是非常重要的。抗坏血酸的应用较为广泛。在考虑氧化剂的添加量时，要将存在于面粉和酵母营养剂中的氧化剂计算在内。计算抗坏血酸的添加量为：40～80mg/kg面粉。

（10）快速发酵法　对于大批量冷冻面团的生产，通常都是采用快速发酵法。半胱氨酸型快速发酵法原料是相当流行的，它们有助于减少面团搅拌时间。这些材料的使用量应该是较少的，能将面团搅拌时间降低15%～20%，如果添加量过高，将使面团变得过度软弱，导致面团畸形，而且有可能在醒发期间面团塌陷，最后成品体积小。

2. 加工工艺

冷冻面团的生产工艺流程如下：

和面 → 静置 → 整型 → 冷冻 → 包装 → 储存 → 解冻 → 发酵 → 烘烤 → 成品

大多数冷冻面团产品的生产都采用快速发酵法，即短时间或无时间发酵。许多研究证明，应用长时间发酵的工艺方法对冷冻面团生产来说是最不理想的。因此，在任何发酵方法中，用二次发酵法生产的冷冻面团产品储存时间最短，保鲜期最差。这是由于在较长的种子面团发酵期间酵母被活化所致。这种活化作用使得酵母在冷冻和解冻期间更容易受到损伤。液体发酵法发酵时间很短，已经证明是生产冷冻面团产品的唯一可勉强接受的方法。

概括起来，短时间或无时间一次发酵法生产冷冻面团是最合适的，它们能使产品冻结后具有较长的保鲜期，这是由于经过冻结后酵母存活下来。

（1）面团搅拌　面团搅拌取决于产品的种类，搅拌特点类似于未冻结的面团。面团的良好扩展和形成对产品的质量是十分必要的。在冷冻面团搅拌过程中，应该注意面团要一直搅拌到面筋完全扩展为止。如果搅拌过度，面团将变得过分柔软和不适宜后道工序的加工，面团冻结储存后，气体保持性能变劣。

（2）面团温度　面团温度对于生产高质量和保鲜期长的产品来说是非常重要的。面团搅拌后的温度范围在 18~24℃ 是理想的，较低的面团温度能使面团在冻结前尽可能降低酵母的活性。因此，面团搅拌时间将延长。

如果面团温度过高，将有助于酵母活性被大大激活，从而造成酵母过早产气发酵，在分块时不稳定，不易整型，导致保鲜期缩短。

（3）发酵时间　发酵时间通常为 0~45min，平均为 30min。缩短发酵时间表明，在冻结加工期间能减少酵母被损害的程度。增加发酵时间将造成冻结储存期间酵母的更大损失，导致冻结储存期缩短。

（4）整型　由于冷冻面团要比普通面团的吸水率低，而且面团温度也低，因此加工这种硬面团必须调节分块机，这可以通过调节活塞弹簧的压力来完成。如果压力太小将导致分块质量不稳，压为过大将使面团受到机械损伤。面团受到损伤后，在整型期间气体保持性能变劣，成品的体积变小，组织不均匀，质量严重下降。

（5）压片和成型　面团经过再次机械加工对于生产出高质量的产品是非常重要的。在压片和成型期间，应该适当地调整压片机和成型机，以避免面团被撕裂。如果面团在这个阶段受到任何损伤都将使面团变得软弱，成品体积小，持气性变劣。因此，整型后面团要迅速地被冻结。

（6）机械吹风　冻结面团机械吹风冻结的工艺条件：-40~-34℃，同时以 16.8~19.6m³/min 流速让空气对流。对于 0.454~0.511kg 的面块，经 60~70min 机械吹风冻结后，面块的中心温度达到 -32~-29℃。

（7）低温吹风冻结（CO_2、N_2）　低温吹风冻结是在 -46℃ 的温度下完成的。采用这种方法，0.454~0.51kg 的面块吹风时间通常在 20~30min 内。机械吹风冻结将使面团沿着四周形成一层厚表壳。这个冻结薄层厚度是 0.38~0.65mm。当面团可能出现固化冻结时并不影响产品质量，因为面团的内部温度仍然相当高，且需要时间来达到动态平衡。面团约 90min 后能达到温度平衡，经这段时间后平衡温度达到 –7 ~ –4℃。如果平衡温度相当高，将需要延长吹风冻结时间。经最初吹风冻结后，产品通常被包装在衬有多层纸的纸板箱里。这种多层衬纸能够防止冷冻面团在储存期间过多地失水。

（8）冷藏间温度　如果冷冻面团要储存很长一段时间，储存温度选择 –23 ~ –18℃ 是非常成功的。然而在实际应用中，这是非常困难的。因为在生产中总是要进进出出，加工除霜，使得冷藏间的温度难免有一些波动。但必须注意，冷藏间在较高温度波动要比在较低的温度波动对面团的储存具有更大的危害性。冷藏间温度的波动将损害面团的质量，降低面团的储存期，这是由于冰结晶形成和运动的结果。对于面团的储存期，通常考虑最长为 5 ~ 12 周。储存 12 周以后，面团变质相当快。如果面团储存三周时间，则不需太严格的工艺控制。

（9）解冻面团的解冻应该按照以下程序

①从冷藏间取出冷冻面团，在 4℃ 的高温冷藏间里放置 16 ~ 24h，可以使面团解冻。然后将解冻的面团放在 32 ~ 38℃、相对湿度 70% ~ 75% 的醒发室里。在这种条件下，醒发时间大约需 2h。

②从冷藏间直接取出面团，放入 27 ~ 29℃、相对湿度 70% ~ 75% 的醒发箱里。在这种条件下，醒发时间需要 2 ~ 3h。

在上述两种情况下，人们可以注意到使用的相对湿度都在 70% ~ 75% 范围内。这要比正常的鲜面团醒发时的相对湿度低。采用较低的相对湿度可以防止面团发生收缩。这种收缩对面团具有软化作用，并导致面团在醒发期间发生塌陷。正如在生产中所看到的，如果面团出现太老或太软，面团应该重新加工，也就是说将面团重新成型将有助于改善持气性，做出的成品面包要比没有重新成型的面团做出的面包体积大。

醒发后的面团即可转入焙烤。

（五）其他方法

1. 酒种法

将酿酒（米酒、醪糟）的曲（Starter）添加于面团，以产生和丰富面包的香味，多用于果子面包。由于酵母工业的进步和人们对微生物化学认识的深入，发酵已不仅仅只是膨发气体的来源，而且也成为风味物质的来源，人们把注意力越来越多地集中到后者。

2. 啤酒花种法

啤酒花种法是以啤酒花种（Hops）为酵母发酵的方法。酒花引子的制法：将啤酒花（30份）加入沸水（1440 份）煮 40min，过滤后加入面粉（200 份），在 45.6℃ 下放置 5 ~ 6h，再加啤酒（72 份），在 26.7℃ 静置 24 ~ 48h 熟成。

还有类似的马铃薯种法，即煮马铃薯，加入啤酒花种汁（防腐），利用自然酵母、杂菌发酵，制成酵母发酵面包的方法。

3. 酸面团法（Sour Dough Process）

北欧、美国有些带酸味的传统式面包常用此法（我国北方的馒头、锅盔、烧饼在农村的做法类似于此法），即：不仅利用酵母，还更多地利用乳酸菌、醋酸菌发酵。

酸面团主要有两种：①大麦酸面团（Rye Sour）；②小麦酸面团（Wheat Sour）。

4. 中面法（浸渍法：Soaker and Dough Method）

将 10% 左右的面粉和酵母留出，把其余的材料全部调制成中面，在水中经一定时间浸泡后，再加入留下的材料，捏和成主面团发酵，再进行后工序。这种方法主要解决面筋太硬的问题，经一段时间蛋白酶的作用，面筋伸展性变好。

5. 老面法（Old Dough Process）

老面法是利用陈面团为酵母发酵的方法，我国北方农村的馒头也常采用这种方法。

以上几种基本都属于自然发酵法，因各自有独特的风味和传统，在人们厌烦了油腻、过甜的新式面包的时代，又常怀念一些乡土风味，所以这些面包在欧美国家相当普遍。

6. 延迟面团法（Retarded Dough Process）

延迟面团法也称冷藏面团法。这是制造丹麦式牛角可颂等需要裹入大量油脂的面包常用的方法，是将面团调制好后，发酵或静置，然后辊轧折叠夹裹油脂（或不经折叠油脂工序）后，将面团放入冷库中，放入冷库的面团称为延迟面团（Retarder）。在冷库中放置半天或一昼夜，成型、烘烤。冷库温度为 2~4℃（半天放置），如要放置 1d 以上，则温度可低一些（-5~2℃）。

延迟面团制作的主要目的：①与"千层酥"面团相同，当面团含油脂、糖太多时，需要很长的时间才能使面筋水化作用充分，在烘烤时淀粉才能更好地糊化；②在延迟时间中，发酵缓慢进行，面团有少量的膨胀。由于水化和膨胀使得面筋的膜变得更薄。据美国资料，如保存48h，冷库温度应为 0.5~1℃，相对湿度为 95%~97%。

7. 少量制作的方法

家庭用自动面包机和预混面包粉法（将面粉和干酵母、发粉、糖、乳粉配合在一起的粉）以及利用化学疏松剂的方法。其中利用化学疏松剂的制品，有人将其归于蛋糕之类。

二、 面包制作的工艺流程

以上所举面包的制法虽多，但目前最普遍、最大量、最基本的制作方法还是前两种，其工艺流程如图 3-2 所示。

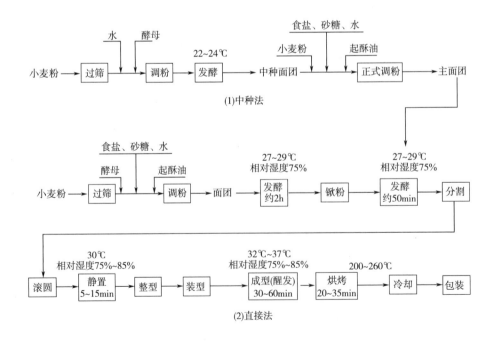

图 3-2 面包制作的工艺流程

第三节 面包面团的调制

一、原料的选择和处理

（一）面包的配方

面包配方中的基本原料是面粉、酵母、水和食盐，辅料是砂糖、油脂、乳粉、改良剂以及其他乳品、蛋、果仁等。制作面包的面粉与饼干不同，首先要求面筋量多、质好。所以一般采用高筋粉（强力粉）、粉心粉（准强力粉），硬式面包可用粉心粉和中筋粉，一般不能用低筋粉。高档面包都要用特制粉。

关于面粉辅料的选配原理，已经在第二章作了详细论述，本节不再重复。各类面包的配方如表 3-2 所示。

（二）混合前原辅材料的处理

1. 小麦粉的处理

（1）小麦粉的储藏与保存　应保持干燥和卫生，避免油污、雨水和昆虫的污染和损害。冬季应将投产前的面粉尽量放在温度较高的地方，以提高面粉温度。

（2）使用前必须过筛　以防止杂物混入和面粉中小的结块存在，并混入空气。

（3）安装磁铁除杂装置　以除掉面粉中铁屑之类的金属杂质。

2. 酵母处理

（1）使用压榨酵母前要检查其是否符合质量标准　调粉时一般是先用一部分（或全部）水将称好的酵母化开拌匀再加入面粉，使酵母在面团中分布均匀。

（2）使用干酵母时要进行活化处理　用培养液或 40~43℃ 水直接将干酵母化开（水量为酵母量的 4~5 倍），保温静置，使酵母活化后再使用。

（3）酵母不要与油脂、食盐、砂糖直接混合　在处理和使用各种酵母时，注意切勿使酵母同油脂或浓度较高的食盐溶液、砂糖溶液直接混合。

3. 水的添加和处理

因为水是面包制作的主原料之一，面包的品质与水的量和性质关系很大。

（1）加水量　调制面团时加水量的多少是一个技术性较强的问题。加水量与面包的种类、原材料的配合、制作方法以及机械设备都有一定的关系。加水量不仅决定面团的软硬、伸展性能、黏着性，而且对成品的柔软性、抗老化性都有很大影响。表 3-3 所示为加水量与面包制作工艺及成品的主要关系。

小麦品种、面筋情况、淀粉破碎程度、储运环境等都会影响吸水率，各种面粉的吸水率及各种辅料对吸水率的影响在第二章已述及。在具体确定时，需要一定的经验和实验，一旦规定了加水量，在配料称量时一定要严格遵守。

各类面包的基本配方

表3-2 单位：kg

面包种类	面A	面B	面C	面D	水	压榨酵母	食盐	砂糖	起酥油	脱脂乳粉	酵母营养剂	麦芽粉或浆	奶油	蛋	其他
圆顶面包	50	50	—	—	63	2.0	2.0	4.0	4.0	2.0	0.1~0.2	0.2	—	—	—
方面包(1500g)	70	30	—	—	65	2.0	2.0	4.0	5.0	3.0	0.1~0.2	0.3	—	—	—
方面包(1000g)	40	60	—	—	60	2.2	2.0	6.0	6.0	6.0	0.2~0.3	0.5	—	—	—
法国长面包	—	100(B或C)	—	60	0.5~1.0	2.0	—	—	—	—	0.2	—	—	—	—
维也纳面包	—	100(B或C)	—	60	1.75	1.72~2.0	1.0~3.0	2.0~3.0	1~3	—	1.0(浆)	—	—	—	—
意大利面包	—	—	100	—	57	1.0~1.5	2.0~2.25	—	—	—	—	—	—	—	—
牛乳面包	100(A或B)	—	—	—	68(乳)	2.0	2.0	6.0	6.0	—	0.2	2.0(浆)	—	—	—
乳酪面包	100(A或B)	—	—	—	64	2.5	1.7	3.0	—	20	—	1.0(浆)	—	—	—
芝麻蜜麻花	100(A或B)	—	—	—	60	2.0	2.0	2.5	—	(干酪)4.0	—	2.0(浆)	3.0	10	—
葡萄干面包	100(A或B)	—	—	—	70	4.0	1.8	6.0	5.0	5.0	0.2	1.0(浆)	—	—	75（葡萄干）
豆粉面包	100(A或B)	—	—	—	68	2.0	2.2	4.0	4.0	—	0.5	1.0(浆)	—	—	10（大豆蛋白粉）
硬式面包1	100(A或B)	—	—	—	43(水)14(乳)	3.0	1.75	1.75	1.75	—	—	—	—	—	—
硬式面包2	90(A或B)	—	—	10	57	2.0	1.75	1.0	4.0	—	0.375	1.0(浆)	—	—	—
软式面包	70~100(A或B)	—	0~30	—	58(乳)	2.5~4.0	1.5~2.0	8~12	8~12	4~8	0.25	1.0(浆)	—	—	—
牛角可颂	100(A或B)	—	—	—	55(乳)	2.0	2.5	5.0	5.0	5.0	—	1.5(浆)	24~28（裹入）	—	—
热狗	60(A或B)	—	—	40	52	1.5	1.5	4.0	2.0	—	0.2	—	—	—	—
奶油卷	20(A或B)	—	—	80	62(乳)	8.0	2.0	8.0	8.0	—	—	10~20	8~10	—	—

品种	面A或B	面B/C	加水	酵母/发粉	食盐	砂糖							
小餐包	100(A或B)	—	63(乳)	3~5.7	1.5~2.1	12	8~12	—	—	2.1(浆)	0~4.3	5.7	—
汉堡包	50(A或B)	50	58	2~4	2.0	8	12	4.0	—	2.0(浆)	—	—	—
甜面包	100(A或B)	—	58	4	1.5	20	10	6.0	—	—	10	8.0	—
美式甜面包基本方(Basic)	76(A或B)	24	48(乳)	6	1.1	15	18	—	—	—	—	18	0.125(香料)
配料贫(Lean)	80~100(A或B)	0~20	50~65	3~4	2	10	10	4~6	—	—	—	0~10	0.125(香料)
配料中(Medium)	75~80(A或B)	20~25	45~55	5~6	2	12~16	12~16	4~6	—	—	—	10~16	0.125(香料)
配料较富(Rich)	75~80(A或B)	20~25	40~50	7~8	2.5	18~20	18~20	4~6	—	—	—	18~20	0.125(香料)
配料富(Very Rich)	75~80(A或B)	20~25·	40	10	2.5	25	25	6	—	—	—	25	0.125(香料)
丹麦式包 配料富(Rich)	76(A或B)	24	40	12	3	24	24	6	—	—	29~58(裹入)	24	—
配料贫(Lean)	76(A或B)	24	46	8	2	16	16	7	—	—	26~53(裹入)	16	—
炸面包圈	—	100	40(乳)	发粉2.5	1	30	25	—	—	—	—	0.125(香料)	—
比萨饼(Pizza)	76(A或B)	24	65(乳)	2	1.5	5	—	—	—	—	—	10(色拉油)	—

注：面 A、面 B、面 C、面 D 分别为强力粉、准强力粉、中力粉、薄力粉；加水量为大约数字；酵母为新鲜压榨酵母，酵母使用量冬为多夏为少。

表3-3 加水量对面包的影响

		加水过少	最适加水量	加水过多
面团	搅拌	花费时间，面团温度易升高	时间最短	花费时间，面团升温少
	操作	易断裂，不易成团	操作性好	发黏，操作困难
成品		成本变高，体积变小，组织酥松，老化快，形状不均一	外观、内部品质、食感、保存性均好	口感不好，气泡膜较厚，组织紧实，体积变小，形状不均一，易发霉

（2）水质 制面包用水的水质常以水的硬度来判断，国际上将水的硬度规定为几个等级，其硬度的表示是把水中含钙、镁等离子的数量换算成含碳酸钙的浓度来代表。各种水质的国际标准硬度如表3-4所示，制造面包用水的硬度应为40～120mg/kg。在此范围内，硬度稍高一些好。世界上最早的面团改良剂就是调整水的硬度的。表3-5所示为水的硬度对面包的影响及解决办法。

表3-4 水的国际标准硬度

水质	范围/（mg/kg）	水质	范围/（mg/kg）	水质	范围/（mg/kg）
极软水	15 以下	极硬水	200 以上	硬水	100～200
稍硬水	50～100	软水	15～50		

表3-5 水的硬度对面包的影响及改善措施

使用水	软水	稍硬水	硬水
影响	吸水减少、面筋软化，酶活力增大、面团发黏、操作困难，成品不膨松	发酵顺利，操作性好，成品良好	吸水增加，面筋发硬，口感粗糙，面团易裂，发酵缓慢，易干燥，成品无韧性
对策	稍加食盐，添加微量硫酸钙、碳酸钙、磷酸钙		稍加食盐，添加微量硫酸钙、碳酸钙、磷酸钙

水的酸碱度也对面包的制造有影响：稍带酸性的水（pH5.2～5.6）被认为对制作面包最合适；酸性（pH<5.2）水会使面筋溶解，面团失去韧性，需要以碳酸钠等中和；碱性大的水会抑制酵母活性和促使面筋的氧化，添加适量乳酸可以改善。

4. 其他辅料的处理

为防止杂质混入，要尽量采取过滤或过筛的办法。

（1）砂糖 对于有杂质的砂糖，应先用温水溶化后过滤除去杂质，直接使用时一般也要过筛去杂。自动化程度高的调粉机，一般都是使用液体糖。

（2）食盐 对于非精制盐要用水溶化过滤后使用。

（3）乳粉 使用前用适量的水将乳粉调成乳状液后使用，也可与面粉先拌均匀再加水，这样能防止乳粉结块。

（4）油脂　油脂的硬度要根据季节变化选用，夏季选用熔点较高的油脂，冬季则相反。

（5）添加剂　对于微量添加剂在称量时要稀释，通常以小麦淀粉作为稀释粉剂。

二、　面团的调制

面团的调制也称搅拌、和面捏合（Mixing），面包制作最重要的两个工序就是面团的调制和发酵。有人总结面包成功与否，面团的调制占到25%的责任，而发酵的好坏占70%的责任，其他操作工序只负担5%的影响。因此，面团调制是十分重要的工序。以下主要以直接发酵法和中种法制作听型面包为例讨论面团的调制、发酵和其他加工工艺。

（一）　调制的目的

（1）使各种原料充分分散和均匀混合　面团中各成分均匀地混合在一起，才能使各成分相互接触，并发生预期的反应，使得不同配方产生不同性质的面团，在不同的面包中发挥其特有功能。

（2）加速面粉吸水而形成面筋　面粉遇水表面部分会被水润湿，形成一层胶韧的膜，该膜将阻止水的扩散。调粉时的搅拌，就是用机械的作用使面粉表面韧膜破坏，使水分很快向更多的面粉粒浸润。

（3）促进面筋网络的形成　面筋的形成不仅需要吸水水化，还要揉捏，否则得不到良好性质的面筋。适当的搅拌、揉捏，可以使面筋充分接触空气，促进面筋发生氧化和其他复杂的生化反应，进一步扩展面筋，使面筋达到最佳的弹性和伸展性能。

（4）拌入空气　有利于酵母发酵。

（二）　投料与面团形成的原理

1. 原料的混合（Blending）

面包的原料一般可以分为大量原料、少量辅料和微量添加剂。大量原料指小麦粉和水；少量辅料是酵母、砂糖、牛乳（乳粉）、食盐、油脂；微量添加剂为酵母营养物、酶制剂、维生素、改良剂等。以下分别讨论投料与混合的关系及投料方法。

（1）大量原料的混合　面粉和水的混合并不容易。面粉，尤其是强力粉，与水接触时，接触面会形成胶质的面筋膜。这些先形成的面筋膜阻止水向其他没有接触水的面粉浸透和接触，搅拌的机械作用就是不断地破断面筋的胶质膜，扩大水和新的面粉的接触。为了降低混合过程中水的表面张力，有些工厂采取了先把1/3或1/2的面粉和全部的水混合做成面糊（Batter），然后再加入其余的面粉完成混合的方法。调粉时水的温度、材料的配比和搅拌速度都会影响到面粉的吸水速度。水温低，面粉吸水速度快；水温高，则面粉吸水速度慢；配方中柔性原料多，则会软化面筋，使吸水率减少。搅拌速度慢，面筋扩展也慢。

（2）少量辅料（除油脂外）及微量添加剂的混合　这些少量或微量材料，如果直接投入调粉机或分别投入调粉机，再把他们在面团中充分分散，均匀分布，要花费较多的能量和时间。但如果在投入前，把它们先与加水量的一部分或大部分混合，那么不仅可以混合均匀，而且省力省时。另外，如果要添加乳粉，为了防止乳粉吸湿结块，要在称量后将乳粉与砂糖先拌和在一起，这两者一起投入水时就不会产生结块现象。

（3）油脂的混合　油脂软化后直接与面粉接触会将面粉的一部分颗粒包住，形成一层油膜，所以油脂一定要在水化作用充分进行后，即面团形成后投入（卷起阶段到扩展阶段）。另外油脂的储藏温度比较低，如直接投入调粉机将呈硬块状，很难混合，所以要软化后再投入。

（4）酵母投入时应注意的问题　①将鲜压榨酵母化入水中时，水量应在酵母量5倍以上，且水温要在25℃左右，不能过高或过低；②投入前，酵母不能与砂糖、食盐、乳粉等一起溶化于水中，尤其在水量少时浓食盐水与酵母接触会影响酵母的活力；③投入前，酵母也不能与酵母营养剂及改良剂等混在一起。

（5）混合时的搅拌速度　在调制面团的初期和放入油脂的初期，搅拌速度一定要慢，防止机械因承担载荷过大而发生故障以及粉、油脂和水的飞溅。另外，据研究，未水化的面粉和水一起高速搅拌时，会因为搅拌臂强大的压力而生成黏稠的结合面团膜，将未水化的面粉包住，并阻止面粉和水的均匀混合。因此，直接法、快速法和液种法调制面团时，最初要低速搅拌5min以上。中种法的主面团调制，因为已有70%的面粉水化完毕，所以余下的水、面粉分散比较容易，初期低速搅拌2min就行了。

（6）中种法的主面团调制　由于经过发酵的中种比较黏而硬，如果搅拌速度不够，中种不易被捣碎而与其他材料充分混合，在成品中会出现因中种的小块分散而产生的斑点、斑纹。为解决这一问题，一般是在其余的面粉还未放入前，先向中种中加入一部分水，然后高速搅拌1~2min使之破碎后，再加入其余材料。

2. 面粉的水化（Hydration）

淀粉和面粉中的面筋性蛋白质在与水混合的同时，会将水分吸收到粒子内部，使自身胀润，这种过程称水化作用。淀粉粒的形状近似球形，水化作用比较容易，而蛋白质由于表面积大且形状复杂，水化所需时间较长。图3-3（1）和（2）所示分别为小麦粉的组成和面团（设吸水率为60%）中水分的分配。

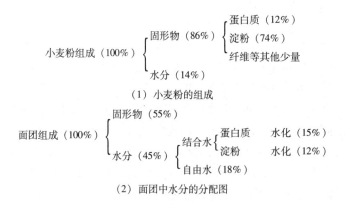

（1）小麦粉的组成

（2）面团中水分的分配图

图3-3　小麦粉的组成和面团中水分的分配

可以看出面团中水的3/5是结合水，而占2/5的游离水是面团可塑性的基础。蛋白质虽只占面团的7.5%，却占有了大部分的结合水，因此，面筋性蛋白质的水化对面粉的水化影响很大。为了使水化能充分进行，应注意以下几点。

（1）水和面粉的均匀混合。

（2）面粉与水接触时水化要有一个过程，粒子越大，这一过程越长。发酵或静置的目的之一，就是使水化作用充分进行。

（3）高筋的面粉水化较慢，低筋面粉水化较快。

（4）食盐有使面筋硬化、抑制水化作用进行的性质。所以，有的工艺流程中，为使水化迅速进行，在搅拌开始时先不加入盐，在调粉的后期再加入。糖类在使用量较多时，也有与盐相同的抑制水化效果。

（5）水化作用与 pH 有密切的关系。在 pH4 ~ 7 的范围内，pH 越低，硬度越大，水化作用越快。因此速成法、连续面团法和浸渍法（中种法）中，为了加快面团水化作用，常添加乳酸、磷酸氢钙等添加剂，以降低 pH，提高酸度。

（6）软化面筋的蛋白酶、胱氨酸之类的还原剂也可加快水化作用。

3. 结合或聚合作用

小麦粉中的蛋白质具有大米、大麦、玉米、大豆等其他谷物粉所没有的性质，即能够形成面筋。

（1）面筋蛋白质的结合形式主要有以下几种：①以—S—S—结合；②与盐结合；③与氢结合；④与水分子结合。其中以二硫键结合力最大。所以，二硫键的存在，使得小麦醇蛋白（Gliadin）和小麦谷蛋白（Glutenin）可以结合成巨大的分子。尤其是小麦谷蛋白，它的二硫键不仅存在于分子内部，也存在于分子间。

（2）小麦谷蛋白多肽链的氨基酸中每隔 10 多个氨基酸就有一个含有二硫键或硫氢键的胱氨酸或半胱氨酸。这些—S—S—和—SH 对于面筋的结合和物理性质有着极其重要的作用。其中，—S—S—为氧化型键，而—SH 为还原型键。例如，两个—SH 可以被氧化而失去两个 H 原子后变成一个—S—S—。而—SH 中的 H 原子有容易移动的性质，使得—SH、—S—S—的位置容易移位，这也就使面筋蛋白分子能够相互滑动、错位，并结合成大的分子。—S—S—和—SH 互相转移的情况如图 2-2 表示。为了使面筋形成巨大的分子而连成网络，就需要使分子间的键相接近或互相移动。调整面团时的搅拌，就是通过对水化后的面筋进行揉捏，使之形成良好的面筋组织。

4. 氧化作用

面团调制是搅拌面团、需要氧气的过程，也是面团进行氧化作用的过程，这一氧化作用主要使得面筋蛋白中的—SH 被氧化成了—S—S—，使蛋白质分子间的结合加强而更有力。也就是说，当两个蛋白质分子的—SH 互相接近时，被氧化失去氢而变成双硫键，如图 2-2 所示。

由于二硫键的巨大结合力，使得面筋分子变大，连成网膜，增加了保持气体的能力和抗张强度。一些改良剂，如维生素、碘化钾等氧化剂，在与面团一起揉捏时，也能起到氧化作用。在搅拌中，面筋蛋白质的单分子会越连越大，不仅横向而且纵向，主体结合形成立体网膜构造。这一过程是以上各种键的结合，—SH、—S—S—互相转换，以及—SH 氧化形成新的结合点的共同复杂作用过程。因此不难推知，当面团调制时，若搅拌超过了某种程度，由于—SH 的过度减少，会使面筋失去相互滑动的柔软性质，而巨大的分子也就会被重新撕裂。还由于这一过程中蛋白酶、淀粉酶等对蛋白质、淀粉的分解作用过度进行，面团就会变得脆弱，失去弹性和韧性。如果搅拌到此，就称作搅拌过度（Overmixing），再进行就是破坏阶段（Break Down）。

5. 拌入空气对于发酵有一定促进作用

酵母的生长繁殖离不了氧气的存在，因此空气是此操作过程中所需氧气的最好来源。

（三）　面团调制时的温度控制

面团调制终了的温度对后面的发酵工序及其他工序有很大影响，尤其是大规模生产时，温度要求更严。例如中种面团的调制，要求终了温度在 24.5℃，误差为 ±0.5℃。面团的温度在没有自动温控调粉机的情况下，主要靠加水的温度来调节，因为水在所有材料中不仅热容量大，而且容易加温和冷却。水的温度不仅与面团调制的温度有关，而且与调粉机的构造、速度（一般情况下，低速搅拌温升为 3~5℃，中速搅拌温升为 7~15℃，高速搅拌温升为 10~15℃，手工搅拌温升为 2~3℃）、室温、材料配合、粉质、面团的硬软、质量有关。在此介绍两个计算水温的经验公式。

1. 直接发酵法面团或中种面团水温的计算式

$$t_w = 3 \times (t_D - t_M) - (t_T + t_R) \tag{3-1}$$

式中　t_w——水温,℃;

　　　t_D——面团终了温度,℃;

　　　t_M——搅拌中升温,℃;

　　　t_T——粉温,℃;

　　　t_R——室温,℃。

2. 中种法主面团调制时水温的计算式

$$t_w = 4 \times (t_D - t_M) - (t_{MD} + t_T + t_R) \tag{3-2}$$

式中　t_{MD}——中种温,℃。

以上公式只是参考，并不一定适用于各种情况。在调粉时，通过经验积累，随时观察，凭感觉控制面团温度，还是比较普遍的。

（四）　调粉机的机械作用及种类

1. 调粉机的机械作用

从面团形成的原理可以看出，调粉机的机械作用主要有三点，即分散、水化和捏合。当面团初步形成后具有特殊的物理性质，成为可以伸展、具有弹性和一定抗张力的半固体，所以调粉机的搅拌臂对面团的作用主要可归纳为：①拉伸；②折叠、卷捏；③压延和冲击。在这些作用下，面团充分暴露于空气，氧化作用能加快进行。因调粉的最终目的还是结合作用，所以在设计调粉机时，要尽量避免机械对面团的切断、摩擦和撕裂作用。也就是不要将面团切断或拉断，而是突出翻转、折叠、拉伸作用。要达到这一要求，面团适当的软硬（即适当的加水量）、调粉机容器的容量与面团量的相对关系，以及搅拌臂的运动方式都是应考虑的因素。一般面团与调粉机容器的体积比在 30%~65% 比较合适。

2. 调粉机的主要分类

调粉机按照转动轴的位置分类，主要分为卧式（Horizontal Mixer）和立式（Vertical Mixer）两种。大型调粉机多为卧式，其最大容量为 450~900kg。另外，按搅拌臂（Agitator）的运动对面筋的作用分类有面筋结合型和非面筋结合型（弱结合型）。

（1）结合型调粉机　结合型调粉机包括一般面包面团的卧式调粉机（Bread Mixer or Roll Mixer）、立式钩状搅拌器的调粉机（Hook Mixer）和连续面团的推进式调粉机（Developer）等。这几种调粉机都是给面团以强烈的搅拌和捏合，促使面筋的结合作用。用这种调粉机要求小麦粉为强力粉，以承受这种强力的揉捏作用。

（2）弱结合型调粉机（图 3-4）　主要用于制作欧式面包，如法国面包、硬式面包等，立式较多，但也有卧式。立式一般是搅拌臂模仿手工操作时手臂的运动而动作，而容器也作旋转运动。卧式调粉机，基本上与饼干调粉机类似，形式虽有多种，但共同点是：一般速度较低，搅拌臂的动作主要是不断将面团翻起，使各种材料充分混合，从而将面筋的结合作用压低到最小限度。

3. 调粉机的主要参数

（1）搅拌臂（Agitator）的转速、长度（距旋转中心距离）和圆周速度　调粉机和搅拌臂转速越大、臂越长，搅拌作用力（即对面筋结合的作用力）越大。臂的转动直径与角速度的乘积就是臂的运动速度。显然，这个速度越大，对面团作用力越大，因此对于小型调粉机，要达到对面团一定的作用力，就要有较大的转速。但大的调粉机并不因为对面团作用力大就能缩短调粉时间，这是因为大的调粉机里要处理的面团也很多的缘故。

（2）搅拌臂的粗细、形状和运动　现在以卧式调粉机常采用的圆柱状搅拌器为例分析。搅拌圆柱在作用于面团时与擀面棍擀面非常相似，擀面棍圆柱越粗，对面团压延的能力越大，这是因为太细的圆柱

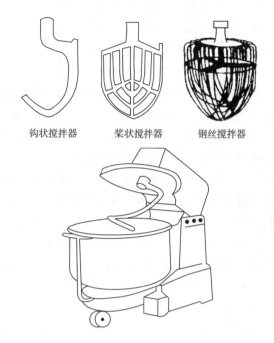

钩状搅拌器　　桨状搅拌器　　钢丝搅拌器

图3-4　欧式面包调粉机及常用搅拌器

对面团作用面积太小的缘故。但搅拌圆柱过粗则动力负荷大，因此圆柱的直径有一定的范围。除了有旋转的搅拌柱状臂，一般在容器上还有固定棒，常为有圆角的长方形断面的直棒和曲棒，其作用不是延伸面团，而是翻揉、折叠面团。

（3）调粉缸壁与搅拌臂的间隙（Clearance）　各种型号的搅拌器都有一定的间隙。间隙的大小原则上对于具有一定物理性质的面团（硬软度）都有一个适合的范围。间隙过小，容易引起面筋的过早破坏；间隙过大，对面团的搅拌轧延作用会减小。一般较软的面团对间隙小的调粉机有一定适应性。对硬面团，间隙过小容易破坏面筋。

（五）面团调制的六个阶段

1. 实际调粉操作时的六个阶段

观察面团的调制过程，可发现如下变化：面团由于受到搅拌钩转动时的扭转、折叠、推拉、拍击等动作，使最初所有不同的材料拌和在一起，成为较湿而外表呈不整齐的块状。随着搅拌的进行，面团变得更坚实，但此阶段中面团没有伸展性。搅拌继续进行，则渐渐有伸展倾向，但仍感胶黏。再继续搅拌，面团变得更硬，有弹性，块状消失，仍有黏性，会黏附在搅拌缸上。继续搅拌数分钟后其性质渐渐变得少许松弛，越来越具伸展性，而黏性逐渐减少。随着面团的继续扩展，黏性减少而弹性增强，面团执拗地缠住搅拌钩随之转动，来回地打击着搅拌缸边及不断地被挤揉。此时，缸边及缸底已没有面团黏着。数分钟后由于强力的机械作用，可使得面团很快变得非常柔软且不黏手，此时已完成了面团的搅拌，面团具有良好的弹性和伸展性。如果搅拌再继续下去，此时已形成的弹性和伸展性将因面筋的搅断而失去，但又恢复了黏性和流性。判断面团是否搅拌成功一般是用双手的食指和拇指小心地伸展面团，如能像不断吹胀的气球表面那样成为非常均匀、很薄的膜为好，此时用手触摸面团可感到黏性，但不黏手，而且面团表面手指摁过的痕迹会很快消失。5min后，面团表面会出现几个硬币般大小的气泡。

若搅拌过度，也有气泡产生，但通常比较小。

面团搅拌程度的判断，主要靠操作者的观察。为了观察准确，可将搅拌的过程分为六个阶段。

（1）拾起阶段（Pick Up Stage）　这是搅拌的第一个阶段，所有配方中干性与湿性原料混合均匀后，成为一个既粗糙而又潮湿的面团，用手触摸时面团较硬，无弹性和伸展性。面团呈泥状，容易撕下，说明水化作用只进行了一部分，而面筋还未形成。

（2）卷起阶段（Clean Up Stage）　此时面团中的面筋已经开始形成，面团中的水分已全部被面粉均匀吸收。由于面筋网络的形成，将整个面团结合在一起，并产生强大的筋力。面团成为一体绞附在搅拌钩的四周随之转动，搅拌缸上黏附的面团也被黏干净。此阶段的面团表面很湿，用手触摸时，仍会黏手，用手拉取面团时，无良好的伸展性，易致断裂，而面团性质仍硬，缺少弹性，相当于面团形成时间，水化已经完成，但是面筋结合只进行了一部分。

（3）面筋扩展、结合阶段（Development Stage）　面团表面已逐渐干燥，变得较为光滑，且有光泽，用手触摸时面团已具有弹性并较柔软，但用手拉取面团时，虽具有伸展性，但仍易断裂。这时面团的抗张力（弹性）并没到最大值，面筋的结合已达一定程度，再搅拌，弹性渐减，伸展性加大。

（4）完成阶段（Final Stage）　面团在此阶段因面筋已达到充分扩展，变得柔软而具有良好的伸展性，搅拌钩在带动面团转动时，会不时发出"噼啪"的打击声和"嘶嘶"的黏缸声。此时面团的表面干燥而有光泽，细腻整洁而无粗糙感。用手拉取面团时，感到面团变得非常柔软，有良好的伸展性和弹性。此阶段为搅拌的最佳程度，可停机把面团从搅拌缸倒出，进行下一步的发酵工序。

（5）搅拌过度（Let Down Stage or Over Mixing）　如果面团搅拌至完成阶段后，不予停止，而继续搅拌，则会再度出现含水的光泽，并开始黏附在缸的边侧，不再随搅拌钩的转动而剥离。面团停止搅拌时，向缸的四周流动，失去了良好的弹性，同时面团变得黏手而柔软。很明显，面筋已超过了搅拌的耐度开始断裂，面筋分子间的水分开始从接合键中漏出。面团搅拌到这种程度，对面包的品质就会有严重的影响。只有在使用强力粉时，立即停止搅拌还可补救，即在以后工序中延长发酵时间，以恢复面筋组织。

（6）面筋打断（Break Down Stage）　面筋的结合水大量漏出，面团表面变得非常湿润和黏手，搅拌停止后，面团向缸的四周流动，搅拌钩已无法再将面团卷起。面团用手拉取时，手掌中有一丝丝的线状透明胶质。此种面团用来洗面筋时，已无面筋洗出，说明面筋蛋白质大部分已在酶的作用下被分解，对于面包制作已无法补救。

2. 调粉操作与面包品质的关系

（1）搅拌不足　面团搅拌不足时，因面筋还未充分地扩展，面团还未达到良好的伸展性和弹性，既不能较好地保存发酵中产生的二氧化碳气体，又没有良好的胀发性能，故所做出来的面包体积小，内部组织粗糙，色泽差。搅拌不足的面团，因性质较黏和硬，所以整形操作也很困难。面团在经过分割机、整形机时往往会将表皮撕破，使烤好的面包外表不整齐。

（2）搅拌过度　面团搅拌过度，形成了过于湿黏的性质，在整形操作上极感困难。面团滚圆后，无法挺立，而向四周流散。用这种面团烤出的面包，同样因无法保存膨大的空气而使面包体积小，内部多大空洞，组织粗糙而多颗粒，品质极差。

（六）影响面团调制的因素

1. 加水量

加水量少，会使面团的卷起时间缩短，而卷起后在扩展阶段中应延长搅拌时间，以使面筋充分地扩展。但水分过少时，会使面粉的颗粒难以充分水化，形成面筋的性质较脆，稳定性差。故水分过少，所做出来的面包品质较差。相反，如面团中水分多，则会延长卷起的时间，但一般搅拌稳定性好，当面团达到卷起阶段后，就会很快地使面筋扩展，完成搅拌的工作。在无乳粉使用情况下，加水率在60%左右。

2. 温度

面团温度低，所需卷起的时间较短，但需扩展的时间较长。温度过高，虽能很快完成结合阶段，但不稳定，稍搅拌过时，就会进入破坏阶段。温度低，则稳定性好。如温度过高，则会使面团失去良好的伸展性和弹性，无法达到扩展阶段。这样的面团脆而发黏，严重影响面包品质。据研究表明：面团温度越低，吸水率越大；温度越高，吸水率越低。

3. 搅拌机的速度

搅拌机的速度对搅拌和面筋扩展的时间影响甚大。一般以稍快速度搅拌面团，卷起时间快，完成时间短，面团搅拌后的性质亦佳。对面筋特强的面粉如用慢速搅拌，很难使面团达到完成阶段。面筋稍差的面粉，在搅拌时应采用慢速，以免使面筋断裂。

4. 小麦粉

小麦粉的品质对于调粉操作影响最大。

①小麦粉蛋白质含量越多，成团时间、面团形成时间、软化时间越长。

②蛋白质的品质对调粉曲线同样有很大影响。质量好的面筋蛋白在曲线达到顶点后软弱化程度度慢。对于面筋蛋白弱的面粉，要特别注意搅拌过度的问题。

③小麦粉的熟成度（Aging）的影响。如果小麦粉放置时间不够，由于硫氢根的存在，则调粉时面团形成较困难，面团始终发软，也难以发现它的阻力曲线的面团形成点（最高强度点）。这时，就要使用面团改良剂（速效性氧化剂）来促使—SH 变为—S—S—，强化面团面筋。相反，如果小麦粉熟成过度，即太陈，这时面筋的结合又比较困难，调粉时如同将砂与水在一起混合，面团也难形成。此时可以采取强烈搅拌的方式，来破坏过度氧化而生成的—S—S—，或者在搅拌前，加入半胱氨酸之类的还原剂，就能恢复正常的调粉性能。如果给正常熟成的小麦粉添加的碘酸钾过多，也会产生上述问题。

5. 辅料的影响

（1）乳粉 添加乳粉会使吸水率提高，即一般加入1%脱脂乳粉，对于含2%盐的面团，吸水率要增加1%。但加乳粉后，水化时间延长，所以搅拌中常感到加水太多了，其实延长搅拌时间后会得到相同硬度（Consistensy）的面团。

（2）糖 糖的添加会使面团吸水率减少，为得到相同硬度的面团，每加入5%的蔗糖，要减少1%的水。但随着糖量的增加水化作用变慢，因而要延长搅拌时间。

（3）食盐 食盐对吸水量有较大影响，如果添加2%食盐，比无盐面团减少吸水3%。食盐可使面筋硬化，较大地抑制水化作用，因而影响搅拌时间。

（4）油脂 油脂对面团的吸水性和搅拌时间基本上无影响，但当油脂与面团混合均匀后，面团的黏弹性有所改良。据说这是可塑性油脂的保气性和其含有的乳化剂作用的结果。

（5）氧化剂 氧化剂中有速效氧化剂和迟效氧化剂，其作用结果不同。如已经禁用的溴酸盐属迟效性氧化剂，在调粉中几乎不起作用，但碘酸钾（KIO_3）等速效氧化剂可以使面筋结合强化，面团变硬，吸水率增大，搅拌耐性增大，搅拌时间延长。起同样作用的还有钙盐、磷酸盐等面团调整剂（Dough Conditioner）。

（6）酶制剂　淀粉酶、蛋白酶的分解作用使面团易软化，搅拌时间缩短，致使面团机械耐性减少，所以要限制使用。

（7）还原剂　如半胱氨酸可以使面筋软化，小麦粉的使用量为 20～40mg/kg 时，可使搅拌时间缩短30%～50%。

（8）乳化剂　其种类很多，对搅拌的影响也不尽相同，举一常用的面包乳化剂为例：硬脂酰乳酸钙（Calcium Stearyl Lactylate，CSL）易与面筋胶体结合，使面筋性质变化，在面筋水化作用中使面筋的稳定性和弹性增加，增加面团的揉和耐受性。

6. 产品的品种特点与调粉的程度

以上主要介绍的是一般面包，即主食面包的调粉方法和程度。对于一些特殊的面包，最佳搅拌阶段可能不是完成阶段。例如硬式面包，需要较硬的面团，所以在面筋还未达到充分扩展时，便结束调粉，这样做是为了保持这种面包特有的口感。对于丹麦式面包，由于面团还要经过裹入油脂及多次辊轧、伸展的操作，为了使这种拉伸操作容易进行，通常也是在面筋结合还比较弱的情况下结束调粉。而对于欧美式甜面包，有的要进行类似于饼干那样的挤出成形操作，所以要采用搅拌过度的办法，降低面团的弹性。也就是说调粉的方法与产品的种类、工艺特点有很大关系。

第四节　面包面团的发酵与整型

一、发　酵

（一）面团发酵的基本作用

1. 面团发酵的目的

①在面团中积蓄发酵生成物，给面包带来浓郁的风味和芳香。

②使面团变得柔软而易于伸展，在烘烤时得到极薄的膜。

③促进面团的氧化，强化面团的持气能力（保留气体能力）。

④产生使面团膨胀的二氧化碳气体。

⑤有利于烘烤时的上色反应。

2. 发酵作用（Dough Fermentation）

面包面团的发酵是以酵母为主，还有面粉中的微生物参加的复杂的过程，即在酵母分泌的转化酶（Invertase）、麦芽糖酶（Maltase）和酒化酶（Zymase）等多种酶的作用下，将面团中的糖分解为酒精和二氧化碳，并产生各种糖、氨基酸、有机酸、酯类等，使面团具有芳香气味。

3. 熟成作用（Ripening or Maturating）

面团在发酵的同时也进行着一个熟成过程。面团的熟成是指经发酵过程的一系列变化，使面团的性质对于制作面包来说达到最佳状态。即不仅产生了大量二氧化碳气体和各类风味物质，而且经过一系列的生物化学变化，使得面团的物理性质如伸展性、保气性等均达到最良好的状态。

（二）面团发酵中的生物化学变化

1. 糖的变化

面团内所含的可溶性糖中有单糖、双糖类，其中单糖类主要是葡萄糖和果糖，双糖主要是蔗糖、麦芽糖和乳糖。葡萄糖、果糖之类的单糖可以直接为酵母分泌的酒化酶所发酵，产生酒精和二氧化碳。产生的酒精有很少一部分将留在面包中增添面包风味，而二氧化碳则使面包膨胀，这种发酵称为酒精发酵。

$$C_6H_{12}O_6 \rightarrow 2C_2H_5OH + 2CO_2 \uparrow + 100.8kJ$$
$$1g \qquad 0.5g \quad 249mL$$

蔗糖属于双糖，不能在酿酶（酒化酶）作用下直接发酵，而一般是由酵母分泌的蔗糖转化酶（Invertase）将蔗糖分解为葡萄糖和果糖后再进行酒精发酵。

$$C_{12}H_{22}O_{11} + H_2O \xrightarrow{\text{蔗糖转化酶}} C_6H_{12}O_6 + C_6H_{12}O_6$$
$$\text{蔗糖} \qquad \text{水} \qquad\qquad \text{葡萄糖} \qquad \text{果糖}$$

麦芽糖同样也是由酵母分泌的麦芽糖酶作用，先分解为两个葡萄糖分子，再进行酒精发酵。但是麦芽糖酶从酵母中分泌出来的时间比蔗糖转化酶迟，因而蔗糖转化酶的作用已在调粉时就相当程度地进行了。含糖多的甜面包在发酵终结时所含的蔗糖已有相当部分转化为转化糖，但麦芽糖的转化要在调粉几十分钟后才开始，尤其是在只有麦芽糖存在时，麦芽糖的转化更迟，稍添加些葡萄糖可促进这种反应。

$$C_{12}H_{22}O_{11} + H_2O \xrightarrow{\text{麦芽糖酶}} 2C_6H_{12}O_6$$
$$\text{麦芽糖} \qquad \text{水} \qquad\qquad \text{葡萄糖}$$

乳糖因为不受酵母分泌的酶的作用，所以基本上就留在面团里。乳糖对烘烤时面团的上色反应是有好处的，但是面团中存在的微量乳酵菌可以使乳糖发酵，所以在长时间发酵后，乳糖有所减少。乳糖多存在于添加乳粉等乳制品的面团中。

在以上各种糖一起存在时，酵母对于这些糖类的发酵是有顺序的，例如葡萄糖和果糖同时存在时葡萄糖首先发酵，果糖则比葡萄糖发酵迟得多，当葡萄糖、果糖、蔗糖三者并存时，葡萄糖先发酵，蔗糖转化。蔗糖转化生成的葡萄糖，比原来就存在的果糖还要先发酵。因此当这三种糖共存时，随着发酵的进行，葡萄糖和蔗糖的量都减少，但果糖的浓度却有增大的倾向。当果糖的浓度到达一定程度时，也会受到活泼的酵母的作用而减少。麦芽糖与以上糖一起存在于面团中时，发酵最迟，常在发酵1h后才起作用。因而常作为维持发酵后持续力的糖。

常用发酵曲线研究糖发酵的速度及其影响因素。以发酵力（用单位时间产生的气体量表示）为纵坐标，发酵时间为横坐标，将发酵力随时间的变化绘制成曲线，称为发酵曲线。糖的含量和品种对发酵的影响如图3-5、图3-6所示。

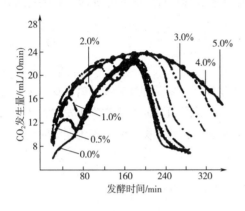
图3-5　糖的含量对发酵的影响

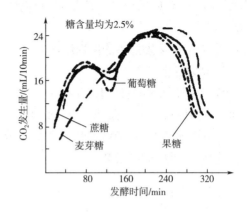
图3-6　糖的品种对发酵的影响

从图3-5可以看出，发酵力随着糖含量的增多，峰值越高，衰减也越慢。研究还表明：当添加微量酵母营养物（氯化铵等含氮化合物）时，比起只增加用糖量，衰减大大推迟，也就是说酵母营养物可以增强发酵的持续性。另外，当添加少量糖化酶时，麦芽糖量不仅增加，而且在发酵几小时后使发酵力维持上升趋势，这些研究结果对于添加酵母营养物、淀粉酶在面团发酵管理上提供了很重要的依据。

另外，残留（剩余）糖对面包的品质也有影响。面团发酵后经过分割、整形、醒发到入炉时，面团中剩余的糖称作残留糖（Residual sugar）。当残留糖充分时，面包不仅烤色好，而且在炉内膨大。面团中糖的消耗不仅在发酵工序，而是一直到进炉这一过程中都有发生，尤其当环境温度较高时，糖的消耗更快，因此为了不使残留糖过少，要注意发酵过程的温度管理，不使其太高。

2. 淀粉的变化

（1）损伤淀粉（Damaged Starch）与淀粉的液化、糖化　面团中的淀粉在发酵过程中也会受到淀粉酶的作用分解为麦芽糖。

$$(C_6H_{10}O_5)\ n + nH_2O \rightarrow n/2\ (C_{12}H_{12}O_{11})$$

在制粉的时候，小麦粉中的淀粉总会有一些损伤或破裂以损伤淀粉的状态存在。没有受损坏的淀粉在常温下一般不会被淀粉酶分解，但只要受到一点损伤，在常温下就会受到淀粉酶的作用而分解为分子质量较小的糊精（Dextrins），如果进一步分解，最终会得到麦芽糖。这也就是所谓的面团液化或糖化现象。一般面粉损伤淀粉的含量在3%~11%范围内。

（2）损伤淀粉的测定　表示淀粉损伤程度的指标为麦芽糖价（Maltose Value）。即向10g小麦粉中加入90mL水，在30℃温度下静置1h，所生成的麦芽糖的质量（mg）。一般小麦粉的麦芽糖价为100~400。该损伤淀粉的测定方法为GB/T 9826—2008《粮油检验　小麦粉破损淀粉测定　α-淀粉酶法》。目前，GB/T 31577—2015《粮油检验　小麦粉损伤淀粉测定　安培计法》更新了小麦粉损伤淀粉的测定方法，为安培计法，是采用仪器损伤淀粉测定仪测试小麦粉中损伤淀粉的含量。采用仪器测试，能够自动校准和测量数据，不需要配制化学溶液，容易操作。该方法的原理为在一定条件下，小麦粉悬浮液中损伤淀粉越多，碘吸收越多，通过悬浮液的电流越小。经电化学反应，产生出与被测小麦粉质量成一定比例的碘，并通过样品所吸收碘的量，确定样品中损伤淀粉的含量。国标中所列举的仪器为肖邦SD matic损伤淀粉测定仪，具体的操作方法为：取 1.0g 面粉样品，放到仪器样品小斗中，在反应杯中加入 1 滴酒精、3.0g 硼酸、3.0g 碘化钾和 130mL 水，仪器会自动把反应杯中的温度上升到 35℃，在碘解离电极的作用下，使反应杯中的游离碘浓度上升并达到最大值，然后面粉自动落入反应杯中，吸收溶液中的碘，使碘浓度下降，损伤淀粉越高残留碘的浓度越低，相反地，损伤淀粉越低则残留碘的浓度越高。根据溶液中残留碘的浓度，仪器自动计算出面粉中损伤淀粉的含量，以 UCD 单位表示。

（3）麦芽糖价与面团调制和发酵的关系　麦芽糖价大，面团在调粉和发酵时容易液化，软化比较快，生成糖的量也比较多，所以烘烤上色比较快。麦芽糖价过低，面团软化较慢，烘烤时上色也慢。因此，一部分损伤淀粉的存在，可以促进麦芽糖在发酵时的不断生成，对于面团成形后的烘烤速度和炉内胀发有一定的积极作用。

（4）小麦粉中的淀粉酶对发酵的影响　如前所述，由于淀粉酶的作用可以使面团软化、伸展性增加，因而从这个意义上讲与发酵的作用相同，可促使面团成熟。

3. 蛋白质的变化

（1）面筋的成熟　在发酵过程中，面团中的面筋组织仍受到力的作用，这个力的作用来自发酵中酵母产生的二氧化碳气体。即这些气体首先在面筋组织中形成气泡，并不断胀大，于是使得气泡间的面筋组织形成薄膜状，并不断伸展，产生相对运动。这相当于十分缓慢的搅拌作用，使面筋分子受到拉伸。在这一过程中，—SH 与—S—S—也不断发生转换－结合－切断的作用。如果发酵时间合适，那么就使得面团的结合达到最好的水平。相反，如果发酵过度，那么面团的面筋就到了被撕断的阶段。因此，在发酵过度时，可以发现面团网状组织变得脆弱，很易折断。另外，在发酵过程中，空气中的氧气也会继续使面筋蛋白发生氧化作用。如前所述，适当的氧化可以使面团面筋组织结合得更好，氧化过度使得面筋脆弱化。发酵期间的这些复杂反应和变化改变着面团的物理性质和构造。如何掌握好这一变化，以使这些复杂的变化使面团达到制作面包的最佳状态，是面包面团发酵的关键。

（2）蛋白质的分解　在发酵过程中蛋白质发生的另一个变化就是，在小麦粉自身带有的蛋白酶的作用下发生分解。这种蛋白质的分解只是极小的量，但对于面团的软化、伸展性等物理性的改良有一定好处，而且最终分解得到的少量的氨基酸不仅可以成为酵母的营养物质，而且在烘烤时与糖发生褐变反应，使面包产生良好的色泽。应当指出的是：这种蛋白质分解反应只是在小麦粉本身含的蛋白酶作用下进行，一般不会产生反应过度的问题，但当添加物中有蛋白酶时，这种分解作用会急速地使面团软化、发黏，破坏面筋结构，使面团失去弹性。

4. 生成酸的反应和面团酸度的影响

（1）生成酸的反应　面团发酵的同时还会产生各种有机酸使面团 pH 下降，将这些反应称为酸发酵。酸发酵是由小麦粉中已有的或从空气中落入的或从乳制品中带来的乳酸菌、醋酸菌、酪酸菌等引起的，主要的生成酸反应如下所述。

①乳酸发酵：

$$葡萄糖 \xrightarrow{\text{乳酸菌}} 乳酸$$

乳酸有一种增强食欲的酸味，乳酸菌不仅存在于面粉和空气中，而且酵母、乳制品中也含有。

②醋酸发酵：

$$酒精 \xrightarrow{\text{醋酸菌}} 醋酸（有刺鼻的酸味）$$

醋酸菌来自面粉和空气。

③酪酸发酵：

$$乳酸 \xrightarrow{\text{酪酸菌}} 酪酸（异臭、恶臭）$$

发酵温度越高，糖分越多，乳酸发酵进行越快；醋酸发酵在较高的温度、酒精及氧气的存在下，反应加快；酪酸发酵的条件是乳酸的积蓄、较高的温度和长时间发酵。普通正常的发酵面团中，产生一些乳酸和少量的醋酸，酪酸产生的量极微。但当发酵时间很长、水分较多时，这些酸发酵就会增多，尤其是当发酵温度高、长时间发酵时，会产生酪酸和异臭。

酸发酵产物中乳酸可以给面包带来好的风味，是必要的发酵，但高温、长时间发酵时，乳酸大量积蓄，使 pH 过度降低，不仅使面团物理性质恶化，而且会产生由于醋酸发酵和酪酸发酵带来的酸臭和异臭。

乳酸是一种比较强的酸，它在面团中产生比较多，所以对面团 pH 的降低有一定影响，而醋酸是较弱的酸，在一般情况下量比较少，所以对面团 pH 的影响比乳酸小。而当使用作为酵母营养物的铵盐（NH_4Cl）及面团改量剂磷酸氢钙（$CaHPO_4$）时，将对面团的 pH 降低有较大影响，尤其是氯化铵，当铵分解出来被酵母利用后，剩下了盐酸（$NH_4Cl \rightarrow HCl + NH_3$），盐酸是强酸，对 pH 影响较大。

在快速发酵法等方法中，往往要添加乳酸、柠檬酸（Citric Acid）等有机酸。另外，在制作黑麦面包、全粒粉面包时，还要添加酸酵面（Sour Dough），这些都是为了调整面团的酸度，增加面包风味。面团从调制到发酵完毕，pH 的变化可以用以下具体例子来说明（表 3-6 和表 3-7）。

表 3-6　　面团从调制到发酵完毕的 pH 变化 （中种法）

中种法	中种 （调粉始→发酵终了）	发酵始→终	主面团
A	6.0→5.2~5.4	5.8→5.5~5.2	5.8~5.6
B	6.0→4.9	5.5→4.5	5.6~5.0

表 3-7　　面团从调制到发酵完毕的 pH 变化 （直接法）

直接法	调粉始→发酵终了
	6.0→5.6~5.5

（2）pH 的改变和面团物理性质的变化　　面团的 pH 对于面团的物理性质，尤其是气体保持能力，有很大影响。科学家发现由面包体积反映出的面团的气体保持能力与面团的 pH 有图 3-7 所示的关系。

如图 3-7 所示，气体保持能力在 pH 为 5.5~5.0 时最好。当 pH 下降到 5.0 以下时，面团的保气能力急速下降，得到的面包胀发不良。有一种说法认为，这是因为面筋蛋白质的等电点在 pH5.5~5.0 范围内，当偏离等电点时，面筋蛋白质就会使可离子化的基团离解。总而言之，在发酵管理上要绝对避免 pH 低于 5.0。

5. 面包的风味和脂肪酶的反应

发酵的目的之一就是要得到具有浓郁香味的风味和物质。发酵风味的产生主要来自以下四类化学物质。

（1）酒精　主要是酵母作用生成的乙醇。

（2）有机酸　以乳酸为主，还有少量醋酸、蚁酸、琥珀酸、酪酸等。

（3）酯（Ester）　上述有机酸与酒精反应得到的酯类化合物，是易挥发芳香物质。

（4）羰基化合物类（Carbonyl Compound）主要是醛类（Aldehyde）和酮类（Ketone）化合物，所含种类繁多，主要是由油脂类氧化分解而成。具有浓郁的香味，在面包的风味中

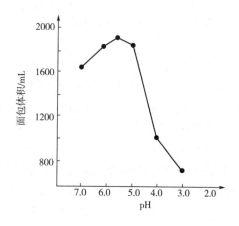

图3-7　面团的 pH 与气体保持能力的关系

有很重要的作用。尤其是近年来，许多研究已表明：羰基化合物类物质是面包风味最重要的物质。羰基化合物只有在采用中种法、直接发酵法等一些长时间发酵的面包制作法时才能得到，而且得到的这些风味物质多具有好的持久性。快速发酵法等短时间发酵的方法就很难得到这些风味物质。羰基化合物的形成，是由面粉中本来就有的油脂成分或辅料加入的起酥油、奶油、植物油等油脂中的不饱和脂肪酸，在小麦粉中少量的脂肪酶和空气中氧气的作用下，先被氧化成氧化物，然后在酵母分泌的酶的作用下，生成多种复杂的醛类、酮类化合物。

以上反应一般都是经过长时间自然发酵进行的，但最近有人进行了很有趣的研究，即人为地缩短反应时间。将含有脂肪酶较多的玉米粉和大豆粉进行提取精制，然后与植物油、水混合在一起，剧烈地搅拌20min左右。由于植物油中含有较多的不饱和脂肪酸，在搅拌过程中与拌入的空气接触，而使一部分成为过氧化物，然后把得到的液体添加到连续面包制作法的面团中去，就可以得到与一般发酵法同样的风味。据研究结果表明，对上述油、脂肪酶和水的混合液体搅拌时间越长、越剧烈，得到的风味物质越多。

（三）　发酵过程中影响面团物理性质，尤其是气体保持（Gas Retention）能力的因素

要得到好的面包必须有两个条件：一个是直到进烤炉，面团中的发酵都要保持旺盛的产生二氧化碳的能力；另一个是面团必须变得不使气体逸散，即形成有良好的伸展性、弹性和可以持久地包住气泡的结实的膜。影响面团气体保持能力，即胀发性能的因素如下所述。

1. 面粉

小麦粉蛋白质的量和质，也称强力度，是气体保持能力的决定因素。另外，制粉前的新陈程度及制粉后的新陈程度也与气体保持能力有密切关系，不管是太新或是太陈，气体保持能力都会下降。如果属于新粉，那么通过延长发酵时间或使用氧化剂的方法可以调整；而如果面粉太陈，则比较困难。即使蛋白质很多，但等级低的面粉，也就是麸皮多的面粉，气体保持能力仍较低。

2. 调粉

当小麦粉的品质一定，那么对于面团气体保持能力而言，调粉就是关键因素，掌握好调粉的程度是得到理想面团的保证。调粉不足和过度，都会引起面团气体保持能力下降。在调粉时，当面团的结合不够理想时，可以通过延长发酵时间，使面团在发酵过程中结合（扩展，Development)，从而使气体保持能力得到提高。从这一原理可知，当采用快速发酵法时，调粉就成了面团气体保持能力形成的决定因素。

3. 加水量

一般加水越多，面筋水化和结合作用越容易进行，气体保持能力也越好，但要是超过了一定限度，加水过多，面团的膜的强度变得过于软弱，气体保持能力会下降。同时，较软的面团（加水多的面团）易受酶的分解作用，所以气体保持能力很难持久。相反，硬面团的气体保持能力维持时间较长。

4. 面团的温度

面团的温度无论在调粉时还是在发酵过程中都给面团的气体保持能力以很大影响。因为在这两个过程中，温度都影响着面团的水化、结合反应和面团的软硬。尤其是在发酵过程中，温度高，会使面团中酶的作用加剧，使得气体保持能力不能长时间持续，因此当长时间发酵时，必须保持较低的温度。

5. 面团的 pH

如上所述，面团的 pH 为 5.5 时对气体保持能力最合适，当随着发酵进行，pH 降到 5.0 以下时，气体保持能力会急速恶化。所以，从稳定性角度考虑，发酵开始时 pH 稍高些面团稳定性大，pH 低则稳定性低。

6. 面粉的氧化程度

面粉的氧化程度是影响调粉后面团氧化程度的最重要因素，另外，在发酵过程中发生自然氧化的同时，还有添加的氧化剂的氧化。如果是速效性氧化剂，那么在调粉时已作用完毕；如果是慢性氧化剂，则发酵过程中氧化继续进行。当长时间发酵时，空气中氧气的氧化作用影响变大。因为面团的氧化程度对面团的气体保持能力有决定性影响，所以最适当的氧化程度的面团具有最大气体保持能力。这种状态维持得越久，发酵稳定性越好，而影响发酵稳定性的最重要因素就是面粉的质量。氧化程度低的面团，呈现潮湿、软弱的物理性质；而氧化过度的面团，则会失去韧性，如泥块一般易断裂。要经过较长时间发酵的面团，应使用氧化程度较低的面粉，因为发酵过程中氧化还会进行。

7. 酵母使用量

当酵母使用量多时，面团膜的薄化迅速进行，对于短时间发酵有利，可提高气体保持力。但对于长时间发酵，酵母使用量过多，则易产生过成熟现象，气体保持力的持久性（也就是发酵耐性）会缩短。因此，如果进行长时间发酵，酵母的使用量应少一些。

8. 辅料

（1）糖　糖类用量在 20% 以下，可以提高气体保持力，但超过这一值，则气体保持力逐渐下降。从局部讲，糖可以抑制酵母发酵，似乎是增强了发酵耐性，但其实从总体上看，糖的大量存在使得酸的生成加剧，pH 下降变快，因此面团气体保持能力衰退得也快。

（2）牛乳　牛乳类可以提高面团的 pH，也就是有抑制 pH 下降的缓冲作用。但对于含有较多乳酸菌或多糖的面团，生成乳酸的速度迅速，在这种情况下，气体保持力的稳定性会下降。

（3）蛋　蛋的 pH 高，不仅有酸的缓冲作用，还有乳化剂的作用。一般对面团稳定性有好的影响。

（4）食盐　食盐有强化面筋、抑制酵母发酵的作用，另外还抑制所有酶类的活动。一定程度用量的增加，使面团稳定性提高。

（5）酶制剂 如前文所述，由于酶分解作用，使面团变软弱，对面团稳定性有不良影响。其中蛋白酶影响较大，如果大量使用，将显著缩短发酵耐性。

9. 前处理工序

除以上各因素外，发酵前的面团处理状态，例如面团或中种的调粉，以及第一次发酵和其他处理条件，都会给面团发酵的稳定性和气体保持力的强度以影响。总而言之，前处理中氧化程度较大的面团，发酵稳定性较短。

（四）发酵过程中影响气体产生（Gas Production）能力的因素

气体产生能力是仅次于气体保持能力的影响面包质量的第二重要条件，因此有必要学习影响气体产生能力的因素。

1. 酵母的量和种类

酵母量越多，产生二氧化碳气体的量相对也就越多，但糖的消耗量也增加，所以持续性小、减退快。酵母量少时，气体产生量虽小，但持续时间长。由于酵母种类不同，同样的酵母量，同样的糖含量，发酵曲线的形状不同。有的很快达到峰值，然后又很快衰减；有的以一定速度、长时间稳定发酵；有的发酵开始时慢，发酵后期加快。因此，应根据发酵时间和其他工艺配合，选择酵母的种类。因为直接法和中种法发酵时间只有 2～4h，故发酵期间酵母繁殖对发酵的影响不大。根据测定，对于 26.7℃ 的标准面团，酵母含量 1.67%，发酵 1～2h，酵母增加的数目仅为 0.003%，3～4h 增加 26%，4～6h 时增加数目降至 9%。但对于长时间发酵的方法，酵母的繁殖对发酵的影响不可忽视。

2. 温度的影响

温度对气体产生能力的影响最大。在 10℃ 以下，从外观上看几乎没有气体产生，35℃ 时气体的产生量达到极点，60～65℃ 时酿酶被分解，发酵作用停止。因此，10～35℃ 是发酵管理最重要的温度范围，在这一范围内温度每变动 5℃，气体产生速度的改变相当于 25℃ 时气体产生能力的 25%～40%。一般面团发酵时的温度为 25～28℃。

3. 酵母的预处理

一般在使用压榨酵母或干酵母时，最初混合于面团时发酵力很弱，要经过一个活化期，气体产生能力才会增加。为了缩短这一活化时间，可用 30℃ 的稀糖水溶液将酵母化开，培养 10～40min，有时还可加入少量面粉（5%～30%）以提高发酵能力。在进行酵母前培养时，除糖外如能加入铵盐、氨基酸、少量的面粉，对增强发酵力效果更好，一般配方为糖 3%、氯化铵（或氨基酸）0.1%、小麦粉 5%（对水的百分含量），加水量为调粉时添加水量的一部分。

4. 翻面的影响

翻面（Punching）也称掀粉，即当发酵到一定程度时，将发酵槽四周的面团向上翻压，不仅放跑面团中的气体，而且使各部分互相掺和。一般采用中种法时不用翻面，直到第二次调粉时进行。但对于直接发酵法，当发酵到一定程度时需要翻面，否则面团变得易脆裂，保气性差。翻面的作用主要有：

①使面团温度均匀，发酵均匀；

②混入新鲜空气，降低面团内二氧化碳浓度。因为当二氧化碳在面团内浓度太大时会抑制发酵；

③促进面团面筋的结合和扩展，增加面筋对气体的保持力，这是翻面最重要的作用。

Elion 在研究面团气体产生与保留时发现，发酵第 1h，面团体积增加率与气体产生率相等，超过这一阶段，面团体积增加率逐渐下降。结果证明，直接法面团发酵到一定程度，如不翻面，发酵产生的二氧化碳会漏失。但如适时翻面，介入新鲜氧气，不仅刺激发酵，而且气体保留性增加，翻面之后面团膨胀加快。因此，翻面的主要目的不在于产生气体，而在于增加气体保留。气体能保留在发酵面团内部使面团膨胀，是由于构成面团的面筋经发酵后得到充分扩展，整个面筋网络已经成为既有一定韧性又有一定延伸性的均匀细密的薄膜，其强度足以承受气体膨胀的压力而不致使薄膜破裂，从而使气体保留在面团内。如果当酵母产气量达到最大时，面团的持气能力还未达到最高峰，则气体产生再多也无法将面团膨胀到最大体积。当酵母的产气力与面团的持气力同时达到最大时，烘焙的面包体积最大，内部组织、颗粒状况及表皮颜色都很理想。面粉的质量决定面团的持气能力，酵母的质量决定面团内的产气能力和发酵能力。只有面粉的筋力适中、延伸性好，酵母的活性高、发酵力大、后劲足，二者相互平衡时才能制作出高质量的面包。

影响气体产生能力的因素还有糖、食盐、pH、酵母营养物、淀粉酶等，这些在前文已述及。

（五）面团成熟

面团发酵时，经过一系列复杂的变化，达到制作面包的最佳状态，称作成熟，这一过程称作熟成（Ripening 或 Maturity）。也就是调制好的面团，经过适当时间的发酵，蛋白质和淀粉的水化作用已经完成，面筋的结合扩展已经充分，薄膜状组织的伸展性也达到一定程度，氧化也进行到适当地步，使面团具有最大的气体保持力和最佳风味条件。而对于还未达到这一目标的状态，称为不熟（Young Dough），如果超过了这一时期则称为过熟（Old Dough），这两种状态的气体保持力都较弱。在实际的面包制作中，发酵面团是否成熟是决定成品品质的关键，面团的成熟度与成品品质的关系如下：

（1）成熟的面团　成品皮质薄，表皮颜色鲜亮，皮中有许多气泡并有一定脆性。内部组织细腻，气膜薄而洁白，柔软而有浓郁香味，总体胀发大。

（2）未熟的面团　成品皮部颜色浓而暗，膜厚，使用强力粉时，皮的韧性较大，表面平滑有裂缝，没有气泡。如果烘烤时间稍短，胀发明显不良，组织不够细腻，有时也发白，但膜厚，网孔组织不均匀。如果未成熟程度大，内相灰暗，香味平淡。

（3）过熟的面团　成品皮部颜色比较淡，表面褶皱较多，胀发不良。内部组织虽然膜比较薄但不均匀，分布着一些大的气泡，呈现没有光彩的白色或灰色，有令人不快的酸臭或异臭等气味。

因此，准确判断发酵面团是否成熟十分重要。利用成品的好坏来判断面团发酵是否成熟往往是必要的，也比较好掌握，直接观察发酵面团来判断其成熟度则要难一些。直接观察面团发酵是否成熟的要点如下所述。

1. 成熟面团的特征

面团有适当的弹性和柔软的伸展性，由无数细微而具有很薄的膜的气泡组成，表面比较干燥。通常是扯开面团观察组织的气泡大小、多少，膜、网的薄厚，并且闻从扯开的组织中放出的气体的气味。若有略带酸味的酒香，则好；如酸味太大，则可能过熟。未熟面团扯开观察时，气泡分布很粗，网状组织也很粗，面团表面比成熟面团潮湿发黏。未熟面团成型后，醒发过程长一些的话，仍可得到胀发大的成品，但是面包组织粗，膜厚，很难达到成熟面团那样细腻、松软的程度。过熟的面团则很难补救。

2. 最后醒发时的观察

最后醒发阶段，较容易判断面团是否处于成熟状态。处于成熟状态的面团在醒发时需要时间最短，即在短时间内便会胀发到入炉时需要的体积，而未熟和过熟的面团达到同样胀发体积则要花费更长时间。

（六）发酵管理

1. 发酵操作原理

如上所述，发酵面团在发酵过程中同时进行着两个过程，即气体产生过程和保气力增加过程（即面团成熟过程）。

如把气体产生和面团成熟过程用曲线表示，则可得到图3-8。如图所示，气体产生曲线与面团成熟曲线往往并不重合。实践证明，只有面团气体的产生及保留变化的两个过程同时配合，才能做出理想的面包。

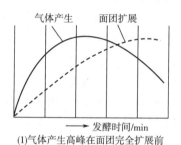
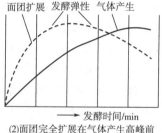

图3-8　面团成熟过程曲线

如图3-8（1）所示，在面团的扩展还没到达最高以前，气体产生已达到最高峰，如在此阶段烘烤做面包，即使气体产生得再多，也无法将面包胀到最大的程度，因为面团的面筋韧性太强。但假如待此面团达到充分扩展，气体的产生却已下降，此时做出的面包亦不理想。为避免该缺陷，可采用以下方法：①使用面筋比较弱的面粉，缩短面团扩展时间，来配合气体的产生；②使用蛋白质分解酶降低面团的筋度；③使用含有淀粉酶的糖浆，或其他含有淀粉酶的制品以延长气体产生的能力。

如图3-8（2）所示，面团的扩展比气体产生快，将此面团拿去做面包，结果面包体积小，品质也差。因为虽然面团扩展已达到适当的程度，但还没有足够的气体将面团胀到最大程度。为避免该缺陷，可采用以下方法：①增加糖的使用量，促进气体的产生；②使用筋力较强的面粉，增加面筋强度；③增加面团扩展时间等，总之使气体产生和面团扩展配合。

当两者的曲线最高部分重合时，做出的面包体积最大，面包内部颗粒、组织、表皮颜色都非常良好。

事实上，面团的理想发酵时间都有一范围，而不是一个点。在这一时间范围内，面团的气体保持力保持一定水平，这一范围称为面团的发酵弹性或发酵耐力（Fermentation Tolerance），即发酵的稳定性。发酵耐力大，酵母的产气量和面团的气体保留量都比较大，且能保持适当的平衡。显然，发酵耐力越大，操作越容易。发酵耐力同发酵一样受许多因素的影响，如果糖、油等辅料含量高的面团，发酵较慢，但发酵耐力大，而配料较少的面团，发酵快，但耐力范围小。

2. 发酵操作

发酵槽在盛面团前应擦上一层薄油，面团倒入槽内后弄平使上面平滑，即可推入发酵室内发酵。一般而言，槽的大小要与面团的质量相配合，中种面团的发酵体积较大，约为直接法的2倍，所以放中种面团的发酵槽要大些。但槽太大会使面团胀不起来，而是流下去，使发酵不正常，这时必须用隔板来限制面团体积。

发酵室内必须控制适当的温度及湿度，以利于酵母在面团内发酵。一般理想的发酵温度为27℃，相对湿度为75%。温度太低会降低发酵速度，温度太高则易引起野生发酵（Wild Fermentation）的危险。湿度的控制亦非常重要，如果发酵室内的相对湿度低于70%，面团表面由于水分蒸发，干燥而结皮，不但影响发酵，同时使产品品质不均匀。

中种面团的发酵开始温度为23~26℃，2%酵母于正常环境下，3~4.5h即可完成发酵。中种面团发酵后的最大体积为原来的4~5倍，然后面团开始收缩下陷，这种现象常作为发酵时间的推算依据：中种面团胀到最大的时间为总发酵时间的66%~75%。面粉越陈，面团胀到最大需要的时间越长，占总发酵时间越长。发酵完成后进行主面团调粉，然后再经第二阶段的发酵，称为延续发酵（Floor Time），一般延续发酵时间为20~45min。如果在室温下发酵，则应视面团、环境温度把握延续发酵时间。

直接法的面团要比中种面团的温度高，为25~27℃，温度高可促进发酵速度。直接法的面团已将所有配方材料加入，一些材料如乳粉、盐对于酵母的发酵有抑制作用，因此直接法的面团的发酵要比中种面团慢，发酵时间要更长。但如果将中种面团的发酵时间及主面团延续发酵时间加起来，则中种法的发酵时间比直接法长。

直接法与中种法不同，发酵到一定程度时需要翻面，将一部分 CO_2 放出，减少面团体积。翻面不可过于激烈，只需将四周的面拉向中间即可，否则易使已熟成的面团变得易脆。

直接法的发酵时间由第一次翻面时间决定。将手指稍微沾水，插入面团，再将手指迅速抽出，当面团被手指插入的手指印无法恢复原状，同时有点收缩时，即为第一次翻面的时间，约为总发酵时间的60%。第二次翻面时间，为从开始发酵到第一次翻面时间的一半。以上计算只是一般方法，并不适用每一种情况，应依照面粉的性质决定发酵时间。陈旧面粉的面团翻面的次数不可太多，为了缩短发酵时间，一次翻面即可；而对于面筋强、蛋白质含量高或出粉率比较高的面粉制作的面团，第一次翻面时间缩短，同时翻面次数需要增加。

二、整　型

发酵后的面团在进入烘烤前要进行整型工序，整型工序包括：分割、滚圆（搓圆）、中间发酵（静置）、整形、装盘等。在烘烤前，还要进行一次最后发酵工序（成型）。因此，整型处于基本发酵与最后发酵这两个在定温、定湿条件下进行的发酵工序之间，但在这期间，面团的发酵并没有停止，为了在整型期间不使面团温度过低（尤其是冬季）或表面干燥，最好给车间安装上空调设备，尤其是硬式面包在最后发酵之前，在车间内操作时间较长，更需要控制好温湿度。一般车间的理想温度条件为25~28℃，相对湿度65%~70%，如果车间温度不当会给面包品质带来较大影响。

（一）分割（Dividing）

1. 分割的要求

分割就是将发酵好的面团按成品面包要求切块、称量，为整形作准备。面团发酵时间终了后要立刻分割，此工序的发酵时间终了，并非是整个发酵时间终了，实际上发酵仍然继续进行，甚至有继续增加的趋势。因此，如果分割时间过长，前面分割的面团与最后分割的面团在性质上将会产生大的差距。短时间发酵的面团与长时间发酵的面团相比，如果长时间的分割，彼此性质差异更大，所以一般长时间发酵的面团做出的面包比较好。为了最大限度减少长时间分割引起前后面团发酵程度差异的不良影响，要加快分割速度。主食面包要求在 20min 以内完成；如果可能，要求在 15min 以内。果子面包要求在 40min 之内分割完毕，尽量在 30min 以内完成。延长分割时间会使发酵继续进行，杂菌繁殖，使面团发酸、发黏，也使分割出的面团质量不一致，做出的面包品质不好。

手工分割虽效率低，劳动强度大，但有以下优点：面团受损伤较小，在炉内胀发大，较弱的面粉也能做出好的面包。机器分割虽效率高，但比用手分割对面团组织的破坏要严重。机器分割一般都是采用吸引、推压、切断等方式作用于面团，所以面筋组织受损伤大。与受损伤程度有关的因素为小麦粉的强度、面团的制法、面团的硬度（加水量）、搅拌程度、发酵程度、分割构造及其调节等。因此，机器分割的面团要比用手分割的面团新鲜些，发酵时间不可太长。为了减少机器分割引起的损害，面粉筋度要高，面团要柔软，让面团能自由流到分割室内。

2. 机械分割的形式

分割机械类型很多，常见的如图 3-9 所示。

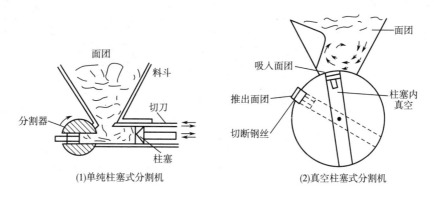

(1)单纯柱塞式分割机   (2)真空柱塞式分割机

图3-9 分割机

（1）单纯柱塞式［图 3-9（1）］ 依靠柱塞的往复运动和面团本身的质量、流动性质，将面团挤入一定大小的型内，成为一定体积的分割面团。

（2）真空柱塞式［图 3-9（2）］ 主要用于较小面包的分割。为了使面团体积准确，光靠活塞吸引充填不够充分，因此在活塞内部接真空泵，加强吸引力。

（3）冲切滚圆式 先将面团揉成饼状，放在切割机平台上，然后平台上方的格子状切刀垂直切下，完成分割，并滚圆，多用于机械耐性差的硬式面包的分割。

以上分割机都是采用体积分割的方式，即只使分割的面团体积相同。

机械分割的缺点主要有面团损伤和质量不均匀。为此，要求调粉操作使面团在调粉时充分结合扩展，具有柔软的伸展性，另外在发酵时要保证不能发酵过度。分割机本身的调整是解决质量不均一的重要方法。

（二）滚圆 （Rounding）

1. 滚圆的目的

分割出来的面团，要用手或用特殊的滚圆机器滚成圆形。其目的如下所述。

（1）使所分割的面团外围再形成一层皮膜，以防新生气体的失去，同时使面团膨胀。不管是用手或还是用机器分割出来的面团，都已失去一部分由发酵而产生的二氧化碳，使面团的柔软性减低，因而直接由分割出的面团整形比较困难。为此，整形前需要使面团重新发酵再得到二氧化碳，使面团恢复柔软性。若分割的面团不加以滚圆，由于切面孔洞的存在，再发酵产生的二氧化碳仍会失去。

（2）使分割的面团有光滑的表皮，在后续操作过程中不会发黏，烤出的面包表皮光滑好看。

2. 滚圆机的类型 （图 3 - 10）

（1）伞型 ［Umbrella Type，图 3 - 10 (1)］ 转动部分为一巨大的圆锥面，面团由下向上，沿周围固定槽滚动。伞型又分为美式和欧式：美式的圆锥面坡度小，欧式圆锥面坡度大；美式滚圆轨槽只有 2/3 圆周，而欧式为 2 周；美式适于大的面块，欧式和钵型适于较小的面块。

（2）钵型 ［Bowl Type，图 3 - 10 (2)］ 旋转面像一个碗，沿碗面内部有一条螺旋而上的固定轨槽 （Track race），分割后的面团不断送入固定轨槽下部，当旋转面转动时，被分割的面团由于摩擦会一边被滚动，一边沿槽而上，形成球型和光滑表面。

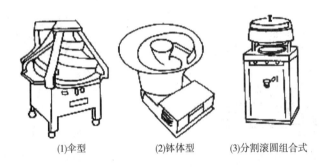

(1)伞型   (2)钵体型   (3)分割滚圆组合式

图 3 - 10 滚圆机

（3）滚筒型 相当于使伞型滚圆机的小端直径加大，即滚动面上下直径差小的滚圆机。

（4）平面传送带型 （Pan - o - mat） 由传送带的向前运动和与传送带运动方向成一定角度的固定轨槽对面团的摩擦完成滚圆。

（5）组合式 （Integral Type） 类似于手工操作，传送带上的分割面团以 2 ~ 10 列间歇前进。停止动作时，滚圆平面（由框架支持的帆布）降下，压在面团上，与传送带保持一定间隙，作圆弧运动，滚圆完成后，框架上升，传动带向前走一步，至下几列面团运行到框架下面，再停止。这是德国人发明的机器，据说适用于稍硬一些的面团。

（6）分割、滚圆组合式 ［Mulitmat，图 3 - 10 (3)］ 将分割机和滚圆机组合为一体，如前所述的冲切滚圆式分割机。

在滚圆时，必须要注意撒粉适当。如果撒粉不均匀，会使面包内产生直洞；如果撒粉太多，将使面团在滚圆时不易黏成团，在最后发酵时易散开，使面包外形不整，所以撒粉应尽可能少一些。用手滚圆时也要注意撒粉。

（三）　中间发酵　（Intermediate Proof）

中间发酵也称静置，国外称为 Short Proof、First Proof、Preliminary Intermediate、Overhead Proof 或 Bench 等。Proof 在面包加工中是发面的意思，指滚圆后到整形之间的发酵，以及整形后到进烤炉之间的发酵。前者时间较短，所以也称短发酵（Short Proof）、中间发酵或工作台静置（Bench），后者则称为最终发酵（Final Proof）或醒发、末次发酵、成型等。中间发酵的目的有以下三方面。

（1）中间发酵不仅仅是为了发酵，而是因为面团经分割、滚圆等加工后，不仅失去了内部气体，而且产生了所谓加工硬化现象（Work Hardening），也就是内部组织处于紧张状态，通过一段时间的静置，可以使面团得到休息，面团的紧张状态松弛，从而有利于下一步的整形操作。这一工艺目的与饼干、蛋糕等不发酵食品的面团静置相同。

（2）在前步操作中面团部分内部失去了气体，在中间发酵过程中可以使气体得到一些恢复，以此来使面筋组织重新形成规整的构造，并使接下来的整形工序容易进行。

（3）使面块形成一层不黏整形压辊的薄皮。

在进行中间发酵时，将面团放在发酵箱内发酵，这种发酵箱称为中间发酵箱。大规模工厂生产时，滚圆后的面团随连续传动带进入机器内的中间发酵室进行发酵。理想的中间发酵箱湿度应为 70%～75%，温度以 26～29℃比较合适。假如湿度过低，易使面团表面结皮，面包烤好后组织内产生深洞；若湿度过高，表皮发黏，则整形时必须大量撒粉，结果使面包内部组织不良。另一方面，如果温度太高，发酵太快，面团老化快，结果使面团的气体保留性差。尤其温度高、湿度大时，影响严重。若温度太低，则发酵慢，需要延长中间发酵时间。

（四）　整形　（Moulding）

经过中间发酵后，将面团整成一定的形状，再放入烤盘内。一般的整形都用机器操作（图 3–11）。第一步辊轧：面团经过几对轧辊后被压成扁平椭圆形，同时面团内大部分气体被压出，使面团内部组织变得比较均匀；第二步卷条：压平后的面团经过卷起部分，被卷成圆柱体；最后一步卷紧：圆柱体面团经压紧部分卷紧，卷紧面团的同时将卷缝黏合。整形操作必须注意以下两点。

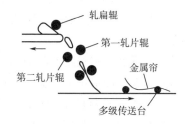

图 3–11　整形操作示意图

（1）控制面团性质　要求面团柔软、有延展性、表面不能发黏。影响面团性质的因素包括所用的材料、面团搅拌和发酵情况等，如新麦磨成的新鲜面粉、面团配方中使用麦芽粉（酶制剂）过多或中间发酵箱内湿度太大，都会使面团发黏。

（2）调整整形机　一般要使轧辊尽量靠近，只要不撕破面团即可。这样可使面团内细胞分布均匀，烤出的面包内部组织均匀、整齐。若滚轴调整太紧，面团易被撕破，会发生黏辊现象，使操作困难。还有一种情况，即面团经滚轴压平后，两端厚中间薄，卷好后呈哑铃状，切开这种面团可发现内部的气泡大小和分布并不均匀。另外，比较严重的问题是轧辊的第一道如果调得太松，则无法使面团内的气体压出，使面包颗粒粗，内部有大洞。假如调得太开，则面团无法卷到一定的圈数，一般正确的圈数为 2.5 圈。轧辊距离应随品种个别调整。一般来说，面团质量小，第一道轧辊间隙要调整小一些，便于面团中的气体压出。软的面团比硬的面团第二道轧辊的间隙要大些。轧辊距离是否调得适当，要看压平面团表面是否光滑，如果表面太粗糙，则表示调得太紧。另一重要的整形操作是调整卷条机压板的高低，必须调整到面团的边可以黏起来，形成平整的圆柱形。如果压板调得太松，整形出的面团呈枣核形，中间粗两端细，烘烤时黏缝容易分开，使面团失去应有的形态。如调得太紧，整形出的面团呈哑铃状，使烤出的面包组织不均匀。

整形时与其他操作相同，应尽量减少撒粉。如撒粉太多会使内部组织产生深洞，表皮颜色不均匀。一般撒粉多用高筋面粉或淀粉，以面团的 1% 为准。

（五） 装烤模 （Panning）

整形好的面团有的经过最终发酵后直接烘烤，例如圆面包；有的只是在入炉前用锋利的小刀划出几道口子，如欧式硬面包；有的则要放入烤盘（Sheet）或烤模（Pan）中烘烤，现以听型面包为例讲述装烤模的操作要领。

整好形后的面包应立即放入烤模内。大部分工厂面团由整形机整型，再由人工操作装入烤模内。先进的大规模生产工厂装烤模已由机械操作。正确的装烤模操作必须注意以下几点。

（1）在整形机整型后，必须装置一精确磅秤，核对每一个面团的质量。质量不合格的面团一般不能立刻再整形。较好的方法是让此面团重新回到搅拌机，重新搅拌，假如已没有机会回搅拌机重新搅拌，则必须另给短暂的发酵与松弛时间，重新分割后再整形。当然这样做出的面包品质较差。

（2）装烤模时必须将面团的卷缝处向下，防止面团在最后发酵或焙烤时裂开。同时，要尽量使装入面团前的烤模温度与室温相同，太热或太冷会使最后发酵不良。

（3）烤模装面团前，必须经适当的处理。即每一次装烤模时涂油（一般用猪油比较好）或用一种涂剂 Silicone（氟化烷基硅氧烷聚合物）作相对永久性的处理。涂剂处理不仅方便，还省去了每次使用都需涂油的麻烦及涂油的损耗；最重要的是卫生，减少了面包沾附油污的可能性。

（4）烤模的体积与面团质量的比对面包品质也有影响。

根据经验，如制作不带盖的吐司面包（Round Top），烤模的体积与面团质量之比应为 $3.35 \sim 3.47 \mathrm{m}^3/\mathrm{g}$。方包（Pullman）如组织要细密，则烤模的体积与面团质量之比应为 $3.47 \mathrm{m}^3/\mathrm{g}$；如要颗粒比较粗些，则烤模的体积与面团质量之比为 $4.06 \mathrm{m}^3/\mathrm{g}$。面包在烤模中的常见摆放形式如图 3 - 12 所示。

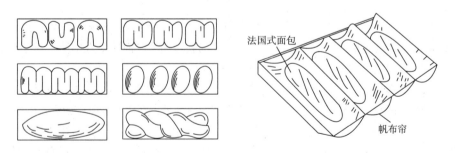

图 3 -12　面包在烤模中的常见摆放形式

三、最终发酵

最终发酵（Final Proofing）也称最末发酵、醒发或成型，这是入炉前很重要工艺，因为经过一系列复杂操作的面团，如在最后这一阶段失败，将前功尽弃，可见最终发酵的重要性。

（一）最终发酵的目的

经过整型的面团，几乎已失去了面团应有的充气性质，面团经整型时的辊轧、卷压等手续，大部分气体已被压出，同时面筋失去原有的柔软而变得脆硬和发黏，如立即送入炉内烘烤，则烘烤的面包体积小，组织颗粒非常粗糙，同时顶上或侧面会出现空洞（Shell Tops）和边裂现象。为得到形态好、组织好的面包，必须使整型好的面团重新再产生气体，使面筋柔软，增加面筋伸展性和成熟度。

（二）操作条件

最终发酵一般都是在发酵室进行。最后发酵室要求温度高，湿度大，常以蒸气来维持其温度，所以称为蒸气室（Steam Box）。蒸气室内温度为30~50℃（普通38℃），相对湿度83%~90%（普通85%）。也有要求更特殊温度的面包，例如丹麦式面包、欧洲硬式面包、牛角酥（Croissants）的最后发酵是在23~32℃的较低温度下进行的。其理由有的是因为低温可以溶存较多的二氧化碳，有利于炉内胀发；有的是油脂裹入太多，温度过高怕油脂熔化而流失。最后发酵时间要根据酵母用量、发酵温度、面团成熟度、面团的柔软性和整型时的跑气程度而定，一般为30~60min。对于同一种面包来说，最后发酵时间（Proofing Time）应是越短越好，时间越短做出的面包组织越良好。

（三）最终发酵程度的判断

（1）一般最后发酵结束时，面团的体积应是成品大小的80%，其余20%留在炉内胀发。但在实际操作过程中，对于在烤炉内胀发大的面团，醒发时可以体积小一些（60%~75%），对于在烤炉内胀发小的面团，则醒发终止时体积要大一些（85%~90%）。对于方包，由于烤模带盖，所以好掌握，一般醒发到80%就行，但对于山型面包和非听型面包就要凭经验判断。一般听型面包都是以面团顶部离听子上缘的距离来判断的。

（2）用整型后面团的胀发程度来判断，要求胀发到装盘时的3~4倍。

（3）根据外形、透明度和触感判断。发酵开始时，面团不透明和发硬，随着膨胀，面团变柔软，由于气泡膜的胀大和变薄，使人观察到表面有半透明的感觉。最后，随时用手指轻摸面团表面，感到面团越来越有一种膨胀起来的轻柔感，根据经验利用以上感觉判断最佳发酵时期。

（四）影响最终发酵的因素

1. 面团的品种

面包品种不同，要求最终发酵的胀发程度也不同。一般体积大的面包，要求在最终发酵时胀发得大一些。对欧洲式面包，希望在炉内胀发大些，得到特有的裂缝，所以在最终发酵时不能胀发过大；反之对于液种法、连续法做的面团，一般要求在最后发酵时多醒发一些。像葡萄干面包（Raisin），面团中含有较重的葡萄干，胀发过大，会使气泡在葡萄干的重压下变得太大，所以需要发酵程度小一些。

2. 面粉的强度

强力粉的面团由于弹性较大，如果在最终发酵中没有产生较多气体或面团成熟不够，在烘烤时将难以胀发，所以要求醒发时间长一些。而对于面筋强度弱的面粉，若醒发时间过长，面筋气泡膜会胀破而塌陷。

3. 面团成熟度

面团在发酵过程中如果达到最佳成熟状态，那么采用最短的最终发酵时间即可；如果面团在发酵工艺中未成熟，则需要经过长时间的最终发酵弥补。但对于发酵过度的面团，最终发酵无法弥补。

4. 烤炉温度和形式的影响

一般烤炉温度越低，面团在炉中胀发越大；温度高，炉内胀发小。因此，对于前者，最终发酵时间可以短一些，对于后者应该长一些。有的烤炉，尤其是顶部、两侧辐射热很强的烤炉，面包在炉内的胀发较小；而炉内没有特别高温区，以炉内的高温气流来烘烤的炉子，面团在炉内胀发较大。在前一种炉中，最终发酵要求时间长一些，胀发大一些；在后一种炉中，则最终发酵时间要短一些。

（五）　最终发酵中的注意事项

1. 发酵室的温度和相对湿度

温度过高会引起面团温度不均匀，内部组织粗糙，成品产生酸味或其他不快气味，保存性不良。温度过低，则发酵时间延长，组织粗糙。湿度如果低于要求，面团表面会形成干硬的皮而失去弹性，不仅阻止胀发而且会引起上面或侧面裂口现象，而且影响色泽。湿度过大，面团表皮会形成气泡（Blister），且韧性增大，一般辅料较丰富、油脂多的面团即使在正常相对湿度（85%~90%）下也会使皮部韧性增加，所以要保持在60%~70%的较低相对湿度。另外，成熟过度的面团，相对湿度太高会使表皮糖化过度而发脆。

2. 发酵时间（Proofing Time）

过度的最后发酵（Over Proofing）会使面包表皮白、颗粒粗、组织不良、味道不良（发酸），向上胀发虽大但侧面较弱（听型），体积也会比正常产品大。而不足的最后发酵，则使成品体积小，表皮颜色过深。发酵时间还要根据烘烤机的速度调节。

第五节　面包的烘烤与冷却

一、　面包的烘烤

（一）　面包烤炉

1. 烤炉的形式和发展

从人类在烧热的石头上烤面包到用砖做的平板式烤炉（Peel Oven）经过了数千年漫长的岁月。直到几十年前，人们仍用这种固定炉床（Baking Hearth）来烘烤面包。不过在形式上做了改进（图3-13），先是抽屉式烤炉（Draw Plate Oven），装料时把放面包坯的烤炉像抽屉一样拉出来，摆好面包坯后再同烤炉一起推入炉膛内。后来又出现了一种称为回转炉（Rotary Oven）的烤炉，这种炉的烤炉水平转动（Rotaring Hearth），操作者可从炉口按转动次序填料，这种炉一度相当流行。在近代就是风车转炉（Reel Oven），数个托盘（Tray）分别吊在一个轴线与地面平行的大轮子的周围。一边烤一边转动，既有回转式炉的优点，又有占地面积小、烘烤对流大的长处。只是炉膛太大，温度不易均匀。托盘（Tray）在 15 个以下的较小型转炉面包坯转几周才能烤好，故称之为多转纺车式炉（Multi Cycle Reel Oven）；大型的 15 个托盘以上的炉，面包坯装进后转 1 周便可出炉，称之为单转炉（Single Cycle Reel Oven）。后来人们又经过改进把水车轮改为 2 个，转动时以链连接，同时增加了托盘数量，称作托盘式炉（Tray Oven）。这种炉刚开始进出炉是一个口，但后来装炉机械化、自动化后，与隧道式炉的效果就很接近了。后来人们又将双轮改为四轮，使托盘运行由椭圆形变为 W 型，使得烤炉占用面积更小，烘烤规模更大。将最初的简单轨迹炉称为单烤炉（Single Lap Tray Oven），复杂轨迹的炉称为复烤炉（Double Lap Tray Oven），后者托盘都在 30 个以上。直到 1913 年，人们发明了隧道式烤炉后，这种新型的炉子才逐渐成为面包烤炉的主流。隧道式平炉构造简单、机械寿命长，炉膛可以分为几个温度区域（Heat Zone），以控制烘烤过程，另外面火和底火也便于控制，占地面积小，工作效率高。

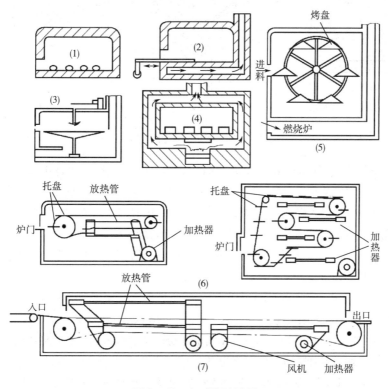

图 3 –13 各式烤炉简图

(1) 平板式炉　(2) 抽屉式炉　(3) 回转式炉　(4) 外焚式炉
(5) 风车式转动烤炉　(6) 托盘式烤炉　(7) 隧道式烤炉

2. 加热源和加热方式

（1）加热源　烤炉的加热，过去人们曾利用柴火、煤、木炭、焦炭、重油，其中除了木柴、木炭和焦炭外，其余燃烧都采用外焚式。另外还有采用蒸气管式，即利用过热水蒸气或甘油，加热到 300℃ 以上，通过密闭管道通入烤炉内作为加热源，但目前较新式而且普遍被采用的是电加热或工业煤气燃烧加热方式，这两种方式有使用方便、温度调节容易的优点，以远红外线电烤炉使用最为普遍。

（2）加热方式　最先使用的是间接式加热，即在燃烧室内，使轻油或煤气燃烧后得到的高温气体用管道通入烤炉内加热面包的方式，这种方式中使用的加热炉称为间接加热炉（Indirect Fired Oven）。

后来随着工业煤气的发展，将煤气和空气混合后用管道通入烤炉内一排排有孔的燃烧管道中，直接燃烧，称为直接加热式炉（Direct Fired Oven）。直接加热炉的加热方式又可分为以下方式，如图3-14所示。

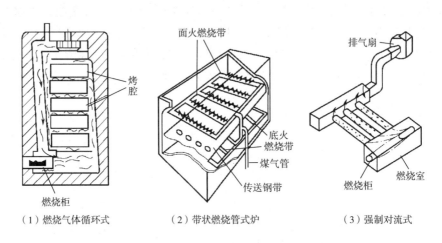

（1）燃烧气体循环式　　　（2）带状燃烧管式炉　　　（3）强制对流式

图3-14　烤炉基本加热方式

①燃烧气体循环式（Circulating Combustion Air System）：这种方式是在烤炉外另设有燃烧室，把燃烧室燃烧得到的高温气体通过一排排管道通入烤炉，从孔中直接喷入炉内，然后从炉内再由回气管把热空气送入燃烧室。这种方式与间接式相似，即都是烤炉外燃烧。但不同的是，间接式的燃烧热气只是在管内循环，所以要求燃烧气体温度较高（高于炉温100℃），从热管道向炉内的热主要以辐射方式传播。而循环方式，则不需要燃气温度很高（略高于炉内温度），燃气直接喷入炉膛，面包基本上是以对流方式被加热。

②带状燃烧管式炉（Ribbon Burner Oven）：即由烤炉内平地排列的横笛状燃烧管的一排排小孔发生火苗燃烧。比起间接燃烧方式，这种方式热效率大约高20%，烘烤室温度可容易地达到间接式难以达到的高温（250℃以上），尤其是容易得到较强的底火。间接加热式炉的传热方式以热辐射为主，而直接加热方式以对流为主。

③强制对流式（Forced Convection）：这种方式是美国开发的。美国的方面包加热时听子的形式以连续式为多，往往是四个型盒连接在一起，因此中间两个便会由于两边盒子的遮挡，受热不足，使得面包四角胀发不好成为圆角。为了加强中间两个型盒的受热，便采取了加强热气对流的方式。这种方式一般是在炉顶部装有风扇，将热风先吸引到顶部，再由四周的管道吹入底部的喷气管，使热气循环。

（3）热传导方式　面包烘烤的热传导方式基本与饼干的相同，详见第四章。

（二）烘烤的基本方法

1. 烘烤炉内的温度控制

对于各种各样的面包，很难统一地规定烘烤温度和烘烤时间。实际操作中，往往是根据经验总结各种烘烤条件。即使是同一种面包，有时既可采取低温长时间烘烤的方法，也可以采取高温短时间加热的方法。较典型的有：①始终保持一定的温度的烘烤法；②初期低温，中期、后期用标准温度；③初期高温，中期、后期采用基准温度烘烤等多种多样的烘烤面包的方法。例如，目前烘烤 0.9kg 和 1.35kg 的方面包时，可采用以下三种方法。

①保持炉内 210℃，35～40min 烤成。

②开始时 180℃，烘烤 10～15min 后，再以 210～220℃ 烘烤 30～35min。

③刚开始以 260℃ 烘烤 10～15min，然后再以 210℃ 烘烤 15min 结束。

方法不同，烤出面包的形态和质量也不同，上述②和③法为两极端，①法介乎其间。②法初期温度较低，可使型内的面团得到更多的醒发时间，在炉内胀发大。另外，由于热量传到面团中心比较慢，因此中心部分直到烘烤后期还继续膨胀，压迫靠近周围的面包层，会形成较厚的外皮层（所谓耳），水分蒸发也比较多（烘烤时间长）。而③法初期温度高，使外皮迅速形成壳层结构，阻断水分的向外扩散蒸发；另外，由于热量比较迅速地向中心传播，即使中心部分较快地"固化"，一般不会形成厚的耳。也就是在以上三种方法中，③法可得到最薄的外壳，且烘烤所需时间最短。烘烤中②法最费时间且水分损失最多，①法次之。

2. 炉内水蒸气的调节

一些现代化的、适应性高的烘烤炉，一般在面包烘烤时都要向炉内喷入不同程度的水蒸气（Steaming），其目的被认为有以下四点。

①帮助炉内面包的胀发或被称作增加面包的烘烤弹性（Oven Spring）。

②促进表面生成多量的糊精，使表面具有理想的光泽。

③防止表皮过早硬化而被胀裂。

④搅动炉内热气的对流，有助于热的传播。

其中前三点，软化表面、有利胀发、增加表面光泽的作用意义最大。

向炉内通入的水蒸气，要求是湿蒸气（Wet Steam，压力 24.5kPa，温度 104℃），从烤炉的顶部以 1～2m/s 的速度喷向下方。其目的就是要使刚进炉的较低温度（32℃左右）的面包坯遇蒸气后，迅速形成表面冷凝水，否则没有效果。对于隧道式平炉，一般需要不断喷入水蒸气，而对于托盘式炉，水蒸气密度大，当开始喷一些蒸气后，大量面包坯源源送入，此时从面包坯蒸发的水蒸气便可代替人为喷入的水蒸气。

（三）烘烤中的反应 （Baking Reaction）

1. 面包烘烤温度曲线

炉内面包烘烤时的变化称为烘烤反应。面包在炉内加热时，从表面到内部的温度逐渐上升，将烘烤中面包各部分的温度变化以曲线表示，称为烘烤曲线。图 3-15（1）、（2）分别表示不同炉温下面包中心温度和同一面包各层温度在烘烤时的烘烤曲线。对于主食面包，炉的适宜温度为 215～230℃，因此把 190～210℃ 称为低热炉，240～260℃ 称为高热炉。如图 3-15 所示，面包内部的各层温度，直到烘烤结束时都不超过 100℃，而以面包中心部分的温度最低。而面包表皮的温度很快超过 100℃，外表面的温度有时可达到 180℃。由此可知，当用高热炉烘烤面包时，内部温度虽然上升也比较快，但表面温升更快，在内部还未到达成熟时，表面已经有了较深的烤色，即产生内生外焦现象。相反，低热炉当内部已充分烤熟时，往往表面颜色还比较浅，且总的水分蒸发量大。适热炉则内部完全转熟正好与外表形成最理想的烤色相一致。

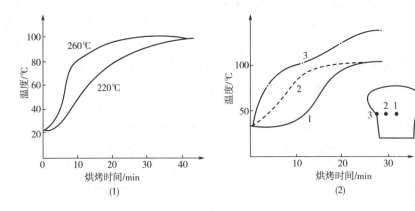

图 3-15　面包烘烤温度曲线

（1）不同炉温下面包的中心温度变化曲线　　（2）在烘烤时同一面包各层温度变化曲线

一般可利用面包中心的烘烤温度曲线来判断烤熟（Baked）所需的时间。中心达到 100℃时，并不意味着面包烤熟。中心必须在 100℃下维持 8~12min，才能使淀粉糊化完全完成。关于面包的烤熟定义也曾引起争论。有人提出中心部分淀粉完全糊化为熟，但实际上经过充分烘烤的面包，α 化（糊化）率为 95% 左右。但经过 2~3d 后如不采取一定措施，α 化率会降到 75% 以下，即所谓老化。也有人提出，面团从具有流变性变为固体谓之烤熟。甚至在美国面包工程师协会（American Society of Bakery Engineers）的一次年会上，为此问题曾争论很大。最后有人干脆把面包拿到讲坛上，用力将其压瘪，然后松开手，主张如果由于弹性恢复原来的形状，则才能称得上烤熟（Baked），大家基本上同意了这一定义。一般来说，面包越小，中心达到 100℃所需时间就越短，烤熟所需时间也就越短。而原辅料中糖油比高的品种，如黄油甜松饼（Muffin）、蛋糕，因表面很容易上色，所以要求较低的温度长时间烘烤。表 3-8 所示为几种形态大小不同的焙烤食品的烘烤条件对比。

表 3-8　　　　　　　　　　　　各类焙烤食品烘烤条件对比

焙烤食品	烤熟时间 /min	炉温 /℃	大小	中心温度上升所需时间/min			
				80℃	90℃	95℃	99~100℃
饼干	15	232	直径 5cm	5	6	7	9~15
松饼	25	204	45cm 型坯	10	12	13	16~25
蛋糕	30	185	(20×3.4) cm	7.5	20	23	28~30
面包	32	232	0.45kg (1lb)	19	20	23	28~30

2. 烘烤中的反应

（1）烘烤过程　　面包在烘烤中外观和内部组织的变化可以归纳为三个阶段：①炉内膨胀，也称焙烤弹性（Oven Spring）；②糊化（Dextrinization）；③表皮形成和上色。

①炉内膨胀：炉内膨胀是由于受热而引起的膨胀。面团内有无数个发酵产生的小的密闭气孔，由于受热的作用，增加气压而膨胀。促进膨胀的物理作用还有面团温度升高时释放出的溶解在液相内的气体，低沸点的液体（酒精）在面团温度超过它的沸点时蒸发而变成气体。这些

气体增加了气泡内气体的压力，使气孔膨胀。除了上面三种纯物理影响外，另外还受酵母同化作用（Metabolism）的影响，即温度影响酵母发酵，影响二氧化碳和酒精的产生量。温度越高，发酵反应越快，一直到大约60℃酵母被破坏为止。到此时，酵母所产生的二氧化碳足够使面团膨胀。同时由于温度升高，面团内的淀粉酶活力增加，促进酵母发酵，使面团软化，增加了面包的焙烤弹性（Oven Spring）。一般炉内膨胀占焙烤时间的1/4～1/3，体积增大约1/3。

②糊化：随着面团温度的上升，就开始了以淀粉糊化为主的面团由类似液体的性质向固体的变化，即所谓固体化。当面团在发酵阶段时，面筋是面团的骨架，而淀粉好像附于骨架的肉。但在焙烤时，由于面筋有软化和液化的趋势，则不再构成骨架。烘烤（55～60℃）时，淀粉首先糊化，糊化的淀粉从面筋中夺取水分，使面筋在水分少的状态固化，而淀粉膨润到原体积的几倍并固定在面筋的网状结构内，成了此时面包的骨架（图3－16）。因此，面团焙烤时的体积由淀粉维持，此时面团的性质及炉内膨胀受淀粉糊化程度影响较大。淀粉的糊化程度，受液化酶在发酵和烘烤的最初阶段的影响。液化酶适当作用于面团，能使淀粉达到适当流变性，作为面包骨架使面团膨胀良好。如淀粉酶不足，会使淀粉的糊化作用不足，生成的淀粉胶体太干硬，限制面团的膨胀，结果使面包体积和组织都不理想。相反，如淀粉酶太多，淀粉会被糊化过度，因此降低了淀粉的胶体性质，使它无法承担气体膨胀的压力。小气孔破裂而形成大气孔，发酵所产生的气体会漏出，损失面包体积。同时，糊精的颜色比淀粉深，所以面包内部颜色也会受到影响。

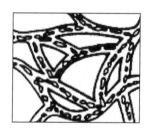

(1)烘烤前面团组织　　　　　　　　　(2)烘烤后面团组织

图3－16　烘烤前后面包面团组织的变化

除淀粉的糊化作用以外，温度上升还改变了面筋的网状结构。面团温度最初上升时就有液化（Liquifing Effect）面筋的反应，这些面筋最主要的作用是构成面团骨架，使淀粉糊化时作为支架用，但起始温度上升使这一作用失去。淀粉要糊化必须吸收更多的水，因此淀粉糊化时就吸收面筋所持有的水。面筋凝固时温度为74℃，从74℃以后一直到烤完为止这一短时间内凝固作用比较少。

科学家Garnatz对好面包内部组织的定义：气孔小、气孔壁薄、气孔微长型、大小一致，没有大洞，用手指尖触摸时，感到松软光滑。

③表皮形成和上色：烘烤期间酒精在78℃大量蒸发，水分在98～100℃大量蒸发，直至酒精的大约95%、约占面团量10%的水分被蒸发掉。这种蒸发作用对于内部温度的平均化、淀粉和面筋的胶化具有较大的促进作用。因表层水分比内部因温升不同而蒸发得快得多，所以当内部水分为37%～40%时，外层水分已在20%以下，最表层甚至在10%以下。因内部还有大量水分，所以温度维持在100℃以下时，外层温度可达130℃以上，最外表层可达150～200℃。于是

面团中各种成分发生化学反应，使表皮上色。并且，由于表面和内部温度和水分差别的增大，于是就逐渐形成了一个较干燥的外层结构（称蒸发层或干燥层），最终形成了棕褐色的胶硬的外壳（Crust）——面包皮。

（2）烘烤反应　以上为烘烤反应的大体情况，如果研究其中变化还可以分为物理变化和化学变化两大部分。

①烘烤中的物理变化：面团表面形成薄膜（36℃）；面团内部所溶解的二氧化碳逸出（40℃）；面团内气体热膨胀（→100℃）；酒精蒸发（78~90℃）；水分蒸发（95~100℃）。

②烘烤中的化学反应：酵母继续发酵（→60℃死灭）；二氧化碳继续生成（→65℃）；淀粉的糊化（56~100℃）；面筋凝固（75~120℃）；褐色化反应（150℃→）；焦糖化褐变反应（190~220℃）；糊精变化（190~260℃）。后三种对成品的色泽、香味影响最大。

褐色化反应（美拉德反应）：烘烤时由于面团中尚有一部分剩余糖和氨基酸（由蛋白酶分解面团中蛋白质而得）存在，当表层温度达到150℃以上，这些物质便发生一系列反应而生成褐色的复杂化合物——类黑素（Melanoidins）。这些物质不仅是面包上色的最重要物质，而且也是产生面包香味最重要的成分。有许多科学家将氨基酸和还原糖进行各种配合使之发生美拉德反应，证实了面包的烤香与美拉德反应的生成物醛类有着密切关系。馒头之所以缺少面包的特殊香味，也是因其在加热过程中温度不能达到引起美拉德反应程度的缘故。

焦糖化褐变反应（Caramelizatiom）：这种反应的温度比美拉德反应高，一般产生两类物质，即糖的脱水产物——焦糖或称酱色（Caramel）和裂解产物——挥发性的醛、酮类物质。前者对面包的色泽有一定影响，后者则可增加面包风味。因焦糖化反应是在很高的温度下才能进行，所以面包的色泽和香味主要是美拉德反应的结果。

糊精变化（Dextrin）：面包的外表由于烘烤开始的水凝固和后来的温升会生成多量的糊精状物质，这些糊精状物质在高温下凝固，不仅使面包色泽光润，而且也是面包香味的成分之一。

表皮最重要的反应是褐变（Browning），而其中主要是美拉德反应。此反应从150℃开始，当达到200℃以上乃至240~250℃时，生成物成为黑色的不溶性的苦味物质，此时即是烤焦了。美拉德反应在糖量和氨基酸的量为一定比例时，其生成物使面包的色泽和香味达到最佳状态。

（四）烘烤条件

各种不同的产品，焙烤时需要不同的温度及相对湿度，一般面包的适用温度为190.5~232℃。特殊产品如硬式面包，需要湿度较大的烤炉，因此需要在烤炉内喷入蒸气增加烤炉湿度。一般焙烤时间依温度高低而定，温度高焙烤时间短，反之则长。所以焙烤必须考虑三个因素：温度、相对湿度及时间。

一般的0.45kg白面包焙烤温度为218.3℃，时间为30min。在焙烤最初阶段可通入蒸汽3~4min。比较大的面包焙烤温度约低数度，焙烤时间稍微延长。一般，最初烤的面包在焙烤初期需要外面提供蒸汽，以增加湿度，后面烤的面包由于之前烤的面包在焙烤时有水分蒸发，不需再人为通入蒸汽。太多的蒸气会使面包表皮韧性增强。裸麦面包及硬式餐包（Rye Bread或Hard rolls）焙烤温度较高，约230℃，同时通入的蒸气要多，以使此种产品产生光滑的表皮。一般而言，配料丰富的面团需要低温长时间的焙烤，配料少的面团（Lean Doughs）需高温短时，糖及乳粉对热比较敏感，很快且明显地产生棕色。假如面团内有较多的糖及乳粉存在，高温焙烤时，易使面包内部未烤熟前，表皮已有太深的颜色。同样原理，发酵不足的面团含有较多的剩余糖，亦需要在较低温度下烤制。配料少的面团则相反，只有一小部分的糖和乳粉，很难因为糖的焦化得到充分的表皮颜色，故必须利用高温，使淀粉在高温作用下形成着色的焦糊精（Pyro Dextrn）。而如果在普通的温度下焙烤，要烤到理想的表皮颜色，焙烤时间必须增长，但这样会使产品太干，品质不良。因为同样的原因，发酵太久的老面团，由于面团内的糖等因发酵而用尽，与低成分的面团烘烤条件相同。

烤炉有各种不同的设计，甚至同样型号的烤炉，其内部热的分布、蒸气的条件亦不同。所以无法定出具体产品的最好焙烤条件，一般应依照现有条件，如配方、最后发酵情形、产品的种类确定具体烘烤工艺。烤炉时常发生的问题如下所述。

（1）烤炉热度不足　烤炉热度不足的面包特性为面包体积太大，颗粒、组织粗糙、皮厚、表皮颜色浅、烘焙损耗大。因面团温度低，酶的作用时间长，面包凝固时间亦增长，使面团的焙烤弹性太大，结果面包体积太大，失去了应有的细小颗粒及光滑组织。焙烤时间长，表皮干燥时间长，使表皮比正常的厚，同时因热力不足无法使表皮达到充分焦化，缺乏金黄色。但温度低的最严重缺点为焙烤损耗增加，因为过分的水分蒸发及挥发性物质的蒸发，使面包质量减轻。正常烘焙平均损耗为≤10%。对于温度低的烤炉，为了使面包有良好的体积及组织，可将最后发酵时间缩短。刚磨制成的新鲜面粉（Green Flour）、面筋弱的面粉及发酵不足的面团适合温度低的烤炉。

（2）烤炉热度太高　焙烤热度太高，面包会过早形成表皮而限制面包膨胀，减少焙烤弹性，使面包体积小，尤其是高成分面团容易产生外焦内生现象。热度高的烤炉适合老面团、配料少的面团，使之产生理想的表皮颜色及产生风味；硬式面包适合采用热度高的烤炉。

（3）烤炉内太多的闪热　闪热的定义为瞬间受到的热强度，但此种热并不能以热单位来表示，面包在此状态下焙烤，最初阶段表皮着色太快，但热的消失甚快，因此面包内部的焙烤反而比正常程度慢，结果表皮颜色太深，内部烤不熟。闪热常常发生在砖造的烤炉内部，在烤炉停止送料一段时间后，烤炉室内表面的部分或全部会产生过度的闪热现象。当面包进炉后，立即使面包表皮着色，但烤炉内的空气及炉表面不能供给太多热，结果热传于面包后，烤炉温度降低，因此难于使面包完全烤熟。闪热常发生在烤炉内上层气体，上火太大时易发生。

减少闪热的方法有以下两种。

①在一天的使用中不要有空当。如生产开始减慢或要中断，最好能使用连接法（Bridge over），即空一段，再烤一段，不要使烤炉完全空下来。

②将烟窗（Damper）打开，把热气驱走，让冷气进入烤炉内，有时候使用"闪热烤盘"，即用废烤盘或其他容器，装2/3水或装湿沙等其他不燃烧的材料去烤。但注意这些闪热烤盘所装的数量及质量要与正常焙烤的情况相同，以免输送带承受太多的质量。

（4）烤炉内蒸汽太多　经过最后发酵的面团的皮表温度约为35℃，进炉后因炉内绝对湿度和温度很高则蒸汽在面包皮表凝结成水。这样有助于面包的焙烤弹性及增加面包体积，但也易使面包表皮坚韧、起泡。大量蒸汽及高温适合于制作裸麦面包（Rye Bresd）及其他硬式面包，这样可使面包表面有光滑、光泽的脆表皮。但如果烤炉内蒸汽不足，会使此种产品表皮破裂。

（5）蒸汽不足　烤炉湿度过低，焙烤时表面结皮太快，易使面包表皮与内部组织分离，形成有盖样的上皮（Shell Top），尤其是不带盖吐司面包为甚。改正方法为使用高湿度的最后发酵室或在烤炉内喷入水蒸气。

（6）水蒸气压力过高　通入烤炉内的蒸汽压力过高，温度也高，与面团接触时，因两者间温差太大，无法将蒸汽内水分冷凝下来，而失去水蒸气的作用。同时此种蒸汽会减少面包体积，尤其是裸麦面包。所以，将蒸汽导入烤炉时必须在导管处装置保险塞（Check Valve）或是蒸汽膨胀筒，减低蒸汽压力和温度使之变为湿蒸汽。

（7）烤炉内热的分布不匀　一般常遇到的问题是炉边、加热板及底热不足，这种热分布不匀会使面包上面表皮已烤至适当程度，甚至面包内组织也烤熟，而面包底部及边尚未烤至适当的程度，因此无力支撑面包的组织，结果两边陷入。裸麦面包（Rye Bread）温度不足的最大缺点为面包扁平，两边或接缝地方裂开。

（8）焙烤时烤模位置不适当　焙烤时烤模的位置适当对于焙烤相当重要，假如烤模放置太紧密，热气循环不良，会造成焙烤不均匀。

（五）面包烘烤新技术

现代化的烤炉，炉内温度已达到自动控制，而且对各个时间的温度变化曲线也都加以自动控制。强制对流的加热炉又使炉内的传热效率大大提高，但是面包内部的传热很难受外部传热方式影响，这成为烘烤技术的一个障碍。为了解决这一问题，人们进行了各种各样的研究和尝试。

（1）强制对流　炉内采用强制对流的方式，虽提高了传热效率，但是对流速度过快，使得成品表面过于干燥，表皮不平整。于是，经过研究，降低对流空气速度而加大对流空气量的方法得到了较满意的效果。

（2）利用红外线　人们曾利用红外线加热的办法研究炉子的加热效果，证明在炉中能设置发射红外线的辐射物体。听型面包的加热，可以使加热速度增加一些，但由于听型面包内部热传播并不明显变快，而表面由热辐射得到大量热量，易产生皮焦内不熟的缺点。

（3）微波加热　微波加热是利用微波磁场的变化使得具有极性分子水的面团内部分子激烈振动而发热的。这样，热量就只集中在被烘烤的面团上，因此炉子不需要很厚的绝热壁（Insulation）。但因发射微波的电子元件的寿命还不够长，而且目前价格昂贵，所以达不到实用地步。还因为这种方法难以使面包表面达到100℃以上，所以无法形成面包棕褐色的外皮，还要与红外线辐射的办法一起加热才行。目前这种方法还处于实验阶段。

（4）空气离子实验　还有人为了加快炉内热传播速度而进行炉内空气离子化的实验。他们在燃烧室内设置带高压静电的物体，然后使其放电，使炉内空气离子化，加快热传播的速度，据说很有实用化的希望。

二、面包的冷却

（一）面包冷却的目的

刚出炉的面包如果不经冷却直接包装，将会出现以下问题。

（1）刚出炉的面包温度很高，其中心温度在98℃左右，而且皮硬瓤软没有弹性，经不起压力，如马上进行包装容易因受挤压而变形。

（2）刚出炉的面包还散发着大量热蒸汽，如放入袋中蒸汽会在袋壁处因冷却变为水滴，造成霉菌生长的良好条件。

（3）由于表面先冷却，内部蒸汽也会在表皮凝聚，使表皮软化，变形起皱。

（4）一些面包烤完后还要进行切片操作，因刚烤好的面包表皮高温低湿，硬而脆，内部组织过于柔软而易变形，若不经冷却，切片操作会十分困难。

为解决以上问题，在面包进行包装或进行后序深加工工序前（三明治），要进行冷却。冷却过程可以使外层水分增加而有所软化，使内层水分进一步蒸发和冷却而变得具有一定硬度。

（二）面包冷却的方法

为了生产计划的进行，面包必须加速冷却，然后才能顺利切片包装。一般面包冷却至中心温度32℃时，切片包装最为理想。冷却操作要注意的问题是控制水分的蒸发损失，美国的法律规定面包内水分不能超过38%。一些面包厂缺少面包出炉后的冷却设备，让其自然冷却。但因季节的变动，大气的温度及湿度皆会发生变化，所以利用焙烤加以调整。

可认为面包出炉后每一部分的温度都很均匀，但水分分布并不均匀。外表皮水分只有15%左右，而面包内部的水分为42%左右。因此面包出炉后，水分从中心向表皮扩散。由于水分的重新分布，表皮由干且脆的情况变软。

面包冷却时，如大气的空气太干燥，面包蒸发太多的水分，会使面包表皮裂开、面包变硬、品质不良。如相对湿度太大，蒸汽压小，面包表皮没有适当的蒸发，甚至于冷却再长亦不能使水分蒸散，结果面包好像没有烤熟，切片、包装都因软而困难。

面包由于体积大因而冷却比饼干慢得多，如自然冷却，一般圆面包冷却至室温附近要花2h以上，500g以上大面包甚至要花3～6h。为了加速面包的冷却，目前有三种常见的方法。

（1）最简单的方法 在密闭的冷却室内，出炉面包从最顶上进入，并沿螺旋而下的传送带依次慢慢下行，一直到下部出口，切片包装。在冷却室上面有一空气出口，最顶上的排气口将面包的热带走，新鲜空气由底部吸入使面包冷却，这种方法一般可使冷却时间减少到2～2.5h，但这种方法不能有效控制面包的水分损耗。

（2）有空气调节设备的冷却 面包在适当调节的温度及湿度下，约在90min内可冷却完毕。空气调节冷却设备主要有箱式（Box Cooler）、架车式（Racks Cooler）和旋转输送带式的冷却设备（Overhead Tunnels）等。

（3）真空冷却 此种方法是现在最新式的，冷却时间只需32min，面包真空冷却设备包括两个主要部分。先在一控制好温度及湿度的密闭隧道内使面包预冷，时间约28min；第二阶段为真空部分，面包进入真空阶段的内部温度约为57℃，面包经过此减压阶段，水分蒸发很快，因而带走大量潜热。在适当的条件下，能使面包在极短时间内冷却，而不受季节的影响，但此方法设备成本较高。

第六节 面包的老化与控制

一、面包的老化 （Bread Staling）

老化就是面包经烘烤离开烤炉后，由本来松软及湿润的制品（或松脆的产品）而发生变化，表皮由脆而变得坚韧，味道变得平淡而失去刚出炉的香味，英语称为Staling，也就是失去其新鲜时的味道，变得陈旧的意思。焙烤食品中不仅面包而且蛋糕等其他点心也都有一个老化的问题。美国将面包的老化称为 Staleness。从前无论什么面包经过 12h 后，都会发生明显的老化，现在经研究人员一百多年的努力，先进的技术可使面包保存数日或更久而不失去原有的性质。因为目前老化造成的损失很大，所以解决面包老化的问题是面包制造工艺中的一个重大课题。

二、 老化现象的理解

老化一般可分为面包皮（Crust）的老化和面包心部组织（Crumb，或称为面包瓤）的老化。

1. 面包皮的老化

面包皮老化的表现是：新鲜的面包皮比较干燥、酥脆，有浓郁的香味，老化后变得韧而柔软，香味消失，并散发令人不快的气味，味道变得带点苦味。一般认为面包皮的老化是由于面包瓤的水分移动造成的，但气味的变化原因目前尚不明确。一般来说，包装及大气湿度高都会促进表皮老化。

2. 面包瓤的老化

新鲜面包瓤非常柔软，富有弹性并散发着面包香味，随着老化的进行，面包瓤变得硬而脆，如再放置会更加脆弱、易碎，香味也减退甚至变味。

面包的老化中，瓤的老化最重要。其过程可以看成三种独立的变化分别以不同速度进行：①香味消失；②水分移动达到平衡状态；③淀粉的变化。

对于面包老化的分析也可以从外观、性状的变化来分析，如面包瓤变硬、韧性减少而脆性增大，以及由于水分蒸发而变得干燥和内质的变化等，这些都是由于：①可溶性淀粉的减少（与新鲜淀粉相比相差 2.5%）；②在水中的膨润性减少（例如新鲜面包的瓤在水中放置一定时间可膨润 52%，而同样条件下老化面包只有 34%）；③无序的 α 化淀粉变为结晶化的 β 淀粉等。

三、 面包老化的研究历史和现状

人们对面包老化的观察最初是从对水分蒸发的脱水现象开始的。100 多年前，布辛高尔德将面包密封在容器中进行了老化实验，他发现即使水分没有损失，老化还是照旧发生。后来更多的研究者发现，对老化了的面包不加水，再加热到 60℃ 以上，面包中的淀粉会重新 α 化，恢复到原来的新鲜状态，但如果将面包的水分含量减少到 30% 以下，即使再加热，面包也不会恢复到原来的状态。通过这一系列实验，研究者们认为淀粉的老化与面包的老化有密切关系，这就为后来的 α 淀粉、β 淀粉理论打下了基础。后来，卡特在从淀粉 X 射线衍射情况的变化研究面包老化时，发现只要面包的含水量在一定程度以上，一定会老化，而且老化的速度是温度的函数。也就是说，使新鲜的面包干燥可以阻止老化。当水分含量在 16% 以下，面包就不会老化；当水分含量在 16%～24% 时，随水分的增加老化会加快。根据卡特的实验，将面包保存在 60℃，可以使面包保持新鲜 24～48h；20～40℃，老化会缓慢进行；－2～20℃ 范围内，温度越低老化速度越快；－7～－5℃ 时，由于面包水分的冻结，老化速度急剧减慢；当 －20～－18℃ 时，面包中水分的 80% 冻结，因此可以长时间阻止老化进行。

另一位科学家奥斯特瓦尔德也观察了老化现象，他的报告说面包在烘烤时发生淀粉糊化（α 化），从面筋中夺取水分膨润，当冷却后 α 淀粉重新向结晶的 β 淀粉变化，这时排出膨润时吸收的水分。这些水分先是向面筋移动，然后面筋中的这些水分和面包中的自由水一起蒸散。皮莱格的实验表明，面包内的水分迁移会导致面包瓤的水分含量减少，从而使玻璃态温度升高，面包瓤变干，所以硬度增加；但当表皮水分升高时，玻璃态温度降低，脆性下降。面粉中含有丰富的多糖类物质淀粉，它是一种大分子有机化合物，是引起面包老化的主要因素，此观点在学术界已取得共识。生面包坯在烘焙过程中，当温度达到淀粉的糊化温度时，淀粉吸水发生糊化，导致 β - 淀粉（淀粉晶体）结构被破坏，原来淀粉分子间的氢键断裂，断裂后淀粉和水通过氢键相连形成胶体溶液，从而实现淀粉 α - 化。但当面包在常温下贮藏时，由于温度的变化，α - 淀粉开始自动排序，相邻分子间的氢键又重新形成，重现淀粉 β - 化，因此淀粉回生实质上是一个重结晶过程。通过实验发现，面包老化的进度明显比淀粉回生快，所以大多数学者认为淀粉回生对面包的老化过程有重要作用，但并不是面包老化过程中唯一起作用的因素。

此外，淀粉有 A 型（直链型）和 B 型（支链型）两种，有研究者主张直链淀粉的相互联结造成了组织硬化。但支链淀粉的硬化比较慢，比如，含 100% 支链淀粉的糯玉米等老化非常慢。有研究者认为，大部分直链淀粉在面包烘焙和冷却期间已经老化。还有研究者认为面包烘焙期间淀粉颗粒膨胀，部分直链淀粉从淀粉颗粒中溶出，支链淀粉被稀释，但是面包中有限的水分含量又制约了这一过程。新鲜面包是由包埋在硬化的直链淀粉凝胶网络中柔软的、可伸展的淀粉颗粒组成，面包的硬化是由淀粉颗粒中支链淀粉的老化引起的。贮存期间，膨胀的淀粉颗粒内支链分子发生缔合作用，淀粉颗粒周围的凝胶变得越来越硬，最终导致面包老化。从示差扫描热分析仪（DSC）分析结果可以看出，支链淀粉的重结晶为热可逆，直链淀粉的重结晶为不可逆。

近年来发现面筋蛋白质的含量也是影响面包老化速率的一个重要因素。面筋蛋白质所形成的网状结构与淀粉颗粒的交互作用也是一个不容忽视的问题。一般来说，面粉中蛋白质含量高，面包体积大，贮存期间的老化速率较慢。因为蛋白质含量高，会减弱淀粉颗粒的重结晶作用，延缓面包内部组织的老化。面包老化还与面粉中面筋蛋白的质量有关，面筋质量差的面粉比面筋质量好的面粉有更强的亲水性能。质量差的面筋在面团中与淀粉颗粒之间的相互作用较强，在烘焙期间及烘焙后，这种相互作用更为强烈。因此，用质量差的面粉制作的面包老化速率更快。

以上研究大多注重于淀粉的变化，但一般来讲老化现象不仅是淀粉的变化，淀粉的变化还与其他成分有关系。这里有脱水的影响、蛋白质的影响、香气挥发的影响以及许多复杂的化学反应。

四、 面包老化的测定

面包老化的测定是长期以来许多研究人员用各种方法试图解决的问题。测定的着眼点主要是淀粉的物理化学变化。

（1）可溶性淀粉量的变化　观察 10h 以内可溶性淀粉减少量的变化。

（2）面包瓤膨润性质的变化　例如，将 10g 面包瓤粉碎到能通过 30 目的筛眼大小。将这些面包屑放入量筒中并加水至 250mL，加入少量的甲苯，然后比较 24h 后的膨润体积。新鲜面包比老化面包膨润体积大。

（3）面包瓤淀粉结晶（X 射线衍射情况）的变化。

（4）面包瓤不透明度的变化　老化的面包不透明度增加。

（5）淀粉酶作用速度的差异　这种方法的原理是将面包瓤破碎后，放入一定量恒温的水中，并加入定量的 α -淀粉酶，95%以上的糊化淀粉会很快被分解糖化，但老化成为 β 淀粉后，α -淀粉酶的作用便会减慢，糖化度会减少到80%、60%、50%，当糖化度降到50%左右时，面包老化会更明显。

（6）面包组织脆弱性的变化　其原理为利用面包瓤老化后会发硬变脆弱的性质，将面包瓤切成一定大小的小方块，然后与金属球一起放在筛上振动，测定振动一定时间后通过一定筛孔的面包屑的量来判断面包的老化度。

（7）面包瓤物理性能的变化　这种测定主要有两种方法：测定面包瓤的柔软性和测定它的硬度。前种方法是在面包瓤的平面用一定面积的平面压头垂直加一定质量载荷，以压头陷入面包内的深度来表示面包的柔软度（Softness Gauge）；后者是测定将面包瓤压下一定深度（厘米或厚度的几分之几）时所要的力。测定时，一般将面包切成12～13mm的片，然后加载。由于面包烘烤工序及组织不均匀的影响，往往即使是同一块面包，面包片之间差别也相当大。因此，取样要求多一些（几片到几十片）。这是一种使用最广泛的测定方法。

（8）利用粉质仪测定　将面包瓤掺入面团中，利用粉质仪测定其黏稠度。

五、 面包老化的控制方法

焙烤食品多数属于保存困难（Perishable）的食品，而其中老化问题是最致命的问题之一。人们为了防止老化，延长面包类食品的商品寿命，已进行了一个世纪以上的不懈努力。目前总结出以下几种延迟老化的方法。

1. 加热和保温

保持了一定水分的面包再加热时还可以新鲜化，这是由于已经老化的 β 淀粉，如没有失去水分，再加热时还可以重新糊化变成 α 淀粉，使面包呈现新鲜时的状态。因为淀粉的糊化温度为60℃，只要将面包保存在60～90℃的环境中即可防止淀粉的 β 化。据实验表明，这种方法可使面包保存新鲜36～48h。但在这样的温度下容易产生因细菌的繁殖而发霉和在高温下香气挥发的问题。因此有人把面包保存在30℃、相对湿度为80%的环境中，这一技术已经在实际中收到明显效果。不过，要求在面包制成后从包装到仓库、运输、商店这一系列环节都要保持上述条件。

2. 冷冻

冷冻是防止食品品质退化最有效的方法，对面包也一样。冷冻储藏必须在 -18℃以下。因为 -7～20℃是老化最快的温度区域，所以在冷却时要使面包迅速通过这一温度区域，一般采用 -45～ -35℃冷风强制冷却（Blast Freezing）的方法。据称，冷冻法可使面包的新鲜度保持两个星期。1940年，这一技术开始商业化应用。将大量面包冷冻后储存在冷库中，必要时取出解冻后贩卖。但冷冻使面包提高了技术难度，同时要求从制作到贩卖店的一系列冷冻链。

3. 包装

包装虽不能防止淀粉的老化，但可以保持面包的卫生和水分、风味，减少芳香的散失，在一定程度上保持了面包的柔软，因此也可以说延长了面包的商品寿命，抑制了面包老化。另外，包装前面包的冷却速度对包装后面包的老化速度也有一定影响。贝尔格（Barg）在1929年以44

人为评审员对这一影响进行了实验，实验结果如表3-9所示。

实验结果说明包装时温度稍高一些对保持面包的柔软性有利，但冷却到31℃左右包装对保持面包香味好。

表3-9　　　　　　　　　　包装前面包冷却速度对包装后面包老化速度的影响

冷却速度	包装时温度/℃	储藏时间/h	评审结果
缓冷	46	36	保存性最好，香味淡薄
缓冷	36	36	保存性中等，香味稍次
缓冷	31	36	保存性低下，香味最好
急冷	31	36	保存性最次，香味次

4. 原辅料的影响

（1）面粉　许多实验已经证明，高面筋面粉比中筋面粉做出的面包老化慢，保存性好。这是因为面粉面筋量多，能缓冲淀粉分子的互相结合，防止淀粉的退化（β化），延迟了面包的老化时间。同时，面筋增加可当作水分的水库，改变面包的水化能力（Hydration Capacity）。

（2）辅料　黑麦（Rye）的添加可以延迟面包的老化，当添加量为3%以上，其效果便明显。另外，糖类、乳制品、蛋（尤其是蛋黄）、油脂类的添加都对延迟老化有积极作用。这些辅料中以牛乳的效果最为显著，例如加入20%脱脂乳粉的面包，可以保持一个星期不老化。糖延迟老化的作用，主要是由于它的吸湿性保持了水分。据研究，单糖比双糖的保水（保软）性能强，因此有工厂多使用转化糖。油脂类的作用是油脂膜阻止了面包组织中水分的移动。与糖相类似，被用来加强面包水分保持力的添加物还有糊精（Dexrtins）、α淀粉（末粉）、大豆粉、α化马铃薯粉、阿拉伯树胶（Arabic Gum）、刺槐豆（Locust Bean）、藻酸盐类（Alginates）等高分子化合物。这些物质都具有超过本身质量2至几倍的吸水能力，具有阻止水分蒸发干燥、延迟老化的作用。

（3）乳化剂　天然的卵磷脂（Lecithin）、单甘油酸酯（Monoglyceride）、硬脂酰乳酸钙（CSL）、SSL（Sodium Stearoyl-2-Laetylate）、蔗糖脂肪酸酯（Sugar Ester）等都有防止老化的作用。这是因为这些乳化剂使油脂在面包中分散均匀而阻止水分的移动。其中，单甘油酸酯、CSL和SSL可以使油脂形成极薄的膜而裹住膨润后的淀粉，阻止当淀粉结晶时排出的水分向面筋或外部移动，对面包的硬化有显著的抑制效果，因此也被称作软化剂（Softener）。

（4）酶的添加　一般在面包制作时，为了补充α-淀粉酶的不足，常添加大麦芽粉（Malt Flour）或α-淀粉酶，添加量为0.2%~0.4%。由于液化酶加入后，在面团发酵和烘烤初期可以使一部分淀粉分解为糊精，从而改变了淀粉结构，起到延迟淀粉老化的作用。此外，适量加入某些木聚糖酶等可以延缓面包的老化。

5. 面团的处理

各种老化延迟剂虽有一定效果，但也会带来一些副作用。提高面包保存性最重要、最好的条件是优质的面粉和正确的面团处理操作，这是使面包寿命延长的最基本方法。

（1）面团的吸水量　老化的主要影响因素之一便是水分的减少，为了使面包保持一定水分，那么从面团调制上讲，就是增加和面时的加水量。一些研究结果表明：调粉时制作更柔软的面团是防止老化的对策。但是这种办法也是有限度的，加水过多面团过软，也会降低面包本身的质量，而且不易烤熟，中间部分常出现夹生现象。

（2）发酵方法　众所周知，中种法制作的面包比直接发酵法制作的面包老化要慢一些。一些研究人员用压缩计实验的方法也证明了这一点。

（3）调粉方法　调粉时适当的高速搅拌可以改善面包的保存性能。高速搅拌与低速搅拌得到的面团的膜的伸展性不同，高速搅拌得到的面团的膜比较薄，面包的膜也薄，因此比较柔软，市场寿命也就长。

（4）发酵程度　最佳的发酵程度对面包的保存性效果显著。未成熟的发酵，面包硬化较快，过熟的发酵使面包容易干燥。关于发酵管理影响寿命的问题，有许多学说。一种有代表性的说法为：发酵时尽量采取低温（22~26℃），根据面筋力的大小尽量增加发酵时间（增加翻面次数），对于抑制老化有效。但另一种说法认为与温度无关，发酵到最佳程度是最重要的。还有一种说法认为：向面团中加入3%的酸酵面（Sour）有抑制老化的效果。

6. 烘烤技术的影响

烘烤对面包老化的影响目前还没有形成统一的说法。大多数学者是从烤炉温度管理与抑制水分蒸发的关系角度研究的。有的认为较低温度、慢火烘烤可防止水分大量蒸发。有的认为，开始时先采取高温烘烤，使面团很快形成一层阻止内部水分蒸发的外壳，然后再低温烤熟，这样可以减少烘烤中的水分蒸发。但也有相反的看法提出，刚开始用中温烘烤，然后再用高温烘烤较好。

7. 关于风味退化、香味消失的老化问题

目前的研究结果是：①多量地添加乳粉、起酥油和砂糖；②保持盐和酵母的正常用量；③适当添加酶制剂和保水剂；④使面包适度柔软并高速搅拌；⑤使发酵和烘烤达到最佳程度；⑥迅速地适度冷却并包装。这些措施对面包风味的保持有好的作用。

8. 其他方法

防止面包老化的办法还有冷冻面团制面包法、半熟面包(Half – Baked Bread or Brown N' Serve Rolls) 烘烤法等。

六、　面包老化问题的展望

在面包的老化问题中，面包瓤是最重要的，其次是面包皮。尽管许多研究人员从材料、制造方法和储藏方法上进行了大量的研究，但离问题的完全解决还相差甚远。部分学者认为减少酵母用量、低温发酵、减少加水量和食盐用量可以延迟面包表皮的老化，但这些条件对面包瓤的老化有不好影响。

1. 主要难题

（1）关于面包老化的机制，到目前为止还有许多尚未搞清楚。

（2）关于老化现象有物理、化学、生理的多种评价方法，互相还未统一。

（3）面粉和面团是复杂的混合物，在制作过程中的变化也十分复杂。

（4）许多分析技术特别是 DSC、NMR、X－射线衍射和 NIRS 等在研究面包、馒头等制品的老化机制过程中发挥了重要作用，能从分子水平对面包老化机制做出解释和证明，但这些分析技术还存在造价高、操作难度大以及分析指标单一等局限性，这使其不能普遍应用于面包产业中。

2. 研究方向

（1）将消费者对老化的影响因素更加明确化。

（2）使研究人员对老化的研究标准化，互相能够比较结果。

（3）研究利用合成粉末代替复杂的面粉而使问题简单化。

（4）以单纯材料的配合为出发点，逐渐增加各种添加成分，来寻找老化的症结所在。

（5）对淀粉糊化和添加物作更深的研究。

（6）目前对老化与面筋的关系已有些许报道，还需更深入的研究。

（7）还有必要继续研究香味、风味的变化问题。

（8）利用复合改良剂延缓面包老化。

第七节　面包的制作实验和品质鉴定

　　面包制作实验和品质鉴定的主要目的不仅是用来评定所做的面包是否符合标准，以作为改进的参考，而且是鉴定原料，如面粉、油脂、酵母等品质的最有效方法。面包因消费者的习惯、各地区的传统制作方法不同，所以制定一个绝对的标准规格确是一件很困难的事情。尤其是面包品质的鉴定工作，主要凭个人的感觉，很难做到百分之百的完美。但是，可以规定一个基本的制作方法和较明确的鉴定标准，使复杂的问题单纯化，便于面包品质的研究。现将美国谷类化学协会的标准焙烤试验、目前国际所采用的面包品质鉴定标准以及 2018 年 9 月 1 日正式实施的我国国标 GB/T 35869—2018《粮油检验　小麦粉面包烘焙品质评价》予以介绍，如下所述。

一、面包焙烤试验（美国谷类化学协会方法）

1. 试验设备

（1）揉面机　小型立式搅拌机。

（2）烤炉　旋转型风车式烤炉，可保温（230 ± 2）℃。

（3）烤模　上口 10.5cm×6cm，底面 9.3cm×5.3cm，高度 6.8cm。

（4）发酵槽　恒温恒湿器，保持温度为 30℃，相对湿度为 80%~90%。

（5）面包体积计量器　一个上面开口并可包容整个面包的长方体形盒子和一些菜籽（菜籽体积应正好等于面包体积计量器体积）。

2. 试验步骤

（1）配方　面粉（水分 14%）100g，食盐 1g，砂糖 3g，酵母 3g，水 55g（参考值）。

（2）调粉　先在揉面机中放入水，然后放入食盐、砂糖、酵母，最后放入面粉，开动机器，低速 1min，中速 3min。根据情况，也可用手和面。

（3）发酵　用手揉团后放入发酵容器，在恒温恒湿器内发酵 120min，95min 时取出撒粉（Punch）一次。

（4）整型　120min 后取出，折叠翻揉约 20 次。整型一般有专用机械，但手工也行，先揉成团，再压成圆饼，一端卷成长条，放入型箱中，缝要向下。

（5）醒发　30℃，相对密度75%，55min，或用型尺量。

（6）烘烤　230℃，25min。

（7）出炉　振动，静置1h。

3. 品质测定

面包体积测定：将烤好的面包放入体积计量器盒子中，然后倒入菜籽将盒子填满，刮平，用量筒测被刮出部分菜籽的体积，这一体积就是面包体积。其他品质评定项目如下。

（1）外观　体积、皮色、皮质、形状。

（2）内质　断面切开组织，触感、口感、味道、香味。一般由专业的审评员来判断打分，评定标准见下文。

二、　面包品质鉴定标准

这是由美国烘焙学院在1937年设计的标准。将面包的品质分为外部和内部两个部分来评定，外表部分占30%，包括体积、表皮颜色、外表式样、焙烤均匀程度、表皮质地五个部分。内部的评价占总分的70%，包括颗粒、内部颜色、香味、味道、组织与结构五个部分。一个标准的面包很难达到评分95以上，但最低不可低于85分。现将内外两部分的评分办法说明如下。

1. 面包外部评分（满分30分）

（1）体积（满分10分）　烤熟的面包必须膨胀至一定的程度。膨胀过大，会影响到内部组织，使面包多孔而过分松软；如膨胀不够，则会使组织紧密，颗粒粗糙。在做烘焙试验时多采用美式不带盖的白面包来烤，用"面包体积测定器"来测定面包体积大小。它的单位为g/cm^3，用测出的面包体积来除此面包的质量，所得的值即为该面包的体积比（Specific Volume）或比容，根据算出的体积比就可以给予体积评分（表3-10）。体积部分及格是8分。

（2）表皮颜色（满分8分）　面包表皮颜色是由适当的烤炉温度和配方内糖的使用而产生的，正常的表皮颜色应是金黄色，顶部较深而四边较浅。正确的颜色不但使面包看起来漂亮，而且更能产生焦香味。

表3-10　　　　　　　　　烘焙实验白面包体积评分标准

体积比	应得体积评分	体积比	应得体积评分
6.6~7.1	9.0	4.6~5.0	9.0
6.1~6.5	9.5	4.0~4.5	8.5
5.6~6.0	10.0	3.6~3.9	8.0
5.1~5.5	9.5	—	—

（3）外表式样（满分5分）　正确的式样不但为顾客选购的焦点，而且也直接影响到面包内部的品质。面包出炉后应方方正正，边缘部分稍呈圆形而不过于尖锐，两头及中央应一样齐整，不可有高低不平或四角低垂等现象。两侧的一边会因进炉后的膨胀而形成约3cm宽的裂痕，应呈丝状地连接顶部和侧面，不可断裂形成盖子形状，或出现裂面破烂不齐整等

现象。

（4）焙烤均匀程度（满分4分）　面包应具有金黄的颜色，顶部稍深而四周及底部稍浅。如果出炉后的面包上部黑而四周及底部呈白色，则该面包一定没有烤熟；相反地，如果底部颜色太深而顶部颜色浅，则表示烘焙时所用的底火太强，这类面包多数不会膨胀得很大，而且表皮很厚，韧性太强。

（5）表皮质地（满分3分）　良好的面包表皮应该薄而柔软。配方中适当的油和糖的用量以及发酵时间控制得当与否均对表皮质地有很大的影响。配方中油和糖的用量太少会使表皮厚而坚韧；发酵时间过久会产生灰白而有碎片的表皮，发酵不够则产生深褐色、厚而坚韧的表皮。烤炉的温度也会影响表皮的质地：温度过低，烤出的面包表皮坚韧、无光泽；温度过高，则表皮焦黑而龟裂。

2. 面包内部评分

（1）颗粒（满分15分）　面包的颗粒是指断面组织的粗糙程度，面筋所形成的内部网状结构，焙烤后外观近似颗粒的形状。此颗粒不但影响面包的组织，更影响面包的品质。如果面团在搅拌和发酵过程中操作得宜，此面团中的面筋所形成的网状组织较为细腻，烤好后面包内部的颗粒也较细小，富有弹性和柔软性，面包在切片时不易碎落。如果使用的面粉的筋度不够或者搅拌和发酵不当，则面筋所形成的网状组织较为粗糙而无弹性，因此烤好后的面包形成粗糙的颗粒，冷却切割后有很多碎粒纷纷落下。评定颗粒的标准，原则是颗粒应大小一致，由颗粒所影响的整个面包内部组织应细柔而无不规则的孔洞。

（2）内部颜色（满分10分）　面包内部的颜色应洁白或呈浅乳白色，并有丝样的光泽，其颜色的形成多半是面粉的本色，但丝样的光泽是面筋在正确的搅拌和正常的发酵状况下才能产生的。面包内部颜色也受到颗粒的影响。粗糙不均的颗粒或多孔的组织会使面包受到颗粒阴影的影响变得灰白，更谈不上会有丝样的光泽。

（3）香味（满分10分）　面包的香味包括外皮部分在焙烤过程中所发生的羰氨反应和糖焦化作用形成的香味、小麦本身的麦香、面团发酵过程中所产生的香味及各种使用的材料形成的香味。评定面包的香味，是将面包的横切面放在鼻前，用两手压迫面包，嗅闻所发出来的气味。如果发觉酸味很重，可能是发酵的时间过久，或是搅拌时面团的温度太高。如闻到的味道是淡淡的并稍带甜味，则证明是发酵的时间不够。面包不可有霉味、油的酸败味或其他香料感染的味道。

（4）味道（满分20分）　正常主食用的面包在入口咀嚼时略具咸味，而且面包在口腔内应很容易地嚼碎，且不黏牙，不可有酸和霉的味道。含有甜味的面包是作甜面包用的，主食用的面包不可太甜。

（5）组织与结构（满分15分）　本项也与面包的颗粒有关，搅拌适当和发酵健全的面包内部结构均匀，不含大小蜂窝状的孔（法国式面包除外）。结构的好坏可用手指触摸面包的切割面来判断，如果感到柔软、细腻，即为结构良好的面包，反之触感粗糙即为结构不良。

面包品质评分可汇总为表3-11。

我国2018年9月1日正式实施的国标GB/T 35869—2018《粮油检验　小麦粉面包烘焙品质评价　快速烘焙法》，主要对面包外部和内部特征进行感官评定，包括面包体积、面包外观、面包芯色泽、面包芯质地、面包芯纹理结构五个部分。具体评分标准如表3-12所示。

表 3-11   面包品质评分调查表

部位	指标	缺点	满分分数	样本号码		样本号码		样本号码	
				应得分数	缺点	应得分数	缺点	应得分数	缺点
外部	体积	1. 太大；2. 太小	10						
	表皮颜色	1. 不均匀；2. 太浅；3. 有皱纹；4. 太深；5. 有斑点；6. 不新鲜	8						
	外表形状	1. 中间低；2. 一边低；3. 两边低；4. 一边高；5. 不对称边；6. 有皱纹；7. 顶部过于平坦	5						
	焙烤均匀程度	1. 四边颜色太浅；2. 四边颜色太深；3. 底部颜色太深；4. 有斑点	4						
	表皮质地	1. 太厚；2. 粗糙；3. 太硬；4. 太脆；5. 其他	3						
	小计		30						
内部	颗粒	1. 粗糙；2. 有气孔；3. 纹理不均匀；4. 其他	15						
	颜色	1. 色泽不鲜明；2. 颜色太深；3. 其他	10						
	香味	1. 酸味太重；2. 乏味；3. 腐味；4. 其他怪味	10						
	味道	1. 太淡；2 太咸；3. 太酸；4. 其他怪味道	20						
	组织结构	1. 粗糙；2. 太松；3. 太紧；4. 太干燥；5. 面包屑太多；6. 其他	15						
	小计		70						

表 3 - 12　　　　　　　　　　面包烘焙品质评分表

项目	得分标准	参照样品得分	样品得分			
		No. 1	No. 2	No. 3	No. 4	No. 5
面包体积 （45 分）	面包体积 < 360mL，得 0 分；大于 900mL，得满分 45 分；体积在 360 ~ 900mL，每增加 12mL，得分增加 1 分					
面包外观 （5 分）	面包表皮色泽正常，光洁平滑无斑点，冠大，颈极明显，得满分 5 分；冠中等，颈短，得 4 分；冠小，颈极短，得 3 分；冠不显示，无颈，得 2 分；无冠，无颈，塌陷，得最低分 1 分；表皮色泽不正常，或不光洁，不平滑，或有斑点，均扣 0.5 分					
面包芯色泽 （5 分）	洁白、乳白并有丝样光泽，得最高分 5 分；洁白、乳白但无丝样光泽，得 4.5 分；黑、暗灰，得最低分 1 分；介于二者之间，色泽由白 – 黄 – 灰 – 黑，分数依次降低					
面包芯质地 （10 分）	包芯细腻平滑，柔软而富有弹性，得最高分 10 分；包芯粗糙紧实，弹性差，按下不复原或难复原，得最低分 2 分；介于二者之间，得分 3 ~ 9 分					
面包芯纹理结构 （35 分）	包芯气孔细密、均匀并呈长形，孔壁薄，呈海绵状，得最高分 35 分；包芯气孔大大小小，极不均匀，大孔洞很多，坚实部分连成大片，得最低分 8 分；包芯纹理结构介于二者之间，得分为 9 ~ 34 分					
综合评分（100 分）						

注：面包体积也可按下式计算体积得分：

$$Sv = \frac{V - 360}{12}$$

式中　Sv——面包体积得分；

　　　V——面包体积测定值，单位为毫升（mL）；

　　　360——得分为 0 的面包体积测定值，单位为毫升（mL）。

🔍 思考题

1. 什么是面包？面包有何特点？面包的分类有哪些？

2. 面包的制作方法主要有几种？在冷冻面团法中，如何进行冷冻面团原辅料的选择？简述冷冻面团生产工艺流程。

3. 简述中种发酵法和直接发酵法的工艺流程。

4. 什么是面团的调制？调制的目的有哪些？

5. 调粉机的机械作用及主要分类有哪些？

6. 面团搅拌过程的六个阶段分别是什么？

7. 面团发酵的基本作用是什么？面团发酵中的生物化学变化有哪些？

8. 发酵中影响面团持气和产气能力的因素分别有哪些？

9. 发酵后面团的整型工序包括哪些？

10. 最终发酵的目的是什么？如何判断最终发酵的程度？影响最终发酵的因素有哪些？

11. 面包烤炉的加热源和加热方式有哪些？如何减少闪热？

12. 烘烤的基本方法有哪些？面包在烘烤过程中外观和内部组织有哪些变化？举例说明面包烘烤的新技术。

13. 面包冷却的目的及方法分别有哪些？

14. 什么是面包老化？面包老化的现象有哪些？简述面包老化的机制。

15. 面包老化的测定方法有哪些？如何控制面包的老化？

第四章

饼干加工工艺

[学习目标]

1. 掌握饼干的基本概念、分类及各类饼干的加工工艺流程。

2. 掌握面团调制中原料的选择及酥性面团和韧性面团的调制工艺。掌握苏打饼干面团的调制工艺和发酵方法；熟悉饼干的成型方法和设备。

3. 掌握饼干的烘烤传热原理及在烘烤中所起的物理、化学和生物化学变化。

4. 了解饼干用烤炉的形式及载体种类；熟悉饼干的冷却目的及方法；了解饼干的包装目的、要求及形式。

第一节　饼干的名称和分类

饼干是仅次于面包的工业化生产规模最大的焙烤食品，有人把它列为面包的一个分支，因为饼干一词来源于法国，称为 Biscuit。法语中 Biscuit 的意思是再次烘烤的面包的意思，所以至今还有国家将发酵饼干称为干面包。由于饼干在食品中不是主食，属于休闲食品，于是一些国家将饼干列为嗜好食品，属于嗜好食品的糕点类，与点心、蛋糕、糖及巧克力并列，这是商业上的分类。从生产工艺来看饼干与面包并列属于焙烤食品。

饼干的花色品种很多，要将饼干严格分类是颇为困难的，就连饼干这一名称在国外就有数种叫法。例如，法国、英国、德国等国称其为 Biscuit，美国称为 Cookie，日本将辅料少的饼干称为 Biscuit，将脂肪、奶油、蛋和糖等辅料多的饼干称为 Cookie，饼干的其他称呼还有 Cracker、Puff Pastry（千层酥）、Pie（派）等。

按工艺特点可将饼干分为四大类：一般饼干（Biscuit or Cookie）、发酵饼干、派类和其他深加工饼干。我国 GB/T 20980—2007《饼干》按加工工艺把饼干分为 13 类：酥性饼干（Soft Biscuit）、韧性饼干（Hard Biscuit）、发酵饼干（Fermented Biscuit）、压缩饼干（Ship Biscuit）、曲奇饼干（Cookies）、夹心（或注心）饼干（Sandwich Biscuit）、威化饼干（Wafer Biscuit）、蛋圆饼干（Egg Round Biscuit）、蛋卷（Egg Roll）、煎饼（Pancake）、装饰饼干（Decoration Biscuit）、水泡饼干（Sponge Biscuit）和其他饼干。

一、一般饼干

（一）按制造原理分类

1. 韧性饼干

韧性饼干所用的原料中，油脂和砂糖的量较少，因而在调制面团时，容易形成面筋。一般需要较长时间调制面团，采用辊轧的方法对面团进行延展整型，切成薄片状烘烤。因为这样的加工方法可形成层状的面筋组织，焙烤后的饼干断面是比较整齐的层状结构。为了防止表面起泡，通常在成型时用针孔凹花印模。成品松脆，体积质量轻，常见的品种有动物饼干、什锦饼干、玩具饼干、大圆饼干等。

2. 酥性饼干

酥性饼干与韧性饼干的原料配比相反，在调制面团时，砂糖和油脂的用量较多，而加水量较少。在调制面团操作时搅拌时间较短，尽量不使面筋过多地形成，常用凸花无针孔印模成型。成品酥松，一般感觉较厚重，常见的品种有甜饼干、挤花饼干、小甜饼、酥饼等。

（二）按成型方法分类

1. 印硬饼干（Hard Cutting Biscuit）

将韧性面团经过多次辊轧延展，折叠后经印模冲印成型的一类饼干。一般含糖和油脂较少，表面是有针孔的凹花斑，口感比较硬。除这种韧性饼干外，以下皆为酥性面团制作的饼干。

2. 冲印软性饼干（Soft Cutting Biscuit）

使用酥性面团，一般不折叠，只是用辊轧机延展，然后经印模冲印成型，表面花纹为浮雕型（Emboss），一般含糖量比硬饼干多。

3. 挤出成型饼干

（1）线切饼干（Wine Cut Cookie）　酥性面团的配方含油、糖量较多。将面团从成型机中成条状挤出，然后用钢丝割刀将条状面团切成小薄块。在焙烤后，饼干表面会形成切割时留下的花斑，挤花出口为圆形或花形。

（2）挤条饼干（Route Press Biscuit）　所使用面团与线切饼干相同，也是用挤出成型机挤出，所不同的只是挤花出口较小，出口为小圆形或扁平型。面团被挤出后，落在下面移动的传送带上，成长条形，然后用切刀切成一定长度。

4. 挤浆（花）成型饼干（Drop Biscuit）

将面团调成半流质糊状，用挤浆（花）机（Drop Depositor）直接挤到铁板或铁盘上，直接滴成圆形，送入炉中烘烤，成品如小蛋黄饼干等。还有一种所谓曲奇饼干，含油、糖比较高，面团比浆稍硬，一般挤花出口是星形，挤出时出口还可以作各种轨迹的运动，于是可制成环状或各种形状的酥饼。

5. 辊印饼干（Rotary Biscuit）

辊印饼干使用酥性面团，利用辊印成型工艺进行焙烤前的成型加工，外形与冲印酥性饼干相同。面团的水分含量较少，手感稍硬，烘烤时间也稍短。

二、发酵饼干

（一）苏打饼干（Soda Cracker）

苏打饼干的制造特点是先在一部分小麦粉中加入酵母，然后调成面团，经较长时间发酵后加入其余小麦粉，再经短时间发酵后整型。整型方法与冲印硬饼干相同。也有一次短时间发酵的制作方法。这种饼干一般为甜饼干，也称"Soda Cracker"，我国常见的有宝石饼干、小动物饼干、字母饼干及甜苏打饼干等。

还有一种成型方法是：将面团辊轧成片后，中间夹一层油脂，然后折叠成型后焙烤。这种饼干比苏打饼干大些，呈四方形，称为"Cream cracker"。

另外还有一些特殊制法，例如用化学膨松剂代替发酵，焙烤后涂上油，称为"Snack cracker"。美国还常给这类饼干中加入干酪（Cheese）、香料（Spice）等，即为各式中、高档饼干。

（二）粗饼干（Sponge Goods）

粗饼干也称发酵饼干，面团调制、发酵和成型工艺与苏打饼干相同，只是成型后的最后发酵是在温度、湿度较高的环境下进行的，经发酵膨松到一定程度再焙烤。成品掰开后，其断面组织不像苏打饼干那样呈层状，而是与面包近似呈海绵状，所以也称"Sponge Goods"或干面包。粗饼干中糖、油等辅料很少，以咸味为主基调，但保存性较好，所以常作为旅行食品。

（三）椒盐卷饼（Pretzel）

扭结状椒盐脆饼，将发酵面团成型后，通过热的稀碱溶液使表面糊化后，再焙烤。成品表面光泽特别好，常被作成扭结双环状或棒状、粒状等。

三、派　类

以小麦粉为主原料，将面团夹油脂层后，多次折叠、延展，然后成型焙烤。风味的基调以咸味为主，所使用油脂为奶油或人造奶油，表面常撒上砂糖或涂果酱。

四、其他深加工饼干

在以上饼干及其一些糕点等的加工工序中最后加上夹馅工序或表面涂巧克力、进行糖装饰而制成的食品，所夹馅一般是稀奶油，果酱等，在欧洲被称为"Puff"，作为高级饼干目前发展很快。

第二节　各类饼干加工工艺流程

各类饼干的制作工艺流程及所用设备如图 4-1 所示。

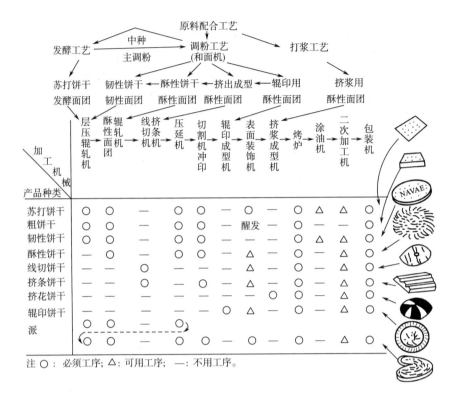

图 4 -1　各类饼干的制作工艺流程及所用设备

第三节　面团的调制

　　饼干加工的第一步是面团的调制，包括原料的选择和调粉（也称捏合、和面）。一般认为饼干制造工艺中，原料的选择占成功决定因素的50%。其次，调粉操作占25%，焙烤占20%，而其他如辊压、成型只占5%。由此可见，面团调制在整个工艺中的重要性。面团调制是饼干生产中最关键的一道工序，因为它不仅决定了成品的风味、口感、外观、形态和色泽，而且还直接关系到下一道工序是否能够正常进行。也就是说，如果面团调制不好，接下来的辊轧、冲印、切割、成型、烘烤等工序都无法正常进行，产品的质量也会受到很大影响，尤其是对成型操作起决定性作用。因此，从事饼干制作的技术人员及生产管理人员，必须对调制面团的原理和实践有较深入的理解和高度重视。

一、　原料的选择

（一）小麦粉

　　除了个别品种，饼干制作工艺中一般不希望面筋过多形成，因为筋力过高将给成型带来困难。所以，饼干用小麦粉一般应选用筋力弱的薄力粉。

（二）淀粉

当小麦粉的筋力过强时，需要添加淀粉以减少面筋蛋白的比例，降低面团的筋性。一般可添加小麦淀粉、玉米淀粉和马铃薯淀粉。

（三）糖类

糖的作用除增加甜味、光泽、上色和帮助发酥外，对于酥性饼干，糖的一个重要作用便是阻止面筋形成，因为糖有强烈的反水化作用。这是因为糖在溶解时需要水，同时使溶液渗透压加大，这就抑制了面筋吸水胀润。用糖量在10%以下，对面团吸水影响不大，但在20%以上时对面筋形成有较大的抑制作用。

（四）油脂

一般使用起酥油。它在面团形成时的作用与糖一样，有反水化作用，可阻止面筋的形成。这是因为脂肪会吸附在蛋白质分子表面，使表面形成一层不透性薄膜，阻止水分向胶粒内部渗透，使面筋得不到充分胀润。另一方面，表面层的脂肪还会使蛋白质胶粒之间结合力下降，使面团弹性降低，黏性减弱。

（五）疏松剂

大多数种类的饼干都使用化学疏松剂膨松，其种类和作用如本书第二章所述。

（六）食盐

食盐的添加对饼干有以下意义。

（1）给饼干以咸味，增强产品的风味。

（2）盐可以增强面筋弹性和韧性，使面团抗胀力提高。

（3）作为淀粉酶的活化剂，增加淀粉的转化率，给酵母供给更多的糖分。

（4）抑制杂菌繁殖，防止野生发酵带来的异臭。

除此以外，对于苏打饼干、椒盐饼干等品种，盐可在饼干表面形成薄片状大小的结晶，为消费者所喜爱，所以撒盐成了饼干制造工艺的重要部分。

（七）其他

为了丰富饼干的品种、改善品质和增添风味，常用的辅料还有乳制品（乳粉、液体乳、炼乳、乳清、干酪、奶油等）、蛋制品、可可、可可料、巧克力制品（Chocolate Products）、咖啡、果脯、果酱等。

各种花样饼干的原料还有以下类别。

（1）坚果类　核桃（Walnut）、杏仁（Almond）、腰果（Cashew Nut）、榛子（Hazelnut）、花生（Peanut Kernel）、松仁（Pignolia）、向日葵仁（Sunflower Seed）等。

（2）干果类　橘子皮（Orange Peel）、葡萄干（Raisin）、樱桃干（Cheery）等。

（3）香料　生姜、肉桂、肉豆蔻（Mace Nutmeg）、大蒜（Garlic）、葱头（Onion）等。其他香料、色素等如本书第二章所述。

二、酥性面团的调制

酥性或甜酥性面团俗称冷粉，这种面团要求具有较大程度的可塑性和有限的黏弹性，成品为酥性饼干。这种饼干的外形是用印模冲印或辊印成浮雕状斑纹，所以不仅要求面团在轧制面团皮时有一定结合力，以便机器连续操作和不黏辊筒、模型，而且还要求成品的浮雕式图案清晰。面筋的形成会使面团弹性和强度增大，可塑性降低，引起成型饼坯的韧缩变形，此外面筋形成的膜还会在焙烤过程中使面包表面胀发起泡，因此在调制酥性面团时，最主要的是控制面筋的形成，减少水化作用，制成适应加工工艺需要的面团。控制面筋的形成，主要应注意以下几点。

（一）配料次序

调制酥性面团，在调粉操作前要先将除小麦粉以外的原辅料混合成浆糊状的混合物，称为辅料预混（Premixing）。对于乳粉、面粉等易结块的原料要预先过筛。在辅料预混时应注意：当脂肪、乳制品较多时应适当添加单甘油酸酯（Monoglyceride）或卵磷脂（Lecithin）。浆糊状的预混物一般有以下三种情况。

1. 预混浆（Cream）乳化不充分

预混物内的脂肪呈大大小小的块状分布。这种预混物在下一步与面粉捏合时，难以控制面筋水化作用的进行，形成的面团物性相差很大，使产品质量很不稳定。在配料时，如果脂肪的量不是很充分，而且在调粉时，如不尽快使预混浆与面粉混合均匀，得到失败的面团的可能性很大。

2. 预混浆乳化充分，乳化液呈 O/W 型

酥性饼干，尤其是高级饼干，生产时采用预混较多。有的是将起酥油、砂糖、乳制品、疏松剂、色素、水同时混合。为了有利于预混浆乳化液的形成，有时先将起酥油、砂糖及一部分水先搅拌混合成黏稠的糊状物，然后再加水搅拌，混合成 O/W 型乳化液。这种预混浆一般可满足抑制面筋形成的需要，但在夏季温度较高或小麦蛋白质含量太高时，这种面团在调粉时容易搅拌过度，因此要特别注意。

3. 预混浆乳化液为 W/O 型

这种预混浆在预混时就被搅拌成几乎完全的油包水型乳化状态，所以在加入面粉进行调粉时，水分不易为面筋蛋白所吸收，因此一般不用担心面筋形成过度，只需要注意均匀混合就行了，也就是说搅拌时间选择的余地较大，品质容易控制。当面粉蛋白质含量低（低于 7%）时，捏合时间需稍长一些，但一定能得到具有理想物性的面团。

酥性饼干也有的使用冲印的方法成型，尤其是所用辅料少的，过去都是用冲印成型的方法成型。但随着生产的需要和饼干辅料配合品种的增多，近年来酥性饼干大多采用辊印成型的方法。现将这种饼干的几种典型的基本配方列于表 4-1。

表 4-1　　　　　　　　　　　　酥性饼干的基本配方　　　　　　　　　　单位：kg

原料	低档品	中档品	高档品
小麦粉	100	100	100
砂糖	15	30	30
起酥油	18	32.5	25
食盐	1.6	1	2
碳酸氢钠	1.3	1	0.75
碳酸铵	0.5	0.255	0.5
酒石酸	—	0.25	—

续表

原料	低档品	中档品	高档品
酵母粉	10.0	—	—
可可料	—	—	11
转化糖	5	—	25
酸性磷酸钙	—	—	1.2
色素和香料	适量	适量	适量

（二） 糖、油的用量

如上所述，在糖、油量较多时，面团的性质比较容易控制，但有些油、糖量比较少的面团调制时极易起筋，要特别注意操作，避免搅拌过度。

（三） 加水量和面团的软硬度

面筋的形成是水化作用的结果，所以控制加水量也是控制面筋形成的重要措施之一。加水多的面团容易使面筋形成，为了阻止面筋形成必须缩短调粉时间。较硬的面团，也就是水分少的面团调粉时间可以长一些。面筋既不能形成过度，又不能形成不足。在水分较少的情况下，如果调粉时间太短，面团将是松散的团絮状。在糖、油等辅料较少的面团调制时，应减少水的量以抑制面筋形成，这样得到的面团稍硬一些。在糖、油较多的面团调制时，即使多加水，面筋的形成也不易过度。

加工机械的特性对面团的物性要求不同。冲印成型加工中，由于面团要多次经过辊轧，为了防止断裂和黏辊，要求面团有一定的强度和黏弹性，一般要求面团软一些，并有一定面筋形成。辊印成型方法的面团，由于不形成面皮，无头子分离阶段是将面团直接压入印模成型，过软的面团反而会造成充填不足、脱模困难等问题。因此，控制面筋的形成程度是调粉的关键，而加水量则是与面筋形成有直接影响的关键因素，加水过多，非常容易使面筋形成过度，造成难以补救的失败。

（四） 加淀粉和头子的量

加淀粉是为了抑制面筋形成，降低面团的强度和弹性，增加塑性。而加头子，则是加工机械操作的需要，因为在使用冲印法进行成型操作时，切下饼坯后必然要余下一部分头子，另外生产线上也会出现一些无法加工成成品的面团也称作头子。为了将这些头子再利用，常常需要将其再掺到下次制作的面团中去。头子由于已经过辊轧和长时间的胀润，所以面筋形成程度比新调粉的面团要高得多。为了不使面团面筋形成过度，掺入面团中的头子的量要严格控制，一般只能加入 1/10 ~ 1/8。如果面团筋力十分脆弱，面筋形成十分缓慢，加入头子可以增强面团强度，使操作情况改善。

（五） 调粉时间和静置时间

机械地捏合和搅拌会促进面筋的形成，因此控制调粉时间是控制面筋形成程度和限制面团弹性的又一重要因素。调粉时间过短，则面筋形成不足，面团发黏，拉伸强度低，甚至无法压成面皮，不仅操作困难而且严重影响产品质量（胀发力低，结构不酥松，易摊开）。相反，调粉过度，会使面团在加工成型时，发生韧缩、花纹模糊、表面粗糙、起泡、凹底、胀发不良、产品不酥松等问题。在原料配比一定时，掌握好调粉时间是使面团性质稳定的重要手段，在原料成分一定和预混状态一定的情况下，调粉时间也可根据实验，选出最佳时间以适应大量稳定生产。但实际生产中，往往原料的性质，尤其是小麦粉的性质变动较大，还有一些变动因素如室内温度等，使得调粉时间要由操作人员视捏合时情况判断。

如果在调制时面筋形成不足，那么适当地静置是一种补救的办法，因为在静置期间，水化作用缓慢进行，从而降低了面团黏性，增加了其结合力和弹性。静置在韧性面团制作时常被采用。在酥性面团制作时，静置时间过长，或面团已达正常再过分静置，反而会使面团发硬，黏性和结合力下降，组织松散，无法操作。

另外，温度也是影响面团调制性质形成的重要因素，一般利用水温来控制调粉温度。酥性面团的调粉温度为 22 ~ 28℃。面团温度要根据面粉中面筋的含量与特性、油脂等辅料含量和成型方法灵活掌握。如面粉中面筋值高，面团温度须适当降低，以抑制面筋形成。如配方中含油量高，则要适当使面团温度降低至 20 ~ 25℃，以防止走油。夏季气温高，可用冰水调制面团。

三、 韧性面团的调制

（一） 韧性面团的特点

韧性面团的特点是由韧性饼干的特征决定的。与酥性饼干相比，韧性饼干有如下特点。

（1）糖、油含量比较低，调粉时面筋易形成。

（2）要求产品体积质量较轻，口感松脆，即胀发率要大，且组织呈细致的层状结构。

（3）因成品的性状要求，加工工艺也与酥性面团不同，如要经多次压延操作，采用冲印成型，要求头子分离顺利等。

根据以上韧性饼干的工艺特点，韧性面团的特点应是：面团的面筋不仅要形成充分，还要有较强的延伸性、可塑性、适度的结合力及柔软、光润的性质，强度和弹性不能太大。

（二） 韧性面团的调制方法

1. 面团的充分搅拌

要达到以上韧性面团的要求，调粉的最主要措施是加大搅拌强度，即提高机器的搅拌速度或延长搅拌的操作时间。搅拌面团时有许多不同的物理效应，主要可归纳为面粉的水化作用、拌和作用和面筋的扩展（或称面筋的形成）三种。搅拌开始时，首先面粉吸收水分而水化。在水化过程中，面粉中的蛋白质呈各种不同的形态分布在面团中，其中有大、有小、有水溶性的、也有水不溶性的。这种蛋白质只是分散的，没有形成网络，经搅拌后面团在搅拌缸内，经过不断重复地折叠、揉捏、捧打，使所有不规则的蛋白质分子结为一体，并和配方内的盐、乳粉中的蛋白质分子等结合成三维空间的网状结构。搅拌继续进行到面团达到最佳的物理效应时，在焙烤术语上称为面筋的扩展，这时面团已具有最佳的弹性和伸展性，如制作面包此时便要结束搅拌，如果继续搅拌，面筋结构便会受到破坏。面筋由于机械的搅打、撕拉而断裂，使面团变得柔软松弛，弹性减低，从而达到韧性面团的要求。这时面筋分子间的水分，由于面筋结构的破坏，而从接合键中漏出，面团表面会再度出现水的光泽，而且黏手。

2. 淀粉的添加

调制韧性面团，通常均需添加一定量的淀粉。其目的除了淀粉是一种有效的面筋浓度稀释剂，有助于缩短调粉时间，增加可塑性外，在韧性面团中使用，还有一个目的就是使面团光滑，降低黏性。这是因为，如前文所述，调粉时面团由于面筋结构被破坏，一部分水会从面筋分子间漏出附在面团表面，使得面团再次发黏，造成黏辊和脱模困难。而淀粉的存在，则可以吸收这些游离水，避免表面发黏。但若淀粉使用量过大，会使面筋过于软弱，包容气体的能力下降，胀发率减弱，破碎率增加。一般淀粉的使用量为面粉的 5% ~ 10%。

3. 面团温度的控制

由于韧性面团的调粉搅拌强度大、搅拌时间长（30 ~ 60min），搅拌过程中机械与面团及面团内部之间的摩擦将产生较多的热量，从而使面团温度升高，如不注意防止，则有可能超过 40℃，因此韧性面团俗称热粉。较高的温度虽然有利于面筋的形成，缩短搅拌时间，但也容易使疏松剂在温度高的情况下提前分解，影响焙烤时的胀发率。所以一般要控制温度，不要超过 40℃，以 35 ~ 38℃ 为宜。冬天室内太冷时有的地方用热水（85 ~ 95℃ 的糖水）直接冲入面筋中，这样不仅可增加面团温度，而且能使面粉中的一部分蛋白质变性，抑制面筋形成。温度过低，则面筋的形成、扩展不易进行，使搅拌时间延长。

4. 加水量的掌握

韧性面团通常要求面团比较柔软，加水量要根据辅料及面粉的量和性质来适当确定，一般加水量为面粉的 22% ~ 28%。

5. 配料次序

韧性面团在调粉时可一次将面粉、水和辅料投入机器搅拌。但也有按酥性面团的方法，将油、糖、乳、蛋等辅料加热水或热糖浆在和面机中搅匀，再加入面粉。如使用改良剂，则应在面团初步形成时（约 10min）加入。在调制过程中，由于温度高，为了防止疏松剂的分解和香料的挥发损失，一般在调制过程中加入，也可以一次加入。

6. 面团调制结束时的判断

如何判断面团是否调制成功对韧性面团十分重要，常用的判断办法有以下几条。

（1）根据经验由面团温度的上升情况判断。

（2）观察和面机的搅拌桨叶上黏着的面团，当可以在转动中很干净地被面团黏掉时，即接近结束。

（3）用手抓拉面团时，感到面团有良好的伸展性，面筋的弹性和强度也不是太大，可以较容易地撕断。

（4）面团要求不黏手：撕下一块面团，用手揉捏感觉黏、有弹性，用手指摁一个坑，看弹性恢复情况和伸展性质。

以上都是在多次实践的基础上，利用经验判断的方法。因此，积累这方面的经验也是十分重要的。

7. 静置

与酥性面团相同，当面团强度过大时，往往在调粉完成后静置 10min 以上（10 ~ 30min），这样可以使在搅拌中处于紧张状态的面筋松弛，以保持面团性能的稳定。另外，静置期间各种酶的作用也可使面筋柔软。

8. 辅料的影响

韧性面团在搅拌过程中温度较高，这样除了容易使面筋形成以外，同样也可以使糖、油等辅料对面团的物性产生明显的影响。糖在温度高时，其黏着性增大，使面筋黏性增大。而脂肪会因温度高，流动性增大，从面团中析出，也就是所谓走油。所以，在面团发黏，发生黏辊、脱型不顺利时，往往说明糖的影响大于油脂的影响，这时可以降低调粉温度来减少糖的黏性在面团中发挥作用。但温度过低，又会引起面筋难以形成，面团强度过低而无法加工。

（三） 韧性面团的配方

韧性饼干有低档的品种和高档品种，低档品种有代表性的有动物饼干、什锦饼干、玩具饼干等，高档品种有小圆饼干（Petit Four、Marie Biscuit）等，其配方举例如表4-2和表4-3所示。

表4-2　　　　　　　　　　　　　　　　动物饼干　　　　　　　　　　　　　单位：kg

小麦粉	食盐	砂糖	发粉	转化糖	脱脂乳粉	起酥油
100	1	25	1	3	4	8

表4-3　　　　　　　　　　　　小圆饼干　（Marie Biscuit）　　　　　　　　单位：kg

小麦粉	食盐	砂糖	发粉	葡萄糖	乳制品	起酥油	玉米淀粉	蛋	香料
100	0.72	22	1.0	2.9	2	16	2	5.7	适量

四、 苏打饼干面团的调制和发酵

（一） 中种发酵 （第一次发酵）

1. 中种发酵法

在面包、饼干的制作中，有时为了提高发酵的效果，先把一部分面粉和水再加上酵母和其他添加物调成面团（称为中种），进行较长时间的发酵；然后再加进剩余的面粉和辅料，进行正式调粉；最后，再进行发酵、整型和醒发；这种发酵法称作中种发酵法或二次发酵法。苏打饼干的制作，多采用这种中种发酵的方法。中种发酵的目的是：通过较长时间的静置，使酵母在面团内得到充分的繁殖，以增加面团的发酵潜力。在发酵的同时，野生发酵的代谢产物乳酸、醋酸及酵母发酵产生的酒精会使面团面筋溶解和变性。发酵时产生的二氧化碳使面团体积膨松，而使面筋网络处于伸张状态，当继续膨胀时，面筋网络因膨胀力超过了它的抗张极限而断裂，使面团又塌陷下去，这种发酵气体的张弛作用也促使面团面筋的性质发生变化，最终使面团弹性降低到理想的程度。

2. 中种的配方

（1）中种的配方1（美国、日本）　以最终使用面粉量为100，中种配比：面粉60，起酥油4.53，酵母营养剂0.071，水约26，鲜酵母1.359。一般在中种面团调制时，将全部水和一半起酥油加进去较好。

（2）中种的配方2（我国）　以总面粉量为100，中种面粉为40～50，酵母0.5～0.7，加水量为42～45。

3. 调制和发酵

调粉时须将原料混合均匀，但不可使搅拌时间过长，一般4～5min，因为下一步还要发酵和正式调粉，所以即使有少量面粉没有和进面团也可以。面团在搅拌结束时，温度在28℃左右为好。和好面团后送入发酵室发酵，发酵室的理想发酵温度为27℃，相对湿度为75%。温度过低会减慢发酵速度，但超过27℃后，虽然发酵速度加快，但也易引起野生发酵（Wild Fermentation）的危险。野生发酵包括野酵母、乳酸菌、醋酸菌等微生物的生长和发酵。发酵时间为6～10h（美国、日本：18～30h）。发酵时间长短，按小麦粉的种类、饼干的性状不同而异。发酵时产生热量，所以面团内部温度在发酵过程中会有上升。发酵完毕后，pH 为 4.5~5。

（二） 主面团的调粉

中种面团发酵完成后再加入其余的面粉、油脂和除发粉（小苏打）外的其他所有辅料，进行主面团调粉。搅拌开始后，慢慢撒入发粉，使面团的 pH 达到 7.1 或稍高为止。为了使产品口味酥松，形态完美，主面团调粉所使用的面粉应尽量选择低筋粉。小苏打也可在搅拌一段时间后再加入，这样有助于面团光滑。中种配方 1 的主面团原料配比为：中种面团 + 小麦粉（40）+ 起酥油（4.53）+ 砂糖或麦芽糖（0.65）+ 食盐（1.36）+ 碳酸氢钠（0.54）。

主面团的调粉是把握产品质量的关键，它要求面团柔软，以便辊轧操作。调粉时间约为 5min，一般不需要使调好的面团有较大的延展性，用手较容易拉断即可。

（三） 第二次发酵

第二次发酵也称为延续发酵（Floor Time），即将主面团从搅拌机中取出后，用湿布盖上，静置 2~4h，即可发酵完毕。

（四） 影响发酵的因素

1. 面团的温度

面团的发酵最佳温度为 27~28℃，但要维持这样的发酵温度必须考虑周围环境和发酵本身的放热。夏天要防止面团过热（32℃以上），引起过分的野生发酵，使面团变酸。温度过低，则会引起发酵不足、膨发不良等问题。

2. 加水量

加水量一般与面粉的吸水率有关。面粉的吸水率主要受面筋的量左右。用于中种面团的面粉应是高筋粉，所以加水量比酥性饼干要多一些，但加水量不能过多，还要考虑到发酵过程中面筋的溶解和变性，面团会变得比调粉结束时更软。

3. 糖和食盐用量

糖作为酵母的碳素源有利于发酵的进行。一般情况下，糖由面粉中的淀粉酶水解面粉而得到，足够酵母发酵的需要。但在面粉本身的酶活力很低时，在中种发酵时补充 1%~1.5% 的饴糖或葡萄糖会促进发酵的进行。有时，也可加入淀粉酶解决同样的问题。但过多的糖对发酵有抑制作用，所以在中种面团调制时，一般将辅料的一部分油脂加入，而不加糖。

苏打饼干用盐一般是 1.8%~2%。但食盐同样也会抑制酵母的发酵作用，所以，中种中不加盐，常在主面团调粉时才加入盐，有时在主面团调制时也只加入食盐的一部分（30%），其余的在油酥中拌入或在成型后撒在表面。

4. 油脂的影响

为了使饼干酥脆和美味，在饼干原料中往往加入很多油脂（5%~20%），但过多的油脂也会抑制发酵过程，这是因为油脂会在酵母细胞周围形成一层难以使酵母营养渗入酵母细胞膜的薄膜，阻碍酵母正常的新陈代谢作用。流散度高的液体油对酵母发酵的抑制作用更为显著。所以发酵饼干都用起酥油、猪油等流散度小的固体油脂作原料。另外，在高级饼干中往往要加入大量油脂，为了不影响发酵，常采用夹层包埋的方法加入油脂。

另外，如第二章所述，面粉性能、酵母质量对发酵的影响也十分重要。

五、 和面机 （调粉机）

和面机（Mixer）就是将饼干的各种材料混合，搅拌揉捏成面团的机械。按照搅拌轴的安装方向，有立式和卧式两大类型（图4-2）。

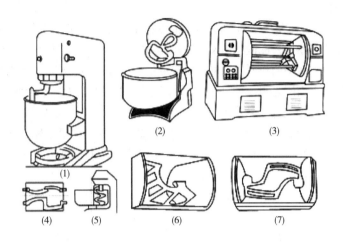

图4-2　各种类型的和面机（调粉机）
(1) 普通立式调粉机　　(2)、(5) 硬式面包立式调粉机
(3) 大型卧式面包和面机　(4)、(6)、(7) 普通中小型卧式和面机

（一）立式和面机（Dough mixer）

立式和面机多为小型单轴式，搅拌轴与地面垂直，广泛地用于面包、饼干和其他糕点。在小规模制造时多采用这种和面机，和面桶和搅拌桨叶可以按和面量的多少和产品种类而变换。较大规模工厂常使用双轴、三轴立式和面机。这种大型机搅拌桶容量较大。

这种调粉机对面团的揉捏程度较透，拉伸作用较强，适合调制韧性面团，缺点是造价较高，起面比较困难。调粉机一般应能变速，在调制开始时应慢一些，待面粉和湿后，辅料基本压进面团后，可快一些，以减少捏合时间。调粉机一般应有冷却、保温夹套和变速装置。

（二）卧式和面机（Horizontal mixer）

卧式和面机调粉的容器是卧置筒形，中间是搅拌轴，搅拌轴与和面的轴线重合并与地面平行，搅拌轴上安有数根（4~6）与轴垂直的搅拌桨叶。容器桶壁上还有两个固定桨叶，这种桨叶适用于酥性面团和韧性面团的搅拌，但对于一些韧性面团，由于投料不当，可能产生抱轴现象，而且对面团拉伸作用小。为了加大搅拌和揉捏效率，常常要把搅拌桨叶换成Z形或肋骨形。

第四节　面团的辊轧

一、辊轧的基本原理

（一）辊轧操作的意义

辊轧就是将调粉后面团中杂乱无序的面筋组织经过反复辊轧，变为层状的均整化组织，并使面团在接近饼干坯薄厚的辊轧过程中消除内应力。它不仅是冲印成型的准备工序，而且是防止成型后饼干收缩变形的必要措施。

韧性面团和苏打饼干面团一般都应经过辊轧工序。甜酥性和酥性面团,由于面筋形成程度很小,比较柔软,弹性小,抗拉强度低,塑性大,所以成型时,可以直接在型模中压成饼干型坯,不必经过预先的辊轧处理。而且,辊轧工艺会促使面筋形成,使产品酥松度下降。但当面团黏性过大时,成型时皮子易断裂,可经过这道工序,使面筋蛋白通过水化作用,吸收一部分造成黏性大的游离水,并使面筋增强。

(二) 韧性饼干、苏打饼干面团辊轧的目的

1. 改善面团的黏弹性

使面筋进一步形成,黏性减小,塑性增加,这是因为辊轧时通过机械的揉捏,使调粉时还未连入网络的面筋水化粒子与已形成的面筋搭连,组成整齐的网络结构。弹性减弱是因为通过反复多方向辊轧,使面团消除了内部张力分布的不平衡。

2. 使面团组织呈有规律的层状均匀分布,逐步形成饼坯

轧辊的反复压延和折叠、翻转操作使面团形成层状组织,不仅为成型操作做好准备,而且有利于焙烤时的胀发,是韧性饼干、苏打饼干形成松脆口感的基础。

3. 使产品组织细致

辊轧还能使面团中已产生的多余二氧化碳排出,使面团内气泡分布均匀、细致。

4. 辊轧对成型后的外观至关重要

它不仅使冲印操作易于进行,而且会使产品表面有光泽,形态完整,花纹保持能力增强,烧色均匀。

二、 辊轧的要领

(一) 面带的转向

辊轧时为了使面筋形成均整的组织和使各个方向应力相同,避免因内部应力不均而造成冲印后的变形,需要避免辊轧时单方向的延伸。也就是说,面带在一个方向辊轧后,应转90°,再辊轧。

在旧的工艺操作中,面团要经过预轧,然后将面带切成大片,整齐地叠在操作台上,在恒温恒湿(30℃,相对湿度80%~90%)的环境下,静置1~3h后再辊轧。这种方法虽有改善弹性、增加光泽等优点,但操作比较麻烦。目前已有连续式自动辊轧机,面团静置在连续辊轧前进行。

(二) 头子的处理

冲印成型的方法,总要产生剩余的"头子",头子需要在压面过程中掺入。为了保持面带在运转中正常前进和掺头子后的面带组织均一,应注意如下事项。

1. 温度差的影响

在不同的温度下,头子与新鲜面团会呈现不同的物理性质,而使得掺和后,面带组织不均匀,机械操作困难,例如发生黏辊筒、黏模型、皮子易断裂等。头子的温度受季节影响较大,与面团的温度往往不一致,尤其是高温的夏季和寒冷的冬季。所以要控制头子的温度与新鲜面团的温度,在掺和时,相差不能超过6℃,差距越小越好。如果头子已经韧缩或走油,则不应在辊轧时掺入,而是返回到调粉机中与新鲜面团一起均匀混合。

2. 头子与新鲜面团的比例

头子与新鲜面团的比例应在1:3以下，因为头子在较长时间的辊轧和传送过程中总会发生一些变性，主要是面筋筋力增大，水分减少，弹性和硬度增加。在冲印或辊切成型时，尽量使印模排列紧凑是减少头子的方法之一。正确操作，减少焙烤前面带和饼干坯的返还率，对于减少头子量也很重要。

3. 头子掺入时的操作

将头子掺入新鲜面团时要求尽可能均匀。因为新鲜面团中加入头子后，有的不经辊轧，即使经过辊轧也不会像调粉时那样充分搅拌揉捏，只是将头子压入新鲜面带，所以要把头子在新鲜面团的面皮上铺均匀。

对于不经辊轧的掺和，要求将头子铺在新鲜面团的下面防止黏轧布。还要经辊轧的头子，则铺在新鲜面带上面，这样经过辊轧、包叠后，可以形成比较均匀的面带。如果头子在面带中分布不均匀，会造成黏辊、黏模、黏帆布、产品色泽不均、形态不整齐、酥松度不均匀等多种质量问题。

（三） 苏打饼干辊轧注意事项

苏打饼干辊轧操作，面团要经过5~8次由厚到薄，再折叠，再轧薄的过程。这样做的目的主要是使面团的面筋组织规律化，成层状排列，并使头子能够比较均匀地掺入面团和使油酥在面带组织中成层状分布。苏打饼干的辊轧示意图如图4-3所示。

为了达到这样的要求，应注意以下几点。

（1）未加油酥前，压延比不宜超过1:3，即经过辊轧一次不能使厚度减到原来的1/3以下。这样不利于面筋组织的规律化排列，影响饼干膨松。但是，压延比也不能过小，过小不仅影响工作效率，而且有可能使掺入的头子与新鲜面带掺和不均一，使产品疏松度和色泽出现差异。饼干烘烤后出现花斑就是这种原因造成的。

（2）面带夹入油酥后，压延比应该更小一些，一般要求在1:2到1:2.5之间，压延比过大，油酥和面团变形过大，面带的某些部位会破裂，致使油酥外露，影响饼干组织的层次，使胀发率减低。

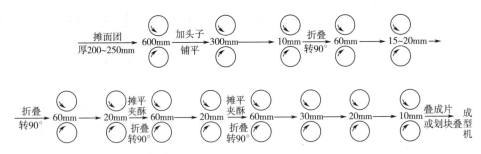

图4-3 苏打饼干的辊轧示意图

（四） 韧性饼干辊轧注意事项

韧性饼干的辊轧操作与苏打饼干基本相同。韧性面团一般油脂用量较少，而糖用量比较多，所以面团发黏。为了防止黏辊，在辊轧时往往撒上些面粉，但一定要均匀，切不可撒得过多，以免引起面带变硬，造成产品不够疏松及烘烤时起泡的问题。韧性饼干的辊轧示意图如图4-4所示。

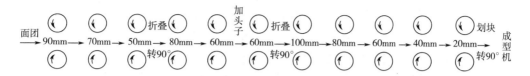

图 4-4 韧性饼干的辊轧示意图

三、 辊轧设备

（一） 往返式辊轧机 （Dough Brake）

往返式辊轧机是一种比较老式的辊轧机，是仿擀面的手工操作设计而成的。帆布工作台往复移动时使面带移动，而轴固定的转动轧辊将面团反复轧成薄片，并不时反转折叠。当面片压成一定薄厚时，便划成块，以便旋转90°进入成型机辊筒（图4-5）。

（二） 连续压面机 （Laminator Cross Roller）

连续压面机是一种比较先进的压面机，连续式5~6道辊筒的连续压面机组衔接在成型机前，其动作包括折叠和转向90°的运动，可分立式和卧式两种。立式连续压面机一般是将调制好的面团放入上部的料斗，经过自上而下的几对轧辊压成面带，然后转送到折叠型层压器，即将面带由摆动转送带往复摆动落下，作折叠运动，另一方面又由下方与摆动方向成90°方向运动的转送带，将一边折叠一边流下的面带横向移动，于是便完成了折叠和转动的连续动作。还有的立式层压机是将面团分别通过二对辊筒压成面带后，在中间夹入油酥，再重叠起

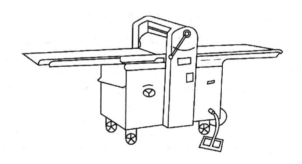

图 4-5 往返式辊轧机示意图

来，压延、折叠、转向、压薄后进入成型机。较新式的连续压面机为卧式，它有一个履带式轧辊组，如图4-6所示。每根辊筒在轧辊旋转的同时又作反方向自转运动，这样，面带的表面层就能受到表面摩擦，而产生光泽。同时，在连续辊轧中逐渐被拉伸，压薄。

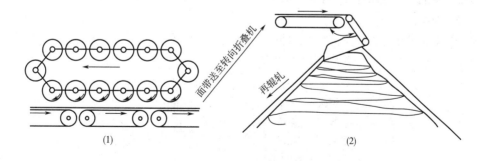

(1)　　　　　　　　　　(2)

图 4-6 连续压面机示意图
（1）履带式压片机 （2）自动转向折叠机

一些饼干如千层饼酥类，在面带中要求裹入大量油脂（奶油或起酥油），为防止油脂的走油，它利用包馅机的原理，用螺旋挤出成型机将面团挤成圆筒状，再在挤出时，从中间向中空的圆筒状面带里挤出油脂，然后再用履带式压片机压延成面带，并折叠、旋转、辊轧，送入成型机。有些不需要充填油脂的饼干也可以用这样的方法辊轧。

立式压面机常用于酥性面团的辊轧，所以被称作 Soft Sheeter，这样辊轧的面带要用冲印成型的方法成型。

第五节　饼干的成型

饼干的成型方式是按成型设备划分的，根据配方、品种和生产规模的不同，成型设备有摆动式冲印成型机、辊印成型机、挤条成型机、钢丝切割机、挤浆成型机、裱花成型机和辊切成型机。本书主要介绍三种代表性成型方法和设备。

一、冲印成型

（一）冲印成型的设备与原理

冲印成型是一种古老而目前还比较广泛使用的成型方法。它的主要优点是：能够适应多种大众产品的生产，如粗饼干、韧性饼干、酥性饼干、苏打饼干等。其动作最接近手工冲印的动作，所以对品种的适应性广。老式冲印成型机也称 Skip Motion Cutter，即：帆布上的面带向前走一步，停一下，冲印一次，再走一步，再停下来冲印。较新式的是摆动式冲印成型机（Continuous Motion Cutter），帆布运动方式可以由间歇式改为连续的匀速运动形式。这种方式效率高，适应了由原先的铁盘载饼干坯烘烤变为钢带载体的更高速度的生产规模。摆动式冲印之所以可以在使面带不停止向前运动的情况下完成冲印动作，是由于其冲印模在冲向皮子、压花纹的同时，还有一个与帆布面带一起同步向前运动的动作，当完成冲印后，冲模抬起，迅速摆回到原来位置开始下一个冲印动作。

（二）冲印操作要领

冲印操作的要领就是要使皮子不黏辊筒，不黏帆布，冲印的饼干坯花斑清晰、形状均整、与头子分离顺利。为达此目的，除调粉操作是关键外，冲印操作还应注意以下事项。

1. 面带辊轧

面带辊轧的基本操作如前文所述，冲印成型机在冲印动作前，还有一次通过三对轧辊形成面带的加工过程，其操作方法如图 4 - 7 所示。

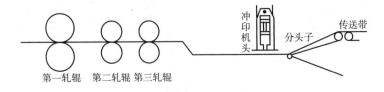

图 4 - 7　冲印成型机工作原理示意图

（1）铺面团　对于一些不经辊轧的韧性面团和酥性面团，需要把和面机调好的面团铺在第一对辊筒前的帆布上，其方法是把面团撕成小团块状，在帆布上铺成 60～150mm 厚的面带。如果要加头子，则尽量将头子加在底层，因为头子比新鲜面团干硬，铺在靠帆布的底层不易黏帆布。

（2）辊筒配置　如图 4-7 所示，第一对辊筒的直径（300～500mm）必须大于第二和第三对辊筒（215～270mm）。这是因为第一对辊筒前的面团往往还没有形成面带，由头子和新鲜面团的团块堆成，薄厚不匀、厚度比较大，用直径大的辊筒便于将面团压成比较致密的面带。为了防止黏辊和黏帆布，在第一辊筒前有撒面粉或涂油装置。为了防止辊筒上的面粉硬化和积厚，辊筒上装有刮刀，不断将表面粉层刮去。

（3）辊筒间转速的配合调节　由于三对辊筒与冲印部分连续操作，而经过每对辊筒后，面带的截面积都发生改变，要使单位时间通过每一对辊筒面带的体积基本相等（如不相等，必然要发生积压或断带现象），那么每对辊筒转动速度之间都应该按一定比例。由于面团性质的不稳定因素，轧辊的速度在工作中往往需要调节。调节时应注意两点：一是不使面带重叠；二是保证面带不被拉断或拉长。对韧性面团，如果几道辊筒间面带绷得太紧，将会使面带纵向张力增强，造成冲印后饼坯在纵方向的收缩变形。酥性面团由于抗张力较小，在通过第二道辊筒后厚度变薄（10～12mm），如面带受纵向张力，则很容易断裂。为了防止面带纵向张力过大而引起断裂，应在面带压延和运送过程中，每两对轧辊之间的面带长度有一个缓冲的余量，即使辊轧出的面带保持一定下垂度，一方面消除压延后产生的张力，另一方面防止意外情况引起的断带。在第三对辊筒后面的小帆布与长帆布交替处也要使面带形成波浪形褶皱状余量，以松弛面带张力。褶皱的面带在长帆布输送过程中会自行摊平。

（4）辊筒间隙调节　辊筒间隙一般应根据面团性质及饼坯厚度进行调节，根据饼干规格的检测，随时加以校准。在调整轧辊间隙时，一定要注意同前道工序辊筒和帆布的输送速度的配合。

对于酥性面团和韧性面团，各对辊筒的压延比一般不要超过 4:1，否则会出现黏辊筒、面带表面粗糙、易黏模型等故障。苏打饼干对组织要求较高，压延比更要小，这样才能使经过发酵形成的海绵状组织压成层次整齐、气泡均匀的结构。夹油脂的面带，若压延比过大，还会造成层次混乱和油酥裸露等缺点。

2. 冲印成型

冲印饼干坯的成型和剪切是靠印模进行的。印模主要分两大类，一种是适于韧性饼干的凹花有针孔印模；另一种是适于酥性饼干的无孔凸花模型。苏打饼干模型基本属于第一种，不过一般不带花纹，或只有几个文字的有针孔模型。苏打饼干和韧性饼干之所以采用凹花有针孔印模，是因为饼坯面团有较强的面筋组织，由于面筋膜的形成使得面团保气能力较强，当烘烤时表面胀发变形较大，凸出的花纹不能被保持。针孔是为了防止表面胀起大泡的必需措施。酥性面团由于面团面筋形成很少，所以组织比较疏松，在焙烤时内部产生的气体能比较容易地逸出，不会使表面发生大的变形，因此能保持印模冲印时留下的表面形状，酥性饼干的表面花纹是否美观和清晰是决定产品质量的重要因素之一。

印模的构造分三个部分，即刀口、芯子、压板。冲印时，芯子先接触面带，然后刀口切断坯子，刀口上升时，推板将头子推出。

3. 头子分离

成型冲印的面带在饼坯被切下来之后，其余的部分便成为头子，需要与饼坯分离，头子分离是通过饼坯传送带上方的另一条与饼坯带成20°向上倾斜的传送帆布带运走的，如图4－7所示。韧性和苏打面团头子分离一般比较容易，但强度较小的酥性面团易发生断裂，要注意调整好饼坯帆布与头子帆布的角度和分离处的距离。

二、辊印成型

如图4－8所示，辊印成型机（Rotary Moulder）的加料斗在机器上方，加料斗的底部是一对直径相同的辊筒，一个称喂料槽辊，另一个为花纹辊，也就是型模辊。喂料槽辊表面是与轴线平行的槽纹，以增加与面团的摩擦力，花纹辊上是使面团成型的型模。两辊相对转动，面团在重力和两辊相对运动的压力下不断充填到花纹辊的型模中去，型模中的饼坯向下运动，在脱离料斗的同时，被紧贴住花纹辊的刮刀刮去多余部分，即形成饼坯的底面。花纹辊的下面有一个包帆布的橡皮脱模辊与其相对滚动，当花纹辊中的饼坯底面贴住橡胶辊上的帆布时，就会在重力和帆布

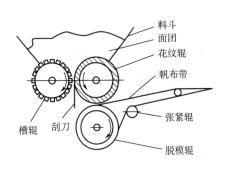

图4－8　辊印成型机工作原理示意图

（料斗、面团、花纹辊、帆布带、张紧辊、脱模辊、槽辊、刮刀）

黏力的作用下，使饼坯脱模。脱了模的饼坯，由帆布输送带送到烤炉网带或钢带上进入烘烤。这种设备结构简单，占地面积小，没有头子，是近年来普遍推广的机种。但是这种机器生产的品种却有较多的限制，它只适宜于生产油脂量多的酥性饼干，尤其是桃酥、米饼干（Rice Biscuits）最适宜；对于韧性大的面团，生产困难，甚至无法生产，所以韧性饼干、苏打饼干不能用这种机械生产。其原因主要有两条：一是充填、脱型比较困难；二是不能达到韧性饼干和苏打饼干所要求的层状组织。

从以上工艺特点可知，这种机器要求面团较硬和弹性小。过软或弹性大会出现韧性面团所碰到的喂料不足、脱模困难、饼坯底面铲刮不平整等问题。但是面团过硬和弹性过小，由于流动性差，也会使饼坯不易充填完整，脱模时由于饼坯各部分黏结力过小，会造成脱模时的残缺、断裂和裂纹。辊印成型除适用于高油脂品种外，还适用于面团中加入椰丝、果仁小颗粒（芝麻、花生、杏仁）及粗砂糖的品种，对这些品种冲印成型比较困难。

三、辊切成型

随着带式（钢带、网带）烤炉向着大型化、高速化发展，过去的冲印式成型机也向着高速化发展。这种形式的机械由于质量大、占地多、摆动大，给操作带来了很多不便。于是人们便根据辊印成型机的原理将冲印成型机作了改进，这样就设计出了目前国际上较流行的新式设备辊切成型机（Rotary Cutter），机身前半部分与冲印成型机相同，是多道压延辊，成型部分由一个扎针孔、压花纹的花纹芯子辊和一个截切饼坯的刀口辊组成。辊切成型机工作示意图如图4－9所示。先经花纹芯子辊压出花纹（若是韧性饼干、苏打饼干，同时扎上针孔），再在前进中经刀口辊切出饼坯，然后由斜帆布输送带分离头子。在芯子辊和刀口辊的下方有一个直径较大的与两辊对转的橡胶辊，它的作用是压花和作为切断时的垫模。

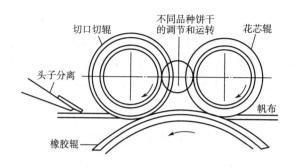

图4-9 辊切成型机工作示意图

这种机械不仅有占地小、效率高的特点，还有一个重要的优点是对面团的适应性较强，不仅适用于韧性、苏打饼干，也适用于酥性、甜酥性饼干。

四、其他成型

（一）钢丝切割成型机（Wire Cutter）

利用挤压机构将面团从型孔挤出，型孔有花瓣形和圆形等多种，每挤出一定厚度，用钢丝切割成饼坯。挤出时还可以将不同颜色的面团同时挤出，而形成花色外观。

（二）挤条成型机（Route Press）

机械设备与钢丝切割成型机相同，所不同的只是挤出型孔的形状不同，而且挤出后不是立即用钢丝切下而是挤成条状后，再用切割机切成一定长度的饼坯。钢丝切割成型的型孔基本型是圆的，而挤条成型机的型孔断面是扁平的。

（三）挤浆成型机（Depositor）

使用这种成型机的面团比较软，有一定流动性，所以多用黏稠液体泵将糊状面团间断挤出。挤出的面糊直接落在烤盘或钢带上，由于面糊是半流体，所以在一定程度上能因挤出型孔的形状不同，而形成各种外形；同时，挤出孔一般是垂直向下，而且还可以在挤出时作 O 型或 S 型的运动，于是就得到不同外形的扭结状饼干，还有的由两个挤出口挤出不同颜色的面糊条，合成一个图案的饼干；也有的只是滴下一滩面糊，自然摊成圆形（如蛋黄饼干）。

第六节　饼干的烘烤

烘烤是完成焙烤食品的关键加工步骤，是决定产品质量的重要一环。烘烤也不仅是烘干、烤熟的简单过程，而是与成品的外形、色泽、体积、内部组织、口感、风味有密切关系的复杂的物理、化学、生物化学变化过程。

一、烘烤的目的

烘烤的目的如下：

（1）产生的二氧化碳气体和水蒸气的压力使饼干具有膨松的结构。

（2）使淀粉糊化，即使淀粉胀润、糊化变为易消化的形态，也就是烘熟。

（3）得到好的色、香、味。

（4）使面团中的酵母及各种酶失去活力，以保持饼干的品质不易变化。

（5）蒸发水分，使柔软、可塑性的饼坯变成具有稳定形态和松脆的产品，此外，水分的蒸发还有一个重要意义，就是使产品成为便于保藏和携带的方便食品。

为了达到以上目的就要了解烘烤饼干的基本原理，如下文所述。

二、 饼干烘烤的变化

饼干在烘烤中所起的变化主要可归纳为：物理变化、化学变化和生物化学变化。

（一）物理变化

1. 水分变化

目前多数工厂都采用隧道式平炉来烘烤饼干，所以以下以这种炉的焙烤过程为例，考察烘烤过程中的各种变化，其他形式炉的情况也与此类似。隧道式平炉有两种：链条烤盘式（Travelling chain oven）和钢带式平炉（Band oven），其炉膛构造如一隧道，长度有 $10 \sim 90m$，以 $40 \sim 60m$ 为多。按饼干在通过炉膛时的变化，又可分为四个阶段：胀发、定型、脱水、上色。

当载体（钢带或网带）将饼坯运入炉口时，由于饼坯温度较低（$30 \sim 40℃$），而炉内温度较高，且有大量从饼坯蒸发的水分，因而绝对湿度相当高，当炉内湿热的空气一碰到刚入炉的冷凉饼坯，就会在饼坯表面冷凝成露滴，随着饼坯向炉内运动，饼坯的温度也迅速上升，当温度超过炉内水蒸气的露点温度时，饼坯表面的水分便开始蒸发。由于炉内温度很高（$200℃$ 以上），所以吸湿作用时间很短。

饼坯表面温度升高很快，进炉后仅 $30s$ 左右便可达到 $100℃$ 以上，而内部温度较低，所以表面的水分蒸发总是大于内部，因此出现了水分梯度。这时水分的移动主要是由两种方式进行，一种是蒸发，即饼坯表层高温区水分的蒸发和内部水分的蒸发；一种是扩散，由于水分梯度的存在，水分多的内层水分沿饼坯内的毛细管向水分少的表层扩散，再蒸发掉。

（1）蒸发 饼坯的蒸发并不限于表层，由于内层温度也很快达到 $100℃$，于是一些水分直接气化，与其他气体一起膨胀，并终于冲破面筋膜的包围而逸散出去。因为饼干烘烤时一般都在数分钟（$2 \sim 3min$）内中心达到 $100℃$，所以这种直接气化而逸散的方式是饼干烘烤时水分蒸发的主要途径。因为韧性面团、苏打饼干面筋形成的膜使得中心的水蒸气不易排出，所以脱水速度就比较慢，而酥性面团在气体膨胀时比较容易破裂，形成无数的裂缝，水分蒸发就快。另外，在饼坯中游离水比结合水容易蒸发。在脱水的初期，首先被蒸发的是游离水和附着水，在更高的温度下，结合水才开始蒸发，因此水化作用进行得比较充分的韧性面团、苏打面团结合水较多，脱水也比较困难。

（2）水分扩散 内部水分扩散的速度对饼坯水分蒸发的速度影响很大。酥性面团由于其组织团粒基本上是无规则排列，因而水分向表面扩散时毛细管渠道较多，蒸发比较快；相反，对于韧性和苏打饼干，因其组织为层状结构，面筋形成的薄膜在气体膨发时可形成各层间的空隙，阻断了使水分扩散的一部分毛细管，所以水分蒸发较慢。

在饼干的烘烤过程中，影响水分排出速度的主要因素是炉温和相对湿度。烘烤温度越高，相对湿度越低，越有利于水分的蒸发。从隧道式平炉的结构来看，饼坯入口的温度较炉中心低，湿度也较大。这是因为其接近炉口，受外气温度和冷凉饼坯影响大，饼坯水分较高，游离水首先大量蒸发，不仅吸收较多的热量，而且使炉口湿度增加。炉口处的较低温度和较大湿度也符合饼干膨发的需要。如果炉口温度太高，而湿度太低，就会使饼坯表面急剧干燥，面筋凝固而形成表面硬壳层。硬壳层不仅会影响内层水分的扩散和蒸发，还会阻止体积的膨大。

2. 水溶性气体的游离

一些饼干是用化学疏松剂膨松的。例如碳酸氢铵或碳酸铵，在面团调制和成型过程中就有可能分解，产生氨、二氧化碳等气体并溶于面团的水中；发酵时产生的气体成分也会溶于面团的水中。在烘烤的初期，饼坯中水分温度升高时，这些气体也会很快游离出来。同时，疏松剂也会完全分解，产生大量二氧化碳等气体，这些气体为饼坯的胀发创造了条件。

3. 酒精、水的蒸发和气体的热膨胀

发酵饼干中产生的酒精、醋酸以及饼坯中的水分在烘烤的高温下也会气化，这些气体与二氧化碳等气体在温度升高时产生热膨胀。饼坯中的面筋组织便包裹着正在膨胀的气体形成无数的气泡，面筋有一定的伸展性和韧性，所以无数的气泡便随温度的升高迅速膨大，使饼干的厚度急剧增加。当气泡的大小达到面筋膜的伸展极限时，气泡破裂，气体逸出，饼干便停止膨大。

饼干在炉内的发胀率与面团的软硬、面筋的抗张力、疏松剂的膨胀力、发酵的程度、烘炉的温度、炉内的湿热空气对流等多种因素有关。较软的面团、较高的烘烤温度和在湿热空气流动缓慢情况下，饼干胀发较大。若面筋的抗张力过大，那么就会膨松不起来，使饼干僵硬。而且在载体无孔眼时，常会引起底部凹底。相反，如果气体膨胀力过大，饼坯抗张力较小，那么会使饼干过于松脆易碎。

发酵过程中产生的酒精、醋酸在烘烤中都可受热而挥发，一般饼坯 pH 会略有升高，这与小苏打分解产生碳酸钠也有关。乳酸挥发量极小，常使饼干带有酸味。

（二）化学变化

烘烤过程中，饼坯发生的化学变化主要有疏松剂的分解、酵母灭活、酶的失活、淀粉糊化、面筋的热凝固以及表面褐变反应等。

1. 疏松剂的分解、酵母灭活和酶的失活

小苏打的分解温度为 $60 \sim 150℃$，碳酸氢铵或碳酸铵的分解温度为 $30 \sim 60℃$。所以几乎是刚一进炉的几十秒内，碳酸氢铵或碳酸铵首先分解产生大量气体，产生极强的压力。但当它的气压冲破面团抗张力的束缚而膨发逸出时，饼干的面筋蛋白还未来得及凝固，便会造成已膨发的组织又塌陷下去。所以，碳酸铵不能单独使用，多与小苏打配合使用，使得气体的产生和膨胀持续到面筋凝固。

韧性饼干和苏打饼干由于面团较软，面筋热凝固所需时间较长，所以常用发酵的办法产生二氧化碳气体，膨松组织。烘烤初期，中心层温度逐渐上升，饼坯内酵母的作用也逐渐旺盛起来，产生较多的二氧化碳，这些二氧化碳与在发酵过程中产生的二氧化碳一起受热膨胀，使饼坯迅速胀发。当饼坯内部温度达到 $80℃$ 时，酵母便会灭活。酵母在进炉 $1 \sim 2min$ 内便会因高温死亡。同样，酶在高温下因蛋白质的变性而失去活力。

2. 淀粉糊化和面筋的热凝固

小麦面粉中的淀粉糊化温度在 $53℃$ 以上，当淀粉糊化时吸水膨润为黏稠的胶体，淀粉出炉后经降温冷凝成凝胶体，使饼干具有光滑的表面。

可以看出，淀粉的糊化是在刚进炉时发生的。刚进炉时，表面露水的凝结为淀粉胀润提供了条件。表面层由于温度升高快，蒸发也很快，为了满足淀粉胀润变成糊精的需要，有时需要在炉口人为地喷雾，以加大饼坯表面的湿润和使糊化顺利进行。当温度达到80℃时，饼坯中的蛋白质便凝固失去其胶体的特性。一般进炉后1min，饼坯中心层就能达到蛋白质凝固温度，这时气体膨胀，而造成面筋的海绵状或层状结构也因蛋白质的凝固而固定下来，这就是所谓定型阶段。

3. 棕黄色反应和焦糖化反应

这是形成饼干外表色泽的重要反应。棕黄色反应（褐变反应）是指羰氨反应（Maillard Reaction），即饼坯中蛋白质的氨基与糖的羰基在焙烤的高温下发生了复杂的化学反应，生成了褐色物质。焙烤食品棕黄色反应的最适条件是pH6.3，温度150℃，水分13%左右。

一般酥性饼坯，大约经3min即进入表面上色阶段。饼干配方中乳制品、蛋制品和糖等成分都是参与棕黄色反应的重要因素，尤其是糖。酥性饼干和含糖较多的韧性饼干在烘烤时都易上色。而苏打饼干、粗饼干由于含糖较少，在发酵过程中，面团本身所含的糖类被酵母菌过多地利用，则在烘烤时不易上色。因此，有时从烤色也能判断饼干含糖量的多少。在甜饼干烘烤时，不仅有棕黄色反应，还有糖类发生糖焦化反应。蔗糖在200℃时便开始发生焦糖化作用（Caramelization），碱性条件下比酸性条件下反应速度快些（pH为8时比pH为5.9时快10倍），反应结果产生酱色焦糖（Caramel）和一些挥发性醛、酮类物质，不仅形成饼干外表的烤色，而且还形成了饼干的特有烤香和风味。羰氨反应产生的羰基化合物已鉴定的达70多种，这些物质也是构成焙烤食品香气的重要成分。小麦粉本身以及一些饼干中的果仁、花生、芝麻，经焙烤都可以产生特有的香气。

（三）生物化学变化

生物化学变化是指酵母发酵和酶的作用所引起的面筋软化及淀粉的液化和糖化。烘烤的初期，酵母和面团里的蛋白酶、淀粉酶都会因为温度的升高而活动加剧。由于蛋白酶的分解作用，使得面筋抗张力变弱，有利于面团的胀发。当温度升到80℃时，蛋白酶便失去活力，因饼坯较薄，中心温度升高很快，所以面筋软化反应是微小的。

淀粉酶的作用也会在烘烤初期（50～65℃）加剧，生成部分糊精和麦芽糖。当达到80℃时，淀粉酶失去活力，淀粉酶促使淀粉水解为糊精和麦芽糖，蛋白酶分解面筋得到氨基酸等生成物，这些也都能给饼干带来良好的风味。

三、饼干的烘烤传热原理

了解烘烤中热传递的原理不仅对产品质量十分必要，而且对节约能源、降低成本也很有意义。饼干在烘烤过程中得到热量的方式不外乎是传导、辐射和对流。

（一）传导

传导是相同物体或相接触物体的热量传递过程。饼坯进入烤炉后，接受的传导热量来自载体。饼干内部的热量传递也主要是靠内部的热传导实现的。因为饼坯中心水分较多，温度升高较慢，烘烤时形成较大的温度梯度。当饼干烘烤结束时表面可达180℃，但其中心温度也只是100～110℃。

（二）对流

对流传热是流体的一部分向另一部分以物理混合进行热传递的形式。在烤炉内，由于凉的饼坯不断进入和进、出口空气的流通，会不断产生热的不平衡，于是炉内的气体（热空气、水蒸气、燃烧废气等）就会以对流的方式进行热交换。

对流的存在，使得饼干的水分不断从饼干表面被气流带走，加快了饼干的脱水，同时热空气也给饼坯传递了热量。在饼坯内部，对流是由液体、水蒸气和其他气体的运动来传递热量的。烘烤时在饼干坯载体上方有高度湍流，而载体上的热气也会在炉壁与载体两侧的间隙向上运动，使得载体边缘的饼干显著地得到更多的热量，其颜色将比载体中间的饼干深一些。

（三）辐射

热辐射是电磁辐射的一部分，因温度而引起的辐射称热辐射。当物体受热升温后，物体表面可发射不同波长的电磁辐射波。这些辐射一旦发射到制品表面，一部分即被吸收，而转化为热能。

辐射与传导和对流不同，它不需要介质，因此可以直接把热量传到饼坯表面。所以辐射传热效率高、传热快。但辐射的透过性很差，因而在饼坯烘烤时，它也只能把热量直接传给表面很薄的一层（<2mm）。由于辐射的这一特点，饼干表面的上色主要是受吸收辐射热的影响。

（四）远红外加热

目前，食品的烘烤加工中远红外辐射技术越来越受到重视。在电磁辐射谱中，波长从30万km到1m，被称作无线电波；波长从1~1000mm，称为微波；波长从0.72~1000μm，为红外线。比红外线波长更短的电磁波还有可见光、紫外线、X射线、γ射线和宇宙射线等。工程上还将波长在2.5μm以下的红外线称为近红外线，波长在2.5~25μm的红外线称为远红外线。有时也将波长在2.5μm以下的称为近红外线，2.5~25μm称为中间红外线，25μm以上称为远红外线。

1890年，普朗克（Planck）提出了黑体辐射能量分布定律。1893年，德国学者文（Wien）提出了"Wisn's Displacement Law"（文位移定律），此定律认为从黑体发射能量密度最大的长波与黑体温度成反比，关系式为 $\lambda_m T = 2898$（μm·K）。λ_m：波长，T：绝对温度。从普朗克和文定律我们可以得出一个黑体辐射谱中的能量分布图线（图4-10）。从图中可看出：随着温度上升，能量密度最大的波长（发射热辐射最强的波长）向波长短的方向移动，在同一波长下，温度升高，放射能也迅速增长。对传热有意义的电磁波谱部分的波长范围为0.5~50μm，可见光波长范围为0.38~0.78μm。

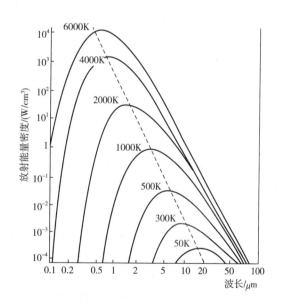

图4-10　黑体辐射谱能量分布图线

焙烤制品的炉内温度在220~230℃，如图4-10所示，这一温度范围内发射热辐射最强的波长正是在2.5~10μm，这是远红外线的范围。因此，远红外热辐射对于焙烤食品有很重要的意义。远红外线烘烤食品，不仅因为它是在烘烤温度范围内能量密度最大的波长，更主要的是因为食品对这一波长范围内的电磁波吸收率最大。

当红外线辐射到物体表面时，一部分被物体反射，其余部分被物体吸收，转变为热能，使物体温度上升。物体吸收、透过和反射红外线的程度，是与物体的性质、种类、表面状况等因素有关的。从分子运动的观点来看，物体对热辐射的接受率是与其化学组成有关的。构成物质的分子总以自己固有的频率在运动着，若入射的红外线频率与分子本身固有的频率相同，该物质的分子就会在这一频率的辐射上产生共振现象，也就是说，吸收这种频率的热辐射效率最高。

农产品、食品多属于有机高分子物质，从测定的红外线频谱图可知，这些物质对于远红外线都有较大的吸收峰，而且油脂、淀粉、糖、水都有两个比较集中的吸收峰，水的吸收峰为 $3\mu m$ 和 $6\mu m$；淀粉为 $3\mu m$、$10\mu m$；油脂为 $3.5\mu m$、$7\mu m$；其他食品物料也都在 $7\sim11\mu m$。

一种物质为什么有两个或多个吸收峰，而且吸收峰比较集中呢？这是因为有机物一般都是由碳、氢、氧原子组成。以乙醛 CH_3CHO 为例，如图 4-11 所示。

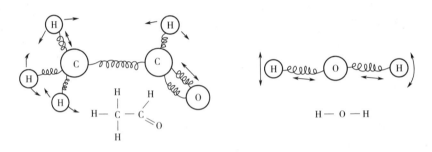

图 4-11　构成乙醛分子的化学键的运动示意图

原子间都是以各种化学键（如 $C=O$、$C-H$ 等）连接在一起构成分子。各原子间都相互运动着化学键之间的伸缩振动和转角振动。各种化学键的振动，固有频率由结合键的种类和分子全体的构造决定。例如水的 $O-H$ 键伸缩振动的固有频率与长波为 $2.7\mu m$ 的电磁波相同，$O-H$ 键的转角振动频率与波长为 $6.1\mu m$ 的电磁波相同，那么在水的红外线吸收频谱图上，在波长 $2.7\mu m$ 和 $6.1\mu m$ 的地方就会出现两个峰值。由于有机物的化学键基本上都是 $C=O$、$C-H$ 等类型，所以其吸收峰值也都比较集中，而且峰值都在远红外线波长范围内。也就是说，大多数食品对于热辐射的吸收率在远红外射线的范围内最高。所以远红外线加热近年来在食品加工业中的研究成了热门，不仅是在焙烤领域，在干燥、杀菌、改善风味等方面也都被广泛地开发。

远红外线加热，不仅吸收效率高，而且还有一个重要特征，就是比起红外线和其他可见光线，它的辐射厚度深，最深可达 2mm，也就是，不仅使表面很快变热，而且能使被照射物体的一定深度直接接受到远红外的辐射热，这使得加热速度大大提高。远红外线的吸收与表面颜色无关，由于以上原因，远红外线加热在焙烤食品加工中的应用发展很快。它不仅可节约能源，还能提高食品品质。

远红外线烤炉的关键是远红外线的发射体。任何物体在加热时，都会放射远红外线、红外线，但由于所含物质不同，发射的辐射线能量密度最大的波长也不同，一般是给发热体涂上不同的表面涂料来得到不同波长的辐射线。这些涂料是金属氧化物，如氧化钴、氧化锆、氧化铁等。利用这些物质能产生 $2\sim15\mu m$，直至 $50\mu m$ 的远红外线。由于当辐射的波长与物料吸收峰接近时，传热效率最大，所以要根据食品物料的吸收波长来选用发热体的涂料。碳化硅（SiC）和三氧化二铁（Fe_2O_3）在波长 $4\mu m$ 时的辐射强度可达最大值，碳化硼（B_4C_3）在约 $6\mu m$ 时最大。在饼干烤炉中，有的是以这三种涂料来辐射远红外线。

四、 饼干烘烤的温度

烘烤时炉内的温度及烘烤的不同阶段温度的调整，对饼干的质量影响很大。饼干烘烤的炉温与烘烤时间如表 4-4 所示。烘烤温度和饼坯烘烤时间随饼干的品种、块形、大小不同而异，一般炉温保持在 230～270℃，不得超过 290℃。饼坯的表面上升到 150℃ 以上时开始上色反应，但如果持续时间过长，表面就会烤焦。因为饼干烘烤的目的不仅是为了脱水，而且还要形成表面烤色和风味，所以烤炉温度还要考虑烤色和风味的因素。例如，粗饼干由于其水分蒸发比较慢，为防止外焦内软，烤炉温度应较酥性饼干低一些，烘烤时间也长一些。各种饼干的烘烤炉温与烘烤时间如表 4-4 所示。

表 4-4　　　　　　　各种饼干的烘烤炉温与烘烤时间

品种	炉温/℃	烘烤时间/min	成品含水率/%
韧性饼干	240～260	3.5～5	2～4
酥性饼干	240～260	3.5～5	2～4
苏打饼干	260～270	4～5	2.5～5.5
粗饼干	200～210	7～10	2～5

对于隧道式平炉来说，各个阶段炉温的控制就是从入口到出口这一段炉膛中温度分布的控制。平炉的加热，都是在饼坯的上方和下方排列着两层加热源，分别称为面火和底火。通常还要控制面火和底火的大小，使炉内温度分布适合饼坯烘烤的需要。而炉内温度分布的选择受饼坯中配料的高低、块形大小、饼坯厚薄、抗张力大小等因素支配。可以说每种不同形态和配料的饼干，都需要不同温度分布。以下通过几种典型的饼干烘炉温度控制的实例，来分析选择炉温的一般规律。

（一） 苏打饼干

烘烤苏打饼干时，第一阶段应当使烤炉的底火旺盛，面火温度则相应得低一些。这样做有两个目的。

（1）使饼坯表面在胀发阶段保持柔软，有利于饼坯体积的胀发和二氧化碳气体的逸散，如果面火过大则饼干表面会过早地形成硬壳，使得膨松不理想。

（2）底火旺盛则是为了使热量由载体迅速传到饼干中心层，促使饼坯内二氧化碳迅速膨胀，在还未形成硬壳前就胀发起来。在烘烤的中间区域，要求面火逐渐增高而底火渐减。因为此时虽然水分仍然在继续蒸发，但二氧化碳膨胀也达到最大限度，需要将膨发的组织固定下来，获得良好的膨松组织。如果不及时使饼坯表面凝固定型，膨发起的组织在二氧化碳逸脱完后仍可能塌陷下去，使饼干组织变得不够疏松。

最后上色阶段，炉温通常要低于前面，防止饼干色泽过深。配料丰富的饼干，出口温度更要低一些，因为含糖量较多，极易上色。

（二） 酥性饼干

各类酥性饼干不仅配料相差甚大，块形、厚薄也相差悬殊，因此烘烤条件也应不同。对于辅料较丰富的甜酥性饼干，饼坯一进入炉口，就应有较高的温度。这是因为这种饼干由于含油大，面筋形成极差，若不尽快地使其定型凝固，有可能由于油脂的流动性加大，并有发粉所形成气体的压力，使饼坯发生"油滩"现象，造成饼干形态不好和易于破碎。所以一入炉就要加大底火和面火，使表面和其他部分凝固。这种饼干并不要求膨发过大，多量的油脂保证了饼干的酥脆，膨发过大反而会引起破碎的增加。炉的后半部，当饼坯进入脱水上色阶段后，应用较低的温度，这样有利于色泽的稳定。糖多的制品很容易上色，对于酥性饼干，初期水分较少，而且在制品中多以游离水的形式存在，所以较低的温度也能满足上色和脱水的要求。

对一般配料的品种，情况与苏打饼干相似，它需要依靠烘烤来胀发体积，因此表面温度要有逐渐上升的梯度，前半部有较高的底火，促使气体膨胀来膨发组织，表面在膨发到极大时，再形成硬壳。因调粉时加水量较高，所以，一直到上色为止，表面烘烤温度不能过低。辅料少，参与棕黄色反应的原料不多，上色不会太快。这种产品，如一进炉就遇到高温极易起泡，这是因为表面形成硬壳层阻止二氧化碳的逸散，而二氧化碳正处于极大膨发阶段，所以会鼓成泡。从温度分布曲线上看，入口处的底火也并非突然上升。刚进炉的饼坯还比较软，如突然加大底部温度，会使底部气体突然膨胀，在用钢带或钢盘载体时，气体无法一下子从底部冲出，于是使饼坯整个向上鼓起，形成所谓凹底。在糖、油含量比较少、面筋形成较多的情况下，凹底很容易发生。

（三） 韧性饼干

韧性饼干一般多采用较低温度烘烤，以便将调粉时吸收的大量水分脱掉。这种饼干的特点是加水量较多，面筋形成充分，伸展性好，如温度过高会使饼坯出现外焦内软的现象。但对于高档产品，油糖比接近于较低档的酥性饼干，所以炉内温度与一般酥性饼干相似，要求入口底火大，面火小。

总之，要根据许多具体的复杂因素来控制饼干的烘烤温度，其原则是使制品膨发充分、定型规整、烤色美观、脱水达到要求，调整钢带传递速度来控制烘烤时间也要参考以上原则。

五、 烤　炉

（一） 烤炉的形式

饼干烤炉有多种形式，例如撬板炉、风车炉等，但随着饼干加工向大型化发展，现在已由链条传送烤盘的平炉（Travelling Chain Oven）发展到钢带或网带式平炉（Band Oven）。热源有电气、煤气、重油等，有直接加热方式和间接加热方式。电气式烤炉操作简单，易于控制，但费用较高。采用燃烧重油或煤气的加热方式费用较低。

（二） 烤炉载体的种类

由于烤盘的回收麻烦且热量损失大，已逐渐被淘汰。目前平炉的载体都采用网带和钢带。网带适用于苏打饼干、韧性饼干及硬性饼干。酥性和甜酥性饼干，则适宜于使用钢带烘烤。

1. 网带

（1）形态　金属丝编串而成。金属丝要求在高温下有一定的强度和抗腐蚀性（因为炉内有潮湿空气）。一般采用不锈钢钢丝，其网面细度因饼坯品种不同而有多种规格，例如轻网眼

（Light Mesh，35.91Pa）、大陆网眼（Continental Mesh，69.43Pa）和重网眼（Heavy Mesh，215.46Pa）。也有不少采用广泛应用于固体输送的镀锌铁丝网带，网面用 16 ~ 18# 细铁丝、穿心用 14 ~ 16# 铁丝编织而成。

（2）特点

①饼坯与带网接触的面直接与空气接触，所以气体逸散容易，受热均匀，变形小，不会发生凹底现象。

②网带与饼坯接触面小，所以不易发生黏带现象。

③因底部也成了气体和蒸汽的挥发面，所以要较多使用疏松剂。

④从结构上讲，这种带比钢带不易产生滑动，传动平稳。

⑤缺点是当网带比较重厚时，散热面大，从炉内带出的热量较多，不仅浪费能量，而且使车间环境气温增高，尤其是在夏天。

2. 钢带

（1）形态　由厚度为 0.8 ~ 2.3mm 的钢板铆接而成。在烘烤时，像履带一样，由一排托辊支撑，主动辊带动其运转。这种带常用作制造酥性饼干、甜酥饼性干以及挤浆成型的饼干等。

（2）特点

①底面平整有利于较软饼坯的形态固定，尤其对酥性饼干不仅使底部平整，而且还能形成美观的沙状底。

②对于挤浆成型的饼干有较强的适应性。

③由于与饼坯接触面积较大，易发生黏炉带，尤其是用糖多的饼坯，因为糖是增加面团黏性的材料，此为其缺点。

第七节　饼干的冷却

一、冷却的目的

（一）使水分继续蒸发

刚出炉的饼干温度较高，中层的水分含量也相当高，水分依然由内向外扩散，如通过冷却使水分继续蒸发，可防止包装后因结露和反潮造成的霉变、皮软等问题，延长保藏期。

（二）防止油脂的酸败

如果包装时温度过高，使得饼干冷却速度变慢，会加剧油脂的酸败、氧化。

（三）防止饼干变形

出炉时的饼干温度和水分含量较高，除硬饼干和苏打饼干外，其他品种出炉时都比较软，特别是糖油含量较高的甜酥饼干更软，随着水分的蒸发和冷却，使油脂凝固后，才能使其形态固定下来，所以过早的包装会使未硬的饼干弯曲变形。冷却时也要注意防止饼干变形，例如不要在运输带上堆积。

刚出炉的饼干，表面温度可达 180℃，中心层温度约 110℃，要将饼干冷却到 38 ~ 40℃才能包装。

二、 冷却的方法

为了保证冷却过程中产品质量不受到损害，在规定冷却的工艺流程时，除了温度外，还应考虑以下两个问题。

（一） 冷却时水分的变化

在冷却中除去一部分水分不仅是烘烤的工艺特点决定的，因为刚出炉的饼干中心层的水分含量为8%～10%，整个饼干的温度还很高，因此暴露在空气中时水分蒸发还会继续；而且冷却时的水分蒸发还是利用余热节约能源的合理办法。例如，甜酥性饼干在刚出炉时，水分含量由75%左右开始下降，冷却5～6min时，水分挥发到最低限度。也就是说，在较低的温度下，饼干中的水分达到了平衡状态。但当饼干温度进一步降低时，其平衡水分又会随温度的降低而升高，所以又会从空气中吸收水分。饼干的吸湿性还与饼干的配料有关。另外，空气中的湿度、温度都会影响饼干在冷却中的水分变化，所以应根据不同品种饼干的吸湿特性、冷却线的温湿度条件进行实验后来判断冷却时间。一般经验是，冷却时间应是焙烤时间的150%，才能使产品在自然冷却下达到温度和水分要求。

（二） 冷却与裂缝的关系

产品刚出炉的表面温度为180～200℃，如果立即将其暴露在室温为20～30℃、相对湿度50%～60%的低温空气中，使饼干脱离热的载体，将会使饼坯表面因高温而导致相对湿度急剧下降，引起水分急速挥发，饼坯内部水分梯度加大，因而产生内应力。饼干是结构松脆的柔性物体，稍受外力作用，就会发生残余变形现象。过强烈的热量交换和水分的变化，使饼干内部应力分布发生变化，当内部产生的变形应力超过饼干的组织强度时，饼干就会发生破裂（也就是裂缝）。一般来说，内部应力的变化，是内部水分分布不均匀引起的。例如刚出炉的苏打饼干，如果急速冷却，苏打饼干的边缘首先剧烈地脱水，造成边缘干、中心湿的水分梯度。经过放置后，中心的水分逐渐向边缘扩散，造成饼干边缘吸水膨胀，而中心失水收缩，产生裂缝。所以，一切过快地加大水分蒸发的因素，都可能造成饼干内部水分梯度加大，应力加大，产生裂缝。因此，在输送带上，强制通风冷却，或冬季由自然温湿度条件造成的水分蒸发过快，都易使饼干产生裂缝，尤其是含糖低的硬质韧性饼干，更容易出现裂缝。因此，有时需要用增加输送带周围的温湿度（加保温罩）等措施来抑制水分过快蒸发，防止裂缝的出现。苏打饼干可堆放冷却。

其次，饼干生产的脱水现象始终贯穿于整个烘烤过程中，如果烤炉炉温过高，网带转速过快，则饼干外部的水分会迅速排干，而内部水分排除不彻底，会造成内外水分浓度的差异，极大的水分梯度在热冲击下迅速变化，饼干就极容易破裂，因此在生产过程中要控制好合理的速度和调好烤炉的各区温度，可降低饼干的破裂率。

此外，油脂用量、糖用量都会影响饼干的破裂率。饼干的破裂率随糖油总量的增加而增加，达到一定值时又随糖油总量的增加而减少，直至为0。有分析认为这可能与饼干面团内部面筋的存在有关。

产生裂缝的产品，一般生产当天不会出现裂缝，而是到第二天以后才能发现较明显的中心部位碎裂，而且每块饼干碎裂情况很相似，一般称之为自然裂缝现象，这与加水量、烘烤条件等许多因素有关。因此，抑制饼干的自然破裂需要各方面综合考虑。

最后，冷却到适当温度的饼干应立即包装。

第八节 饼干的包装

一、 包装的目的

饼干是一种深受大众喜爱的休闲食品。随着经济的发展，人民生活水平的大幅度提高，饼干市场的发展比较多样化。饼干的包装不仅起着保护、宣传食品，便于食品储藏、运输和销售的作用，而且可以在视觉上愉悦消费者，给消费者以视觉美感，促进消费者的购买欲，从而增加产品的市场竞争力。

二、 包装的要求

（1）饼干是一种相对湿度很小、易受潮的食品，所以包装应该有防止饼干吸收空气中水分的隔离层，以保持饼干的干燥和卫生。

（2）饼干中含有较多油脂，油脂在外界环境因素如光、氧等作用下很容易引起氧化酸败，光照还会引起饼干的褪色。饼干的夹层中有果酱的容易发霉，添加果仁的容易酸败，这些变质都是因为原料发生了化学反应导致的，因此包装材料要有耐油脂、遮光、防止紫外线照射和阻氧的性能。

（3）有些风味饼干的表面有砂糖、脆花生或者其他固体食品颗粒，这些原料容易产生与包装表面的摩擦，所以包装材料要选择有一定耐磨和耐戳穿性能的材料。

（4）饼干具有很强的吸附气味的性能，所以包装材料本身不能有气味，并且还应该有对外界气味很好的隔离性能。

（5）目前饼干生产大都实现了机械自动化包装，所以包装材料还要有较好的抗拉强度和热封性能，以防止包装被机械划伤和便于实现自动封口。

具备以上包装要求的包装材料有很多，如铝塑复合膜（BOPP/AL/PE）、聚偏二氯乙烯涂敷的玻璃纸（KPT），这些都是阻隔性、热封性、耐戳穿性较好的材料，是可以选择的饼干包装材料。聚偏二氯乙烯涂敷纸也是理想的包装材料（PVDC/纸）。尼龙和聚乙烯复合（PA/PE）、聚酯和聚乙烯复合（PET/PE）都具有较好的阻隔性、遮光性、热封性和抗拉强度，可以作为饼干的包装材料使用。成本较低、保质效果较好的简单包装材料为双向拉伸聚丙烯涂敷热封层（BOPP/热封层）。热封层采用的是离子型薄膜或乙烯——醋酸乙烯共聚物（EVA）薄膜。

三、 包装的形式

（一）塑料薄膜热封包装

塑料薄膜热封包装是采用聚丙烯薄膜、再生性纤维薄膜或镀金属薄膜等具有一定强度、厚度、柔曲能力的新型材料，通过热封将一定数量符合规格的饼干包装成需要的大小。塑料薄膜是一种很好的防潮包装材料，在饼干包装中应用最多，主要有两种形式：一种是散装，另一种是裹装。塑料包装的密封性、阻隔性好，具有易于成型、成本低、包装简单、销售方便等优点。

（二）纸盒包装

纸盒包装是饼干包装的主要形式，有正方形、长方形、圆形等多种形式。包装材料多用白纸板、胶纸板等。用纸盒包装时，要先将饼干用薄膜作内包装，盒外用蜡纸或薄膜裹包。纸盒是较环保的包装材料，包装强度较好，有一定抗压性，美观大方，商品性强，防潮性、遮光性均好。

（三）铁听包装

铁听包装是用彩印马口铁制成的饼干听包装。铁听有正方形、长方形、圆柱形等多种形式。包装时，听内用塑料加工成各种槽形的薄膜托盘，轻巧、美观，饼干排列整齐，不易破碎。这种包装密封性最好，包装强度高，外观漂亮、大方，遮光性极好，经久耐用，是饼干的高级包装。

在包装的同时，还可以通过注入氮气来防止饼干的氧化。为了防止饼干因受潮变软，还可以在食品包装中放入干燥剂来控制食品包装中的湿度。为了防止微生物生长，还可以在包装中注入二氧化碳和氮气的混合气体。

🔍 思考题

1. 什么是饼干？饼干的分类有哪些？
2. 饼干制造工艺中，如何进行原料的选择？
3. 简述酥性面团和韧性面团的调制方法。
4. 苏打饼干面团的调制工艺和发酵方法分别有哪些？
5. 辊轧的基本原理是什么？韧性饼干、苏打饼干面团辊轧的目的有哪些？
6. 饼干的成型方法和设备分别有哪些？
7. 饼干烘烤的目的是什么？在烘烤过程中有哪些物理、化学和生物化学变化？
8. 饼干的烘烤传热原理是什么？各种饼干在烘烤时烤炉温度及烘烤时间该如何控制？饼干用烤炉的形式和载体种类分别有哪些？
9. 饼干冷却的目的和方法分别有哪些？
10. 饼干包装的目的是什么？饼干包装的要求和形式分别有哪些？

糕点加工工艺

[学习目标]

　　1. 掌握糕点的基本概念、分类和特点；了解糕点的发展历史；掌握各种糕点的加工工艺流程及制作技术。

　　2. 掌握糕点制造工艺中原料的选择和处理；掌握各类糕点的面团调制原理及方法。

　　3. 熟悉糕点的成型方法；了解影响焙烤的因素。

　　4. 学习糕点的冷却技术、装饰技术、馅料和装饰料制作技术。

第一节　糕点的名称和分类

一、糕点的概念和发展历史

　　糕点是以面粉、食糖、油脂、蛋品、乳品、果料及多种子仁等为原料，经过调制、成型、熟制、装饰等加工工序，添加或不添加添加剂，制成的具有一定色、香、味的食品，主要是以人们嗜好要求为基础的调理食品。从概念上理解，糕点是糕点裹食的总称，"糕"是指软胎点心；"点"是指带馅点心；"裹"指挂糖点心；"食"指既不带糖又不带馅的点心。至今人们仍无法确定糕点是在何时、何地由谁发明出来的。据考证，地球上最早出现糕点的时期为距今1万多年前的石器时代后期。我国有文献记载的糕点在商周时期，距今已有4000多年的历史。

（一）西式糕点的发展历史

　　西式糕点（简称西点）在世界上享有很高的声誉，主要发源地在欧洲。西点制作在英国、法国、西班牙、德国、意大利、奥地利、俄罗斯等国家已有相当长的历史，并在发展中取得了显著的成就。1854年欧洲学者在瑞士一个干涸的湖底发现了面包化石，据推测距今有8000～10000年。这种面包是一种点心面包，用石头先将谷物粉碎，再加入水捏和，添加果料（如苹果干等）、亚麻籽、芥子等擀成 3cm 左右的饼，然后烧烤制成——这种面包化石现收藏在瑞士国家博物馆。在埃及的金字塔中人们也发现了距今约 7000 年的 16 种点心面包及其制作工具，这种点心面包的主要原料不是大麦或小麦，而是一种由特殊谷物添加香料制成的原料。6000 多年前，古埃及人将小麦粉加水和马铃薯、盐制成类似面包的食品。纽约大都会美术博物院在 1936 年派了一个远征队，在埃及阿塞西夫谷发现了几个 3500 年前的面包化石。据史料记载，在很久以前古代埃及、希腊和罗马已经开始了最早的面包和蛋糕制作。公元前 1175 年，在古埃及首都底比斯的宫殿壁面上，考古学家发现了几种面包和蛋糕的制作图案，这说明有组织的烘焙作坊和模具在当时已经出现。据说，普通市民用做成动物形状的面包和蛋糕来祭神，这样就不必用活的动物了。一些富人还捐款作为基金，以奖励那些在烘焙品种方面有所创新的人。据统计，在这个古老的帝国中，面包和蛋糕的品种达 16 种之多。公元前 8 世纪，埃及人将面包制作技术传到地中海沿岸的巴勒斯坦。同一时期，希腊人从埃及学来了发酵面包的制法，同时对面包制作技术做了很大改进，在面包中加入牛乳、奶油、干酪和蜂蜜等，大大改进了面包的品质和风味。据称，古希腊是世界上最早在食物中使用蜂蜜作甜味剂的国家，蜂蜜蛋糕曾一度风行欧洲，特别是在蜂蜜产区。古希腊人用面粉、油和蜂蜜制作了一种煎油饼，还制作了一种装有葡萄和杏仁的塔，这也许是最早的食物塔。后来，罗马人征服了希腊和埃及，面包制作技术又传到罗马。各式面包和糕点技术又从罗马传到匈牙利、英国、法国、德国和欧洲各地，各个国家都依据本国的条件和饮食习惯，逐渐形成了具有本国特点的面包和糕点类型。现在人们知道的英国最早的蛋糕是一种称为西姆尔的水果蛋糕。据说它来源于古希腊，其表面装饰的 12 个杏仁球代表罗马神话中的众神，今天欧洲有的地方仍用它来庆祝复活节。亚里斯多德在他的著作中曾多次提到各种烘焙制作。古罗马人制作了最早的乳酪蛋糕。迄今，最好的乳酪蛋糕仍然出自意大利。据记载，在公元前 4 世纪，罗马成立有专门的烘焙协会。初具现代风格的西式糕点，大约出现在欧洲文艺复兴时期，糕点制作不仅革新了早期的方法，而且品种也不断增加，相继出现了两类主要的糕点（派和起酥点心）。烘焙业已成为相当独立的行业，进入了一个新的繁荣时期。1350 年一本关于烘焙的书记载了派的 5 种配方，同时还介绍了用鸡蛋、面粉和酒调制成能擀开的面团，并用其来制作派。法国和西班牙在制作派的时候，采用了一种新的方法，即将奶油分散到面团中，再将其折叠几次，使成品具有酥层。这种方法为现代起酥点心的制作奠定了基础。大约在 17 世纪，起酥点心的制作方法进一步完善，并开始在欧洲流行。丹麦包和可松包是起酥点心和面包相结合的产物。据记载，最原始的面包甚至可以追溯到石器时代。早期面包一直采用酸面团自然发酵方法。16 世纪，酵母开始被运用到面包制作中。18 世纪，磨面技术的改进为面包和其他糕点提供了质量更好、种类更多的面粉。

18 世纪的欧洲工业革命，使大批家庭主妇离开家庭走进工厂，使以面包为主的焙烤食品工业兴起，从而形成了以面包为主食的西方膳食体系，以后开始普及全球，成为人类生活中影响最大的食品之一。西式烘焙工业发展到一个崭新阶段，一方面贵族豪华奢侈的生活反映到西式糕点上，特别是装饰大蛋糕的制作上；另一方面糕点朝着多样化、个性化、方便化等方向发展。同时从作坊式制作开始进入工业化生产，逐渐形成了一个完整和成熟的体系，成为西方国家食品工业的主要支柱之一。目前又开始普及全球，成为对人类生活有很大影响的食品。

（二）中式糕点的发展历史

我国糕点制作历史悠久，技术精湛，历史书中对糕点有很多记载。2000 多年前的先秦古籍《周礼·天宫》就讲到"笾人馐笾之实，糗饵粉姿"。其中糗是炒米粉或炒面，饵为糕饵或饼饵的总称，这些都是简单的加工，但已初具糕点的雏形。后来，品种逐渐增加，有蜜制的、油炸的等。屈原在《楚辞·招魂》中说到"柜汝蜜饵，有怅惶兮"，其中柜汝和怅惶就是后来的麻花和馓子；《齐民要术》中详细记载了其成分和制法。晋人葛洪著的《西京杂记》提到每当重阳节，民间以"黏米加味尝新"即重阳糕，以庆丰收。到了汉朝出现了"饼"的名称，当时的饼呈扁圆形，包括焙饼、蒸饼、馒头等。如汉代许慎在《说文》中有"饼，以粉及面为薄饵也"的记载。汉朝最有名的饼为"胡饼"，《释名》中说"胡饼之作，胡麻著上"。胡饼就是芝麻饼，是我国传统糕点之一。唐宋时期，糕点已发展为商品生产，制作技术也有了进一步提高。据史料记载，当时长安有专业"饼师"和专业作坊，采用烘烤方法，使用"饼鏊"（平底锅）等工具。宋代在制作技术上已采用油酥分层和饴糖增色等，所以当时苏东坡有诗写到"小饼如嚼月，中有酥和饴"的诗句。宋代的《东京梦华录》《梦粱录》等书中记载当时的糕类有：蜜糕、乳糕、豆糕、重阳糕等；饼类有月饼、春饼、千层饼等，所用馅料有枣泥、豆沙、蜜饯等。元、明、清除继承和发展唐、宋时期的糕点生产技术之外，一些少数民族糕点也开始进入中原。明朝戚继光抗倭时，将糕饼作为军用干粮（清·施鸿保《闽·杂记》），这种糕饼就是现在的光饼，说明当时糕点生产已有很大规模。明、清以后，我国糕点生产逐渐形成了各地区具有独特风味制作技艺，并在相互影响下，发展为目前繁多的花色品种。

西方烘焙食品制作技术由国外传入我国主要通过两种途径，一是明朝万历年间由意大利传教士和明末清初德国传教士传入我国东南沿海城市广州、上海等地，继而传入内地；二是1867年在沙俄修建东清铁路时传入我国东北。近代以来，沿海大城市相继传入了各式西方糕点。我国糕点工业的全面发展，严格地讲是在改革开放之后，在此之前糕点主要是以中式糕点为主的传统民族食品，在此之后，全国各地从国外引进了面包、蛋糕、饼干等西式焙烤食品生产线和技术，带动了整个糕点工业的发展。近几十年来，随着国际交流的日益频繁、人们生活节奏的加快和饮食消费结构的变化，中西各式糕点制作不断发展，在全国形成了各种"帮式"，在品种结构、食品包装、生产工艺以及技术设备等方面都有很大提高。糕点已日益成为人们日常生活的重要食品，焙烤工业的总体增幅很快。据国家统计局统计，2016年我国焙烤食品糖制品行业规模以上企业共3013个。2016年国内焙烤食品糖制品行业主要产品（含糕点/面包、饼干、糖果巧克力、冷冻饮品、方便面和蜜饯）产量合计约为3527.25万t，同比增长9.43%。主营业务收入为7389.27亿元，同比增长8.66%。其中焙烤食品制造行业规模以上企业单位数共1408个，规模以上企业资产总额约1504亿元。

二、　糕点的分类和特点

糕点种类繁多，按照商业习惯可以分为中式糕点和西式糕点。中式糕点是指中国传统的糕点，品种很多，据不完全统计可达300多种，从性质上有荤素之分，从民族风味上又可分为汉、满、回、藏等，从地域上又可分为北点和南点。其中北点以京式为主，大多是纯甜咸品种。南点又可分为广式、苏式等。广式多用肉馅，苏式油用量大、米面多，南点烫面多，火色重。西式糕点一般指源于西方欧美国家的糕点，相对于中式糕点而言，泛指从国外传来的糕点。西式糕点品种也很多，花色各异，各国又都有自己的特点，可分为法式、德式、瑞士式、英式、俄式、日式等。西点熟制的主要方法是烘焙，多数西点是甜的，咸点较少。

中式糕点以粮食为主，多用小麦粉为主要原料，以油、糖、蛋等为主要辅料，油脂侧重于植物油和猪油，还经常使用各种果仁、蜜饯及肉制品。调味香料多用糖渍桂花、玫瑰以及五香粉等，风味以甜味和天然香味为主。同时，由于各地区物产资源不同，又形成各种地方风味。西式糕点选料上多用小麦粉、蛋、油、糖，油脂侧重于奶油，巧克力和乳制品使用也很多，水果制品如果干、鲜水果、果酱、果仁等也大量应用，香料上多用白兰地、朗姆酒、咖喱粉等以及各种香精香料。风味上带有浓郁的奶香味，并常带有巧克力、咖啡或香精、香料形成的各种风味。

中式糕点装饰较为简单。西式糕点装饰图案较为复杂、精致，生坯烤熟后多数需要美化，注重装饰，有多种馅料和装饰料，装饰手段丰富，品种变化层出不穷。

为了介绍方便，本书先将糕点分为中式糕点和西式糕点，根据中式糕点和西式糕点的各自特点再进行细分。

（一）中式糕点

中式糕点范围很广，广义而言，包括传统糕点、小吃、休闲食品、凉点心等，狭义的中式糕点只指中国传统的糕点食品，下面介绍几种分类方法。

1. 按照传统生产地域分类

我国幅员辽阔，民族众多，由于各地的物产资源、饮食习惯、地理条件等差异，糕点在制作方法、用料、品种、风味上就形成了各自不同的特点。中式糕点以长江为界可以分为北点（北方糕点）和南点（南方糕点）。北点主要以京式糕点为代表，南点根据生产地域不同可分为广式、苏式、扬式、潮式、闽式、高桥式等。

（1）京式糕点 京式糕点起源于华北地区的农村和满、蒙民族地区。在北京地区形成了一个制作体系，现在遍及全国，在制作方法上受宫廷制作影响较大，同时吸收了北方少数民族如满族、蒙古族、回族等和南方一些糕点的优点，自成体系。京式糕点一般重油（油多）、轻糖（糖少），甜咸分明，注重民族风味，造型美观、精细，产品表面多有纹印，饼状产品较多，印模清晰，同时也能适合不同用途和季节。主要代表品种有京八件、核桃酥、莲花酥、红白月饼、提浆月饼、江米条、蜜三刀、状元饼等。

（2）广式糕点 广式糕点起源于广东地区的民间制作，在广州形成集中地，原来以米制品居多，清朝时期受满人南下的影响，增加了一些品种。近代又因广州对外通商较早，传入面包、西点等制作技术，在传统制作的基础上，吸取北方和西式糕点的特点，结合本地区人民生活习惯，工艺上不断加以改进，逐渐形成了现在的广式糕点。其特点为一般糖、油用量都大，口味香甜软润，选料考究，制作精致，品种花样多，带馅的品种具有皮薄馅厚的特点。主要代表品种有广式月饼、梅花蛋糕、德庆酥、莲蓉酥角、椰蓉酥、大良崩砂、伦教糕、西樵大饼等。

（3）苏式糕点 苏式糕点以苏州地区为代表，受扬式糕点制作影响较大。品种以糕、饼较多，多是酥皮包馅类。用料考究，使用较多的糖、油、果料和天然香料，油多用猪油，甜咸并重。主要代表品种有姑苏月饼、芝麻酥糖、杏仁酥、蛋糕、云片糕、八珍糕等。

（4）扬式糕点 扬式糕点起源于扬州和镇江地区。制作工艺与苏式基本相似，花色品种少些，品种以米制品较多，分喜庆和时令等品种。馅料以黑麻、蜜饯、芝麻油为主，麻香风味突出。造型美观，制作精细。主要代表品种有黑麻椒盐月饼、香脆饼、淮扬八件中的黑白麻、太师美么饼，粗八件中有小桃酥、小麻饼、大徽子等。

（5）潮式糕点 潮式糕点以广东潮州地区为代表。由民间传统食品发展而来，总称为潮州茶食，可以分为点心和糖制食品两大类，糖、油用量大，馅料以豆沙、糖冬瓜、糖肥膘为主，葱香味突出。主要代表品种有老婆饼、春饼、冬瓜饼、潮州礼饼、蛋黄酥、猪油花生糖、潮州月饼等。

（6）宁绍式糕点　宁绍式糕点起源于浙江宁波、绍兴等地，米制品较多，面制品较少，品种主要有茶食、糕类、饴糖制品，辅料多用苔菜、植物油，海藻风味突出。主要代表品种有苔菜千层酥、苔菜饼、绍兴香糕、印糕等。

（7）高桥式糕点　高桥式糕点起源于上海浦东高桥镇，也称沪式糕点，外形纯朴，色泽鲜明，糖和油用量少，风味淡，馅料以红豆沙、玫瑰等为主。主要代表品种有松饼、松糕等。

（8）闽式糕点　闽式糕点以福州地区为代表，起源于福建的闽江流域及东南沿海地区，用料多选用本地特产，突出海鲜风味，带馅的品种多，也有不少糯米制品，口味甜中带咸，香甜油润，肥而不腻。主要代表品种有福建礼饼、猪油糕、肉松饼等。

（9）川式糕点　川式糕点以四川成渝地区为代表，品种以糯米制品、三仁制品（花生仁、核桃仁、芝麻仁）、瓜果蜜饯制品居多，用糖、油量大，但甜而适口，油而不腻，选料严格，工艺精细，形状繁多。主要代表品种有合川桃片、仁青麻糕、成都凤尾酥和米花糖等。

（10）清真糕点　清真糕点是根据伊斯兰教的饮食习惯而制作的。产品基本上是京式或苏式品种，制作上严禁用猪油或猪肉作原料，除用一些牛、羊油和鸡油外，大多用植物油。品种较多，颇有民族特色，如京八件、提浆月饼、荷花酥、鸡丝月饼等。

2. 以生产工艺和最后熟制工序分类

中式糕点可分出四大类：烘焙制品、油炸制品、蒸煮制品和熟粉制品。其中烘焙制品是以烘烤为最后熟制工序的一类糕点，又可分为12类。

（1）酥类　使用较多的油脂和糖，调制成酥性面团，经成型、烘烤而制成的组织不分层次、口感酥松的制品，如京式的核桃酥、苏式的杏红酥等。

（2）松酥类　使用较多的油脂、较多的糖（包括砂糖、绵白糖或饴糖），辅以蛋品或乳品等，并加入化学疏松剂，调制成松酥面团，经成型、烘烤制成的疏松制品，如京式的冰花酥、苏式的香蕉酥、广式的德庆酥等。

（3）松脆类　使用较少的油脂、较多的糖浆或糖调制成糖浆面团，经成型、烘烤制成的口感松脆的制品，如广式的薄脆、苏式的金钱饼等。

（4）酥层类　用水油面团包入油酥面团或固体油，经反复压片、折叠、成型、烘烤制成的具有多层次、口感酥松的制品，如广式的千层酥等。

（5）酥皮类　用水油面团包入油酥面团制成酥皮，经包馅、成型、烘烤制成的饼皮分层次的制品，如京八件、苏八件、广式的莲蓉酥等。

（6）松酥皮类　用松酥面团制皮，经包馅、成型、烘烤制成的口感松酥的制品，如京式的状元饼、苏式的猪油松子酥、广式的莲蓉甘露酥等。

（7）糖浆皮类　用糖浆面团制皮，经包馅、成型、烘烤制成的口感柔软或韧酥的制品，如京式的提浆月饼、苏式的松子枣泥麻饼、广式月饼等。

（8）硬酥类　使用较少的糖和饴糖、较多的油脂和其他辅料制皮，经包馅、成型、烘烤制成的外皮硬酥的制品，如京式的自来红、自来白月饼等。

（9）水油皮类　用水油面团制皮，经包馅、成型、烘烤制成的皮薄馅饱的制品，如福建礼饼、春饼等。

（10）发酵类　采用发酵面团，经成型或包馅成型、烘烤制成的口感柔软或松脆的制品，如京式的切片缸炉、苏式的酒酿饼、广式的西樵大饼等。

（11）烤蛋糕类　以禽蛋为主要原料，经打蛋、调糊、注模、烘烤制成的组织松软的制品，如苏式的桂花大方蛋糕、广式的莲花蛋糕等。

（12）烘糕类　以糕粉为主要原料，经拌粉、装模、炖糕、成型、烘烤制成的口感松脆的糕类制品，如苏式的五香麻糕、广式的淮山鲜奶饼、绍兴香糕等。

此外，油炸制品是以油炸为最后熟制工序的一类糕点。油炸制品包括酥皮类、水油类、松酥类、酥层类、水调类、发酵类、上糖浆类七类。

蒸煮制品是以蒸煮为最后熟制工序的一类糕点。蒸煮制品包括蒸蛋糕类、印模糕类、韧糕类、发糕类、松糕类、粽子类、糕团类、水油皮类八类。

熟粉制品是将米粉或面粉预先熟制，然后与其他原料混合而制成的一类糕点。熟粉制品包括冷调韧糕类、冷调松糕类、热调软糕类、印模糕类、片糕类五类。

3. 按照生产工艺特点和商业经营习惯分类

（1）蛋糕类　包括烤蛋糕（如广式莲花蛋糕、苏式桂花大方蛋糕）和蒸蛋糕（如京式百果蛋糕、苏式夹心蛋糕）。

（2）单皮类（或包馅类）　酥皮类有京式的酥盒子、京八件、苏八件、广式莲蓉酥、酥皮月饼等。松酥皮类有京式的状元饼、广式的莲蓉甘露酥等；糖浆皮类有京式的提浆月饼、广式月饼等；水油皮类有福建礼饼、春饼、奶皮饼等；发酵皮类有苏式的酒酿饼、发饼等；烫面皮类有广式水晶饼等；硬酥皮类有京式的自来红、自来白月饼等。

（3）酥脆类　酥类有桃酥、苏式杏红酥等。松酥类有广式德庆酥、京式开口笑、冰花酥、苏式炸食等。松脆类有广式薄脆、苏式金钱饼等。酥层类有广式千层酥、京式马蹄酥等。油炸糖浆类有京式蜜三刀、萨其马等。发酵类有京式切片缸炉等。

（4）糕粉类　烘糕有五香麻糕、绍兴香糕等；蒸糕有广式伦教糕、京式白蜂糕等；熟粉有云片糕、闽式橘红糕等。

（5）糕团类　韧糕团有京式百果年糕、苏式猪油年糕；松糕有苏式松子黄千糕、重阳糕、百果松糕；米面有元宵、汤圆等。

（6）其他类　凡上述各类制品以外的糕点。

4. 按照面团（面糊）分类

（1）水调面团类（筋性面团、韧性面团）制品　水调面团是用水和小麦粉调制而成的面团。面团弹性大，延伸性好，压延成皮或搓条时不易断裂，因而也被称为筋性面团或韧性面团。这种面团大部分用于油炸制品，如扬式徽子、京式的炸大排叉等。

（2）松酥面团类（混糖面团、弱筋性面团）制品　松酥面团又称混糖面团或弱筋面团，面团有一定筋力，但比水调面团筋性弱一些。大部分用于松酥类糕点、油炸类糕点和包馅类糕点（松酥皮类）等，如京式冰花酥、广式莲蓉甘露酥、京式开口笑等。

（3）水油面团类（水油皮面团、水皮面团）制品　水油面团主要是用小麦粉、油脂和水调制而成的面团，也有用部分蛋或少量糖粉、饴糖、淀粉糖浆调制而成的。面团具有一定的弹性、良好的延伸性和可塑性，不仅可以包入油酥面团制成酥层类和酥皮包馅类糕点，也可单独用来包馅制成水油皮类和硬酥类糕点，南北各地不少特色糕点都是用这种面团制成的，如福建礼饼、春饼、京八件、苏八件、广式千层酥、京式酥盒子、广式莲蓉酥角等。

（4）油酥面团类制品　油酥面团是一种完全用油脂和小麦粉为主调制而成的面团，面团可塑性强，基本无弹性。这种面团不单独用来制作成品，而是作为内夹酥使用，如京八件、苏八件、千层酥、京式马蹄酥、酥盒子等的酥料。

（5）酥性面团类（甜酥性面团）制品 酥性面团是在面团中加入大量的糖、油脂及少量的水以及其他辅料调制成的。这种面团具有松散性和良好的可塑性，缺乏弹性和韧性，半成品不韧缩，适于制作酥类糕点，如京式的桃酥、苏式的杏仁酥等，产品含油量大，具有非常酥松的特点。

（6）糖浆面团类（浆皮面团）制品 糖浆面团是将事先用蔗糖制成的糖浆或麦芽糖浆与小麦粉调制而成的面团。这种面团松软、细腻，既有一定的韧性又有良好的可塑性，适合制作浆皮包馅类糕点，如广式月饼、提浆月饼和松脆类糕点（如广式的薄脆、苏式的金钱饼等）。

（7）发酵面团类制品 发酵面团是以面粉或米粉为主要原料调制成面团，然后利用生物疏松剂（酵母菌）将面团发酵，发酵过程会产生大量气体和风味物质。这种面团多用于发酵类和发糕类糕点，如京式缸炉、糖火烧、光头、白蜂糕、广式的伦教糕、酒酿饼等。

（8）米粉面团类制品 米粉面团是以大米或大米粉为主要原料调制成的面团，该类制品如江米条、酥京果、苏式米枫糕、元宵、粽子、苏式八珍糕、片糕等。

（9）面糊类制品 面糊是原料经混合、调制成的，最终形式的含水量比面团多，有较好的流动性，不像面团那样能揉捏或擀制。由面糊加工的品种有清蛋糕、油蛋糕等。

（10）其他面团（面糊）制品 上述各类制品以外的糕点。

（二）西式糕点

1. 按照生产地域分类

根据世界其他国家糕点的特点，可分为法式、德式、美式、日式、意大利式、瑞士式等，这些都是各国传统的糕点。如日式糕点与其他各国糕点相比有以下特点，即：①低糖低脂；②讲究造型；③注重色彩；④具有地方特色；⑤包装精美。日本糕点中的焙烤类糕点有三种：平锅类、炉类和冈类。平锅类是将生坯置于平底锅中加热焙烤制成的糕点；炉类是将生坯放入烤炉中加热焙烤制成的糕点；冈类是一种比较特殊的糕点，先经焙烤制成松脆的饼壳，冷却后包入馅料。

2. 按照广义的流通领域分类

（1）面类糕点 原料上以小麦粉、蛋制品、糖、奶油（或其他油脂）、乳制品为主要原料，水果制品、巧克力等为辅料，但有时为了突出特点，这些辅料的用量也可能较大。主要用烘烤方式熟制，如各式蛋糕等。

（2）糖果点心 最基本的原料是糖类中的蔗糖，添加水果制品、巧克力等，主要采用煮沸、焙煎等加工方法，如各种风味的糖果等。

（3）凉点心 以乳制品、甜味料、稳定剂为主要原料，采用冷冻、冻结加工，如冰淇淋等。

3. 按照生产工艺特点和商业经营习惯分类

传统的西式糕点可分为四大类，分别为面包、蛋糕、饼干和点心。

（1）面包类 主要指其中的点心面包（花色面包），如油炸面包圈、美式甜面包、花旗面包、丹麦式甜面包等。

（2）饼干类 主要指作坊式制作的饼干、工业化饼干中辅料含量多的饼干和花色饼干，如小西饼、夹馅、涂层的饼干等。

（3）蛋糕类 主要有面糊类蛋糕、重奶油蛋糕、水果蛋糕、乳沫蛋糕、戚风蛋糕等各种西式蛋糕。

（4）点心类　主要有甜酥点心（塔类、派）、帕夫酥皮点心（松饼）、巧克斯点心（又称烫面类点心，如奶油空心饼和指形爱克力）等。

4. 按照面团（面糊）分类

（1）泡沫面团（面糊）制品　主要包括各种西式蛋糕等。

（2）加热面团制品（烫面类点心）　烫面面团（糊）是在沸腾的油和水的乳化液中加入小麦粉，使小麦粉的淀粉糊化，产生胶凝性，再加入较多的鸡蛋搅打成膨松的团（糊）。用于制作巧克斯点心（Choux Pastry），国内称为搅面类点心，产品又称哈斗、泡芙、气鼓、爱克力、奶油空心饼等。

（3）甜酥面团（捏和面团）制品　酥甜面团是以小麦粉、油脂、水（或牛乳）为主要原料，配合加入砂糖、蛋、果仁、巧克力、可可、香料等制成的一类不分层的酥点心。产品品种富于变化，口感酥松。用甜酥面加工出的西点主要有部分饼干、小西饼、塔（tart）等。

（4）折叠面团制品　折叠面团是用水油面团（或水调面团）包入油脂，再经反复擀制折叠，形成一层面与一层油交替排列的多层结构，最多可达1000多层（层极薄），如帕夫酥皮点心、派、小西饼等。

（5）发酵面团（酵母面团）制品　如点心面包、比萨饼、小西饼等。

（6）其他面团（面糊）制品　上述各类制品以外的糕点。

第二节　糕点的加工工艺流程

一、各种糕点的加工工艺流程

（一）中式糕点的加工工艺流程

1. 酥类

原料配比 → 面团调制 → 分块 → 成型 → 装盘烘焙 → 冷却 → 成品

2. 酥皮包馅类

原料配比 → 面团、馅料调制 → 包馅 → 成型 → 装饰 → 装盘 → 烘焙 → 冷却 → 成品

3. 松酥类或松酥包馅类

原料配比 → 面团（皮）调制 → （包馅或不包馅）→ 成型 → 烘焙 → 冷却 → 成品

4. 浆皮包馅类（水油皮类基本相同）

原料配比 → 面团（皮）调制 → 包馅 → 成型 → 装盘 → 装饰 → 烘焙 → 成品

5. 酥层类

原料配比 → 面皮调制、油酥调制 → 皮酥包制 → 成型 → 装饰 → 烘焙 → 冷却 → 成品

6. 发酵类

原料配比 → 发酵面团调制 → 成型（或包馅成型）→ 烘烤 → 冷却 → 成品

7. 烘糕类

原料配比 → 拌粉 → 装模 → 炖糕 → 成型 → 烘烤 → 冷却 → 成品

8. （烤）蛋糕类

原料配比 → 调糊 → 装模 → 烘烤 → 脱模 → 冷却 → 成品

（二） 西式糕点的加工工艺流程

1. 蛋糕

原料配比 → 面糊调制 → 注模 → 烘烤 → 冷却 → 装饰 → 成品

2. 派

原料预处理、配面 → 面团调制 → 成型 → 烘烤 → 夹心 → 涂巧克力 → 冷却 → 成品

3. 烫面类点心（泡芙、奶油空心饼和爱克力）

原料配比 → 烫面团制作 → 加蛋 → 挤糊 → 烘焙 → 夹馅 → 装饰 → 成品

4. 帕夫酥皮点心

原料配比 → 皮面调制 → 包油 → 反复折叠 → 成型 → 烘烤 → 成品

5. 小西饼

原料配比 → 皮面调制 → 成型 → 装盘 → 烘烤 → 成品

6. 米饼

原料大米 → 洗米 → 浸泡 → 脱水 → 粉碎 → 调粉 → 蒸制 → 冷却 →

压坯 → 成型 → 干燥 → 静置 → 焙烤 → 调味 → 成品

二、 糕点的基本加工工艺流程

不同糕点的生产工艺和方法不同，从上面介绍的中式糕点和西式糕点的加工工艺流程可以看出，糕点加工总的工艺流程可归纳为：

原料的选择和配比 → 面团（糊）的调制 → 成型 → 熟制 → 冷却 → 装饰 → 成品

1. 原料的选择和处理

按照产品特点选择合适的原辅料，并对原辅料进行预处理。

2. 面团（糊）调制

按照配方和不同产品加工方法，采用不同混合方式（搅打、搅拌等）将原辅料混合，调制成所要求的面团或面糊。

3. 成型

将调制好的面团或面糊加工制成一定的形状。成型的方式有手工成形、模具成形、器具成型等。中式糕点有时需要制皮、包馅等，西式糕点则有夹馅、挤糊、挤花、切块等，有时也包括饰料的填装。对于不宜烘烤的馅料如膏状馅料、新鲜水果等，一般应在烘烤后填装。

4. 熟制加工

熟制工序中采用较多的方式是烘焙，其他方式还有油炸、蒸煮等。对于不需装饰的制品，

经熟制工序后即为成品。

5. 冷却

将熟制后的产品经自然冷却至室温后，以利于后面工序的操作，如装饰、切块、包装等。

6. 装饰

大多数西式糕点需要装饰，即经熟制工序后的制品选用适当的装饰料对制品进一步美化加工。所需的装饰料应在使用前制备好。

第三节　原料的选择和处理

一、小麦粉（面粉）

面粉一般指小麦面粉，是制作糕点的重要原料，在中式糕点的配方中占40%～60%，西式糕点中面粉的用量范围变化较大，面粉的品质优劣直接影响着产品质量。如果想把产品品质保持在一定水平上，首先要控制面粉的品质，而控制小麦粉的品质关键在于小麦的选用。大多数糕点要求面粉具有较低的面筋蛋白、灰分含量和较弱的筋力，这就要求使用由软质冬小麦磨制而成的白面粉（粉心粉）。白面粉来自麦粉的胚乳部分，出粉率占总粉的45%～65%，出粉率低，蛋白质、灰分含量都低，颜色白，烘焙性能良好。

面粉通常可按面筋（或蛋白质）含量的多少分为以下三种基本类型。

1. 强力粉

湿面筋含量在35%以上或蛋白质含量为12%～15%的面粉称为强力粉，适合制作点心面包、松饼（帕夫起酥点心）等。

2. 中力粉

湿面筋含量在26%～35%或蛋白质含量为9%～11%的面粉称为中力粉，适合制作水果蛋糕、派、肉馅饼等。

3. 薄力粉

湿面筋含量在26%以下或蛋白质含量为7%～9%的面粉称为薄力粉，适合制作饼干、蛋糕、甜酥点心和大多中式糕点等。

即使同一种专用粉，制作同一类不同品种产品时，对专用粉的品质要求也不同，表5－1列出了蛋糕专用粉的种类和用途（台湾标准）。另外，为了适合家庭制作不同糕点的需要，一些厂家还推出了预混粉。

表5－1　　　　　　　　　　蛋糕专用粉的种类和用途

蛋糕专用粉	蛋白质/%（14%含水量）	灰分/%（14%含水量）	用途
A	6.7	0.23	天使蛋糕等
B	7.35	0.29	戚风蛋糕、天使蛋糕、轻奶油白蛋糕和黄蛋糕等

续表

蛋糕专用粉	蛋白质/% (14%含水量)	灰分/% (14%含水量)	用途
C	8.3	0.32	海绵蛋糕、巧克力蛋糕、重奶油蛋糕及其他组织较紧密的蛋糕等
D	9.10	0.42	重奶油蛋糕及其他较低成分的蛋糕等

例如，蛋糕预混粉是将低筋面粉、发酵粉、粉末油脂、食盐、砂糖、脱脂乳粉等原料经特定工艺，预先制成一种混合料，使用时只需加水和鸡蛋，即可方便地制作出松软可口的高品质蛋糕。

蛋糕预混粉的配比如下：低筋面粉100，发酵粉5.0，粉末油脂30，食盐1.0，砂糖100，脱脂乳粉5.0。

目前，在发达国家或地区，根据不同糕点的要求，在小麦粉加工时还采用氯处理、配粉、气流分级等方法来得到更合适的小麦粉。如制作高品质蛋糕用小麦粉，一般由软质冬小麦磨出面粉后再经氯气处理，氯气处理对面粉最主要的影响是降低面粉的pH，可增加面粉的酸度，同时也提高面粉的白度。另外，面粉使用前必须过筛，过筛的目的是为了消除杂质，并能使面粉中混入一定量的空气，利于糕点的酥松。在过筛的装置中需要增设磁铁，以吸附金属杂质。

二、大　米

大米是我国的主要粮食作物之一，产量占世界第一位。南方盛产大米，南方糕点中米制品也较为普遍。大米分为粳米、籼米和糯米三种。粳米粒一般呈椭圆形，米色蜡白，多为透明和半透明的，涨性中等，略有黏性，按其粒质和粳稻谷收获季节分为早粳米和晚粳米，早粳米腹白较大，硬质粒少，而晚粳米腹白较少，硬质粒多。籼米粒一般呈长椭圆形或细长形，颜色灰白或蜡白，涨性比粳米大，黏性比粳米小。籼米按其粒质和收获季节又可分为早籼米和晚籼米，早籼米腹白较大，硬质粒少；晚籼米腹白较少，硬质粒多，一般晚籼米比早籼米的食用品质好。糯米可分粳糯和籼糯，粳糯米是用粳型糯性稻谷制成的米，米粒同粳米；籼糯米是用籼型糯性稻谷制成的米，米粒同籼米，色泽蜡白，透明或半透明（阴糯），涨性小，黏性大。大米中的蛋白质含量在7%~9%，与薄力粉中的蛋白质含量相近，与小麦粉不同的是米粉不含面筋蛋白质，因此，其保水性和持气性较差，制品没有黏弹性，也不发生膨胀。因此，大米中起作用的是淀粉。淀粉在大米中约占70%。淀粉可分为直链淀粉和支链淀粉，它们所组成的比例不同，大米所表现出的黏性也不同。支链淀粉比例越高，大米黏性就越大。籼米中支链淀粉含量较少，而粳米中含量较多，可达83%，糯米中的淀粉则几乎全部都是支链淀粉。所以糯米黏性最强，粳米黏性次之，籼米黏性最差。

大米作为糕点的原料，大多需要加工成米粉，以粳米、籼米磨制的粉称为黏米粉，以糯米磨制的粉称为糯米粉。米粉有干磨和水磨两种方法，水磨的米粉因其成品粒度细、黏度大，质量比干磨要好。米粉根据用途不同又可分为生粉和熟粉两类。熟粉又称糕粉，由糯米加工制成。其制法是先将糯米淘洗干净，再用温水浸泡于箩中，夏季4h，冬季10h，待水分收干后即可进行炒制，将炒制后的糯米再磨成米粉。大米粉通常用来制作各种糕团和糕片等。黏米粉多用来制作干性糕点，产品稍硬，由于黏米粉的黏性较小，可以适当搭配淀粉，以适合某些糕点品种的质量要求。糯米粉宜制作黏韧柔软的糕点，由于糯米的胚乳为粉状淀粉，排列疏松，含糊精较多，在结构上全部是支链淀粉，糊化后黏性很大，其制品具有韧性而柔软，能吸收大量的油和糖，适宜生产重油重糖的品种，也可广泛地作为增稠剂使用，有些在饼皮用料中搭配，有些应用于拌馅中，在糕点的馅心中加入糕粉，既起黏结作用，又可避免走油、跑糖现象。因此，制造糕点时应根据品种质量要求来选用不同的米粉。

大米的性质是由其品种决定的，表5-2所示为不同品种大米化学成分的近似分析值。

表5-2　　　　　　　　　　　　不同品种大米的成分

品种	水分/%	蛋白质含量/%	脂肪含量/%	淀粉（直链淀粉）含量/%	灰分/%	纤维素含量/%	支链淀粉与直链淀粉的比例
杂交早籼	14.0	7.8	1.3	75.1（29.3）	1.0	0.4	2.41
晚籼	13.8	8.1	1.2	74.9（22.8）	0.9	0.3	3.39
早粳	14.1	6.8	1.4	75.8（20.2）	1.1	0.5	3.95
晚粳	14.3	7.1	1.4	75.7（15.8）	0.9	0.4	5.33
糯米	14.2	7.6	1.5	74.8（5.4）	1.0	0.5	17.52

米粉糊的黏度测定可以为其在焙烤食品工业中的应用提供信息。米粉糊的黏度主要取决于淀粉的组成，蛋白质和脂肪也有较小程度的影响。采用糊黏度测定法（Amyligrapb），测定米粉在糕点应用中的性质可以用10%米粉糊（450mL水+50g米粉）的黏度曲线估测，测定淀粉的起始糊化温度则用20%的米粉悬浮液（表5-3）。

籼米糊化温度高，直链淀粉含量也高，易发生回生，不能用于生产含水量较高的糕点。

表5-3　　　　　　　　　　　　五个品种大米粉糊化曲线的特征值

品种	糊化温度/℃	峰值黏度/BU	最低黏度/BU	终冷黏度/BU	降解值/BU	回值/BU
杂交早籼	76	1000	620	1410	380	790
晚籼	73	710	456	858	454	402
早粳	67.5	660	320	670	340	350
晚粳	72.5	628	275	600	253	325
粳糯	61.5	92	55	90	37	35

以大米为原料制作糕点，日本学者研究得比较深入，生产的自动化程度也高。目前，日本大米糕点厂家较多，产量也很大。据统计，日本大米总产量的10%左右用于制作各式糕点，最具特色的产品是以粳米为主要原料的仙贝和以糯米为主要原料的霰。

三、豆　类

糕点中常用的豆类有黄豆、红豆和绿豆三种。豆类在糕点加工中除用来制作豆糕、豆酥糖外，主要用于制作馅料，其中红豆用于制豆沙，绿豆用于制鲜豆蓉，绿豆粉用于制作豆蓉，关于以豆类为原料制作馅料，后面再介绍，这里仅大致介绍豆粉的制法。

豆类使用时一般均需加工成粉，其加工方法因品种而异。加工黄豆粉时，先除杂，炒熟，然后磨粉。红豆一般加碱水煮，过筛去皮，经过滤压干即成豆沙，豆沙再加油、糖炒制成豆沙馅使用。（广式）绿豆粉的制法为绿豆经清洗浸泡后，取出40%晒干，60%粗砂炒熟，冷却后两者混合，然后研碎，过筛去壳，再磨成豆粉，供制豆蓉用。加工豆粉的绿豆采用晒干与炒熟的方法，这与豆蓉的色泽与香味有密切关系。如果绿豆全部炒熟，制成的豆蓉色泽很深；如果全部晒干，制成的豆蓉色泽灰白，而且缺乏豆香味。

四、油　脂

油脂是糕点的主要原料之一，有的糕点用油量高达50%，油脂不仅为制品添加了风味，改善了制品的结构、外形和色泽，也提高了营养价值，而且是油炸糕点的加热介质。

糕点用油脂根据其不同的来源，一般可分为动物油、植物油和混合油三种。

（一）动物油

经常使用的动物油有奶油、猪油、牛羊油等。奶油又称黄油、白脱油，具有特殊的天然纯正芳香味道，具有良好的起酥性、乳化性和一定的可塑性，是制作传统西点使用的主要油脂。奶油可以分为含水和无水两种，含水的奶油其含80%～85%的乳脂肪，另外有16%左右的水分和色素等，大多用于涂抹面包。为了经济起见，最好选用无水奶油。奶油和糖一起搅打膨松所制成的奶油膏是西点常用的装饰料，商品奶油有含盐和无盐两种，奶油膏最好使用无盐奶油。

猪油具有较好的起酥性和乳化性，但不如奶油和人造奶油，且可塑性与稳定性差。猪油经精制脱臭、脱色后，可用于中式糕点和面包，或加在派的酥皮中，因为猪油可使制品有松和酥的性质，但其在西点制作中不宜用于蛋糕或小西点，而主要用于制作咸酥点心（如肉馅饼等）。牛、羊油具有较好的可塑性和起酥性，但熔点高，不易消化，在西点中多用于布丁类点心的制作，炼油时如采用熔点低的部分，或与其他熔点较低的植物油混合炼制，可适用于蛋糕与西点的制作。

（二）植物油

植物油广泛用于中式糕点的加工，某些植物油还具有特殊的用途。如芝麻油能够赋予制品特殊的芳香，在西点加工中因为植物油大多为流质，起酥性和搅打发泡能力差，除了部分蛋糕（戚风类）、部分西点（奶油空心饼、小西饼）等外，大部分都使用固体油脂。植物油一般多用作煎炸制品的煎炸用油，如用于炸面包圈、煎饼等。如果将植物油进行氢化处理，加工成起酥油或人造奶油，其加工性能会得到很大改善。

（三）混合油

以几种不同的原料油经脱色脱臭后混合制成以上各种氢化油、乳化油、人造奶油等。例如以低熔点的牛油与其他动、植物油混合制成高熔点的起酥人造奶油，可作为松饼、丹麦面包专用油脂。

人造奶油用途很广，在蛋糕、西点、小西饼中的用量也较大，一般人造奶油含有 80% ~ 85% 的油，其余 15% ~20% 为水分、盐、香料等，使用时一定要考虑其组成，并相应调整配比。氢化油中添加乳化剂就成为乳化油，是制作高成分蛋糕和奶油霜饰料不可缺少的一种油脂。

五、 巧克力与可可粉

巧克力和可可粉广泛用于制造糖果、蛋糕、西点、饼干和一些饮料（如可可奶）等，用来改变产品的风味和外观。可可豆是制作巧克力和可可粉的原料，它来源于生长在赤道附近的中西非洲、中南美洲等地的可可树。可可豆含有 50% 以上香味浓厚而独特的可可脂以及蛋白质、淀粉等，还含有一种苦味的可可碱。可可豆在焙烤过程中，苦味减少而香味增加。可可豆经干燥（晒干）除杂后，进行焙烤加工，焙烤能使可可豆产生巧克力特有的香味，同时焙烤将其水分含量由 6% 降至 1% ，可可豆变得更脆，易分离出可可仁。将可可仁研磨成浆称为巧克力浆，有些巧克力浆再经研细及精制，可加工成更细致的可可产品；有些可可仁在未经研磨前加以碱性处理，可改变可可产品的颜色和风味。

可可粉是西式糕点的常用辅料，用来制作各种巧克力蛋糕、饼干和装饰料等。以可可豆为原料经脱脂加工而成的商品可可粉，根据加工工艺可分为天然可可粉和碱化可可粉。天然可可粉是可可豆经脱脂加工而成的粉状制品，颜色由棕黄色至浅棕色。碱化可可粉是由可可仁或巧克力浆加碱性溶液来处理的，再经干燥，颜色由红色至深棕褐色。可可粉的可可油脂有各种不同规格，含油量越高，味道越浓。

可可粉依油脂的含量不同而分成五类：①半可可粉含有 32% ~42% 的可可脂，多用于小西饼等；②高品质可可粉：含有 25% ~32% 的可可脂，这种可可粉味道芳香，多用于霜饰、馅、糖浆和其他高成分的小西饼；③早餐用可可粉：含可可脂 22% 以上，平均为 24% ，用于家庭或小西饼；④半干可可粉：含 15% ~18% 的可可油脂，主要用于添加麦芽的牛乳，有时也用于小西饼；⑤干可可粉：含 10% ~12% 的油脂，广泛用于饼干、苏打饼干，适合用于硬脂被覆的产品，也用于烘焙等。

巧克力是西点装饰的主要材料之一，使用各种不同巧克力浆混合其他材料可制作苦甜巧克力、半甜巧克力、甜巧克力、牛乳巧克力等，表 5 –4 所示为巧克力浆和其混合的产品。

表5 –4　　　　　　　　　　　巧克力浆和其混合的产品

类别	可可脂含量/%	碳水化合物含量/%	蛋白质含量/%
巧克力浆	52	30	15
可可粉	20 ~25	40 ~45	20 ~25
甜巧克力	25	25	50

使用可可粉及巧克力制作糕点时应注意以下几点。

①可可粉先加入牛乳内，再加入面糊内。

②可可粉在糖、油拌和时加入，一起搅拌。

③制作巧克力海绵蛋糕或天使蛋糕时，可可粉与面粉混合过筛，搅拌完后段加入。

④如制作布丁或其他各种不同馅时，可可粉先溶于部分牛乳和水内，减少部分淀粉的使用量。

⑤使用巧克力时，先熔化巧克力，在糖油搅拌时加入。

巧克力用于蛋糕装饰时，因为可可脂起塑性范围小，熔化成液体及固化的温度差小，因此巧克力应水浴慢慢加热，熔化温度不超过48℃，微冷却至35～40℃，即可装饰。如直接加热，巧克力容易烧焦，味道不好。

六、果　　料

果料在焙烤食品生产中应用广泛，以糕点最多，面包、饼干仅在少数品种中应用。果料是糕点生产的重要辅料。糕点中使用果料的主要形式有果仁、果干、糖渍水果（果脯、蜜饯）、果酱、干果泥、新鲜水果、罐头水果等。糕点中使用各种果料，既可增加糕点的花色品种和营养成分，又可以提高产品的风味，有时分布在糕点表面，则起到装饰美化作用。

果仁是指坚果的果实，含有较多的蛋白质与不饱和脂肪酸，营养丰富，风味独特，被视为健康食品，广泛用作糕点的馅料、配料（直接加入面团或面糊中）、装饰料（装饰产品的表面）。各种果仁包括花生仁、核桃仁、芝麻仁、杏仁、松子仁、瓜子仁、橄榄仁、榛子仁、栗子、椰茸（丝）等。西式糕点加工中以杏仁使用得最多，主要是美国和澳大利亚的杏仁，杏仁加工的制品有杏仁瓣、杏仁片、杏仁条、杏仁粒、杏仁粉等。使用果仁时应除去杂质，有皮者应烘烤后去皮，注意色泽不要烤得太深。由于果仁中含油量高，而且以不饱和脂肪酸含量居多，因此容易酸败，应妥善保存。

果脯蜜饯类是糖渍水果制品，含糖量高达40%～90%，花色品种很多，分为提花制成的（如甜玫瑰、糖桂花等具有浓郁的香味，多用作各种馅心或用于装饰外表，桂花配入蛋浆可起到除腥作用）和瓜果制成的（如杏脯、瓜条等）。糕点中使用的果脯蜜饯类品种有苹果脯、杏脯、桃脯、梨脯、青梅、红梅、橘饼、瓜条、糖桂花、红绿丝、枣脯、糖渍李子、糖渍菠萝、糖渍西瓜皮、蜜樱桃、糖椰丝、金糕等。果干主要包括葡萄干、干红枣等。果脯蜜饯类和果干在糕点中大量用于馅料加工，有时也作为装饰料使用。有些西式烘焙食品如水果蛋糕、水果面包等，果脯蜜饯、果干作为重要辅料直接加入面团或面糊中使用。

果酱包括苹果酱、桃酱、杏酱、草莓酱、山楂酱以及什锦果酱等，干果泥则有枣泥、莲蓉、椰蓉、豆沙等，果酱和干果泥大都是用来制作糕点的馅料。

新鲜水果和罐头水果在西点中使用较多，主要用作高档西点的装饰料和馅料，例如水果塔、苹果派等。近年来，某些新鲜水果和罐装水果也用于中式糕点，例如菠萝月饼的馅料是由菠萝罐头制成的等。

七、肉及肉制品

糕点中使用的肉与肉制品有鲜肉（猪、牛、鸡等）、海鲜、香肠、火腿、板油、肥膘等。肉与肉制品主要用作馅料，多数是咸的，如鲜肉月饼的馅，也有一些是甜的，如金腿月饼、香肠月饼的馅。

用于糕点制作的鲜肉有鲜猪肉、牛肉、鸡肉等，其中猪肉多用于中式糕点的馅料，牛肉、鸡肉等用量不大。牛肉和鸡肉多用于西式糕点的馅料，如西式肉馅饼的肉馅、起酥点心的馅料（奶油牛肉卷）等。香肠、火腿等加工肉制品在糕点中应用的场合也很多，如生板油切成丁，用1:1.5的砂糖腌制，作为苏式糕点的馅心。肥膘切成1cm见方的肉丁，用1:1的砂糖腌制，是制作百果、冬蓉、老婆饼不可缺少的原料。

八、糖

糖是制作糕点的主要原料之一，对糕点的质量起着重要作用。因为大多数糕点都是甜的，所以糖在糕点中的用量很大。特别是在制作蛋糕时，其用量在面糊内、蛋糕中经常超过面粉。糕点用的食用糖主要是蔗糖，糖除了使焙烤食品产生甜味外，还影响产品的物理和化学特性，其他糖类或非糖甜味剂至今还无法取代蔗糖在糕点中的地位。糕点中使用糖的品种也很多，有砂糖、淀粉糖浆、转化糖浆、蜂蜜等，每一种糖的性质不同，在焙烤食品中产生的作用也不相同，所以在使用糖时，应了解每一种糖的性能，才能控制产品的品质。

一般糕点中常用的是砂糖，其中白砂糖为颗粒状晶体（甜味纯正，在糕点中使用最多的一种糖，也可用于装饰、化浆熬糖等，有时根据品种需要也可磨成粉使用），按颗粒大小分为细砂、中砂和粗砂三种。大多选用细砂糖，因其颗粒几乎适用于所有产品，不受其颗粒的影响，容易溶解，协助膨松的效果好。除可用作霜饰原料外，中砂也可用于制作海绵蛋糕，粗砂糖可用来制作糖浆，也可作为部分西点的撒糖用糖。

糖粉是由砂糖碾成的细粉末制品。糖粉可直接撒于产品表面作为西点常用的简单装饰，主要用于一些水分含量低的产品作表面粉饰，如奶油霜饰原料、小西饼、松饼等。糖粉遇空气易吸收空气中的水分而结块，所以糖粉加工时一般加入3%的玉米淀粉，防止结块。糖粉还用于奶油膏、糖皮等制作，可增加其光滑度。红砂糖是未经脱色精制的砂糖，颜色为黄褐色或棕红色，纯度较低，中式糕点中大多用于馅料制作，西式糕点多用于某些要求褐色并带浓郁香味的产品（如全麦面包、葡萄干蛋糕、苏格兰水果蛋糕等）。绵白糖味甜、晶粒洁白、细小绵软，也是制作糕点的最佳用糖之一。糕点制作中还使用饴糖、淀粉糖浆、蜂蜜、转化糖浆、果葡糖浆等，这些糖除了本身具有特殊的风味外，加入这些糖还可以增加产品的颜色和保持产品的水分，防止结晶返砂，延长保存时间。这主要是因为这些糖含有单糖，如果糖、葡萄糖等或其他双糖（如麦芽糖等），单糖吸湿大，可保持产品适当水分及柔软性。淀粉糖浆、饴糖主要含有麦芽糖和糊精，可作为糕点制品中的抗晶剂。转化糖浆可部分用于面包和饼干中，在浆皮类月饼等软皮糕点中可全部使用，也可用于糕点馅料的调制。

九、蛋　品

蛋品是制作糕点的重要原料，在某些产品（如蛋糕等）中则是主要原料，用蛋量很大。蛋品对糕点的生产工艺和改善产品的色、香、味及提高营养价值等方面都起到一定的作用。用于糕点的蛋品主要是鸡蛋及其制品，包括鲜蛋、冰蛋及蛋粉等。鸭、鹅蛋因有异味，很少在糕点中使用。但鸭蛋加工成咸蛋、皮蛋后可用来制作蛋黄月饼、皮蛋酥等。

在糕点生产中，一般要根据蛋品加入量的多少来相应调整各项原料的配比，所以很有必要了解蛋的各部分的成分，如表2-21所示。

糕点中使用蛋品，不仅能提高产品营养价值和使糕点具有蛋香味，而且还能提高产品的质量。例如鸡蛋蛋白有良好的发泡性，利用这一特性可以得到体积膨大（不添加其他化学物质）的制品，也能促进制品（特别是蛋糕）的膨松。蛋的蛋白质经搅拌打发成泡沫后，蛋白质变性，同时泡沫形成稳定的气孔结构，可以承受其他材料，加入面粉搅拌成面糊后，对产品最后的形状、体积、骨架都起到重要的作用。蛋黄中含有大量油脂，起着起酥油的作用，可以使制品酥松绵软。鸡蛋中的磷脂是很好的乳化剂,帮助油脂和水的分散,使制品组织细腻、滋润可口。在制作奶油膏时,添加鸡蛋可使制品细腻爽口。在西点中用于装饰产品表面和夹馅的各种膏、糊大多都是添加蛋品制作的。蛋品对糕点的颜色也起着重要作用,使产品容易着色,将蛋液涂刷在产品表面,经烘烤后更增加了光泽。

带壳鲜蛋的焙烤品质最好,是糕点生产中使用的主要蛋品。使用时要注意选用新鲜的鸡蛋,并要洗净去壳,打出的蛋液不要让个别变质鸡蛋污染。新鲜蛋白和蛋黄在空气中暴露过久,其表面会结皮影响使用,故多余的蛋液应用湿布盖好,放入冰箱中暂存。

冻蛋(冰蛋)一般在 -20℃左右的条件下储存,使用时需要解冻。冰蛋解冻后要尽快使用完,解冻后的蛋液再重冻,或冰蛋的储存时间过长都会影响产品质量。

蛋粉有全蛋粉、蛋白粉、蛋黄粉等多种产品,焙烤品质比鲜蛋差,在糕点中用量不大。使用全蛋粉时,先加 3 倍左右水配成蛋液再使用。因其起泡性差,不适合制作海绵蛋糕。使用蛋清粉时需加 7 倍左右水放置 3 ~ 4h,制成蛋清后使用。这种蛋清液比鲜蛋清要更长的搅打时间,可用于糖霜、蛋白膏等的制作。

十、 乳和乳制品

乳制品同蛋品一样也是制作糕点(特别是西式糕点)的重要辅料,还大量用来制作各种馅料和装饰料。

新鲜牛乳具有良好的风味,传统西点使用的乳品大都是新鲜牛乳。在制作中低档蛋糕时,蛋量的减少也往往用新鲜牛乳来补充。新鲜牛乳的缺点是不便运输和储存,容易变质,因此,目前在西点生产中大多都以乳粉代替新鲜牛乳。如果配方中为鲜乳,应根据乳粉情况,加水、奶油等调制成乳液。

鲜奶油也是常用于西点制作的乳品,它是白色或乳黄色的具有光泽的凝脂膏状体,也称掼奶油,大多用来制作高档西点(如鲜奶油空心饼、鲜奶油蛋糕等)。其他乳制品在西式糕点制作中也有很多应用,如干酪可用于制作干酪馅料和干酪蛋糕等。

十一、 水

水是糕点制作中重要的辅料,绝大多数糕点加工都离不开水,有的糕点用水量达 50% 以上,因此,正确认识和使用水也是确保糕点质量的关键。

水的性质和糕点质量有密切关系,它在糕点中的主要作用有以下几点。

①作为溶剂溶解各种干性原辅料,使各种原辅料充分混合,成为均一的面团或面糊。

②具有水化作用,使面团(面糊)达到一定黏稠度和温度。面粉中的蛋白质吸水膨润形成面筋网络,构成制品骨架;淀粉吸水膨润,容易糊化,有利于消化吸收。

③作为糕点中某些生化反应的介质和产品焙烤时的传热介质。

④水、油乳化能增加糕点的酥松程度。

⑤制品中保持一定的含水量可使其柔软湿润,延长制品保鲜期。

水分为硬水、软水、碱性水和咸水,我国以硬度的度数来表示水的硬度,1 度是指 1L 水中含 10mg 氧化钙。按硬度,水可分为以下六种:0 ~ 4 度为极软水;4 ~ 8 度为软水;8 ~ 12 度为中硬水;12 ~ 18 度为较硬水;18 ~ 30 度为硬水;30 度以上为极硬水。糕点制作对水质的要求是透明、无色、无嗅、无异味,合乎卫生要求,软硬适中,符合国家规定的饮用水标准。

有些糕点对水质要求很严（如点心面包等），要求使用 pH 为 5 ~ 6 的中硬水（硬度为 8 ~ 12 度）。

十二、 食品添加剂

为了提高糕点的加工性能和提高产品质量，除了使用上面的各种原辅料外，往往还要添加各种食品添加剂。糕点中常用的食品添加剂主要有以下几种。

（一） 疏松剂

能使产品体积膨胀、结构疏松的物质称为疏松剂，可以分为化学疏松剂和生物疏松剂两大类。使用疏松剂可以提高食品的感官质量，而且有利于食品消化吸收。

1. 化学疏松剂

化学疏松剂主要有碱性疏松剂（碳酸氢钠、碳酸氢铵等）和复合疏松剂（发粉等），大多数糕点都使用化学疏松剂，利用化学疏松剂受热分解，释放出大量气体，使制品体积增大，并形成疏松多孔的结构。应根据糕点的品种来选用合适的化学疏松剂。

2. 生物疏松剂

生物疏松剂主要用于发酵的糕点（如点心面包、酵皮类糕点等）。面包酵母是常用的生物疏松剂，学名为啤酒酵母，属真菌类。

（二） 调味剂

调味剂是增进糕点味道、突出一定风味的添加剂，其中有的还含有人体需要的营养成分。糕点中常用的调味剂包括咸味剂、甜味剂、酸味剂、鲜味剂、香辛味料以及其他调味剂等。

1. 咸味剂

咸味剂主要指食盐，能促进消化液的分泌和增进食欲，可调味，并能维持人体正常生理功能的需要。食盐可以改进糕点风味，如改进糕点单纯的甜味，使甜味更为突出，增加甜香口味的特色。在面包制作过程中，食盐的使用必不可少，它可以提高面包的风味，改善面筋的物理性能，增强面筋弹性，使面团组织紧密，内部颜色发白有光泽，表面细腻。同时，也可提高搅拌耐性，调节和控制发酵速度。在制作蜜饯时，需先用食盐腌渍果坯。有时将食盐撒在制品表面，还有一定的装饰作用，如椒盐卷饼。另外，食盐还具有一定抑菌作用。

食盐有精盐、粗盐、工业用盐等几种，生产糕点用的食盐以精盐为好，不可选用氯化钾、硫酸镁等含量高的盐。盐的使用量要适当，以口味为主，一般使用量为小麦粉的1% ~ 2%。

2. 甜味剂

甜味剂是赋予食品以甜味的食品添加剂。糕点中的甜味剂除包含各种糖外，有时还使用一些糖醇类等非糖甜味剂。非糖类甜味剂有天然甜味剂和合成甜味剂。天然甜味剂使用更安全，有的还具有特殊疗效或有改善食品品质的特殊性质，越来越受到重视，常见的有木糖和木糖醇，可用于糖尿病患者的食品。由于不能为细菌、酵母所利用，还具有防龋齿效果。山梨糖醇具有很强的吸湿性，甜度为蔗糖的一半，热值相当，在糕点中能防止干燥，延缓淀粉老化。

目前，国内外市场上出现了许多新型甜味剂。天门冬酰苯丙氨酸甲酯可用于保健食品，甜度约为蔗糖的150 ~ 200 倍。环己基氨基磺酸钠甜度为蔗糖的50 倍，在面包和糕点中的最大使用量为 1.6g/kg，在饼干中最大用量为 0.65g/kg。安赛蜜（乙酰磺胺酸钾）甜度为蔗糖的200 倍，无热量，无不良后味感，在人和动物体内不代谢、不积蓄，100% 以原物随尿排出体外，是一种对人体安全的惰性物质。它是世界上最新的第四代合成甜味剂，作为食品中的甜味剂已有

20余年的应用历史。乙酰磺胺酸钾没有明显的熔点，加热到200℃以上就分解，分解点决定于加热的速度。经过许多烘焙试验研究，乙酰磺胺酸钾在焙烤中不会被破坏，稳定性很好，用乙酰磺胺酸钾做成的饼干、小甜饼、馅饼和水果馅等都能在常用的条件下烘焙，即使炉温超过规定的温度，烤制的小甜饼中所含的乙酰磺胺酸钾与食品中的成分或其他的配料也不发生化学反应。

3. 酸味剂

酸味剂具有提高食品质量的许多功能特性，例如改变和维持食品的酸度并改善其风味、增进抗氧化作用、防止食品酸败等，此外，酸味剂与金属离子络合能增强凝胶特性，也有一定的抗微生物作用。糕点中加入酸味剂，能提高制品风味，增进食欲，还有一定的防腐作用，亦有助于溶解纤维素及铁、钙、磷等物质的消化吸收。常用的酸味剂有柠檬酸、苹果酸、醋酸、酒石酸等。柠檬酸是无色透明结晶或白色颗粒与结晶粉末，无臭，酸味圆润。熬制果酱适量添加柠檬酸可以产生爽口的酸味，还能促进蔗糖转化，防止果酱返砂。打蛋白膏时添加柠檬酸可使制品泛白，果味爽口。苹果酸是白色结晶或结晶性粉末，无臭或稍有异臭，在糕点中也经常使用。

4. 鲜味剂

鲜味剂主要是补充或增强食品原有风味，多用于部分糕点的馅料，以增加鲜味和增强风味。按其化学性质的不同主要有两类，即氨基酸类和核苷酸类。在氨基酸类鲜味剂中，我国仅许可使用谷氨酸钠一种，但是使用最广、用量最多的是 L - 谷氨酸钠（味精）。味精为无色至白色柱状结晶，或结晶性粉末，味鲜，用量过大，有不快的味感，与食盐共存可增加呈味作用，在食品中含量以 0.05% ~0.08% 为好。与核苷酸类（5′-肌苷酸二钠或 5′-鸟苷酸二钠）共用，可显著增加呈味作用，并以此生产"强力味精"。味精在一般加工条件下相当稳定，如果经过长时间加热，会引起失水而变成焦谷酸钠，失去原有的鲜味。对酸性强的食品比普通食品多用20%，效果更好。在碱性条件下，味精会变成谷氨酸二钠，也会失去鲜味。因此，添加味精的糕点不宜使用化学疏松剂，而要改用酵母。味精使用时以加入制品的馅心内为好，煸炒制馅应在临出锅前或出锅之后加入为好。

核苷酸类主要有 5′-肌苷酸二钠（IMP）和 5′-鸟苷酸二钠（GMP）等，均为无色至白色结晶或白色结晶性粉末。GMP 鲜味强度为 IMP 的 2.3 倍，两者并用有协同作用，与味精并用也有很强的协同作用。高温酸性时易分解。

近年来，也开发出了许多天然鲜味抽提物如肉类抽提物、酵母抽提物、水解动（植）物蛋白等。制作油炸类糕点，如果添加味精，由于高温容易损失，可考虑加些天然抽提物。

5. 香辛料

香辛料多用于糕点的馅料，具有特殊香辛味，能提高糕点产品的口味。食品中加入的香辛料主要有两类：香辛料粉末和香辛料抽提物（如香辛料油等）。香辛料粉末是由香辛类芳香植物的产品经处理后制成粉末，单独或复合使用，用于调味。香辛料风味抽取物有香辛类植物的乙醇抽取物和香料油抽出的挥发性油状物。

适合糕点加工的香辛料有很多，如葱、姜、蒜、洋葱、胡椒、花椒、五香粉、小茴香、大茴香、丁香、肉桂、桂皮等。有不少糕点常常使用一些香辛料，如中式糕点的葱花缸炉、芝麻葱饼等，西式糕点的奶油牛肉卷、炸牛肉包等。

6. 其他调味料

咖啡、酒、腐乳等也常用于糕点制作。糕点中加入可可、咖啡，能使制品具有特殊风味，特别是在西点中经常使用，既能调味，又能起到装饰美化作用。白兰地、朗姆酒等酒类多用于西点膏糊、糖水及馅心，以其浓郁的芳香和酯香为产品增加特色风味，并有去腥作用。某些中式糕点将腐乳加入馅内，以利用其特殊风味，增加产品的特色，例如小凤饼等。

（三）着色剂

一些糕点制作时需要使用适量的色素，一般用于产品表面装饰、馅心调色以及果料、蜜饯着色等，它可使制品色彩鲜艳悦目，色调和谐宜人，起到一定的美化装饰作用。用于糕点制作的着色剂包括天然色素和人工合成色素两大类。有些天然色素本身不适于加入糕点制品内，有的色调不足，还有的带有异臭。常用于糕点制作中的天然色素有可可粉、焦糖和姜黄等。

合成色素色彩鲜艳，性质稳定，着色力强，而且价格便宜，使用方便，因而在实际中广泛应用。不过，合成色素本身无营养价值，而且有一定毒性，应尽量少用。应该注意，色素应配成溶液使用（以 1%～10% 为好），否则易造成混合不匀，可能形成色素斑点，同时用量也不容易控制。另外，色调的选择应与产品的色、香、味协调，并与产品的特性一致。

（四）食用香料

食用香料是使食品增香的物质，不仅能增强制品的原有香味，使之更加突出，而且对增加食品的花色品种和提高食品质量具有重要作用，也能增进食欲，促进消化吸收。目前，糕点加工中广泛使用的一种香料粉——吉士粉，主要取其特殊的香气和味道。它呈粉末状，浅黄–浅橙黄色，易溶化，适用于具有软、香、滑等特点的冷热甜点，如蛋糕、面包及面包馅、水果馅饼等。

一般应选用与制品本身香味协调的香型，而且加入量不宜过多，不能掩盖或损坏原有的天然风味。例如，含巧克力的制品可以选用巧克力香型，含乳品的制品可以选用奶油香型或香草香型等。对于用来掩盖某些原料带来的不良气味而添加的香料，使用的量需要加大。

香料按来源不同可分为天然香料、天然等同香料和人造香料三大类。

天然香料是用纯物理方法从天然芳香植物或动物原料中分离得到的物质，通常认为它们安全性高，包括精油、酊剂、浸膏、净油、粉剂等几种形式。天然香料种类很多，糕点中常用的有玫瑰、桂花、洋葱汁以及各种香料油，如橘油类、柠檬油类等。

天然等同香料是用合成方法得到，或由天然芳香原料经化学过程分离得到的物质，这些物质在化学结构上与天然香料中存在的物质相同，这类香料品种很多，对调配食品香精十分重要。

人造香料是用化学合成方法制成，且化学结构在自然界不存在的香味物质，包括单离香料及合成香料，一般不单独用于食品加香，而是调和成各种食用香精后使用，直接使用的只有少数品种如香兰素等，在西点中用得较多，具有香荚兰豆特有的香气，常与奶油、巧克力等配合使用。

香精由多种香料调配而成。根据稀释性不同可分为水溶性香精和油溶性香精，其中油溶性香精耐热性好，比较适合糕点制作。糕点中常用的香精有橘子、柠檬、香蕉等果香型香精，以及香草、奶油和巧克力香精等，用量一般为 0.05%～0.15%。

（五）增稠剂

增稠剂可提高食品的黏稠度或形成凝胶，从而改变食品的物理性质，赋予食品黏润、适宜的口感，并兼有乳化、稳定或使呈悬浮状态的作用。按其来源可分为天然和合成或半合成两大类。天然来源的增稠剂大多数是由动植物、海藻或微生物提取的多糖类物质，如果胶、黄原胶、瓜尔胶、琼脂、甲壳素等，也有一部分是来自动物的高分子多肽聚合物，如明胶等。合成或半合成的增稠剂有羧甲基纤维素钠、海藻酸丙二醇酯以及种类繁多的变性淀粉等。糕点中使用的增稠剂主要有果胶、琼脂、明胶、羧甲基纤维素钠、变性淀粉、丙二醇、刺云实胶、聚甘油脂肪酸酯、聚葡萄糖、决明胶、可溶性大豆多糖等，常用于蛋白膏以及某些馅料、装饰料的制作，起增稠、胶凝和稳定作用。

琼脂又称琼胶、洋菜、冻粉，是从石花菜和江蓠等藻类中提取的水溶性多糖。半透明、白色至浅黄色的薄膜带状、碎片、颗粒或粉末，无色或稍有臭味，口感黏滑，不溶于冷水，可溶于热水，吸水性和持水性很强。在糕点中常用作表面胶凝剂，或制成琼脂蛋白膏等装饰蛋糕及糕点表面。做果酱时添加琼脂，可增加成品黏度；也可加入糕点馅心中，以增加稠度。

明胶是动物胶原蛋白经部分水解的衍生物，为非均匀的多肽物质，白色或浅黄褐色、半透明、微带光泽的脆片或粉末状，无味，几乎无臭，不溶于冷水，但能吸收 5 倍量的冷水而膨胀软化，溶于热水，冷却后形成凝胶，比琼脂的胶冻韧性强。明胶是制作大型糖粉点心所不可缺少的，也是制作冷冻点心的一种主要原料。

果胶是白色至黄褐色粉末，几乎无臭，在 20 倍水中溶解成黏稠体，不溶于乙醇和其他有机溶剂。甲氧基高于 7% 的果胶称为高甲氧基果胶，低于 7% 的果胶称为低甲氧基果胶。甲氧基含量越高，凝胶能力越大。多用于果酱、果冻的制作，作为蛋黄酱的稳定剂，可防止糕点硬化，改善干酪质量等。

黄原胶又名汉生胶，是由甘蓝黑腐病单胞菌（Xanthomonas Campestris）以碳水化合物为主要原料经发酵制成，又称汉生胶、黄杆菌胶，为类白色或淡黄色粉末，可溶于水，不溶于大多数有机溶剂，水溶液对冷、热、氧化剂、酸、碱及各种酶都很稳定。黄原胶可提高糕点在焙烤和储存期的持水性和口味的柔滑性，能延缓淀粉老化，从而延长糕点的保质期。还可防止面糊中葡萄干、干果等固体颗粒在烘焙期间的沉降。

（六）营养强化剂

糕点是由粮、油、糖、蛋、乳、果料等原料制成，富含各种营养成分。但是，由于不同品种的糕点所使用的原料在品种和数量上均有一定差别，因此有可能存在某些营养成分的不平衡，在加工及焙烤过程中某些营养成分还会受到一定的损失。为了使食品保持原有的营养成分，或者为了补充食品中所缺乏的营养素，而向食品中添加一定量的营养强化剂，以提高其营养价值。食品营养强化剂是指为增强营养成分而加入食品中的天然的或人工合成的，属于天然营养素范围的食品添加剂。通常包括维生素、氨基酸和无机盐三大类。

氨基酸是蛋白质合成的基本结构单位，也是代谢所需其他胺类物质的前身。用于食品强化的氨基酸主要是必需氨基酸，主要是赖氨酸、蛋氨酸、苏氨酸和色氨酸 4 种，其中以赖氨酸最为重要。赖氨酸在谷物蛋白质中一般含量较低，故用作糕点类制品的强化剂，以提高人体对蛋白质的吸收率。赖氨酸在酸性时加热较稳定，但在还原糖存在时加热，则有相当数量被分解。对于婴幼儿类糕点，还有必要适当强化含氮化合物类的牛磺酸。

维生素是一类具有调节人体各种代谢功能的营养素，对维持机体生命和健康必不可少。它不能或几乎不能在人体内合成，必须从外界不断摄食。当膳食中长期缺乏某种维生素时，就会引起代谢失调、生长停滞，甚至进入病理状态。所以，维生素强化在食品强化中占有相当重要的地位。糕点中需要强化的脂溶性维生素有维生素 A、维生素 D 等，可直接添加到油脂中。根据 GB 14880—2012《食品安全国家标准　食品营养强化剂使用标准》规定，维生素 A 在西式糕点和饼干中的使用量为 2330 ~ 4000μg/kg，维生素 D 在饼干中的使用量为 16.7 ~ 33.3μg/kg，在其他焙烤食品中的使用量为 $10 \sim 70\mu g/kg$。需要强化的水溶性维生素有 B 族维生素。维生素 B_1 在西式糕点和饼干中的使用量都为 $3.0 \sim 6.0mg/kg$，在面包中的使用量为 $3.0 \sim 5.0mg/kg$；维生素 B_2 在西式糕点和饼干中的使用量都为 $3.3 \sim 7.0mg/kg$，在面包中的使用量为 $3.0 \sim 5.0mg/kg$；维生素 B_6 在饼干中的使用量为 $2.0 \sim 5.0mg/kg$，在其他焙烤食品中的使用量为 $3.0 \sim 15mg/kg$；维生素 B_{12} 在其他焙烤食品中的使用量为 $10 \sim 70\mu g/kg$；烟酸（尼克酸）在面包中的使用量为 $40 \sim 50mg/kg$，在饼干中的使用量为 $30 \sim 60mg/kg$；叶酸在饼干中的使用量为 $390 \sim 780\mu g/kg$，在其他焙烤食品中的使用量为 $2000 \sim 7000\mu g/kg$。对于婴幼儿糕点食品有进一步强化胆碱和肌醇的必要。

无机盐在食物中分布很广，一般均能满足机体需要，只有某些种类因膳食调配不当等原因比较容易缺乏，如钙、铁、碘、硒等。对于婴幼儿、青少年、孕妇和乳母，钙、铁的缺乏比较常见，而碘、硒由于环境条件而异。强化的钙盐不一定是要可溶的，如碳酸钙、乳酸钙等，但应是较细的颗粒。强化钙时应注意钙、磷的比例，维生素 D 可促进钙吸收，植酸等含量高则影响钙的吸收。用于强化的铁盐种类也很多，一般来说，二价铁比三价铁易于吸收。应该注意：抗坏血酸和肉类促进铁的吸收，植酸盐和磷酸盐降低铁的吸收，抗氧化剂与铁反应着色等。根据 GB 14880—2012《食品安全国家标准　食品营养强化剂使用标准》规定，铁在面包中的使用量为 $14 \sim 26mg/kg$，在西式糕点中的使用量为 $40 \sim 60mg/kg$，在饼干中的使用量为 $40 \sim 80mg/kg$，在其他焙烤食品中的使用量为 $50 \sim 200mg/kg$；钙在面包中的使用量为 $1600 \sim 3200mg/kg$，在西式糕点和饼干中的使用量为 $2670 \sim 5330mg/kg$，在其他焙烤食品中的使用量为 $3000 \sim 15000mg/kg$；锌在面包中的使用量为 $10 \sim 40mg/kg$，在西式糕点和饼干中的使用量为 $45 \sim 80mg/kg$；硒在面包中的使用量为 $140 \sim 280\mu g/kg$，在饼干中的使用量为 $30 \sim 110\mu g/kg$。

（七）防腐剂

为了防止某些糕点的腐败变质，延长保存期，有时需要使用防腐剂来抑制糕点中微生物的繁殖和生长。由于微生物种类的多样性和防腐剂作用的特点，应注意选择更好的防腐剂或不同防腐剂复配。例如，对于月饼的防腐，广泛采用富马酸二甲酯。它是一种高效广谱的防腐剂，易挥发，容易分布在月饼的周围；且它是酯，易溶于油中，所以可在月饼的表面形成一层有效的防霉层，起到良好的防霉效果。为了很好地防止食品腐败变质，除了选择适当的防腐剂外，还应注意发挥综合的食品防腐作用，诸如食品的加工工艺、包装材料及其功能作用和糕点的储存、运输、销售条件等。采用更为安全、有效和经济的防腐剂品种是选用防腐剂的主要原则，另外，还要根据糕点的品种选用防腐剂。

丙酸钠为白色结晶或结晶性粉末，无色透明结晶或颗粒性结晶粉末。无臭或略带丙酸臭，在湿空气中易吸湿。主要用于甜食类糕点，最大用量为2.5g/kg。丙酸钙为白色结晶性粉末，熔点高（400℃以上分解），无臭或具有轻微特臭，可溶于水（1g 约溶于 3mL 水），对霉菌和能引起面包产生黏丝物质的好气性芽孢杆菌有抑制作用，对酵母则无抑制作用。面包中加入0.3%，可延长 $2 \sim 4d$ 不长霉；月饼中加入0.25%，可延长 $30 \sim 40d$ 不长霉。丙酸钙为酸性防腐剂，在酸性范围内有效。另外，使用化学疏松剂时不宜使用丙酸钙，因为可能由于碳酸钙的生成而降低产生 CO_2 的能力。

山梨酸又称2,4-己二烯酸，无色单斜晶体或结晶性粉末，具有特殊气味和酸味，对光、热均稳定。山梨酸主要对霉菌、酵母和好气性腐败菌有效，而对厌气性细菌和乳酸菌几乎无作用。而且在微生物数量过高的情况下发挥不了作用，因此它只适用于具有良好的卫生条件和微生物数量较低的食品防腐。山梨酸只有透过细胞壁进入微生物体内才能起作用，分子态的抑菌活性比离子态强，而且酸性条件下效果较好，为防止山梨酸受热挥发，应在加热过程的后期添加。糕点中正常用量为 1.0g/kg。山梨酸钠（钾）为无色至浅黄色鳞片状结晶或结晶性粉末，无臭或稍有臭味，有吸湿性，在 270℃ 熔化并分解，在糕点中也经常使用。

富马酸二甲酯化学名称为反丁烯二酸二甲酯（简称 DMF），白色粉末状结晶，熔点 102～104℃，相对密度 1.37，溶于乙酸乙酯、丙酮及醇类，难溶于水，在常温下能够缓慢升华。它是20 世纪 80 年代研究开发的防腐防霉剂，具高效、低毒、广谱抗菌的特性。另外，它还具有很强的生物活性，因升华而具有接触杀菌和熏蒸杀菌的双重作用，这是一般防霉剂难有的特性。在 pH3～8 范围内对霉菌有特殊的抑制作用，大量的研究和实践表明，富马酸二甲酯的防霉效果优于苯甲酸、丙酸钠、山梨酸及其盐、双乙酸钠、尼泊金酯等。

（八）抗氧化剂

在焙烤食品中，许多糕点和饼干产品含有大量油脂。这些产品有的水分含量很低，老化对其储存期影响不大，而油脂的酸败则是影响其储存稳定性的主要因素。油脂的酸败除与油脂本身的性质有关外，与储藏条件中的温度、湿度、空气及具有催化氧化作用的光、酶及铜、铁等金属离子直接相关。为了增加制品的储存稳定性，常在油脂中或含油脂较多的食品中添加一些抗氧化剂，以延缓或防止油脂的酸败，不仅可以延长食品的储存期、货架期，给生产者、经销者带来良好的经济效益，而且给消费者带来更好的安全感。抗氧化剂能阻断氧化反应链，自身抢先氧化，抑制氧化酶类的活性，络合铜、铁等金属离子，以消除其催化活性等。当然，使用抗氧化剂时，要注意其添加的方式和方法，以发挥最佳作用。例如，对于月饼，将所用的抗氧化剂添加到馅料、封面油和月饼皮面团里。对于肥猪肉、果仁类，主要是采用抗氧化剂浸渍处理，如采用高酒精度的白酒或酒精溶解抗氧化剂浸渍的方法，以延长该类物料的保质期。

抗氧化剂可按溶解性与来源分为油溶性与水溶性两大类，按来源可分为天然抗氧剂与合成抗氧化剂。另外，有些酸性物质本身不具有抗氧化作用，但当它与抗氧化剂合用时能提高抗氧化作用的效果。这类物质称为抗氧化剂的增效剂。

1. 天然抗氧化剂

天然抗氧化剂毒性小、使用安全，越来越受重视，焙烤食品中常用的有抗坏血酸（又名维生素 C）、茶多酚、抗坏血酸棕榈酸酯、甘草抗氧化物、竹叶抗氧化物等。茶多酚又称抗氧灵、维多酚、防哈灵，为淡黄至茶褐色略带茶香的水溶液，粉状固体或结晶，具涩味，易溶于水，微溶于油，耐热性好，耐酸性良好。茶多酚应用于糕点中，可使色泽加深，提高制品感官性状和品质，能有效地抗氧化，防腐保鲜，添加量应小于 0.4g/kg。茶多酚的抗氧化性随温度的升高而增强，对动物油脂的抗氧化效果优于对植物油的效果。此外，还具有抑菌作用，可吸附食品中的异味，对食品中的色素有保护作用，抑制亚硝酸盐的形成和积累。因茶多酚在碱性条件下易氧化聚合，故不在碱性条件下使用。抗坏血酸棕榈酸酯是目前我国唯一可用于婴幼儿食品的抗氧化剂，是一种营养、无毒、高效、使用安全的食品抗氧化剂，在面包中最大使用量为0.2g/kg；甘草抗氧化物在饼干中的最大使用量为 0.2g/kg；竹叶抗氧化物在焙烤食品中的最大使用量为 0.5g/kg。

2. 合成抗氧化剂

合成抗氧化剂大多为苯酚化合物，苯环上的羟基数目越少，抗氧化效果越好。焙烤食品中常用的有丁基羟基茴香醚（BHA）、二丁基羟基甲苯（BHT）、特丁基对苯二酚（TBHQ）、没食子酸丙酯（PG）等，由于存在安全性问题，用量要严格控制。GB 2760—2014《食品安全国家标准 食品添加剂使用标准》中规定，丁基羟基茴香醚（BHA）和二丁基羟基甲苯（BHT）在饼干中的最大使用量为 0.2g/kg；特丁基对苯二酚（TBHQ）在月饼、饼干以及焙烤食品馅料及表面用挂浆中的最大使用量为 0.2g/kg；没食子酸丙酯（PG）在饼干中的最大使用量为 0.1g/kg。

3. 增效剂

使用酚型抗氧化剂时，若同时添加一些酸性物质，抗氧化效果会更好，主要是因为这些酸性物质能螯合铜、铁等金属离子，使这些离子钝化，不再起促进油脂氧化的作用。糕点中常用的有抗氧坏血酸、柠檬酸等，用量一般为抗氧化剂的 1/4 ~ 1/2。

（九）乳化剂

食品乳化剂一般是由动植物油脂的脂肪酸与多元醇合成的酯类化合物，具有乳化、发泡、湿润、分散等多种功能。在有些糕点的加工中，需要使用乳化剂来调整面团，增加面筋网络结构，促进充气，提高发泡性，使组织结构细密，增大体积，使产品膨松柔软，保持湿度，防止老化，便于加工，延长货架期，同时也可使脂肪均匀分散，防止油脂渗出，改善口感，提高脆性，并能减少用蛋量，用量一般为 0.3% ~ 1%。

乳化剂从来源上可分为天然和人工合成两大类，按其在两相中所形成乳化体系的性质又可分为水包油型（O/W）和油包水型（W/O）。衡量乳化性能常用的指标是 HLB 值。使用乳化剂时应注意以下两点。

①乳化剂加入之前，应在水或油中充分分散或溶解，制成浆状或乳状液；
②不同乳化剂有时有协同效应，通常多采用复配型乳化剂。

糕点中常用的乳化剂有硬脂酰乳酸钙（钠）、酶解大豆磷脂、改性大豆磷脂、丙二醇脂肪酸酯、丙二醇、硬脂酸钾、山梨醇酐脂肪酸酯等。GB 2760—2014《食品安全国家标准 食品添加剂使用标准》中规定，硬脂酰乳酸钙（钠）在糕点中的最大使用量为 2.0g/kg；酶解大豆磷脂和改性大豆磷脂在糕点中可按生产需要适量添加；丙二醇脂肪酸酯和丙二醇在糕点中的最大使用量为 3.0g/kg；硬脂酸钾在糕点中的最大使用量为 0.18g/kg；山梨醇酐脂肪酸酯在糕点中的最大使用量为 3.0g/kg。

第四节 面团（面糊）的调制技术

面团（面糊）的调制是指将配方中的原料用搅拌的方法调制成适合各种糕点加工需要的面团或面糊。面团（面糊）调制的主要目的为：

①使各种原料混合均匀，发挥原材料在糕点制品中应起的作用；
②改变原材料的物理性质，如软硬、黏弹性、韧性、可塑性、延伸性、流动性等，以满足制作糕点的需要，便于成型操作。

糕点的种类繁多，各类糕点的风味和质量要求存在很大差异，因而面团（糊）的调制原理及方法各不相同，为了叙述的方便，将糕点的皮、酥调制也列入面团（面糊）的调制范围之内，下面将分别加以阐述。

一、 中式糕点面团 （面糊） 调制技术

（一） 松酥面团 （混糖面团、 弱筋性面团）

松酥面团又称混糖面团或弱筋面团，面团有一定筋力，但比水调面团筋力弱一些，大部分用于松酥类糕点、油炸类糕点和包馅类糕点（松酥皮类）等，如京式冰花酥、广式莲蓉甘露酥、京式开口笑等。

1. 典型配方

松酥面团的配方见表 5 - 5。

表 5 - 5　　　　　　　　　　　　　　　　松酥面团配方　　　　　　　　　　　　　　　单位：kg

糕点品种	原料							
	面粉	砂糖	油脂	鸡蛋	糖浆	水	疏松剂	其他
枣泥酥	100	30	21	8	30	5	0.1	枣泥 5
开口笑（皮）	100	26	12	10	20	5		
冰花酥	100	30	18	10	12	5	0.5	
莲蓉甘露酥（皮）	100	60	45	20	1	7	1	莲蓉 5

2. 调制方法

将砂糖、糖浆、鸡蛋、油脂、水和疏松剂放入调粉机内搅拌均匀，使之乳化形成乳浊液，再加入面粉，继续充分搅拌，形成软硬适宜的面团。面团调制时，由于糖液的反水化作用和油脂的疏水性，使面筋蛋白质在一定温度条件下部分发生吸水胀润，限制了面筋大量形成，使调制出的面团既有一定的筋性，又有良好的延伸性和可塑性。

（二） 水调面团 （筋性面团、 韧性面团）

水调面团是用水和小麦粉调制而成的面团。面团弹性大，延伸性好，压延成皮或搓条时不易断裂，因而也称筋性面团或韧性面团。对水调面团的要求是光洁、均匀，有良好的弹性、韧性和延伸性。这种面团大部分用于油炸制品，如馓子、京式的炸大排叉等。

1. 典型配方

水调面团的配方见表 5 - 6。

表 5 - 6　　　　　　　　　　　　　　　　水调面团配方　　　　　　　　　　　　　　　单位：kg

糕点品种	原料					
	面粉	水	盐	砂糖	发粉	其他
盘丝饼	100	60	0.5			
馓子	100	63	1.9		4.5	
栗子酥	100	45		14		栗子适量

2. 调制方法

将面粉、水及其他辅料（如食盐、蛋、疏松剂等）放入调粉机内，充分搅拌，使小麦粉充

分吸水形成大量面筋。面团经充分调制，达到适当弹性即可停机。如果为手工调制，要求充分揉压面团，使面团达到一定软硬度和充分起筋。面团调制结束后静置 15～20min（醒面），使面团内应力消除，变得更均匀，同时降低部分弹性，增加可塑性和延伸性，便于成型（搓条或压延）操作。

（三） 水油面团 （水油皮面团、 水皮面团）

水油面团主要是用小麦粉、油脂和水调制而成的面团，为了增加风味，也有用部分蛋或少量糖粉、饴糖、淀粉糖浆调制成的。面团具有一定的弹性、良好的延伸性和可塑性，不仅可以包入油酥面团制成酥层类、酥皮包馅类糕点（如京八件、苏八件、千层酥等），也可单独用来包馅制成水油皮类、硬酥类糕点（如京式自来红、自来白月饼、福建礼饼、奶皮饼等），南北各地不少特色糕点都是用这种面团制成的。

1. 典型配方

水油面团的配方见表 5 - 7。

表 5 -7　　　　　　　　　　　　　　　　水油面团配方　　　　　　　　　　　　　单位：kg

糕点品种	原料						
	面粉	水	油脂	蛋	砂糖	淀粉糖浆	其他
京八件	100	50	45				
广式冬蓉酥（皮）	100	40	25			10	冬蓉
广式莲蓉酥	100	30	30				
小胖酥	100	32	18	27	6.8		莲蓉

2. 调制原理及方法

水油面团按加糖与否分为无糖水油面团和有糖水油面团，糖的添加主要是为了使表皮容易着色和改善风味。水油面团按其包馅方式又可分为两种：一种是单独包馅用的水油面团，面团延伸性好，有时也称延伸性水油面团；另一种是包入油酥面团制成酥皮再包馅，面团延伸性差，有时也称弱延伸性水油面团。另外，熟制方式不同，水油面团也有差异，用于焙烤的筋力强些，用于油炸的筋力差些。

目前，水调面团的调制根据加水的温度主要有以下三种方法。①冷水调制法：首先搅拌油、饴糖，再加入冷水搅拌均匀，最后加入面粉，调制成面团。用这种面团生产出的产品，表皮浅白，口感偏硬，酥性差，酥层不易断脆。②温水调制法：将 40～50℃ 的温水、油及其他辅料搅拌均匀，加入面粉调制成面团。这种面团生产的糕点皮色稍深，柔软酥松，入口即化。③热、冷水分步调制法：这是目前国内调制水油面团普遍采和的方法。首先将开水、油、饴糖等搅拌均匀，然后加入面粉调成块状，摊开面团，稍冷片刻，再逐步（分 3～4 次）加入冷水调制。继续搅拌面团，当面团光滑细腻并上筋后，停止搅拌，用手摊开面团，静置一段时间后备用。采用这种方法，淀粉首先部分糊化调成块状，由于其中油、糖的作用，后期加入的冷水使蛋白质吸水膨润受到一定限制，所以最后调制出的面团组织均匀细密，面团可塑性强。生产出的糕点表皮颜色适中，口感酥脆不硬。

调制水油面团，小麦粉、水和油的比例常常为 1∶（0.25～0.5）∶（0.1～0.5），油的用量是由小麦粉的面筋含量决定的。面筋含量高的小麦粉应多加油脂,反之则少加油脂。一般油脂用量为小麦粉用量的10%~20%,个别品种可达50%。大部分水油面团的加水量占小麦粉的40%~50%,油脂用量多,水少加,反之则多加。加水方法对水油面团的性能有一定影响,一般延伸性水油面团需要分次加水,便于形成较多的面筋,弱延伸性水油面团不需形成太多的面筋,则可一次加水。另外,加水温度也该注意,应根据不同水油面团的要求、季节、气温变化确定加水温度。如热、冷水分步调制法,夏季适宜水温为60~70℃,冬季为80~90℃。

另外,其他辅料如鸡蛋、饴糖等对水油面团调制也有一定作用。水油面团中加入鸡蛋的目的是利用蛋黄的乳化性,可使水、油均匀乳化到一起。由于饴糖中含有糊精,具有较大黏度,加入饴糖也能起到乳化油和水的作用。大部分水油面团不用蛋和糖,由于搅拌水和油不易乳化均匀,可加入少量面粉调成糊状使之乳化。

(四) 油酥面团 (擦酥面团)

油酥面团是一种完全用油脂和小麦粉为主调制而成的面团,即在小麦粉中加入一定比例的油脂,放入调粉机内搅拌均匀,然后取出分块,用手使劲擦透而成,所以也称擦酥面团。面团可塑性强,基本无弹性。这种面团不单独用来制作成品,而是作为内夹酥使用。酥皮类糕点皮料多用水油面团包入油酥面团,酥层类糕点的皮料还可使用甜酥性面团、发酵面团等,能使糕点(或表皮)形成多层次的酥性结构,使产品酥香可口,如酥层类糕点广式千层酥等的酥料、酥皮类糕点京八件、苏八件等的酥料。

1. 典型配方

油酥面团的配方见表5-8。

表5-8 油酥面团配方 单位:kg

糕点品种	原料		
	面粉	油脂	其他
京八件 (酥料)	100	52	
广式莲蓉酥 (酥料)	100	50	着色剂少许
京式百果酥皮 (酥料)	100	50	
宁绍式千层酥 (酥料)	100	50	

2. 调制原理及方法

油酥面团的用油量一般为小麦粉的50%左右,面团中严禁加水,以防止面筋形成。油与面粉混合后,由于面粉不能吸水,不形成面筋,油吸附在面粉颗粒表面形成松散性团块,面团酥松柔软,可塑性强,软硬度与皮料相当,以利于包捏。首先将小麦粉和油脂在调粉机内搅拌约2min,然后将面团取出分块,用手使劲擦透,防止出现粉块,这种面团用固态油脂比用流态油脂好,但擦酥时间要长些,流态油脂擦匀即可。面粉适宜先用薄力粉,而且粉粒要求比较细。

调制时,油酥面团严禁使用热油调制,以防止蛋白质变性和淀粉糊化,造成油酥发散。调制过程中严禁加水,因为加入水后,容易形成面筋,面团会硬化而严重收缩;再者容易与水油面皮联结成一体,不能形成层次;产品经焙烤后表面发硬,失去了酥松柔软的特点。油酥面团存放时间长会变硬,使用前可再擦揉一次。

（五） 酥性面团 （甜酥性面团）

酥性面团是在小麦粉中加入大量的糖、油脂及少量的水以及其他辅料调制成的。这种面团具有松散性和良好的可塑性，缺乏弹性和韧性，半成品不韧缩，适合制作酥类糕点，如京式的桃酥、苏式的杏红酥等，产品含油量大，具有非常酥松的特点。产品不仅油、糖含量大，而且含有各种果仁，表面呈金黄色，并有自然裂开的花纹，裂纹凹处色泽略浅。产品组织结构极为酥松、绵软，口味香甜，口感油润，入口易碎，大多数产品不包馅。生产工艺简单，便于机械化生产，产量高，是中式糕点大量生产的主要品种之一。

1. 典型配方

酥性面团的配方见表5-9。

表5-9 酥性面团配方 单位：kg

糕点品种	原料								
	面粉	油脂	砂糖	鸡蛋	核桃仁	桂花	水	疏松剂	其他
桃酥	100	50	48	9.0	10	5	适量	1.2	
吧啦饼	100	50	50	6	10	5	16~18	1.5	瓜仁1
杏仁酥	100	47	42				适量	1.1	杏仁1

2. 调制原理及方法

酥性面团的特点是油、糖用量特别高，一般小麦粉、油和糖的比例为1：（0.3~0.6）：（0.3~0.5），加水量较少。面粉要求使用薄力粉，而且面粉颗粒较粗一些为好，因为粗颗粒吸水慢，能增加酥性程度。

面团调制方法：面团调制的关键在于投料顺序，首先进行辅料预混合，即将油、糖、水、蛋放入调粉机内充分搅拌，形成均匀的水/油型乳浊液后，再加入疏松剂、桂花等辅料搅拌均匀。最后加入小麦粉搅拌，搅拌时以慢速进行，混合均匀即可。要控制搅拌温度和时间，防止形成大块面筋。

由于酥性面团调制是先辅料预混合，最后加入面粉，因油脂界面张力大，能均匀地分布在面粉颗粒表面，形成一层油脂薄膜，阻止了面筋蛋白质进一步吸水膨润；再者加水量很少，而且先与油、糖、蛋等形成乳化状态，而不是与小麦粉直接接触，由于水、大量糖、油脂、蛋等形成的乳化液对面筋蛋白质产生反水化作用，阻止水分子向蛋白质胶粒内部渗透，大大降低了蛋白质的水化和膨润能力，使蛋白质之间的结合力降低，使面筋的形成大受限制，因而面团具有较好的可塑性和极小的弹性，内质疏松而不起筋。

为了使调制出的酥性面团真正达到酥性产品的要求，调制时必须注意以下几点。

①辅料预混合必须充分乳化，乳化不均匀会出现浸油出筋等现象。

②加入面粉后，要控制好搅拌速度和搅拌时间，尽可能少揉搓面团，均匀即可，防止起筋。

③控制面团温度不要过高，温度过高，面粉会加速水化，容易起筋，也容易使面团走油，一般控制在20~25℃较好。

④调制好的酥性面团不需要静置，应立即成型，并做到随用随调。如果放置时间长，特别是在夏季室温高的情况下，面团容易出现起筋和走油等现象，使产品失去酥性特点，质量下降。

(六) 糖浆面团 (浆皮面团)

糖浆面团是将事先用蔗糖制成的糖浆或麦芽糖浆与小麦粉调制而成的面团。这种面团松软、细腻，既有一定的韧性又有良好的可塑性，适合制作浆皮包馅类糕点，如广式月饼、提浆月饼和松脆类糕点 (如广式的薄脆、苏式的金钱饼等)。

糖浆面团可分为砂糖浆面团、麦芽糖浆面团、混合糖浆面团三类，以这三类面团制作的糕点，生产方法和产品性质有显著区别，以砂糖浆制成的糕点比较多。砂糖浆面团是用砂糖浆和小麦粉为主要原料调制而成，由于砂糖浆是蔗糖经酸水解产生转化糖而制成，加上糖浆用量多，制作浆皮类糕点时约占饼皮的40%，使饼皮具有良好的可塑性，不酥不脆，柔软不裂，并且在烘烤时易着色，成品存放2d后回油，饼皮更为油润。麦芽糖浆面团是以小麦粉与麦芽糖为主要原料调制而成的，用它加工出的产品的特点为色泽棕红、光泽油润、甘香脆化。混合糖浆面团是以砂糖糖浆、麦芽糖浆等与小麦粉为主要原料调制而成的，用这种面团加工出的产品，既有比较好的色泽，也有较好的口感。

1. 典型配方

糖浆面团的配方见表5-10。

表5-10　　　　　　　　　　　　　　糖浆面团配方　　　　　　　　　　　　单位: kg

糕点品种	原料						
	面粉	砂糖	饴糖	水	疏松剂	油	鲜蛋
提浆月饼	100	32	18	16	0.3	24	
广式月饼	100	80 (糖浆)	66	2 (碱水)		24	
鸡仔饼	100	20	5	1 (碱水)		20	12
甜肉月饼	100	40		15		21	

2. 调制原理及方法

制作不同品种的糖浆面团，其糖浆有不同的制作方法，即使同一品种，各地的糖浆制法也有差异。关于糖浆的制法在本章第八节馅料与装饰材料制作技术中介绍。

糖浆面团的调制方法: 首先将糖浆放入调粉机内，加入水、疏松剂等搅拌均匀，加入油脂搅拌成乳白色悬浮状液体，再逐次加入面粉搅拌均匀，待面团达到一定软硬，撒上浮面，倒出调粉机即可。搅拌好的面团应该柔软适宜、细腻、发暄、不浸油。由于糖浆黏度大，增强了对面筋蛋白的反水化作用，使面筋蛋白不能充分吸水胀润，限制了面筋大量形成，使面团具有良好的可塑性。

调制糖浆面团时应注意以下几点。

①糖浆必须冷却后才能使用，不可使用热浆。

②糖浆与水 (碱水等) 充分混合后再加入油脂搅拌，否则成品会起白点。再者对于使用碱水的糕点，一定要控制好用量，碱水用量过多，成品不够鲜艳，呈暗褐色，碱水用量过少，成品不易着色。

③在加入小麦粉之前，糖浆和油脂必须充分乳化，如果搅拌时间短，乳化不均匀，则调制的面团发散，容易走油、粗糙、起筋，工艺性能差。

④面粉应逐次加入，最后留下少量面粉以调节面团的软硬度，如果太硬可增加些糖浆来调节，不可用水。

⑤面团调制好以后，面筋胀润过程仍继续进行，所以不宜存放时间过长（在30~45min成型完毕），时间拖长面团容易起筋，面团韧性增加，影响成品质量。

（七）米粉面团

米粉面团的调制方法主要有以下几种。

1. 打芡面团

选用糯米粉，取总量10%的糯米粉，加入20%的水捏和成团，再制成大小适宜的饼坯。在锅中加入10%的水，加热至沸腾后加入制好的饼坯，边煮边搅，煮熟后备用，这一过程称为打芡或煮芡。有的品种是将制好的饼坯与糖浆一起煮制打芡。将煮芡与糖一起投入调粉机内搅拌，糖全部溶化均匀后，再加入剩余的糯米粉，继续搅拌调成软硬合适的面团。这种面团多用于油炸类糕点，如江米条、酥京果等。

2. 水磨面团

将粳米或籼米除杂，洗净浸泡3h，水磨成浆，装入布袋中挤压出一部分水备用。按配方取出25%，加入0.8%左右的鲜酵母，发酵3h后进入下道工序，该面团可制作藕筒糕等蒸制类糕点。如果不需发酵，先将糯米除杂洗净，浸泡3~5h水磨成浆，沥水压干，然后与糖液搅拌而成。

3. 烫调米粉面团

烫调米粉面团是将糯米糕粉、砂糖粉等原料用开水调制而成的面团。因为糕粉已经熟制，再用沸水冲调，糕粉中的淀粉颗粒遇热大量吸水，充分糊化，体积膨胀，经冷却后形成凝胶状的韧性糕团。这种面团柔软，具有较强的韧性。

4. 冷调米粉面团

首先将制好的转化糖浆、油脂、香精等投入调粉机中混合均匀，再加入糯米粉充分搅拌，有黏性后加入冷水继续搅拌，当面团有良好的弹性和韧性时停止搅拌。当加入冷水时，糕粉中的可溶性α淀粉大量吸水而膨胀，在糖浆作用下使糕粉互相连接成凝胶状网络。调制中可分批加水，使面团中淀粉充分吸水膨润，降低面团黏度，增加韧性和光泽。多用于熟粉制品，如苏式的松子冰雪酥、清凉酥、闽式的食珍橘红糕等。

（八）发酵面团

发酵面团是以面粉或米粉为主要原料调制成面团，然后利用生物疏松剂（酵母菌）将面团发酵，发酵过程会产生大量气体和风味物质。这种面团多用于发酵类和发糕类糕点，如京式缸炉、糖火烧、光头、白蜂糕、广式的伦教糕、酒酿饼等。发酵面团的制作利用酵母菌的方式有三种：一是利用空气中浮游的酵母菌；二是利用酿酒的曲；三是利用酵母（鲜酵母、干酵母、高活性干酵母）。前两种是我国传统的方法，操作方便，简单易行，但有许多缺点。目前，我国的酵母生产已有相当规模，酵母具有活性强、发酵快、稳定性好、易储存、无损失浪费等特点，在发酵面团制作中大量应用。

发酵方法有一次发酵法、二次发酵法等，应根据品种的特点而采用，可参考前面有关章节，这里不再叙述。发酵类糕点的配方见表5-11。

表5-11　　　　　　　　　　　　　　　发酵面团配方　　　　　　　　　　　　　　　单位：kg

糕点品种	原料						
	面粉	猪油	白糖	桂花	碱	水	其他
切边缸炉	100（一次发酵）	26	32	1.5	0.12	55~60	
糖火烧	100（一次发酵）					55~60	
光头	100（20%发酵）	10	31		0.1	55~60	奶油5、牛乳13
白蜂糕	米粉100 （二次发酵）		40	2.0	0.15	55~60	青红丝0.5、瓜仁 0.5，杏仁0.5

（九）蛋糕糊的调制

蛋糕习惯上有中式、西式蛋糕之分，其制作原理基本相同，只是西式蛋糕品种多，用料以面粉、蛋、糖、奶油、乳品、果料等为主；中式蛋糕品种少，用料以面粉、蛋、糖、猪油、植物油等为主。中式蛋糕按熟制方式不同可分为烤蛋糕类（广式莲花蛋糕等）和蒸蛋糕类（京式百果蛋糕等），按用料特点和制作原理可分为清蛋糕和油蛋糕两种基本类型。

1. 清蛋糕糊

清蛋糕糊是用鸡蛋和糖经搅拌打发泡后加入小麦粉调制而成，基本不用油脂，成品具有高蛋白、高糖、低脂肪的特点，我国各地都有制作。

（1）典型配方　见表5-12。

表5-12　　　　　　　　　　　　　　　清蛋糕糊配方　　　　　　　　　　　　　　　单位：kg

糕点品种	原料						
	面粉	鸡蛋	白糖	饴糖	发粉	水	桂花
京式暄糕	100	105	100				桂花2.0
宁绍式马蹄蜜糕	100	160	160		1		
广式莲花糕	100	100	95	5		12	莲花2.0
京式蒸蛋糕	100	160	130				桂花2.0

（2）调制原理及方法　清蛋糕糊的制作原理是依靠蛋白的搅打发泡性。在打蛋机的高速搅打下，蛋液卷入大量空气，形成了许多被蛋白质胶体薄膜所包围的气泡。随着搅打不断进行，空气的卷入量不断增加，蛋糊体积不断增加。刚开始气泡较大而透明，并呈流动状态，空气泡受高速搅打后不断分散，形成越来越多的小气泡，蛋液变成乳白色细密泡沫，并呈不流动状态。气泡越多越细密，制作的蛋糕体积越大，组织越细致，结构越疏松柔软。

调制方法：将蛋液、白糖、饴糖一起放入打蛋机内，高速搅拌，使空气充入蛋液，并使糖分溶化，形成稳定的泡沫状黏稠胶体。打发的程度为比原体积增加1.5~2倍，打蛋速度和时间应根据蛋的品质和温度而异，蛋的黏度低，气温高，转速快些，时间短些；反之时间长些。无论机器或人工打蛋，都要顺着一个方向搅打，有利于空气顺序而均匀地吸入。打蛋时，蛋液必须和糖一起搅打，糖的加入能使蛋白膜黏稠而富有弹性，不易破裂，提高了泡沫的稳定性，另外，有些酸类物质如醋酸、柠檬酸、酒石酸等的加入，也有利于得到坚韧而不易变形的气泡。油脂有消泡作用，能使气泡破裂，影响起发，因此打蛋时蛋液不可与油脂接触。蛋黄本身含有大量油脂，会影响蛋液起发，如果将蛋白和蛋黄分开搅拌，或单独使用蛋白制作蛋糕，效果会更加理想。

蛋糊打好后，进行调粉（拌粉），制成蛋糕糊。小麦粉应预先过筛以打散其中的团块，也能混入一部分空气。如需使用发粉，可以先与小麦粉混合。操作时，要轻轻地混合均匀，机器开慢挡，如搅拌速度快，时间过长，面粉容易起筋，制品内部存在无孔隙的僵块，外表不平。最后，调制出的蛋糕糊要均匀，无白粉块存在，又不能起筋。调制好的蛋糕糊要及时使用，不要放置过久，因胀润后的粉粒和溶化的糖粒相对密度大于蛋液，容易下沉，发生如下现象：上层制品体积大而轻，下层制品体积小而重，俗称"沉底现象"。在气温高时更容易发生这种现象，要求面糊调好后及时入模烘烤或蒸制。

2. 油蛋糕糊

油蛋糕糊的制作除使用鸡蛋、糖和小麦粉外，还使用相当数量的油脂以及少量的化学疏松剂，主要依靠油脂的充气性和起酥性来赋予产品特有的风味和组织，在一定范围内油脂量越多，产品的口感品质越好。产品营养丰富，具有高蛋白、高热量的特点，质地酥散、滋润，带有所用油脂的风味，保质期长，冬季可达1个月，适宜远途携带。

（1）典型配方　见表5-13。

表5-13　　　　　　　　　　　　油蛋糕糊配方　　　　　　　　　　　　单位：kg

糕点品种	原料				
	面粉	油脂	鸡蛋	白糖	其他
京式大油糕	100	35	130	130	桂花3，青梅3，瓜仁3
登山蛋糕	100	80	120	80	糖瓜皮80，葡萄干20，甜杏仁4

（2）调制原理及方法　油蛋糕糊的调制主要利用油脂具有搅打充气性，当油脂被搅打时能融合大量空气，形成无数气泡，这些气泡被油膜包围不会逸出，随着搅打不断进行，油脂融合的空气越来越多，体积逐渐增大，并和水、糖等互相分散，形成乳化状泡沫体。油脂蛋糕的调制方法主要有冷油法和热油法两种。冷油法适合搅打发泡性比较好的油脂，如奶油、人造奶油等，先将油脂、糖和水放入调粉机内搅打，使油脂充分乳化并融合大量气体，然后将蛋液分若干次加入，每次加入蛋液后需继续搅打，形成疏松膨大的油蛋糕糊，最后加入小麦粉。小麦粉需预先过筛，如果需要可使用淀粉和疏松剂：先将疏松剂与淀粉混合，然后再与小麦粉混合后过筛一并加入。慢速搅拌至均匀，即成油蛋糕糊。采用这种方法调制的油蛋糕糊制作的蛋糕，体积大，结构紧密，品质较好。

热油法适合搅打发泡性差的油脂，如猪油等。先将糖、蛋在调粉机内充分搅打（一般15～20min），呈乳白色时，一边慢速搅拌一边加入事先加热至90℃左右的油和水的混合物，加入一半过筛的小麦粉、淀粉和疏松剂的混合物，稍经搅拌，再将另一半过筛的小麦粉、淀粉和疏松剂的混合物加入，继续搅拌均匀即成油蛋糕糊。

中式糕点加工中除使用上述介绍的面团（面糊）外，有些还使用一些特殊的面团（面糊），如淀粉面团、豆粉面团等，因品种较少，这里就不再介绍。

二、 西式糕点面团 （面糊） 调制技术

面团 （面糊） 是原料经混合、调制成的最终形式，面糊含水量比面团多，不像面团那样能揉捏或擀制。西式糕点中由面团加工的品种有点心面包、松酥点心 （松饼）、帕夫酥皮点心、小西饼、派等；由面糊加工的品种有蛋糕、巧克斯点心 （Choux Pastry，烫面类点心）、部分饼干等。西式糕点品种不同，其面团 （面糊） 的调制也有差异，下面介绍几种有代表性的面团 （面糊） 调制方法。

（一） 泡沫面团 （面糊）

1. 蛋白面糊 （加糖蛋白面糊）

蛋白面糊是只在蛋白中加入砂糖打发起泡调制而成的面糊，是起泡面团中最基本的面团之一，品种变化多样。蛋白面糊中加入坚果类 （核桃等）、奶油、小麦粉等能调制出许多糕点的面糊。

（1） 典型配方　见表 5 - 14。

表5 -14　　　　　　　　　　　加糖蛋白面糊配方　　　　　　　　　单位：kg

种类		原料			
		蛋白	砂糖	其他	备注
基本面糊	冷加糖蛋白面糊	100	糖粉 200		糖粉可减少至 150
	热加糖蛋白面糊	100	糖粉 280		加热到 50℃起泡
	煮沸加糖蛋白面糊	100	果糖 200	水约 60	果糖制成 110 ~125℃的糖浆

（2） 调制原理及方法　利用蛋白的起泡性调制，有如下三种方法。

①冷加糖蛋白面糊：在蛋白中先加入部分砂糖 （40% ~50%），将蛋白慢慢搅开，开始起泡后立即快速搅打5 ~6min，然后分数次加入剩余的糖继续搅打，可制成坚实的加糖蛋白糊。如果想制成干燥加糖蛋白面糊，需放在烤炉用苫布带上，120 ~130℃干燥2h 即可。

②热加糖蛋白面糊：将蛋白水浴加热，采用冷加糖蛋白的调制方法搅打，温度升至50℃时停止热水浴，继续搅拌冷却到室温，就可制得坚实的加糖蛋白面糊。如果过度受热，蛋白质发生变性，采用这种加糖蛋白面糊加工出的产品发脆。

③煮沸加糖蛋白面糊：先在蛋白中加入少量糖 （约20%），采用①、②介绍的方法搅拌7min 左右，将熬好的糖浆呈细丝状注入搅拌器，同时继续搅拌。糖浆加完后，继续搅拌时停止加热即可。由于这种加糖蛋白面糊稳定性好，与稀奶油等混合，适合作蛋糕的装饰。

三种方法的加工工艺为：

```
            ┌── ① 砂糖(直接) ──────打发──────→ 冷加糖蛋白面糊 （法式）      一般用
            │                  加热至 50℃左右   打发
蛋白 + ─────┤── ② 砂糖 ────────────────────打发──→ 热加糖蛋白面糊 （瑞士式）   精加工用
            │                      打发
            └── ③ 砂糖 ──────糖浆(110~125℃)──────→ 煮沸加糖蛋白面糊 （意大利式） 鲜奶油膏等用
```

表5 -14 所示为几种基本面糊的配比，另外添加香料、洋酒、咖啡、果汁、果酱、果泥等，能丰富产品品种及风味，在糕点装饰上广泛应用。

2. 乳沫面糊（海绵蛋糕面糊）

乳沫面糊也是西式糕点中的基本面糊（不加油脂或仅加少量油脂），充分利用蛋白、全蛋的起泡性，先将蛋白搅打起泡，再利用全蛋的起泡性，然后加入砂糖搅拌，最后加入过筛的小麦粉调制而成。这种面糊广泛应用于海绵蛋糕的制作，所以也称海绵蛋糕面糊。产品具有致密的气泡结构，质地柔软而富有弹性。

（1）典型配方　见表 5 – 15。

表 5 –15　　　　　　　　　　　　　　海绵蛋糕面糊配方　　　　　　　　　　　单位：kg

种类			原料				
			鸡蛋	砂糖	面粉	其他	备注
基本面糊	全蛋搅打法或分开搅打法	高挡	200	100	100		也可以加适量的水
		中挡	150	100	100		
		低挡	100	100	100		
	乳化法	100 ~ 180	100 ~ 150	100	100	乳化剂 4.5 ~ 8.5、水或牛乳 10 ~ 80	

（2）调制原理及方法　海绵蛋糕面糊的调制方法主要有三种：全蛋搅打法、分开搅打法、乳化法。

①全蛋搅打法（热起泡法）：全蛋中加入少量的砂糖充分搅开，分数次加入剩余的砂糖，一边水浴一边打发，温度至 40℃ 左右去掉水浴，继续搅打至形成具有一定稠度、光洁而细腻的白色泡沫。在慢速搅拌下加入色素、风味物（如香精）、甘油、牛乳、水等液体原料，最后加入已过筛的小麦粉，混合均匀即可。一般分开搅打法不用水浴，全蛋搅打法使用水浴，主要是为了保证蛋液的温度，使蛋液充分发挥搅打起泡性，所以全蛋搅打法也称热起泡法。

②分开搅打法（冷起泡法）

a. 将全蛋分成蛋白和蛋黄两部分，蛋白中分数次加入 1/3 的糖搅打，制成坚实的加糖蛋白膏。

b. 用 2/3 的糖与蛋黄一起搅打起泡。

c. 将 a 与 b 充分混合后加入过筛的小麦粉，拌匀即可。

d. 也有用 2/3 的糖与蛋白一起搅打成蛋白膏。面粉与 1/3 的糖加入搅打好的蛋黄中，再与加糖蛋白混匀。

③乳化法：蛋糕乳化剂能促进泡沫及油、水分散体系的稳定，它的应用是对传统工艺的一种改进，比较适合大批量生产。使用乳化剂有如下优点：蛋液容易打发，不需水浴加温，缩短了打蛋时间，可适当减少蛋和糖的用量，并可补充较多的水，产品冷却后不易发干，延长了保鲜期，产品内部组织细腻，气孔均匀，弹性好。但如果乳化剂用量过多和减少蛋的用量，会使蛋糕失去应有的特色和风味。

调制方法：用牛乳、水将乳化剂充分化开，再加入鸡蛋、砂糖等一起快速搅打至浆料呈乳白色细腻的膏状，在慢速搅拌下逐步加入筛过的面粉，混匀即可。也可采用一步调制法，即先将牛乳、水、乳化剂充分化开，再加入其他所有原料一起搅打成光滑的面糊。如制作含奶油的面糊，可先将蛋和糖一起打发后，在慢速搅拌下缓慢加入熔化的奶油，混匀后再加入面粉搅打均匀即可。

④蛋白、全蛋的起泡性：蛋白、全蛋经搅打能包入大量空气，产生泡沫体系，这一特性是调制加糖蛋白面糊、乳沫面糊等的基础。

蛋白的主要成分是蛋白质，具有表面张力和蒸气压低等特性。将蛋白与蛋黄分开，观察蛋白表面，与空气的接触界面凝固，形成皮膜。由于蛋白具有这种性质，蛋白经搅打，在表面张力的作用下包入大量空气，可以形成稳定的泡沫结构。蛋白在搅打过程中可以分为四个阶段，第一阶段，蛋白经搅打后呈液体状态，表面浮起很多不规则的气泡；第二阶段，蛋白在搅拌后渐渐凝固起来，表面不规则的气泡消失，而形成许多均匀的细小气泡，蛋白洁白而有光泽，手指勾起时形成一细长尖锋，在指上不下坠，这一阶段有时也称湿性发泡阶段；第三阶段，继续搅拌，达到干性发泡阶段，蛋白颜色雪白而无光泽，手指勾起时呈坚硬的尖锋，此尖锋倒置也不会弯曲；第四阶段，蛋白已完全呈球形凝固状，用手指无法勾起尖锋，这个阶段也称棉絮状阶段。影响蛋白起泡性的主要因素有：蛋白的性质与温度；蛋白的新鲜程度；搅拌方法；添加剂。

蛋白的性质、温度与起泡性的关系如表5-16所示。温度越高，蛋白的起泡性越好。这是因为温度升高，表面张力降低，所以起泡性好，但温度升高泡沫的稳定性下降，25℃左右时蛋白的起泡性和稳定性都较好。

表5-16　　　　　　　　　　　　蛋白的性质、温度与起泡性的关系

蛋白的性质	温度/℃			
	10	20	30	40
全蛋白	100	110	120	130
稀蛋白	150	170	200	240
浓稠蛋白	84	91	88	94

注：在直径为15mm、长15~16mm的试管内加入4.5mL蛋白和1.5mL蒸馏水，20s内上下振动50次，5s后测定泡沫的高度。以10℃的全蛋白振动后的高度为对照（100），其他测定值与此比较而得。

蛋白的新鲜程度与起泡性、泡沫稳定性的关系见表5-17。陈旧蛋中稀蛋白含量多，起泡性也好。但这与搅拌方法有很大关系，手工搅拌时这种现象比较明显。机械搅拌时由于搅拌强度大，蛋白的起泡性受新鲜程度影响不大。

表5-17　　　　　　　　　　蛋白的新鲜程度与起泡性、泡沫稳定性的关系

储藏条件	室温/℃	蛋数/个	（稀蛋白含量/全蛋白含量）×100	相对密度	稳定性：泡沫的回落值/g			
					10min	20min	30min	60min
新鲜蛋	18	5	49.96	0.1427	5.34	12.93	18.41	31.68
51d	18	6	52.77	0.1396	1.15	5.65	13.07	27.30
25℃，26d	18	4	几乎都是稀蛋白	0.1346	0.91	5.39	11.48	26.99

注：试验采用全蛋白；相对密度越小表示起泡性越好；泡沫的稳定性是泡沫回落时流出蛋液质量（回落值）与泡沫质量之比，所以回落值越大，稳定性越差。

蛋白的起泡性还会由于加热而降低，50℃以上短时间加热或者50℃以下长时间加热都会导致蛋白起泡性降低。pH对蛋白的起泡性也有很大影响，pH5左右起泡性最好。另外，pH6.5时蛋白的起泡性受加热影响最小。

一些添加剂对蛋白起泡性、泡沫稳定性的影响见表5-18。表中所列为一些添加剂与蛋白起泡性、泡沫稳定性关系的试验数据，搅打条件、添加剂添加量等变化，蛋白起泡性、泡沫稳定性也会发生变化。

表5-18　　　　　　　添加剂对蛋白起泡性、泡沫稳定性的影响

蛋白和添加剂	相对密度	稳定性：泡沫的回落值/g					
		10min	20min	30min	60min	120min	180min
蛋白	0.1503	3.54	14.83	25.49	36.50	52.06	60.35
蛋白+蛋黄	0.2151	13.72	29.65	41.59	57.36	68.97	73.63
蛋白+盐	0.1986	14.76	27.86	35.34	43.77	57.35	60.98
蛋白+酒石酸	0.2017	52.28	60.42	49.04	76.70	89.00	91.83
蛋白+砂糖	0.1918	9.11	20.32	25.96	38.62	54.14	63.21
蛋白+油	0.2925	57.96	67.26	73.12	77.75	87.04	88.21

注：添加剂的加入量为蛋白的1%；泡沫的稳定性是泡沫回落时流出蛋液质量（回落值）与泡沫质量之比，所以回落值越大，稳定性越差。

全蛋的起泡性是由蛋白表现出来的，因而影响全蛋的起泡性的因素与蛋白基本相同。全蛋形成的泡沫体系比只由蛋白形成的泡沫体系稳定，因为蛋白的蛋白质中与起泡性有很大关系的伴清蛋白对热不稳定。这种蛋白质容易与铁、铝等金属离子结合形成结合蛋白，该结合蛋白对热比较稳定，而全蛋的蛋黄中含有铁离子，能够与伴清蛋白结合，使全蛋形成的泡沫体系比较稳定。

搅打全蛋时，蛋液体积的增加情况见图5-1。

如图5-1所示，搅打26min，体积增加率为213%，为原来体积的3倍以上，显然增加部分是搅打过程中包入的空气。观察整个搅打起泡过程会发现，0~8min蛋液的体积迅速增加，这是因为刚开始搅打时，蛋白快速包入大量空气形成大而薄的气泡；8~20min蛋液的体积增加缓慢，这是因为随着搅打进行，蛋黄被分散，与蛋白开始混合乳化。蛋液表面张力逐渐增大，大而薄的气泡逐渐变成小而厚的气泡，由蛋白引起的体积迅速增加受到抑制；20min以后，蛋液的体积再度迅速增加，这是因

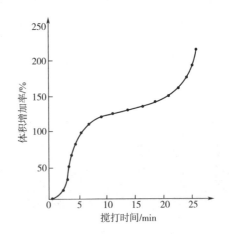

图5-1　全蛋蛋液经搅打后的体积增加率

20L搅拌器中加入4.5L全蛋液，在（26±1.5）℃下用标准、搅打二挡，转速为390r/min，

体积增加率=（搅打后的体积-原来体积）/原来体积×100%

为整个蛋液中蛋黄和蛋白已充分乳化分散。

全蛋经搅打形成的泡沫体系稳定性如图5-2所示。可以看出，蛋液搅打26min比搅打8min形成的泡沫体系的稳定性要好得多。蛋液只有经充分搅打后形成的泡沫体系稳定性才好，因为形成的气泡是小而厚的气泡，稳定性好。

气泡稳定性的测定方法：用一定体积的铝杯取正好1杯搅打后的泡沫，在100mL量筒上放置一漏斗，将装满的铝杯倒置在漏斗上，室温下放置30min，测定自然流下的体积（mL）。计算公式如式（5-1）所示。

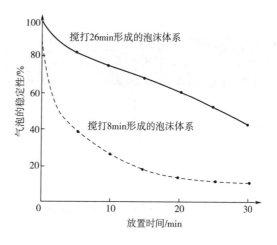

图5-2　蛋液搅打时间和气泡稳定性的关系

$$100 - [\text{自然流下的体积(mL)} / \text{所取泡沫的质量(g)}] \times 100 \qquad (5-1)$$

3. 油脂面糊（奶油蛋糕面糊）

奶油蛋糕所使用的原料成分很高，小麦粉、砂糖、鸡蛋、油脂的比例为1:1:1:1，这是比较基本的配比，如果改变这些配比，并选择添加牛乳、果料、发粉等其他原料，就可以制作出品种多样的油脂蛋糕了。油脂蛋糕的弹性和柔软度不如海绵蛋糕，但质地酥散、滋润，带有油脂（特别是奶油）的香味。油脂的充气性和起酥性是形成产品组织与口感特征的主要因素。

（1）典型配方　见表5-19。

表5-19　　　　　　　　　　　　　　　油脂面糊配方　　　　　　　　　　　　　　单位: kg

糕点名称		原料					
		鸡蛋	绵白糖	面粉	油脂	其他	备注
基本面糊	1	100	100	100	50~100	发粉1~2	发粉、牛乳可以不用，添加朗姆酒，柠檬汁、香草香精等提高风味的物质较好
	2	85		100	65	发粉1~2.5，牛乳10~30	
	3	70	85	100	85	发粉1~2.5，牛乳10~30	
一般面糊	1 重油蛋糕	110	80	100	72	发粉0.8，玉米淀粉32，朗姆酒8，柠檬汁和柠檬皮适量	油脂一般用奶油、人造奶油和起酥油，也可适当用些色拉油
	2 重油蛋糕	100	167	100	167	蛋黄33，柠檬皮和盐适量	
	3 马德拉蛋糕	66	80	100	60	发粉2，玉米淀粉100，蛋黄30，柠檬皮适量	
	4 德式蛋糕	200	100	100	100		
	5 德式蛋糕	300	100	100	100	玉米淀粉30	

续表

糕点名称		原料					备注
		鸡蛋	绵白糖	面粉	油脂	其他	
果仁面糊	1	167	133	100	133	杏仁粉 67	
	2	120	100	100	80	杏仁粉 48，香草香精适量	
巧克力面糊	1	137	123	100	110	可可粉 27，杏仁粉 41，牛乳 6	
	2	165	180	100	50	甜巧克力 90，杏仁粉 100	
	3	200	200	100	175	可可浆 175，杏仁粉 100	
水果面糊	1	75	60	100	75	饴糖 25，什锦水果 180，酒石酸氢钾 0.3	
	2	100	100	100	100	什锦水果 200，白兰地 27	
	3	126	57	100	100	发粉 1.1，葡萄干 114，碎杏仁 57，柠檬皮 29，玉米淀粉 29	

（2）调制原理及方法　油脂面糊的调制方法主要有糖油法、粉油法和混合法三种。

①糖油法：将油脂（奶油、人造奶油等）搅打开，加入过筛的砂糖充分搅打至呈淡黄色、膨松而细腻的膏状，再将全蛋液呈缓慢细流状分数次加入上述油脂和糖的混合物中。每次均需充分搅拌均匀，然后加入过筛的面粉（如果需要使用乳粉、发粉，需预先过筛混入面粉中），轻轻混入浆料中，注意不能有团块，不要过分搅拌以尽量减少面筋生成。最后，加入水、牛乳（香精、色素若为水溶性可在此加入，若为油溶性在刚开始加入），如果有果干、果仁等可在此加入，混匀即成糖油法油脂面糊。另外，除上述全蛋搅打的糖油法外，蛋白和蛋黄还可以分开搅打，即先将蛋白搅打发泡至一定程度，加入 1/3 的砂糖，充分搅打成厚而光滑的糖蛋白膏，再将奶油与剩余的糖（2/3）一起搅打成膨松的膏状，加入蛋黄搅打均匀，然后加入糖蛋白膏拌匀，最后加入过筛的面粉。

②粉油法：将油脂（奶油、人造奶油等）与过筛的面粉（比奶油量稀少）一起搅打成膨松的膏状，加入砂糖搅拌，再加入剩余过筛的小麦粉，最后分数次加入全蛋液混合成面糊（牛乳、水等液体在加完蛋后加入）。还有一种方法是将小麦粉过筛分成两份，一份面粉与油脂搅打混合，全蛋液与砂糖搅打成泡沫状（6～7min），将蛋、糖混合物分数次加入到油脂与面粉的混合物中，每次均要搅打均匀，再将另一份面粉（需要使用发粉时，过筛加入这份面粉中）加入浆料中，混匀至光滑、无团块为止，最后加入牛乳、水、果干、果仁等混匀即可。手工调制油脂面糊（粉油法）时经常采用后一种方法。

③糖/粉油法（混合法）：混合法又称两步法，就是将糖油法和粉油法相结合的调制方法。将小麦粉过筛等分为两份，一份面粉与油脂（奶油、人造奶油等）、砂糖一起搅打，全蛋液分数次加入搅打，每次均需搅打均匀；另一份小麦粉与发粉、乳粉等过筛混匀再加入，最后加入牛乳、水、果干（仁）等搅拌均匀即可。也有将所有的干性原料（如面粉、糖、乳粉、发粉等）一起混合过筛，加入油脂中一起搅拌至"面包渣"状为止，另外将所有湿性原料（如蛋液、牛乳、水、甘油等）一起混合，呈细流状加入干性原料与油脂的混合物中，同时不断搅拌至无团块、光滑的浆料为止。

调制油脂面糊时除使用主要原料小麦粉、砂糖、蛋和油脂，还使用较多的辅料如淀粉、发粉、奶油、果仁、香精、色素等，调制时一般注意以下几点。

a. 粉类（如淀粉、乳粉、发粉等）一般与小麦粉混合后过筛。

b. 液体糖与全蛋液混合后加入。

c. 牛乳、水等一般在小麦粉加入混合均匀后再添加。

d. 香精、色素一般最后加入，也可在保证它们能均匀分散的工序中加入。

e. 水果类（果干、果仁等）一般在面糊调制最后加入。如果最后加入小麦粉，可以与小麦粉一起加入，这样水果就很难沉底。

f. 凡属于搅打的操作宜用中速，凡属于混合的操作宜用慢速。

g. 三种调制方法中，高成分油脂蛋糕适合采用粉油法调制面糊，低成分油脂蛋糕适合采用糖油法调制面糊，中成分油脂蛋糕采用哪种方法调制面糊都可以。

油脂面糊调制时，使用原辅料的品种较多，而原辅料之间又存在着一定的促进和制约作用，所以在调整配方时一定要注意使各成分之间达到平衡，这样才能做出好的油脂蛋糕。油脂蛋糕的配方设计原则如下所述。

a. 油脂与面粉的比例为（0.12~1）:1。

b. 油脂与蛋液的比例为1:1.25较好。

c. 小麦粉用量等于或小于蛋液用量时，不需要使用疏松剂；小麦粉用量超过蛋液用量时，需要使用疏松剂。疏松剂的用量为面粉量与蛋液量之差的2.5%~5%。

d. 小麦粉用量比蛋液用量多时，需要补充两者之差90%的水，可以添加水、牛乳等来补充。

e. 砂糖用量为全部配料的20%较好。

f. 油脂用量不要超过蛋液用量和砂糖用量之和。

g. 砂糖用量不要超过全部配料的水分含量之和。

根据上述7条原则，有如下关系式：

$$m_F \times 0.12 < m_B < m_F$$
$$m_E = m_B \times 1.25 \tag{5-2}$$
$$m_W = (m_F - m_E) \times 0.9 \tag{5-3}$$
$$m_P = (m_F - m_E) \times 0.05 \tag{5-4}$$
$$m_S = (m_F + m_B + m_E + m_W)/4 \tag{5-5}$$

式中 m_F——小麦粉用量，kg；

m_B——油脂用量，kg；

m_E——蛋液用量，kg；

m_S——砂糖用量，kg；

m_W——需要补充的水分，kg；

m_P——疏松剂用量，kg。

（二）加热面团（糊）

加热面团也称烫面面团（糊），是在沸腾的油水中加入小麦粉，小麦粉中的蛋白质变性，降低了面团筋力，提高了可塑性，同时淀粉糊化，产生胶凝性。再加入较多的鸡蛋搅打成蓬松的面糊，用于制作巧克斯点心。面团（糊）调制好后进炉烘烤，借助于鸡蛋的发泡力，烘烤时产品有较大胀发，同时在制品内部形成较大的空洞结构（中空状结构），可以充填不同的馅料。产品口感松泡，外酥内软，风味主要取决于所填装的馅料。另外，还有一些西点使用烫面面糊经油炸或蒸煮而制成。用这类面糊所制成的成品常见的有如下几种。

①内装鸡蛋布丁或新鲜奶油馅的圆形空心饼（Cream Puff）。

②做成天鹅形状的菠萝奶油馅饼。

③内装巧克力布丁馅的指形爱克力饼（Eclair）。

④用大小齿花嘴挤成油炸面包圈形状的油炸或焙烤法式油炸面包圈。

⑤挤成乒乓球大小的油炸梦梦球。

⑥西餐清汤表面用的小粒酥饼（Soup Nuts）。

⑦四方蛋糕表面交叉形的装饰。

⑧奶油水果盅。

⑨阿拉斯切水果盅（Pains Mela Mecque）。

奶油空心饼呈裂开状，爱克力饼表面较光滑，易于用巧克力作涂面装饰。在硬度上，奶油空心饼要软些。面糊的最终硬度要求它既能被挤注，又能保持一定的形状，不致坍塌。

1. 典型配方

烫面面糊的配方见表5-20。

表5-20　　　　　　　　　　　　烫面面糊配方　　　　　　　　　　　　单位：kg

种类		原料				
		鸡蛋	绵白糖	面粉	油脂	其他
基本面糊	1	270		100	100	水120，盐2
	2	235		100	100	水160，盐2
	3	245		100	75	水120，盐2
	4	200	10	100	33	猪油33，水167，盐2
干酪面糊	1	160		100	50	半硬干酪40，牛乳200，盐2
	2	250		100	50	干酪100，水196，盐1.7

2. 调制原理及方法

将油和水的乳化液加热沸腾，在搅拌下加入面粉，混合均匀后继续加热和搅拌，使淀粉全部糊化，至面糊成团并能在搅拌器底部结皮为止，停止加热稍放置再分数次加入鸡蛋，每次加入鸡蛋后充分搅拌，使蛋液与面团充分掺和，最后调制成具有一定稠度的面糊即可。注意调制烫面面糊时，加入蛋液时面团温度不要低于50℃，趁热加入蛋液搅拌，调制好后应立即挤注成型烘烤。焙烤条件对烫面糕点组织的形成很重要，先在200~230℃焙烤，充分膨胀后再降至160℃焙烤。刚开始下火要旺，充分膨化后下火减弱，上火增强。鸡蛋在烫面类糕点制作中用量较多，而且对其体积和组织的形成有重要作用，下面重点介绍一下蛋的使用量与烫面类糕点组织的关系。

烫面类糕点是以小麦粉、鸡蛋、油脂为主要原料，调制成面糊后，所含淀粉经糊化、膨润与蛋白质一起形成面糊的骨架结构，同时油脂也赋予糕点柔软性而成型。

小麦粉与奶油的配比不变，改变鸡蛋的添加量，由于最终面糊的水分要求一定，通过加水量来调整。制法为：将水加热至沸腾，加入奶油、食盐溶解，再加入薄力粉糊化，搅拌混合均匀。停止加热，稍放置后蛋液分4次加入并搅拌均匀成面糊。将上述调制好的面糊装入挤注袋中，按一定形状和大小裱在预先涂有少量油的烤盘上，温度为200℃左右，烘烤20min制成成品。

蛋使用量对加工操作的影响（表5-21）：蛋用量对面糊调制影响不大，从调制好的面糊状态看，试验1#最紧（用蛋量为对照组的一半），试验2#次之，试验3#比对照组稍软（试验3#比对照组用量多）。而且，用蛋量越少，面糊越缺乏光滑性，挤注效果越差。如果观察200℃、20min的焙烤过程，会发现5min后，所有试验面糊的周围都开始龟裂，接下来膨胀。膨胀状态，试验2#与对照组几乎相同，用蛋量少的试验1#体积少，用蛋量多的试验3#体积比对照组稍大。焙烤13~15min后，表皮开始上色，无论哪组试验膨胀都停止。即蛋用量不同，焙烤状态存在着差异，但对焙烤时间没有影响。

表5-21 　　　　　　烫面糕点中蛋使用量对加工操作影响试验的原料配方　　　　　　单位：kg

原料	试验			
	对照组/g	试验1#/g	试验2#/g	试验3#/g
薄力粉	350	350	350	350
奶油	325	325	325	325
鸡蛋	1000	500	750	1125
盐	5	5	5	5
水	500	675	590	470

蛋用量和糕点的状态：图5-3所示为试验的外观和横切面照片，从这些照片可以看出蛋的使用量与糕点状态的关系。图中（3）与对照图中（1）形态相似，呈现较好的中空状，只是图中（3）表面龟裂浅些。上部、侧面壁厚差不多，底部空洞大些。

（三）酥性面团

酥性面团（也称甜酥面团、混酥面团、松酥面团）是以小麦粉、油脂、水（或牛乳）为主要原料，配合加入砂糖、蛋、果仁、巧克力、可可、香料等制成的一类不分层的酥点心。产品品种富于变化，口感松酥。传统上又可将酥性面团分为两类：酥点面团和甜点面团，前者含糖油量高于后者。用酥性面团加工出的西点主要有部分饼干、小西饼、塔（tart）等。

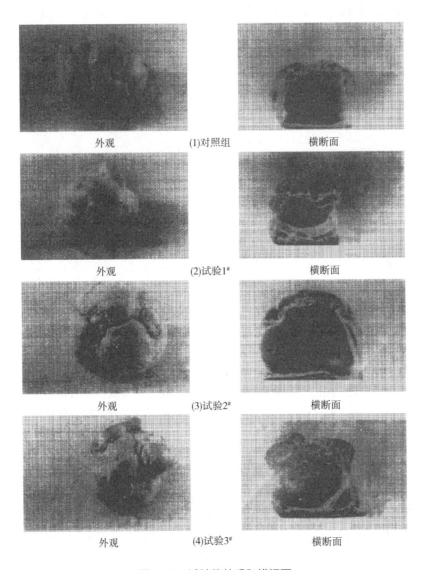

外观　　　　　(1)对照组　　　　横断面

外观　　　　　(2)试验1#　　　　横断面

外观　　　　　(3)试验2#　　　　横断面

外观　　　　　(4)试验3#　　　　横断面

图5-3　试验的外观和横切面

1. 典型配方

酥性面团的配方见表5-22。

表5-22　　　　　　　　　　　酥性面团配方　　　　　　　　　　单位：kg

面团		原料					备注
		鸡蛋	绵白糖	面粉	油脂	其他	
无糖面团	1			100	50	水50	也可用人造奶油、起酥油使用冰水，也可换成白葡萄酒
	2			100	50	发粉3，盐3，水27.5	
	3			100	50	碳酸氢铵0.5，水32	

续表

面团		原料					
		鸡蛋	绵白糖	面粉	油脂	其他	备注
低糖面团	1		9.4	100	50	蛋黄6.7，水30	
	2		19	100	50	盐0.8，水15.5	
	3		4	100	50	蛋黄8，盐2.4，水50	
高糖面团	1	20	50	100	50		
	2			100	50	糖粉30，水50	
	3		43	100	50	水50，淀粉14	
低脂面团	1		40	100	20	牛乳50，碳酸氢铵2	
	2	20	40	100	30		
	3	13	40	100	40	水6	
中脂面团	1	13	60	100	55	蛋黄4	
	2	9	60	100	60	蛋黄4	
	3	12	47	100	67	蛋黄1	
高脂面团	1		28	100	75	水16	
	2			100	80	糖粉27，蛋黄40	
	3		50	100	100	蛋黄9	面团至少冷藏1h使用

2. 调制原理及方法

酥性面团的调制方法主要有三种：擦入法、粉油法和糖油法。

（1）擦入法　用手或机器将油脂均匀混进面粉中。用手操作时，用双手搓擦，将油脂和面粉混合至屑状为止，不能有团块存在。将糖溶于水、牛乳、蛋液中，加入上述油粉混合物围成的圆圈内，然后将周围的混合物逐渐与中间的糖液混合。机器操作时，将糖液在搅拌下慢慢加入油粉混合物中，继续混合至光滑的面团即可。适于无糖、低糖酥性面团的调制。

（2）粉油法　与油脂蛋糕面糊调制的粉油法相同。即将油脂与等量的小麦粉搅打成膨松的膏状，再加入剩余的小麦粉和其他原料调制成面团。适于高脂酥性面团的调制。

（3）糖油法　类似于油脂蛋糕面糊调制的糖油法。即先将油脂与糖一起充分搅打成膨松而细腻的膏状，边搅拌边分数次加入蛋液、水、牛乳等其他液体，然后加入过筛的面粉，混合成光滑的面团即可。适于高糖酥性面团的调制。

（四）帕夫酥皮面团

帕夫酥皮面团（也称折叠面团、帕夫面团、泡芙面团、酥层面团）是以小麦粉、油脂、水、食盐为原料调制而成的，用于制作西点中的帕夫酥皮点心（帕夫点心），类似于中式的清酥点心。

帕夫酥皮面团是用水油面团（或水调面团）包入油脂，再经反复擀制折叠，形成一层面与一层油交替排列的多层结构，最多可达1000多层（层极薄）。焙烤过程中，面层中的水分受热产生蒸汽，蒸汽的压力迫使层与层分开，防止了面层的相互黏结。另一方面，油受热熔化，面层中淀粉糊化，同时吸收油脂，而且油脂也可作为传热介质使面层酥碎。所以，产品一般容重轻、分层、酥碎而爽口。

帕夫酥皮面团主要有两类，一类是包入折叠帕夫酥皮面团，这种面团较为常见，先用小麦粉、盐、水调制成面团，包入油脂后要经反复擀制折叠。另一类是速成帕夫酥皮面团，先将小块油脂与面粉混合，再包入油脂反复擀制折叠，这种面团调制简单快捷，但油脂容易渗出。按油脂总量（包括皮面油脂、油层油脂）与面粉量的比例，帕夫酥皮面团可分为三种。100%油脂法面团：油脂量与面粉量相等；75%油脂法面团：油脂量为面粉量的3/4；50%油脂法面团：油脂量为面粉量的一半。以75%油脂法面团较为常用。

1. 典型配方

帕夫酥皮面团的配方见表5-23。

表5-23				帕夫酥皮面团配方			单位：kg
面团				原料			
				面粉	油脂	其他	备注
基本面团	包入折叠帕夫酥皮面团	面团包油	1	100	100	盐2.4，水50	3折法6次
			2	100	①20.8②67	盐2.5，水42	3折6次；①与粉混合；②用于包油
			3	100	①12.5②87.5	水62.5	3折法6次
		油包面团	1	①33②67	①61②5.6	蛋黄2.8，盐1.7，水45	用粉①和油②调制成的面团，包入其他面团3折6次
			2	①67②33	67	盐2.1，水42	用粉②与油制成面团，包入其他面团3折6次
	速成帕夫酥皮面团		1	100	125	盐3，水60	3折4次
			2	100	80	蛋10，盐2，水50	
			3	100	50	蛋黄5，绵白糖3，盐1.6，奶20，水20，朗姆酒2	

注：面粉根据情况可选用强力粉、中力粉等。

2. 调制原理及方法

面粉宜采用蛋白质含量为10%~12%的中强筋面粉，因为筋力较强的面团能经受住擀制中的反复拉伸，而且其中的蛋白质具有较高的水合能力，吸水后的蛋白质在焙烤时能产生足够的蒸汽，有利于分层；另外，呈扩展状态的面筋网络是帕夫点心多层结构的基础。但是面筋力太强可能导致面层碎裂，制品回缩变形。

油脂要求有一定的硬度和可塑性，熔点不能太低，可选用奶油、人造奶油、起酥油或其他固体动物油脂。另外，皮面（面层）中加入适量油脂可改善面团的操作性能，以增加成品酥性。水必须使用冷水。如果在面团中加入柠檬汁、洋酒等，可以增加面团的延展性，提高产品的风味。

皮面团的调制：皮面中油脂的加入量约为面粉量的12%，加水量为面粉量的44%～56%，调制方法与甜酥点心面团类似，即将面粉、油脂和水一起搅拌成面团。也可用手工调制，先将皮面油脂搓进面粉中，再加水混合并揉成面团。

（1）包入折叠帕夫酥皮面团　主要有面团包油法和油包面团法。①面团包油法（法式）：将调制好的皮面面团擀成正方形，中心厚些，四边薄一些。将油脂擀成比皮面稍小的正方形，对角线与皮面正方形边长相等，如◆形状。将油脂放在皮面上，四个顶点正好位于皮面的四条边上。再将皮面未盖有油脂的四角往中心折叠，并完全包住油脂，最后折叠成两层面、一层油的三层结构，擀制成长方形，折叠数次。②油包面团法：油脂中加入一些小麦粉混合均匀，擀制成长方形，将皮面团擀制成油面皮的2/3，然后包入油面皮中，反复折叠擀制数次。这种面团表面难以干燥，产品分层不明显，表面有不少斑点。③英式法：将皮面团擀成厚度约为0.5cm的长方形，油脂擀成宽与皮面相同、长约皮面的2/3的长方形，将擀好的油脂放在皮面上，并正好盖住皮面的2/3。将皮面未盖有油脂的部分往中间折叠，再将另一端的油脂和皮面（为皮面总长的1/3）一起往中间折叠，最后即形成一层面、一层油交替重叠的五层结构，其中面三层、油两层。④对折法：简便的法式法，即先将皮面团擀成长方形，经擀制或整形的油脂大小约为皮面的一半，将油脂放在皮面的1/2面积上，皮面以对折的方式将油脂完全包住，再将边缘捏拢，反复折叠擀制数次即可。

（2）速成帕夫酥皮面团（苏格兰法）　将皮面油脂与面粉一起搓擦成碎屑，再将油层油脂弄成约2.5cm的小块，混进碎屑中，然后加水调制成面团，再反复折叠数次而成。注意不要过分调制，以免形成甜酥面团。这种方法简便快捷，但容易出现斑点，比（1）调制出的面团差，产品分层较差，且层次不规则，所以这种面团又称粗帕夫面团（Rough Puff）。

帕夫酥皮面团调制注意事项：①油层油脂的硬度与皮面面团的硬度应尽量一致，否则会影响产品的分层。②面团在两次擀折之间应停放20min左右，这样面层在拉伸后可以放松，防止产品收缩变形，并保持层与层之间的分离。成型后焙烤前也应停放20min左右。③擀、折好的面团在静置或过夜保存时应放入塑料袋中，以防止表面发干。④每次擀面团时不要擀得太薄，厚度不小于0.5cm，避免层与层之间黏结。成型时，面团最后擀成的厚度约为0.3cm。

3. 小麦粉与面团物性的关系

最简单的皮面团是由小麦粉加水调制而成的。皮面团包入油后，经反复数次折叠擀制才能使帕夫点心分层，因而小麦粉（特别是所含蛋白质的质与量）同面团的物性有很大关系。小麦粉加水搅拌，形成面筋网络结构，使面团表现出良好的弹性和延伸性，面粉种类不同，这些性质也差别较大。焙烤时，蛋白质受热变性，使分层的组织固定下来。也就是说，小麦粉具有固定产品分层组织的能力。

强力粉的蛋白质含量高，品质也好，调制出的面团延展性好，折叠擀制操作容易进行，但容易收缩变形，产品组织也变得易碎裂。另外，反复折叠擀制过程中，面团静置时，形成的面筋网络结构会部分被切断，又变得难于收缩。为了调节面筋的强度、弹性等物性，常采用如下方法：①面团调制时加入少量油脂；②使用面筋含量低的薄力粉。

方法①主要是利用加入油脂后面筋的形成降低，使加水量减少，降低了面筋的强度，是经常采用的方法。也经常同时采用方法①和②。

4. 折叠方式与组织的形成

（1）折叠方式　帕夫酥皮面团的折叠方式主要有三折法、四折法和两者复合法。三折法是将长方形面团沿长边方向分为三等份，两端的部分分别先往中间折叠。折成的小长方形面团宽度为原长的1/3，呈三折状（图5-4）；四折法类似于叠被子，将长方形面团沿长边方向分为四等份，两端的两部分均往中间折叠，折至中线外，再沿中线折叠一次。最后折成的小长方形面团，其宽度为原长的1/4，呈四折状。无论是三折法或四折法，主要是使粉层和油层变得很薄，得到完全延展的层状组织面团。

面团的层数随折叠的次数成对数增长，表5-24所示为面团层数与折叠方式、折叠次数的关系。面团层数过多过少都不好，一般三折6次或四折5次制出的成品组织较好。但有时根据产品不同，面团折叠的层数也有差异。

折叠操作过程中应注意以下几点。①面团要经常保持低温，应将操作室的温度调整至15℃左右。调制皮面团时要使用冷水，尽可能降低皮面面团的温度，包入的油脂控制在（7±1）℃。折叠操作中，为了不使面团温度升高，可反复采用如下方法：折叠、擀制，冷藏下静置，折叠、擀制。对所用油脂的温度一定要严格控制。特别是使用奶油时，奶油的熔点为32℃左右，可是在20℃时就变得相当柔软，不适合包入面团中，如果此时包入面团中，油脂进入粉层，产品形成的层状组织会很差。在使用油脂前，要了解油脂的可塑性，固态油脂由液相的油和固相的脂组成，随着温度的变化，其组成比例也会发生变化，即油脂的软硬发生变化。例如，奶油在20℃时固相、液相的比例为6:4，比较柔软；（7±1）℃时，固相、液相的比例为8:2以上，比较适合折叠操作。因此，折叠、擀制后的冷藏静置过程比较重要。但是如果油脂温度过低，面团会变得很硬，相反会破坏层状组织。②面团每折叠、擀制一次要回转90°，这样可以防止面团沿一个方向收缩。

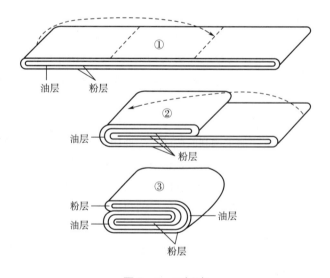

图5-4　三折法

表 5 -24　　　　　　　　　　　面团层数与折叠方式、折叠次数的关系

次数	折叠方式 层数	三折法			四折法		
		总数	粉层数	油层数	总数	粉层数	油层数
1		9	6	3	12	8	4
2		27	18	9	48	32	16
3		81	54	27	192	128	64
4		243	162	81	768	512	256
5		729	486	243	3072	2048	1024
6		2187	1458	729	—	—	—

注：粉层数是由油层数推出的理论值（实际上每次折叠粉层都有重叠）。

（2）焙烤时产品层状组织的形成　焙烤时，产品层状组织形成的模型如图 5 -5 所示。由于焙烤时热开始向面团内部传导，油脂熔化并向皮面团浸透，同时粉层发生淀粉糊化、蛋白质变性、水分蒸发气化等。由于粉层间存在着油层，粉层发生热变性固定组织时，不会互相黏结，从而形成帕夫点心独特的层状组织。

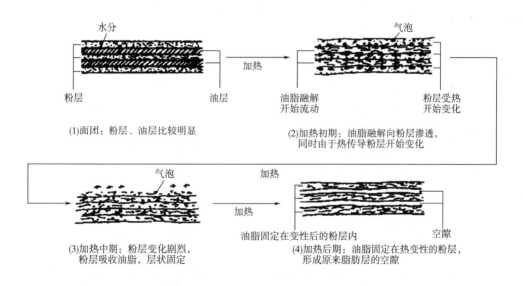

图 5 -5　帕夫酥皮面团层状组织形成模型

（五）发酵面团（酵母面团）

糕点用的发酵面团同面包面团一样，主要利用酵母发酵产生 CO_2，使面团膨胀，同时产生风味物质。糕点用的发酵面团，一般蛋、油脂、乳品等辅料用量大。

发酵面团主要有油脂、蛋等用量高的软面团，油脂、蛋等用量低的发酵面团以及包入油脂的折叠发酵面团。发酵折叠面团的油脂用量为帕夫折叠面团的 1/4 ~ 1/2，折叠次数也少。发酵面团多用于制作点心面包、小西饼、派、比萨饼等西点。

1. 典型配方

发酵面团的配方见表 5 –25。

表 5 –25 　　　　　　　　　　　　　发酵面团配方 　　　　　　　　　　　单位：kg

面团			原料					
			面粉	砂糖	酵母	油脂	水	其他
基本配方			100		2		60	盐1.5
一次法	1		100	5	2		60	盐2、起酥油4
	2		100	0.9	5	1.9	57	盐1.9、脱脂乳粉6
	3		100	8.3	5.5	5.5	94.5	盐2.8、脱脂乳粉8.3、蛋粉5.5
中种法	1	中种	70		2		40	
		本种	30	5			20	盐2、起酥油4
	2	中种	75				45	
		本种	25				15	盐1.7
	3	中种	10	1.2			5	脱脂乳粉2.4
		本种	90	12		12.5	45	鸡蛋17.8、盐2
	4	中种	44.5		1.7		28	
		本种	55.5			5.6		牛乳28、麦芽1.2

2. 调制原理及方法

发酵面团的发酵方法主要有一次发酵法和二次发酵法。前者将所有原料一起搅拌成面团，再发酵。后者是用1/3的面粉制成中等大小的面团，然后再加其他原料调制成面团。一般糖、蛋用量多的发酵面团采用一次发酵法。

由于发酵开始时面团最适温度为27℃，加入水、牛乳等要注意调整最适温度，第一次发酵在30℃恒温室内发酵30 ~ 90min。第一次发酵结束时，要将面团中产生的 CO_2 部分排出，进行揉和。因为第一次发酵结束时，可形成大小不均匀的气泡组织，进行揉和可使气泡细小，均匀分布在面团中。排气后的面团有必要分成大块，静置15 ~ 20min，这样可使面团稳定，容易成型。但对于法式月牙形面包、丹麦点心等发酵糕点，没必要进行揉和。

果肉面包、法式加朗姆酒的饼等面团柔软，刚开始便放入醒发箱发酵，直接焙烤较好。对于法式月牙形面包、丹麦点心等，发酵结束后的面团包入油脂，三折法3次或四折法2次后，擀制切分，然后制成各种形状。

成型后的面团放入醒发箱再发酵，膨成原来2.5 ~ 3倍后焙烤。为了防止发酵过度，发酵开始后要注意测定、观察调整。

3. 酵母的作用

酵母有鲜酵母、活性干酵母和高活性干酵母。鲜酵母用3 ~ 5倍、35 ~ 40℃的水活化后使用。活性干酵母由于干燥方法不同，有粉状、粒状，先用5倍的微温水活化10 ~ 15min后再使用。活性干酵母用量理论上为鲜酵母的1/3，考虑到干燥过程中有些酵母失活，所以用量一般为鲜酵母的1/2。高活性干酵母可以直接混合到小麦粉中。

　　酵母中含有一些酶，如酒化酶（引起酒精发酵）、蔗糖酶（转化蔗糖），小麦粉中也含有一些酶（如淀粉酶、蛋白酶等），在面团发酵过程中起很大作用。面团内添加的其他原料中也含有各种各样的酶，参与组织和风味的形成。酵母的发酵和小麦粉中的酶对发酵面团组织的形成、风味的产生起着主要作用。发酵面团的酵母发酵过程如图5-6所示。

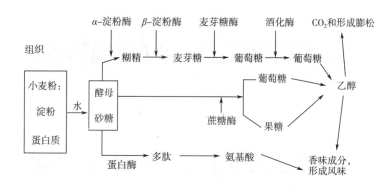

图5-6　发酵面团的酵母发酵过程

（六）其他面团

　　由于西点的品种繁多，除了上面介绍的几种面团外，还有液体面团（糊）、果仁面团、干酪蛋糕面团、糖果点心面团等。

第五节　成型技术

　　成型是将调制好的面团（糊）加工制成一定形状。一般在焙烤前，糕点的成型基本上是由糕点的品种和产品形态所决定，成型的好坏对产品品质影响很大。

　　面团的物性对成型操作影响很大，调制出的面团一般有两种。①面糊：水分多，有流动性，不稳定。②面团：水分较少，有可塑性，比较稳定。可以根据面团的物性选用合适的成型方法。成型方法主要有手工成型、机械成型和印模成型。

一、手工成型

　　手工成型比较灵活，可以制成各种各样的形状，所以糕点的成型仍以手工成型为主。手工成型主要有以下几种方式。

（一）手搓成型

　　用手将面团搓成各种形状，常用的是搓条，适合发酵面团、米粉面团、甜酥面团等，有些品种需要与其他成型方法如印模、刀切或夹馅等互相配合使用。手搓后生坯一般外形整齐规则，表面光滑，内部组织均匀细腻。

（二） 压延 （擀） 成型

用面棒（或其他滚筒）将面团压延成一定厚度面皮的形状，常用于点心饼干、小西饼、派等的成型。压延的目的是调整面团的组织结构，赋予原料粒子一定的方向性，使面坯内部组织均匀细腻，便于后续加工操作的进行（如切割、印模等）。因此，压延操作用力要均匀，否则面坯内部组织不均匀，易出现裂纹等。面棒的使用方法如图 5-7 所示。

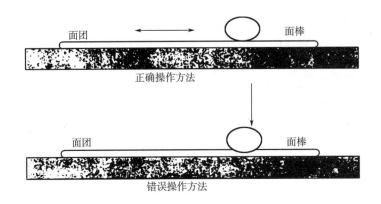

图 5-7　面棒的使用方法

压延可分为单层压延和多层压延，单层压延是将面团压成单片，使面团均匀扩展，不进行折叠压延。多层压延是将压延后的面片折叠后再压延，可重复数次，目的是为了强化面坯内部组织结构，使产品分层。

（三） 包馅成型

包馅是将定量的馅料包入一定比例的各种面皮中，使皮馅紧密结合并达到该产品规定的技术要求。适合需要包馅的糕点，如糖浆皮类、甜酥性皮类、水油酥性皮类糕点等，包馅的技术要求为皮馅分量准确、严密圆正、不重皮、皮馅均匀，并按下道工序的要求达到一定形状。

（四） 卷起成型

卷起是先将面团压延成片，在面片上可以涂上各种调味料（如油、盐、果酱、椰蓉等），也可以铺上一层软馅（如豆沙、枣泥等），然后卷成各种形状。用卷起成型法可以制成许多花色品种和风味的糕点。卷起成型分为单向和双向卷起，示意图如图 5-8 所示。

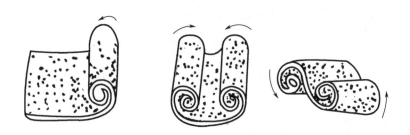

图 5-8　单、双卷起法示意图

（五） 挤注成型

挤注方法除用于西点装饰外，也用于部分糕点的成型。这类糕点的面团一般是半流动状态的膏状。面团内原料粒子间的距离相当近，原料粒子受物理冲击等条件变化运动时，彼此会相互阻碍，所以这种面团具有一定保持形状的能力。成型时即便不挤入模具中，也能比较好地保持挤出时的形状，或者说能形成所用花嘴的特色形状。一般是用喇叭形的挤注袋，下端装有铜制的各种花嘴子，将膏状料装入挤注袋中，挤入各种模具中（挤注袋和挤花嘴如图 5 - 9 所示）。这种成型方式能够发挥操作者的想象力，创造出各种形态和花纹。这种成型方法多用于烫面类西点（空心饼、爱克力等）的成型。

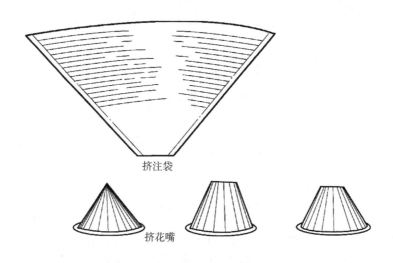

图 5 - 9 挤注袋和挤花嘴

（六）注模成型

注模成型用于面糊类糕点的成型，如海绵蛋糕、油脂蛋糕等面糊组织内有的含有气泡、有的不含气泡、富有流动性，不能进行压延、切断操作，所以要浇注到一定体积、一定形状的容器中。

面糊的水分含量较高，组织内原料成分、气泡呈悬浮状态，刚调制好后呈均一分散状态，慢慢会发生变化，特别是面糊内含有原料粒子的大小不同和存在不同分散相时，这种变化较快。所以，注模成型时应尽量避免面糊的这种变化。

（七）切片成型

切片成型可用于部分糕点面团、半成品等的成型。如冰箱小西饼（酥硬性小西饼），面团经调制好后，用纸包起来放入冰箱中 0.5～1h，使其变硬，用手搓成圆棒状，再放入冰箱中冷却硬化数小时，然后从冰箱中取出用刀切成不同形状（边长约 1cm）再焙烤。其他如苹果派表面的格子状也是用刀切出的。

（八）折叠成型

产品需要形成均一的层状结构时，面团采用折叠方式成型，如中式的千层酥、西式松饼、帕夫点心等，常用的是二折法（对折法）、三折法、四折法和十字法（图 5 - 10），其中三折法和四折法可交叉使用，折叠方式、折叠次数与形成油脂层数的关系见表 5 - 26。

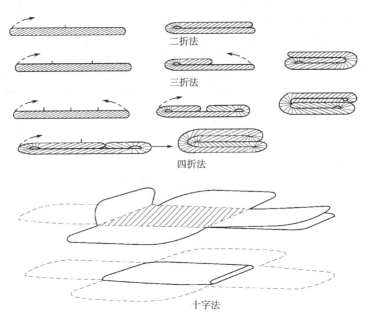

图5-10　面团折叠形式

表5-26　　　　　　　折叠方式、折叠次数与形成油脂层数的关系

折叠方式	折叠次数		油脂层数/层
三折法	2	3^2	$3 \times 3 = 9$
三折法	3	3^3	$3 \times 3 \times 3 = 27$
三折法	4	3^4	$3 \times 3 \times 3 \times 3 = 81$
四折法	2	4^2	$4 \times 4 = 16$
四折法	3	4^3	$4 \times 4 \times 4 = 64$
四折法	4	4^4	$4 \times 4 \times 4 \times 4 = 256$
三折法·四折法·三折法	3		$3 \times 4 \times 3 = 36$
三折法·四折法·三折法·四折法	4		$3 \times 4 \times 3 \times 4 = 144$

（九）包酥成型

包酥成型又称皮酥包制，它是以皮料包入油酥后，经擀制和折叠使面团形成层次分明的层次结构，多用于中式糕点中酥层类糕点的制作。一般使用面皮和油酥的比例为1:1，有的品种油酥的比例稍高些。包酥方法可分为大包酥和小包酥两种。大包酥是用卷的方法制作，将一大块皮料面团擀成长方形（或圆形）面片，再将一块油酥铺到面片上，用皮料将油酥包严，包时防止皮料重叠，然后擀成大片，顺长度方向切成2条，从刀口处分别往外卷成长条形。再用手或刀具分成小块，按成薄饼即为生坯饼皮。大包酥的特点是效率高，速度快；缺点是层次少，酥层不容易起得均匀、清晰，成品质量较低，适合于生产低档的品种。小包酥可以用卷的方法，也可以用叠的方法制作，即将皮料面团和油酥分别搓成细长条，分成各自对等的小块，以一个

皮料包一个油酥，擀成片，卷成小卷，将小卷两端向中间折叠，按成圆饼状即为生坯饼皮，也可以一次制4~6个。小包酥的特点是皮酥层次多，层薄且清晰均匀，坯皮光滑不易破裂，产品质量高，但比较费工，效率低，适宜制作精细、高档的品种。

二、机　械　成　型

机械成型是在手工成型的基础上发展起来的，是传统糕点的工业化。目前西式糕点中机械成型的品种较多，中式糕点中机械成型的品种较少，但近年来发展较快。常见的糕点机械成型设备主要有压延机、切片机、浇模机、辊印机和包馅机等。

（一）压延机

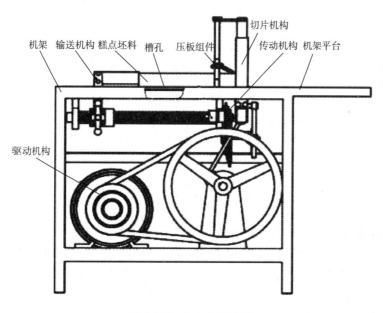

压延操作容易实现机械化，常见的压延设备有往复式压片机、自动压延机等。往复式压片（面）机的工作示意图如图5-11所示，面团在两个轧辊之间作往复运动，自动来回碾压，逐渐压延成一定厚度的面皮。

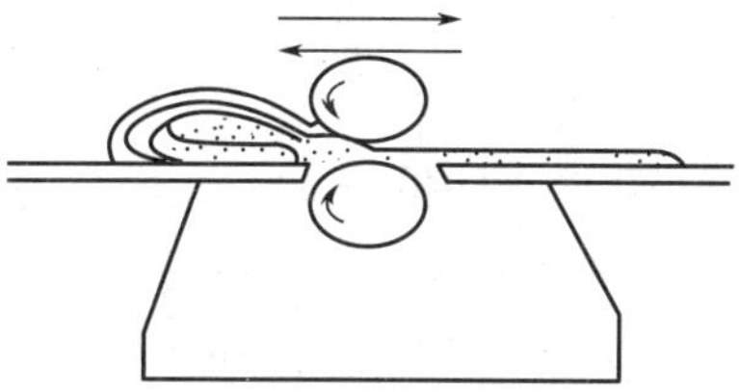

（二）切片机

切片机由刀片升降偏心轮使刀片上下作切削运动，边切边进行传动，切制对象大多是粉制糕片。要求厚薄均匀，切到底，不过分黏连。其示意图如图5-12所示。

图5-11　往复式压片机工作示意图

图5-12　切片机示意图

（三）浇注机（浇模机、注模机）

浇注机是将流动性物料挤出成一定形状的设备，其工作原理主要有图5-13所示的四种形式。依靠活塞、旋转泵、螺杆等的单用或合用，能将喂入的物料定量或连续地挤出，例如浇注蛋糕糊入模成型的成模机。蛋糕糊通过料槽和下料器注入糕模，下糕器与糕模位置完全相对，是通过活塞升降来完成浇注过程的。如 DGJ - 12 - 3 型蛋糕浇模机，班产量可达 40t。

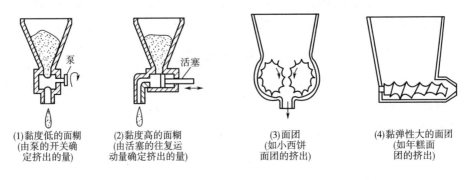

(1)黏度低的面糊
(由泵的开关确
定挤出的量)

(2)黏度高的面糊
(由活塞的往复运
动量确定挤出的量)

(3)面团
(如小西饼
面团的挤出)

(4)黏弹性大的面团
(如年糕面
团的挤出)

图 5 - 13　浇注机工作原理示意图

（四）辊印机

辊印有两种形式，一种是饼干式的先轧皮后冲印成型机，另一种是用于松散面团的印酥成型机。如图 5 - 14 所示为一种饼干、桃酥两用辊印机。辊印操作要求对面团的含水量严格控制，否则易产生黏模、黏辊现象。如 TSJ - 40 - 3 型桃酥机，功率 1.5kW，生产效率 200 块/min，班产量 3.5t。

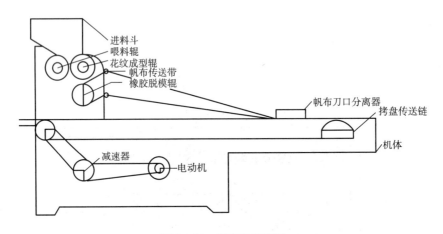

进料斗
喂料辊
花纹成型辊
帆布传送带
橡胶脱模辊
帆布刀口分离器
拷盘传送链
机体
减速器
电动机

图 5 - 14　辊印机示意图

（五）包馅机

现在大型工厂大都采用机器包馅，用于包馅类糕点的包馅操作。所用的包馅机多为日本雷恩（RHEON）公司的产品，其示意图如图 5 - 15 所示。RHEON 公司的 N208 型全自动万能包馅机，皮馅大小可自由调整，速度为 20～60 个/min。国产的 YBT - 40 - 3 型月饼自动包馅机，可以生产需要包馅的月饼如浆皮月饼、广东月饼等，每分钟可以生产 40 块。

三、印模成型

印模是一种能将面团（皮）经按压切成一定形状的模具，形状有圆形、椭圆形、三角形等，切边又有平口和花边口两种类型。借助印模可使产品具有一定的形状和花纹，常用的有木模、金属模等（图 5 - 16）。

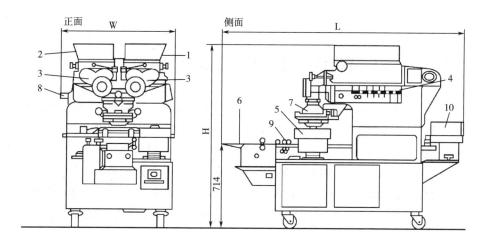

图 5 –15　包馅机示意图（RHEON 公司生产）

1—馅料　2—皮料　3—整流器　4—操作盘　5—包合装置　6—输出带

7—双重构造的圆筒体　8—紧急停止按钮　9—输出带上下调手柄　10—扑粉供给装置

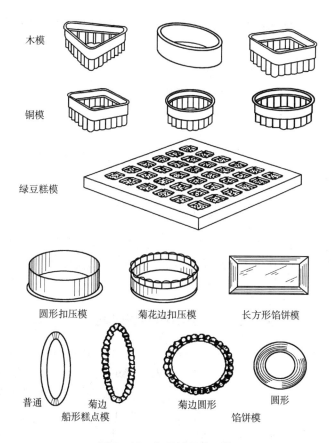

图 5 –16　各种模具的形状

第六节 熟制（焙烤）技术

面团（糊）经成型后，一般要进入熟制工序。熟制是糕点生坯通过加热熟化的过程，熟制方法主要有焙烤、油炸和蒸制三种，其中以焙烤最为普遍，这里主要介绍焙烤技术。

焙烤就是把成型的糕点生坯送入烤炉内，经过加热，使产品烤热定型，并具有一定的色泽。焙烤过程中发生一系列物理、化学和生物化学变化，如水分蒸发、气体膨胀、蛋白质凝固、淀粉糊化、糖的焦糖化与美拉德褐变反应等。焙烤对产品的质量和风味有着重要影响。应根据糕点的品种及类别选用恰当的焙烤条件。影响焙烤的因素主要有如下几种。

一、炉 温

焙烤糕点应根据品种选择不同的炉温，常用的炉温有以下三种。

（一）低温

低温是在170℃以下的炉温，主要适宜烤制白皮类、酥皮类、水果蛋糕等糕点，产品要求保持原色。

（二）中温

中温是指170~200℃的炉温，主要适宜烤制大多数蛋糕、甜酥类及包馅类糕点等。产品要求外表色泽较重，如金黄色。

（三）高温

高温是指200~240℃的炉温，主要适宜于烤制酥类、部分蛋糕及其他类糕点的一部分品种等。产品要求表面颜色很重，如枣红色或棕褐色。

二、底火和面火（上、下火）

焙烤糕点时要充分利用上下火调整炉温，根据需要发挥烤炉各个部分的作用。上火是指焙烤时烤盘上部空间的炉温，所以也称面火；下火是指烤盘下部空间的炉温，也称底火。炉中上下火温度要根据糕点品种的要求而定，同时还要考虑到炉体结构。

三、炉温和焙烤时间

焙烤时间与炉温、坯体大小、形状、薄厚、馅芯种类、焙烤容器的材料等因素有关，但以炉温影响最大。一般而言，炉温越高，所需焙烤时间越短；炉温越低，所需焙烤时间越长。因为焙烤时热传递的主要方向是垂直的，而不是水平的，因此产品的厚度对焙烤温度和时间影响较大，较厚的制品如焙烤温度太高，表皮形成太快，阻止了热的渗透，易造成焙烤不足，故应适当降低温度。总之，糕点越大或越厚焙烤时间越长；糕点越小或越薄，焙烤时间越短。蛋糕大小与炉温、焙烤时间的关系见表5-27。

表5-27　　　　　　　　　　　蛋糕大小与炉温、焙烤时间的关系

蛋糕质量/g	炉温/℃	焙烤时间/min	上下火控制
<100	200	12~18	上下火相同
100~450	180	18~40	下火较上火大
450~100	170	40~60	下火大、上火小

　　焙烤容器色深或无光泽对辐射热的吸收和发散性能较好，可以缩短焙烤时间，烤出的成品体积大、气孔小。相反，光亮的焙烤容器能反射辐射热，使焙烤时间增长。

　　焙烤温度和时间对于成品质量的影响相当大，两者又是互相影响和制约的。一般来说，在保证产品质量的前提下，糕点的焙烤应在尽可能高的温度下和尽可能短的时间内完成。同一制品在不同温度下的焙烤试验结果表明，在较高的温度下焙烤，可以得到较大的体积和较好的质地（表5-28）。例如，蛋糕如焙烤温度太低，热在制品中的渗透缓慢，浆料被热搅动的时间长，这将导致浆料的过度扩展和气泡的过度膨胀，使成品的组织粗糙，气孔粗大，质地不好。

表5-28　　　　　　　　　焙烤温度与焙烤时间、产品体积的关系

焙烤温度/℃	焙烤时间/min	蛋糕体积/cm³	成品含水量/%
163	45	2400	28.8
177	40	2520	29.7
190	35	2600	30.6
204	30	2690	31.4
219	25	2760	32.3
232	21	2790	32.9

　　注：试验采用730g天使蛋糕面糊，装于直径为25.5cm、深9cm、中间有8cm空管的烤盘。

　　糕点种类不同，焙烤温度不同。不同糕点的焙烤温度见表5-29。

表5-29　　　　　　　　　　　　不同糕点的焙烤温度

	糕点品种						
	天使蛋糕	海绵蛋糕	水果蛋糕	奶油空心饼	桃酥	福建礼饼	烘糕
焙烤温度/℃	205~218	170~180	150~170	210~220	150~220	160~190	100~110

　　糕点产品含水量要求不同，焙烤温度和时间也不同。生坯中含水量较高，而产品含水量要求较低，则应用低温焙烤，时间也长些，这样有利于水分充分蒸发且产品熟而不焦。蛋糕和发酵类产品含水量要求较高，体积要求膨胀，宜用中温焙烤。酥类和月饼含水量要求较低，配方中油、糖含量高，制品要求外形规整，宜采用高温焙烤。配方中含油脂、糖、蛋、水果等配料在高温下容易烤焦或使制品的色泽过深，所以，含这些配料越丰富的产品所需的炉温越低。同样，表面有糖、干果、果仁等装饰材料的制品，其烘烤温度也应较低。另外，烤炉中如有较多蒸汽存在，则可以容许制品在高一些的炉温下烘烤，因为蒸汽能够推迟表皮的形成，减弱表面色泽。

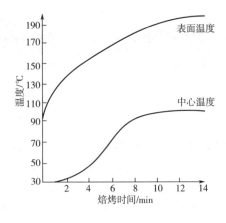

图 5-17 苏式月饼在焙烤过程中
表面温度和中心温度的变化

焙烤温度和时间对产品的重要性还表现在生坯内温度的变化上。从图 5-17 可以看出，产品表面温度和中心温度差别很大。以 2cm 厚的苏式月饼为例，采用 220~250℃ 的炉温焙烤，产品表面温度可达 180℃，经过 5min 后中心温度仅为 75℃，直到焙烤结束，中心温度才接近 100℃。

四、炉内湿度

焙烤时，炉内湿度也直接影响产品的品质。炉内湿度适当，制品上色好，皮薄，不粗糙，有光泽。炉内湿度太低，产品上色差，表面粗糙，皮厚无光泽。炉内湿度太大，易使产品表面出现斑点。炉内湿度受炉温高低、炉门封闭情况和炉内制品数量多少等因素影响，如烤炉中装载的制品越多，产生的蒸汽越多，湿度也越大。目前，大多数烤炉内都有自动控制炉内湿度的装置。

五、装盘方式

糕点所用的烤盘或烤听多数选用导热性能好的金属材料。烤盘的厚度影响传热效果，我国多选用 0.5~0.75mm 的铁板。大多数糕点都使用平盘焙烤，生坯在烤盘内的摆放方式及疏密程度会直接影响焙烤效果，如生坯在盘内摆放过于稀疏，易造成烤盘裸露多的地方火力集中，使产品表面干燥、灰暗甚至焦煳。蛋糕等面糊类糕点，多用烤听注模焙烤。烤听的体积与所装面糊的质量应有一定比例，过多、过少都会影响蛋糕的品质，同样的面糊使用体积不同的烤听所做出的蛋糕体积、组织、颗粒都不相同，而且如果使用不当会增加 6%~7% 的焙烤损失。

蛋糕面糊因种类、配方、调制的方法不同，面糊装听的质量也不同。标准的装听数量要经过多次的焙烤试验才能确定。使用同一种面糊和同样体积的数个烤听，各分装不同质量的面糊，焙烤后比较各烤听蛋糕的体积、组织和颗粒，选出品质最好的蛋糕，以此面糊的质量作为该种蛋糕装盘的标准。烤听体积与盛装面糊之间的关系如表 5-30 所示。

表 5-30　　　　　　　　　　烤听体积与盛装面糊之间的关系

烤听体积/cm³	重奶油蛋糕质量/g	轻奶油蛋糕质量/g	天使蛋糕质量/g	海绵蛋糕质量/g
81.95	34.08	28.4	17.04	14.2
163.90	68.16	53.96	34.08	31.24
245.85	102.24	82.36	51.12	48.28
327.8	136.32	110.76	71	65.32
409.75	170.4	139.16	88.04	79.52
491.7	204.48	167.56	105.08	96.56
573.65	238.56	193.12	122.12	113.6

续表

烤听体积/cm³	重奶油蛋糕质量/g	轻奶油蛋糕质量/g	天使蛋糕质量/g	海绵蛋糕质量/g
655.6	272.64	221.52	139.16	130.64
737.55	306.72	249.92	156.2	144.84
819.5	340.8	278.32	173.24	161.88
1229.25	511.2	414.64	261.28	241.40
1639	681.6	553.8	349.32	323.76
2048.75	852	692.96	437.36	406.12
2458.5	1022.4	829.28	522.56	485.64
2868.5	1192.8	968.44	610.6	568.0
3278	1368.2	1107.6	698.64	647.52

六、烤炉种类

烤炉种类也直接影响着产品的焙烤效果，最关键的是炉内温度是否均匀。烤炉主要有箱体炉、旋转式炉、转炉和隧道炉等。加热方式有电、煤气、油、远红外线等，目前以远红外线电烤炉使用最普遍。这种炉升温快，加热时间短，使用控温方便，但降温、散热也快，保温性差。

第七节 冷 却 技 术

糕点刚出炉时表面温度一般为180℃，而中心层温度较低（100℃左右），大多数品种需冷却到35~40℃进行包装，但也有少数品种（如广式月饼）需经冷却重新吸收空气中水分还潮后才包装。

一、冷却过程中水分的变化与保质

糕点刚出炉时，其内部水分含量高于外表，成批产品的冷却等于在低温环境中继续焙烤，水分在冷却过程中逐步挥发，产品最终达到一定含水量。

糕点的品种不同，脆、酥、松、软等口感特性要求不同，规定的水分含量也差别较大。例如蛋糕类含水量一般在20%~35%，点心面包35%~40%，月饼在20%左右，小西饼低于5%等。

糕点冷却过程中水分的变化与空气的温度、相对湿度关系密切。适宜的冷却时间应根据糕点品种和车间布置等具体条件进行测定后判别。糕点的包装或装箱都要在冷却后进行，如果不冷却，热蒸汽不易散发，过冷产生的冷凝水便吸附在糕点表面或包装上，为微生物的生长繁殖提供了必要条件，使糕点容易霉变。空气的相对湿度能影响产品的含水量，空气的相对湿度大于产品含水量时，产品吸湿；反之，产品中的水分向空气中散失而逐渐变得干硬。冷却时间的长短与糕点品种有较大关系，一般有以下三种情况。

（1）防止水分蒸发（散失）的品种　都是含水量较高的糕点，如点心面包、蛋糕等。产品出炉冷却 1~2h 以后，如不及时包装，水分逐渐向空气中转移，变得干硬，保鲜期短。

（2）防止吸湿的品种　一般是水分含量较低的糕点，如甜酥类糕点、小西饼等。这类糕点冷却时间控制较严，如甜酥类糕点冷却 6~8min 时，水分挥发降到最低，在 8~12min 内水分属于相对稳定阶段，12min 以后糕点开始吸湿。所以，这类糕点在冷却后要迅速包装密封，否则会失去应有的酥脆性，导致质量降低。

（3）需要适当吸湿的品种　这类糕点比较特殊，如广式月饼，出炉后饼皮比较干硬，而质量要求松软。当存放 24h 后，内部水分向表面转移，表面也可吸收空气中的水分，使饼皮复软，显得油润，达到产品质量要求。所以，广式月饼的包装需在出炉 24h 后进行。

二、　冷却与产品形态的关系

糕点刚出炉时，温度和水分含量都较高，需要在冷却过程中挥发水分和降温，才能保持正常的形态。糕点内部结构呈疏松状态，出炉后往往产生两种现象。

（1）变形　大多发生在糕点刚出炉后，马上进行刮盘（又称"炉口刮盘"）时。导致变形有两方面的原因，一种是外力因素变形，刚出炉时温度高，糕点皮硬瓤软，因刮刀和堆积作用而变形；另一种是内力因素变形，产品刚出炉时，表面温度为 180~200℃，立即刮盘使之暴露在室温 20~30℃ 的低温空气中，将会使热量交换过快，水分急速挥发，使固体微粒之间相对位置发生变化而产生变形。

（2）裂缝　一些含水量较低的糕点会发生这种情况。随着变形的发生，内部产生的应力超过一定限度，即产生裂缝。裂缝一般在生产当天不会产生，到第二天后出现产品中心部位碎裂，而且每块裂缝的部位大同小异，即称为自然裂缝。这些裂缝不同于某些糕点（如桃酥等）因配料和工艺而形成的裂纹。裂纹发生在冷却之前，限于表面不裂到底；裂缝发生在冷却以后，会裂到底。当然在裂纹中也会产生裂缝。

以上两种情况说明糕点出炉后不宜马上脱离载体（烤盘、烤听等）进行急速降温冷却，应连同载体缓慢冷却。有些需装饰的糕点（如面糊类蛋糕）出炉后，应先在烤盘内冷却（散热）10min，取出后再继续冷却 1~2h，然后再加奶油或巧克力等需要的装饰。另外，还有些糕点（如海绵蛋糕等）出炉后应马上翻转使表面向下，以免遇冷而收缩。

第八节　装　饰　技　术

有很多糕点在包装前需要进行装饰（也称美化），装饰能使糕点更加美观、吸引人，也增加了糕点的风味和品种，特别是西点装饰是其变化的主要手段。装饰需要扎实的基本功、熟练精湛的技术，同时也涉及美术基础、审美意识和艺术的想象力，装饰手法多样，变化灵活，可繁可简。中西糕点装饰用料和方法差别较大，但目的相同。

一、装饰的目的

（一）使产品更加美观

糕点焙烤出炉冷却后进行适当的装饰，使其外表有诱人的色泽和图案，以吸引消费者的食欲和购买欲，增加销量。

（二）提高糕点风味，增加糕点营养

糕点装饰所用的装饰料（如奶油、巧克力、果冻、水果、子仁等）一般都具有独特的风味和营养成分，通过装饰赋予糕点这些装饰料的风味，增加营养成分。由于装饰料的风味不同，装饰后可变化出很多花样和口味。

（三）延长糕点的保鲜期

由于装饰料大多为奶油、糖冻、巧克力、涂料等，有的本身含有大量的油脂，能够防止内部水分蒸发散失，具有延缓产品老化的作用，所以糕点经装饰后可达到延长保鲜期的效果。

二、装饰设计

装饰设计包括装饰类型与方法的确定、图案与色彩的构思以及装饰材料的选择。

（一）装饰类型和方法的确定

应根据糕点本身的品种和特点选择合适的装饰类型和方法。如广式月饼要求表面金黄有光，可采用涂蛋液的方法装饰。

（二）图案与色彩的构思

装饰图案有对称与非对称、规则与非规则之分。图案要求简洁、流畅，不过于繁杂，即使是非对称图案也要注意布局的合理、得体和错落有致，切忌杂乱无章。色彩运用上力求协调、明快、雅致、深浅相宜，避免过分鲜艳甚至俗气，同时图、花、字的色彩也要相互协调。应尽量利用装饰料本身的色泽，如新鲜奶膏的白色、奶油膏的黄色、烤果仁的黄褐色、巧克力的棕色以及水果的天然色泽等。调配色彩时颜色不在于多，而在于搭配。搭配方式可以采用近似或反差的原则，以产生悦目和诱人的视觉效果。例如白色奶膏上点缀红色的草莓或深棕色的巧克力，可形成鲜明的色调反差，而黄色奶膏如配以和它颜色相近的橙色橘瓣或褐黄色果仁，则能给人以色调柔和、舒适的感觉。

（三）装饰材料的选择

不同种类的糕点须选用不同的装饰材料，一般质地硬的糕点选用硬性的装饰材料，质地柔软的糕点选用软性的装饰材料。例如重奶油蛋糕可用脱水或蜜饯水果、果仁、糖冻等装饰，轻奶油蛋糕可用奶油膏装饰，海绵蛋糕和天使蛋糕可用奶油膏、稀奶油、果冻装饰。

三、装饰类型

（一）简易装饰

简易装饰就是仅用一两种装饰材料进行的一次性装饰，操作简便、快速。如涂蛋装饰，在糕点表面上撒糖粉，摆放几粒果干或果仁，以及在糕点表面镶附一层巧克力等。仅使用馅料的夹心装饰也属于简易装饰。

（二）图案装饰

图案装饰是比较常用的装饰类型，一般需要使用两种以上的装饰材料，并通常具有两次以上的装饰工序，操作比较复杂，带有较强的技术性。如在制品表面抹上奶膏、糖霜等或裹上方登①后再进行裱花、描绘、拼摆、挤撒或黏边等。大多数西点的装饰都属于这类。

（三）造型装饰

造型装饰属于糕点的高级装饰，技术性要求更高。装饰时，将制品做成多层体、房屋、船、马车等立体模型，再进一步装饰；或事先用糖制品等做成平面或立体的小模型，再摆放在经初步装饰的糕点上（如蛋糕）。这类装饰主要用于高档的节日喜庆蛋糕和展品上。

四、装饰方法

装饰糕点的方法有很多，常用的方法主要有以下几种。

（一）色泽装饰

糕点的色泽是重要的感官指标，能够直接影响消费者的食欲。调配色泽时，应根据糕点本身的特点和消费习惯，最理想的是使用天然着色剂，如果天然着色剂效果不理想，可以补充人工合成着色剂。例如，在奶油膏中加入绿茶末可制得绿奶油膏等。另外，注意一般不使用着色剂调配轻微焙烤色等。

（二）裱花装饰

裱花装饰是西点常用的装饰方法，大多用于西式蛋糕，如常见的生日蛋糕、圣诞节大蛋糕、婚礼蛋糕等。主要方法是挤注，原料主要为膏类装饰料（如奶油膏），其次也可用熔化为半固体的糖霜类装饰料和巧克力。通过特制的裱花头和熟练的技巧，裱制出各种花卉、树木、山水、动物、果品等，并配以图案、文字。要求构图美观、布局合理、形象生动、色彩协调。

裱花装饰操作难度大，技术要求高，操作者还要有一定的美术和书法基础。操作时，将装饰料装入挤注袋中，挤注袋可用尼龙布缝制或可用防油纸折成，尖端出口处事先放入裱花嘴或将纸袋尖端剪成一定形状。由于裱花嘴的形状以及手挤的力度、速度和式样（手法）不同，挤出的装饰料可以形成不同的花纹和图形（图5－18）。成形的基本种类主要有：类似用笔书写字体和绘图，挤撒成无规则的细线；挤成圆点和线条（直线、曲线和各种花式线）；裱成各种花形（玫瑰花等）。

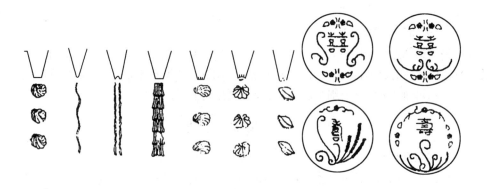

图5－18　蛋糕上的裱花示意图和部分裱花图案

---

① 方登（Fondant）是以蔗糖和淀粉糖浆为原料，采用方登搅打机制造的微结晶糖膏。

裱花装饰是技术性较强的工作，只有多看多练，由简到繁，反复实践，才能熟能生巧，达到得心应手的境界。在实际操作中应注意以下几点。

（1）制作或选择合适的裱花工具 裱花工具包括挤注袋和裱花嘴。裱花嘴成套出售，挤注袋一般需要自制。挤注袋多用一张长方形或三角形的防油纸卷成圆锥形，近似漏斗，将尖端压扁，用剪刀剪成需要的形状，最后将裱花嘴装入纸袋孔中，即制成挤注袋。如果单纯拉线条或挤字，则不需要裱花嘴。常用的裱花嘴有平口和齿口两种。平口用于挤注圆点和光滑的线条。齿口用途广泛，可用来挤齿形线条、圆坨花和玫瑰花。还有扁口裱花嘴，可用来裱月季花和叶片。装入装饰料后，上端捏拢，使装饰料不向后溢，即可开始裱制。

（2）掌握好嘴子的角度和高低 嘴子高低、倾斜角度关系到挤出花形的肥、瘦、圆和扁。尤其是拉大蛋糕的边，倾斜度小，挤出的花边显得瘦小；倾斜度大，挤出的花边易脱落。所以，裱花时要掌握好嘴子的角度和高低。

（3）控制好挤注速度和轻重 挤注的快慢轻重关系到挤出的花纹和图案是否生动美观，要求快慢适宜，轻重得当，若平均用力则显得呆板。

（4）调色要自然、协调、鲜艳、深浅相宜 色彩以淡雅为好，避免调配得大红、大绿，色泽不协调。图、花、文字的色泽也要相互协调。

（5）裱花图案布局合理、饱满匀称 裱花图案是一种艺术品，图的整体是由不同的部分组成，不能将各种图案杂乱无章地堆砌在画面上，要分清主次，疏密合理。设计裱花图案还要考虑风格与内容的配合、消费者的心理要求和习惯等。

（6）文字使用正确，要求艺术和立体感 在裱花图案中，常需要写上文字，无论中文和外文，文字使用要恰当，排列要合理。为了增加字的立体感，可先用淡色膏写，再用稍浓一些的油膏写。

（三）夹心装饰

夹心装饰是在糕点的中间或几层糕点之间夹入装饰材料进行装饰的方法。夹心装饰不仅美化了糕点，而且改善了糕点的风味和营养，增加了糕点的花色品种。糕点中有不少品种需要夹心装饰，如蛋糕、奶油空心饼等。将蛋糕切成片状，每片之间夹入蛋白膏、奶油膏、果浆等，可制成许多层次分明的花色蛋糕。奶油空心饼和泡芙也是一种夹心装饰，将烤好冷却后的奶油空心饼和泡芙装入奶油布丁馅和巧克力布丁馅即成。另外，夹心装饰也用于面包、饼干中。

（四）表面装饰

表面装饰就是对糕点表面进行装饰的方法，在糕点装饰中被普遍采用（图5-19）。表面装饰又可分为许多种，常见的有以下几种。

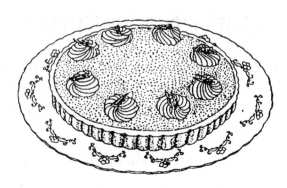

图5-19 平面裱花蛋糕示意图

1. 涂抹法

涂抹法是将带有颜色的膏、泥、酱等装饰材料均匀地涂抹于制品的四周和表面进行装饰的方法，例如西点中常将熔化的巧克力或糖霜类装饰料倾倒在制品表面，然后迅速将其抹开或抹平。中式糕点中常将蛋液、油、糖浆、果酱等装饰材料刷在糕点表面，使之产生诱人的色泽。

2. 包裹法

包裹法就是将杏仁糖皮或普通糖皮等包在糕点的外表，彩色蛋糕经常用这种方法。

3. 拼摆法

拼摆法就是将各种水果、蜜饯、果仁、巧克力制品等直接拼摆在糕点表面构成图案或在裱好的花上加以点缀的装饰方法，如水果塔的装饰等。

4. 模型法

模型法是先用糖制品或巧克力等制作成花、动物、人物等模型，再摆放到糕点上。

5. 黏附法（蘸附法）

黏附法就是先在制品表面抹一层黏性装饰料或馅料（如糖浆、果酱、奶油膏、冻胶等），然后再接触干性的装饰料（如各种果仁、籽仁、糖粉、巧克力碎粒、椰丝等），使其黏附在制品表面，装饰料黏附牢固，不易脱落。

6. 穿衣法

穿衣法就是将糕点部分或全部浸入熔化的巧克力或方登中，片刻取出，糕点外表便附上一层光滑的装饰料。

7. 盖印法

盖印法是用各种印章蘸上色素直接盖在糕点的表面进行装饰，如中式糕点中的月饼等。

8. 撒粉法

撒粉法是一种在糕点表面撒上砂糖、食盐、糖粉、碎糕点屑、籽仁等来装饰糕点表面的方法。如撒糖粉，先将砂糖磨成细粉，然后将各种形状的小物品放在糕点表面，撒上糖粉，再撒下这些小物品，则用糖粉装饰的表面图案就出来了，也可以将糖粉直接撒在糕点表面上。

（五）模具装饰

模具装饰就是用模具本身带有的各种花纹和文字来装饰糕点，是一种成型装饰方法。如中式糕点的月饼、龙凤喜饼等。

第九节 馅料和装饰料制作技术

糕点中有相当一部分制作时需要使用馅料和装饰料。馅料和装饰料属于半成品，一般先单独加工，然后再与其他原材料或生坯配合使用。丰富多样的馅料和装饰料是糕点品种变化的主要手段，具有一定的通用性，即大多可用于不同种类的糕点。馅料和装饰料制作的好坏对糕点的质量和风味影响极大。

一、馅料的制作

中式糕点有相当一部分是包馅制品，如酥皮包馅、浆皮包馅等，一般馅的质量占糕点总质量的40%～50%，有的甚至更高。馅料能反映各式糕点的特点和风味。同样的馅料，由于在配方和加工方法上的差异，会使制品口味具有不同的特点。

馅料的种类很多，有荤素之分，也有甜、咸、椒盐之分，通常按馅料的制作方法可分为炒制馅和擦制馅。炒制馅是将糖或饴糖在锅内加油或水熬开，再加入其他原料炒制而成的，炒制的目的是使糖、油熔化，与其他辅料凝成一体。常见的有豆沙馅、豆蓉馅、枣泥馅、山楂馅、咸味馅等。擦制馅（又称拌制馅）是在糖或饴糖中加入其他原料搅拌擦制而成的，依靠糕点成熟时受到的温度熔化凝结，但馅料中的面粉或米粉必须预先进行熟制加工。常见的品种有果仁馅（百果馅）、火腿馅、椰蓉馅、冬蓉馅、白糖芝麻馅、黑麻椒盐馅等。

制作馅料的原料有小麦粉、糕粉、油脂、糖、果料等，这些原料应符合质量要求，味道纯正，不影响馅料质量。使用前，大多需要一定的预加工或预处理。如擦制馅所用的小麦粉或米粉要求预先熟制，如果采用生粉，制出的馅易发黏、糊口。炒制馅一般不需预先熟制加工。糖是大多数馅料的重要原料，炒制馅可直接使用白砂糖或黄砂糖。擦制馅最好使用绵白糖，如用砂糖应先将其粉碎成糖粉，以免在馅中分布不匀。馅料中有时也加入适量饴糖，以使馅料细腻、湿润，不干燥，口感好。制作不同馅料时要选用合适的油脂，咸味馅料最好选用猪油，甜味馅料最好选用芝麻油或花生油。使用豆油或其他植物油时，最好先热熬一下，使不良气味挥发掉，冷却后再用。另外，使用芝麻等籽仁时应烤熟，使其发挥出籽仁特有的香味。

西点中有不少品种也经常使用各种馅料，通常以夹心方式使用，如派、塔、一些点心面包、奶油空心饼等。西点的馅料与中点的馅料有很大区别，常见的西点馅料有果酱与水果馅料、果仁（主要是杏仁）、糖馅料、奶油类馅料、蛋奶糊与冻类馅料等。

由于糕点所用馅料种类繁多，即使同一种馅料，各地也有差别，下面介绍一些常用馅料的加工方法。

（一）豆沙馅 （Sweetend Bean Paste Filling）

豆沙馅是糕点中常用的馅料，用于月饼、蛋糕、面包、绿豆糕、豆沙卷、粽子等品种。

1. 配方

豆沙馅的配方见表5–31。

表5–31　　　　　　　　　　　　豆沙馅配方　　　　　　　　　　单位：kg

馅料品种	原料				
	红小豆	砂糖	饴糖	油脂	其他
京式 1	20	20	2.5	6	桂花1
2	（干粉）14	20	9.5	2.8	桃仁1，糖玫瑰1
广式	25	35		13	碱适量，糖玫瑰1.8
苏式	18	30		5（猪油）	糖桂花1，黄丁0.5，橘皮0.5，糖猪油丁2.5

2. 制作方法

（1）制备豆沙　将红小豆去杂后放入锅中，先旺火后文火煮烂（有的要加入红小豆量0.2%～0.3%的碱），然后过筛去皮，将其浸入清水中，待豆沙沉淀后，轻轻倒去上清液，再过滤去清水，用粗布袋过滤压干即成豆沙，这样制作的豆沙为细豆沙。

（2）炒制豆沙馅

①京式制法：先将水和砂糖加热至沸腾，随后加入饴糖继续熬制，熬制时要不断搅拌糖液以保证其熔化均匀，待糖液能拉丝时，加入豆沙炒制成一定稠度后，再加入油脂拌匀，最后加入桂花等拌匀即可。

豆沙粉馅的炒制方法与上述相似，只不过加工时使用豆沙粉。豆沙粉是将煮熟的红小豆（豆粒裂开即可）捞出晾干，干磨成粉。

②广式制法：将湿豆沙、砂糖、部分油（约为总油量的1/5）放入锅中，用猛火煮沸，边煮边搅拌，至一定稠度后，改用文火，然后将剩下的油分多次逐步加入，炒至一定黏稠度后，有可塑性，加入其他辅料（糖玫瑰等）拌匀即可。

③高桥式制法：在烧热的锅中放入一小部分油，加入豆沙，用文火加热，边炒边逐次加入剩余的油、糖，使其混为一体，炒至一定稠度后加入其他辅料拌匀即可。

炒制好的豆沙馅色泽紫黑透亮，软硬适度，无焦块杂质，口感软润，细腻香甜，无焦苦味。

（二）豆蓉馅 （Fine Bean Mash Filling）

豆蓉馅是广式、潮式糕点中的传统馅料，多用于月饼。

1. 配方

豆蓉馅的配方见表5-32。

表5-32　　　　　　　　　　　　　豆蓉馅配方　　　　　　　　　　单位：kg

馅料品种	原料								
	绿豆粉	砂糖	饴糖	花生油	猪油	瓜条	瓜仁	盐	其他
京式	16	18	3.5	5		5	0.75		糖桂花1
广式	10	20		2.5	2.5			0.3	水10、葱1
潮式	16.5	绵白糖14	1		6				糖橘饼末1

2. 制作方法

（1）制粉

①广式：广式豆蓉馅是用绿豆粉制作的。绿豆经淘洗后放在锅中煮成半熟，捞出冲洗去黏质后晒干或烘干，先粗磨去皮，再细磨成粉。

②潮式：将绿豆洗净吹干，粗磨破皮，放入冷水中浸泡12h左右，加以揉擦，用竹筛滤去豆皮，放在蒸笼中蒸熟，压烂即成。

（2）炒蓉　先将花生油放入锅中烧热，加入葱煎熬，葱味浓郁，待葱变成黄色时，捞去葱渣，加入猪油熔化，再加入清水、砂糖、盐和其他材料，同时不断搅拌至所有材料熔化。最后加入绿豆粉，不断搅拌，以防黏底，直至煮熟成厚糊，冷却后即成。

（三）莲蓉馅 （Fine Lotus Seed Mash Filling）

莲蓉馅是广式糕点常用的馅料之一，主要用于月饼，也可用于其他糕点。莲蓉带有莲子的清香，深受消费者的喜爱。莲子在长江流域和华南各地普遍栽培，质量以湖南产的莲子最佳，称"湘莲"，广式月饼的莲蓉馅就是以湘莲为原料制备的。

1. 配方

莲蓉馅的配方见表5－33。

表5－33　　　　　　　　　　　　　莲蓉馅配方　　　　　　　　　　　单位：kg

馅料品种	原料				
	莲子	砂糖	花生油	猪油	碱
红莲蓉馅	25	37.5	7.5	6.5	0.4
白莲蓉馅	15	22.5	4.5	3	0.25

2. 制作方法

（1）莲子（脱衣）去皮、去芯　生产莲蓉的莲子一般采用的是带衣通芯莲。莲子的脱衣一般采用碱煮脱衣的方法，即先将水和碱煮沸后，放入莲子煮5min左右，也可先将碱用水溶化，将莲子拌湿，放入容器中，倒入热开水将莲子浸没，盖好焖一会，待莲子皮能用手捏脱即可将其取出。迅速用清水冲洗多次，以消除碱味。然后用竹刷刷去莲子皮，再用清水冲洗干净。如果所用莲子带芯，稍沥干后，再用竹扦逐个捅去莲芯。

（2）煮烂、粉碎　将脱衣、去芯的莲子加清水再煮沸约30min，以慢火煮至能用手捏搓烂为止，然后用胶体磨磨烂。此工艺是莲蓉好坏的关键控制点之一，莲蓉的绵滑与此工艺有很大的关系。

（3）炒蓉　先将一部分花生油和砂糖放入锅中加热至金黄色，然后加入莲蓉及剩余的糖和花生油（约总量的1/3），用猛火煮沸，边煮边搅拌至浓稠，改用文火炒，再将剩余的油分次加入，烧至莲蓉稠厚，手捏成团即可。红莲蓉以不泻、甘香幼滑、色泽金红油润为好，白莲蓉要求白里带浅象牙色，入口香甜软滑。

（4）冷却　莲蓉出锅后，要及时冷却、冷透，所以，需冷却的莲蓉要分成小量以加速冷却。冷却时要防止莲蓉表面变硬，一般采用覆盖表面的方法，如采用油脂覆盖的方法。

（5）莲蓉的质量标准　表5－34所示为内控标准示例。

表5－34　　　　　　　　　莲蓉的质量标准　（内控标准）　　　　　　单位:%

水分含量	总糖含量	脂肪含量	卫生指标
18～25	40～50	≥11	符合国家标准

注：莲子去皮、去芯后，不要用冷水浸泡，否则会使莲蓉变韧，莲蓉起粒。

（四）枣泥馅　（Jujube Paste Filling）

枣泥馅多用作月饼馅，各地制法基本相同，但配方不同，所以风味也不一样。京式、苏式枣泥馅用糖量大，重视配合果料和香料，广式枣泥馅用糖量少，突出枣的天然风味，往往加绿豆粉增加黏度。

1. 配方

枣泥馅的配方见表5－35。

表 5-35 枣泥馅配方 单位：kg

馅料品种	原料					
	黑枣	红枣	白糖	饴糖	油	其他
京式		18.5	17.5	9	3	糖玫瑰1，桃仁1
广式	37.4		16.5		13	糕粉，绿豆粉各1.5
苏式	25		25		3.2（熟猪油）	糖猪油丁3，松仁2，瓜子仁1，糖桂花，橘皮，黄丁各0.5

2. 制作方法

（1）枣泥　枣经挑选，洗清浸泡（也有在此去核），然后蒸熟或煮熟，再用金属丝筛擦去枣皮和剥枣机去核，取出枣泥，捣拌成酱枣泥。

（2）炒馅

①京式：将饴糖和枣泥同时放入锅中用温水炒制，不断翻动搅拌，蒸出部分水后，再放入白糖一起炒制。待糖化开，馅软硬适宜，再加油炒匀，最后加入糖玫瑰、桃仁稍加搅拌直至均匀。

②广式：将枣泥放入锅中，与油、糖、绿豆粉混合后，用文火加热熬制，最后放入糕粉炒拌均匀即可。

（五）山楂馅 （Haw Filling）

山楂馅是富有北方特色的馅料，大多先制成山楂冻或山楂糕（又称金糕）。北京、天津、河南、河北、东北等地制作较普遍。

1. 配方

（1）山楂泥（京式，kg）　山楂10，砂糖10，水（25+2.54）。

（2）山楂馅（京式，kg）　山楂泥7，面粉28，饴糖18，油5，砂糖37，桂花1，核桃仁2。

2. 制作方法

（1）取酱　选择无霉烂、无虫蛀的山楂，用清水洗净，按1份山楂加2.5份水的比例，将山楂倒入开水锅中旺火煮烂，过筛或用搓馅机去掉核和皮，制成酱状。

（2）熬糖浆　将砂糖、水放入锅中，用文火熬成糖浆（温度约135℃，能拉出丝）。

（3）制馅　将山楂酱倒入熬好的糖浆锅中，迅速搅拌，稍稍加热，待山楂糖浆起泡，倒入盘中冷却，冻结后，即为山楂冻，切块可单独作为商品出售，称山楂糕。用作月饼馅可切成小片，再配以其他辅料。如京八件用山楂馅为山楂冻4kg、核桃仁7kg、花生油5kg、绵白糖17kg、饴糖8.5kg、熟粉8.25kg、桂花少许，将各种原料拌制而成。也可先将饴糖放入锅中加热至沸腾后，再加入山楂泥混合均匀，待其蒸发部分水分后，加入砂糖，熔化后再加入面粉拌匀，加入油脂，最后加入桂花和核桃仁，稍加搅拌即可。

3. 注意事项

（1）煮山楂一定要用开水，目的是为了破坏山楂中的果胶酶，使山楂中的果胶在加工过程中不易分解。

（2）不要将山楂酱和糖一起熬制，有两方面的原因：一是山楂和糖一起熬制，时间长，温度高，会导致果胶分解；二是山楂酸度高，长时间加热会生成大量还原糖。

（六）咸味馅（Salt Flavor Filling）

咸味馅花色品种较多，可按各地口味需要配制。加工方法有两种：一是生加工法，即采用混合搅拌的方法，如猪肉馅、三鲜馅等；二是熟加工法，要起油锅炒制，如咖喱肉馅、牛肉馅等。

1. 配方

咸味馅的配方见表5-36。

表5-36　　　　　　　　　　　　　咸味馅配方　　　　　　　　　　　单位：kg

品种	原料			
	猪肉馅	三鲜馅	咖喱肉馅	牛肉馅
猪肉	3	1	2.3	
牛肉				2
火腿		1.3		
虾仁		2.5		
马铃薯			1	1
香葱	少许		0.05	
食盐			0.04	
白糖	0.04	0.05	0.08	0.25
酱油	0.01	0.01	0.01	0.55
香油	0.01		0.1	0.4
花生油			0.1	
味精	0.03	0.04		
咖喱粉			0.01	
黄酒	少许			
淀粉		0.01	0.01	
调味料*				30g

* 食盐65.2%、胡椒粉32.8%、豆蔻和肉豆蔻粉1%。

2. 制作方法

（1）生加工馅　将所用的肉馅制成肉糜，再加各种调味料拌和均匀而成。

（2）熟加工馅　以咖喱肉馅为例，先将各种原料洗净，马铃薯去皮切丁，葱切成细末，猪肉洗后切成小粒。将马铃薯在油锅中煸熟，盛起备用。再将一半香油、一半葱末、淀粉、食盐与肉粒一起拌和（称打芡）。将剩余的香油倒入锅中烧热加入咖喱粉爆炒，再投入肉粒急炒至发白，放入少量水焖约2min，加入马铃薯一起煸炒，最后加调味料和淀粉炒匀即可。

（七）果仁馅（Kernet Filling）

果仁馅是由多种果仁、蜜饯组成，也称百果馅。由于产地不同，口味要求各异，用料也各有侧重。广式用杏仁、橄榄仁；苏式用松子仁；闽式加桂圆肉；京式用山楂；川式加蜜樱桃；湘赣式用茶油；东北地区用榛子仁等。

1. 配方

果仁馅的配方见表 5-37。

表 5-37 　　　　　　　　　　　　　果仁馅配方 　　　　　　　　　　　　单位：kg

原料	品种				
	京式	广式	苏式	潮式	闽式
熟面粉			8.8	1.5	
糕粉				4.2	
炒米粉					26
白糖	绵白糖 14.4	19	绵白糖 14.4	14.5	4.8
猪油				5.6	
花生油		3			
香油	9				
糖猪油丁			10		
糖肥膘丁		15			20
核桃仁	3	4	4.5	4	2.5
杏仁		3		4	
松子仁			2.3		
瓜子仁	0.5	1	2.8		1
炸花生仁	2				
熟芝麻	2	5		4	3
去皮红枣	2				2.5
桂圆肉					1.5
糖橘皮末		1	2		
糖金橘末		3		1	
糖冬瓜丁		5		14.5	
青梅丁			4	1	
橄榄仁		2			

2. 制作方法

（1）原料处理　花生仁、核桃仁要剔除其中的杂质和霉粒、虫粒，然后切成小粒，杏仁、橄榄仁要浸泡去皮，糖冬瓜、青梅、红枣肉、桂圆肉等需切丁，橘皮、橘饼等要切末。

（2）拌馅　将果料、蜜饯、肥膘丁等拌和，再加入油、糖以及适量水继续拌和，最后加入熟面粉或糕粉拌得软硬适度，即成百果馅。

3. 注意事项

（1）馅料中加水仅为适当降低硬度，以便于包制，但水分不宜过大，否则焙烤时易产生蒸汽，使饼皮破裂跑糖。

（2）橄榄仁要在拌料最后加入，因橄榄仁粒扁而长，质地脆嫩，早加入容易拌碎成屑。

（八） 白糖馅 （Sugar Filling）

白糖馅是各地普遍制作的馅料，以此为基础添加各种辅料如玫瑰、青梅、葡萄干等，可以制成玫瑰馅、青梅馅、葡萄馅等多种炒馅。

1. 配方

面粉 28kg、砂糖 40kg、饴糖 14kg、花生油 8kg、桂花 2kg、蜂蜜 6kg、水适量。

2. 制作方法

将水和饴糖加热煮沸，随后加入砂糖继续熬制，并不断搅拌，待糖液熬制能拉出丝时，加入油搅拌，再分次逐渐加入面粉，最后加入桂花和蜂蜜，搅拌均匀即可。

（九） 火腿馅 （Ham Filling）

火腿馅是广式、苏式和宁式糕点的著名馅料，是糕点馅料中的著名品种，各地配方有以果仁为主，辅以火腿（广式），也有以火腿为主，辅以果仁（苏、宁式）。

1. 配方

火腿馅的配方见表 5 – 38。

表 5 – 38　　　　　　　　　　　　　　火腿馅配方　　　　　　　　　　　　单位：kg

原料	馅料品种		
	广式	苏式	宁式
糕粉	6		
熟面粉	3.5	10.3	12.5
猪油		7	0.3
香油			6.5
花生油	1.5		
砂糖	21	绵白糖 19.6	绵白 22
芝麻	4.5		
核桃仁	6.5	3.3	2
松子仁		3.7	
瓜子仁	0.6	2.3	1.3
橄榄仁	0.8		
杏仁	0.8		
糖冬瓜	8		
橘饼	1		

续表

原料	馅料品种		
	广式	苏式	宁式
饯橘	2		
金橘饼			1.6
玫瑰花	1		
火腿	3	12	15
青梅干			1.3
曲酒		0.5	
味精	0.5	0.1	
葱、姜	适量	适量	肥膘7

2. 制作方法

（1）原料处理　先将火腿去皮、骨，然后熟制。广式用蒸熟，稍硬；苏、宁式习惯煮熟，火腿质地较软。经切丁或切片以后，苏式用曲酒拌和，宁式用香油拌和。葱姜经油炸处理后再使用。核桃仁、青梅切成小粒，金橘饼切成碎屑。

（2）拌馅　将果料、蜜饯、肥膘、火腿拌匀后加入油、糖和适量水拌和，最后加入熟面粉或糕粉拌匀即可。

（十）椰蓉馅 （Shredded Coconut Stuffing Filling）

椰蓉馅是广式糕点中特有的馅料，色泽淡黄，质软肥润，不韧腻，不干燥，有椰香味，特别是奶油椰蓉馅，香而肥润，有奶香味。

1. 配方

椰蓉馅的配方见表5-39。

表5-39　　　　　　　　　　　　　椰蓉馅配方　　　　　　　　　　　单位：kg

馅料品种	原料								
	椰丝粉	糕粉	油	砂糖	鸡蛋	人造奶油	牛乳	椰子香精/mL	水
椰蓉馅	20	7.5	10	23	13			100	3.5
奶油椰蓉馅	26	6	8	30	15（蛋黄）	5	10	100	

2. 制作方法

先将椰丝轧成粉末，再与白糖、鸡蛋、油脂等拌和均匀，然后加入开水3.5kg（奶油椰蓉馅用牛乳代水）继续拌匀，最后加入糕粉一起搅拌均匀即可。

3. 注意事项

加开水搅拌时应使白糖充分溶解，使糖水渗入椰丝。

（十一）冬蓉馅 （Filling Wax Gourd Filling）

冬蓉馅是以糖冬瓜为主要原料而制成的馅，是广式和潮式糕点的特色馅料，多用于月饼。冬蓉馅可分为广式和潮式，广式冬蓉馅微松而爽口，光亮；潮式软韧，葱香味浓，肥润。

1. 配方

冬蓉馅的配方见表5-40。

表5-40　　　　　　　　　　　　　　冬蓉馅配方　　　　　　　　　　　　　单位：kg

馅料品种	原料								
	糖冬瓜	肥膘	糕粉	熟面	猪油	花生油	绵白糖	熟芝麻	葱
广式	30	6		7.5	3	3	15		
潮式	35	7	5		7		15	5	0.5

2. 制作方法

（1）广式　将肥膘切丁糖渍，糖冬瓜磨成粉屑（如碎米粒大），然后将所有原料混合均匀即可。

（2）潮式　将肥膘煮熟后切成薄片，用绵白糖拌和，糖冬瓜切成小粒，葱切成末，然后将所有原料混合均匀即可。

（十二）白糖芝麻馅 （Sugar Filling）

白糖芝麻馅是以白糖和芝麻为主，按各地习惯配以猪板油丁、桂花、盐等经擦制而成，各地制作都较普遍。

1. 配方

白糖芝麻馅的配方见表5-41。

表5-41　　　　　　　　　　　　　白糖芝麻馅配方　　　　　　　　　　　　单位：kg

馅料品种	原料			
	芝麻	绵白糖	熟粉	猪油
白糖芝麻馅	5	12.5	5	2.5

2. 制作方法

芝麻炒熟（白芝麻应去皮），用石臼舂成屑，与绵白糖、熟粉、猪油擦匀即可。

（十三）椒盐馅 （Spiled Salt Filling）

椒盐馅是苏式糕点典型的馅料，多用于苏式月饼，油润不腻，香味浓郁，甜咸适口。

1. 配方

椒盐馅的配方见表5-42。

2. 制作方法

先将除油以外的原料混合均匀，再加入油中搅拌均匀即可，硬度应与皮的硬度相同。

表 5-42　　　　　　　　　　　　椒盐馅配方　　　　　　　　　　　　单位：kg

馅料品种	原料											
	熟面粉	白糖	黑芝麻屑	香油	猪油	橘饼	核桃仁	瓜仁	松子仁	桂花	精盐	黄丁
香油黑芝麻椒盐	7	绵白糖48	20	26		2	10	10	5	4	1	2
猪油黑芝麻椒盐	7.6	糖粉6.1	6.1		6.0	2.2	2.2	2.2			0.3	

注：花椒盐中花椒与盐的比例为1:10，花椒碾碎与盐一起炒香而成。

（十四）果酱与水果馅料

1. 果酱（Jam）

果酱是西点中最普通、最常用的馅料，在西点制作中可起黏结作用。

（1）配方　果酱几乎可用各种水果与大约等量的糖制成。富含果胶的水果有苹果、葡萄、醋栗等，加糖量为水果量的125%；果胶为中等含量的水果有杏、李、桃、青梅等，加糖量为水果量的75%。也可适量添加少许琼脂，以助果酱凝结。如果水果酸味不足，在熬煮时可添加适量柠檬汁或果酸。

（2）制作方法　将成熟的水果洗净，较大的水果需切成小块，硬质水果需先加适量水预煮至软。将处理好的水果和糖放入锅中，置小火上加热，同时不断搅拌，一旦糖全部熔化，应迅速升温直至果酱的凝结点为止。

2. 水果馅料（Fruit Filling）

水果馅料是指水果经煮煮而制成的水果泥，最常用的水果是苹果，其次是桃、李、草莓、樱桃等，可以用作水果派馅等。

（1）配方（kg）　水果100，砂糖20。

（2）制作方法　水果去皮、去核后切成片，放入锅中，加糖搅拌均匀，加热煮沸，待水果片煮熟后将其捞出，再将溶液继续熬浓，然后将捞出的水果片再次放入锅中，搅拌均匀即可。也可将切好的水果先放在少许油（奶油）中煎炒片刻，再加入少许水焖软。如馅料、汁太多，可用淀粉增稠。

（十五）果仁糖馅料

果仁糖馅料是一类以果仁和糖为主要原料制成的馅料，呈糊状。果仁馅料中最常用的果仁是杏仁。

1. 蛋白杏仁糊（Macaroom Paste）

蛋白杏仁糊是一种较简单的杏仁糖糊，可作为杏仁蛋糕的原料和塔的馅料，也可直接用来制作饼干。

制作方法：将杏仁粉与糖按1:2的比例混合均匀，再加蛋清或全蛋搅拌成糊状即可。

2. 椰蓉富吉馅（Coconut Frangipane）

（1）配方（kg）　砂糖1，人造奶油1，鸡蛋1，椰蓉0.5，面粉0.5。

（2）制作方法　先将糖和油脂一起搅打成膏状，鸡蛋分次逐渐加入，并搅打均匀。再将面粉与椰蓉充分混合后，依次加入上述混合物，混匀即可。

（十六）蛋奶糊与冻类馅料

这类馅料通常含有蛋、乳的糊状或冻状凝胶体。

1. 蛋奶冻馅料（Custard）

这是一种传统的西点凝乳馅料，市场上已有粉状半成品出售，用时只需加水调和。

（1）配方　牛乳 1kg，淀粉 0.1kg，砂糖 0.2kg，奶油 0.1kg，明胶粉 0.015kg。

（2）制作方法　先将淀粉和明胶混合在一起，再用少量冷牛乳调成糊，将糖加入剩余的牛乳中，置于火上加热至沸腾，然后倾入调好的糊中，同时不断搅拌。重新加热，一边加热一边搅拌，直到沸腾，可停止加热，加入奶油并搅拌均匀即可。

2. 柠檬冻馅料（Lemon Curd）

（1）配方　水 1kg、砂糖 0.5kg、鸡蛋 0.2kg、奶油 0.06kg、淀粉 0.16kg、4 个柠檬的皮和汁。

（2）制作方法

①先用少量水将淀粉调成淀粉糊。

②将糖放入剩余的水中，加热至沸腾。

③将淀粉糊冲入煮沸的糖水中，同时不断搅拌。

④将蛋液、柠檬皮（切碎）和柠檬汁先混匀，再加入热糊中搅匀。

⑤加入奶油，搅拌均匀即可。

二、装饰料的制作

装饰料是指专门加工而成的糖浆、油膏、糖膏等，大多用于糕点外表装饰或夹馅，可使制品更加美观并改进风味，主要有糖浆类、糖霜类、膏类、果冻和果酱等。

（一）糖浆 （Syrup）

糖浆是将糖和水按一定比例混合，经加热熬制成的黏稠糖液。糖液在加热沸腾时，蔗糖分子会水解为 1 分子果糖和 1 分子葡萄糖，所以熬制得到的糖浆是转化糖浆。在中式糕点中，糖浆主要用来调制浆皮面团和糕点挂浆。西点中可用来制作一些装饰材料如方登、蛋白膏、法式奶油膏等，也可作为一些西点的原料。

1. 糖的转化与结晶

糖易溶于水而形成糖溶液。常温下，1 份水可溶解 2 份糖形成饱和溶液。在加热条件下，糖液中的糖量甚至可达到水量的 3 倍以上，形成过饱和溶液。当它受到搅动或经放置后，糖会发生结晶从溶液中析出，俗称返砂，因为蔗糖的结晶颗粒较粗，所以有时需要抑制这种结晶返砂作用。

制取糖浆的过程称为熬糖或熬浆。熬浆所用的糖是白砂糖或绵白糖，其主要成分是蔗糖。熬浆时，随着温度的升高，在水分子作用下，蔗糖发生水解生成葡萄糖和果糖。两种产物合称转化糖，熬制出的糖浆为转化糖浆，这种变化过程称为转化作用。糖的转化程度对糖的结晶返砂有重要影响。因为转化糖不易结晶，所以转化程度越高，能结晶的蔗糖越少，糖的结晶作用也就越低。酸可以催化糖的转化反应，葡萄糖的晶粒细小，两者均能抑制糖的结晶返砂，或者得到细小结晶，使制品细腻光滑。

2. 熬制过程中糖浆的变化和特征

熬浆过程中水分不断蒸发，糖液浓度逐渐增大，沸点也逐渐升高，最终将得到焦糖。从最初的稀糖浆熬至焦糖为止，可在 11 个或 14 个不同的温度点上取得不同糖度和特点的糖浆。糖浆在熬制过程中，其内部会发生微妙的变化。糖浆浓度和沸点呈一定的对应关系，可以用温度计和糖度计正确测定糖浆的温度和浓度，还可以由糖浆的物理特征来判断糖浆的温度及浓度，从而掌握是否已达到所要求的温度。

100℃，糖度为 20°Bx。如果糖液表面起泡，应将泡沫捞掉。

102℃，糖度为 25°Bx。将糖液滴在食指上，然后用大拇指按一下，再放开手指，此时拉出的糖丝比较短。

103℃，糖度为 30°Bx。两手指间的糖丝较硬，丝也较长。

105℃，糖度为 33°Bx。用手感法测试，拉出的糖丝较之前硬且长。丝断后，落在手指上成一圆珠。

106℃，糖度为 35°Bx。两指间的糖丝能拉得更长。

108℃，糖度为 37°Bx。糖浆中有气泡冒出，且又大又圆。

112℃，糖度为 38°Bx。用手指测定时，应先将食指在水中蘸一下，再滴少量糖浆在手指上，并迅速伸进水中。此时手指尖上还黏有少量糖浆。

115℃，糖度为 39°Bx。滴在手指上的糖浆会很快地变成球状。这种糖浆可用来加工速溶糖。

118 ~ 121℃，糖度为 40 ~ 41°Bx。糖浆表面会冒出更多的气泡。将冷水中浸过的手指蘸点糖浆并迅速伸进水中，糖浆会马上变成较坚硬的块状物。这种糖浆可用于奶油夹心烤蛋白类糕点。

125℃，为正确测定起见，以后停止使用糖度计测定，只用温度计测定。糖浆更浓，用在冷水中浸过的手指取一点观察，发现其在冷却过程中可来回弯曲，并且可以稍微将其拉长。

125 ~ 145℃，糖浆离火后，马上凝固变硬，且黏牙不弯曲，用手折时多少要用点劲。

150 ~ 180℃，糖浆表面会出现美丽的淡黄色色泽，并随温度升高由浅变深，空气中也会弥漫着一股香甜味。此时的糖浆可用于制作糖衣杏仁。

3. 糖浆熬制方法

熬糖浆一般采用铜锅，目前许多工厂采用更为理想的蒸汽熬糖锅，可以避免砂糖结底焦化。熬制时先在锅内倒入糖和水，并以低温加热，轻轻搅拌至完全溶解，然后将火开大，继续加热至糖液沸腾，如需加有机酸、葡萄糖或淀粉糖浆，可在此时加入。一旦糖浆沸腾，停止搅动，如锅边出现糖的结晶，可用少量水将其冲洗进糖液中。沸腾过程中应随时撇去表面浮沫和渣滓，以保持糖浆洁白。迅速将糖浆烧至所需要的温度，当达到温度时立即将糖浆移离火源，浸入冷水中数秒，以防止容器吸收的热量使其温度再度升高，而导致糖浆老化。糖浆熬制好后，必须待其自然冷却，经储存一段时间后再使用，这样可使蔗糖转化得更加彻底。

4. 不同糖浆的制法

（1）亮浆（明浆）　糖浆内添加适量的化学稀，这种浆涂到制品上光亮透明，不黏手，不返砂，不脱落，如蜜供等。

制作方法：糖 100kg，水 30 ~ 40kg，糖水加热至 110℃时（用手拔丝，丝可拉长至 4cm 左右即可）加入化学稀 30kg，再加热到 110℃即可。

（2）砂浆（又称翻浆）　糖浆内不加转化剂，故易返砂，经过翻拌，粘到制品上，很快就返砂，不透明，色泽洁白，不散碎，表层呈现细粒状，如江米条等。

制作方法：糖 100kg，水 30kg，糖水加热至 110℃即可挂浆。

（3）沾浆　这种糖浆挂浆后，表面再蘸上一层糖霜、芝麻、豆面等，如麻球。

制作方法：糖 100kg，水 30～40kg，糖水加热至 108℃后加入化学稀 10kg，再加热至 108℃即可。

（4）稀浆　与亮浆相同，使浆浸透制品，滋润味美，如密麻花、姜汁排叉。

制作方法：糖 100kg，水 50kg，化学稀 100kg，加热温度低一些，为 105～110℃。

（5）浓浆　这种糖浆主要用于将小块半成品黏合在一起。

制作方法：糖 100kg，水 40kg，化学稀 60～80kg，加热温度为 114～116℃。

（6）通用糖浆　可用于调制糖浆面团。

制作方法：糖 100kg，水 40kg，柠檬酸 1.4kg，糖和水加热至 110℃时加入柠檬酸。糖浆制好后储存半个月以后再用。

（7）中性糖浆　糖 100kg，水 33kg，酒石酸 0.12kg，小苏打 0.1kg + 水 0.2kg，将糖、水、酒石酸加热至沸，再用慢火小沸 10min，然后冷却至 82℃，约有 90% 的糖被转化，糖液 pH 接近于 3。将小苏打用水调开，加入到 82℃的糖浆内即成中性糖浆。

5. 挂浆

挂浆是在焙烤好或炸好的制品表面涂上一层均匀的糖衣。挂浆的方法主要有浇浆、拌浆、捞浆和透浆。

（1）浇浆　将熬好的糖浆均匀地浇在制品表面，常用亮浆进行浇浆。这种挂浆方法适用于酥脆易碎的品种，如千层酥、馓子等。

（2）拌浆　将制品倒入熬好的浆内，用铲子拌和，使制品周围黏上一层糖浆。这种方法可使用各种浆，操作时尽量使糖浆的黏稠度保持稳定，温度也保持恒温，同时要求制品比较结实或体积较小，如江米条、麻球等。

（3）捞浆（又称浸浆）　将制品倒入已熬好的糖浆内，同时继续加温，糖浆应浸过制品，待制品吃入适量的糖浆后再捞出，如蜜三刀、云子果等。

（4）透浆　将烤或炸制成的制品放入稀浆内，进行浸泡。根据成品的需要，使半成品不同程度地喝浆，甚至喝透为止。透浆时就可保持稀浆不稠，温度适宜。

（二）糖霜类　（Lcings）

糖霜类装饰料的基本成分是糖和水，可以添加其他成分如蛋清、明胶、油脂、牛乳等，即可制成各种不同的品种。使用时可采用浸蘸、涂抹或挤注等方法对糕点进行装饰。

1. 白马糖（Fondont）

白马糖又称风糖、方登、翻糖，大多用于蛋糕、面包、大干点的浇注（涂衣、挂霜），也可作为小干点的夹心等，用途很广，可作中式糕点和西式糕点的表面装饰。

（1）配方（kg）　细砂糖 100，水 33，葡萄糖浆 20。

（2）制作方法　先将细砂糖和水放入锅中，用慢火煮沸。细砂糖在煮沸前必须溶化，煮沸后改用大火继续加热至 115℃离火（不可搅拌，以免影响转化而再结晶），待糖浆冷却至 65℃时将其倒入搅拌器中，用钩状搅拌头中速搅拌，直到全部再度变为细小结晶为止，松弛 30min。将已松弛完成的结晶糖放在工作台上用手揉搓，至光滑细腻为止，放在塑料袋或有盖的容器中，继续熟成 24h 后使用。

使用时可用水浴温化，温度不可超过 40℃，如果超过 40℃，白马糖会失去光泽而变得暗淡。如果需要降低其硬度，可加入7%~10%的稀糖浆。

熔化时，如加适量可可粉，即为巧克力白马糖。巧克力白马糖的配方（kg）为：细砂糖100、可可粉12、水40、葡萄糖浆20，也可加入少许色素和香精，使白马糖有不同的色泽和风味。

2. 富吉（奇）（Fudge）

富吉（奇）装饰料比白马糖用料丰富，可加入油脂、乳品、可可粉等，比白马糖更细腻光滑，用途也比较广泛，可作蛋糕、油炸面包圈以及一切表面装饰，可代替昂贵的巧克力糖使用。

（1）配方（kg） 细砂糖100，水33，可可粉12，香草香精1，葡萄糖12（或柠檬汁5%或酒石酸氢钾0.5%），奶油12。

（2）制作方法 基本同白马糖，奶油在糖浆温度达115℃离火时加入拌匀，待糖浆冷却至65℃时开始搅拌，过程同白马糖。

3. 糖皮（Paste）

糖皮具有一定的可塑性，既可擀成皮，又可被捏成一定的形状。常用于蛋糕外层的包裹如彩格蛋糕等，可做成花、鸟、动物等模型，用于高档西点的装饰。

（1）配方（kg） 普通糖皮糖粉100，颗粒糖20，葡萄糖20，水60，明胶3，皇家糖霜20。

（2）制作方法

①皇家糖霜：糖粉100kg、蛋清18kg、果酸少许，将2/3的糖与蛋清一起搅打至一定稠度，加入剩余的糖和果酸，继续搅打直至均匀即可。

②普通糖皮：先将明胶浸泡于水中软化，将水、颗粒糖和葡萄糖放进锅中，加热至沸腾即成糖浆。再将软化的明胶放入糖浆中，搅拌至明胶熔化，待糖浆略微晾凉，加入皇家糖霜，搅拌均匀，最后加入糖粉，混合成光滑的糊即可。

（三）奶油膏类 （Butter Cream）

奶油膏是由糖和固体脂混合成的软膏，光滑、细腻，且具有一定的可塑性。奶油膏主要有油脂型（如奶油膏）和非油脂型（如蛋白膏）两类，其结构是泡沫和乳液并存的分散体系，广泛用于西点的裱花装饰，还可用于馅料和黏接用。制作奶油膏有两种最重要的原料，第一是糖粉，要求粒度比较细，因为糖在奶油膏中呈细小的微晶状态；二是油脂，要求有比较好的融合性和可塑性。同时，为了保持比较好的风味，配方中最好使用一半奶油，另一半用可塑性和融合性较好的人造奶油。另外，根据需要可加入可可粉、咖啡、果仁、色素、香精等，对其风味和色泽加以变化和修饰。

1. 基本奶油膏（I）

（1）配方（kg） 糖粉100，乳粉10，奶油10，人造奶油60，盐0.5，香草香精0.5，乳化剂2，牛乳或果汁60~80。

（2）制作方法

①将除牛乳或果汁以外的所有原料放入搅拌机内，使用浆状或钢丝状搅拌头，先慢速搅拌成团，再中速或快速打发。打发结束后，改用慢速，将牛乳或果汁缓慢加入至适当浓度即可。

②人造奶油中如果含有乳化剂，则不必再添加乳化剂，否则奶油膏变得坚硬，导致使用不方便。

③上述配方中如添加牛乳，则为纯奶油膏。

④上述配方中如添加果汁，则为果汁奶油膏。不同种类的果汁添加量有所不同，特别是酸性果汁添加量不可太多，如柠檬汁仅能使用20%，橘子汁仅能使用40%，其不足成分用稀糖浆稀释，不可再用牛乳（稀释糖浆为糖100kg、水50kg，煮至106℃）。

⑤制作巧克力奶油膏时，取奶油质量6%的可可粉溶于10%的热水中，冷却后加入，搅拌均匀即可。

⑥制作咖啡奶油膏时，取奶油质量0.5%的咖啡香精溶于4%的热水中，冷却后加入，搅拌均匀即可。

2. 基本奶油膏（Ⅱ）

（1）配方（kg）　细砂糖60，蛋白30，糖浆40，人造奶油60，奶油40，乳化剂3，香草香精0.5。

（2）制作方法

①将蛋白和细砂糖放入搅拌器内，水浴加热至45℃，加热过程中需不断搅拌，以免蛋白质受热变性。

②将已加热至45℃的蛋白放入搅拌器内，中速搅打至湿性发泡，再缓缓加入糖浆，中速搅打至干性发泡。

③将人造奶油、奶油、乳化剂、香草香精等逐次加入，再以中速或快速搅打至适当稠度。

④可按照基本奶油膏（Ⅰ）中②~⑥制作不同的奶油膏。

3. 法式奶油膏（French Butter Cream）

（1）配方（kg）　奶油100，砂糖100，蛋黄（或全蛋）50，水16.5。

（2）制作方法

①将砂糖和水放入锅中，加热糖浆至116℃。

②将蛋黄或全蛋先搅打均匀，再加入糖浆，同时不断搅拌，冷却至室温。

③分数次加入奶油，不断搅打至呈光滑的膏状。

4. 意大利式奶油膏（Italian Butter Cream）

（1）配方（kg）　细砂糖100，葡萄糖浆20，水33，蛋白33，糖粉30，奶油80，人造奶油120，乳化剂3，香草香精0.5。

（2）制作方法　先将水、细砂糖和葡萄糖浆加热至115℃，同时将蛋白在搅拌器内用钢丝搅拌头中速搅打至湿性发泡。将煮至115℃的热糖浆缓慢加入继续搅拌的蛋白内，继续搅打至湿性发泡。加入糖粉，再搅打至干性发泡。最后将奶油、人造奶油、乳化剂、香草香精等逐次加入，同时以慢速搅拌均匀后，改用中速或快速搅打至适当稠度。

5. 英式蛋黄奶油膏（English Yolk Butter Cream）

（1）配方（kg）　细砂糖100，蛋黄50，乳粉10，水100，香草香精1，人造奶油120，奶油80。

（2）制作方法

①将蛋黄与细砂糖在搅拌器内用钢丝头搅打至松发并呈乳黄色。

②乳粉溶于水中煮沸，倒入慢速搅拌的蛋黄中，待加完后停止搅拌，将混合液煮2min，能黏在搅拌器上即可。

③再将混合液放在冰上或冷藏柜中急速冷却，在冷却过程中需不断搅拌。然后将剩余的奶油、人造奶油分批加入，改用中速或快速搅打至适当稠度。

6. 欧式快速奶油膏

（1）配方（kg）　细砂糖100，蛋白40，奶油100，人造奶油60，香草香精1。

（2）制作方法

①将蛋白和细砂糖拌匀，水浴加热至45℃，加热过程中需不断搅拌。

②待糖全部溶化后，用中速搅打至干性发泡。

③慢速将油脂等分批加入，再以中速或快速搅打至适当稠度。

7. 白马糖奶油膏

（1）配方（kg）　白马糖100，奶油60，人造奶油40，盐0.5，香草香精1。

（2）制作方法　将所有原料全部加入搅拌器内，快速搅打至适当稠度，如太干可酌量添加牛乳。

8. 布丁奶油膏（也可作馅）

（1）配方（kg）　蛋黄20，细砂糖85，玉米淀粉6，水20，乳粉10，水80，奶油100，人造奶油60，乳化剂3。

（2）制作方法　蛋黄与细砂糖25kg搅打后，将玉米淀粉溶于20kg水中，加入搅拌均匀。乳粉溶于水后煮沸，趁热倒入打发后的蛋黄中，拌匀后再煮2min，同时不断搅拌。离火前加细砂糖搅溶，稍冷却，然后将奶油、人造奶油等分批加入，以中速搅打至适当稠度。

（四）鲜奶油膏（Whipping Fresh Cream）

鲜奶油膏是由新鲜奶油制成的膏类装饰料。新鲜奶油是牛乳经脱水等加工所得到的乳脂制品。它与固体奶油相比，含水较多，含脂较少（约35%），硬度较低，带有新鲜牛乳的风味。新鲜奶油膏呈白色，奶香浓郁，口感滑爽，不像奶油膏那么油腻，广泛用于蛋糕夹心和表面装饰，同时也是比较受人欢迎的一种装饰料。

鲜奶油膏的主要原料是鲜奶油和糖，鲜奶油最好选用油脂含量在35%～42%的奶油，糖的用量为10%～15%，选用细砂糖为好，不必使用糖粉。制作鲜奶油膏时，搅拌对其品质影响很大。一般开始搅拌时用慢速，然后再慢慢地增加速度，待搅拌中的鲜奶油开始有凝固现象时，将糖缓慢加入，再继续搅至适当稠度即可，这样制出的鲜奶油膏体积大、品质好。另外，夏天制作鲜奶油膏时如无空调设备应在搅拌机下用冰块冷却，否则成品不硬，影响涂抹工艺。

1. 鲜奶油膏

（1）配方（kg）　鲜奶油100，细砂糖50。

（2）制作方法　将鲜奶油放入搅拌机内搅打，先慢后快一直搅打至棉絮状。然后缓慢加入细砂糖，轻轻搅打，将糖和奶油拌匀即可。

2. 巧克力鲜奶油膏

（1）配方（kg）　巧克力糖100，鲜奶油40。

（2）制作方法　将巧克力糖用刀切成碎块，与鲜奶油一起加热熔化，并不断搅拌。待巧克力糖全部熔化后离火、冷却，然后快速打发至适当稠度。

（五）蛋白膏（Meringue）

蛋白膏主要是由蛋清和糖（或糖浆）一起搅打制成，多用于蛋糕表面装饰，也可作为冷冻馅或某些制品的夹馅（如派），有时与奶油混合制作意大利奶油膏。

1. 影响蛋白膏质量的因素

（1）蛋白　蛋白膏的主要原料为蛋白，应选用黏稠性好、起泡性好的新鲜蛋白。蛋白的温度对蛋白膏的品质和体积影响很大，最理想的温度为 19～22℃，过高或过低都会影响蛋白膏的强度和体积。

（2）容器的清洁　搅打蛋白的容器必须清洁而无油渍存在，如果容器内附有油渍，量少会影响到打发后蛋白的强度和体积，过多则蛋白无法搅打起泡。

（3）蛋白搅打时的速度和加糖的程度　整个搅打过程应一直采用中速，搅拌机的速度过快和过慢都会影响到蛋白的体积和强度。中速搅打蛋白开始湿性发泡时，可加入酸，继续搅打至蛋白呈现绒毛状气泡后，再慢慢加入糖，糖全部加完后湿性发泡接近结束，待开始出现干性发泡时即蛋白膏能挺住时即可结束。制作派用的蛋白膏，则需要打发至干性发泡阶段。

（4）糖　糖最好用糖粉，如果用普通砂糖，不易溶化，在打蛋过程中易沉底，影响泡沫稳定。一般来说，糖越多，蛋白膏越浓稠，也越稳定。

（5）打蛋白时加入柠檬酸等　这可帮助蛋白凝固，提高蛋白膏的白度、韧性和强度，还可使蛋白膏具有爽口的水果味。所以，所用香精宜采用果香型，不宜采用香草香精。

（6）在打蛋白过程中可以加入适量的稳定剂　如加入适量的琼脂、明胶等，来提高蛋白膏的强度。如果不加稳定剂，则装饰后蛋白膏易变形塌陷，这样的蛋白膏可用作夹馅或涂料。配方中糖、稳定剂、蛋白的比例可根据蛋白膏的用途加以改变。糖多的蛋白膏挺不牢，可用作夹馅或涂料，糖少的则多用于装饰。

（7）制作方法　蛋白膏的制作方法主要有三种，分别为冷法、热法和糖浆法。

①冷法：糖不加热，也不熬制成糖浆。

②热法：糖预先经烤炉烘热后再搅打，但不熬成糖浆。

③糖浆法：糖须熬成糖浆，再和蛋清一起搅打。

三种方法制成的蛋白膏，其稳定性从高到低的顺序是：糖浆法、热法和冷法。

2. 琼脂蛋白膏

（1）配方（kg）　蛋白 100，砂糖 200～600，琼脂 4～5，水 60～80，柠檬酸 0.30～0.35，香蕉香精 0.23。

（2）制作方法

①工艺流程

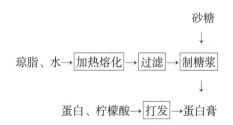

②制琼脂糖浆：将琼脂加水浸泡、加热，待琼脂溶化后，过滤去杂。再加入砂糖继续加温至 107～110℃即成糖浆。

③将蛋白、柠檬酸放入搅拌器中，中速搅打至原来体积的 3 倍时，冲入糖浆。边冲边打，冲完后加入适量香精，继续搅打至蛋白能挺住不塌为止。琼脂蛋白膏制成后要迅速使用，以防止其冷却凝固。

3. 法式蛋白膏

（1）配方（kg）　蛋白 100，细砂糖 100，糖粉 100，香草香精 1。

（2）制作方法　先用中速将蛋白搅打至湿性发泡，加糖后继续以中速搅打至干性发泡，加香草香精拌匀，最后加入糖粉慢速拌匀即可。

这种蛋白膏可用带有大平口花嘴的挤花袋挤成环状进炉烘烤，出炉后放入水果馅，也可作为各种法国小点心及派的表面装饰。

4. 瑞士式蛋白膏

（1）配方（kg）　蛋白100，细砂糖200。

（2）制作方法　蛋白和细砂糖水浴或小火加热至45℃，同时不断搅动，待砂糖全部溶化后移至搅拌器中，以中速或快速搅打至干性发泡即可。

这种蛋白膏可用作指形蛋白小西饼或派的装饰，并可添加奶油做蛋白奶油膏。

5. 意大利式蛋白膏

（1）配方（kg）　细砂糖100，葡萄糖浆33，水33，蛋白66。

（2）制作方法

①将细砂糖、水、葡萄糖浆一起煮沸，然后用刷子蘸清水在锅的四周刷1次或2次，以防止焦煳，继续煮至115℃。

②当糖浆温度至112℃时，开始打蛋白，用中速搅打至干性发泡，然后将煮好的糖浆慢慢加入打发后的蛋白中，待糖浆全部倒完后改用中速或快速，再搅打至干性发泡即可。

6. 水果蛋白膏

（1）配方（kg）　细砂糖100，葡萄糖浆15，水33，果酱80，蛋白40。

（2）制作方法

①将细砂糖、水、葡萄糖浆一起煮沸，并继续煮至115℃。

②将果酱倒入热糖浆中继续煮至112℃。

③蛋白打发至湿性发泡，将热糖浆慢慢加入其中，待全部加完后改以中速或快速搅打至干性发泡。这种蛋白膏也可作为馅用。

7. 果仁蛋白膏

（1）配方（kg）　蛋白57，细砂糖100，碎果仁40，玉米淀粉14。

（2）制作方法

①蛋白用中速打发至湿性发泡，加入40kg细砂糖后继续搅打至干性发泡。

②将碎果仁、60kg细砂糖、玉米淀粉搅拌均匀，加入打发好的蛋白中以慢速拌匀即可。

这种蛋白膏可用挤花袋装直径为1cm的平口花嘴，挤在擦油撒粉的平烤盘上，用165℃的小火烤后做各种法式西点或蛋糕底用。

8. 蛋白糖浆膏（明胶蛋白膏）

（1）配方（kg）　细砂糖100，水33，葡萄糖浆20，蛋白33，明胶2，热水8。

（2）制作方法

①明胶先溶于热水中。

②将细砂糖、水、葡萄糖浆一起加热煮沸，继续煮至115℃。

③糖浆煮至112℃时，将蛋白用中速打至湿性发泡，慢慢倒入115℃的热糖浆，糖浆全部倒完后，再加入明胶溶液，改用中速或快速打至适当稠度。

④在打蛋白的最后阶段，可加入除油质香料外的任何香料，也可用食用色素调成不同颜色。这种蛋白膏可用于蛋糕表面装饰和作夹馅。

9. 糖冻蛋白膏

（1）配方（kg）　细砂糖100，水33，葡萄糖浆20，蛋白33，糖粉50~100。

（2）制作方法

①将细砂糖、水、葡萄糖一起加热煮沸，继续煮至115℃。

②糖浆煮至112℃时，将蛋白用中速打发至湿性发泡后，慢慢倒入115℃的热糖浆，糖浆全部倒完后，再将糖粉慢慢加入，继续搅拌至适当稠度。

这种蛋白膏可用于婚庆蛋糕的表面装饰。

（六）布丁类（Pudding and Custards）

布丁可分为煮布丁、烤布丁和冷藏布丁。在蛋糕装饰和夹馅中多数使用煮布丁，待布丁煮好后再配上其他不同的原料（如奶油膏、鲜奶油膏、蛋白膏等），做成各种不同的布丁馅。烤布丁多数配有瓜果或干酪等作为派馅。

布丁是利用面粉或淀粉、鸡蛋、牛乳和砂糖等调成的厚糊。煮布丁和烤布丁在用蛋上有差别，煮布丁用蛋量少，煮好冷却后凝冻，除了靠蛋的凝结性外主要是配方内使用的玉米淀粉，而烤布丁能够凝冻全是蛋的作用，配方内使用少量或不用玉米淀粉。

1. 香草布丁馅

（1）配方（kg）　蛋黄16，细砂糖25，玉米淀粉8，牛乳100，香草香精1。

（2）制作方法

①将蛋黄与细砂糖打发。

②将玉米淀粉溶于20kg牛乳中，倒入打发好的蛋黄与细砂糖的混合物。

③80kg牛乳煮沸后，冲入上述混合物中，再加入香草香精拌匀。

④立即煮2min，同时不断搅动，煮好后表面撒上一点糖粉，贴一张蜡纸，放入冰箱内冷却，凝固后移出冰箱即可。

⑤巧克力布丁馅是按上述配方加入25kg熔化的巧克力，煮匀即可。

⑥咖啡布丁馅是按上述配方加4kg咖啡香精溶于10kg热牛乳中，加入一起煮匀即可。

2. 英式香草布丁

（1）配方（kg）　牛乳100，香草香精1，蛋黄25，细砂糖30。

（2）制作方法

①牛乳与香草香精煮沸。

②蛋黄与细砂糖打匀，将煮沸的牛乳冲入拌匀，再煮至胶凝离火，趁热倒入布丁模内，冷却后即可。

3. 法式鲜奶油布丁

（1）配方（kg）　香草布丁100，明胶3，冷开水24，鲜奶油100。

（2）制作方法

①将明胶溶于冷开水中，倒入香草布丁拌匀。

②鲜奶油打发后加入①中轻轻拌匀，等明胶凝固后即可。

③如果布丁是热的，可将鲜奶油加入拌匀，否则鲜奶油将会分离。

4. 奶油空心饼用布丁（Ⅰ）

（1）配方（kg）　明胶4.5，冷开水20，蛋黄30，细砂糖50，玉米淀粉6，牛乳100，蛋白75。

（2）制作方法

①将明胶溶于冷开水中。

②蛋黄与 30kg 细砂糖用搅拌机搅打均匀，加入玉米淀粉拌匀。

③牛乳煮沸，慢慢地冲入打发好的蛋液中，继续搅拌，拌匀后立即煮 1~2min，再加入明胶溶液，搅拌均匀，停止加热。

④将蛋糕搅打至湿性发泡，加 20kg 细砂糖后继续搅打至干性发泡，马上倒入热布丁中拌匀。

⑤以上加 1% 香草香精即为香草布丁；以上加 4% 咖啡香精即为咖啡布丁；以上加 15%~20% 的巧克力即为巧克力布丁。

5. 奶油空心饼用布丁（Ⅱ）

（1）配方（kg）　蛋黄 100，细砂糖 75，水 100，意大利蛋白膏 30。

（2）制作方法

①将蛋黄、细砂糖、水一起加热至糖溶化。

②在搅拌器中快速搅打加热后的蛋黄等。

③加入意大利蛋白膏拌匀。

④可添加香草香精、咖啡和巧克力等调味。

6. 牛乳布丁馅

（1）配方（kg）　水 120，乳粉 10，盐 0.5，细砂糖 25，蛋黄 30，玉米淀粉 10，香草香精 1，奶油 5，炼乳 20。

（2）制作方法

①将 100kg 水、乳粉、盐、细砂糖一起煮沸。

②将蛋黄、玉米淀粉、20kg 水、香草香精一起搅打拌匀，然后冲入煮沸的①中，继续搅拌并水浴煮沸。

③待出现胶凝光亮时，加入炼乳和奶油拌匀，停止加热，倒入容器内，表面撒一层糖粉并贴一张蜡纸，以防结皮，冷却后放入冰箱内备用。

第十节　各类糕点制作技术

一、酥类糕点制作技术

酥类糕点制作中油、糖用量特别大，一般小麦粉、油和糖的比例为 1∶（0.3~0.6）∶（0.3~0.5），加水较少。由于配料中含有大量油和糖，限制了面粉吸水，控制了大块面筋的生成，面团弹性极小，可塑性较好，产品结构特别松酥，许多产品表面有裂纹，一般不包馅。典型制品是各种桃酥。

1. 基本配方

酥类糕点的基本配方见表 5-43。

表 5 - 43　　　　　　　　　　　　　　酥类糕点基本配方　　　　　　　　　　单位：kg

糕点品种	配方								
	面粉	猪油	花生油	白糖	鸡蛋	碎桃仁	臭粉	小苏打	其他
京式核桃酥	100	50		48	9.4	10.4	适量		桂花 5.2
京式核仁酥	100	22	22	44	7.4	3.7	1.2	0.5	
广式德庆酥	100	33	10	90	13		0.4	1.6	烘熟花生 10，烘熟芝麻 5
通心酥	100	45		70	10		0.5	1	胡椒粉 0.2，盐 1，芝麻 10

2. 工艺流程

蛋、油、糖、小苏打、水等→ 辅料预混合

↓

面粉→ 过筛 → 甜酥面团调制 → 分块 → 成型 → 焙烤 → 冷却 → 包装 →成品

3. 制作方法

（1）辅料预混合　为了限制面筋蛋白质吸水胀润，应先将水、糖和鸡蛋投入和面机内搅拌均匀，再加油脂继续搅拌，使其乳化均匀，然后加入疏松剂、桂花、籽仁等继续搅拌均匀。

（2）甜酥面团调制　辅料预混合好后，加入过筛的面粉，拌匀即可。面团要求具有松散性和良好的可塑性，面团不韧缩，所以，要求使用薄力粉，有的品种还要求面粉颗粒粗一些，因为粗颗粒吸水慢，能加强酥性程度。调制时以慢速调制为好，混匀即可。要控制搅拌温度和时间，防止大块面筋的生成。

（3）分块　将调制好的面团分成小块，搓成长圆条，以备成型。

（4）成型　酥类糕点分印模成型和挤压成型。目前，大多数小工厂仍采用手工成型方法，较大的工厂已采用桃酥机等机械设备成型。手工印模成型是将成块后的面团按入模具内，用手按严削平，然后磕出。有些酥类糕点成型后需要装饰，如在成型后的核桃酥表面放上核桃仁或瓜子仁。桃仁酥原料中的桃仁和瓜子仁可先摆放在空印模中心，挤压成型后籽仁便黏附在其表面了。

（5）焙烤　酥类糕点品种多，辅料使用范围广，成型后大小不同，厚薄不一，因而焙烤条件很难统一规定。对于不要求摊裂的品种，一般第一、三阶段上下火都大，第二阶段火小。因为第一阶段为了定型，防止油摊，第二阶段是使生坯膨发，温度低些，第三阶段为成熟，并加强呈色反应；对于需要摊裂的品种，在焙烤初始阶段，入炉温稍低一些有利于疏松剂受热分解，并可使生坯逐渐膨胀起来并向四周水平松摊。同时在加热条件下，糖、油具有流动性，气体受热膨胀、拉断和冲破表层，形成自然裂纹。一般入炉温度为 160～170℃，出炉温度升至 200～220℃，大约焙烤 10min 即可。

（6）冷却与包装　刚出炉的糕点温度很高，必须进行冷却，如果不冷却立即进行包装，糕点中的水分就散发不出来，影响其酥松程度。成品温度冷却到室温为好。

二、　酥皮类糕点制作技术

酥皮类糕点是中式糕点的传统品种，采用夹油酥或夹油方法制成酥皮再经包馅或者不包馅加工成型，经焙烤而制成。产品有层次，入口酥松。酥皮类糕点按其是否包馅可分为酥皮包馅类制品和酥层类制品两大类。

（一）酥皮包馅糕点

酥皮包馅糕点的种类有很多，如京八件、苏式月饼、福建月饼、高桥松饼、宁绍式月饼等。这些产品的外皮呈多层次的酥性结构（是由水油面团包油酥面团经折叠压片后产生清晰的层次），内包各式馅料，馅料是以各种果料配制而成的，并多以糖制或蜜制、炒馅为主，如枣泥、山楂、豆沙、百果等。

1. 配方

酥皮包馅糕点的配方见表5-44。

表5-44　　　　　　　　　　　　酥皮包馅糕点配方　　　　　　　　　　单位：kg

糕点品种	原料								皮馅比例
	皮料						酥料		
	面粉	猪油	花生油	糖粉	饴糖	水	面粉	熟猪油	
京八件	100		19	10		34	100	50	5.5：4.5
苏式月饼	100	30			10	40	100	56	7：3
福建月饼	100	38			12	25	100	56	4：6
高桥松饼	100	35				25	100	48	5.5：4.5

2. 工艺流程

3. 制作方法

（1）水油面团和油酥调制　见本章第四节面团（面糊）的调制技术。

（2）皮酥包制　见本章第五节成型技术。皮酥包制后应及时包馅，不宜久放，否则易混酥。

（3）制馅　见本章第九节馅料和装饰料制作技术。

（4）包馅　皮坯制好后即可包馅，皮馅比例大多为6：4、5.5：4.5、5：5、4：6等，少数品种有7：3或3.5：6.5的比例。将已分割好的皮坯压扁，要求中心部位稍厚，四周稍薄，包入馅料，收口要缓慢，以免破皮。一般在收口处贴一张小方毛边纸，以防焙烤时油、糖外溢。有的品种则在底部收口处留微孔，以便气体散发。

（5）成型　包馅后的饼坯一般都呈扁鼓型，如果要求制品表面起拱形，饼坯不需压得太平。大多数制品是圆形的，个别品种也有呈椭圆形的。京八件则主要用各种形状的印模成型。

（6）装饰　饼坯成型后，有些需要进行表面装饰，如在饼坯表面黏芝麻、涂蛋液、盖红印章等。盖印时动作要轻。有些品种还需要在表面切几条口子。

（7）焙烤　焙烤的条件随品种、形状而不同。饼坯厚者采用低炉温，长时间焙烤，饼坯薄者采用高炉温短时间焙烤。一般制品入炉温度为230℃，3~4min后升至250℃，外皮硬结后降至220℃，约烘10min出炉。薄型品种烘烤6~9min。厚型或白皮品种炉温应掌握在180℃左右，不宜高温烘烤，否则制品表面易着色，时间可延长至 10 ~ 15min。

（二）酥层糕点

酥层制品不包馅，其加工方法与酥皮馅制品的饼坯制法相似，但皮料可使用甜酥性面团、水油面团、发酵面团等多种类型，其酥性程度要比酥皮包馅类强一些。另外，其油酥配料也稍有不同，可在酥料中添加精盐等调味料，使制品酥松可口。这类制品有宁式苔菜千层酥、扬式香脆饼、山东罗汉饼以及小蝴蝶酥、葱油方酥（皮料为发酵面团）等。

1. 配方

酥层糕点的配方见表 5 - 45。

表 5 - 45　　　　　　　　　　　　　酥层糕点配方　　　　　　　　　　　　单位：kg

糕点品种	原料											
	皮料						酥料					
	面粉	香油	猪油	白糖	小苏打	水	面粉	香油	猪油	白糖	盐	苔菜粉
苔菜千层酥	10	3.5		3.15	0.15	3	5	2.8		1.74		0.3
罗汉饼	30		13	2		5	30		15	10	1	

2. 工艺流程

皮原料处理→皮面团调制→皮酥包制→成型→焙烤→冷却→包装→成品

油酥原料处理→油酥调制

3. 制作方法

（1）皮面团调制　一般要求调制出的面团有较好的延展性，能轧成薄片。苔菜千层酥所用的皮面团要求调制成甜酥性面团，罗汉饼所用的皮面团要求调制成水油面团，这两种面团的调制方法见本章第四节面团（糊）调制技术。

（2）皮酥包制与成型　皮酥包制就是将油酥夹入皮层内，可以采用大包酥或小包酥的办法制成，然后折叠成型。根据制品要求，苔菜千层酥要求达 27 层，罗汉饼只要求 18 层。饼坯成形后，苔菜千层酥需要在饼坯表面撒上装饰料，装饰料组成（kg）为：芝麻 100、苔菜粉 62.5、白糖粉 100。

（3）焙烤与冷却　焙烤原则同酥类糕点，一般要求炉温 200℃，焙烤后必须经过冷却后再进行包装。

4. 发面酥层糕点

发面酥层糕点是用发酵面团作为皮料的，压成薄皮，夹上油酥，经折叠、成型、焙烤等工序而制成，典型产品有葱油方酥和小蝴蝶酥等。

（1）葱油方酥制法　将发酵面团擀成长方形，夹上油酥包紧，再轧成长方形，折成 4 层，连续 2 次，再轧成长方形，最后制成厚薄均匀的小方块，即可入炉焙烤，温度为 240℃。

（2）小蝴蝶酥制法　将包酥后的发酵面皮轧成长方形，撒上一层砂糖，将两边同时向里扩 6 层，最后并在一起，用木棍压紧，切成 50g 重薄坯，厚约 0.5cm。将生坯下端掰开，使其成蝴蝶形，入炉烘烤温度为 220℃，烘至淡黄色即可出炉。

三、 单皮类糕点制作技术

单皮类糕点都是包馅品种，皮都没有层次，根据其皮的性质可分为糖浆皮制品、松酥皮制品和水油酥皮制品。

（一） 糖浆皮类糕点

糖浆皮类糕点又称浆皮糕点，这种面皮主要是用转化糖浆或其他糖调制而成，高浓度的糖浆能降低面筋生成量，使面团既有韧性，又有良好的可塑性，从而使制品外观光洁细腻，纹印清楚。同时，由于面团中含有转化糖或饴糖，具有良好的吸湿性和持水性，能使产品保持含有一定水分，使制品柔软，延长货架期。浆皮类糕点能够很好地保持馅中水溶性或油溶性物质，使之不向外渗透，使馅心不干燥，不走油，不变味。另外，糖浆皮类糕点的馅料花色品种繁多，具有各种风味，是中式糕点的传统产品，典型产品有广式月饼、提浆月饼等。

1. 配方

糖浆皮类糕点的配方见表5-46。

表5-46　　　　　　　　　　　　　糖浆皮类糕点配方　　　　　　　　　　　单位：kg

糕点品种	原料（皮料）								皮、馅比例
	面粉	香油	砂糖	饴糖	花生油	小苏打	糖浆	水	
京式提浆月饼	100	25	35	16		0.3		14	6:4
广式月饼	100				24		80	1.8（碱水）	2.5:7.5

2. 工艺流程

3. 制作方法

（1）制糖浆和制馅　参见本章第九节。

（2）糖浆皮面团调制和制皮

①京式提浆月饼：将面粉、油和糖浆一起搅拌，面团稍微起筋、软硬合适即可。

②广式月饼：先将碱水与糖浆充分混合后，加入油脂继续搅拌至液面呈乳白色并变得浓稠，最后加入面粉拌匀即可。碱在糖浆面团中主要起着色作用，在焙烤过程中，无论是羰氨反应还是焦糖化反应，在碱性条件下对褐变都是有利的，但调制面团时一定要严格控制碱水用量，碱水用量过多，产品焙烤后呈暗褐色，不够鲜艳；碱水过少，则不易上色。

调制糖浆面团时，面团的软硬度要与馅料相一致。豆沙、莲蓉等较软的馅，相配的面团应软一些；五仁、火腿等较硬的馅，相应的面团也适当硬些。面团的软硬度应该通过增减糖浆来调节，不能另加水分。调制出的糖浆面团不要存放过久（在1h内用完），否则会变硬，使筋性增加，可塑性变差。

（3）包馅和成型　包馅时擀制饼坯要边缘薄，中间稍厚，馅料居中，然后逐渐收口，这样才能使饼皮厚薄一致。包好后收口朝下放置，稍微撒些干粉，如不用印模成型，用手揿扁即可。如果使用印模成型，将包好后的饼坯放入模中，收口朝上，用手掌揿实，然后拿起印模从侧面敲震一下，将饼敲出。

（4）表面装饰　饼坯成型后还需要进行表面装饰，如涂蛋液、黏芝麻、盖红印章等。涂蛋液主要增加制品表面光泽，所以一定要涂刷均匀。

（5）焙烤　焙烤一般使用中到高温，按品种不同采用不同的炉温和烘烤时间。京式提浆月饼炉温掌握在180~200℃，焙烤时间10~15min，当表面呈金红色时即可出炉。广式月饼焙烤温度较高，一般为250~280℃，烤10min，待表面呈棕黄色、周边稍向外凸时即可出炉。

（6）冷却和包装　焙烤后取出晾透，然后包装。

（二）松酥皮类糕点

松酥皮类糕点又称混糖皮类糕点或硬皮类糕点，它是以多量的油、糖、蛋与面粉制成单层饼皮，油、糖、蛋三者的总量接近面粉的用量，再辅以适量的化学疏松剂，使外皮酥性较强，含水量较少。典型产品有苏州麻饼、重庆赖桃酥、京式状元饼等。

1. 配方

松酥皮类糕点的配方见表5-47。

表5-47　　　　　　　　　　　　　松酥皮类糕点配方　　　　　　　　　　　　　单位：kg

糕点品种	原料（皮料）								皮、馅比例
	面粉	糖粉	猪油	花生油	香油	鸡蛋	小苏打	水	
牛肉麻饼	100	33			24	10	0.2	适量	5.5:4.5
状元饼	100	28.5	21			8	0.12	适量	5.5:4.5
苏州麻饼	100	25		17		12.5	3	37.5	4:6
重庆赖桃酥	100	40		40			0.8	28	5:5

2. 工艺流程

水、油、蛋、糖→ 辅料预混 　制馅

面粉→ 面团调制 → 包馅 → 成型 → 焙烤 → 冷却 → 包装 →成品

3. 制作方法

（1）面团调制　调制方法基本上同酥类面团，油脂、糖、蛋和水必须先充分混合至乳化状态，再加入小麦粉搅拌。搅拌时间不宜过长，均匀即可，以免生成多量面筋，影响酥性程度。重庆赖桃酥的面团调制方法比较特殊，先将油分成两份，一份与小麦粉、糖、小苏打混合均匀，另一份加热至150℃，加入继续拌匀，然后再加入开水调成面团。这样面粉中的部分蛋白质会变性，面团不会起筋，可增强酥性程度。

（2）包馅　松酥皮类糕点皮稍厚些，除苏州麻饼外，馅料都不超过皮料，按皮馅的比例包制。

（3）成型　将包馅后的生坯用各种印模成型。成型之后进行一些表面装饰，如表面刷蛋液、黏附芝麻等。

（4）焙烤 入炉温度 150 ~ 180℃，出炉温度 200 ~ 220℃，焙烤 7 ~ 12min。

（三）水油酥性皮类糕点

水油面团不仅可以用来制造酥皮包馅制品的皮料，也可以单独用来包馅制作水油酥性皮类糕点。这类糕点含油量高，含糖量低，成品外感较硬（也称硬皮类糕点），口感酥松，不易破碎，有不少品种属于南北各地的特色产品，如福建礼饼、京式自来红、酒皮饼、奶皮饼等。

1. 配方

水油酥性皮类糕点的配方见表 5 - 48。

表 5 - 48 　　　　　　　　　　水油酥性皮类糕点配方 　　　　　　　　　单位：kg

糕点品种	原料（皮料）								皮馅比例
	面粉	猪油	白糖	饴糖	水	香油	小苏打	其他	
自来红	100		5	5	14	45	适量		6:4
福建礼饼	100	25		20	45				3:7
奶皮饼	100	45			牛乳 10			牛乳 15	6:4
酒皮饼	100	50			10		0.25	黄酒 12.5	

2. 工艺流程

水、油、糖→ 预混合 　　馅料

　　　　　　↓　　　　↓

面粉→ 水油面团调制 → 包馅 → 成型 → 焙烤 → 冷却 → 包装 →成品

3. 制作方法

（1）水油面团调制 按水油面团的调制方法调制，面粉与油、水等预混液拌匀后，继续搅拌，使面团充分起筋。要求面团有一定的韧性和较好的延展性。

（2）包馅 皮、馅按配方中的比例包制。

（3）成型 一般用手工成型，将包馅后的生坯稍按成扁圆型生坯。成型后需要进行表面装饰，如福建礼饼要沾芝麻，自来红需要盖印章等。

（4）焙烤 福建礼饼的焙烤温度为 160 ~ 190℃，烤成表面呈淡黄色即可。自来红、奶皮饼、酒皮饼以 210℃左右的炉温焙烤。

四、 松酥类糕点制作技术

松酥类糕点又称混糖类糕点，有的品质酥脆，有的品质绵软，这类糕点油脂和糖的含量较少，多添加饴糖，选加蛋品、乳品等辅料，不需包馅，制作方法比较简单。典型品种有面包酥、橘子酥、冰花酥、双麻等。

1. 配方

松酥类糕点的配方见表 5 - 49。

表 5 - 49 松酥类糕点配方 单位：kg

糕点品种	原料									
	面粉	白糖	饴糖	猪油	鸡蛋	花生油	芝麻	臭粉	桂花	其他
面包酥	100	35	16	8	6.3		1.6	1.6	1.6	
橘子酥	100	34	15		6	15			1.5	
冰花酥	100	29	12		11	18		0.5	0.9	山楂糕2.7
双麻	100	34.5	17	21			26	0.8	2.6	水10

2. 工艺流程

配料 → 面团调制 → 成型 → 焙烤 → 冷却 → 成品

3. 制作方法

（1）面团调制 先将白糖、水、饴糖和臭粉放入和面机中搅拌均匀，再加入油脂、桂花等继续搅拌均匀，最后加入面粉调至软硬合适为止。

（2）成型

①面包酥：将面团搓成长条型，并在表面撒附少许芝麻，分成20g左右的面块，再将其搓成枣核型生坯，并将其纵向用铁片压一条口，深度约为生坯高度的1/3。成型后在生坯表面刷附蛋黄液。

②橘子酥：与面包酥成型相同，只是形状呈扁圆形，每个重约50g。

③冰花酥：将面团分成小块，擀成长方形薄片，厚约8mm，制成椭圆形和桃形生坯，然后在生坯表面黏附砂糖。

④双麻：将面团擀成5mm厚的薄片，切成半圆形生坯，两面刷水，黏附芝麻，便成"双麻"。

（3）焙烤 炉温需200℃左右，焙烤10min左右即可。

五、 烘糕类糕点制作技术

烘糕类糕点以糕粉为主要原料，经拌粉、装模、炖糕、成型、焙烤而制成。产品具有体积紧实、口感松脆、含水量低、耐储藏等特点。典型品种有绍兴香糕、苏式五香麻糕等。

1. 配方

烘糕类糕点的配方见表5-50。

表 5 - 50 烘糕类糕点配方 单位：kg

糕点品种	原料						
	糯米粉	粳米粉	籼米粉	绵白糖	黄桂花	回炉糕屑	白芝麻屑	盐
绍兴香糕	4		66	21	1	5		
苏式香麻糕		11.5		15			12	0.3

2. 工艺流程

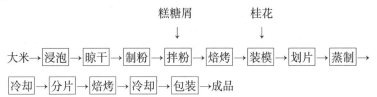

3. 制作方法

（1）制粉　将大米淘洗后用清水浸泡，夏天约泡5h，冬天泡8～9h，捞出晾干，粉碎成米粉，要求最好全部过60目以上筛。苏式五香麻糕是用炒熟的粳米磨制而成的，添加回炉糕屑能使制品酥松，但使用前须将其碾碎。

（2）拌粉

①香糕：绵白糖与米粉一起拌匀。如米粉过干，可稍加温水，便于糖溶化。隔3h过筛，放入烘箱中在60～70℃下将粉烘干，中途将粉翻动一次。取出干粉后，用滚筒将黏结的粉压碎过筛。

②麻糕：将所有原料混合均匀。

（3）装模、划片

①香糕：将粉装入糕箱，箱底垫有竹帘和纱布，将粉填满木格刮平，稍加按实，进行划片。用薄长刀在木格内划成小片，香糕为0.8cm。划时要用木尺，最后横划三刀为四等份。

②麻糕：将拌好的粉装入锡盆内，麻糕装2.5cm厚，装好后压实按平，在模内用刀等距离切三刀分成四块，便于蒸熟后再切片。

（4）蒸制、冷却切片

①香糕：连木格放到蒸笼中蒸约40min，熟后取出冷却，用薄刀片按原划好的糕片痕印将其分开。

②麻糕：将锡盆放入开水锅炖制，复蒸，切成0.3cm的片。

（5）焙烤　将每片糕片平摊在铜丝筛上，入炉先烤成谷黄色，然后在温度100～110℃烤制。炉温过高，会发生翘缩和碎裂。成品冷却后，均需包装。

六、蛋糕制作技术

蛋糕是以鸡蛋、面粉、油脂、白糖等为原料，经打蛋、调糊、注模、焙烤（或蒸制）而成的组织松软、细腻，并有均匀的小蜂窝，富有弹性，入口绵软，较易消化的制品。蛋糕的种类很多，可分为中式蛋糕和西式蛋糕，中式蛋糕由于成熟方法的不同可分为烤蛋糕和蒸蛋糕。这里主要介绍烤蛋糕，按其用料特点和制作原理可分为清蛋糕和油蛋糕。西式蛋糕品种和花色较多，按其使用的原料、搅拌方法和面糊性质的不同一般可分为三大类。

①面糊类蛋糕：如常见的黄蛋糕、白蛋糕、魔鬼蛋糕、布丁蛋糕等。

②乳沫蛋糕：又可分为蛋白类（如天使蛋糕等）和海绵类（如海绵蛋糕等）。

③戚风类蛋糕：常见的有戚风蛋糕。

（一）中式清蛋糕和油蛋糕

清蛋糕的特点是配方内不用油脂，仅涂模才使用少量油，属高蛋白、低脂肪、高糖分食品。常见的品种有广式莲花蛋糕、京式桂花蛋糕、宁绍式马蹄蛋糕等。

油蛋糕是指蛋糕内部含有油脂，不重视搅打充气，依靠油脂使制品油润、松软，具有高蛋白、高脂肪的特点，储存时间长，常见的品种有京式大油糕等。

1. 配方

清蛋糕与油蛋糕的配方见表5-51。

表5-51　　　　　　　　　　　　　　清蛋糕与油蛋糕配方　　　　　　　　　　　　　　单位：kg

糕点品种	原料							
	面粉	白糖	鸡蛋	饴糖	猪油	桂花	发粉	其他
京式桂花蛋糕	100	70	94	47		1.4	1.0	
广式莲花蛋糕	100	95	100	5			1.2	榄仁10、水10~15
宁绍式马蹄蛋糕	100	125	125				1.3	
京式大油糕	100	133	133		33	3.3	0.5	瓜子仁3.3、青梅3.3

2. 工艺流程

配料 → 调糊 → 成型 → 焙烤 → 成品

3. 制作方法

（1）调糊　清蛋糊和油蛋糕糊的调制方法见本章第四节。清蛋糕糊：先将蛋液、砂糖、饴糖放入搅拌机内充分搅打，打发的程度为体积膨胀到原来的1.5~2倍，呈乳白色泡沫状，搅拌10~15min，再加入水、桂花，再逐渐加入油，搅拌均匀即可。调制好的蛋糕要及时成型，否则易出现"沉底"和跑气现象。

（2）成型　蛋糕所用的烤模一般均用铁皮制作，涂好油后，将糊依次注入模中。大规模生产均使用注模机成型，小规模生产可以用手工舀注或布袋挤注成型。蛋糕糊入模后，表面如需撒用果仁、籽仁、蜜饯等，可在入炉时撒上，过早撒上容易下沉。

（3）焙烤　入炉温度宜在180℃以上，逐渐升温，10min以后升至200℃，出炉温度为220℃，焙烤时间为10~15min。检查方法：用竹扦插入糕坯内拔出见无黏附物，即可出炉。

（二）面糊类蛋糕

面糊类蛋糕又称油脂蛋糕，蛋糕油用量较高，主要依靠油脂的作用来润滑面糊，产生柔软的组织，同时油脂也可帮助面糊在搅拌过程中融合大量空气。配方中油脂用量高于面粉量的60%时，油脂在搅拌过程中融合的空气能满足蛋糕在焙烤过程中的膨胀；但当油脂用量低于面粉量的60%时，就需要使用疏松剂来帮助蛋糕膨胀了。

油脂蛋糕种类很多，每种蛋糕都有其独特的品种和风味，因此根据它们性质的不同，在原料的使用和调配上也有差别。所用原料可分为干性原料如面粉、乳粉等；湿性原料如牛乳、鸡蛋、水等；柔性原料如油脂、糖、疏松剂、蛋黄等和韧性原料如蛋白、面粉、盐等。配方中的各种干性、湿性、柔性和韧性原料应达到适当的平衡，以最好地发挥各种原料的性能，这样才能制出比较好的蛋糕。各种原料中最能使蛋糕柔软和提高水分含量的是糖，根据糖的用量可将面糊类蛋糕分为两种：高糖面糊类蛋糕（糖用量高于面粉用量）和低糖面糊类蛋糕（糖用量低于面粉用量）。关于两种蛋糕的配方设计主要有以下规律，见表5-52。

表 5－52　　　　　　　　　　　高糖面糊类蛋糕和低糖面糊类蛋糕配方设计

高糖面糊类配方	低糖面糊类配方
①糖用量不超过面粉（标准糖量为100%）	①糖用量高于面粉量（标准糖量为120%）
②使用薄力粉	②使用氯化薄力粉
③总水量＝蛋＋牛乳＋水	③总水量＝蛋＋牛乳＋水
④总水量等于或大于糖量的5%～15%（白蛋糕为糖＋20%）	④总水量大于糖量，黄蛋糕糖＋25%
⑤油脂用量不超过蛋量或低于蛋量10%	⑤油脂用量不超过蛋量或低于蛋量10%

　　面糊类蛋糕的膨松作用主要靠面糊调制过程中拌入大量的空气，一般面糊类蛋糕有三种不同的调制方法，调制原理见本章第四节，根据蛋糕配方和成品体积大小、内部组织等来选用合适的调制方法。

　　面糊类蛋糕可分为两大类，一是奶油蛋糕，如黄蛋糕、白蛋糕、魔鬼蛋糕、大理石蛋糕、布丁蛋糕等；另一类是水果油脂蛋糕，是一种加有水果（果料）的油脂蛋糕。所用的水果常为果干和蜜饯，制品中可以只加一种果料，也可加混合果料。按果料加入的多少分类，水果蛋糕可分为重型、中型和轻型三种。

　　1. 马德拉蛋糕

　　（1）配方（kg）　薄力粉100，人造奶油或奶油65，鸡蛋86，砂糖75，乳粉3，发粉2，水16，甘油3。

　　（2）制作方法　面糊调制方法可采用糖油法、粉油法或混合法，可以加入些香草香精或柠檬皮细丝调制好，放入圆型烤盘（直径12.5～15cm）中，焙烤前可撒上杏仁、核桃仁等果仁作简单装饰。

　　2. 德琳蛋糕

　　（1）配方（kg）　薄力面粉100，发粉4，奶油90，细砂糖80，全蛋90，盐1，柠檬汁5。

　　（2）制作方法

　　①先将全蛋、细砂糖、盐拌匀，使糖、盐溶解即可，不必打发，加入柠檬汁拌匀，然后加入过筛的面粉和发粉，拌匀。

　　②奶油融化后分三次加入拌匀。

　　③装入挤花袋中，挤入抹油的贝壳型模型中8分满。

　　④炉温210℃，上火大、下火小，烤15min即可。

　　3. 杏仁奶油蛋糕

　　（1）配方（kg）　面粉100，人造奶油35，奶油354，全蛋85，蛋白28，细砂糖84（分为14＋70），杏仁膏28，乳化剂3，盐1，香草香精1，柠檬皮屑0.5，发粉1.5，牛乳42。

　　（2）制作方法

　　①杏仁膏与70份的细砂糖中速搅匀，加入奶油和人造奶油搅打。

　　②全蛋分4次或5次加入搅拌均匀。

　　③过筛的面粉和发粉、牛乳交替逐渐加入，拌匀即可。

　　④将蛋白中速搅打至湿性发泡后加入14份细砂糖打硬，再加入③的浆料中轻轻拌匀。

⑤倒入长方形烤盘中，炉温175℃，下火大，上火小，烤约45min。

4. 高糖黄蛋糕与白蛋糕

（1）配方　见表5-53。

表5-53　　　　　　　　　　　高糖黄蛋糕与白蛋糕配方　　　　　　　　　　　单位：kg

糕点品种	原料										
	面粉	细砂糖	鸡蛋	蛋白	人造奶油	乳化剂	乳粉	水	发粉	盐	香草香精
黄蛋糕	100	120	55		47	3	10	80	5	3	0.4
白蛋糕	100	120		68	47	3	8	74	5	3	0.4

（2）制作方法

①将所有原料一次全部加入搅拌机内，慢速搅拌0.5min，快速搅拌2min，再中速搅拌2min，最后慢速搅拌1min。

②将调好的面糊装入涂油的烤盘中，炉温205℃，上火小、下火大，焙烤25min即可。

5. 水果蛋糕

（1）配方　见表5-54。

表5-54　　　　　　　　　　　　　　水果蛋糕配方　　　　　　　　　　　　　单位：kg

糕点品种	原料								果料部分
	面糊部分								
	强力粉	蛋	人造奶油	奶油	细砂糖	盐	乳化剂	发粉	
水果蛋糕1#	100	100	60	40	100	2	3		金枣20，葡萄干50，青梅40，蜜饯菠萝50，橘饼5，核桃仁6
水果蛋糕2#	100	100	50	50	100	2		0.5	蜜饯樱桃，柠檬（或橘饼），菠萝分别为133、67、12，玉米碎片12，坚果仁适量

（2）制作方法

①各种果料需提前一天温水洗净，沥干后加朗姆酒泡软。

②水果蛋糕1#：可用粉油法调制面糊，处理后的果料在面糊调制完成后加入，慢速拌匀即可。水果蛋糕2#：将过筛的面粉与发粉放入搅拌机中，加入人造奶油和奶油中速搅打膨松，再加糖、盐继续搅打，鸡蛋分4~5次加入，继续用中速搅拌，最后加入处理后的果料，慢速拌匀即可。

③可用任何形状烤盘盛装至8分满，炉温为175℃，下火大、上火小，焙烤约30min即可。如果超过1kg以上，可用170℃焙烤45~60min。

④蛋糕出炉后表面趁热刷糖浆装饰。所用糖浆的制法为：细砂糖 100kg、水 50kg、果酱 25kg、明胶 2kg，将明胶溶于少量水中，糖、水、果酱一起加热煮沸，继续煮 5min 后，加入明胶溶液拌匀后，停止加热，趁热使用。

（三）乳沫类蛋糕

乳沫类蛋糕的主要原料为鸡蛋，它充分利用鸡蛋中强韧和变性的蛋白质，在面糊搅拌和焙烤过程中使蛋糕体积膨大。根据使用鸡蛋的成分不同又可分为两类：一是蛋白类，这类蛋糕如天使蛋糕全部靠蛋白来形成蛋糕的基本组织和膨大其体积；二是海绵类，这类蛋糕使用全蛋或蛋黄与全蛋混合来形成蛋糕的基本组织和膨大体积（如海绵蛋糕等）。

乳沫类蛋糕与面糊类蛋糕最大的区别是其不使用任何固体油脂，但为了使蛋糕松软、降低蛋糕的韧性，在海绵蛋糕中可酌量添加流质的油脂。

1. 天使蛋糕

天使蛋糕的面糊主要是利用蛋白的搅打充气特性来调制的。天使蛋糕品质的好坏受搅拌影响很大，面糊调制时主要有三个步骤：①将蛋白放入搅拌机中，中速（120r/min）搅打至湿性发泡阶段。②加入 2/3 的糖、盐、酒石酸氢钾、果汁等继续用中速搅打至湿性发泡阶段。③面粉与剩余的糖一起过筛，用慢速搅拌加入，拌匀即可。

（1）配方 天使蛋糕的各原料配比为：蛋白 40%～50%、细砂糖 30%～42%、酒石酸氢钾 0.5%～0.625%、盐 0.5%～0.375%、薄力粉 15%～18%，通过调配比或使用其他原料，可制作出不同品种的天使蛋糕（表 5–55）。

表 5–55　　　　　　　　　　　　天使蛋糕配方　　　　　　　　　　单位：kg

糕点品种	原料					
	薄力粉	细砂糖	蛋白	盐	酒石酸氢钾	其他
香草天使蛋糕	17	32	49	0.375	0.625	香草精 1
柠檬天使蛋糕	17	33.5	46	0.5		柠檬汁 3
橘子天使蛋糕	18	26	40	0.75	0.25	糖粉 5，橘子汁 10

（2）制作方法

①蛋白、酒石酸氢钾、盐用中速搅打至湿性发泡。

②慢慢加入细砂糖，继续用中速搅打至湿性发泡，然后加香草香精（或柠檬汁、橘子汁）拌匀。

③过筛后的面粉最后加入，慢速拌匀。

④可用空心烤盘，烤盘不用擦油，炉温 205℃，焙烤约 25min。

⑤蛋糕出炉后倒置放置，待冷却后从烤盘中取出。

⑥因为天使蛋糕是松软性蛋糕，一般多用较为松软的奶油装饰，最好用鲜奶油膏。

⑦如果使用蜜饯和葡萄干、菠萝、核桃仁、腰果等，切碎后，均在面糊拌好后加入拌匀，其可作为蛋糕的装饰，也可作为果料天使蛋糕的配料。

2. 海绵蛋糕

海绵蛋糕是历史上制作的最早的一种蛋糕，主要是利用鸡蛋融合空气和膨大的作用。制作海绵蛋糕的基本原料有四种：面粉、蛋、糖、盐，其中糖为柔性原料，其他三种为韧性原料。

生产出的海绵蛋糕一般软而韧性大，添加油、发粉等柔性原料，可调节海绵蛋糕过大的韧性。传统的海绵蛋糕的基本配方为：面粉100%，糖166%，蛋166%，盐3%，通过调整蛋的比例可以调节蛋糕的组织结构和口味，也可使用40%的油来提高海绵蛋糕的品质。另外，可以在配方中添加可可粉做巧克力海绵蛋糕，或添加各种果汁做不同的水果海绵蛋糕。

（1）配方　见表5-56。

表5-56　　　　　　　　　　　　　　海绵蛋糕配方　　　　　　　　　　　　　　单位：kg

糕点品种	原料					
	薄力粉	鸡蛋	蛋黄	细砂糖	奶油	其他
蜂蜜海绵蛋糕	100	120		50	38	蜂蜜50
巧克力海绵蛋糕	100	228		114	43	可可粉28，小苏打1
杏仁海绵蛋糕	100（强力粉）	150	50	150	33	杏仁粉116

（2）制作方法

①将蛋（蛋黄）、糖、蜂蜜在水浴中加热至43℃，加热过程中不断搅拌，然后加速搅打至浓稠，再中速搅拌2min。

②面粉、可可粉、杏仁粉、小苏打一起过筛，加入到搅打后的蛋液中，用手或以慢速拌匀。

③奶油融化后最后加入，慢速搅拌均匀。

④烤盘底部和四周均需擦油，以使产品出炉后易取出。擦盘用油的调制方法为：猪油加上强力粉（猪油∶强力粉＝10∶1）拌匀即可。

⑤炉温177℃，上火小，下火大，焙烤约25min。

⑥蛋糕出炉后马上倒置，以免收缩。

（四）戚风蛋糕

戚风蛋糕的面糊是综合面糊类蛋糕和乳沫类蛋糕的面糊，两者分别用各自原来的方法调制，再混合在一起。这类蛋糕的最大特点是组织松软、口味清淡、水分含量足、久存而不易干燥，适合制作鲜奶油蛋糕或冰淇淋蛋糕（因为戚风蛋糕水分含量高，组织较弱，在低温下不会失去原有的品质）。

戚风蛋糕的种类很多，常见的有香草戚风、柠檬戚风、橘子戚风、草莓戚风、樱桃戚风、凤梨戚风、蜂蜜核桃戚风等。

1. 配方

戚风蛋糕的配方见表5-57。

表5-57　　　　　　　　　　　　　　戚风蛋糕配方　　　　　　　　　　　　　　单位：kg

糕点品种	原料									
	薄力粉	细砂糖	油脂	蛋白	蛋黄	水	发粉	盐	酒石酸氢钾	乳粉	其他
柠檬戚风	100	135	50	100	50	50	4	2			柠檬汁20
橘子戚风	100	135	50	100	50	35	4	2	0.5		橘子汁30

续表

糕点品种	原料										
	薄力粉	细砂糖	油脂	蛋白	蛋黄	水	发粉	盐	酒石酸氢钾	乳粉	其他
草莓戚风	100	130	40	120	60	28	3.5	2	0.5	8	鲜草莓40
香蕉戚风	100	135	50	100	50	65	4	3	0.5		熟香蕉50，香精0.5
香草戚风	100	140	50	100	50		4	2	0.5	8	香草香精0.5

2. 制作方法

（1）面粉、发粉筛匀，与75%的细砂糖、盐一起放入搅拌机内以中速拌匀。

（2）依次加入油、蛋黄、乳粉溶于水后的乳、香草香精、果汁、香蕉并拌匀，然后再继续以中速拌匀。

（3）蛋白与酒石酸氢钾中速搅打至湿性发泡，加入剩余的细砂糖后继续打至干性发泡。取出1/3加入拌匀的面糊中，用手轻轻拌匀，然后再倒入剩余的打发蛋白，轻轻拌匀即可。

（4）烤盘不可擦油，装至烤盘的一半或6分满，不可装太多，否则焙烤时会溢出烤盘。如果用平底烤盘烤制蛋糕或烤制杯子蛋糕时，为了焙烤后容易取出成品，需要使用垫纸。

（5）戚风蛋糕的焙烤温度较其他蛋糕低，大型较厚的品种，在165℃焙烤40~50min；体积较小或薄的品种，在170℃焙烤20~35min。一般上火小，下火大。

（6）蛋糕出炉后应马上翻转倒置，使表面向下，完全冷却后，再从烤盘中取出。

七、派制作技术

派是由酥松松脆的皮和适宜的馅料经焙烤或油炸而制成的一种甜点。根据所用的派馅和生产工艺的不同可分为三类：双层派、单层派和油炸派（表5-58）

表5-58 派的分类

派	分类	特征
单层派（由一层派皮上面盛装各种不同馅料而制成）	生皮生馅派	以鸡蛋为凝冻原料，并加入根茎类植物，如牛乳鸡蛋布丁派、南瓜派、胡萝卜派等
	熟皮熟馅派	奶油布丁派：以玉米淀粉为凝冻原料，加入较甜较软的水果，如巧克力布丁派、柠檬布丁派、香蕉派等；戚风派：布丁戚风派以玉米淀粉作为凝冻原料；冷冻戚风派：以明胶作为凝冻原料
双层派（用两片派皮将煮后的馅包在中间，然后进炉焙烤）	水果派	使用较酸较硬的水果做馅，如苹果派、樱桃派、菠萝派
	肉派	使用牛肉、鸡肉做馅
油炸派	油炸苹果派、樱桃派等	

调制派皮所用原料的配比为：中力粉100%、油脂40%～80%（中力粉65%、薄力粉40%～50%、强力粉70%～80%）、盐2%～3%、细砂糖0%～3%、冰水25%～30%（强力粉为30%）。此外，还用2%～6%的蛋及牛乳作为双皮派的表面装饰，增强表面光泽及颜色。

1. 配方（以苹果派为例）

（1）派皮配方　见表5-59。

表5-59　　　　　　　　　　　　　　派皮配方　　　　　　　　　　　　单位：kg

	原料					
	强力粉	薄力粉	猪油	冰水	细砂糖	盐
配比	40	60	65	30	3	2

制作方法：

①将面粉过筛后与油一起放入搅拌器内，慢速搅拌至油的颗粒像黄豆般大小。

②糖、盐溶于冰水中，再加入搅拌均匀的面粉与混合物拌匀即可，不可搅拌过久。

③将搅拌后的面团用手压成直径为10cm的圆柱体，用牛皮纸包好放入冰箱2h后使用。

④可做单皮水果派皮，也可做双皮水果派皮。

（2）苹果派馅（苹果罐头）配方　见表5-60。

表5-60　　　　　　　　　　　　　苹果派馅配方　　　　　　　　　　单位：kg

	原料				
	果汁或水	细砂糖	玉米淀粉	苹果罐头	肉桂粉
配比	100	25	4	100	0.2

制作方法：

①打开苹果罐头，过滤后滤液作为果汁用，如果不够，可加水补足。

②将30%的果汁与10%的细砂糖一起煮沸。

③将玉米淀粉溶于10%的果汁中，慢慢加入煮沸的糖水中，不断搅动，煮至胶凝光亮。

④胶冻煮好后，加入15%的细砂糖煮至溶化。苹果与肉桂粉拌匀后，再加入胶冻内拌匀，停止加热并冷却。

2. 制作方法

（1）将苹果馅倒入底层生派皮中，边缘刷蛋液，表面放两三片奶油。上层皮上开一小口，铺在馅料上。把边缘接合处黏紧，在上层派皮表面刷蛋液。进炉用210℃的下火烤约30min。为了确保底层派皮熟透，可先将底层派皮焙烤约10min，使其半熟后再加馅料，然后铺上上层派皮再进炉焙烤。

（2）出炉后表面刷蛋液或奶油。

八、 松饼 （帕夫酥皮点心） 制作技术

松饼又称帕夫酥皮点心，具有独特的酥层结构，是传统的西式糕点之一，制作松饼的主要原料只有面粉、油脂和水。如果配方内添加酸性原料可降低面粉的筋性，使裹油和折叠更为方

便，另外，可用蛋和糖来调节产品的颜色，果酱、糖粉、糖冻等可作为外表装饰。

根据配方中油脂总量和面粉的比例，松饼面团的配比可分为三种方法：100%油脂法、75%油脂法和50%油脂法（表5-61）。

表5-61 松饼面团的配比 单位：kg

原料	100%油脂法	75%油脂法	50%油脂法
强力粉	100	100	100
盐	1.8	1.8	1.8
面团内油	12	9	7
水	50	53	55
裹入的油	88	66	43
总油量	100	75	50

100%油脂法常被认为是松饼的基本配比，油脂总量与面粉基本相同，水分含量为面粉的50%，面团内用油为12%，这部分油脂可酌量增减，所做出的产品体积大，酥层多，多用于制作水果酥饼和水果盅；75%油脂法和50%油脂法，油脂用量减少，面团内用油也随之减少，但水分应略微提高，这样才能保证面团的硬度与裹入的油脂一致，多用于制作成品体积小的产品，如三角酥、肉酥饼或奶油酥卷等。

松饼生产的工艺流程：

配料 → 皮面调制 → 包油 → 擀开、折叠（反复多次）→ 成型 → 焙烤 → 成品

1. 水果酥饼

（1）配方 见表5-62。

表5-62 水果酥饼配方 单位：kg

	原料					
	强力粉	冰水	蛋	醋	糖	猪油	人造奶油
比例	100	50	5	2	3	15	85

（2）制作方法

①将冰水、蛋、糖、醋等放入搅拌机内用钩状搅拌头搅拌1min，加入面粉后继续搅拌至面团卷起，加入猪油继续搅至面筋扩展。

②将面团从搅拌机内取出滚圆，表面切十字型裂口两处，用湿布盖好松弛20min（最好放入冰箱内冷藏松弛），再擀成1.5cm厚的长方形面皮，长度为宽度的3倍。

③将裹入用的人造奶油铺在面皮表面的2/3的面积上，再将1/3空白的面皮盖住油的1/3面积，继续将另外1/2铺油的面皮盖在此空白面皮上，即完成了三折法的包油程序。松弛20~30min后再作折叠处理，按英式三折法进行折叠处理。

④将松饼面团擀成厚0.4cm，切成10cm×12cm（宽×长）和12cm×30cm（宽×长）的面皮各一块。事先准备好水果馅，可在水果馅中加一些海绵蛋糕屑以防切割时流散，铺在10cm宽的面皮中央，两侧刷蛋液。再将宽12cm的面皮对折，用车轮刀每隔1.5cm切一条裂口，长

约 3cm，移至已刷蛋液的底层面皮上，使上层面皮与下层对齐。将上层摊开盖过水果馅，与另一边对齐压挤，再用两手掌侧面轻轻地将馅与面皮接合处压紧。

⑤用锋利的刀子将两侧上下层相叠的面皮切齐，放在不擦油的平烤盘上，使其松弛 30min 后焙烤，炉温 225℃，时间 25min 左右。

⑥水果酥饼可用果酱或糖粉装饰，如果用果酱糖浆必须趁热出炉后马上就刷。冷却后，用刀每 4cm 宽切成小块装盘出售。如用糖粉装饰，等切成小块后再撒糖粉，然后装盘出售。

2. 三角酥

（1）配方　见表 5 – 63。

表 5 –63　　　　　　　　　　　　　　三角酥配方　　　　　　　　　　　　　　单位：kg

	原料				
	强力粉	薄力粉	冰水	猪油	盐	人造奶油
配比	80	20	50	10	1	90

（2）制作方法

①先将盐溶解于冰水内，放入搅拌器内，加入 70% 的过筛面粉，用钩状搅拌头中速搅拌到卷起，加入猪油继续搅拌至光滑不黏搅拌器，硬度与裹入用的油脂相同，避免搅拌过度。

②将面团从搅拌机中取出滚圆，用湿布盖好放入冰箱内使其冷却约 45min。

③将人造奶油和剩余的 30% 面粉一起放入搅拌机内搅拌均匀，不可搅拌过久，否则使油和面粉内拌入过多的空气，影响油的硬度。

④将拌匀的油脂和面粉压平成四方形，厚约 2cm。从冰箱中取出冷却好的面团，在面团中央切十字型裂口二处，深度为面团的一半。把裂口四角擀开，将裹入的油和面粉混合物铺在面团中央，再将四角互相相叠在油的上层。要包得方正紧实，采用法式包油四折法作折叠处理。

⑤取 1kg 面团，擀成 62cm×42cm×0.4cm（长×宽×厚）的面皮，用锋利的刀子将四边缘切齐，使成长方形，再分割成边长为 10cm 的正方形面皮。边缘刷蛋液，中央夹咖喱牛肉馅、猪肉馅、肉松或水果馅。将面皮对折成三角形，用手指在接合边缘的内侧把上下两块面皮压紧，再把整型好的坯子翻转过来。

⑥将生坯底部朝上放在不擦油的平烤盘上，表面刷蛋液，使松弛 30min。进炉前再刷一次蛋液，并稍洒一点清水。进炉用 225℃ 温度，下火小、上火大，烤 20min 膨胀至最大时，改用 175℃ 中火继续烤至松酥，两侧脆硬时出炉。

九、 巧克斯点心（烫面类点心）制作技术

巧克斯点心，也称烫面类点心，产品又称圆形空心饼、指形爱克力、哈斗、泡芙、气鼓等。其制作过程与其他焙烤食品不同，经过了两个不同的调制过程：第一步，将配方内的水、油和面粉放在炉上煮，使面粉内的淀粉产生胶凝性，类似于烫面类点心；第二步，将煮好的面糊与配方内的蛋一起搅打成膨松的面糊，再进炉焙烤。产品变换式样多，口感外酥内软，保存也容易，还可以装填不同的馅料。

不同的巧克斯点心，配方中原料的配比也不相同，一般可按表 5 – 64 所列的范围作适当调整。

表5-64 巧克斯点心原料配比调整范围 单位：kg

原料						
强力粉	水	油	盐	蛋	牛乳	碳酸氢铵
100	75~150	50~125	2~3	100~200	0~100	0~牛乳量的2.5%

注：牛乳为10%乳粉和90%水调制而成。

根据以上配方变化的范围可以把巧克斯点心的品质分为上、中、下三类，其中蛋和油的用量越多，品质越好，相反，蛋和油的用量越少，则成品的品质也越差。

1. 配方

巧克斯点心的配方见表5-65。

表5-65 巧克斯点心配方 单位：kg

糕点品种	原料								
	强力粉	油	蛋	水	盐	碳酸氢铵	乳粉	奶油	猪油
高成分奶油空心饼	100	75	180	125	3	1.5			
中成分奶油空心饼	100	75	150	150	3				
低成分奶油空心饼	100	75	100	185	3				
指形爱克力	100		180	160	3		8	44	44

2. 制作方法

（1）将125%的水、盐、油放入锅内煮至滚开；指形爱克力则是将乳粉、糖、盐先溶于水，加油煮沸。

（2）将过筛后的面粉直接快速加入滚开的溶液中，并急速搅动，煮至面糊不粘锅离火。

（3）将面糊移入搅拌缸内，用桨状搅拌头慢速搅拌，面糊温度降至60℃，再改用中速将蛋慢慢加入搅打至完全均匀。将碳酸氢铵溶于剩余的水中，慢慢加入拌匀即可。

（4）将面糊装入挤花袋中，用大型平口花嘴挤在擦油撒干粉的平烤盘上，喷水后马上进炉焙烤。炉温220℃，下火大、上火小，烤至20min后将火关小，直到完全熟透出炉。

（5）巧克斯点心所使用的馅料常为奶油布丁馅、巧克力布丁馅、新鲜奶油馅、水果派馅等；表面装饰常用的是糖粉、巧克力糖冻等。

十、小西饼制作技术

小西饼是一种香、脆、松兼有的甜点心，种类繁多，又有许多不同的名称，如小西点、甜点、干点等。小西饼是一种饼干，而又不同于一般的饼干，黏合料比较丰富，在成型时没有固定的花样、大小、形状，焙烤后也可以进行各种各样的装饰。

小西饼可依照产品的性质和使用的原料不同以及成型操作的方法分类。

（1）按照产品的性质和使用原料可分为：面糊类小西饼和乳沫类小西饼。面糊类小西饼所使用的原料主要有面粉、蛋、糖、油和疏松剂等，而乳沫类小西饼以蛋白和全蛋为主，并配以面粉和糖。面糊类小西饼按其成品的性质又分为：①软性小西饼；②硬性小西饼；③酥硬性小西饼；④松酥性小西饼。乳沫类小西饼又可分为蛋白类和海绵类。

（2）按照成型方式可分为（类似于饼干成型分类）：①挤出成型类；②辊轧成型类；③切割成型类；④条状或块状成型类。

多数面糊类小西饼使用糖油拌和法来调制面团（糊），也可用直接法来调制（冰箱小西饼）。小西饼的面团（糊）有扩展和不扩展之分，扩展性的装盘时面坯间距大，不扩展性的装盘时面坯间距小。焙烤小西饼应以中火175℃左右为好，焙烤时间为8～10min，一般自进炉到焙烤完全不用上火。焙烤后冷却至35℃左右包装。

1. 软性小西饼

（1）配方　见表5-66。

表5-66　　　　　　　　　　软性小西饼配方　　　　　　　　　　单位：kg

糕点品种	原料							
	强力粉	薄力粉	全蛋	奶油	细砂糖	红糖	小苏打	其他
花生酱小西饼		100	30		57	57	2.5	盐2、花生酱70
核桃仁杏仁膏 小西饼	100			160	160			杏仁膏100，碎核仁160，蛋白90
茴香小西饼	40	60	41		100			碳酸氢铵0.6，茴香粉5
巧克力碎糖小西饼	50	50	34	83	42	42	1	碎巧克力糖50

（2）制作方法

①面团调制

a. 花生酱小西饼：红糖过筛与花生酱、细砂糖一起用桨状搅拌头中速搅打至膨松，加入鸡蛋继续以中速搅打均匀，再加入过筛的面粉、盐、小苏打慢速搅拌均匀。

b. 核桃仁杏仁膏小西饼：将杏仁膏和细砂糖用手揉匀，放入搅拌机内加入奶油和碎核桃仁，用桨状搅拌头中速搅匀，再加蛋白继续拌匀，最后加入过筛的面粉慢速拌匀。

c. 茴香小西饼：将鸡蛋和糖水浴加热至42℃，搅打至干性发泡，面粉、碳酸氢铵、茴香粉一起过筛，慢慢加速拌匀。

d. 巧克力碎糖小西饼：将红糖、细砂糖和奶油一起加入搅拌机内用桨状搅拌头中速搅打至膨松，蛋分两次加入拌匀，面粉与小苏打过筛后慢速加入拌匀，最后加入碎巧克力糖拌匀即可。

②成型、焙烤：使用平口嘴，将面糊放在挤花袋中，挤在擦油的平烤盘上，核桃杏仁小西饼表面刷蛋液，撒碎杏仁或碎核桃仁。炉温177℃，上火烤8～10min。

2. 风味小西饼

（1）配方　见表5-67。

表5-67　　　　　　　　　　风味小西饼配方　　　　　　　　　　单位：kg

糕点品种	原料								
	薄力粉	人造奶油	奶油	鸡蛋	糖粉	红糖	小苏打	盐	其他
橘子小西饼	100	55		20	60			0.8	橘子汁22，橘皮1，香精0.2

续表

糕点品种	原料								
	薄力粉	人造奶油	奶油	鸡蛋	糖粉	红糖	小苏打	盐	其他
花生小西饼	100	38	20	30		65	0.6	0.5	香精1， 油炸花生20
菠萝小西饼	100	30	20	13	50		1	0.5	豆蔻粉0.3， 碎核桃仁30， 菠萝汁30

（2）制作方法

①将人造奶油、奶油、糖粉、红糖、盐用桨状搅拌头中速搅打至膨松，蛋分两次加入，加入后继续搅打拌匀。再加入橘子汁、橘皮、香精、香草香精、菠萝汁慢速拌匀，面粉、小苏打、豆蔻粉过筛后以慢速加入拌匀。最后加入花生米、核桃仁等拌匀即可。

②花生小西饼：用汤匙将面糊舀在擦油的平烤盘上，其他用挤袋平口挤花嘴挤在擦油的平烤盘上，进炉用177℃上火，烤8～10min。

十一、 米饼制作技术

米饼是一种以大米为原料，经浸泡、制粉、压坯成型、烘干、焙烤、调味等单元操作加工而成的糕点。它具有低脂肪、易消化、口感松脆等特点，深受人们喜爱。米饼是日式米果（大米糕点）的代表，它是日本江户时代（17—19世纪）在我国"煎饼"制法的基础上，用米粉代替小麦粉，采用焙烤加工工艺制作而发展起来的一种日本传统糕点。近年来，我国市场上也出现了不少米饼，如旺旺雪米饼、仙贝和阿拉来等。随着对米饼工艺和设备的不断改进，国内已能生产出适合消费者需要的高品质和花色品种较多的米饼。

1. 工艺流程（膨化米饼）

原料（糯米）→ 洗米 → 浸泡 → 脱水 → 粉碎 → 调粉 → 蒸制 → 冷却 →

压坯成型 → 干燥 → 静置 → 焙烤 → 调味 →成品

2. 配方

膨化米饼的配方见表5－68。

表5－68 膨化米饼配方 单位：kg

	原料							
	糯米粉	玉米淀粉	水	砂糖	食盐	碳酸氢钠	花生仁	米香精
配比	100	20	35～40	15	3	0.5	3	0.3

3. 制作方法

（1）洗涤、浸泡 将糯米用清水洗净，在室温下浸泡30min左右，让大米吸收一定水分便于粉碎。浸泡结束后，大米的含水量为28%左右。

（2）脱水、粉碎 将浸泡好的米放入离心机中脱水5～10min，脱除米粒表面的游离水，使米粒中的水分分布均匀。然后粉碎,米粉的粒度最好在 100 目以上。

(3)调粉 用水将砂糖和食盐配制成溶液过滤后备用。先将玉米淀粉和糯米粉混合均匀,再加入调配好的溶液调制。

(4)蒸制、冷却 将调制好的米粉面团 90～120℃蒸 5～20min,然后自然冷却 1～2d 或低温冷却(0～10℃)24h,让其硬化。因为蒸制后面团太黏,难以进行成型操作,冷却一段时间后,一部分淀粉回生,面团黏度降低,便于成型操作。

(5)压坯成型 成型前,面团需反复揉捏至无硬块和质地均匀,然后加入碳酸氢钠、米香精和花生仁,制成直径约 10cm、厚 2.5～3cm、质量为 5～10g 的饼坯。

(6)干燥、静置 饼坯由于水分含量偏高,直接烘烤表面结成硬皮,而内部仍过软,因此焙烤前应干燥。干燥的关键是控制干燥的温度、时间及确定干燥的终点,干燥终点一般为饼坯的水分含量为 10%～15%。干燥后需将饼坯静置 12～48h,使饼坯内部和表面水分分布均匀。

(7)焙烤、调味 将干燥、静置后的米饼坯放入烤箱烘烤,温度一般控制在 200～260℃,烤至饼坯表面呈现金黄色。烤好后,如需调味,可在表面喷调味液,然后干燥为成品。

🔍 **思考题**

1. 什么是糕点?糕点的分类和特点分别有哪些?

2. 简述糕点的基本加工工艺流程。

3. 糕点制造工艺中,如何进行原料的选择和处理?

4. 糕点中常用的食品添加剂种类有哪些?请分别举例说明。

5. 列举 5 种典型的中式糕点面团调制原理和方法。

6. 列举 5 种典型的西式糕点面团调制原理和方法。

7. 简述帕夫酥皮面团的折叠方式及折叠操作过程中的注意事项。

8. 糕点成型的方法有哪些?手工成型主要有哪些方式?简述常用糕点机械成型方式及成型原理。

9. 影响糕点焙烤的因素主要有哪些?

10. 糕点在冷却过程中水分如何变化?

11. 糕点装饰的目的是什么?装饰类型和装饰方法分别有哪些?

12. 分别列举 10 种糕点馅料和装饰料的名称。

13. 如何进行糖浆的熬制?在熬制过程中有哪些变化和特征?

14. 糖浆的分类有哪些?不同糖浆的制作方法分别是什么?

15. 什么是挂浆?挂浆的方法有哪些?

第六章

焙烤食品的包装与储藏

[学习目标]

1. 熟悉包装的目的、意义和分类；学习包装材料的特性。
2. 掌握焙烤食品包装主要采用的形式和材料。
3. 掌握塑料类包装材料的分类、特点及应用。
4. 熟悉不同种类焙烤食品的包装要求。

第一节　包装的意义和焙烤食品的特性

一、包装的目的和意义

　　包装按其功能可分为三大类：散体包装、内包装和外包装。散体包装一般与食品直接接触，目的是保证焙烤食品的卫生性、保存性和方便性；内包装是将数个散体包装的食品再包装，作为外包装的中间体和商品单位，要求比较美观，能够刺激消费者的购买欲；外包装主要是为了运输和保存的需要而进行的包装，目的是防止食品受外力损伤和运输的方便性。焙烤食品包装要求所具有的功能，或者包装应该起的作用主要有下面六个方面。

　　①保护焙烤食品的品质。

　　②包装材料要安全、卫生。

　　③食品生产过程中具有比较好的可操作性和机械适应性，提高包装效率。

　　④流通过程中具有比较好的运输特性和商品陈列特性。

　　⑤让消费者感到方便。

　　⑥作为商品出售所具有的各种性质。

二、　焙烤食品的品质保护

焙烤食品生产出来后，食用品质便开始降低。影响品质的主要因素有氧气、光线、相对湿度（吸湿、放湿或蒸发）、温度、冲击、振动、压缩、微生物、生物害虫等。重要的保护措施之一就是对其进行包装。变质的原因、内容和防止措施见表6－1。

表6－1　　　　　　　　　焙烤食品变质的原因、内容和防止措施

变质原因	变质内容	防止措施
氧气	①油脂和脂溶性成分的酸败 ②芳香成分的变化 ③变色 ④维生素等营养成分的损失，导致风味变差和有害物质的生成	①缩小包装内的顶部空隙 ②充填惰性气体包装 ③加脱氧剂包装 ④选用气体阻隔性好的包装材料
光线	变质内容大体和氧气相同，没有氧气的情况下也能进行，叶绿素、类胡萝卜素等色素褪色，风味变差，可生成有害物质	阻止光线进入，全面印刷，使用抗紫线油墨和铝箔、纸等的复合材料
相对湿度	①吸湿：引起软化等物性变化，部分液化，出现褐变，淀粉老化，微生物增殖 ②放湿：引起固化、收缩、裂纹，水溶性物质的结晶析出，色泽暗淡	①使用湿度低的包装 ②加入干燥剂
温度	上面3个因素受温度影响很大	①低温保存，尽量避免阳光直射 ②含水30%以上的要在15℃以下保存（注意淀粉老化）
冲击、振动和压缩	损伤外观，散体包装材料破裂、脱落，丧失商品性，产生次品	①强化内包装和外包装材料 ②充入气体和添加纸增加缓冲性 ③注意搬运
微生物	微生物增殖会导致腐败，丧失商品性，引起食物中毒	①低温管理 ②保持生产、包装环境的清洁 ③包装中加入脱氧剂、CO_2、乙醇等，抑制好氧微生物的繁殖 ④进行杀菌或用杀菌灯照射
生物害虫、老鼠等	造成外部损伤，起不到包装应有的作用，导致微生物增殖，丧失商品性	①采取灭虫、灭鼠措施 ②强化散体包装材料

三、　包装材料的安全与卫生

包装材料的使用一定要符合食品安全法，不能使用含有或沾有有毒、有害成分的材料。另外要注意以下三点。

（1）如果包装材料或印刷油墨等使用不当，会产生异臭异味，导致产品丧失商品价值。

（2）如果印刷油墨的溶剂透过包装薄膜进入食品中，与酸、酒精、油脂等反应会造成很大的卫生问题，这时要选用耐药性强的包装薄膜。

（3）对于含油量高的焙烤食品（油脂蛋糕、油炸面包圈等）的包装，要选用不与油脂起反应、不渗油的包装材料。

四、 包装材料的可操作性和机械加工适应性

包装材料的物理性质如拉伸强度、断裂强度、冲击强度、延伸性、耐磨性等，根据包装目的不同，需要有一定的可操作范围，同时也要适应包装阶段、流通阶段的要求，并且首先要考虑到温度、湿度等的变化。从加工角度考虑，要有比较好的机械加工适应性，如容易封口等。封口的方法有很多，如黏结剂法、热封口法、热冲击法、超声波法等，其中以热封口法最简便、最普遍。正是由于这一点，热封性好的聚乙烯薄膜和其复合薄膜才一直被广泛应用。其他方面，如包装材料的平整性好、拉伸强度大、滑爽性好、无静电等也是自动包装机所要求的重要物性。另外，对于收缩包装，包装薄膜的收缩性好、收缩前后物性变化适当也很必要。延伸聚丙烯、延伸聚氯乙烯、延伸聚偏二氯乙烯、聚乙烯等是热收缩性比较好的材料，在饼干、蛋糕等焙烤食品包装中被广泛使用。

五、 流通、 消费阶段的功能

体积不大、不过重、携带方便、开封容易等方便性和包装材料成本低等经济性是选择食品包装的重要条件。为了针对消费者提高焙烤食品的商品价值，薄膜的透明性和比较好的色泽也很关键。塑料薄膜容易产生静电，不仅对包装操作不利，有时消费者在开封时也会遇到麻烦。另外，消费者希望买印刷比较好、包装比较漂亮的商品。消费者对焙烤食品包装希望的内容和相应的措施见表6-2。

表6-2　　　　　　　　　消费者对焙烤食品的期望和相应措施

期望内容	相应措施
①明确食品的主要成分、营养价值、保质期等	生产日期、保质期、主要成分、营养价值等的标识应印在容易看到的位置
②使用方便	开封容易，最好能够再封口，携带方便
③包装上的图案与内容物一致	包装设计要新颖、合适，具有美感，图案与内容物一致
④能看到内容物	选用透明包装材料或设计时注意留窗口
⑤包装的简便性	包装轻重合适，空间体积尽可能小，废弃处理少，或选用容易处理的包装材料

六、 焙烤食品本身的特征所要求的包装条件

焙烤食品种类繁多、形状各异，各有各的特性，而且保持其品质的方法也很多，所以不可

能面面俱到介绍各类焙烤食品的包装。有几点需要注意。

①干焙烤食品（又称低水分含量焙烤食品，含水量小于10%）　要注意防止吸湿。

②湿焙烤食品（又称高水分含量焙烤食品，含水量大于30%）　要注意防止放湿（即水分散失）。

③高含油量焙烤食品（含油量＞20%）　要注意防止油脂的酸败和油脂的渗出等。

当然要根据不同焙烤食品的特性，选择合适的包装材料和方法。不同焙烤食品优先考虑的包装功能见表6-3。

表6-3　　　　　　　　　　焙烤食品的种类和优先考虑的包装功能

种类		包装功能
干焙烤食品 （含水量＜10%）	饼干	防潮性、抗缓冲性、防虫蛀性
	椒盐饼干	防潮性、抗缓冲性、防虫蛀性
	小西饼	防潮性、抗缓冲性、防虫蛀性、阻热性、遮光性
	点心	防潮性、防虫蛀性、抗缓冲性、阻热性、遮光性
湿、半湿焙烤食品 （含水量≥10%）	蛋糕类	防霉变性、缓冲性、保湿性
	海绵蛋糕	防霉变性、缓冲性、保湿性
	派	防霉变性、缓冲性、保湿性
	点心面包	耐油性、气体阻隔性
高含油量焙烤食品 （含油量＞20%）	油炸面包圈	气体阻隔性、防潮性、耐油性、遮光性
	油炸类糕点（中式， 含水量低于10%）	气体阻隔性、防潮性、缓冲性、遮光性

表6-3所示为不同焙烤食品包装时最重要、最优先考虑的包装功能，次要的包装功能这里没有列上，应该优先选用符合表中所列出的包装功能的包装材料。例如饼干，最重要的是表中所列三项（防潮性、抗缓冲性、防虫蛀性），次要的功能有保香防臭性、遮光性、阻热性等，当然希望包装材料同时也具有这些功能。但是，包装材料很难满足焙烤食品的全部要求，所以要优先考虑实际上最重要的功能。

第二节　包装材料的品质和分类包装

国家发布了与食品直接接触的或预期与食品接触的食品包装容器及材料的分类（详见GB/T 23509—2009《食品包装容器及材料　分类》），包括塑料包装容器及材料、纸包装容器及材料、玻璃包装容器、陶瓷包装容器、金属容器及材料、复合容器及材料、其他容器。由于焙烤食品的成分组成、软硬、脆度、形状、大小等不同，种类很多，应根据各自的不同特性，选择合适的包装形式和材料。焙烤食品主要采用的包装形式和包装材料见表6-4。

表6-4 焙烤食品主要采用的包装形式和包装材料

分类	形式	主要材料
散体包装	内包装形式	玻璃纸、加工玻璃纸、白板纸
	袋装	赛璐玢、防潮赛璐玢、聚合赛璐玢
	筒装	铝箔、铝箔复合（叠层）材料、铝蒸气薄膜
	小纸箱	塑料薄膜、复合（叠层）材料
	杯、碗、盘装	塑料成型品、铝成型品
内包装	纸箱、木箱	白板纸、加工白板纸、木材
	袋装	塑料薄膜、各种复合（叠层）材料
	高级礼品箱	金属、塑料成型品、包装用纸、缓冲材料、固定材料
外包装	硬纸箱	加工白板纸、聚乙烯加工牛皮纸
	瓦楞纸箱	瓦楞纸、防水瓦楞纸、缓冲材料、固定材料等

包装材料有很多种，主要有三类。

（1）纸、赛璐玢、木材等植物材料。

（2）马口铁（镀锡薄板）、铝箔等金属材料。

（3）塑料等化学合成材料。

关于包装材料的论述很多，这里主要介绍广泛用于焙烤食品散体包装和内包装的塑料类和纸类包装材料。

一、 塑料类包装材料

塑料类包装材料是一种热塑性物质，具有耐热性差、能燃烧、能透过气体、耐光性差等缺点，与其他包装材料相比，具有质量轻、强度大、透明性好、成型加工容易等优点，是现在主要使用的一大类包装材料，主要特点见表6-5。

表6-5 主要塑料类包装材料的特点

种类	外观	优点（包装适应性）	缺点（包装不适应性）	备注
低密度聚乙烯（LDPE）	稍呈乳白色，轻而柔软	相当的耐水性、耐潮性，热封口容易，强韧，价格便宜	透气性大，耐热性、耐油性差，保香性差，无印刷适应性，易带静电	多用作复合（叠层）材料的基材
高密度聚乙烯（HDPE）	透明性差，触感硬	耐潮性、耐油性比LDPE好，拉伸强度增加，热封口性、开封性相当好	透气性大，无保香性，耐热性差	适合用于散体包装和成型容器
聚丙烯（PP）（拉伸OPP，未拉伸CPP）	透明，有光泽，轻而柔软	具有耐水性、耐热性，强度大，OPP特别强韧，收缩性好	耐寒性、保香性差，OPP热封口性差	

续表

种类	外观	优点（包装适应性）	缺点（包装不适应性）	备注
聚苯乙烯（PS）	有像玻璃一样的光泽和透明度，相当硬	成品漂亮，而且价格便宜	有气体阻隔性，保香性差，无热封性	
聚氯乙烯（硬质、软质，PVC）	透明，有光泽，稍硬	印刷性好，有热封性，硬质耐水，价格便宜	密度大，硬质耐寒，软质耐热，无保香性	注意软质含有大量的可塑剂
聚偏二氯乙烯（PVDC）	同上	防潮性、气体阻隔性好，富有耐水性、耐油性、耐热性和保香性	密度大，机械加工适应性差，价格贵	多用于赛璐玢、聚丙烯等的涂膜
普通赛璐玢（PT）	透明	具有耐油性、机械加工适应性和印刷适应性	缺乏防潮性、耐水性、耐寒性、气体阻隔性、热封性	
防潮赛璐玢（聚合物类）	透明	具有耐油性、耐热性、气体阻隔性、保香性、机械加工适应性、印刷适应性和热封口性	缺乏耐寒性	
醋酸纤维（乙酸乙酯，CA）	透明	具有耐油性、机械加工适应性和印刷适应性	气体阻隔性、保香性、耐寒性、热封口性差	
聚酯（PET）	透明，有光泽，相当硬	具有防潮性、耐水性、耐油性、耐热性、耐寒性、气体阻隔性和保香性，强度最大	无热封性，易起静电，价格贵	
尼龙（聚酰胺）（N，拉伸 ON）	透明，有光泽，柔软	具有耐水性、耐油性、耐热性、耐寒性和气体阻隔性，强度大	防潮性不好，热封口性差	
维尼纶（V，延伸 OV）（聚乙烯醇缩纤维）	透明	气体阻隔性、耐油性好，有保香性，OV 强度大	防湿性不好，热封口性差	
乙烯－乙烯醇共聚物（EVOH 或 EVAL）	透明	有耐油性、气体阻隔性和保香性	防潮性不好，热封口性差	
聚碳酸酯（PC）	透明，有光泽，相当硬	有耐水性、耐热性和耐寒性，保香性很好，有印刷适应性		

续表

种类	外观	优点（包装适应性）	缺点（包装不适应性）	备注
铝箔/聚乙烯（AL/PE）	不透明	有防潮性、耐水性、耐油性、耐热性、耐寒性、气体阻隔性、保香性、遮光性和热封口性		

注：O 为拉伸。

表6-5 所示塑料类包装材料的性质是按焙烤食品包装的适应性来划分的，说明用来包装焙烤食品的优缺点。赛璐玢类不能说是一种塑料，但因与塑料应用的目的相同而被广泛使用，所以列入上表。另外，为了比较起见，金属材料的铝箔/聚乙烯也一起列入。表中所列只是各种材料的特性，后边要讲的复合材料、涂膜等，材料性能将有很大改善。下面对上表做一些补充说明。

1. 聚乙烯

乙烯聚合时的方式不同，可以得到三种性质不同的聚乙烯，分别为低密度（高压法）聚乙烯、中密度（中压法）聚乙烯和高密度（低压法）聚乙烯。中密度聚乙烯的性质和高密度聚乙烯相近，低密度聚乙烯软，高密度聚乙烯硬度大。如表6-5 所示，聚乙烯通气性好，耐油性差，不适于含油量高或长期保存的焙烤食品包装。

2. 聚丙烯

因为透气性大，多用于生鲜蔬菜、水果等的包装。

3. 聚氯乙烯

生产时根据可塑剂添加量的不同，分为软质（主要用于薄膜）和硬质（主要用于成型容器）。由硬质聚氯乙烯制成的容器能用于糖果等的颗粒包装。需要注意的是软质薄膜因含有较多的可塑剂，不适合食品包装。

4. 聚偏二氯乙烯

真正的聚偏二氯乙烯是氯乙烯、偏二氯乙烯的共聚混合物，含有 10% ~ 20% 的聚氯乙烯。聚偏二氯乙烯具有接近焙烤食品包装的理想性能，但热封性差，可采用高频封口法、脉冲热黏合封口等方法封口。另外，家庭用的萨纶座套也是聚偏二氯乙烯的一种。

5. 维尼纶

维尼纶又称聚乙烯醇缩纤维，本质上是亲水性高分子，所以水蒸气透过率高，耐油性和气体阻隔性好，最适合含油量高的焙烤食品包装。

6. 乙烯 - 乙烯醇共聚物

乙烯和醋酸乙烯共聚，然后碱化醋酸基，形成乙烯和聚乙烯醇的共聚物（EVOH），多用于阻隔性要求高的基材，很少单独使用。

7. 拉伸膜

在制塑料薄膜时，同时进行纵向或横向拉伸，分子排列会更加整齐，稳定程度和强度等显著增加。纵向或横向一个方向拉伸的称单向拉伸；纵向和横向两个方向都拉伸的则称双向拉伸。特别是尼龙、聚丙烯和聚氯乙烯薄膜等拉伸后效果比较明显，拉伸后的薄膜很难破裂，但是一旦破裂就会形成裂缝，反而更容易断裂。拉伸薄膜在常温下比较稳定，但加热到一定温度，有序的分子排列会被打乱而收缩。利用拉伸薄膜的这一特性，包装焙烤食品时，如果进行热封口，薄膜就会收缩，可以得到紧贴内容物的包装。拉伸用符号 O 表示，未拉伸用符号 C 表示，如拉伸聚丙烯表示为 OPP、拉伸聚氯乙烯表示为 OPVC 等。

8. 铝箔

铝箔的厚度为 $20 \sim 350\mu m$，具有美丽的光泽，能完全防潮，不仅有良好的保香性、阻热性和阻光性，而且印刷和着色也容易，在很多焙烤食品包装中应用。但是其材质很薄，容易出现小孔，折面易破，没有热封口性。为了克服这些缺点，常与聚乙烯复合、用聚氯乙烯涂层等。另外，还有铝蒸气镀膜，铝在高真空度下加热蒸发，铝蒸气以薄膜的形式冷凝在各种塑料薄膜上。铝箔和作为基材的塑料薄膜能相互克服缺点发挥优点，制成各种阻隔性好的蒸气镀膜。

9. 赛璐玢

赛璐玢又称玻璃纸，是一种透明度高、有光泽的再生纤维素薄膜，是英文 cellophane 的译音。它是供商品包装的一种纸张，即属于包装用纸。玻璃纸的定量一般是 $30 \sim 60g/m^2$。有平板纸和卷筒纸两种。通常是无色、透明、光滑的薄页，无孔眼，不透气，不透油，不透水；有一定挺度；具有较好的拉伸强度、光泽性和印刷适性，也可被染成各种颜色。玻璃纸是再生纤维素，它的分子基团之间的空隙存在着一种奇妙的透气性，这对商品的保护、保鲜有利。不耐火却耐热，可在 190℃ 的高温下不变形，可用在食品包装中与食品一起进行高温消毒。此外，由于玻璃纸的原料源于天然，因此具有易分解性，对环境影响较小。另外有在单面或双面涂布聚偏二氯乙烯等聚合物制成的"防潮玻璃纸"，其具有更好的耐水、耐油和阻气性。

二、涂层和复合

（一）涂层

普通赛璐玢的特性见表 6-5，可见有许多缺点。为了克服这些缺点，在赛璐玢的一面或两面涂上各种树脂状的聚合物液体，这种方法称为涂层。普通赛璐玢经涂层后可制成防潮赛璐玢，如表 6-6 所示。

表 6-6　　　　　　　　　　　　　防潮赛璐玢的种类

种类	涂膜剂
硝基漆类	硝化纤维素
乙烯类	聚氯乙烯、聚醋酸乙烯、氯乙烯、醋酸乙烯共聚物等
K 类	聚偏二氯乙烯

表 6-6 中三类赛璐玢统称防潮赛璐玢，经涂膜后增强了赛璐玢原有的优点，如赋予了防潮性、气体阻隔性和耐水性，也提高了耐油性。特别是 K 类气体阻隔性非常好，也有热封性，常用于包装水分含量低的焙烤食品。涂层技术不只应用在赛璐玢上，在纸质材料、塑料薄膜（聚乙烯、聚丙烯、尼龙、聚酯等）等材料上也广泛应用。例如，采用聚偏二氯乙烯涂膜能提高材料的透湿度，聚偏二氯乙烯（PVDC）涂膜对透湿度的改善效果见表 6-7。

表6-7   PVDC涂膜对透湿度的改善效果

薄膜的种类	代号	透湿度/ $[g/(cm^2 \cdot 24h)]$
双向拉伸聚丙烯	OPP	22~34
PVDC涂膜双向拉伸聚丙烯	KOP	5
普通赛璐玢		720以上
防潮赛璐玢（乙烯类）		8~16
PVDC涂膜赛璐玢（K类）		12以下
双向拉伸尼龙	ON	90
PVDC涂膜双向拉伸尼龙	KON	4~6

注：K为PVDC涂膜的缩写。条件为温度40℃，相对湿度90%。透湿度是全部换算成厚25μm的数值。

（二）复合

食品对包装材料的性能要求很高，单一包装材料无论是纸、赛璐玢、塑料膜、铝箔等，都很难达到满意的效果。将各种包装材料采用不同方法黏合，进行复合加工，能克服各种单一材料的缺点，发扬优点，可以大幅度改善包装材料的性能，如表6-5中的AL/PE就是一例。再如赛璐玢/聚乙烯复合膜，玻璃纸缺乏耐湿性，而聚乙烯缺乏耐油性，制成复合膜后，不仅克服了各自的缺点，而且复合膜具有玻璃纸良好的印刷性能和聚乙烯的强度及热封性等。表6-8所示为复合膜对透湿度的改善效果。另外，并不只有单层复合和双层复合，3层和3层以上的复合也很普遍。热塑性好的聚乙烯多作为复合膜的基材。

表6-8   复合膜对透湿度的改善效果

薄膜的种类	代号	透湿度/ $[g/(cm^2 \cdot 24h)]$
聚酯（12μm）	PET	25~40
低密度聚乙烯（40μm）	LDPE	18~25
PET（12μm）/LDPE（40μm）		10
拉伸聚丙烯（20μm）	OPP	7~10
未拉伸聚丙烯（30μm）	CPP	8~10
OPP（20μm）/CPP（30μm）		6
拉伸维尼纶（15μm）	OV	6~10
低密度聚乙烯（40μm）	LDPE	18~25
OV（15μm）/LDPE（40μm）		3

注：条件为温度40℃，相对湿度90%。括号内数字为厚度。

三、分类包装

焙烤食品工业竞争激烈，保持产品的高品质和维持其新鲜美味是很必要的。包装的主要目的是对产品特性的各种保护，只有包装的阻隔性好才能与外界环境隔开起到保护作用，所以最重要的是包装材料的阻隔性。表6-9介绍了几种高阻隔性的复合膜。

表6-9　　　　　　　　　　　　　　　几种高阻隔性的复合膜

复合膜	厚度/μm	O²透过率/ [mL/(m²·24h·atm)]	透湿度/ [g/(m²·24h)]
K赛璐玢/PE	65	1~13	9~11
KOP/PE	63	10~20	3~5
KON/PE	58	4~8	6~8
KPET/PE	55	4~10	4~6
防潮赛璐玢/AL/PE	65~70	0~*	0~10
PET/LA/PE	59~63	0~*	0~10
OPP/EVAL/PE	95~100	0.4~0.8	3~4
OV/PE	95~100	0.1~0.2	25~35

注：K为PVDC涂膜的缩写；O为拉伸；*为依铝箔的针孔不同而异；1atm=1.01×10^5Pa。

现在，焙烤食品要求对环境中的氧气、水蒸气、光线、香气、热等阻隔性比过去更高的包装材料。作为包装材料，对气体（特别是氧气）和光线的阻隔性是其必不可少的特性，对其他方面的阻隔性根据不同焙烤食品的特性而异。例如，水分含量低的焙烤食品对包装材料的水蒸气阻隔性要求高；需要低温流通的焙烤食品对包装材料的阻热性要求高；需要防止香味逸失的焙烤食品对包装材料的挥发性香气物质阻隔性要求高等。不同焙烤食品对包装的要求不同，下面论述根据焙烤食品特性而要求的包装。

（一）防潮包装

以阻隔湿气为目标的包装称防潮包装，纸、赛璐玢达不到这一要求。采用防潮赛璐玢或聚乙烯、聚丙烯等塑料薄膜单体材料包装，能取得一定的防潮效果。如果是短期流通的商品，可以只采用这些单体材料包装。但是容易吸湿的、水分含量低的焙烤食品，要经历长期流通，所以需要材料有高度的防潮性。如果用表6-8提到的防潮性好的塑料膜复合，能使水蒸气透过率显著降低。所以，经常使用OPP、PVDC、KOP等作为防潮包装用的复合材料。铝箔复合膜、铝蒸气镀膜等虽然也具有很好的防潮效果，但不透明，消费者不能看到内容物。最近，开始出现使用镀SiOx膜作为新的防潮包装材料。防潮包装中如果加入用透气性薄膜包装的干燥剂（主要是硅胶），防潮效果会更好。

（二）气体阻隔包装

对于含油量高的焙烤食品，需要使用防潮包装和气体阻隔包装。对于水分活度（A_w）>0.65的焙烤食品，引起食品发霉的主要是好氧微生物，为防止好氧微生物的增殖，也需要气体阻隔包装。另外，为了防止香味成分的逸失或从周围环境吸收异味而降低产品的品质，气体阻隔包装也很必要。香味成分的透过率随香味物质的不同而存在差别，如果只想用气体阻隔性的大小来判断，必须事先做试验。再者香味逸失多伴有吸湿发生，同时需要防湿包装。

前面提到的 PE、PP 气体阻隔性差，比较适合透气包装。气体阻隔性比较好的主要有聚酯（PET）、尼龙（N，ON）、拉伸维尼纶（OV）等，特别是聚偏二氯乙烯（PVPC）和乙烯乙醇共聚物（EVAL）薄膜气体阻隔效果更好。气体阻隔包装显然不能只采用聚乙烯（PE），如果用聚乙烯（PE）与这些气体阻隔性高的薄膜复合，能够使透湿性和氧气的透过性降低到很小。表 6-9 所示为几种气体阻隔性高的包装材料，如表所示，铝箔复合膜的效果较好，但铝箔太薄，会受小孔隙（针孔）的影响，降低气体阻隔效果。使用阻隔性好的包装材料，配合采用真空包装或者充氮、二氧化碳等惰性气体包装，能使包装内环境中氧气非常稀薄。真空包装需要增加抽真空设备，既容易损伤食品，又易使包装与内容物紧贴，外观上也不好看。充气包装的产品外形不变化，几乎不需要特殊设备，只需要把 O_2 换为 CO_2 的置换剂（也称保鲜剂，主成分为 L-抗坏血酸），如果再加上脱氧剂（铁类粉末制剂）密封包装，几乎能够除去包装内的所有氧气。所以，采用充气包装较好。另外，采用气体阻隔包装对防止油的酸败、微生物的增殖、生物害虫的侵入等的效果有显著提高。

（三）光阻隔包装

透明薄膜紫外线透过率高，会导致油脂酸败、变色、腐败等一系列品质恶化现象发生。图 6-1 所示为小西饼中油脂的酸败。

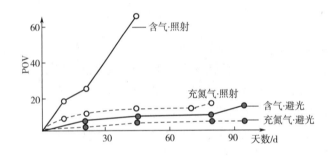

图 6-1　小西饼中油脂的酸败

（普通含气包装材料为 OPP/CPP；充 N_2 包装材料为 PVDC/KOP/PE；照射方法为荧光灯照射。）

摘自：山口直彦《食品包装技术便览》（日本技术协会）

如图所示，即使采用充 N_2 包装，由于光照，小西饼中的油脂也会发生显著酸败。相反，如果避光保存，普通含气包装对酸败也有相当的抵抗能力。可见，光阻隔包装对保持焙烤食品的品质是多么重要。过去大多采用红色赛璐玢、铝箔等来阻隔光线，但是用铝箔不能让消费者看到内容物。现在普遍采用吸收紫外线的有机化合物、超微粉碎氧化钛或超微粉碎氧化铁等防紫外线涂膜，这些似乎能有效地阻隔紫外线。但是有机类紫外线吸收剂是否会向包装食品内转移仍存在争议；氧化铁一般为红褐色，不能制成无色的包装；氧化钛也会稍稍产生薄雾层，这些特性又是阻隔光线所必要的。而聚酯薄膜（PET）与其他塑料薄膜不同，能透过可见光，紫外线几乎全被吸收，可以灵活运用这一特性进行气体阻隔包装。

（四）耐油包装

含油量高的焙烤食品有时会发生所含油脂通过包装材料渗透到包装外侧的现象，这不仅会导致商品外观变差和商品价值降低，而且渗出的油脂也会迅速酸败，发出酸败臭，造成内容物的污染。一般来说，透气性好的包装材料耐油性也好，所以聚偏二氯乙烯（PVDC）、拉伸维尼纶（OV）或者它们的复合膜比较适合耐油包装。

（五）杀菌包装

如果将焙烤食品装入能杀菌的塑料薄膜在75℃加热，除芽孢杆菌（*Bacillus*）以外的腐败菌、病原菌可被杀死，能够延长保存期。但是残存的芽孢杆菌大部分是好氧性细菌，只要有空气就会开始增殖。为了防止这一点，同时使用上边介绍的气体阻隔性好的薄膜和脱氧剂能取得比较好的效果。

杀菌包装一般使用耐热性高的拉伸聚丙烯（OPP）、聚酯（PET）、聚偏二氯乙烯（PVDC）以及这些材料的复合膜等。含水量比较高的焙烤食品包装后可采用微波加热，进行2～5min的短时间杀菌处理，但是辐射温度不能超过90℃，也不能使用金属包装材料。从安全性上考虑，推荐加入有抑菌效果的乙醇蒸气发生剂，用沸石等作为载体使其吸收乙醇，这样产生的乙醇蒸气充满顶部空隙，能够使货架期比原来延长5～10倍。当然，包装材料上不能出现小孔。乙醇的用量要根据包入焙烤食品的量和顶部空隙的体积来决定。乙醇不能过剩，否则会产生乙醇臭，造成风味降低。如果同时使用脱氧剂，效果会更好。

（六）无菌包装

无菌包装是从成型用的塑料加热熔化制作膜开始，包装杀菌后的食品，用铝箔复合膜封口，这些操作都在无菌环境内进行，可以完全杜绝微生物污染，产品在常温流通中可长时间保持较高品质。无菌包装正逐渐在焙烤食品行业中应用。

近年来，无菌包装在研发和应用方面都发展得极为迅速，各种无菌包装的食品在世界各国的市场上十分流行。采用无菌包装的食品营养损失小，风味色泽基本不变，无需冷藏便可长期储存，这些优点越来越受到广大厂家和消费者的喜爱，是未来食品包装发展的必然趋势。无菌包装技术最主要的三个核心环节就在于包装材料、包装内容物和包装环境及设备的无菌化。对于包装材料的无菌化而言，近年来，随着塑料工业的发展，又产生很多新型的包装材料，如多层铝箔、纸及塑胶的复合材料、聚乙烯（PE）、聚酯（PET）等，因此决定了其灭菌方式的多元化。目前商业化无菌包装系统的包装材料灭菌方法主要有四种：①加热法；②紫外线照射法；③化学药剂处理法；④放射线杀菌法。各种杀菌方法各有其特点，针对不同材料和条件可选择合适的灭菌方法。各种杀菌方法也可结合使用，如H_2O_2和紫外线并用、紫外线和乙醇或柠檬酸并用，可使杀菌效果叠加。对于包装内容物的无菌化，目前食品的无菌化方法包括加热、微波处理、紫外线照射、超高压处理等。其中，加热法是最经济和应用最多的方法，国际上常用的为超高温瞬时杀菌（UHT）和巴氏杀菌。对于包装环境的无菌化而言，非常重要的一个条件就是包装的工作空间无菌，以此避免不洁空气对产品的二次污染。通常会采用空气净化技术把空气中的含尘量控制在一定范围内，然后进行杀菌处理，从而得到的无菌空间为无菌室。通常会把无菌包装系统中充填灌装部分的工作室设计为无菌室，并且会注入惰性气体使其压力大于外界压力以阻止外界空气进入，从而有效防止微生物污染。目前，包装机大多采用H_2O_2灭菌，然后用无菌热风干燥。由于系统无菌化程度要求高，因此作业生产线实行自动控制并定期检查、清洗、灭菌。无菌包装的应用范围也越来越广泛，因此食品的无菌包装将具有很大的潜在市场，发展前景也十分广阔。

（七）防生物害虫包装

饼干、巧克力点心和含有花生仁、杏仁等的糕点，大多会出现意外的生物害虫侵入。生物害虫有的是在生产过程中混入到食品中的，但大多是在流通过程中咬破包装材料而侵入的。特别是含巧克力、干果等香味的焙烤食品容易吸引生物害虫。所以包装此类食品时，很有必要选用香味难以逸出、气体阻隔性好的包装材料。害虫咬破包装材料的能力大得惊人，80μm 厚的聚乙烯（PE）能够被咬破，所以要选用厚 40μm 以上强度大的聚丙烯（PP）、聚酯（PET）等包装材料。使用铝箔材料时，生物害虫也可以从折痕、包装角的裂缝、小孔等处侵入。彻底防止生物害虫侵入比较困难，这就要求经常检查生物害虫侵入的途径。

四、纸质制品

纸是我国古代四大发明之一，是中国为世界文明所做的伟大贡献。作为食品包装材料的纸质制品，有如下特点：①体积质量轻；②有良好的印刷性能；③折叠性能良好，有一定强度，容易加工成纸袋、纸类容器等产品；④透气性好；⑤价格便宜等。但是如果作为散体包装和内包装的材料，纸在耐潮性、透明性、气体阻隔性和热封性等方面明显不足，为了提高这些方面的性能，普遍使用与其他包装材料复合的加工纸。纸的加工性能很好，既可以用药品、树脂作为涂膜，也能黏合其他材料制成复合纸，这是纸的一大特点。

目前有 2000 多种纸质材料，在食品包装领域应用的纸质材料可以分为三类。①纸：单位面积的密度在 $7 \sim 150 g/m^2$；②纸板：单位面积的密度在 $150 \sim 200 g/m^2$；③硬纸板和瓦楞纸板。焙烤食品包装所用的纸质材料可大体分为三类：包装纸、薄叶纸和纸板。这三类纸质材料的原料纸和加工纸见表 6-10。

表 6-10　　　　　　　　　　焙烤食品包装使用的纸类

分类	原料纸	加工纸
包装纸	牛皮纸	聚乙烯（PE）加工纸
薄叶纸	玻璃纸	仿羊皮纸，蜡纸，聚乙烯复合纸，铝箔复合纸
纸板	白纸板	加工白板纸
	瓦楞纸	防水瓦楞纸
	黄纸板	

（一）牛皮纸及其加工纸

牛皮纸是由牛皮纸浆制法（硫酸盐纸浆制法）加工出的强韧纸，主要作为包装纸，也是制造大大小小袋形容器的材料，漂白后可制成上等优质纸和中等优质纸。牛皮纸和聚乙烯（PE）的加工纸防水性特别好，可用作小麦粉、砂糖等的包装袋。

（二）玻璃纸及其加工纸

玻璃纸由高度分解的纸浆加工而成，是有玻璃样光泽的半透明纸，有相当的耐水性和一定程度的防潮性和拉伸性，黏合性优于聚乙烯（PE）薄膜，但是柔软性、透明度、强度、防潮性不如聚乙烯（PE），具有脆、揉曲性差的缺点。在玻璃纸浆中加入硫酸制成仿羊皮纸，耐水性、耐油性很好，增大了物理强度，回弹性和伸缩性也比其他纸好。如果玻璃纸浆通过石蜡池再经挤压、冷却而制得蜡纸，价格低，拉伸性好，也能热封口。另外，玻璃纸和聚乙烯（PE）复合后的加工纸可用作包装低水分含量焙烤食品的分隔用纸、西式糕点的底部衬纸等，和铝箔复合后的加工纸可用于口香糖等糖果类的包装。

（三）白纸板及其加工纸

表面涂上白色颜料的纸板称白纸板，是焙烤食品包装纸箱用的重要纸板。白纸板中的马尼拉纸板是比较高级的一种，常用于制作散体包装的小纸箱。加工白纸板由于表面涂有清漆、聚乙烯树脂涂膜等而赋予良好的光泽和防湿性。涂膜不仅能改善赛璐玢的性能，对纸质材料性能的改良也有很重要的作用，见表6-11。

表6-11　　　　　　　　　　　　涂膜对纸质材料性能的改良

涂膜	改良的性能
硝化纤维素	光泽
醋酸纤维	光泽、耐油性
聚乙酸乙烯	光泽、耐油性、热封口性
聚氯乙烯	耐水性、耐潮性、热封口性
聚偏二氯乙烯	耐水性、耐潮性、气体阻隔性
氯乙烯、乙酸乙烯共聚物	耐水性、耐潮性、耐油性、热封口性
石蜡	耐水性、耐潮性

另外，为了赋予白纸板高度的防潮性和柔软性，对其进行涂塑加工。由白纸板加工出的折叠箱、黏合箱在焙烤食品包装中广泛应用，可以进行漂亮的多色印刷，堆积、码放都很方便，而且还有质量轻的优点，但是有体积大、易损坏、看不到内容物等缺点。

（四）瓦楞纸及其加工纸

瓦楞纸是由中间波形的瓦楞，单面或双面与箱板纸黏合而成，这种结构比单单由几层纸黏合的纸板、纸箱等要强韧，有适当的厚度，且轻而具有缓冲性。瓦楞纸板的基本组成部分是瓦楞纸。一层瓦楞纸和一层箱板纸黏合，就成为单面瓦楞纸板；一层瓦楞纸的两面各与一层箱板纸黏合，就成为双面瓦楞纸板；二层瓦楞纸与三层箱板纸黏合，就成为双瓦楞纸板；三层瓦楞纸与四层箱板纸黏合，就成为三瓦楞纸板。瓦楞纸板的构造见图6-2。

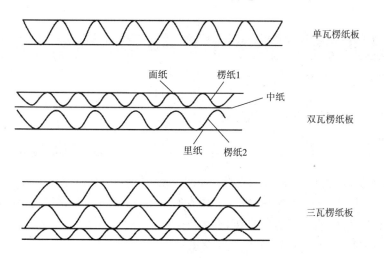

图6-2　瓦楞纸板构造

单面瓦楞纸板在焙烤食品的包装中作为包装物的固定和缓冲材料，也作为缓冲分隔广泛应用。双面瓦楞纸板大多作为外包装的包装材料，也可作为内包装的包装材料。双瓦楞纸板作为过重、易破损产品外包装的包装材料而使用。另外如果涂上石蜡等其他药品，能制作具有防水、防湿特性的耐水瓦楞纸板，可用于水分含量高的糕点和冷点心等的包装。

（五）其他类似纸制品材料

1. 可食性薄膜

糯米纸、直链淀粉薄膜、聚麦芽三糖薄膜等用来包装黏性大的糕点，可带着包装直接吃，不至于污染手。前两种属淀粉类，后者是由微生物产生的一种多糖。

2. 化学纤维纸

化学纤维纸是将醋酸纤维、聚乙烯乙醇、聚酰胺等化学纤维细细切断，添加黏合剂溶液，采用如同湿式造纸方法制作的"纸"，是一种不织的布。一般强度大，耐水性、耐药性好，透气性也好，漂亮的化学纤维纸比较适合高级糕点的包装，发挥其高雅的特性。

第三节　焙烤食品的包装形式和包装材料

前文表 6-4 介绍了焙烤食品常用的包装形式和主要的包装材料。如果从包装形式方面来说，有箱、袋、罐、瓶等形式。对于同样的箱和袋，既可用于散体包装，也可用于内包装，形式和功能之间没有直接的相关性。可是从包装材料方面来看，薄叶纸、赛璐玢、塑料薄膜、铝箔等柔软性包装材料多用于散体包装，硬箱、罐等刚性容器和塑料、铝箔等的成型半刚性容器大多用于内包装和外包装。当然，这也没有很明确的界限。

一、散体包装形式

焙烤食品的散体包装几乎都是采用柔软性包装材料的软包装，这类包装的包装机分类见表 6-12。

表 6-12　　　　　　　　　　　　　软包装的形式

包装机种类	形式	类型	方法
制袋充填机	立式；卧式（枕式）	高温型、盒式、三边封口式、四边封口式	单面封合、双面封合
上包装机	折叠式；揉捏式；覆盖式		
小箱包装机			

上包装机的软包装形式基本上有三类，而制袋充填机的软包装有四种类型。但是对于焙烤食品的包装，应根据水分含量的多少和其他因素的不同决定所采用的散体包装形式。下面介绍高水分含量和低水分含量焙烤食品的散体包装形式。

（一）面包、蛋糕等高水分含量焙烤食品

高水分含量焙烤食品相当脆弱，所以很难包装，而且这类食品的包装技术发展也缓慢。这

类食品出厂后一两天内要销售完毕，对于品质保持也不要求过于复杂的包装。但是当水分含量的变化为2%～3%时会影响产品的口味和风味等，因此包装主要防止放湿（水分散失）。为了防止水分散失，如果采用防潮性能好的包装材料密封，产品会因内部湿度大而易发霉。从这一点上讲，水分含量高的焙烤食品包装比较困难。迄今为止，高水分含量焙烤食品的包装一般停留在（只限于）防止运输过程中相互粘连、污染外包装和损伤等以及保证食用方便而进行的消极散体包装上。为了达到这些目的，从食品的底面至侧面使用玻璃纸、蜡纸；再者，为了美观而使用铝箔。同样，顶部使用赛璐玢，根据产品不同也有采用上包装形式。为了防止相互粘连，散体包装食品分散在间隔的托架上，再用赛璐玢等包装。

面包类水分含量一般在30%以上，相当高，容易发霉，所以希望采用能防止从外部来的微生物侵入的散体包装。但是考虑到货架期短、单价便宜、容易开封等原因，一般使用赛璐玢、防潮赛璐玢、蜡纸、较薄的聚乙烯薄膜等包装材料。

面包和蛋糕根据种类不同，可分别使用上包机、制袋充填机等包装产品。由于这些产品柔软，为了确保良好的形态，提高其机械适应性比较困难。像巴伐利亚西点（一种德式冻糕）等含水量高又比较柔软的糕点，要充填到杯中包装。包装杯主要有蜡纸杯和塑料杯。蜡纸杯耐水、价格便宜、印刷性能好，而塑料杯透明，具有能看到内容物的优点。由于所有原材料和半成品装入杯后再进行杀菌处理，兼有生产容器和包装容器的功能，是卫生而且高效的包装。

（二）饼干、小西饼等低水分含量焙烤食品

低水分含量焙烤食品一般属于容易吸湿的食品，包装材料也要求有高度的防潮性。再者，这类食品一般容重轻，容易碎，散体包装和内、外包装一定要考虑耐冲击和承受外压等因素。在选用颗粒包装和散体包装材料时要考虑到防潮性、耐冲击、耐油性、保香性、遮光性和防生物害虫等。为了达到这些目的，选用防潮赛璐玢、聚赛璐玢、聚丙烯、铝箔等单一材料或它们的复合膜。像饼干、糖果等产量大的食品，各种各样的包装和包装体系比较完善，其他生产量小的低水分含量焙烤食品有必要考虑采用同样的包装。

二、箱 装

一般说来，为了保持产品的品质和商品性（美观等）将散体包装或没有包装的产品，一种或几种作为内包装的形式而进行箱装，也有用于散体包装的小型箱装。根据产品不同，箱装的包装材料和方法也各不相同。

（一）纸箱

纸箱有组装箱（角箱、黏合箱）和折叠箱（筒箱）。西式湿糕点使用的角箱用白瓦楞纸组合，由订书钉和纸带固定四角制作而成。作为礼品的高级糕点使用黏合箱，是将印刷好的优质纸黏在箱上制作而成，形式有帽盖式、蝶式、挤出式等，大小也不同，大部分靠手工制作，大规模生产很困难。用合适型号的纸自动折入而制作的筒箱比较适合大规模生产，价格也便宜，折叠状态下能存放和输送，占用很少空间。纸板选用白瓦楞纸和马尼拉纸板，能够边机械组装边充填（包装）内容物，是包装适应性比较好的一种纸箱。由白纸板上涂蜡、聚乙烯后加工出的加工纸板制作的筒箱，有耐水性、耐潮性和耐油性，广泛应用于饼干、蛋糕、油炸面包圈等产品的包装。再者，易碎、易粘连焙烤食品等装箱时，将产品放在用纸、塑料或者它们的复合材料制作的船形容器、托架等上面。装箱后，在箱上覆盖聚乙烯、防潮赛璐玢等薄膜，进行覆盖包装。散体包装用的小箱包装也可采用上述方法，但是要根据产品的形状、大小调整机械部

分。纸箱可以进行漂亮的装饰印刷，但也存在看不到内容物的缺点。

（二）金属箱

金属箱比纸箱更能给人高级感，主要用于低水分含量的糕点礼品箱。包装饼干、小西饼等易碎的食品时，在食品之间要插入玻璃纸、耐油加工纸来提高缓冲性，也可加入着色美观的纸，以提高产品的商品价值。

（三）塑料箱

塑料箱最好采用无可塑剂的硬质氯乙烯加工品，也可用聚苯乙烯加工品，因为其特别透明、漂亮。塑料材料成型容易，根据设计能够生产出形状新颖的塑料箱，比较轻、美观，但具有易吸尘和产生划痕、一旦摔落会损坏等缺点。与金属箱一样，防潮性和阻隔性大。

三、袋　装

袋装作为散体包装和数个散体包装的内包装，是最普遍使用的一种包装形式。制袋的材料也可用纸，但对于焙烤食品来说，大多要求内容物能被看到，所以制袋的材料几乎全部使用塑料。袋装的包装方法最简便，能够用制袋充填机自动包装产品。袋装的封口方法，普遍采用简便的热封口法，效果也很好。纸、普通赛璐玢、一些塑料材料如聚酯（PET）、聚苯乙烯（PS）等热封口性差，就这一点讲，聚乙烯（PE）最合适。如果在其他的塑料薄膜上全部或只有封口部分涂上聚乙烯，能够使热封口变得容易。另外，在各种复合膜中，聚乙烯最好在内侧，这样容易显出它的热封口性。

（一）枕式

枕式包装，是为了保持品质而采用充气包装成为枕式，是在中等水分含量糕点（水分含量10%～30%）、高含油量糕点（含油量>20%）、饼干等焙烤食品中广泛应用的包装形式。

图6-3所示为一种有代表性的枕式包装形式，背面封口后，再两端封口。薄膜的两面都具有热封口性，这种封口形式称为黏信封式；薄膜的一面有热封口性称合手掌式，由于封口面同样背面封口，除了封口部分外其他部分向外突出。体积大的焙烤食品采用盒式包装，如图6-4所示袋的横面有皱折，展开袋时断面也不呈圆形而呈四边形。另外，有些焙烤食品包装时需要将图6-5所示的垫纸和托架装入。

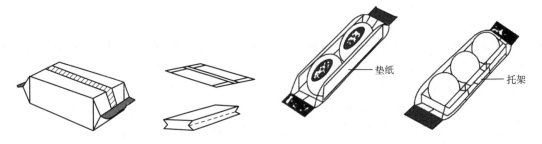

图6-3　枕式包装　　　图6-4　盒式包装　　　图6-5　枕式包装的垫纸和托架

（二）三边封口式和四边封口式

将平面状的两张薄膜重叠，两侧和底面封口的称三边封口式，四边都封口的是四边封口式，这两种包装形式（图6-6）与枕式包装形式一样流行。所用包装袋有透明袋、铝箔复合膜袋、镀铝不透明阻隔性高的袋等。三边封口式、四边封口式的密封性比枕式包装高，与枕式包装有同样的用途。

（三）自立袋

上面介绍的是平面包装形式，自立袋是立体形式的包袋，适用于松散产品（物料）的集中包装，如图 6-7 所示为热封口后扭结包装。自立袋的包装材料应从"自立"角度考虑，对材料的筋力（拉伸强度、破断强度）要求高，大多使用以拉伸聚丙烯（OPP）为主要材料的复合膜，很少使用单一材料。

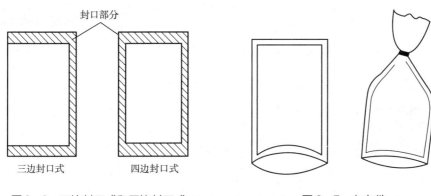

图 6-6　三边封口式和四边封口式　　　　图 6-7　自立袋

如上面介绍的包装方法，内包装后再进行外包装，由于外包装工程和其他食品相比没有特殊的要求，这里就不再介绍。由于焙烤食品大多易碎，内包装产品装箱时，应使用尽可能小的瓦楞纸，并设置中间间隔，瓦楞纸在箱内要不松动，尽可能紧密。如果不充分注意包装方法、箱的大小和材料、内容物的数量和种类等，会导致破损率增加。

🔍 **思考题**

1. 包装的目的和意义是什么？
2. 焙烤食品变质的原因有哪些？
3. 包装材料的特性有哪些？
4. 列举 3 种焙烤食品，并分别写出优先考虑的包装功能。
5. 焙烤食品包装主要采用的形式和材料有哪些？不同种类的焙烤食品对包装材料有何要求？
6. 塑料类包装材料有哪些？各有何优缺点？分别应用于何种焙烤食品？
7. 请举例说明涂层和复合对包装材料的性能有何改善？
8. 不同种类的焙烤食品分别适用于哪种功能的包装？
9. 不同功能的包装所用的包装材料有哪些？
10. 纸质包装材料有哪些特点？焙烤食品包装使用的纸类有哪些？

第七章　CHAPTER

焙烤食品的品质保持

[学习目标]

1. 学习引起焙烤食品品质变化的理化原因以及品质变化与这些原因的关系。
2. 了解焙烤食品所用原料的微生物状况及工厂的微生物状况。
3. 掌握焙烤食品中微生物的腐败现象、微生物的种类和污染源。
4. 掌握防止焙烤食品腐败的方法。

第一节　焙烤食品的理化特性与品质保持

　　糕点具有复杂的组成、漂亮的色泽、良好的风味和适口性等品质方面的特性，从生产后到消费前这期间保持品质几乎不变，既很重要也很困难。品质保持本身有一定限度，只能延缓品质变化或在一定可接受变化范围内（如外观、风味等几乎不变化）保持品质。品质变化是由产品的成分、组织结构等自发产生的，从生产开始，经流通、储藏，一直到消费，由于环境条件的不同而发生不同变化。影响品质变化的主要环境因素有氧气、光线、水分、温度、冲击、振动、压缩、微生物、生物等。这些因素中理化方面因素对品质影响最大的是由温度变化与放湿、吸湿等引起的水分变化。对于焙烤食品，如果这些环境条件不合适，总会发生理化变化和生物变化等，接下来会诱发其他变化，或者各种变化同时发生相互促进而导致品质的恶化。

　　一般制作焙烤食品的原料主要有谷物类面粉、淀粉、糖、水、乳制品、油、蛋、果料、添加剂、香精和着色剂等，大多含有随着环境条件改变而不稳定的成分，由于焙烤食品组成复杂，引起品质恶化实际上不是单一原因，而是多种原因共同作用的结果。为了保持焙烤食品的品质，下面介绍引起品质变化的理化方面原因、品质变化与这些原因的关系以及焙烤食品的品质保持。

一、水分变化和品质恶化

（一）水分含量

水分赋予糕点一定的形状、组织、风味、口感等特性，仅仅由于水分含量的变化，这些固有特性会发生变化，这些变化是引起微生物繁殖和储藏性状变差的主要因素。焙烤食品成品水分含量的高低不仅影响外观、风味的好坏，而且也影响保存期的长短。焙烤食品可根据成品水分含量和保存性的不同大体分为干焙烤食品（水分含量 < 10%）、半湿焙烤食品（水分含量10% ~ 30%）和湿焙烤食品（水分含量 > 30%）三类。一般而言，水分含量在30%以上的糕点称为湿焙烤食品，如面包、蛋糕等，产品具有柔软、容易下咽等特点；水分含量在10%以下的称为干焙烤食品，如饼干、小西饼等，生产过程中加水量少或者经过干燥、焙烤、油炸等脱水处理，储藏性、流通性好；水分含量在10% ~ 30%的称为半湿焙烤食品，如部分蛋糕、月饼等。一般干焙烤食品、半湿焙烤食品水分含量变化小，比湿焙烤食品耐保存。

（二）水分存在状态

焙烤食品中的水分将糖、酸、盐等水溶性成分溶解在组织内形成溶液；或者被淀粉、蛋白质等亲水性胶体物质吸附，形成凝胶，在形成产品组织中起重要作用；或者与油脂一起形成乳状液乳化分散在焙烤食品中等。

水的存在状态主要有：自由水（游离水）、半结合水（溶解水）和结合水（单分子层吸附水），如图7 – 1所示。自由水和普通液体水性质完全相同，而结合水是与亲水性物质结合在一起的水，水分子处于束缚状态，与普通液体水的特性不同，蒸发困难，0℃以下不结冰，没有溶解其他物质的能力，特别是不能为微生物生长繁殖所利用。食品的水分含量是自由水、半结合水和结合水含量之和，从食品保藏的观点考虑，有必要了解三者的分布状态。例如果酱、加糖炼乳等，水分含量很高，但常温下很难腐败，主要是因为大量的糖与水分相结合，大部分水以结合水的状态存在，细菌、霉菌等不能利用这些结合水繁殖。

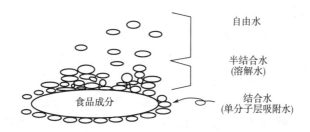

图7 – 1　食品中水分的存在状态

摘自：石谷孝佑. PCG，1983 年3 月号，全日本西点工业协会

自由水和结合水的比例可以用水分活度（A_w）来表示，即食品表面的蒸气压 P 与纯水的蒸汽压 P_0 之比。纯水的 A_w 为 1.0，A_w 越小，自由水所占比例越小，结合水所占比例越大。A_w 与微生物的繁殖有很大关系，一般 A_w 在 0.7 ~ 0.75 以下，普通微生物不能繁殖。一般而言，水分含量高的焙烤食品，自由水含量相对高，水分含量低的焙烤食品，结合水含量相对高。A_w 的大概数值为：湿焙烤食品 A_w 在 0.90 以上，半湿焙烤食品 A_w 为 0.90 ~ 0.65，干焙烤食品 A_w 在 0.65 以

下。表7-1列出了几种焙烤食品和原料的水分含量与水分活度（A_w），应该注意到水分含量与A_w不呈比例关系。

表7-1   几种焙烤食品和原料的水分含量与水分活度

种类	水分含量/%	水分活度（A_w）
面包	约35	0.96~0.97
水果蛋糕	—	0.80~0.87
果酱	约30	0.75~0.80
月饼	25~30	0.74
蛋糕（含糖55%）	25	0.74
果冻	18	0.60~0.69
椒盐饼干（小薄饼含糖70%）	5	0.53
饼干	4	0.33
巧克力	1	0.32

摘自：井上富士男，票生武良：《食品包装便览》（日本包装技术协会）。

焙烤食品成品中的水分特别是其中的自由水容易随时间而发生变化，导致品质的恶化。总之，水分变化是品质恶化的前兆，尽可能控制水分变化是品质保证的重要管理技术。下面主要介绍水分的变化情况。

（三）离浆（析水）

果冻和巴伐利亚冻糕等凝固型质地的冷点心、奶油膏和蛋奶冻膏等膏类馅料或装饰料、豆沙、果酱等果实加工产品等，这些产品的组织结构都是含水量高的亲水性胶体，在环境条件不改变的情况下，随着时间的推移也会析出水滴，发生所谓"出汗"现象，这种"出汗"现象称为离浆（析水）。这种状态变化不仅使产品外观变差，形状收缩，结构和风味也会受到损害，再者这也是微生物（特别是霉菌）发生增殖的前兆。

一些凝胶状糕点或其原料的骨架是网络状结构，网络间充满水。随着时间的推移，为了网络状结构的稳定，结构开始收缩，空隙变小，水自然而然溢出，发生离浆现象。析出的水是充满在网络间的自由水，与骨架强烈结合的结合水析不出来。因此，形成骨架物质的种类和浓度是影响离浆（析水）的重要因素。像明胶能持有大量的结合水，琼脂、卡拉胶分子中含有强亲水性的硫酸基，单酯型磷酸淀粉中含有亲水性很大的磷酸基等物质，能形成可防止离浆的网络结构。另外，添加糖、糖醇等与水分子强烈结合的亲水性物质也能防止离浆。一般淀粉类糊状物的离浆多与淀粉老化现象同时发生，例如蛋奶冻膏的析水，经过一段时间，淀粉同样会发生疏水化作用，析出结合水而老化，网状结构变得粗大。这种情况首先要解决老化的问题，添加糖、糖醇等能一定程度抑制老化。另外，淀粉的老化速度随淀粉种类的不同而异，例如使用玉米淀粉要比使用马铃薯淀粉离浆率高得多，这与玉米淀粉本身容易老化有关。

制作奶油膏时，疏水性的油和亲水性的糖浆经乳化后形成混合物，这对保证乳化液的稳定和不发生相分离是很重要的。总之，使用HLB值高的乳化剂制作O/W型乳浊液，本身就具有比较好的防止离浆（析水）效果。

　　制作各种蛋糕时，面糊内产生的气泡要很稳定，如果不能形成细密的气泡组织，经过一段时间后气泡组织会破坏而发生离浆（析水）现象。因此，一般制作糕点采用将亲水性、疏水性的原料混合，应先确立这些原料合适的配比，再通过搅拌、起泡等混合分散操作而得到均一的面糊（面团），这些都是防止离浆（析水）的首要条件。另外，也应注意到产品生产时操作和流通中保存不当（例如生产过程中放在很低温度下），或产品受振动、冲击等影响而引起产品本身物性的变化情况等也容易发生离浆（析水）现象。

（四） 水分含量随环境条件的变化

　　食品中的水分一般用水分含量（%）来表示，随着放置食品的环境条件的改变而水分含量会发生变化。一定温度下食品中的水分含量受当时外界环境中相对湿度（RH）的制约，当外界环境中相对湿度与食品中水分含量达到平衡时的水分含量称为平衡水分含量。表示一定温度下相对湿度与平衡水分含量之间关系的曲线是等温吸湿、放湿曲线，食品的种类、成分不同，曲线的形状也不同。图 7 - 2 所示为典型（平均情况下）的吸湿、放湿曲线。

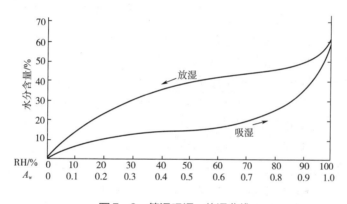

图 7 -2　等温吸湿、放湿曲线

　　由于水分活度和相对湿度（RH）的关系为 $A_w = RH/100$，上图曲线也表示出了水分活度和水分含量之间的关系。如图所示，一般食品干燥时沿上侧曲线进行放湿，干燥食品吸湿时形成下侧曲线，吸湿、放湿曲线能形成环线，在这一范围内即使同一 RH（或 A_w），食品的水分含量也存在很大不同，特别是在 RH 为 50%（A_w 0.5）附近时，水分含量差异相当显著。这是因为食品组织中的毛细管内存在的水分在放湿过程中容易蒸发，而在吸湿过程中毛细管入口处能形成凝聚的水滴，一直到内部充满水时，才形成相当高的含水率。因此，同一试样在相同的相对湿度下水分处于平衡状态时，水分含量随到达平衡状态的路线不同而异，这种差异在品质保持方面大多表现出相当大的差异。

　　相对湿度随温度而变化，除非与外界环境隔绝，相对湿度也会随季节、储藏温度等不同而异。再者焙烤食品是由多种成分形成的具有一定组织形状的食品，彼此之间也存在着复杂的相互作用。

（五） 由吸湿、 放湿引起的品质变化

　　焙烤食品的吸湿或放湿是由外界环境的相对湿度和焙烤食品的水分活性所决定的。例如水分活度（A_w）为 0.5 的焙烤食品，RH > 50% 时吸湿，RH < 50% 时放湿。总之，高湿的夏季易发生吸湿，干燥的冬季易放湿。在正常的外界环境相对湿度下；如果放置 A_w 高的湿焙烤食品，

大多会逐渐放湿干燥；如果放置 A_w 低的干焙烤食品，大多会吸湿而趋向于平衡状态。伴随吸湿、放湿发生，也会引起焙烤食品的品质变化，如图 7-3 所示。

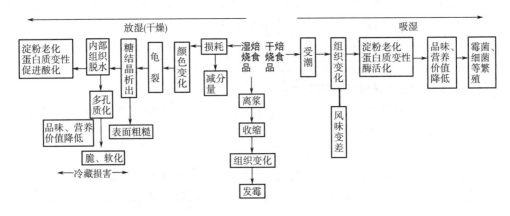

图 7-3　伴随水分变化的品质恶化

特别是小西饼、甜酥点心等含水量很低的焙烤食品，由于吸湿使水分含量增加 2%，就会丧失特有的组织结构，形成"受潮"状态，口感、风味也会变差。吸湿的程度随原料配比、水溶性成分含量、组织的多孔性、生产流通和保存场所的温湿度、包装条件、时间等不同而异，但是如果生产后经过 1 个月以上，总会出现一定程度的吸湿现象。采用防潮性好的包装材料或者加干燥剂包装，能大大延缓由吸湿带来的影响。

外界环境相对湿度低时，食品会处于放湿状态，引起外观、组织、口味变差。特别是湿焙烤食品，水分含量对其美味有微妙的影响，如果不包装直接与外界接触，这种影响更大。在放湿过程中，颜色和外观变化最大。产品的漂亮色泽是在保持其固有水分含量情况下呈现出来的，如果表面变干燥，外观颜色呈薄白色，大多同时会丧失光泽。如果在产品的表面涂上一层光亮剂，如琼脂溶液、明胶溶液等，不仅会赋予产品光泽，而且可抑制水分蒸发（放湿）。另外放湿还会引起龟裂、收缩（萎缩）等形态方面的变化，水分分布不均匀会增大变形程度，所以调制面团（糊）时应适度搅拌，并考虑持水性和黏着性原料、乳化剂等合适的配比等，可提高面团（面糊）的稳定性，这些都是保证水分分布均匀的前提条件。另外，为了防止吸湿或放湿引起焙烤食品的品质恶化，根据焙烤食品种类的不同应该注意以下几点：①包装方法特别是包装材料的选择；②注意充填材料；③流通过程中运输、搬运的冲击、压力等。

无论是吸湿还是放湿，如果水分含量变化超过一定范围，都会引起淀粉的老化。同时，如果产品存在未变性的蛋白质，也容易形成蛋白质变性的条件，如活性蛋白质酶等。这些变化也伴有理化方面的变化，即产品组织变化，影响到口味、营养价值等。

糖果类等产品水分含量低，而其他水溶性物质含量高，也就是说水分活度低（A_w 低），糖处于非结晶状态，对湿空气特别敏感。随着吸湿增大，产品表面发黏，糖的晶体不断析出等，产品出现"哭泣或流淌"的液化现象而丧失商品价值。相反，如果发生放湿，水分从内部向表面移动，表面也呈黏稠白浊状，不断析出"返砂"的砂糖晶体。糖果中的砂糖处于过饱和状态，因产品受温度、水分的变化和机械刺激等，容易析出不稳定的晶体。如果返砂进行的程度很大，不仅表面不光滑，一直到内部晶体都会继续析出，整个产品形成沙状柔软组织。一般糕点随着放湿的进行，砂糖、葡萄糖等结晶析出会使产品组织表面不光滑。为了防止这些现象的发生，调配原料时，使用非结晶的饴糖及吸湿性大的转化糖、保湿性好的山梨糖醇等部分代替砂糖和葡萄糖等，并采用透气性小的防潮薄膜、金属箔等材料包装等。有时，只进行包装上的处理也能取得相当好的防止效果。

只从品质保持方面考虑，焙烤食品在低温下保存较好。但从水分变化方面来看，也会造成很大问题。前面讲过，相对湿度随温度的不同而异，低温下水蒸气少，由于冷藏室内的湿度常在饱和点以下，储藏室内焙烤食品的水分会不断蒸发，造成高度放湿。水分含量减少不仅造成产品表面萎缩，内部也会脱水，组织发生多孔质化，空气可以自由地与内部组织接触，促进氧化进行，也会加速淀粉的老化。表面的高度放湿也会引起蛋白质的凝聚和由干燥带来的各种变化，并导致口感、风味、营养价值等的降低。这种品质恶化现象称为冷藏损害，成品成分、组织结构、形状大小、包装条件等不同，冷藏损害的程度也不同。对于各式各样的焙烤食品，有必要掌握保持高品质的冷藏条件和冷藏时间等。像巧克力等靠油脂保持形状的产品，水分活度（A_w）低，对温度比对湿度敏感，如果温度反复上下，会形成称为"霜斑"的油脂粗大结晶白斑，使外观品质显著降低。这和前述的返砂原因不同，采用防潮包装等也没有效果。但是饼干、糕点等焙烤食品与巧克力的复合产品，受焙烤食品吸湿的影响，产品膨润后，覆盖的巧克力会发生龟裂。

二、褐变和变色

焙烤食品的颜色是影响嗜好性的重要因素，生产过程中或者生产后随时间变化过程中发生的褪色、褐变、变色等现象，使商品价值大大降低。从焙烤食品的品质保持方面考虑，最大的问题是褐变现象和色素的变化。

（一）酶促褐变

酶促褐变是作为焙烤食品原料使用的果实类发生的褐变现象。苹果、香蕉、桃、杏、梨、草莓等果实的切片经过一定时间会发生褐变，这是因为果实中同时含有多酚类化合物和多酚氧化酶，如果细胞组织被破坏，多酚类化合物迅速被氧化变为褐色色素。柠檬、柑橘、葡萄、菠萝、西红柿等不含有这种氧化酶，所以不发生褐变。

由于加工过程不可能除去多酚类化合物，防止褐变的方法有两种：①抑制酶的活性（钝化酶）；②除去氧气。

促使酶失活的主要方法如下所述。

1. 加热法（热烫、杀青）

多酚氧化酶受热容易失活，通常采用加热处理，这也是钝化酶最简单的方法。但是如果加热过度，加热时间过长，芳香物质几乎完全挥发，果肉组织也会变得软烂，所以要考虑原料和产品的特性，采用合适的加热条件。

2. 添加抑制酶促褐变的物质

如果添加亚硫酸、柠檬酸、苹果酸、抗坏血酸等，能够抑制酶促褐变反应。但是使用亚硫酸时，存在着亚硫酸的残留量问题。例如，在干杏、干桃等制品中，SO_2 的含量在 0.1g/kg 以下，食品安全法严格规定了 SO_2 的残留量。抗坏血酸能代替多酚化合物氧化，只能推迟褐变，一旦抗坏血酸不存在，之后发生的褐变按正常褐变进行，而且氧化后的抗坏血酸与氨基酸反应，有可能发生其他非酶褐变反应。食盐作为抑制剂也经常被使用，食盐与抗坏血酸、柠檬酸等复合使用比单一使用食盐效果要好。另外，高浓度的砂糖溶液也能抑制酶促褐变，降低其活性。

除去氧气的方法主要有抽真空法、减压处理法、充填惰性气体法等，这些方法主要在生产水果罐头时采用。

（二）非酶促褐变

焙烤食品的颜色是品质评价的指标之一。根据焙烤食品的种类，褐变并不一定都不好，也有不少情况是通过褐变获得较好的颜色。这里的非酶促褐变是发生羰氨反应和焦糖化反应的褐变，相对于上文介绍的由于酶作用发生的酶促褐变，称为非酶促褐变。

1. 焦糖化反应和褐变

如果将糖类物质直接加热，首先在熔点附近熔解，继续提高温度可生成黑褐色物质。糖类物质中特别是含有果糖的转化糖、蜂蜜、异构糖、糖蜜、饴糖等糖液加热容易上色。利用果糖脱水作用生产羟甲基糖醛活性化合物，这种物质容易聚合生成黑褐色的焦糖。葡萄糖比果糖受热脱水困难，上色稍慢，但葡萄糖要比砂糖、麦芽糖上色快得多。因此，使用葡萄糖部分代替含葡萄糖值低的饴糖（DE 低）、砂糖，比只有饴糖、砂糖在相同温度和时间的情况下，上色能力显著增强。pH 不同，上色能力差别也很大，pH 为 2.3 ~ 3.0 时，上色最差，随着 pH 的升高，上色能力增加，pH 为 5.6 ~ 6.2 时，能完全形成黑褐色。一般含糖类食品加热时必然产生焦糖，给产品的颜色和风味带来影响。因此，根据调配后糖的种类或者由原料配合后处理操作中生成的糖，在不同加热温度和时间下，能使产品产生强弱、浓淡不同的上色程度。

2. 羰氨反应和褐变

羰氨反应也称美拉德反应，是含有氨基的化合物（氨基酸、蛋白质等）和含羰基的化合物（还原糖等）共同加热，产生类黑精（蛋白黑素）褐色物质的过程，故称为羰氨反应。含有羰基和氨基化合物的食品较多，在食品的调理加工过程中会普遍发生羰氨反应。对于糕点，焙烤色主要来自羰氨反应和焦糖化反应。生成类黑精的化学反应很复杂，反应开始时，氨基和糖分子中的羰基结合，生成不稳定的氨基糖缩合物。参与反应的食品中的羰基化合物主要有：果糖、葡萄糖等单糖和麦芽糖等还原性双糖（砂糖是非还原性糖）。油脂的存在能自动氧化生成不饱和的醛类，也参与羰氨反应产生褐变。抗坏血酸在氧化分解过程中生成和羰氨反应相同的中间物并发生褐变。由于蛋白（蛋清）中含有少量的葡萄糖，在制作干燥蛋白时也会发生褐变。如果预先加入葡萄糖氧化酶使葡萄糖氧化分解，就不会发生褐变。这是用除去羰氨反应的反应物来防止褐变的实例。

影响羰氨反应的主要因素有以下几方面。

（1）pH　酸性至中性范围内 pH 越高，反应速度越大，因此 pH 为 6 ~ 7 时反应最容易进行（图 7 - 4）。

（2）温度　室温下能慢慢进行，和普通化学反应相同，温度越高反应越快。

（3）水分　水分也参与反应，食品完全处于无水状态时几乎不发生反应，水分含量在 30% ~ 50%（A_w 0.6 ~ 0.9）时反应最快。

因此，为了阻止褐变反应进行，要尽可能降低 pH、保持低温，如有可能降低水分活度（A_w），或者稀释可提高水分含量，避开容易发生褐变的水分含量区域。

另外，各种各样耐热性好的非还原糖类，特别是山梨糖醇、麦芽糖醇、乳糖醇等糖醇类，由于不含有羰基，不会发生褐变反应，因而得不到合适的焙烤色，应根据希望得到的颜色选择合适的糖类。

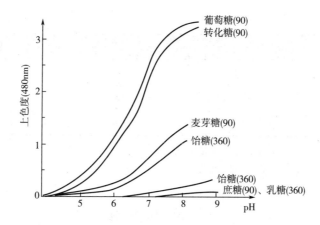

图 7 - 4　在氨基酸（甘氨酸）共存条件下各种糖的褐变反应

注：糖 12.5%，甘氨酸 0.5%，100℃，括号内为加热时间（min）

摘自：糕点综合技术中心，《糕点中新原料利用技术系列》。

（三）　色素的变色

焙烤食品的颜色以能反映出原料特有的颜色为佳，如蛋糕的蛋黄色、巧克力的棕色等。目前天然色素的使用量正逐渐增加，但是天然色素的呈色效果不好，使用量为合成色素的 100 倍左右才能取得较好的效果。天然色素还具有易氧化、对光和 pH 不稳定等缺点。使用天然色素时，配合选择合适的包装材料，如采用氧气透过性小的薄膜和能阻隔紫外线的薄膜等，除此之外没有很好的办法。

由于食用合成色素（焦油色素）比天然色素着色力强、稳定性大、价格便宜，所以焙烤食品着色现在仍主要使用食用焦油色素。食用焦油色素的稳定性见表 7 - 2，不同色素的稳定性不同，特别是红色色素大多对光、酸等不稳定。食用焦油色素复合使用时，应尽量选用性质相近的色素调配，否则着色效果较差。例如混合使用吸附性不同的色素时，会产生色层现象，导致色素溶液的颜色和成品的颜色不同。再者如果复合使用褪色速度、变色速度不同的色素，随着时间的推移，颜色会变得深浅不一。

表 7 - 2　　食用焦油色素及其稳定性

色素	化学名称	光	热	酸	碱	砂糖溶液
食用红色 2 号	苋菜红	◎	○	○	○	×
食用红色 3 号	赤藓红	×	◎	×	○	△
食用红色 102 号	新胭脂红	◎	×	○	×	×
食用红色 104 号	玫瑰红	×	◎	×	○	×
食用红色 105 号	孟加拉玫瑰红	×	○	×	○	△
食用红色 106 号	酸性红	◎	◎	◎	◎	◎
食用黄色 4 号	柠檬黄	◎	◎	◎	◎	△
食用黄色 4 号	日落黄	◎	◎	◎	○	△

续表

色素	化学名称	光	热	酸	碱	砂糖溶液
食用绿色3号	坚牢绿	–	–	–	×	◎
食用蓝色1号	亮蓝	◎	◎	◎	○	◎
食用蓝色2号	靛蓝胭脂红	○	○	△	×	×

注：◎最稳定；○稳定；△不稳定；×很不稳定。

摘自：渡边长男，《糕点科学》，同文书院。

三、香味变化

香味是人们对食品中微量挥发性成分的感觉。食品原有的香味和由香料带来的香味一起挥发，如果发生从外界染味（吸收异味或串味）和香气成分变质等现象，不仅会带来香味的变化，大多也会使产品风味降低，丧失食品价值。如果原材料陈旧变质，产品的香味肯定不好，生产过程中无论添加什么样的香料都很难掩盖，反而会产生令人讨厌的臭味。例如，如果原材料或半成品染味，焙烤时羰氨反应产生芳香物质的同时，也会产生预想不到的异臭。防止原材料、产品等的染味是品质保持的重要问题。如图7-5所示，从原料加工到包装、储藏、流通一直到消费整个过程中，都有可能从外界染味。再者，包装后，产品也有可能由于包装材料和印刷油墨等染味。

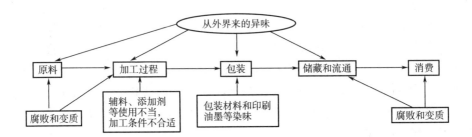

图7-5 食品在加工和流通过程中产生异味的主要因素

摘自：石谷孝佑，《食品包装便览》，日本包装技术协会。

由于染味的原因很多，当产品产生异臭时，一定要深入了解是由哪种原因造成的。香气的消失是由香味成分挥发殆尽造成的，环境条件会起促进作用，此过程大多伴有吸湿过程。因此，采用防潮性的薄膜包装是很必要的。当然，即使不发生吸湿，如果不同时选用香气透过率小的包装材料，随着时间的推移，香气也会完全挥发。同一种薄膜对香气的透过有选择性，既有能透过薄膜的，也有不能透过薄膜的香气，预测薄膜的选择性是很困难的，只有根据事先的使用试验来判断。

四、淀粉老化

如果在室温下放置稀薄的淀粉糊，淀粉糊会逐渐变得白浊，接下来会产生沉淀。即使 DE 低的淀粉糊，如淀粉分解度低的饴糖等也会发生类似情况。这种淀粉由糊化后的 α 化状态返回到原来不溶于水的淀粉状态，称为老化或β化。焙烤食品中根据淀粉的状态不同，会发生面包、海绵蛋糕掉渣、月饼等变得干硬等现象。这些都是淀粉分子由粗糙状态向紧密状态变化而发生的现象。一般情况下，食品中的淀粉粒充分吸水膨润，一部分直链淀粉在淀粉粒外的流出状态即所谓的α化淀粉状态，这种状态不稳定，随着时间的推移，分子间相互结合形成紧密状态。淀粉分子内含有很多亲水性的—OH，与水一起加热能形成淀粉糊。淀粉分子与氢原子结合而吸引水分子，每个淀粉分子被水分子膜覆盖后，形成分散状态而存在。由于淀粉与氢原子结合不稳定，结合状态不断变化，分子反复进行着结合和分离。在低温下，水和水分子彼此结合，淀粉和淀粉分子也直接与 H 结合，结果淀粉分子的—OH 被完全结合而产生疏水作用。这个过程如图 7 -6 所示。

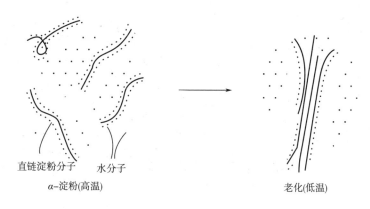

直链淀粉分子　水分子

α-淀粉(高温)　　　　　　　　　老化(低温)

图 7 -6　淀粉老化过程的模型

图 7 -6 所示只是直链淀粉老化示意图，支链淀粉通过末端的分枝也会发生同样的结合凝集。老化在 60℃ 以上几乎不发生，温度越低越容易发生，尤其在 0 ~ 10℃ 最容易发生老化。如果将面包、海绵蛋糕等放入冰箱中，老化会进行得很快。如果只考虑淀粉分子，直链状的直链淀粉要比分枝状的支链淀粉老化快得多。图 7 -7 所示为直链淀粉和支链淀粉混合溶液的老化度

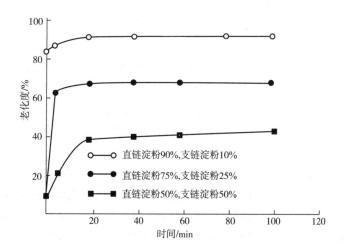

图 7 -7　直链淀粉和支链淀粉混合溶液的老化速度

摘自：中山淳，《西式糕点制作基础》，光琳书院。

随时间的变化情况，从图中可以看出，直链淀粉越多，支链淀粉越少，老化越容易进行。直链淀粉的分子链长度也决定着老化的难易，聚合度为 200 左右链长的直链淀粉最容易发生老化。因此，根据淀粉的种类，由于直链淀粉和支链淀粉比例不同，链长和其他分子状态也存在差异，淀粉老化程度的难易也不同。图 7-8 所示为不同淀粉糊的老化速度，如图所示，玉米淀粉、小麦淀粉比较容易老化，马铃薯淀粉、红薯淀粉、木薯淀粉等老化速度很慢。只含有支链淀粉的蜡质玉米（糯玉米）淀粉老化最困难。

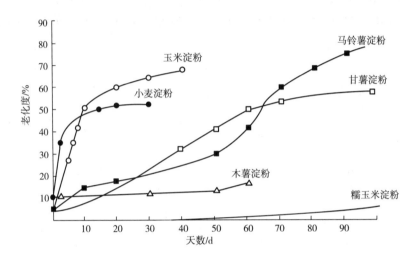

图 7-8 不同淀粉糊的老化速度

摘自：渡边长男，《糕点科学》，同文书院。

由于淀粉老化的必要条件之一是分子能够运动，如果作为介质的水不存在就不会发生老化。水分含量为 30%~60% 时最容易发生老化，水分含量超过 60% 或低于 30%，分子接触的几率小，很难发生老化。如果 α 化的淀粉在 80℃ 以上或者 0℃ 以下快速脱水，水分含量降至 15% 以下就能够很长时间保持淀粉的 α 化状态。这是方便面、方便米饭、饼干、椒盐饼干、威化饼干等的生产原理。但是如果放置在空气中吸湿，水分含量升高，老化同样也会发生。

在淀粉糊中添加一定量的蔗糖、葡萄糖、山梨糖醇等糖类物质能够延缓淀粉老化，主要是因为这些物质能与自由水结合，抑制淀粉分子运动，而且它们能进入淀粉分子之间，阻碍淀粉分子的接触。如点心面包（含糖量多）比主食面包老化慢就是很好的例证。但是，如果添加量过多，破坏了淀粉分子周围的水膜，相反会加速分子淀粉的结合，促进老化。

脂肪酸和甘油单酸酯、蔗糖酯等脂肪酸类的乳化剂也能抑制淀粉老化，它们广泛应用于面包等的抗老化过程中。因为脂肪酸的碳链能够进入直链淀粉的螺旋结构内形成复合物，使直链淀粉分子彼此间的凝聚力丧失。支链淀粉老化困难主要是因为分子本身有分枝结构，阻碍了分子的凝集。如果在淀粉糊中添加具有分枝分子的分枝糊精、分枝寡糖等，也能取得很好的抗老化效果，如图 7-9 所示。

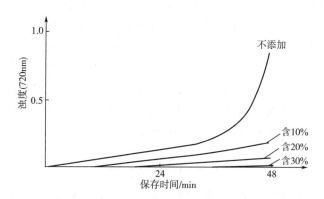

图 7-9　分枝寡糖抗老化效果

注：浓度为 30% 的淀粉加水分解液（DE10），5℃

摘自：糕点综合技术中心，《糕点新原料利用技术系列》。

五、　蛋白质变化

焙烤食品中含有的蛋白质能提高营养价值，而且更重要的是改善产品口感、风味等。在大多数焙烤食品原料中主要是充分利用蛋白质的物理性质，如鸡蛋的卵蛋白、小麦粉的面筋蛋白、起乳化和稳定作用的明胶等。乳与乳制品在许多西式糕点面团（糊）中对组织形成起辅助作用，在装饰料鲜奶油膏等中对结构形成起着重要作用。

许多物理因素，如加热、加压、冻结等和化学因素的变化，如 pH 改变等都能使蛋白质发生不可逆变性，变性后的蛋白质与原来蛋白质的物性完全不同。如变性后的蛋白质有溶解度降低、发生凝固、对酶敏感性发生变化等现象。在糕点加工中使用蛋白质大多都巧妙地利用其变性作用，使其从面团（糊）调制一直到最后产品都充分发挥蛋白质的功能。这些已在原材料部分中介绍过，变性后的蛋白质在糕点成品中起着保持和稳定骨架的作用。

保证原料中蛋白质的品质，使其变性降低到最低程度，充分发挥其作用是保证焙烤食品质量的重要一环。这方面需要研究和解决的问题很多，例如控制卵蛋白在储藏过程中发生的浓稠蛋白稀化和起泡性降低、防止豆粉和谷物面粉中的蛋白质在储藏过程中变性而溶解性降低（吸水能力降低）等。而乳与乳制品一般都经加热杀菌而使其蛋白质发生热变性，应防止在杀菌过程中产生加热臭和乳粉、炼乳等在长期保存中发生的羰氨反应等。

使用蛋白质类原料要保证其蛋白质尽量保持或接近原来的状态，如带壳蛋和液蛋等。由于液蛋要进行加热杀菌，会发生一定程度的变性，液全蛋、液蛋白的起泡性都会降低。为了防止起泡性降低，事先要添加些糖，添加糖也能生产出具有较好起泡性的产品。冻结蛋由于发生了冻结变性，导致解冻后，蛋白吸水使起泡性、稳定性下降，蛋黄变得黏稠使乳化性降低等，这些品质恶化现象很难避免。干燥蛋的品质当然比液蛋差，蛋白几乎完全丧失了起泡能力。最近利用膜技术，不用加热将液蛋浓缩制成浓缩蛋，品质很好，蛋白不发生变性，没有冻结蛋、干燥蛋等的缺点，而且使用、保存、运输都很方便。

如上所述使用蛋白质类原料时，由于加工方法不同，原料的品质存在着差异，应该注意正确选用原料种类。大多数蛋白质类原料如果进行了某些形式的加工调理，一般发生了不能够返回原状态的变性，蛋白质很难再返回到原来的未变性状态。这类蛋白质在储存过程中能受微生物污染，不会被一起存在的蛋白酶分解，蛋白质的构造几乎没有变化，营养价值也很高。对于这类蛋白质原料重要的是防止出现微生物学方面的变化（即腐败），这对保持其品质很重要。

应该注意到，一般蛋白质含量高的焙烤食品如果经过度干燥或放湿，表面的蛋白质分子会凝集、硬化而使食品口味变差。这就类似用热变性后的大豆蛋白制作的豆腐，经冻结干燥，生产疏水性的冻豆腐过程中发生的蛋白质二次变性现象。

六、油脂酸败

大部分焙烤食品都含有油脂，不同焙烤食品的含油量差别很大。根据成品含油量，可以将焙烤食品分为三大类，即低含油量、中含油量和高含油量焙烤食品。成品含油量低于5%的称低含油量焙烤食品，如点心面包、水果塔、清蛋糕等；成品含油量为5% ~ 20%的称中含油量焙烤食品，如韧性饼干、奶油空心饼、部分蛋糕等；成品含油量高于20%的称高含油量焙烤食品，如油脂蛋糕、小西饼、杯子蛋糕、油炸面包圈、派、酥性饼干和酥性点心等。

焙烤食品中油脂含量 <1% 时，其品质保持几乎与油脂无直接关系。但有些焙烤食品有时为了防止焙烤时粘连需要涂油，油脂不好也会导致产品腐败。对于油脂量含量超过 1% 的焙烤食品，如果所用原料中油脂含量高或者为了体现焙烤食品特征和提高品质而添加油脂，油脂的种类、品质等可直接影响这些成品的品质，所以所用原料或油脂的品质一定要好。

油脂在空气中长期放置，会产生异臭，这种由油脂氧化引起的腐败现象称为酸败。臭味物质随脂肪酸种类和酸败程度不同而异。植物油中含有亚油酸、亚麻酸、花生四烯酸等，根据氧化程度能产生油漆臭、雨伞臭、鱼臭、金属臭等。鱼油很少在焙烤食品中使用，但其含有四个以上不饱和双键，脂肪酸容易氧化产生臭味。蛋黄中含有的卵磷脂也容易酸败而产生臭味。

油脂发生的最一般的氧化是与空气中分子状态的氧发生平稳的氧化反应，称为自发氧化。这是一种连锁反应，脂肪分子中的脂肪酸碳链逐次（级）与氧结合生成过氧化物。饱和脂肪酸很难发生自发氧化反应，不饱和脂肪酸中与不饱和双键相邻的碳原子，特别是像 "—C＝C—CH$_2$—C＝C…" 结构中夹在不饱和双键中的亚甲基（CH$_2$）活泼性很大，容易发生氧化反应生成过氧化物。氧化反应为：

$$—CH＝CH—CH_2—CH＝CH \xrightarrow{O_2} —CH—CH＝CH—CH＝CH—（过氧化物）$$
$$\underset{OOH}{|}$$

亚油酸、亚麻酸由于含有这种结构氧化很快。在正常的储存条件下，含有 2 个以上双键的脂肪酸能发生自发氧化，饱和脂肪酸和含有一个双键的油酸几乎不发生自发氧化。

精制后的油脂最初很难发生自发氧化，氧化一旦开始速度就会急速增加。如图 7 - 10 所示，刚开始几乎不发生氧化，这一时期称为诱发期。经过诱发期后，氧气吸收量开始迅速增加，很快生成过氧化物，接下来分解，生成以各种挥发性醛类为主的羰基类酸败臭物质，这就是自发氧化的整个过程。另外，生成的羰基类化合物中也存在着毒性很强的物质。油脂自发氧化过程如下所述。

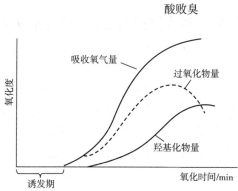

图 7 – 10 油脂自发氧化过程

摘自：森田牧郎，《粮食保藏学》，朝仓书店。

从脂肪氧化的过程来看，采用适当措施延长诱发期是防止氧化比较好的措施。

铁、铜等重金属类物质能促进油脂氧化，血红蛋白、肌红蛋白、细胞色素等亚铁化合物作为氧化触媒能表现出很高活性。陆地动物脂肪大体上由饱和脂肪酸和油酸构成，应该对氧化有抵抗能力，但实际上含有促进氧化的亚铁。

抗氧化剂是含有几个（数个）烷基的酚类，分为天然抗氧化剂和合成抗氧化剂两大类。天然抗氧化剂有生育酚（维生素 E）、类黄酮类等，合成抗氧化剂有 BHA、BHT 等，抗坏血酸的抗氧化能力也和抗氧化剂相似。特别是 BHA 等具有很强的切断油脂氧化连锁反应的能力，但因为是合成抗氧化剂，要慎用。柠檬酸、聚磷酸盐等能抑制重金属的活性，与抗氧化剂共同使用具有协同效果。羰氨反应的产物蛋白黑素也具有抗氧化能力。另外，具有抗氧化能力的天然化合物也有很多种，正在开发使用的有茶多酚等。因为大多抗氧化剂都是通过延长氧化诱发期来延缓氧化进行的，没有完全阻止氧化进行的能力，所以在氧化尚未开始的诱发期，抗氧化剂才能取得很好的效果。

影响油脂氧化的主要因素：

（1）温度　温度低，氧化速度慢，所以油脂应低温储藏。如果冷冻，解冻后会使氧化变得更容易。

（2）氧气　当然减少与氧气接触，对防止油脂氧化有积极作用。具有多孔状组织的焙烤食品内部也存在氧气，所以选用具有氧气阻隔性的包装材料，并加入脱氧剂包装，效果较好。

（3）光线　油脂遇光线发生氧化，而且再遇到光线时，对光敏感作用增强，生成物变成触媒，之后即使放在暗处也能发生氧化。这种情况下，含有 1 个双链的油酸也能被氧化。由于光线中紫外线和短波长的可见光是导致氧化的主要原因，采用红色赛璐玢或将包装材料涂成红褐色等是防止光线的重要方法。

（4）水分　焙烤食品中的油脂在过度干燥时氧化会快速进行。A_w 为 0.4 时在油脂表面能形成水的单分子膜，变成油脂被超薄层的水覆盖的形式，这种情况下水分对氧化很稳定。如果 $A_w > 0.4$ 就容易再被氧化，当 A_w 在 0.6 ~ 0.85 时氧化速度最大。油脂酸败程度可通过测定油脂的酸价（AV）、过氧化价（POV）来确定，一般 AV 在 3.0 以下、POV 在 10.0 以下的油脂符合食用油脂标准。

第二节　焙烤食品的卫生与品质保持

食品卫生管理的要求逐年严格，另外消费者的嗜好性也发生了变化，追求低糖、低盐食品，这就更增加了保持食品卫生品质的难度。焙烤食品中有不少品种根据个人技术进行生产，而且最终工序不是杀菌工序，使得卫生管理更加困难。生产焙烤食品所用的原料如小麦粉、玉米淀粉、蛋、奶油、牛乳、鲜奶油、干果、水果、果酱、糖等受微生物污染的可能性很大。另外，生产过程完全实现机械化操作也很困难，仍需要很多人工操作，这样会发生微生物二次污染而导致腐败。下面主要介绍原料微生物状况、工厂微生物状况、焙烤食品中微生物腐败现象、微生物和污染源、防止腐败措施等。

一、　原料的微生物状况

（一）小麦粉

正常小麦粉的水分含量在14%左右，如果水分含量在13%以下，微生物几乎不能生长。开封后的小麦粉不及时使用，会发生吸湿现象，水分含量增至15%～16%时霉菌能生长。水分含量超过17%时，霉菌、细菌能大量增殖。小麦粉中的菌数和菌株随制粉工厂、原料品种差异、微生物二次污染状况等不同而异。小麦粉中的菌数一般为（2.1×10^2）～（1.6×10^4）个/g，即使同一面粉厂磨出的同一品种的小麦粉，如果保存状态不同（如开封和未开封等差异），菌数也不同。一般小麦粉检查出的细菌主要是芽孢杆菌（Bacillus sp.）和微球菌（Micrococcus sp.）。霉菌主要来自原料小麦，菌数比较少，为（3.4×10）～（3.2×10^2）个/g。原料小麦不同，检查出的霉菌也不同，以曲霉菌（Aspergillus sp.）和青霉菌（Penicillium sp.）较多。通常情况下小麦粉中检查不出酵母。

（二）玉米淀粉

玉米淀粉多用于制作容重轻、纹理细的蛋糕，添加量约为小麦粉的20%，微生物菌数较多。由于生产玉米淀粉时没有进行专门地除去附着微生物的操作，使玉米淀粉混有细菌、酵母、霉菌等，如果水分合适，这些微生物开始生长繁殖。玉米淀粉的菌数为（2.5×10^2）～（3.1×10^3）个/g，大部分为芽孢杆菌，其中枯草芽孢杆菌（Bacillus subtilis）最多，其次为微球菌。正常保存的玉米淀粉几乎检查不出酵母和霉菌。

（三）蛋

蛋的鲜度对焙烤食品品质影响很大，所以蛋的管理很重要。陈旧蛋和微生物菌数多的蛋打发稍过头，泡沫立即破灭。焙烤食品制作中使用液蛋较多，液蛋是由鲜蛋去壳而得到的液全蛋、液蛋黄、液蛋白，可以分为杀菌液蛋和未杀菌液蛋。杀菌液蛋主要采用以杀死蛋中的沙门氏菌和大肠菌的低温杀菌方法，所以液蛋中微生物菌数仍很多。通常，液蛋白在55～57℃杀菌，液蛋黄、液全蛋在60～65℃杀菌。

刚产下的蛋内部几乎是无菌的。随着存放时间增加，菌数会增加。液蛋在破壳操作时也会受到微生物污染。主要污染源有蛋壳表面附着的微生物、空气中的微生物、所用工具附着的微生物等。未杀菌液蛋白、杀菌液蛋白、未杀菌液蛋黄和杀菌液蛋黄的细菌数分别为 (2.5×10^3) ~ (5.7×10^4)、(1.2×10) ~ (2.1×10^2)、(5.9×10^5) ~ (2.7×10^7) 和 (3.1×10^2) ~ (6.2×10^3) 个/g。从菌落生长状况看，未杀菌液蛋黄（西点用）的菌数为 3.1×10^7 个/g，主要为枯草芽孢杆菌和短小芽孢杆菌（Bacillus pumilus）。巧克力蛋糕中未杀菌液蛋黄的菌数为 5.2×10^5 个/g，其中检查出的酵母菌为 1.2×10^2 个/g。

（四）糖类

焙烤食品主要使用中等颗粒的砂糖，其他如绵白糖、砂糖粉、液糖，根据用途不同可分别使用。精制糖种类不同，含有的微生物数也不同，精制程度越高所含微生物菌数越少，开封后保存过程中微生物会增殖而导致糖的腐败变质。从原料中检查出的微生物几乎都是杆菌，二次污染的微生物主要有微球菌、芽孢杆菌、汉逊酵母菌（Hansenula sp.）、好干性酵母菌（Wallemia sp.）、枝孢霉（Cladosporium sp.）等。液糖是水分含量为 25% ~ 30%、pH 为 3.0 ~ 4.0 的葡萄糖、果糖、蔗糖混合加工用的砂糖，菌数为 (4.0×10) ~ (4.0×10^4) 个/g，主要有芽孢杆菌、大肠菌群、乳酸菌等，这些菌的污染源几乎都是生产过程中受到的二次污染。从焙烤食品产生的菌落现象来看，液糖的菌数为 5.0×10^4 个/g，主要菌株为嗜热脂肪芽孢杆菌（B. stearothermophilus）和啤酒酵母（Saccharomyces cerevisiae）。

（五）鲜奶油

鲜奶油是只收集牛乳中脂肪多的部分制作而成的，添加砂糖和香料等打发，制成鲜奶油膏作为蛋糕的装饰用，也可作为巴伐利亚蛋糕、冰淇淋等的原料，体现出更浓的风味。鲜奶油中微生物菌数多，即使放入冰箱也会很快腐败变质。鲜奶油的脂肪含量为 20% ~ 40%，采用低温杀菌方法生产，细菌、酵母含量较多，也能检查出少量的大肠菌群、金黄色葡萄球菌等，菌数为 5.2×10^4 ~ 1.2×10^7 个/g。发生的腐败现象主要有：由乳酸菌和大肠菌群等引起的酸败；由产生卵磷脂酶的蜡状芽孢杆菌引起的乳浊液破坏和甜性凝固；由产生脂肪酶的低温菌如莓实假单胞菌（Pseudomonas fragi）、微球菌、腐败假单胞菌（Pseudomonas putrefaciens）等引起的脂肪分解；由球拟酵母（Torulopsis glutinis）、微球菌等引起的变色等。鲜奶油中细菌为 (1.2×10^4) ~ (3.5×10^5) 个/g，大肠菌群 (2.1×10) ~ (5.1×10^2) 个/g，酵母 (3.7×10^2) ~ (7.2×10^4) 个/g，霉菌 (2.0×10) ~ (3.8×10) 个/g。高水分含量西点中存在许多微生物，它们大多来自鲜奶油。

（六）牛乳

牛乳加入面包、海绵蛋糕等中可补充水分，增加风味。牛乳中含微生物菌数多，保存性不好。细菌的孢子在低温杀菌条件下不能完全被杀死，鲜牛乳中一般存在的微生物数为 (3.6×10^3) ~ (6.3×10^5) 个/g，主要有枯草芽孢杆菌、蜡状芽孢杆菌（Bacillus cereus）、嗜热链球菌（Streptococcus thermophilus）、微球菌、嗜热脂肪芽孢杆菌、牛链球菌（Streptococcus bovis）等，但在牛乳中大多不表现出活性。由于这些菌在 10℃ 以下生长繁殖缓慢或者完全停止生长，市售鲜牛乳只有在冷藏状态下才能防止腐败。但是，杀菌后的牛乳如果发生微生物二次污染也会腐败，污染菌主要是微球菌、假单胞菌等，几乎都是低温细菌。

（七）奶油（黄油）

奶油有无盐奶油和加盐奶油两类，根据用途分别使用，无盐奶油容易受微生物污染而腐败。奶油是非常细的水滴分散在乳脂肪中形成的 W/O 型乳浊液，因此，除了表面部分基本上不适合微生物生长。奶油容易发生氧化等化学变化，大多在 -20℃ 左右储藏。导致奶油腐败的微生物主要来自生产奶油的工厂，主要是霉菌（几乎都是青霉菌），在奶油中心处也存在少量细菌和酵母。奶油中所含菌数为无盐奶油（3.9×10^3）~（5.3×10^5）个/g，加盐奶油（2.6×10^2）~（4.1×10^3）个/g。装饰西点用的无盐奶油腐败后，含细菌 1.7×10^3 个/g，酵母 1.2×10^3 个/g，霉菌 3.5×10 个/g。

（八）干果

樱桃、杏仁、葡萄干、橙皮等干果类大多用于糕点（西点）的装饰，加入蛋糕中焙烤等。附着在干果上的微生物能够导致糕点腐败。干果中检查出的微生物菌数为（5.2×10）~（2.4×10^3）个/g，几乎都是酵母菌。干果类由于含有高浓度的糖分能避免腐败，在这种条件下能够生长的微生物为高渗透压酵母。干果的糖分浓度为 40% ~ 70%（质量分数），仍需注意防止其腐败。

（九）水果

水果蛋糕、奶油馅卷、浆果夹层蛋糕、高级点心、奶油角包等以蛋糕和鲜奶油为主要原料，添加一定比例的水果，这些糕点含微生物菌数较多。添加的水果主要有草莓、猕猴桃、甜瓜、苹果、蜜橘、樱桃、菠萝等，不同品种水果的菌数差别很大，与前处理和保存条件有很大关系，一般情况下草莓为（2.5×10^3）~（5.8×10^8）个/g、猕猴桃（1.5×10^2）~（3.9×10^5）个/g、甜瓜（6.8×10）~（6.2×10^2）个/g、苹果（6.3×10）~（5.8×10^2）个/g、蜜橘（5.6×10^2）~（1.5×10^4）个/g、樱桃（3.7×10^2）~（1.2×10^4）个/g、菠萝（1.3×10^2）~（7.2×10^4）个/g。

微生物附着在水果表面，如果条件合适就会增殖。另外，在糕点加工过程中，水果也大多受到二次污染。因此，糕点用水果的菌数主要由前处理和保存方法以及加工中的二次污染等决定。从水果中检查出的微生物主要有：酵母菌、微球菌、假单胞菌、青霉菌、球拟酵母菌（*Torulopsis* sp.）、海洋真菌（*Alternalia* sp.）等。不同水果中存在的微生物也有差别，如苹果中主要有酵母菌；草莓中主要有微球菌、海洋真菌；甜瓜、蜜橘、菠萝中主要有酵母菌、微球菌、假单胞菌、青霉菌。

（十）果酱

果酱一般用草莓、梅、柿子、杏等水果加工而成，西点中使用最多的果酱是杏酱。果酱受热在热水、朗姆酒等中溶解延伸，用于派等糕点的最后成型加工原料。果酱的糖度为 25% ~ 65%，pH 为 2.5 ~ 4.5，经过 85℃、10 ~ 15min 的加热杀菌处理，所以由微生物引起的腐败较少。微生物菌数为（1.3×10）~（8.8×10）个/g，大多为细菌中的杆菌。开封后，表面能产生霉菌和酵母。

二、糕点工厂的微生物污染状况

（一）工厂空气中的浮游微生物

焙烤食品中糕点比面包容易腐败，主要因为糕点所使用原料如鲜奶油、琼脂等是微生物的良好营养源。通常，在夏季，糕点更容易腐败变质，这与空气中存在浮游微生物多有很大关系。空气中浮游微生物很多，并随季节、位置等不同而存在差异，如春季大多为大肠菌群、酵母等；夏季大多为大肠菌群、酵母、杆菌等。

（二）工厂地板、机械、工具上的微生物污染

焙烤食品工厂中地板、机械、工具的微生物污染状况如表 7 – 3 所示。菌数以 10cm² 计，含 100 以上菌落作为 100 处理。无论何处，活菌数超过 80 以上都属于受到相当污染。冷藏库壁面受大肠菌群污染为 50 左右，比其他地方高。另外，冷藏库的把手处和各印花处比把手处的壁面受污染程度高得多。派成型机大多受葡萄球菌污染，产品碎屑揉进布制输送带形成了污染源。操作台虽然用不锈钢制造，污染程度也很高。冷藏库壁面，特别是把手附近受污染程度高主要因为人手触摸的机会多。

表 7 – 3　　　　　　　　　　　　　工厂中的微生物污染状况

	测定地点	测定样品数	平均菌数/ [个/(10cm²)]	标准偏差	标准误差	最大值/ [个/(10cm²)]
	地板活菌数	108	95.5	6.1	0.6	100
搅拌机	活菌数	36	85.6	14.9	6.0	100
	大肠菌群	12	10.3	4.3	1.8	21
	葡萄球菌	12	31.7	13.4	5.5	51
	真菌	12	70.6	23.3	9.5	100
操作台	活菌数	36	84.3	13.5	5.5	100
	大肠菌群	12	29.4	12.7	5.2	45
	葡萄球菌	12	13.4	7.4	4.3	32
	真菌	12	35.7	15.1	6.0	61
派成型机	活菌数	36	90.2	8.4	3.4	100
	大肠菌群	12	16.4	8.0	4.1	39
	葡萄球菌	12	52.4	20.7	9.2	76
	真菌	12	29.1	10.6	4.3	50
冷藏库外壁	活菌数	36	88.1	16.0	8.9	100
	大肠菌群	12	47.3	17.2	5.7	64
	葡萄球菌	12	11.5	4.4	2.1	23
	真菌	12	47.3	20.7	9.2	72

三、微生物腐败现象、微生物和污染源

（一）焙烤食品中的菌数和保存后的菌数

含水量 20% 以上的焙烤食品容易受到微生物污染，含水量 5% 以下的小西饼、俄罗斯式蛋糕、椒盐饼干等几乎不用担心由微生物污染而腐败。有时含水量 5% ~ 8% 的小西饼会出现黑色斑点，这主要是因为受到生产工厂空气中微生物的二次污染。小西饼表面的水分含量一旦上升，就会出现黑色斑点。水分含量在 10% 以下的糕点主要因为受到空气中微生物的污染而腐败，随

着保存技术的进步，这种情况目前已不多见。水分含量为 20% ~70% 的焙烤食品刚生产出后和 5、10、15、20℃ 保存 2d 后的菌数如表 7 -4 所示。

表 7 -4　　　　　　　　　　焙烤食品 * 保存中微生物的变化　　　　　　　　单位：个/g

焙烤食品	初始菌数	保存温度			
		5℃	10℃	15℃	20℃
法式奶油馅点心	$10 \sim 10^2$	$10^2 \sim 10^4$	$10^4 \sim 10^6$	$10^5 \sim 10^8$	$10^7 \sim 10^8$
起酥蛋糕	$10^2 \sim 10^3$	$10^3 \sim 10^5$	$10^5 \sim 10^8$	$10^6 \sim 10^8$	$10^7 \sim 10^8$
夹心蛋糕					
香子兰夹心	$10^2 \sim 10^3$	$10^3 \sim 10^5$	$10^4 \sim 10^6$	$10^5 \sim 10^8$	$10^6 \sim 10^8$
菠萝夹心	$10^2 \sim 10^4$	$10^3 \sim 10^5$	$10^4 \sim 10^6$	$10^5 \sim 10^8$	$10^7 \sim 10^8$
干酪蛋糕	$10^3 \sim 10^4$	$10^4 \sim 10^5$	$10^4 \sim 10^6$	$10^5 \sim 10^7$	$10^6 \sim 10^8$
奶油卷	$10 \sim 10^2$	$10^3 \sim 10^4$	$10^4 \sim 10^5$	$10^4 \sim 10^6$	$10^4 \sim 10^6$
樱桃蛋糕	$10 \sim 10^2$	$10^2 \sim 10^4$	$10^3 \sim 10^5$	$10^3 \sim 10^6$	$10^4 \sim 10^6$
巧克力蛋糕	$10 \sim 10^2$	$10^2 \sim 10^4$	$10^3 \sim 10^4$	$10^4 \sim 10^6$	$10^4 \sim 10^5$
水果蛋糕	$10 \sim 10^2$	$10^2 \sim 10^4$	$10^3 \sim 10^5$	$10^3 \sim 10^6$	$10^4 \sim 10^6$
葡萄派	$10 \sim 10^2$	$10^2 \sim 10^4$	$10^2 \sim 10^5$	$10^3 \sim 10^5$	$10^3 \sim 10^5$
苹果派	$10 \sim 10^2$	$10^2 \sim 10^4$	$10^3 \sim 10^5$	$10^3 \sim 10^6$	$10^3 \sim 10^6$
松糕	$10 \sim 10^2$	$10^2 \sim 10^3$	$10^3 \sim 10^4$	$10^3 \sim 10^5$	$10^3 \sim 10^5$
油炸面包圈	$10 \sim 10^2$	$10^2 \sim 10^3$	$10^3 \sim 10^5$	$10^4 \sim 10^6$	$10^4 \sim 10^6$

* 水分含量为 20% ~70% 的糕点，保存 2d。

焙烤食品中的菌数随着保存时间的增加而增加，保存温度要比保存时间影响大。例如法式奶油馅点心、起酥蛋糕、夹心蛋糕、干酪蛋糕等，15 ~20℃ 保存 2d 的菌数为 (2.2×10^6) ~ (1.8×10^7) 个/g。

（二）微生物腐败现象、微生物和污染源

1. 湿焙烤食品

湿焙烤食品的水分含量、腐败现象、微生物和污染源如表 7 -5 所示。

表 7 -5　　　　　　　湿焙烤食品的水分含量、腐败现象、微生物和污染源

湿焙烤食品	水分含量/%	腐败现象	腐败微生物	污染源
干酪蛋糕	33.5	酸败	粪链球菌 (*Streptococcus faecalis*)	稀奶油干酪
	33.50	发霉（发黏）	蜡状芽孢杆菌 (*Bacillus cereus*)	奶油
起酥蛋糕	31.0	酸败	明串球菌 (*Leuconostoc mesenteroides*)	鲜奶油

续表

湿焙烤食品	水分含量/%	腐败现象	腐败微生物	污染源
	31.0	溶剂臭①	异常汉逊氏酵母 （*Hansenula anomala*）	糖浆
奶油馅点心	53.7	酸败	粪链球菌 （*Streptococcus faecalis*）	蛋奶羹
	53.7	产生异臭	产乳糖酶酵母 （*Kluyveromyces marxianus*）	蛋奶羹
奶油卷	57.2	酸败	粪链球菌	蛋奶羹
	57.2	产生异臭	产乳糖酶酵母 （*Kluyveromyces marxianus*）	蛋奶羹
苹果派	43.9	溶剂臭	异常汉逊氏酵母	冷却中二次污染
	43.9	黑色斑点	枝孢霉 （*Cladosporium herbarum*）	冷却中二次污染
夹心蛋糕	41.1	酸败	粪链球菌	打稠奶油
	41.1	溶剂臭	异常汉逊氏酵母	打稠奶油
重油蛋糕	32.7	生成白斑点	玫瑰酵母 （*Saccharomyces rosei*）	冷却中二次污染
	32.7	乙醇臭	鲁氏结合酵母 （*Zygosaccharomyces rouxii*）	冷却中二次污染
蛋奶布丁	70.2	发霉（发黏）	蜡状芽孢杆菌	奶油
	70.2	酸败	粪链球菌	冷却中二次污染
华夫卷	43.6	酸败	粪链球菌	二次污染
	43.6	生成白斑点	粪链球菌	二次污染
巴伐利亚蛋糕	67.0	生成异臭	环状杆菌 （*Bacillus circulans*）	二次污染
	67.0	酸败	粪链球菌	二次污染
肉馅卷	33.8	生成异臭	梭状芽孢杆菌 （*Clostridium sp.*）	肉
	33.8	生成白斑点	巴氏酵母 （*Saccharomyces pastorianus*）	青椒
什锦比萨饼	45.0	生成白斑点	巴氏酵母	青椒
	45.0	产生异臭	枯草芽孢杆菌 （*Bacillus subtilis*）	粉末干酪
福兰	61.2	酸败	粪链球菌	二次污染

续表

湿焙烤食品	水分含量/%	腐败现象	腐败微生物	污染源
	61.2	生成异臭[①]	微球菌 （*Micrococcus sp.*）	二次污染
松蛋糕卷	31.3	溶剂臭	异常汉逊氏酵母	冷却中二次污染
	31.3	菌落现象[②]	马铃薯杆菌 （*Bacillus mesentericus*）	冷却中二次污染
果酱面包	31.8	菌落现象	马铃薯杆菌	冷却中二次污染
	31.8	酸败	粪链球菌	二次污染
稀奶油面包	37.2	菌落现象	马铃薯杆菌	冷却中二次污染
	37.2	生成异臭	蜡状芽孢杆菌	二次污染

①溶剂臭是指生成乙酸乙酯的腐败现象。

②菌落现象是指细菌引起的拉丝腐败现象。

生产水分含量在30%以上的焙烤食品，大多使用鲜奶油，由鲜奶油带来的微生物引起的腐败现象也较多。鲜奶油中的微生物主要有链球菌［嗜热链球菌（*Streptococcus thermophilus*）和牛链球菌（*Streptococcus bovi*）］、保加利亚乳杆菌（*Lactobacillus bulgaricus*）、胚芽乳杆菌（*Lactobacillus plantarum*）、干酪乳杆菌（*Lactobacillos casei*）、密集微球菌（*Micrococcus conglomeratus*）、蜡状芽孢杆菌、肠膜状明串珠菌、微乳球菌（*Micrococcus lacticum*）等，这些微生物引起的酸败现象主要是酸败和黏败。一部分酵母菌、球拟酵母菌也能产气。奶油馅点心比鲜奶油类蛋糕微生物菌数少，由于水分含量高，保存过程中微生物增殖很快，大多也检查出大肠菌群。使用脱氧剂包装的海绵蛋糕、重油蛋糕、什锦比萨饼、苹果派、肉馅饼等能延长保存期，同时酵母显著增殖，大多由这些酵母产生腐败现象。

起酥蛋糕、干酪蛋糕、浆果夹心蛋糕、奶油卷、奶油角都是以海绵蛋糕和鲜奶油为主要原料的，再添加水果等。海绵蛋糕部分、鲜奶油部分和其他原料部分中所含微生物菌数和菌株差别很大。生鲜奶油所含菌株前面刚介绍过，海绵蛋糕检查出的菌株有鲜奶油中的细菌，白地霉（*Geotrichum candidum*）、枝孢霉等丝状菌和酵母菌、异常汉逊氏酵母等。其他部分的菌株根据所用原料不同而差别很大，如使用水果，检查出的菌株大多为粪链球菌、明串珠菌等乳酸菌、大肠菌群、鲁氏结合酵母等酵母。干酪蛋糕、布丁、水果蛋糕由蜡状芽孢杆菌、梭状芽孢杆菌引起腐败变质（产生异臭、酸败、黏败等）。起酥蛋糕、奶油馅点心、奶油卷、巴伐利亚蛋糕、夹心蛋糕、重油蛋糕等大多由粪链球菌引起酸败，也有不少由鲁氏结合酵母和异常汉逊氏酵母等产生酯而酸败。

什锦比萨饼是在外皮上涂上比萨酱，然后加粉末干酪、意大利香肠、青椒丝等最后充 CO_2 包装。由于最后工序不是采用加热杀菌等杀菌工序，二次污染的细菌和原材料附着的细菌进入最后的产品，产品菌数多达 $（3.1 \times 10^6）$ ~ $（2.7 \times 10^7）$ 个/g。因此，即使在低温下保存（0 ~ 10℃），大多3~5d后产生异臭，腐败微生物主要有蜡状芽孢杆菌、粪链球菌、微球菌、枯草芽孢杆菌等。使用脱氧剂能抑制这些细菌，可是在青椒丝的周围生出白色斑点——巴氏酵母（*Saccharomyces pastorianus*）。

从湿焙烤食品中检查出的细菌主要是粪链球菌、干酪乳杆菌（*Lactobacillos casei*）、明串球菌等乳酸菌，还有微球菌、杆菌、黄杆菌（*Flavobacterium* sp.）、假单胞菌等。检查出的酵母大多为啤酒酵母、玫瑰酵母、巴氏酵母等，其他还有汉逊氏酵母、假丝酵母（*Candida* sp.）等。检查出的丝状菌大多为枝孢霉，也有白地霉等。

2. 半湿焙烤食品

半湿焙烤食品的水分含量、腐败现象、微生物和污染源如表7-6所示。

表7-6　　　　　　　　　　　　半湿焙烤食品的腐败现象和微生物

半湿糕点	水分含量/%	腐败现象	微生物	污染源
松蛋糕	28.8	溶剂臭①	异常汉逊氏酵母（*Hansenula anomala*）	冷却中二次污染
	28.8	生成白斑	玫瑰酵母（*Saccharomyces rosei*）	冷却中二次污染
巧克力蛋糕	29.9	溶剂臭	假丝酵母（*Candida cacaoi*）	可可脂
	29.9	生成白斑	假丝酵母	可可脂
海绵蛋糕	29.6	生成白斑	玫瑰酵母	冷却中二次污染
	29.6	乙醇臭	啤酒酵母（*Saccharomyces cerevisea*）	冷却中二次污染
	29.6	溶剂臭	异常汉逊氏酵母	冷却中二次污染
	29.6	菌落现象②	短小芽孢杆菌（*Bacillus pumilus*）	冷却中二次污染
夹心松蛋糕	28.7	溶剂臭	异常汉逊氏酵母	冷却中二次污染
	28.7	生成白斑	玫瑰酵母	冷却中二次污染
	28.7	菌落现象	枯草芽孢杆菌（*Bacillus subtilis*）	冷却中二次污染
纸杯蛋糕	21.1	溶剂臭	异常汉逊氏酵母	冷却中二次污染
	21.1	生成白斑	玫瑰酵母	冷却中二次污染
	21.1	菌落现象	地衣芽孢杆菌（*Bacillus licheniformis*）	冷却中二次污染
油炸面包圈	22.5	生成黑斑	枝孢霉（*Cladosporium herharum*）	冷却中二次污染
	22.5	酸败	粪链球菌（*Streptococcus faecalis*）	冷却中二次污染
	22.5	产生异臭	枯草芽孢杆菌	二次污染

①溶剂臭是指生成乙酸乙酯的腐败现象。

②菌落现象是指细菌引起的拉丝腐败现象。

水分含量10%～30%的半湿焙烤食品，生产出后大多采用真空包装、加脱氧剂包装。因而，由酵母引起的腐败要比由细菌、丝状菌引起的腐败多。

目前，松蛋糕等半湿焙烤食品普遍采用充气包装、真空包装、加脱氧剂包装、加粉末乙醇包装等，同时，也经常使用乙醇作为防腐剂和杀菌剂等，多发生乙酸乙酯腐败现象（溶剂臭）。不同包装形式如含气包装、加脱氧剂包装、加粉末乙醇包装、真空包装等，其共同特点是包装薄膜大多使用氧气阻隔性高的材料。腐败微生物主要是异常汉逊氏酵母，也有少部分由假丝酵母、球拟酵母菌导致腐败。有乙酸乙酯腐败现象的半湿焙烤食品一般都使用乙醇作为抑菌剂和风味改良剂。食品中存在的酵母消耗所含糖类，在脱氧状态下生成乙醇和酸，所以容易生成乙酸乙酯。一般含糖量高的半湿焙烤食品要注意乙酸乙酯的生成，需长期保存焙烤食品要不断加热，但在含有乙醇的情况下，生成乙酸乙酯很快，室温下 2~3d 达到最大。最近，经常发生包装巧克力蛋糕出现白斑和生成乙酸乙酯的现象，腐败微生物几乎都来自可可油中的假丝酵母。

夹心蛋糕、海绵蛋糕、面包等大多见到的腐败现象为拉丝现象，至今仍没有特别好的防止措施。从产生拉丝现象的面包和原料中分离出微生物，然后鉴定、培养、研究其拉丝特性，再确定其防止措施。拉丝现象都是由细菌引起的，几乎都是杆菌。包括枯草芽孢杆菌、短小芽孢杆菌、浸麻芽孢杆菌（*B. macerans*）、地衣芽孢杆菌等，这些细菌大多来自蛋、乳化起泡剂，也有一小部分来自小麦粉。

3. 干焙烤食品

干焙烤食品的水分含量在食品标准中没有特别规定，大多指水分含量在10%以下的焙烤食品，这些产品从生产到销售水分含量变化不大，吸湿后水分含量增加，就会导致腐败。

小西饼当水分含量为5.7%~7.5%时，表面出现黑斑，研究其腐败原因主要是由微生物引起的。能在这样条件下生长的微生物目前知道的只有高渗透压酵母、高渗透压丝状菌。这些微生物在蜂蜜、果酱、糖浆、干果（40%~70%糖分）等原料中能检查出，也是导致它们腐败的微生物。一般果酱、果冻、巧克力、小西饼等中的酵母和丝状菌可以从外部吸湿而生长繁殖。

将小西饼完全密封包入罐中，放置1个月，研究其腐败现象，发现生长黑斑的小西饼中存在的微生物大部分是酵母，主要有异常汉逊氏酵母和 *Saccharomycopsis capsularias*，以前者最多。因此，防止小西饼生成小黑斑，主要考虑控制前者。这种酵母能够从工厂的窗户、墙壁和空气中检查出，估计是在生产过程中受到的二次污染。被这种酵母二次污染的小西饼包装后表面水分一旦增加，这种酵母就会增殖。这种腐败现象经常发生，至今认为主要原因是受到二次污染造成的，因此防止措施是经常对工厂杀菌。

综上所述，与焙烤食品腐败有关的微生物主要是附着在原料上的微生物和工厂中的浮游微生物。

第三节　防止焙烤食品腐败的方法

为了防止焙烤食品腐败，主要措施有四点：第一，精选原料和选用微生物菌数少的原料。开封和预加工处理后的原料由于保存中微生物会增殖，应尽快用完。如果不得不保存，要采取措施阻止微生物增殖。第二，采取措施防止受到空气中浮游微生物等的二次污染。第三，如果焙烤食品的流通时间长，包装时加入脱氧剂、粉末乙醇等保鲜剂保存。第四，采用合适的包装形式、方法和材料来延缓焙烤食品的品质变化，这一点已在第六章介绍过。

一、　原料的精选和保存

鲜奶油中微生物菌数较多，要尽快用完。如果需要保存，应在 5~8℃冷藏库中最多保存 2~3d。无盐奶油与鲜奶油一样，含微生物菌数较多，容易腐败而不能长期保存，在 5~8℃ 的冷藏库中最多可保存 5~6d。

液蛋相当容易受微生物污染，一定要十分注意生产出液蛋后的操作处理，必须在保质期内使用完。再者，根据用途不同，一定要区别使用杀菌液蛋和未杀菌液蛋。液蛋特别是液蛋黄、液全蛋都是微生物的良好营养源，如果温度合适，细菌的增殖很快，所以要十分注意保存温度。图 7-11 所示为液蛋黄、液全蛋、液蛋在 25℃ 条件下储藏大肠菌群的增殖情况。图 7-12 所示为液全蛋在不同温度下活菌数的变化。液蛋白比液蛋黄、液全蛋菌数增加得少，主要是因为蛋白的 pH 为 9~9.4，呈碱性，不适合微生物生长，而且蛋白中含有溶菌酶，能阻止细菌入侵。另外，蛋白中的伴清蛋白能与铁、铜、亚铅等结合，使微生物不能利用。如果少量液蛋黄混入液蛋白中，菌数的增殖显著增加，如图 7-13 所示。这是因为少量的蛋黄为微生物的增殖补充了必要的微量营养素。实际上，大部分液蛋白中都混有少量液蛋黄，因此液蛋白与液蛋黄、液全蛋一样应该尽可能在低温下保存。

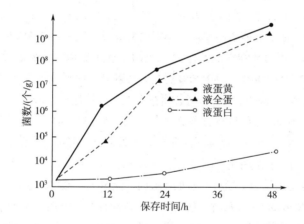

图 7-11　25℃下液蛋黄、液全蛋和液蛋白中大肠菌群的增殖

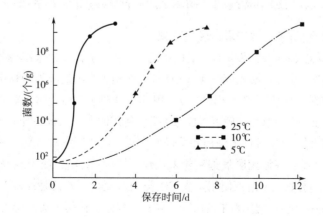

图 7-12　不同温度下液全蛋中菌数的增殖

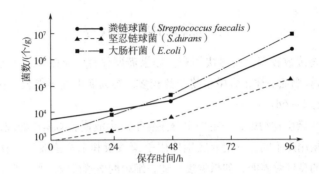

图 7 – 13　25℃下液蛋白中混入 0.15% 的液蛋黄后菌数的增殖

小麦粉、淀粉、糖类、干果、坚果类一般含有微生物菌数比较少，可尝试用臭氧处理来降低菌数。

二、 防止工厂空气中浮游微生物带来的二次污染

减少工厂中空气浮游微生物的方法有气体杀菌法、喷药剂法、擦拭法、紫外线照射法等。喷药剂法存在药剂附着在房间内表面、机器上等问题。擦拭法由于不能对室内空气杀菌，擦去后仍会再附着微生物，而且考虑到操作人员的安全问题，使用的擦拭药剂品种会受到限制。综合以上原因，工厂中一般用气体杀菌较好，例如用臭氧对工厂进行杀菌处理。臭氧杀菌具有较强的弥漫性，可迅速、均匀地弥漫到整个灭菌空间，且无死角。臭氧的杀菌浓度需要保持在 $10 \sim 15 mg/kg$，时间在 $30 \sim 60 min$。臭氧浓度过高，会刺激人的呼吸系统，国家卫生健康委员会规定的臭氧安全浓度为 $0.1 mg/kg$。故杀菌必须在无人条件下进行，杀菌后停 $30 \sim 50 min$ 进入便无影响。杀菌后 $30 \sim 60 min$ 臭氧自行分解为氧气，其在分解时间内仍有杀菌功效，故杀菌后，若房间密闭仍可保持 $30 \sim 60 min$。经臭氧处理后，大肠菌群、酵母、杆菌、微球菌等显著减少，丝状真菌减少不多。用臭氧杀菌比较困难的是耐高渗透压微生物。

紫外线照射法是使用紫外灯进行空间消杀的，紫外灯一般按 $1 W/m^3$ 设置，悬挂高度在 $2.5 m$ 以下，使用累积 $1000 h$ 后应及时更换。紫外灯杀菌存在局限性，由于紫外线穿透力差，仅辐射至物体表面，物体内部及下方属紫外线照射死角，此局限性影响空气消毒效果。

三、 使用脱氧剂、粉末乙醇等保鲜剂的保存效果

（一） 脱氧剂和粉末乙醇的复合使用效果

前面讲过，含糖食品如果在脱氧状态下使用乙醇，由于异常汉逊氏酵母等耐高渗透压酵母的作用容易导致腐败（生成乙酸乙酯、生成白斑）。在刚生产出的海绵蛋糕中大量接种异常汉逊氏酵母（1 个蛋糕的接种量为 7.5×10^{10} 个），用 CPP 薄膜包装后，和保鲜剂一起放入 PET 袋中保存（使用的脱氧剂有脱氧类和脱氧生成 CO_2 类，使用的粉末乙醇制剂有生成乙醇类、脱氧和生成乙醇类），研究在上述条件下细菌和酵母的变化。试验试样有 A 组：不使用脱氧剂和粉末乙醇，不接种；B 组：不使用脱氧剂和粉末乙醇，接种；C 组：使用脱氧剂，不接种；D_1、D_2 组：使用脱氧剂，接种；E 组：使用产生 CO_2 类的脱氧剂，不接种；F1、F2 组：使用生成 CO_2 类脱氧剂，接种；G 组：使用粉末乙醇，不接种；H 组：使用生成乙醇类脱氧剂，不接种；I 组：使用粉末乙醇，接种；J 组：使用生成乙醇类脱氧剂，接种。试验共分为 12 组，在 25℃

恒温箱中保存约 4 个月。

在海绵蛋糕中接种异常汉逊氏酵母后，加入脱氧剂包装，测定 25℃ 下保存过程中细菌数的变化，结果表明，保存 10d 后，接种组的菌数显著增加，保存 30d 后对照组 A 组细菌数增加，几乎与接种组细菌数相同。使用生成 CO_2 类脱氧剂的组（E、F_1、F_2）呈现抑制细菌增殖的倾向。同样接种后，加入粉末乙醇，测定 25℃ 下保存过程中细菌数的变化。结果表明，直到保存 10d 后接种组的菌数显著增加，在保存 30d 后 A 组和 H 组的细菌显著增加，G 组细菌增殖显著受到抑制。另外检查出的细菌有杆菌种、微球菌、链球菌、乳杆菌（*Lactobacillus* sp.）、明串珠菌等。

在海绵蛋糕中接种异常汉逊氏酵母后，加入脱氧剂后包装，测定 25℃ 下保存过程中酵母菌数的变化。结果表明，保存初期菌数显著增加，A 组和 B 组为 $10^7 \sim 10^8$ 个/g，D_1 和 D_2 组为 $10^6 \sim 10^7$ 个/g，F_1 和 F_2 组为 $10^5 \sim 10^6$ 个/g，C 和 E 组为 $10^4 \sim 10^6$ 个/g。同样接种异常汉逊氏酵母后，加入粉末乙醇后包装，测定 25℃ 下保存过程中酵母菌数的变化。结果表明，保存 10d 后，A 组和 B 组显著增加至 $10^7 \sim 10^8$ 个/g，I 和 J 组为 $10^5 \sim 10^6$ 个/g，G 和 H 组 $10^3 \sim 10^4$ 个/g，酵母菌的增殖显著受到抑制。

（二）脱氧剂和臭氧的复合

脱氧剂基本上能阻止丝状真菌的生长，但不能完全阻止细菌和酵母的生长。因此，预先用臭氧尽可能减少细菌和酵母菌数，这样就能达到提高脱氧剂效果的目的。下面介绍脱氧剂和臭氧复合使用的研究结果。

经臭氧处理后的松蛋糕加入脱氧剂后保存，细菌的变化情况如图 7-14 所示。图中表示的是采用 0.2mg/kg、1.0mg/kg 臭氧处理松蛋糕表面细菌的情况，臭氧处理抑制了细菌增殖，尤其是 1.0mg/kg 臭氧处理组影响显著。再者，在臭氧处理组中使用脱氧剂能更好地抑制细菌的增殖。

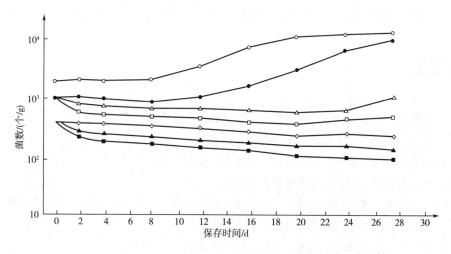

图 7-14 臭氧处理后松蛋糕在保存过程中细菌数的变化

○—对照组　　△—0.2mg/kg 臭氧处理 + LH - 1000

●—0.2mg/kg 臭氧处理　　▲—1.0mg/kg 臭氧处理 + LH - 1000

◇—1.0mg/kg 臭氧处理　　□—0.2mg/kg 臭氧处理 + GMA - 1000　　■—1.0mg/kg 臭氧处理 + GMA - 1000

　　丝状真菌在氧气浓度很低的情况下仍能繁殖。如丝状真菌中的根霉菌（*Rhizopus* sp.）、枝孢霉、海洋真菌等在氧气浓度为0.2%时就表现出相当的繁殖能力。因此，研究了臭氧处理组、使用脱氧剂组、臭氧处理和使用脱氧剂复配组对丝状真菌的影响。采用臭氧处理后丝状真菌的变化如图7-15所示。使用脱氧剂组，脱氧剂和臭氧处理复配组几乎检不出丝状真菌，可是对照组和0.2mg/kg、1.0mg/kg臭氧处理组在松蛋糕表面和内部都检查出了丝状真菌。试验中，所有松蛋糕表面比其内部菌数多，随着保存时间的延长增加到一定程度并保持不变。另外，试验中使用的松蛋糕中刚开始时酵母数为3.0×10个/g以下，保存45d后为3.0×10^2个/g。

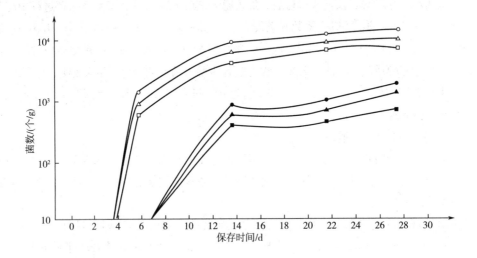

图7-15　臭氧处理后的松蛋糕在保存过程中丝状真菌的变化

○—对照（表面）　　△—0.2mg/kg 臭氧处理（表面）　　□—1.0mg/kg 臭氧处理（表面）

●—对照（内部）　　▲—0.2mg/kg 臭氧处理（内部）　　■—1.0mg/kg 臭氧处理（内部）

🔍 思考题

1. 引起焙烤食品品质变化的理化原因有哪些？
2. 焙烤食品按水分含量可分为哪几类？分别有什么代表性产品？
3. 什么是水分活度？水分活度与微生物的繁殖有什么关系？
4. 列举5种常见焙烤食品及其对应的水分含量和水分活度。
5. 什么是离浆？如何防止离浆现象的发生？
6. 什么是等温吸湿、放湿曲线？由焙烤食品的吸湿、放湿引起的品质变化有哪些？
7. 什么是酶促褐变？防止酶促褐变的方法有哪些？
8. 什么是非酶促褐变？主要的非酶促褐变有哪两种？
9. 简述焦糖化反应的概念及反应机制。
10. 简述羰氨反应的概念及反应机制。影响羰氨反应的主要因素有哪些？
11. 简述焙烤食品淀粉老化的机制及延缓淀粉老化的措施。

12. 简述油脂的自发氧化过程。影响油脂氧化的主要因素有哪些? 如何防止油脂的氧化?

13. 简述焙烤食品原料的微生物状况和工厂微生物状况。

14. 焙烤食品的微生物腐败现象、微生物种类和污染源有哪些?

15. 请举例说明防止焙烤食品腐败的措施有哪些?

焙烤食品相关标准

附录一　GB/T 20981—2007　《面包》

1　范围

本标准规定了面包的术语和定义、产品分类、技术要求、试验方法、检验规则、标签、包装、运输及贮存与展卖。

本标准适用于面包产品。

2　规范性引用文件

下列文件中的条款通过本标准的引用而成为本标准的条款。凡是注日期的引用文件，其随后所有的修改单（不包括勘误的内容）或修订版均不适用于本标准，然而，鼓励根据本标准达成协议的各方研究是否可使用这些文件的最新版本。凡是不注日期的引用文件，其最新版本适用于本标准。

GB/T 601 化学试剂标准溶液的制备

GB 2760 食品添加剂使用卫生标准

GB/T 5009.3 食品中水分的测定

GB 7099 糕点、面包卫生标准

GB 7718 预包装食品标签通则

GB 14880 食品营养强化剂使用卫生标准

JJF 1070 定量包装商品净含量计量检验规则

国家质量监督检验检疫总局［2005］第 75 号令　定量包装商品计量监督管理办法

卫生监发［2003］180 号　散装食品卫生管理规范

3　术语和定义

下列术语和定义适用于本标准。

3.1　面包　bread

以小麦粉、酵母、食盐、水为主要原料，加入适量辅料，经搅拌面团、发酵、整型、醒发、烘烤或油炸等工艺制成的松软多孔的食品，以及烤制成熟前或后在面包坯表面或内部添加奶油、人造黄油、蛋白、可可、果酱等的制品。

3.2　软式面包　soft bread

组织松软，气孔均匀的面包。

3.3　硬式面包　hard bread

表皮硬脆，有裂纹，内部组织柔软的面包。

3.4　起酥面包　puff bread

层次清晰，口感酥松的面包。

3.5　调理面包　prepared bread

烤制成熟前或后在面包坯表面或内部添加奶油、人造黄油、蛋白、可可、果酱等的面包。不包括加入新鲜水果、蔬菜以及肉制品的食品。

4　产品分类

按产品的物理性质和食用口感分为软式面包、硬式面包、起酥面包、调理面包和其他面包五类，其中调理面包又分为热加工和冷加工两类。

5　技术要求

5.1　感官要求

应符合表1的规定。

表1　感官要求

项目	软式面包	硬式面包	起酥面包	调理面包	其他面包
形态	完整，丰满，无黑泡或明显焦斑，形状应与品种造型相符。	表皮有裂口，完整，丰满，无黑泡或明显焦斑，形状应与品种造型相符。	丰满，多层，无黑泡或明显焦斑，光洁，形状应与品种造型相符。	完整，丰满，无黑泡或明显焦斑，形状应与品种造型相符。	符合产品应有的形态。
表面色泽	金黄色、淡棕色或棕灰色，色泽均匀、正常。				
组织	细腻、有弹性，气孔均匀，纹理清晰，呈海绵状，切片后不断裂。	紧密，有弹性。	有弹性，多孔，纹理清晰，层次分明。	细腻、有弹性，气孔均匀，纹理清晰，呈海绵状。	符合产品应有的组织。
滋味与口感	具有发酵和烘烤后的面包香味，松软适口，无异味。	耐咀嚼，无异味。	表皮酥脆，内质松软，口感酥香，无异味。	具有品种应有的滋味与口感，无异味。	符合产品应有的滋味与口感，无异味。
杂质	正常视力无可见的外来异物。				

5.2 净含量偏差

预包装产品应符合国家质量监督检验检疫总居［2005］第75号令《定量包装商品计量监督管理办法》。

5.3 理化要求

应符合表2的规定。

表2 理化要求

项目		软式面包	硬式面包	起酥面包	调理面包	其他面包
水分/%	≤	45	45	36	45	45
酸度/°T	≤	6				
比容（质量体积）/（mL/g）	≥	7.0				

5.4 卫生要求

应符合 GB 7099 的规定。

5.5 食品添加剂和食品营养强化剂要求

食品添加剂的使用应符合 GB 2760 的规定，食品营养强化剂的使用应符合 GB 14880 的规定。

6 试验方法

6.1 感官检验

将样品置于清洁、干燥的白瓷盘中，用目测检查形态、色泽；然后用餐刀按四分法切开，观察组织、杂质；品尝滋味与口感，做出评价。

6.2 净含量偏差

按 JJF 1070 规定的方法测定。

6.3 水分

按 GB/T 5009.3 规定的方法测定，取样应以面包中心部位为准，调理面包的取样应取面包部分的中心部位。

6.4 酸度

6.4.1 试剂

a）氢氧化钠标准溶液（0.1mol/L）：按 GB/T 601 规定的方法配制与标定。

b）酚酞指示液（1%）：称取酚酞 1g，溶于 60mL 乙醇（95%）中，用水稀释至 100mL。

6.4.2 仪器

碱式滴定管：25mL。

6.4.3 分析步骤

称取面包心 25g，精确到 0.1g，加入无二氧化碳蒸馏水 60mL，用玻璃棒捣碎，移入 250mL 容量瓶中，定容至刻度，摇匀。静置 10min 后再摇 2min，静置 10min，用纱布或滤纸过滤。取滤液 25mL 移入 200mL 三角瓶中，加入酚酞指示液 2 滴 ~8 滴，用氢氧化钠标准溶液（0.1mol/L）滴定至微红色 30s 不褪色，记录耗用氢氧化钠标准溶液的体积。同时用蒸馏水做空白试验。

6.4.4　分析结果的表述

酸度 T 按式（1）计算：

$$T = \frac{c \times (V_1 - V_2)}{m} \times 1000 \tag{1}$$

式中：T——酸度，单位为酸度（°T）；

c——氢氧化钠标准溶液的实际浓度，单位为摩尔每升（mol/L）；

V_1——滴定试液时消耗氢氧化钠标准溶液的体积，单位为毫升（mL）；

V_2——空白试验消耗氢氧化钠标准溶液的体积，单位为毫升（mL）；

m——样品的质量，单位为克（g）。

6.4.5　允许差

在重复性条件下获得的两次独立测定结果的绝对差值，应不超过 0.1°T。

6.5　比容

6.5.1　方法一

6.5.1.1　仪器

天平：感量 0.1g。

6.5.1.2　装置

面包体积测定仪：测定范围 0mL～1000mL。

6.5.1.3　分析步骤

a）将待测面包称量，精确至 0.1g。

b）当待测面包体积不大于 400mL 时，先把底箱盖好，打开顶箱盖子和插板，从顶箱放入填充物，至标尺零线，盖好顶盖后，反复颠倒几次，调整填充物加入量至标尺零线；测量时，先把充填物倒置于顶箱，关闭插板开关，打开底箱盖，放入待测面包，盖好底盖，拉开插板使填充物自然落下，在标尺上读出填充物的刻度，即为面包的实测体积。

c）当待测面包体积大于 400mL 时，先把底箱打开，放入 400mL 的标准模块，盖好底箱，打开顶箱盖子和插板，从顶箱放入填充物，至标尺零线，盖好顶盖后，反复颠倒几次，消除死角空隙，调整填充物加入量至标尺零线；测量时，先把填充物倒置于顶箱，关闭插板开关，打开底箱盖，取出标准模块，放入待测面包，盖好底盖，拉开插板使充物自然落下，在标尺上读出填充物的刻度，即为面包的实测体积。

6.5.1.4　分析结果的表述

面包比容 P 按式（2）计算：

$$P = V/m \tag{2}$$

式中：P——面包比容，单位为毫升每克（mL/g）；

V——面包体积，单位为毫升（mL）；

m——面包质量，单位为克（g）。

6.5.1.5　允许差

在重复性条件下获得的两次独立测定结果的绝对差值，应不超过 0.1mL/g。

6.5.2　方法二

6.5.2.1　仪器

a）天平：感量 0.1g；

b）容器：容积应不小于面包样品的体积。

6.5.2.2 分析步骤

取一个待测面包样品，称量后放入一定容积的容器中，将小颗粒填充剂（小米或油菜籽）加入容器中，完全覆盖面包样品并摇实填满，用直尺将填充剂刮平，取出面包，将填充剂倒入量筒中测量体积，容器体积减去填充剂体积得到面包体积。

6.5.2.3 分析结果的表述

面包比容计算同 6.5.1.4。

6.5.2.4 允许差

在重复性条件下获得的两次独立测定结果的绝对值，应不超过 0.1mL/g。

6.6 卫生要求

按 GB 7099 规定的方法检验。

7 检验规则

7.1 出厂或现场检验

a）预包装产品出厂前应进行出厂检验，出厂检验的项目包括：感官、净含量偏差、水分、酸度、比容。

b）现场制作产品应进行现场检验，现场检验的项目包括：感官、净含量偏差、水分、酸度和比容。其中，感官和净含量偏差应在售卖前进行检验；水分、酸度、比容应每月检验一次。

7.2 型式检验

型式检验的项目包括本标准中规定的全部项目。正常生产时应每 6 个月进行一次型式检验，但菌落总数和大肠菌群两周检验一次；此外有下列情况之一时，也应进行型式检验：

a）新产品试制鉴定时；

b）原料、生产工艺有较大改变，可能影响产品质量时；

c）产品停产半年以上，恢复生产时；

d）出厂检验结果与上一次型式检验结果有较大差异时；

e）国家质量监督部门提出要求时。

7.3 抽样方法和数量

7.3.1 同一天同一班次生产的同一品种的产品为一批。

7.3.2 预包装产品应在成品仓库内，现场制作产品（产品应冷却至环境温度）应在售卖区内随机抽取样品，抽样件数见表 3。

表 3 抽样件数

每批生产包装件数/件	抽样件数/件	每批生产包装件数/件	抽样件数/件
200（含 200）以下	3	1801~3200	6
201~800	4	3200 以上	7
801~1800	5		

7.4 判定规则

7.4.1 检验结果全部符合本标准规定时，判该批产品为合格品。

7.4.2 检验结果中微生物指标有一项不符合本标准规定时，判该批产品为不合格品。

7.4.3 检验结果中如有两项以下（包括两项）其他指标不符合本标准规定时，可在同批产品中双倍抽样复检，复检结果全部符合本标准规定时，判该批产品为合格品；复检结果中如仍有一项指标不合格，判该批产品为不合格品。

8 标签

8.1 预包装产品的标签应符合 GB 7718 的规定。

8.2 散装销售产品的标签应符合《散装食品卫生管理规范》。

9 包装

9.1 包装材料应符合相应的食品卫生标准。

9.2 包装箱应清洁、干燥、严密、无异味、无破损。

10 运输

10.1 运输工具及车辆应符合卫生要求，不得与有毒、有污染的物品混装、混运。

10.2 运输过程中应防止暴晒、雨淋。

10.3 装卸时应轻搬、轻放，不得重压和挤压。

11 贮存与展卖

11.1 仓库内应保持清洁、通风、干燥、凉爽，有防尘、防蝇、防鼠等设施，不得与有毒、有害物品混放。

11.2 产品不应接触墙面或地面，堆放高度应以提取方便为宜。

11.3 产品应勤进勤出，先进先出，不符合要求的产品不得入库。

11.4 散装销售的产品应符合《散装食品卫生管理规范》。

附录二 GB/T 20980—2007 《饼干》

1 范围

本标准规定了饼干的术语和定义、产品分类、技术要求、试验方法、检验规则、标签、包装、运输及贮存。

本标准适用于各类饼干产品。

2 规范性引用文件

下列文件中的条款通过本标准的引用而成为本标准的条款。凡是注日期的引用文件，其随后所有的修改单（不包括勘误的内容）或修订版均不适用于本标准，然而，鼓励根据本标准达成协议的各方研究是否可使用这些文件的最新版本。凡是不注日期的引用文件，其最新版本适用于本标准。

GB/T 601 化学试剂 标准滴定溶液的制备

GB 2760 食品添加剂使用卫生标准

GB/T 5009.3 食品中水分的测定

GB/T 5009.6 食品中脂肪的测定

GB 7100 饼干卫生标准

GB 7718 预包装食品标签通则

GB/T 10786 罐头食品的检验方法

GB/T 12456 食品中总酸的测定方法（GB/T 12456—1990，neq ISO 750：1981）

GB 14880 食品营养强化剂使用卫生标准

JJF 1070 定量包装商品净含量计量检验规则

国家质量监督检验检疫总局 ［2005］ 第 75 号令 定量包装商品计量监督管理办法

3 术语和定义

下列术语和定义适用于本标准。

3.1 饼干 biscuit

以小麦粉（可添加糯米粉、淀粉等）为主要原料，加入（或不加入）糖、油脂及其他原料，经调粉（或调浆）、成型、烘烤（或煎烤）等工艺制成的口感酥松或松脆的食品。

3.2 酥性饼干 short biscuit

以小麦粉、糖、油脂为主要原料，加入膨松剂和其他辅料，经冷粉工艺调粉、辊压或不辊压、成型、烘烤制成的表面花纹多为凸花，断面结构呈多孔状组织，口感酥松或松脆的饼干。

3.3 韧性饼干 semi hard biscuit

以小麦粉、糖（或无糖）、油脂为主要原料，加入膨松剂、改良剂及其他辅料，经热粉工艺调粉、辊压、成型、烘烤制成的表面花纹多为凹花，外观光滑，表面平整，一般有针眼，断面有层次，口感松脆的饼干。

3.4 发酵饼干 fermented biscuit

以小麦粉、油脂为主要原料，酵母为膨松剂，加入各种辅料，经调粉、发酵、辊压、叠层、成型、烘烤制成的酥松或松脆，具有发酵制品特有香味的饼干。

3.5 压缩饼干 compressed biscuit

以小麦粉、糖、油脂、乳制品为主要原料，加入其他辅料，经冷粉工艺调粉，辊印，烘烤成饼坯后，再经粉碎，添加油脂、糖、营养强化剂或再加入其他干果、肉松、乳制品等，拌和、压缩制成的饼干。

3.6 曲奇饼干 cookie

以小麦粉、糖、糖浆、油脂、乳制品为主要原料，加入膨松剂及其他辅料，经冷粉工艺调粉、采用挤注或挤条、钢丝切断或辊印方法中的一种形式成型、烘烤制成的具有立体花纹或表面有规则波纹的饼干。

3.7 夹心（或注心）饼干 sandwich（or filled）biscuit

在饼干单片之间（或饼干空心部分）添加糖、油脂、乳制品、巧克力酱、各种复合调味酱或果酱等夹心料而制成的饼干。

3.8 威化饼干 wafer

以小麦粉（或糯米粉）、淀粉为主要原料、加入乳化剂、膨松剂等辅料，经调浆、浇注、烘烤制成多孔状片子，通常在片子之间添加糖、油脂等夹心料的两层或多层的饼干。

3.9 蛋圆饼干 macaroon

以小麦粉、糖、鸡蛋为主要原料，加入膨松剂、香精等辅料，经搅打，调浆，挤注，烘烤制成的饼干。

3.10 蛋卷 egg roll

以小麦粉、糖、鸡蛋为主要原料，添加或不添加油脂，加入膨松剂、改良剂及其他辅料，经调浆、浇注或挂浆、烘烤卷制而成的蛋卷。

3.11 煎饼 crisp film

以小麦粉（可添加糯米粉、淀粉等）、糖、鸡蛋为主要原料，添加或不添加油脂，加入膨松剂、改良剂及其他辅料，经调浆或调粉，浇注或挂浆、煎烤制成的饼干。

3.12 装饰饼干 decoration biscuit

在饼干表面涂布巧克力酱、果酱等辅料或喷撒调味料或裱粘糖花而制成的表面有涂层、线条或图案的饼干。

3.13 水泡饼干 sponge biscuit

以小麦粉、糖、鸡蛋为主要原料，加入膨松剂，经调粉、多次辊压、成型、热水烫漂、冷水浸泡、烘烤制成的具有浓郁蛋香味的疏松、轻质的饼干。

4 产品分类

按加工工艺分为以下 13 类。

4.1 酥性饼干。

4.2 韧性饼干：分为普通型、冲泡型（易溶水膨胀的韧性饼干）和可可型（添加可可粉原料的韧性饼干）三种类型。

4.3 发酵饼干。

4.4 压缩饼干。

4.5 曲奇饼干：分为普通型、花色型（在面团中加入椰丝、果仁、巧克力碎粒或不同谷物、葡萄干等糖渍果脯的曲奇饼干）、可可型（添加可可粉原料的曲奇饼干）和软型（添加糖浆原料、口感松软的曲奇饼干）四种类型。

4.6 夹心（或注心）饼干：分为油脂型（以油脂类原料为夹心料的夹心饼干）和果酱型（以水分含量较高的果酱或调味酱原料为夹心料的夹心饼干）两种类型。

4.7 威化饼干：分为普通型和可可型（添加可可粉原料的威化饼干）两种类型。

4.8 蛋圆饼干。

4.9 蛋卷。

4.10 煎饼。

4.11 装饰饼干：分为涂层型（饼干表面有涂层、线条、图案或喷撒调味料的饼干）和粘花型（饼干表面裱粘糖花的饼干）两种类型。

4.12 水泡饼干。

4.13 其他饼干。

5 技术要求

5.1 原料要求

所使用的原料与辅料应符合相应的产品标准要求。

5.2 感官要求

5.2.1 酥性饼干

5.2.1.1 形态

外形完整，花纹清晰，厚薄基本均匀，不收缩，不变形，不起泡，无裂痕，不应有较大或较多的凹底。特殊加工品种表面或中间允许有可食颗粒存在（如椰蓉、芝麻、砂糖、巧克力、燕麦等）。

5.2.1.2 色泽

呈棕黄色或金黄色或品种应有的色泽，色泽基本均匀，表面略带光泽，无白粉，不应有过焦、过白的现象。

5.2.1.3 滋味与口感

具有本品应有的香味，无异味，口感酥松或松脆，不粘牙。

5.2.1.4 组织

断面结构呈多孔状，细密，无大孔洞。

5.2.2 韧性饼干

5.2.2.1 形态

外形完整，花纹清晰或无花纹，一般有针孔，厚薄基本均匀，不收缩，不变形，无裂痕，可以有均匀泡点，不应有较大或较多的凹底。特殊加工品种表面或中间允许有可食颗粒存在（如椰蓉、芝麻、砂糖、巧克力、燕麦等）。

5.2.2.2 色泽

呈棕黄色或金黄色或品种应有的色泽，色泽基本均匀，表面有光泽，无白粉，不应有过焦，过白的现象。

5.2.2.3 滋味与口感

具有本品应有的香味，无异味，口感松脆细腻，不粘牙。

5.2.2.4 组织

断面结构有层次或呈多孔状。

5.2.2.5 冲调性

10g 冲泡型韧性饼干在 50mL 70℃温开水中应充分吸水，用小勺搅拌后应呈糊状。

5.2.3 发酵饼干

5.2.3.1 形态

外形完整，厚薄大致均匀，表面有较均匀的泡点，无裂痕，不收缩，不变形，不应有凹底。特殊加工品种表面允许有工艺要求添加的原料颗粒（如果仁、芝麻、砂糖、食盐、巧克力、椰丝、蔬菜等颗粒存在）。

5.2.3.2 色泽

呈浅黄色、谷黄色或品种应有的色泽，饼边及泡点允许褐黄色，色泽基本均匀，表面略有光泽，无白粉，不应有过焦的现象。

5.2.3.3 滋味与口感

咸味或甜味适中，具有发酵制品应有的香味及品种特有的香味，无异味，口感酥松或松脆，不粘牙。

5.2.3.4 组织

断面结构层次分明或呈多孔状。

5.2.4 压缩饼干

5.2.4.1 形态

块型完整，无严重缺角、缺边。

5.2.4.2 色泽

呈谷黄色、深谷黄色或品种应有的色泽。

5.2.4.3 滋味与口感

具有品种特有的香味，无异味，不粘牙。

5.2.4.4 组织

断面结构呈紧密状、无孔洞。

5.2.5 曲奇饼干

5.2.5.1 形态

外形完整，花纹或波纹清楚，同一造型大小基本均匀，饼体摊散适度，无连边。花色曲奇饼干添加的辅料应颗粒大小基本均匀。

5.2.5.2 色泽

表面呈金黄色、棕黄色或品种应有的色泽，色泽基本均匀，花纹及饼体边缘允许有较深的颜色，但不应有过焦，过白现象。花色曲奇饼干允许有添加辅料的色泽。

5.2.5.3 滋味与口感

有明显的奶香味及品种特有的香味，无异味，口感酥松或松软。

5.2.5.4　组织

断面结构呈细密的多孔状，无较大孔洞。花色曲奇饼干应具有品种添加辅料的颗粒。

5.2.6　夹心（或注心）饼干

5.2.6.1　形态

外形完整，边缘整齐，夹心饼干不错位，不脱片，饼干表面应符合单片饼干要求，夹心层厚薄基本均匀，夹心或注心料无外溢。

5.2.6.2　色泽

饼干单片呈棕黄色或品种应有的色泽，色泽基本均匀，夹心或注心料呈该料应有的色泽，色泽基本均匀。

5.2.6.3　滋味与口感

应符合品种所调制的香味，无异味，口感疏松或松脆，夹心料细腻，无糖粒感。

5.2.6.4　组织

饼干单片断面应具有其相应品种的结构，夹心或注心层次分明。

5.2.7　威化饼干

5.2.7.1　形态

外形完整，块型端正，花纹清晰，厚薄基本均匀，无分离及夹心料溢出现象。

5.2.7.2　色泽

具有品种应有的色泽，色泽基本均匀。

5.2.7.3　滋味与口感

具有本品应有的口味，无异味，口感松脆或酥化，夹心料细腻，无糖粒感。

5.2.7.4　组织

片子断面结构呈多孔状，夹心料均匀，夹心层次分明。

5.2.8　蛋圆饼干

5.2.8.1　形态

呈冠圆形或多冠圆形，外形完整，大小、厚薄基本均匀。

5.2.8.2　色泽

呈金黄色、棕黄色或品种应有的色泽，色泽基本均匀。

5.2.8.3　滋味与口感

味甜，具有蛋香味及品种应有的香味，无异味，口感松脆。

5.2.8.4　组织

断面结构呈细密的多孔状，无较大孔洞。

5.2.9　蛋卷

5.2.9.1　形态

呈多层卷筒形态或品种特有的形态，断面层次分明，外形基本完整，表面光滑或呈花纹状。特殊加工品种表面允许有可食颗粒存在。

5.2.9.2　色泽

表面呈浅黄色、金黄色、浅棕黄色或品种应有的色泽，色泽基本均匀。

5.2.9.3　滋味与口感

味甜，具有蛋香味及品种应有的香味，无异味，口感松脆或酥松。

5.2.10　煎饼

5.2.10.1　形态

外形基本完整，特殊加工品种表面允许有可食颗粒存在。

5.2.10.2　色泽

表面呈浅黄色、金黄色、浅棕黄色或品种应有的色泽，色泽基本均匀。

5.2.10.3　滋味与口感

味甜，具有品种应有的香味，无异味，口感硬脆、松脆或酥松。

5.2.11　装饰饼干

5.2.11.1　形态

外形完整，大小基本均匀，涂层或粘花与饼干基片不应分离。涂层饼干的涂层均匀，涂层覆盖之处无饼干基片露出或线条、图案基本一致。粘花饼干应在饼干基片表面粘有糖花，且较为端正，糖花清晰、大小基本均匀。喷撒调味料的饼干，其表面的调味料应较均匀。

5.2.11.2　色泽

具有饼干基片及涂层或糖花应有的色泽，且色泽基本均匀。

5.2.11.3　滋味与口感

具有品种应有的香味，无异味，饼干基片口感松脆或酥松。涂层和糖花无粗粒感，涂层幼滑。

5.2.11.4　组织

饼干基层断面应具有其相应品种的结构，涂层和糖花组织均匀，无孔洞。

5.2.12　水泡饼干

5.2.12.1　形态

外形完整，块形大致均匀，不得起泡，不得有皱纹、粘连痕迹及明显的豁口。

5.2.12.2　色泽

呈浅黄色、金黄色或品种应有的色泽，色泽基本均匀，表面有光泽，不应有过焦、过白的现象。

5.2.12.3　滋味与口感

味略甜，具有浓郁的蛋香味或品种应有的香味，无异味，口感脆、疏松。

5.2.12.4　组织

断面组织微细、均匀、无孔洞。

5.3　杂质

正常视力无可见外来异物。

5.4　净含量偏差

预包装产品应符合国家质量监督检验检疫总局［2005］第75号令《定量包装商品计量监督管理办法》。采用称量销售的产品除外。

5.5　理化要求

5.5.1　酥性饼干

水分不大于4.0%，碱度（以碳酸钠计）不大于0.4%。

5.5.2　韧性饼干

普通型的水分不大于4.0%，碱度（以碳酸钠计）不大于0.4%；冲泡型的水分不大于6.5%，碱度（以碳酸钠计）不大于0.4%；可可型的水分不大于4.0%，pH不大于8.8。

5.5.3 发酵饼干

水分不大于5.0%，酸度（以乳酸计）不大于0.4%。

5.5.4 压缩饼干

水分不大于6.0%，碱度（以碳酸钠计）不大于0.4%，松密度不小于$0.9g/cm^3$。

5.5.5 曲奇饼干

普通型和花色型的水分不大于4.0%，碱度（以碳酸钠计）不大于0.3%，脂肪不小于16.0%；可可型的水分不大于4.0%，pH不大于8.8，脂肪不小于16.0%；软型的水分不大于9.0%，pH不大于8.8，脂肪不小于16.0%。

5.5.6 夹心（注心）饼干

油脂型的饼干单片，理化指标应符合相应品种的要求；果酱型的饼干单片，水分不大于6.0%，其他理化指标应符合相应品种的要求。

5.5.7 威化饼干

普通型的水分不大于3.0%，碱度（以碳酸钠计）不大于0.3%；可可型的水分不大于3.0%，pH不大于8.8。

5.5.8 蛋圆饼干

水分不大于4.0%，碱度（以碳酸钠计）不大于0.3%。

5.5.9 蛋卷

水分不大于4.0%，碱度（以碳酸钠计）不大于0.3%。

5.5.10 煎饼

水分不大于5.5%，碱度（以碳酸钠计）不大于0.3%。

5.5.11 装饰饼干

饼干基片的理化指标应符合相应品种的要求。

5.5.12 水泡饼干

水分不大于6.5%，碱度（以碳酸钠计）不大于0.3%。

5.6 酸价、过氧化值

配料中添加油脂的饼干，酸价和过氧化值应按GB 7100的规定执行；配料中不添加油脂的饼干，酸价和过氧化值指标不作要求。

5.7 总砷和铅

应符合GB 7100的规定。

5.8 微生物

压缩饼干、夹心（或注心）饼干、威化饼干和装饰饼干等采用第二次加工的饼干应按GB 7100中夹心饼干的要求执行，其他各类饼干应按GB 7100中非夹心饼干的要求执行。

5.9 食品添加剂和食品营养强化剂

食品添加剂的使用应符合GB 2760的规定，食品营养强化剂的使用应符合GB 14880的规定。

6 试验方法

6.1 净含量偏差

按JJF 1070规定的方法测定。

6.2　水分

按 GB/T 5009.3 规定的方法测定。

6.3　碱度

6.3.1　试剂

6.3.1.1　盐酸标准溶液（0.05mol/L）

按 GB/T 601 规定的方法配制与标定。

6.3.1.2　甲基橙指示剂（0.1%）

称取甲基橙 0.1g 溶于 70℃ 的蒸馏水中，冷却，稀释至 100mL。

6.3.2　仪器

酸式滴定管：25mL。

6.3.3　试样及试液的制备

按 GB/T 12456 规定的方法制备试样及试液。

6.3.4　分析步骤

吸取试液 50mL，置于 250mL 三角瓶中，加入甲基橙指示液两滴，用盐酸标准溶液（0.05mol/L）滴定至微红色出现，记录耗用盐酸标准溶液的体积。同时用蒸馏水做空白试验。

6.3.5　分析结果的描述

饼干的碱度 X 以 100g 试样中所含碳酸钠的克数表示，按式（1）计算：

$$X = \frac{c(V_1 - V_2) \times 0.053 \times K}{m} \times 100 \tag{1}$$

式中：X——碱度，单位为克每百克（g/100g）；

$\quad\quad c$——盐酸标准溶液的实际浓度，单位为摩尔每升（mol/L）；

$\quad\quad V_1$——滴定试样时消耗盐酸标准溶液的体积，单位为毫升（mL）；

$\quad\quad V_2$——空白试验消耗盐酸标准溶液的体积，单位为毫升（mL）；

$\quad\quad K$——稀释倍数；

$\quad\quad m$——样品的质量，单位为克（g）。

6.3.6　允许差

同一样品的两次测定值的差，不得超过两次测定平均值的 2%。

6.4　酸度

按 GB/T 12456 规定的方法测定。

6.5　pH

6.5.1　试样的准备

称取有代表性的样品 200g，置于捣碎机中，捣碎混匀，然后称取试样 10g，精确至 0.01g，用蒸馏水稀释到 100mL，搅拌均匀。

6.5.2　分析步骤

按 GB/T 10786 规定的方法测定。

6.6　脂肪

按 GB/T 5009.6 规定的方法测定。

6.7 松密度

6.7.1 计算法

本方法适用于能通过数学方法计算体积的饼干。

6.7.1.1 仪器

a）游标卡尺：精度 0.02mm；

b）天平：量程 1g ~ 500g，精度 0.1g。

6.7.1.2 分析步骤

取体积至少 25cm³ 的样品，用天平称其质量 m（g），再用游标卡尺分别的量其长度、宽度和高度，以数学方法计算出体积 V（cm³）。

6.7.1.3 分析结果表述

饼干的松密度 P 以单位体积的质量来表示，按式（2）计算：

$$P = m/V \tag{2}$$

式中：P——松密度，单位为每克每立方厘米（g/cm³）；

m——样品的质量，单位为克（g）；

V——样品的体积，单位为立方厘米（cm³）。

6.7.1.4 允许差

同一样品的两次测定值之差，不得超过两次测定平均值的 2%。

6.7.2 体积法

6.7.2.1 仪器

a）天平：量程 1g ~ 500g，精度 0.1g；

b）量筒：100mL。

6.7.2.2 材料

a）精炼大豆色拉油；

b）普通定型胶液。

6.7.2.3 装置

溢流玻璃装置，如图 1 所示。

溢流管口略向下倾斜。

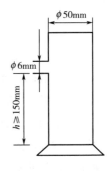

图 1 溢流玻璃装置

6.7.2.4 分析步骤

取体积至少 20cm³ 的样品，用天平称其质量 m（g），再以普通定型胶液均匀涂抹于表面，用来固定表面以防止松散或落屑（涂层厚度小于 0.1mm）。在溢流玻璃装置中加入色拉油，使油面达到溢流口底线。将涂过定型胶液的试样放入溢流玻璃装置中，用 100mL 量筒在溢流口收集溢出油，读出溢流油的体积 V（cm³），此体积即为饼干试样的体积。

6.7.2.5 分析结果的表述

饼干的松密度 P 以单位体积的质量来表示，按式（3）计算：

$$P = m/V \tag{3}$$

式中：P——松密度，单位为每克每立方厘米（g/cm³）；

m——样品的质量，单位为克（g）；

V——样品的体积，单位为立方厘米（cm³）。

6.7.2.6　允许差

同一样品的两次测定值之差，不得超过两次测定平均值的2%。

6.7.2.7　说明

体积法是在室温下测定，不计温度等环境条件影响。

6.8　酸价、过氧化值、总砷、铅和微生物

按 GB 7100 规定的方法检测。

7　检验规则

7.1　检验分类

7.1.1　出厂检验

产品出厂前应逐批检验，检验合格后方可出厂。出厂检验的项目包括：感官、净含量偏差、水分、菌落总数、大肠菌群。

7.1.2　型式检验

常年生产的产品每半年应进行一次型式检验，但有下列情况之一时亦应进行型式检验：

——新产品的试制鉴定时；

——原料、工艺有较大改变，可能影响产品质量时；

——产品停产一年以上，恢复生产时；

——出厂检验结果与上次型式检验结果有较大差异时；

——国家质量监督机构提出进行型式检验的要求时。

7.2　抽样

7.2.1　批

同一班次生产的同品种、同规格的产品为一批。

7.2.2　抽样方法

在成品仓库内随机抽取样品，贴封签，标明产品名称、规格、生产日期、班次、抽样日期、抽样人姓名。用于微生物检验的样品，应按无菌操作规程抽样。

7.2.3　抽样数量

从每批产品中按万分之五的比例随机抽取样品，但抽样量最低不应少于2.5kg，最高5kg。

7.3　判定规则

7.3.1　检验结果全部项目符合本标准规定时，判该批产品为合格品。

7.3.2　检验结果中微生物指标有一项不符合本标准规定时，判该批产品为不合格品。

7.3.3　检验结果中除微生物指标外，其他项目不符合本标准规定时，可以在原批次产品中双倍抽样复验一次，复验结果全部符合本标准规定时，判该批产品为合格品；复检结果中如仍有一项指标不合格，判该批产品为不合格品。

8　标签、包装、运输和贮存

8.1　标签

8.1.1　预包装产品的标签应符合 GB 7718 的规定，称量销售产品的标签可以不标示净含量。

8.1.2　标签中应按第4章的规定标示分类名称。

8.2 包装

8.2.1 包装材料、包装容器应清洁、无毒、无异味，符合相应的食品卫生标准。

8.2.2 各类包装应完整、紧密、无破损。

8.2.3 包装可采用定量包装和称量销售包装两种形式，销售采用称量或其他方式不限。

8.3 运输

8.3.1 运输工具应清洁、干燥，符合食品卫生要求，且具有防晒、防雨措施。

8.3.2 运输时不应将盛有饼干的容器侧放、倒放、受重压；不应与有毒、有害、有异味的物品混运。

8.3.3 装卸时应小心轻放，严禁抛、摔、踢等不良方式。

8.4 贮存

8.4.1 产品应贮于专用食品仓库内，库内应清洁、通风、干燥，并有防尘、防蝇、防虫、防鼠等设施。

8.4.2 产品不应与有特殊气味、易变质、易腐败、易生虫的物品放在一起。

8.4.3 产品应放置在垫板上，且离墙 10cm 以上，每个堆位应保持一定距离，堆放高度以不倒塌、不压坏外包装及产品为限。

附录三　GB/T 20977—2007 《糕点通则》

1　范围

本标准规定了中式糕点的产品分类、要求、试验方法、检验规则和标签的要求。

本标准适用于中式糕点产品的生产、检验和销售。

本标准不适用于裱花蛋糕和月饼。

2　规范性引用文件

下列文件中的条款通过本标准的引用而成为本标准的条款。凡是注日期的引用文件，其随后所有的修改单（不包括勘误的内容）或修订版均不适用于本标准，然而，鼓励根据本标准达成协议的各方研究是否可使用这些文件的最新版本。凡是不注日期的引用文件，其最新版本适用于本标准。

GB 2760 食品添加剂使用卫生标准

GB 2762 食品中污染物限量

GB/T 4789.24 食品卫生微生物学检验　糖果、糕点、蜜饯检验

GB/T 5009.3—2003 食品中水分的测定

GB/T 5009.5—2003 食品中蛋白质的测定

GB/T 5009.6—2003 食品中脂肪的测定

GB/T 5009.182 面制食品中铝的测定

GB 7099 糕点、面包卫生标准

GB 7718 预包装食品标签通则

GB 14880 食品营养强化剂使用卫生标准

JJF 1070 定量包装商品净含量计量检验规则

国家质量监督检验检疫总局令第 75 号［2005］定量包装商品计量监督管理办法

国家质量监督检验检疫总局、国家工商行政管理总局联合发布令第 66 号　零售商品称重计量监督管理办法

中华人民共和国卫生部　卫生监发［2003］180 号　散装食品卫生管理规范

3　分类

糕点按热加工和冷加工进行分类。

3.1　热加工糕点

3.1.1　烘烤糕点

分为：酥类、松酥类、松脆类、酥层类、酥皮类、水油皮类、糖浆皮类、松酥皮类、硬酥皮类、发酵类、烘糕类、烤蛋糕类。

3.1.2　油炸糕点

分为：酥皮类、水油皮类、松酥类、酥层类、水调类、发酵类、糯糍类。

3.1.3　水蒸糕点

分为：蒸蛋糕类、印模糕类、韧糕类、发糕类、松糕类。

3.1.4 熟粉糕点

分为：热调软糕类、印模糕类、切片糕类。

3.1.5 其他

除烘烤糕点、油炸糕点、水蒸糕点、熟粉糕点外的熟加工糕点。

3.2 冷加工糕点

分为：冷调韧糕类、冷调松糕类、蛋糕类、油炸上糖浆类、萨其马类、其他。

4 要求

4.1 原辅料要求

4.1.1 原料和辅料

应符合相应的产品标准规定。

4.1.2 糕点馅料

具有该品种应有的色泽、气味、滋味及组织状态，无异味，无杂质。不得使用过保质期和回收的馅料。

4.2 感官要求

4.2.1 烘烤类糕点应符合表1规定。

表1 烘烤类糕点感官要求

项目	要求
形态	外形整齐，底部平整，无霉变，无变形，具有该品种应有的形态特征
色泽	表面色泽均匀，具有该品种应有的色泽特征
组织	无不规则大空洞。无糖粒，无粉块。带馅类饼皮厚薄均匀，皮馅比例适当，馅料分布均匀，馅料细腻，具有该品种应有的组织特征
滋味与口感	味纯正，无异味，具有该品种应有的风味和口感特征
杂质	无可见杂质

4.2.2 油炸类糕点应符合表2规定。

表2 油炸类糕点感官要求

项目	要求
形态	外形整齐，表面油润，挂浆类除特殊要求外不应返砂，炸酥类层次分明，具有该品种应有的形态特征
色泽	颜色均匀，挂浆类有光泽，具有该品种应有的色泽特征
组织	组织疏松，无糖粒，不干心，不夹生，具有该品种应有的组织特征
滋味与口感	味纯正，无异味，具有该品种应有的风味和口感特征
杂质	无可见杂质

4.2.3 水蒸类糕点应符合表3规定。

表3 水蒸类糕点感官要求

项目	要求
形态	外形整齐，表面细腻，具有该品种应有的形态特征
色泽	颜色均匀，具有该品种应有的色泽特征
组织	粉质细腻，粉油均匀，不粘，不松散，不掉渣，无糖粒，无粉块，组织松软，有弹性，具有该品种应有的组织特征
滋味与口感	味纯正，无异味，具有该品种应有的风味和口感特征
杂质	正常视力无可见杂质

4.2.4 熟粉类糕点应符合表4规定。

表4 熟粉类糕点感官要求

项目	要求
形态	外形整齐，具有该品种应有的形态特征
色泽	颜色均匀，具有该品种应有的色泽特征
组织	粉料细腻，紧密不松散，粘结适宜，不粘片，具有该品种应有的组织特征
滋味与口感	味纯正，无异味，具有该品种应有的风味和口感特征
杂质	无可见杂质

4.2.5 冷加工类和其他类糕点应符合表5规定。

表5 冷加工类和其他类糕点感官要求

项目	要求
形态	具有该品种应有的形态特征
色泽	具有该品种应有的色泽的特征
组织	具有该品种应有的组织特征
滋味与口感	味纯正，无异味，具有该品种应有的风味和口感特征
杂质	无可见杂质

4.3 净含量

净含量允许短缺量的要求参见《定量包装商品计量监督管理办法》的规定，采用称量销售的要求参见《零售商品称重计量监督管理办法》的规定。

4.4 理化指标

应符合表6的规定。

表6 理化指标

项目	烘烤糕点		油炸糕点		水蒸糕点		熟粉糕点	
	蛋糕类	其他	萨其马类	其他	蛋糕类	其他	片糕类	其他
干燥失重/% ≤	42.0		18.0	24.0	35.0	44.0	22.0	25.0
蛋白质/% ≥	4.0	—	4.0	—	4.0	—	4.0	—
粗脂肪/% ≤	—	34.0	12.0	42.0	—	—	—	—
总糖/% ≤	42.0	40.0	35.0	35.0	46.0	42.0	50.0	45.0

4.5 卫生指标

按 GB 7099 规定执行。铝的残留量按 GB 2762 的规定执行。

4.6 食品添加剂和食品营养强化剂要求

食品添加剂和加工助剂的使用应符合 GB 2760 的规定；食品营养强化剂的使用应符合 GB 14880 的规定。

5 试验方法

5.1 感官检查

将样品置于清洁、干燥的白瓷盘中，用目测检查形态、色泽；然后用餐刀按四分法切开，观察组织、杂质；品尝滋味与口感，做出评价。

5.2 理化指标的检验

5.2.1 干燥失重的检验

按 GB/T 5009.3—2003 中第一法测定。

5.2.2 蛋白质的检验

按 GB/T 5009.5—2003 中第一法测定。

5.2.3 脂肪的检验

按 GB/T 5009.6—2003 中第一法测定。

5.2.4 总糖的检验

参见附录 A。

5.3 卫生指标的检验

按 GB 7099 规定的方法测定。

5.4 铝的检验

按 GB/T 5009.182 规定的方法测定。

5.5 净含量检验

按 JJF 1070 规定的方法测定。

6 检验规则

6.1 出厂检验/现场检验

6.1.1 产品出厂应经工厂检验部门逐批检验，并签发产品合格证。

6.1.2 出厂/现场检验

6.1.2.1　预包装产品出厂前应进行逐批抽样检验，出厂检验项目包括：感官和净含量允许短缺量。而感官检验中的形态、色泽和杂质的检验则需要覆盖到每一个产品。此检验应在包装前进行。

6.1.2.2　现场制作产品售卖前应进行现场抽样检验，现场检验项目包括感官和净含量允许短缺量。而感官检验中的形态、色泽和杂质的检验则需要覆盖到每一个产品。

6.2　型式检验

型式检验项目包括本标准中规定的全部项目。正常生产时应每 12 个月进行一次型式检验；菌落总数和大肠菌群应每两周检验一次。此外有下列情况之一时，也应进行型式检验：

a）新产品试制鉴定；

b）正式投产后，如原料、生产工艺有较大改变，可能影响产品质量时；

c）产品停产半年以上，恢复生产时；

d）检验结果与前一次检验结果有较大差异时；

e）国家质量监督部门提出要求时。

6.3　抽样方法和数量

6.3.1　同一班次、同一批投料生产的同一品种的产品为一个批次。

6.3.2　预包装产品应在成品仓库内，现场制作产品（产品应冷却至环境温度）应在售卖区内或成品出货区内随机抽取样品，抽样件数见表7。

表 7　抽样件数

每批生产包装件（千克）数	抽样件（千克）数	每批生产包装件（千克）数	抽样件（千克）数
200（含 200）以下	3	1801～3200	6
201～800	4	3200 以上	7
801～1800	5		

6.3.3　微生物抽样检验方法：按照 GB/T 4789.24 的规定执行。

6.3.4　理化检验：检样粉碎混合均匀后放置广口瓶内保存在冰箱中。

6.3.5　包馅或夹心产品，对该产品应皮、馅、夹心同时取样。

6.4　判定规则

6.4.1　出厂检验判定和复检

6.4.1.1　出厂检验项目全部符合本标准，判为合格品。

6.4.1.2　感官要求检验中如有异味、污染、霉变、外来杂质或微生物指标有一项不合格时，则判为该批产品不合格，并不得复检。其余指标不合格，可在同批产品中对不合格项目进行复检，复检后如仍有一项不合格，则判为该批产品不合格。

6.4.2　型式检验判定和复检

6.4.2.1　型式检验项目全部符合本标准，判为合格品。

6.4.2.2　型式检验项目不超过两项不符合本标准，可以加倍抽样复检。复检后仍有一项不符合本标准，则判定该批产品为不合格品。超过两项或微生物检验有一项不符合本标准，则判定该批产品为不合格品。

6.4.2.3　在检验和判定食品中食品添加剂指标时，应结合配料表各成分中允许使用的食品添加剂范围和使用量综合判定。

7 标签

预包装产品的标签应符合 GB 7718 的规定。称量销售产品的标签可以不标示净含量。散装销售产品的标签要求参见《散装食品卫生管理规范》。

附录 A
（资料性附录）
总糖含量的测定（斐林氏容量法）

GB/T 20977—2007

A.1 原理

斐林溶液甲、乙液混合时，生成的酒石酸钾钠铜被还原性的单糖还原，生成红色的氧化亚铜沉淀。达到终点时，稍微过量的还原性单糖将蓝色的次甲基蓝染色体还原为无色的隐色体而显出氧化亚铜的鲜红色。

A.2 试剂

A.2.1 斐林溶液甲液：称取 69.3g 化学纯硫酸铜，加蒸馏水溶解，配成 1000mL。

A.2.2 斐林溶液乙液：称取 346g 化学纯酒石酸钾钠和 100g 氢氧化钠，加蒸馏水溶解，配成 1000mL。

A.2.3 1% 次甲基蓝指示剂。

A.2.4 20% 氢氧化钠溶液。

A.2.5 6N 盐酸。

A.2.6 斐林溶液的标定：在分析天平上精确称取经烘干冷却的分析纯葡萄糖 0.4g，用蒸馏水溶解并转入 250mL 容量瓶中，加水至刻度，摇匀备用。

准确取斐林溶液甲、乙液各 2.5mL，放入 150mL 三角烧瓶中，加蒸馏水 20mL，置电炉上加热至沸，用配好的葡萄糖溶液滴定至溶液变红色时，加入次甲基蓝指示剂 1 滴，继续滴定至蓝色消失显鲜红色为终点。正式滴定时，先加入比预试时少 0.5mL~1mL 的葡萄糖溶液，置电炉上煮沸 2min，加次甲基蓝指示剂 1 滴，继续用葡萄糖溶液滴定至终点，按式（A.1）计算其浓度：

$$A = \frac{mV}{250} \tag{A.1}$$

式中：A——5mL 斐林溶液甲、乙液相当于葡萄糖的克数；

m——葡萄糖的质量，单位为克（g）；

V——滴定时消耗葡萄糖溶液的体积，单位为毫升（mL）。

A.3 仪器

A.3.1 三角烧瓶：150mL、250mL。

A.3.2 容量瓶：250mL。

A.3.3 糖滴管：25mL。

A.3.4 烧杯：100mL。

A.3.5 离心机：0~4000r/min。

A.3.6　工业天平：感量 0.001g，最大称量 200g。

A.3.7　电炉：300W。

A.4　操作方法

在工业天平上准确称取样品 1.5～2.5g，放入 100mL 烧杯中，用 50mL 蒸馏水浸泡 30min（浸泡时多次搅拌）。转入离心试管，用 20mL 蒸馏水冲洗烧杯，洗液一并转入离心试管中。置离心机上以 3000r/min 离心 10min，上层清液经快速滤纸滤入 250mL 三角烧瓶，用 30mL 蒸馏水分 2～3 次冲洗原烧杯，再转入离心试管搅洗样渣。再以 3000r/min 离心 10min，上清液经滤纸滤入 250mL 三角烧瓶。浸泡后的试样溶液也可直接用快速滤纸过滤（必要时加沉淀剂）。在滤液中加 6N 盐酸 10mL，置 70℃ 水浴中水解 10min。取出迅速冷却后加酚酞指示剂 1 滴，用 20% 氢氧化钠溶液中和至溶液呈微红色，转入 250mL 容量瓶，加水至刻度，摇匀备用。

用标定斐林溶液甲、乙液的方法，测定样品中总糖。

A.5　计算

总糖含量 X_3（以转化糖计,%）按式（A.2）计算：

$$X_3 = \frac{A}{m \times V/250} \times 100 \qquad (A.2)$$

式中：A——5mL 斐林溶液甲、乙液相当于葡萄糖的克数；

　　m——样品质量，单位为克（g）；

　　V——滴定时消耗样品溶液的体积，单位为毫升（mL）。

平行测定两个结果间的差数不得大于 0.4%。

附录四　GB/T 12140—2007 《糕点术语》

1　范围

本标准确立了糕点的通用术语。

本标准适用于糕点的生产、销售、科研、教学及其他相关领域。

2　术语和定义

2.1　糕点　pastry

以粮、油、糖、蛋等为主料，添加（或不添加）适量辅料，经调制、成型、熟制等工序制成的食品。

2.2　中式糕点　Chinese pastry

具有中国传统风味和特色的糕点。

2.2.1　糕点帮式　local pastry

因原辅料、配方、制作工艺不同而形成的具有地方特色和地方风味的糕点流派。

2.2.2　京式糕点　Beijing pastry

以北京地区为代表，具有重油、轻糖，酥松绵软，口味纯甜、纯咸等特点的糕点。

注：代表品种有京八件、自来红、自来白和提浆饼等。

2.2.3　苏式糕点　Suzhou pastry

以苏州地区为代表，馅料多用果仁、猪板油丁，具有常用桂花、玫瑰花调香，糕柔糯、饼酥松，口味清甜等特点的糕点。

注：代表品种有苏式月饼、苏州麻饼和猪油年糕等。

2.2.4　广式糕点　Guangdong pastry

以广州地区为代表，造型美观、用料重糖轻油，馅料多用榄仁、椰丝、莲蓉、蛋黄、糖渍肥膘等，具有馅饼皮薄馅多，米饼硬脆清甜，酥饼分层飞酥等特点的糕点。

注：代表品种有广式月饼、炒米饼、白绫酥饼等。

2.2.5　扬式糕点　Yangzhou pastry

以扬州和镇江地区为代表，馅料以黑芝麻、蜜饯、芝麻油为主，具有麻香风味突出等特点的糕点。

注：代表品种有淮扬八件和黑麻椒盐月饼等。

2.2.6　闽式糕点　Fujian pastry

以福州地区为代表，馅料多用虾干、紫菜、桂圆、香菇、糖腌肉丁等。具有口味甜酥油润，海鲜风味突出等特点的糕点。

注：代表品种有福建礼饼和猪油糕等。

2.2.7　潮式糕点　Chaozhou pastry

以潮州地区为代表，馅料以豆沙、糖冬瓜、糖肥膘为主，具有葱香风味突出等特点的糕点。

注：代表品种有老婆饼和春饼。

2.2.8　宁绍式糕点　Ningbo and Shaoxing pastry

以宁波、绍兴地区为代表，辅料多用苔菜、植物油，具有海藻风味突出等特点的糕点。

注：代表品种有苔菜饼和绍兴香糕等。

2.2.9　川式糕点　Sichuan pastry

以成渝地区为代表，糯米制品较多，馅料多用花生、芝麻、核桃、蜜饯、猪板油丁，具有重糖、重油，软糯油润酥脆等特点的糕点。

注：代表品种有桃片和米花糖等。

2.2.10　高桥式糕点　Gaoqiao pastry

沪式糕点

以上海高桥镇为代表，米制品居多，馅料以红小豆、玫瑰花为主，具有轻糖、轻油，口味清香酥脆、油而不腻、香甜爽口、糯而不粘等特点的糕点。

注：代表品种有松饼、松糕、薄脆、一捏酥等。

2.2.11　滇式糕点　Yunnan pastry

云南糕点

以昆明地区为代表，以云南特产宣威火腿、鸡枞入料，具有产品重油重糖，油重而不腻，味甜而爽口等特点的糕点。

注：代表品种有鸡枞白糖酥饼、云腿月饼、重油荞串饼等。

2.2.12　秦式糕点　Shanxi pastry

陕西糕点

以西安地区为代表，以小麦粉、糯米、红枣、糖板油丁等为原料，具有饼起皮飞酥清香适口，糕粘甜味美、枣香浓郁等特点的糕点。

注：代表品种有水晶饼、陕西甑糕等。

2.2.13　热加工糕点　heat – processing pastry

以烘烤、油炸、水蒸、炒制等加热熟制为最终工艺的一类糕点。

2.2.14　冷加工糕点　reprocessing pastry at room or low temperature after heated

在各种加热熟制工序后，在常温或低温条件下再进行二次加工的一类糕点。

2.2.15　烘烤糕点　baked pastry

烘烤熟制的一类糕点。

2.2.16　酥类　short pastry

用较多的油脂和糖，调制成塑性面团，经成型、烘烤而成的组织不分层次，口感酥松的制品。

2.2.17　松酥类　crisp pastry

用较少的油脂，较多的糖（包括砂糖、绵白糖或饴糖），辅以蛋品、乳品等并加入化学膨松剂，调制成具有一定韧性，良好可塑性的面团，经成型、熟制而成的制品。

2.2.18　松脆类　light and crisp pastry

用较少的油脂，较多的糖浆或糖调制成糖浆面团，经成型、烘烤而成的口感松脆的制品。

2.2.19　酥层类　puff pastry

用水油面团包入油酥面团或固体油，经反复压片、折叠、成型后，熟制而成的具有多层次的制品。

2.2.20　酥皮类　short and layer crust pastry with filling

用水油面团包油酥面团制成酥皮，经包馅、成型后，熟制而成的饼皮分层次的制品。

2.2.21 水油皮类 water - oiled crust pastry with filling

用水油面团剥皮，然后包馅，经熟制而成的制品。

2.2.22 糖浆皮类 syrup crust pastry with filling

用糖浆面团制皮，然后包馅，经烘烤而成的柔软或韧酥的制品。

2.2.23 松酥皮类 crisp crust pastry with filling

用较少的油脂，较多的糖，辅以蛋品、乳品等并加入化学膨松剂，调制成具有一定韧性，良好可塑性的面团，经制皮、包馅、成型、烘烤而成的口感松酥的制品。

2.2.24 硬皮类 hard and short crust pastry with filling

用较少的糖和饴糖，较多的油脂和其他辅料制皮，经包馅、烘烤而成的外皮硬酥的制品。

2.2.25 发酵类 fermentated pastry

用发酵面团，经成型或包馅成型后，熟制而成的口感柔软或松脆的制品。

2.2.26 烘糕类 baked pudding

以糕粉为主要原料，经拌粉、装模、炖糕、成型、烘烤而成的外皮硬酥的制品。

2.2.27 烤蛋糕类 cake

以鸡蛋、面粉、糖为主要原料，经打蛋、注模、烘烤而成的口感松脆的糕点制品。

2.2.28 油炸糕点 deep fried pastry

油炸熟制的一类糕点。

2.2.29 水调类 light and crisp pastry with elastic dough

以面粉和水为主要原料制成韧性面团，经成型、油炸而成的口感松脆的制品。

2.2.30 糯糍类 pastry made of glutinous rice flour

以糯米粉为主要原料，经包馅成型、油炸而成的口感松脆或酥软的制品。

2.2.31 水蒸糕点 steamed pastry

水蒸熟制的一类糕点。

2.2.32 蒸蛋糕类 steamed cake

以鸡蛋为主要原料，经打蛋、调糊、注模、蒸制而成的组织松软的制品。

2.2.33 印模糕类 moulding pudding

以熟或生的原辅料，经拌合、印模成型、熟制或不熟制而成的口感松软的糕类制品。

2.2.34 韧糕类 pastry made of glutinous rice flour and sugar

以糯米粉、糖为主要原料，经蒸制、成型而成的韧性糕类制品。

2.2.35 发糕类 fermentated pudding

以小麦粉或米粉为主要原料调制成面团，经发酵、蒸制、成型而成的带有蜂窝状组织的松软糕类制品。

2.2.36 松糕类 light pudding

以粳米粉、糯米粉为主要原料调制成面团，经成型、蒸制而成的口感松软的糕类制品。

2.2.37 熟粉糕类 steamed or flied flour pastry

将米粉、豆粉或面粉预先熟制，然后与其他原辅料混合而成的一类糕点。

2.2.38 热调软糕类 soft pudding made of cooked rice flour, sugar and hot water

用糕粉、糖和沸水调制成有较强韧性的软质糕团，经成型制成的柔软糕类制品。

2.2.39 切片糕类 flake pudding

以米粉为主要原料，经拌粉、装模、蒸制或炖糕、切片而成的口感绵软的糕类制品。

2.2.40 冷调韧糕类 pliable but strong pudding made of cooked rice flour, syrup and cold water

用糕粉、糖浆和冷开水调制成有较强韧性的软质糕团，经包馅（或不包馅）、成型而成的冷作糕类制品。

2.2.41 冷调松糕类 light pudding made of cooked rice flour, sugar or syrup

用糕粉、潮糖或糖浆拌和成松散性的糕团，经成型而成的松软糕类制品。

2.2.42 上糖浆类 coating syrup pastry

先制成生坯，经油炸后再拌（浇、浸）入糖浆的口感松酥或酥脆的制品。

2.2.43 萨其马类 Sa Qi Ma pastry

以面粉、鸡蛋为主要原料，经调制面团、静置、压片、切条、过筛、油炸、拌糖浆、成型、装饰、切块而制成。

2.2.44 月饼 Chinese moon cake

使用面粉等谷物粉，油、糖或不加糖调制成饼皮，包裹各种馅料，经加工而成在中秋节食用为主的传统节日食品。

2.3 西式糕点 foreign pastry

从外国传入我国的糕点的统称，具有西方民族风格和特色的糕点。

2.3.1 干点心 dry light refreshments

将面粉、奶油、糖、蛋等调成不同性质的面糊或面团，经成型、烘烤而成的口感松、脆的制品。

2.3.2 小干点 small cookies

用面粉、奶油、糖、蛋等为原料，经挤糊、烘烤而成的小巧别致，香酥、松脆的制品。

2.3.3 裱花蛋糕 decorative cake

由蛋糕坯和装饰料组成，制品装饰精巧，图案美观的制品。

2.3.4 清蛋糕 non - fat cake

以蛋、糖、面粉为主要原料，采用蛋糖搅打工艺，经调制面糊、注模、烘烤而成的组织松软的制品。

2.3.5 油蛋糕 butter cakes

以面粉、蛋、糖和油脂为主要原料，采用糖油搅打工艺，经调制面糊、注模、烘烤而成的组织细腻的制品。

2.3.6 海绵蛋糕 sponge cake

以蛋、面粉、糖为主要原料，添加适量油脂，经打蛋、注模、烘烤而成的组织松软的制品。

2.3.7 戚风蛋糕 Chiffon cake

分别搅打面糊和蛋白，再将面糊和蛋白混合在一起，经注模成型、烘烤而成的制品。

2.3.8 慕斯蛋糕 Mousse cake

起源于法国，以牛乳、糖、蛋黄、食用胶为主要原料，以搅打奶油为主要填充材料而成的装饰蛋糕或夹心蛋糕。

2.3.9 乳酪蛋糕　cheese cake

奶酪蛋糕

以海绵蛋糕、派皮等为底坯，将加工后的乳酪混合物倒入上面，经过（或不经过）烘烤、装饰而成的制品。

2.3.10 蛋白点心　meringue pastry

以蛋白、糖和面粉为主要原料，经烘烤而成的制品。

2.3.11 奶油起酥糕点　puff pastry

面团包入奶油，经反复压片、折叠、冷藏、烘烤而成的层次清晰、口感酥松的制品。

2.3.12 奶油混酥糕点　short butter pastry

将奶油、糖等和入面团中，经成型、烘烤而成的没有层次、口感酥松的制品。

2.3.13 泡芙糕点　cream puff

气鼓、哈斗（拒用）

以面粉、油脂、蛋为主要原料，加热调制成糊，经挤注、烘烤成空心坯，冷却后加馅、装饰而成的制品。

2.3.14 派　pie

以小麦粉、鸡蛋、糖等为主要原料，添加油脂、乳化剂等辅料，经搅打充气（或不充气）、挤浆（或注模）等工序加工而成的蛋类芯饼（蛋黄派），俗称派。

2.3.15 蛋塔　tart

以油酥面团为坯料，借助模具，通过制坯、烘烤、装饰等工艺而成的内盛水果或馅料的一类小型点心。

2.4 主要原辅料

2.4.1 预混粉　premixed flour

预拌粉

按配方将某种焙烤食品所用的原辅料（除液体原辅料外）预先混合好的制品。

注：有面包预混粉、糕点预混粉、蛋糕预混粉、冰皮月饼预混粉。

2.4.2 谷朊粉　nondairy whipping cream

小麦活性面筋

由小麦经水洗得生面筋，再经酸、碱液化，喷雾干燥后而制成的未变性的小麦蛋白粉末制品。

2.4.3 植脂奶油　nondairy whipping cream

植物忌廉（被取代）

以植物脂肪为原料，糖、玉米糖浆、水和盐为辅料，添加乳化剂、增稠剂、品质改良剂、酪蛋白酸钠、香精等经搅打制成的乳白色膏状物。主要用于裱花蛋糕表面装饰或制作慕斯。

2.4.4 奶油　butter

以经发酵或不发酵的稀奶油为原料，加工制成的固态产品。

2.4.5 无水奶油　anhydrous butter

以熔融了的奶油或稀奶油（经发酵或不发酵）为原料，经加工制成的水分含量较低的固态产品。

2.4.6 食用氢化油　hydrogenated fat

用食用植物油，经氢化和精炼处理后制得的食品工业用原料。

2.4.7 人造奶油 margarine

以氢化后的精炼食用植物油为主要原料，添加水和其他辅料，经乳化、急冷而制成的具有天然奶油特色的可塑性制品。

2.4.8 起酥油 shortening

指动、植物油脂的食用氢化油、高级精制油或上述油脂的混合物，经过速冷捏和制造的固状油脂，或不经速冷捏和制造的固状、半固体状或流动状的具有良好起酥性能的油脂制品。

2.4.9 乳化油 emulsified shortening

乳化剂添加量较多的人造奶油或起酥油，具有良好的加工性、乳化性和起酥性。

2.4.10 麦芽糖饴（饴糖） maltose syrup

以 α-淀粉酶、麦芽（或 β-淀粉酶）分解淀粉质原料所制得的以麦芽糖和糊精为主要成分的糖浆。

2.4.11 液体葡萄糖 maltose syrup

葡萄糖浆

淀粉经过酸法、酶法或酸酶法水解、净化而制成的糖浆。

2.4.12 转化糖浆 inverting syrup

蔗糖加水，经水解转化成葡萄糖和果糖为主要成分的糖浆。

2.4.13 果葡糖浆 high fructose corn syrup

高果糖浆

淀粉质原料，用酶法或酸酶法水解制得高 DE 值的糖液，再经葡萄糖异构酶转化而得的糖浆。

2.4.14 蛋糕乳化剂 cake emulsifier

蛋糕油（被取代）

以分子蒸馏单甘酯、蔗糖酯、司盘 60 等多种乳化剂为主要原料而制成的膏状产品。

2.4.15 奶酪粉 cheese powder

芝士粉（被取代）

牛乳在凝乳酶的作用下，使酪蛋白凝固，经过自然发酵过程加工而成的制品。

2.4.16 吉士粉 custard powder

由鸡蛋、乳品、变性淀粉、乳糖、植物油、食用色素和香料等组成的显浅柠檬黄色粉状物质。

2.4.17 慕斯粉 Mousse powder

用水果或酸奶、咖啡、坚果的浓缩粉和颗粒、增稠剂、乳化剂、香料等制成的粉状或带有颗粒的制品。

2.4.18 果冻粉 jelly powder

用粉状动物胶或植物胶、水果汁、糖等，以一定比例调和浓缩成干燥的即溶粉末。

2.4.19 果膏 autpiping jelly

果占

用增稠剂、蔗糖、葡萄糖、柠檬酸、食用色素、食用水果香精和水加工而成的制品。

2.4.20 布丁粉 pudding powder

以增稠剂（玉米淀粉、明胶等）、糖粉、蛋黄、乳粉为主要原料，视不同的口味添加巧克力、咖啡、奶油、香草等而制成的粉状混合物。

2.4.21 塔塔粉 cream of tartar

以酒石酸氢钾为主要成分，淀粉作为填充剂而制成的粉状物质。

2.4.22 复合膨松剂 baking powder

泡打粉（被取代）

由碳酸氢钠、酸性物质和填充剂构成的膨松剂。

2.5 半成品

2.5.1 面团 dough

面粉和其他原辅料经调制而成的团块状物质。

2.5.2 水调面团 elastic dough

筋性面团

韧性面团

面粉和水调制而成的具有较强筋性的面团。

2.5.3 水油面团 water – oiled dough

水、油脂和面粉调制而成的面团。

2.5.4 油酥面团 oil – mixed dough

油脂和面粉调制而成的面团。

2.5.5 糖浆皮面团 syrup – mixed dough

糖浆和面粉等原辅料调制而成的面团。

2.5.6 酥类面团 short pastry dough

油脂和面粉等原辅料调制而成的面团。

2.5.7 松酥面团 crisp pastry dough

混糖面团

面粉、糖、蛋品、油脂等调制而成的面团。

2.5.8 发酵面团 fermented dough

面团或米粉、酵母、糖等原辅料经调制、发酵而成的面团。

2.5.9 米粉面团 rice flour dough

米粉和水等原辅料调制而成的面团。

2.5.10 淀粉面团 starch dough

淀粉和水等原辅料调制而成的面团。

2.5.11 面糊 batter

面浆

面粉和其他原辅料经调制而成的流体或半流体。

2.5.12 蛋糕糊 cake batter

蛋糖经搅打后，加入其他辅料和面粉调制而成的糊状物。

2.5.13 蛋白膏 egg white icing

蛋白、糖和其他辅料经搅打而成的膏状物。

2.5.14 奶油膏 cream icing

奶油、糖和其他辅料经搅打而成的膏状物。

2.5.15　杏仁膏　almond pastry

用杏仁，砂糖加少许朗姆酒或白兰地酒制成。形同面团状，质地柔软细腻，气味香醇，有浓郁的杏仁香气，可塑性强。可用于制作西式干点、馅料、挂面和捏制各种装饰物用于蛋糕的装饰。

2.5.16　黄琪淋　pudding filling

黄酱

面粉或淀粉、鸡蛋、牛乳和糖等调制而成的膏状物。

2.5.17　白马糖　semi – inverted sugar

糖、水煮沸后加入转化剂再煮沸、冷却、搅拌成乳白色的半转化糖。

2.5.18　亮浆　bright invert syrup

明浆（被取代）

挂在制品上黄亮透明的糖浆。

2.5.19　砂浆　opaque syrup

挂在制品上返砂不透明的糖浆。

2.5.20　糕粉　frying polished glutinous rice flour

潮州粉

炒糯米粉

糯米经熟制、粉碎而成的粉。

2.5.21　擦馅　mixing filling

不经加热拌合而成的馅料。如五仁、椒盐馅等。

2.6　生产工艺

2.6.1　烘焙比　baker's percent

烘焙百分比

以一种主要原料的添加量为基准，各种原辅料的添加量与该基准的配比，用百分率表示。

2.6.2　实际百分比　true percent

以所有原辅料的添加量之和为基准，各种原辅料的添加量与该基准的配比，用百分率表示。

2.6.3　蛋糖搅打法　egg – sugar whipping method

在打蛋机内首先搅打蛋和糖，使蛋液充分充气起泡，然后加入面粉等其他原辅料的蛋糕面糊制作方法。

2.6.4　糖油搅打法　creaming method

在打蛋机内首先搅打糖和油使之充分乳化，然后加入面粉等其他原辅料的蛋糕面糊制作方法。

2.6.5　粉油搅打法　blending method

在打蛋机内首先搅打面粉和油使之充分混合，然后加入其他原辅料的蛋糕面糊制作方法。

2.6.6　乳化　emulsification

用搅拌的方法将蛋、油、糖等原辅料充分混合均匀的过程。

2.6.7 面团筋力 dough strength

面团筋性

面团中面筋的弹性、韧性、延伸性和可塑性等物理属性的统称。

2.6.8 面团弹性 dough elasticity

面团被拉长或压缩后，能够恢复到原来状态的特性。

2.6.9 面团延伸性 dough extensibility

面团拉伸性

面团被拉长到一定程度而不致断裂的特性。

2.6.10 面团韧性 dough resistance

面团被拉长时所表现的抵抗力。

2.6.11 面团可塑性 dough plasticity

面团被拉长或压缩后不能恢复至原来状态的特性。

2.6.12 发面 fermentation

发酵

面团在一定温度、湿度条件下，让酵母充分繁殖产气，促使面团膨胀的过程。

2.6.13 擦酥 mixed up flour and oil

在调制油酥面团时，反复搓擦使油脂和面粉混合均匀的过程。

2.6.14 擦粉 mixed up flour and syrup

在调制米粉面团时，反复搓擦使糕粉和糖浆混合均匀的过程。

2.6.15 包酥 making dough of short crust pastry

用水油面团包油酥面团制成酥皮的过程。

2.6.16 混酥 leaked oil mixed dough out

在包酥过程中，由于皮酥硬度不同或操作不当等原因，造成皮酥混合，层次不清的现象。

2.6.17 包油嵌面 rolling and folding

用面皮包入油脂，反复压片、折叠、冷藏而形成酥层的方法。

2.6.18 增筋 strengthening

加入面团改良剂或采取其他工艺措施，以促进面筋的形成。

2.6.19 降筋 softening

加入面团改良剂或采取其他工艺措施，以限制面筋的形成。

2.6.20 坯子 pieces of shaped dough

经成型后具有一定形状，而未经熟制工序的坯子。

2.6.21 裱花 mounting patterns

用膏状装饰料，在蛋糕坯或其他制品上挤注不同花纹和图案的过程。

2.6.22 装饰 decorating

在生坯或制品表面上点缀不同的辅料或打上各种标记的过程。

2.6.23 糕点上彩装 the color predends on pastry

在糕点表面或内部组织（含馅芯）应用食品添加剂或其他辅料着色的过程。

2.6.24 挂糖粉 coating or icing

拌糖粉

将糖粉撒在制品表面上的过程。

2.6.25 炝脸 baking the shaped dough faced down

烫饼面

将成形后的生坯先表面朝下摆在烤盘上烘烤，使制品表面平整，烙有独特色泽的过程。

2.6.26 烘烤 baking

糕点生坯在烤炉（箱）内加热，使其由生变熟的过程。

2.6.27 上色 colouring

在熟制过程中，生坯表面受热生成有色物质的现象。

2.6.28 跑糖 leaked sugar out

糕点馅料在熟制过程中流淌出来的现象。

2.6.29 走油 leaked oil out

糕点或半成品在放置过程中，油脂向外渗透的现象。

2.6.30 拌浆 mixed invert syrup with deep fried pastry

将炸制的半成品放入糖浆内进行拌合的过程。

2.6.31 上浆 sprinking invert syrup on products

将糖浆浇到制品上的过程。

2.6.32 透浆 soaking pastry in invert syrup

将半成品放入糖浆内浸泡的过程。

2.6.33 熬浆 making invert syrup

将糖和水按一定比例混合，经加热、加酸后，制成转化糖浆的过程。

2.6.34 提浆 purifying syrup

用蛋白或豆浆去除转化糖浆中的杂质的方法。

2.6.35 塌斜 side tallness low

月饼一边高一边低的现象。

2.6.36 摊塌 superficies small bottom big

月饼面小底大的变形现象。

2.6.37 露酥 outcrop layer

月饼油酥外露，表面呈毛糙感的现象。

2.6.38 凹缩 concave astringe

月饼饼面和侧面凹陷现象。

2.6.39 青墙 celadon wall

月饼未烤透而产生的腰部呈青色的现象。

2.6.40 拔腰 protrude peplum

月饼烘烤过度而产生的腰部过分凸出的变形现象。

附录五　GB/T 19855—2015 《月饼》

1　范围

本标准规定了月饼的术语和定义、产品分类、技术要求、试验方法、检验规则、标签标识、包装、运输、贮存和召回等要求。

本标准适用于 3.1 定义产品的生产、检验和销售。

2　规范性引用文件

下列文件对于本文件的应用是必不可少的。凡是注日期的引用文件，仅注日期的版本适用于本文件。凡是不注日期的引用文件，其最新版本（包括所有的修改单）适用于本文件。

GB/T 191 包装储运图示标志

GB 317 白砂糖

GB 1355 小麦粉

GB/T 1532 花生

GB 2716 食用植物油卫生标准

GB 2730 腌腊肉制品卫生标准

GB 2748 鲜蛋卫生标准

GB 2749 蛋制品卫生标准

GB 2760 食品添加剂使用卫生标准

GB/T 5737 食品塑料周转箱

GB 7096 食品安全国家标准　食用菌及其制品

GB 7099 糕点、面包卫生标准

GB 7718 食品安全国家标准　预包装食品标签通则

GB/T 8937 食用猪油

GB 10146 食用动物油脂卫生标准

GB/T 10458 荞麦

GB/T 11761 芝麻

GB 13104 食品安全国家标准　食糖

GB 14884 蜜饯卫生标准

GB 14963 食品安全国家标准　蜂蜜

GB 16325 干果食品卫生标准

GB 16326 食品安全国家标准　坚果与籽类食品

GB/T 18357 地理标志产品　宣威火腿

GB/T 20883 麦芽糖

GB/T 21270 食品馅料

GB 23350 限制商品过度包装要求　食品和化妆品

GB/T 23780 糕点质量检验方法

GB/T 23812 糕点生产及销售要求

NY 1506 绿色食品 食用花卉

SB/T 10562 豆沙馅料

SB/T 10563 莲蓉馅料

SB/T 10564 果仁馅料

JJF 1070 定量包装商品净含量计量检验规则

《定量包装商品计量监督规定》国家质量监督检验检疫总局令〔2005 年〕第 75 号

《食品召回管理规定》国家质量监督检验检疫总局令〔2007 年〕第 98 号

3 术语和定义

下列术语和定义适用于本文件。

3.1 月饼 moon cake

使用小麦粉等谷物粉或植物粉、油、糖（或不加糖）等为主要原料制成饼皮，包裹各种馅料，经加工而成，在中秋节食用为主的传统节日食品。

3.2 塌斜 side tallness low

月饼高低不平整，不周正的现象。

3.3 摊塌 superficies small bottom big

月饼面小底大的变形现象。

3.4 露酥 outcrop layer

月饼油酥外露、表面呈粗糙感的现象。

3.5 凹缩 concave astringe

月饼饼面和侧面凹陷的现象。

3.6 跑糖 sugar pimple

月饼馅心中糖融化渗透至饼皮，造成饼皮破损的现象。

3.7 青墙 celadon wall

月饼未烤透而产生的腰部呈青色的现象。

3.8 拔腰 protrude peplum

月饼烘烤过度而产生的腰部过分凸出的变形现象。

4 产品分类

4.1 按加工工艺分类

4.1.1 热加工类

4.1.1.1 烘烤类

以烘烤工艺为最终熟制工序的月饼。

4.1.1.2 油炸类

以油炸工艺为最终熟制工序的月饼。

4.1.1.3 其他类

以其他热加工工艺为最终熟制工序的月饼。

4.1.2　冷加工类

4.1.2.1　熟粉类

将米粉、淀粉、小麦粉或薯类粉等预先熟制，然后经制皮、包馅、成型的月饼。

4.1.2.2　其他类

以其他冷加工工艺为最终加工工序的月饼。

4.2　按地方派式特色分类

4.2.1　广式月饼

4.2.1.1　原则

以广东地区制作工艺和风味特色为代表的，以小麦粉等谷物粉或植物粉、糖浆、食用植物油等为主要原料制成饼皮，经包馅、成型、刷蛋、烘烤（或不烘烤）等工艺加工制成的口感柔软的月饼。广式月饼按馅料和饼皮不同分为下列类型：

4.2.1.2　蓉沙类

4.2.1.2.1　莲蓉类

包裹以莲子为主要原料加工成馅的月饼。除油、糖外的馅料中，莲籽含量的质量分数为100%，为纯莲蓉类；莲籽含量的质量分数不低于60%，为莲蓉类。

4.2.1.2.2　豆蓉（沙）类

包裹以各种豆类为主要原料加工成馅的月饼。

4.2.1.2.3　栗蓉类

包裹以板栗为主要原料加工成馅的月饼。除油、糖外的馅料中，板栗含量的质量分数应不低于60%。

4.2.1.2.4　杂蓉类

包裹以其他含淀粉的原料加工成馅的月饼。

4.2.1.3　果仁类

包裹以核桃仁、瓜子仁等果仁为主要原料加工成馅的月饼，馅料中果仁含量的质量分数应不低于20%，其中使用核桃仁、杏仁、橄榄仁、瓜子仁、芝麻仁等五种主要原料加工成馅的月饼可称为五仁月饼。

4.2.1.4　果蔬类

4.2.1.4.1　枣蓉（泥）类

包裹以枣为主要原料加工成馅的月饼。

4.2.1.4.2　水果类

包裹以水果及其制品为主要原料加工成馅的月饼。馅料中水果的含量的质量分数不低于25%。

4.2.1.4.3　蔬菜类（含水果味月饼）

包裹以蔬菜及其制品为主要原料加工成馅的月饼。

4.2.1.5　肉与肉制品类

包裹馅料中添加了火腿、叉烧、香肠等肉或肉制品的月饼，馅料中肉或肉制品含量的质量分数不得低于5%。

4.2.1.6　水产制品类

包裹馅料中添加了虾米、鲍鱼等水产制品的月饼，馅料中水产制品的含量的质量分数不低于 5%。

4.2.1.7 蛋黄类

包裹馅料中添加了咸蛋黄的月饼。

4.2.1.8 水晶皮类

以米粉、淀粉、糖浆等配料先经熟制成透明状饼皮，再经包裹各种馅料、成型等工艺加工制成的冷加工类月饼。

4.2.1.9 冰皮类

以糯米粉、大米淀粉、玉米淀粉等为饼皮的主要原料，经熟制后制成饼皮，包裹馅料，并经成型、冷藏（或不冷藏）等冷加工工艺制成的口感绵软的月饼。

4.2.1.10 奶酥皮类

使用小麦粉、奶油、白砂糖等为主要原料制成饼皮，经包馅、成型、刷蛋、烘烤等工艺加工而成的口感绵软的月饼。

4.2.2 京式月饼

4.2.2.1 原则

以北京地区制作工艺和风味特色为代表的，配料重油、轻糖，使用提浆工艺制作糖浆皮面团，或糖、水、油、小麦粉制成松酥皮面团，经包馅、成型、烘烤等工艺加工制成的口味纯甜、纯咸，口感松酥或绵软，香味浓郁的月饼。按产品特点和加工工艺不同分为：提浆月饼、自来白月饼、自来红月饼、大酥皮（翻毛）月饼等。

4.2.2.2 提浆月饼

以小麦粉、食用植物油、小苏打、糖浆等制成饼皮，经包馅、磕模成型、焙烤等工艺制成的口感艮酥不硬，香味浓郁的月饼。根据馅料不同可分为果仁类、蓉沙类等。

4.2.2.3 自来白月饼

以小麦粉、绵白糖、猪油或食用植物油等制成饼皮，冰糖、桃仁、瓜仁、桂花、青梅或山楂糕、青红丝等制馅，经包馅、成型、打戳、焙烤等工艺制成的饼皮松酥，馅绵软的月饼。

4.2.2.4 自来红月饼

以小麦粉、食用植物油、绵白糖、饴糖、小苏打等制成饼皮，熟小麦粉、麻油、瓜仁、桃仁、冰糖、桂花、青红丝等制馅，经包馅、成型、打戳、焙烤等工艺制成的饼皮松酥，馅绵软的月饼。

4.2.2.5 大酥皮（翻毛）月饼

以小麦粉、食用植物油等制成松酥绵软的酥皮，经包馅、成型、打戳、焙烤等工艺制成的皮层次分明，松酥，馅利口不黏的月饼。根据馅料不同可分为果仁类、蓉沙类等。

4.2.3 苏式月饼

以苏州地区制作工艺和风味特色为代表的，以小麦粉、饴糖、油等制成饼皮，小麦粉、油等制酥，经制酥皮、包馅、成型、烘烤等工艺加工制成具有酥层且口感松酥的月饼。按馅料不同可分为蓉沙类、果仁类、肉与肉制品类、果蔬类等，其中果仁类的馅料中果仁含量应不低于 20%。

4.2.4 潮式月饼

4.2.4.1 原则

以潮州地区制作工艺和风味特色为代表的，以小麦粉、食用植物油、白砂糖、饴糖、麦芽糖、奶油、淀粉等制成饼皮，包裹各种馅料，经加工制成的月饼。按产品特点和加工工艺不同分为：潮式酥皮类月饼、潮式水晶皮类月饼、潮式奶油皮类月饼等。

4.2.4.2 酥皮类

以小麦粉、饴糖、油等制皮，小麦粉、油制酥，先经包制酥皮，再经包馅、成型、烘烤或油炸等工艺加工制成饼皮酥脆的月饼。

4.2.4.3 水晶皮类

以淀粉、食用明胶、白砂糖、麦芽糖等熟制成透明状饼皮，经包裹各种馅料、成型、杀菌等工艺加工制成的冷加工类饼皮柔软有弹性的月饼。

4.2.4.4 奶油皮类

以小麦粉、淀粉、食用植物油、白砂糖、奶油等制成饼皮；经包裹各种馅料、成型、烘烤等工艺加工制成的口感绵软月饼。

4.2.5 滇式月饼

4.2.5.1 原则

以云南地区制作工艺和风味特色为代表的，以使用小麦粉、荞麦粉、食用油（猪油、植物油）为主要原料制成饼皮，以云腿肉丁、各种果仁、食用花卉、蔬菜、白砂糖、蜂蜜、玫瑰糖、洗砂、枣泥、禽蛋、食用菌等其中几种为主要原料并配以辅料包馅成形，经烘烤等工艺加工制成的口感具有食用花卉、果仁等不同口味的月饼。按产品特点和加工工艺不同分为：云腿月饼、云腿果蔬食用花卉类月饼等。

4.2.5.2 云腿月饼

以小麦粉、荞麦粉、云腿肉丁、白砂糖、食用油脂为主要原料，并配以辅料，经和面、包馅、成型、烘烤等工艺加工制成的皮酥脆，馅料甜咸爽口火腿味浓的月饼。

4.2.5.3 云腿果蔬食用花卉类月饼

以小麦粉、荞麦粉、食用油（猪油、植物油）、云腿肉丁、白砂糖、食用花卉、蔬菜、各种果仁等为主要原料并配以辅料，经和面、包馅、成型、烘烤、包装等工艺加工制成的口感具有食用花卉、果仁等不同口味的月饼。

4.2.6 晋式月饼

4.2.6.1 原则

以山西地区制作工艺和风味特色为代表的，以小麦粉、食用植物油、糖、鸡蛋、淀粉糖浆等制成饼皮，包裹各种馅料，经加工制成的月饼。按产品特点和加工工艺不同分为：晋式蛋月烧类月饼、晋式郭杜林类月饼、晋式夯月饼、晋式提浆类月饼等。

4.2.6.2 蛋月烧类月饼

以小麦粉、鸡蛋、糖、食用植物油、糖浆等为主料，添加乳化剂、膨松剂搅拌加工制成饼皮，经包馅、成型、烘烤等工艺加工制成口感绵软、蛋香浓郁的月饼。

4.2.6.3 郭杜林类月饼

以小麦粉、糖、食用植物油（胡麻油）、膨松剂等搅拌加工制成饼皮，经包馅、成型、刷浆、烘烤等工艺加工制成的口感松酥的月饼。

4.2.6.4 夯月饼

以小麦粉、糖、食用植物油、淀粉糖浆、膨松剂等搅拌加工制成饼皮，经包馅、成型、刷浆、烘烤等工艺加工制成的口感松酥的月饼。

4.2.6.5 提浆类月饼

以小麦粉、糖浆、食用植物油、淀粉糖浆等为主要原料加工制成饼皮，经包馅、成型、烘烤等工艺加工制成的口感绵软的月饼。

4.2.7 琼式月饼

以海南地区制作工艺和风味特色为代表的，使用小麦粉、花生油、糖浆等原料制成糖浆皮，另用小麦粉、猪油等制成酥，经包酥、按酥、折叠工艺后形成糖浆油酥皮，再经包馅、成型、烘烤等工艺制成具有口感松酥、酥软的月饼。根据馅料的不同可分为：果蔬类、蓉沙类、果仁类、肉与肉制品类、蛋黄类、水产制品类等。

4.2.8 台式月饼

以台湾地区制作工艺和风味特色为代表的，以白豆、芸豆、绿豆、红豆等豆类、糖（或不加糖）、奶油、果料（或不加）、鸡蛋或蛋制品（或不加）等为原料，经蒸豆、制皮、包馅、成型、烘烤等工艺加工制成的口感松酥或绵软的月饼。代表品种有台式桃山皮月饼等。

4.2.9 哈式月饼

以哈尔滨地区制作工艺和风味特色为代表的，使用提浆工艺制作糖浆皮面团，或以小麦粉、植物油、糖浆制成松酥皮面团（或以小麦粉、白砂糖、奶油制成松酥奶皮面团），经包馅、成型、刷蛋（奶酥类除外）、烘烤等工艺加工制成的饼皮绵软、口感松酥的月饼。按产品特点和加工工艺不同分为川酥类、提浆类、奶酥类等。

4.2.10 其他类月饼

在各派式月饼及其他地区中，或以其他月饼加工工艺制成的风味独特的月饼。

5 技术要求

5.1 原料和辅料

5.1.1 小麦粉

应符合 GB 1355 的规定。

5.1.2 白砂糖

应符合 GB 317 和 GB 13104 的规定。

5.1.3 花生

应符合 GB/T 1532 的规定。

5.1.4 麦芽糖

应符合 GB/T 20883 的规定。

5.1.5 食用植物油

应符合 GB 2716 的规定。

5.1.6 食用猪油

应符合 GB/T 8937 的规定。

5.1.7 鲜蛋

应符合 GB 2748 的规定。

5.1.8 咸蛋黄

应符合 GB 2749 的规定。

5.1.9 食用菌

应符合 GB 7096 的规定。

5.1.10 食用动物油脂

应符合 GB 10146 的规定。

5.1.11 荞麦

应符合 GB/T 10458 的规定。

5.1.12 蜜饯

应符合 GB 14884 的规定。

5.1.13 干果

应符合 GB 16325 的规定。

5.1.14 坚果

应符合 GB 16326 的规定。

5.1.15 宣威火腿

应符合 GB/T 18357 的规定。

5.1.16 腌腊肉制品

应符合 GB 2730 的规定。

5.1.17 芝麻

应符合 GB/T 11761 的规定。

5.1.18 可食用花卉

应符合 NY 1506 的规定。

5.1.19 月饼馅料

应符合 GB/T 21270、SB/T 10562、SB/T 10563、SB/T 10564 和其他相关国家标准和行业标准的规定。

5.1.20 其他原辅料

应符合相应的国家标准或行业标准的规定。

5.2 感官要求和理化指标

5.2.1 广式月饼感官要求见表1，理化指标见表2。

表1 广式月饼感官要求

项目		要求
形态		外形饱满，轮廓分明，花纹清晰，不摊塌、无跑糖及露馅现象
色泽		具有该品种应有色泽
组织	蓉沙类	饼皮厚薄均匀，馅料细腻无僵粒，无夹生
	果仁类	饼皮厚薄均匀，果仁颗粒大小适宜，拌和均匀，无夹生

续表

项目		要求
组织	水果类	饼皮厚薄均匀，馅芯有该品种应有的色泽，拌和均匀，无夹生
	蔬菜类	饼皮厚薄均匀，馅芯有该品种应有的色泽，拌和均匀，无夹生
	肉与肉制品类	饼皮厚薄均匀，肉与肉制品大小适中，拌和均匀，无夹生
	水产制品类	饼皮厚薄均匀，水产制品大小适中，拌和均匀，无夹生
	蛋黄类	饼皮厚薄均匀，蛋黄居中，无夹生
	冰皮类	饼皮厚薄均匀，皮馅无脱壳现象，馅芯细腻无僵粒，无夹生
	水晶皮类	饼皮厚薄均匀，皮馅无脱壳现象，无夹生
	奶酥皮类	饼皮厚薄均匀，皮馅无脱壳现象，无夹生
滋味与口感		饼皮绵软，具有该品种应有的风味，无异味
杂质		正常视力无可见杂质

表2 广式月饼理化指标

项目		蓉沙类	果仁类	果蔬类	肉与肉制品类	水产制品类	蛋黄类	水晶皮类	冰皮类	奶酥皮类
干燥失重/（g/100g）	≤	25	28	25	22	22	23	40	45	26
蛋白质/（g/100g）	≥	—	5	—	5	5	—	—	—	—
脂肪/（g/100g）	≤	24	35	23	35	35	30	18	22	30
总糖/（g/100g）	≤	50						40	45	40
馅料含量/（g/100g）	≥	65						30	50	50

5.2.2 京式提浆月饼感官要求见表3，理化指标见表4。

表3 京式提浆月饼感官要求

项目		要求
形态		块形整齐，花纹清晰，无破裂、露馅、凹缩、塌斜现象。不崩顶，不拔腰，不凹底
色泽		表面光润，饼面花纹呈麦黄色，腰部呈乳黄色，饼底部呈金黄色，不青墙，无污染
组织	果仁类	饼皮细密，皮馅厚薄均匀，果料分布均匀，无大空隙，无夹生
	蓉沙类	饼皮细密，皮馅厚薄均匀，皮馅无脱壳现象，无夹生
滋味与口感	果仁类	饼皮松酥，有该品种应有的口味，无异味
	蓉沙类	饼皮松酥，有该品种应有的口味，无异味
杂质		正常视力无可见杂质

表4　京式提浆月饼理化指标

项目		指标	
		果仁类	蓉沙类
干燥失重/（g/100g）	≤	17	
脂肪/（g/100g）	≤	25	
总糖/（g/100g）	≤	40	
馅料含量/（g/100g）	≥	35	

5.2.3　京式自来白月饼感官要求见表5，理化指标见表6。

表5　京式自来白月饼感官要求

项目	要求
形态	圆形鼓状，块形整齐，不拔腰，不青墙，不露馅
色泽	表面呈乳白色，底呈麦黄色
组织	皮松软，皮馅比例均匀，不空腔，不偏皮
滋味与口感	松软，有该品种应有的口味，无异味
杂质	正常视力无可见杂质

表6　京式自来白月饼理化指标

项目		指标
干燥失重/（g/100g）	≤	17
脂肪/（g/100g）	≤	25
总糖/（g/100g）	≤	40
馅料含量/（g/100g）	≥	35

5.2.4　京式自来红月饼感官要求见表7，理化指标见表8。

表7　京式自来红月饼感官要求

项目	要求
形态	圆形鼓状，面印深棕红磨水戳，不青墙，不露馅，无黑泡，块形整齐
色泽	表面呈深棕黄色，底呈棕褐色，腰部呈麦黄色
组织	皮酥松不艮，馅料利口不黏，无大空洞，不偏皮
滋味与口感	疏松绵润，有该品种应有的口味，无异味
杂质	正常视力无可见杂质

表8 京式自来红月饼理化指标

项目		指标
干燥失重/（g/100g）	≤	17
脂肪/（g/100g）	≤	25
总糖/（g/100g）	≤	40
馅料含量/（g/100g）	≥	35

5.2.5 京式大酥皮（翻毛）月饼感官要求见表9，理化指标见表10。

表9 京式大酥皮（翻毛月饼）感官要求

项目		要求
形态		外形圆整，饼面微凸，底部收口居中，不跑糖、不露馅
色泽		表面呈乳白色，饼底部呈金黄色，不沾染杂色，品名钤记清晰
组织	果仁类	酥皮层次分明，包芯厚薄均匀，不偏皮，无夹生
	蓉沙类	酥皮层次分明，包芯厚薄均匀，皮馅无脱壳现象，无夹生
滋味与口感	果仁类	酥松绵软，有该品种应有的口味，无异味
	蓉沙类	酥松绵软，馅细腻油润，有该品种应有的口味，无异味
杂质		正常视力无可见杂质

表10 京式大酥皮（翻毛月饼）理化指标

项目		指标	
		果仁类	蓉沙类
干燥失重/（g/100g）	≤	17	
脂肪/（g/100g）	≤	25	
总糖/（g/100g）	≤	40	
馅料含量/（g/100g）	≥	45	

5.2.6 苏式月饼感官要求见表11，理化指标见表12。

表11 苏式月饼感官要求

项目		要求
形态		外形圆整，面底平整，略呈扁鼓形；底部收口居中不漏底，无僵缩、露酥、塌斜、跑糖、露馅现象，无大片碎皮；品名戳记清晰
色泽		具有该品种应有色泽，不沾染杂色，无污染现象
组织	蓉沙类	酥层分明，皮馅厚薄均匀，馅软油润，无夹生、僵粒
	果仁类	酥层分明，皮馅厚薄均匀，馅松不韧，果仁分布均匀，无夹生、大空隙
	肉与肉制品类	酥层分明，皮馅厚薄均匀，肉与肉制品分布均匀，无夹生、大空隙
	果蔬类	皮馅厚薄均匀，馅软油润，无夹生，大空隙

续表

项目	要求
滋味与口感	酥皮爽口，具有该品种应有的风味，无异味
杂质	正常视力无可见杂质

表 12　苏式月饼理化指标

项目		蓉沙类	果仁类	肉与肉制品类	果蔬类
干燥失重/（g/100g）	≤	24	22	30	28
蛋白质/（g/100g）	≥	—	5	5	—
脂肪/（g/100g）	≤	24	35	33	22
总糖/（g/100g）	≤	38	30	30	48
馅料含量/（g/100g）	≥			35	

5.2.7　潮式月饼感官要求见表13，理化指标见表14。

表 13　潮式月饼感官要求

项目	酥皮类	水晶皮类	奶油皮类
形态	呈扁圆形：外形完整、饱满、无明显凹缩，爆裂及露馅现象	外型饱满、轮廓分明、花纹清晰不露馅、饼皮呈透明状、不摊塌	呈扁圆形或方形：外形完整、饱满、无明显凹缩、爆裂及露馅现象
色泽	酥皮类饼面及底部呈棕黄色，腰部黄中泛白，不焦	饼皮具有该品种应有的色泽	饼面呈微黄泛白，饼底浅棕黄色，不焦
组织	酥层分明，皮馅厚薄均匀无夹生、糖块	饼皮厚薄基本均匀，馅料大小无粗粒感，无夹生	饼皮厚薄均匀，馅料大小无粗粒感，无夹生
口味与口感	酥皮饼皮酥化可口，内馅具有该品种应有风味、无异味	饼皮嫩滑柔软有弹性，具有该品种应有的风味和滋味	酥饼皮入口松化，留香持久，内馅具有该品种应有风味、无异味
杂质	正常视力无可见杂质		

表 14　潮式月饼理化指标

项目		酥皮类	水晶皮类	奶油皮类
干燥失重/（g/100g）	≤	25	35	25
脂肪/（g/100g）		14～35	≤15	≤23
总糖/（g/100g）	≤		42	
馅料含量/（g/100g）	≥	50	25	60

5.2.8 滇式云腿月饼感官要求见表15，理化指标见表16。

表15 滇式云腿月饼感官要求

项目	要求
形态	有该品种典型特征，外形圆整，无露馅现象，底部无明显焦斑
色泽	具有该品种应有色泽，无污染杂色
组织	饼皮厚薄均匀，断面皮心分明，火腿丁分布均匀，肥瘦肉比例适当，无夹生、糖块
滋味与口感	饼皮酥软，具有该品种应有的风味，无异味
杂质	正常视力无可见杂质

表16 滇式云腿月饼理化指标

项目		指标
干燥失重／（g/100g）		10~22
总糖（以蔗糖计）／（g/100g）		15~40
脂肪／（g/100g）	≤	30
馅料含量／（g/100g）	≥	40
云腿肉丁含量／（g/100g）	≥	11

5.2.9 滇式云腿果蔬食用花卉类月饼感官指标要求见表17，理化指标见表18。

表17 滇式云腿果蔬食用花卉类月饼感官要求

项目	要求
形态	有该产品应有形态，外形圆整，无露馅，底部无明显焦斑，无正常视力可见杂质
色泽	饼面褐黄，不焦煳
组织	断面皮馅分明，云腿肉丁肥瘦比例适当
滋味与口感	饼皮酥软，具有云腿和相应辅料的味道，无异味
杂质	正常视力无可见杂质

表18 滇式云腿果蔬食用花卉类月饼理化指标

项目		指标
干燥失重／（g/100g）		10~22
总糖（以蔗糖计）／（g/100g）		15~30
脂肪／（g/100g）	≤	30
馅料含量／（g/100g）	≥	40
云腿肉丁含量／（g/100g）	≥	7

5.2.10 晋式月饼感官要求见表19，理化指标见表20。

表19 晋式月饼感官要求

项目		要求
形态		块型整齐，无明显凹缩、塌斜和爆裂，无露馅现象
色泽	蛋月烧类	色泽均匀，腰、底部为棕红，表面为棕黄而不焦，不沾染杂色
	郭杜林类	色泽红棕色，表面有条纹状花纹，不沾染杂色
	夯月饼类	色泽红棕色，表面有星型花纹，不沾染杂色
	提浆类	表面花纹清晰，色泽麦黄色，腰部为乳黄色，不青墙，不沾染杂色
组织	蛋月烧类	饼皮气孔均匀、松软绵软，皮馅厚薄均匀，无夹生
	郭杜林类	饼皮松酥不良，皮馅厚薄均匀，无大空洞，无杂质，无夹生
	夯月饼类	饼皮松酥不良，皮馅厚薄均匀，无大空洞，无杂质，无夹生
	提浆类	饼皮细密，皮馅厚薄均匀，无夹生，果仁分布均匀，无大空隙，无杂质，无夹生
滋味与口感	蛋月烧类	蛋香味浓郁，口感绵软
	郭杜林类	口感酥松，具有胡麻油特有的香味
	夯月饼类	口感松酥，具有红糖和果仁的香味
	提浆类	口感绵软、香味浓郁
杂质		正常视力无可见杂质

表20 晋式月饼理化指标

项目		指标			
		蛋月烧类月饼	郭杜林类月饼	夯月饼	提浆类月饼
干燥失重/（g/100g）	≤	23	20		16
脂肪/（g/100g）	≤	33	25		23
总糖/（g/100g）	≤	39	39		35
馅料含量/（g/100g）	≥	35			

5.2.11 琼式月饼感官要求见表21，理化指标见表22。

表21 琼式月饼感官要求

项目		要求
形态		外形饱满，表面微凸，轮廓分明，花纹清晰，无明显凹缩、爆裂、塌斜、摊塌和露馅现象
色泽		饼面浅黄或浅棕黄色，色泽均匀，腰部呈浅黄或黄白色，底部棕黄不焦，无污染杂色
组织	果蔬类	酥层明显，饼皮厚薄均匀，椰丝、椰蓉切条均匀，油润，馅心色泽淡黄
	蓉沙类	酥层明显，饼皮厚薄均匀，馅料细腻油润绵软，无夹生，无僵粒等现象
	果仁类	酥层明显，饼皮厚薄均匀，果仁大小适中、分布均匀，切面润泽，无夹生，无松散现象

续表

项目		要求
组织	肉与肉制品类	酥层明显，饼皮厚薄均匀，肉与肉制品大小适中、拌和均匀，无夹生
	蛋黄类	酥层明显，饼皮厚薄均匀，无夹生
	水产制品类	酥层明显，饼皮厚薄均匀，馅料分布均匀，无空心、无夹生、无松散现象
滋味与口感		饼皮酥香松软、不腻。具有该品种应有的口感及风味，无异味
杂质		正常视力无可见杂质

表 22　琼式月饼理化指标

项目		果蔬类	蓉沙类	果仁类	肉与肉制品类	蛋黄类	水产制品类
干燥失重/（g/100g）	≤	23	23	23	23	23	22
蛋白质/（g/100g）	≥	5	—	5	5	5	5
脂肪/（g/100g）	≤	25	25	25	23	25	25
总糖/（g/100g）	≤	35	40	30	30	30	30
馅料含量/（g/100g）	≥	50					

5.2.12　台式桃山皮月饼感官要求见23，理化指标见表24。

表 23　台式桃山皮月饼感官要求

项目	要求
形态	外形饱满，轮廓分明，花纹清晰，没有明显凹缩和爆裂、塌斜、露馅现象
色泽	具有该品种应有色泽，不沾染杂色
组织	饼皮厚薄均匀，皮馅无脱壳现象，馅心细腻无僵粒，无夹生现象
滋味与口感	饼皮松软，具有该品种应有风味，无异味
杂质	正常视力无可见杂质

表 24　台式桃山皮月饼理化指标

项目		指标
干燥失重/（g/100g）	≤	26
脂肪/（g/100g）	≤	21
总糖/（g/100g）	≤	45
馅料含量/（g/100g）	≥	35

5.2.13　哈式月饼感官要求见表25，理化指标见表26。

表 25　哈式月饼感官要求

项目	要求
形态	形态整齐，品名和花纹清晰，腰部呈微鼓状，底部收口居中部不漏底，无露馅、塌斜现象

续表

项目		要求
色泽	川酥类	花纹表面金黄色或棕黄色，花纹底部乳黄色，饼底棕黄不焦，腰部乳黄泛白
	提浆类	花纹表面金黄色或棕黄色，花纹底部乳黄色，饼底棕黄不焦，腰部乳黄泛白
	奶酥类	花纹表面浅黄色，花纹底部乳黄色泛白，饼底棕黄不焦
组织	川酥类	酥层分明，皮馅厚薄均匀，馅料颜色分明、分布均匀，无夹生，具有该品种应有的组织
	提浆类	皮馅厚薄均匀，无夹生，具有该品种应有的组织
	奶酥类	皮馅厚薄均匀，馅心细腻无颗粒，无夹生、具有该品种应有的组织
滋味与口感	川酥类	松酥爽口，具有该品种应有的风味，无异味
	提浆类	口感香甜，具有该品种应有的风味，无异味
	奶酥类	饼皮奶香浓郁，酥松爽口，具有该品种应有的风味，无异味
杂质		正常视力无可见杂质

表26 哈式月饼理化指标

项目		指标
干燥失重/（g/100g）	≤	20
脂肪/（g/100g）	≤	22
总糖/（g/100g）	≤	38
馅料含量/（g/100g）	≥	35

5.2.14 其他类月饼感官指标见表27，理化指标见表28。

表27 其他类月饼感官要求

项目	要求
形态	外形饱满，轮廓分明，无明显凹缩、爆裂、塌斜、摊塌及跑糖露馅的现象
色泽	具有该品种应有色泽
组织	饼皮薄厚均匀，无夹生
滋味与口感	具有本品种应有的滋味和口感，无异味
杂质	正常视力无可见杂质

表28 其他类月饼理化指标

项目		指标
干燥失重/（g/100g）	≤	38
脂肪/（g/100g）	≤	55
总糖/（g/100g）	≤	55
馅料含量/（g/100g）	≥	22

5.3 卫生指标

按 GB 7099 食品安全标准的规定。

5.4 食品添加剂

5.4.1 食品添加剂质量应符合相关国家标准、行业标准和有关规定的要求。

5.4.2 食品添加剂的使用范围和使用量应符合 GB 2760 的规定。

5.5 净含量

应符合《定量包装商品计量监督规定》的规定。

5.6 生产与销售要求

应符合 GB/T 23812 的规定。

6 检验方法

6.1 感官检验

取样品一份，去除包装，置于清洁的白瓷盘中，目测形态、色泽，然后取 2 块用刀按四分法切开，观察内部组织、品味并与标准规定对照，作出评价。

6.2 理化指标的检验

馅料含量、干燥失重、蛋白质、脂肪和总糖的检验按 GB/T 23780 中规定的方法测定。

6.3 卫生指标的检验

本标准 5.3 中规定项目的检验方法按 GB 7099 的规定执行。

6.4 净含量负偏差

应执行 JJF1070 的规定。

7 检验规则

7.1 出厂检验

7.1.1 产品出厂需经检验部门逐批检验，检验合格方可出厂。

7.1.2 出厂检验项目包括：感官要求、净含量、馅料含量、菌落总数、大肠菌群。

7.2 型式检验

按本标准第 5 章规定的全部项目进行检验。

7.2.1 检验项目应包含本标准 5.2、5.3、5.4 和 5.5 规定的项目。

7.2.2 季节性生产时应于生产前进行型式检验，常年生产时每 6 个月应进行型式检验。

7.2.3 有下列情况之一时应进行型式检验：

    a）新产品试制鉴定时；

    b）正式投产后，如原料、生产工艺有较大改变，影响产品质量时；

    c）产品停产半年以上，恢复生产时；

    d）出厂检验结果与上次型式检验有较大差异时；

    e）国家质量监督部门提出要求时。

7.3 抽样方法和数量

7.3.1 出厂检验时，在成品库，从同一批次待销产品中随机抽取，抽样数量满足出厂检验项目的需要。

7.3.2 型式检验时，在成品库，从同一批次待销产品中随机抽取，抽样数量满足型式检验项目的需要。

7.4 判定规则

7.4.1 出厂检验判定和复检

7.4.1.1 出厂检验项目全部符合本标准，判为合格品。

7.4.1.2 出厂检验中微生物指标有一项不合格时，则判为该批产品不合格，并不得复检。其余指标不合格，可在同批产品中对不合格项目进行复检，复检后如仍有一项不合格，则判为该批产品不合格。

7.4.2 型式检验判定和复检

7.4.2.1 型式检验项目全部符合本标准要求，判为合格品。

7.4.2.2 型式检验项目不超过两项不符合本标准，可以加倍抽样复检。复检后仍有一项不符合本标准，则判定该批产品为不合格品。超过两项或微生物检验有一项不符合本标准，则判定该批产品为不合格品。

8 标签标识

8.1 标签和标识标签应符合 GB 7718 的规定。

8.2 运输包装标志应符合 GB/T 191 的规定。

9 包装

9.1 月饼包装应符合国家相关法律法规和 GB 23350 的规定，包装材料应符合食品安全相关标准的要求。

9.2 食品塑料周转箱应符合 GB/T 5737 的规定。

9.3 脱氧剂、保鲜剂不应直接接触月饼。

10 运输和贮存

10.1 运输

10.1.1 运输车辆应符合卫生要求。产品不应与有毒、有污染的物品混装、混运，应防止暴晒、雨淋。

10.1.2 装卸时应轻搬、轻放，不得重压。

10.2 贮存

10.2.1 产品应贮存在清洁卫生、凉爽、干燥的仓库中。仓库内有防尘、防蝇、防鼠等设施。

10.2.2 产品应与墙壁、地面保持适当的距离，以利于空气流通及物品搬运。

11 召回

应符合《食品召回管理规定》和国家有关规定。

附录六 GB/T 20886—2007 《食用加工用酵母》

1 范围

本标准规定了食用加工用酵母的术语和定义、产品分类、要求、分析方法、检验规则和标志、包装、运输、储存。

本标准适用于食用加工酵母。

2 规范性引用文件

下列文件中的条款通过本标准的引用而成为本标准的条款。凡是注日期的引用文件，其随后所有的修改单（不包括勘误的内容）或修订版均不适用于本标准，然而，鼓励根据本标准达成协议的各方研究是否可使用这些文件的最新版本。凡是不注日期的引用文件，其最新版本适用于本标准。

GB/T 191 包装储运图示标志（GB/T 191—2000，eqv ISO 780：1997）

GB 317 白砂糖

GB/T 601 标准滴定溶液的制备

GB/T 603 化学试剂试验方法中所用制剂及制品的制备（GB/T 603—2002，ISO 6353—1：1982，NEQ）

GB 1353 玉米

GB 1355 小麦粉

GB/T 4789.4 食品卫生微生物学检验 沙门氏菌检验

GB/T 4789.5 食品卫生微生物学检验 志贺氏菌检验

GB/T 4789.10 食品卫生微生物学检验 金黄色葡萄球菌检验

GB/T 5009.11 食品中总砷及无机砷的测定

GB/T 5009.12 食品中铅的测定

GB/T 6682—1992 分析实验室用水规格和试验方法（neq ISO 3696：1987）

GB 7718 预包装食品标签通则

JJF 1070—2005 定量包装商品净含量计量检验规则

国家质量监督检验检疫总局令［2005］第75号 定量包装商品计量监督管理办法

3 术语和定义

下列术语和定义适用于本标准。

3.1 面包酵母 baker's yeast

以糖蜜、淀粉质为原料，经发酵法通风培养酿酒酵母（*Saccharomyces cerevisiae*）所制得的有发酵力的用于面粉深加工的酵母。

3.2 酿酒酵母 brewing yeast

以糖蜜、淀粉质为原料，经发酵法通风培养的酿酒酵母（*Saccharomyces cerevisiae*）、葡萄汁酵母（*S. uvarum*）、贝酵母（*S. bayanus*）等制得的有发酵生产酒精能力的酵母。

3.3 特种功能酵母 specific functional yeast

有别于面包酵母、酿酒酵母具有特殊功能或特殊用途的酵母。

3.4 鲜酵母 fresh yeast

具有强壮生命力的酵母细胞所组成的有发酵力的菌体，经压榨后水分含量高，俗称压榨酵母。

3.5 高活性干酵母 instant active dry yeast

具有强壮生命活力的压榨酵母，经干燥后制成的有高度发酵能力的干菌体，且发酵速度快、溶解性能好，含水量低。

3.6 发酵力 fermentation abilities

单位时间内面包酵母利用外界营养源发酵产生二氧化碳的能力，是衡量面包酵母活性高低的指标。

3.7 低糖型酵母 low – sugar yeast

不能耐受高的渗透压，在无糖或低糖（7%以下）条件下发酵力较高的面包酵母。

3.8 高糖型酵母 high – sugar yeast

可以耐受一定的渗透压，在高糖条件下发酵力较高的面包酵母。

3.9 淀粉出酒率 alcoholic rate from fermentation starch

在一定的温度下（耐高温型干酵母为40℃，常温型干酵母和普通干酵母为32℃），一定量酵母发酵一定量的玉米粉醪液，在规定时间内发酵所产生的酒精量［以96%（体积分数）乙醇计］占发酵可用淀粉的百分比。

4 产品分类

产品按用途分为面包酵母、酿酒酵母、特种功能酵母三大类。

4.1 面包酵母

4.1.1 鲜酵母

4.1.1.1 低糖型鲜酵母。

4.1.1.2 高糖型鲜酵母。

4.1.2 高活性干酵母

4.1.2.1 低糖型干酵母。

4.1.2.2 高糖型干酵母。

4.2 酿酒酵母

4.2.1 鲜酵母

4.2.1.1 常温型鲜酵母。

4.2.1.2 耐高温型鲜酵母。

4.2.2 高活性干酵母

4.2.2.1 常温型干酵母。

4.2.2.2 耐高温型干酵母。

注：本标准中的酿酒酵母主要指用于白酒、酒精生产的酵母产品。

4.3 特种功能酵母

4.3.1 营养强化酵母。

4.3.2 固定化酵母。

4.3.3 其他。

注：特种功能酵母指标执行相应标准。

5 要求

5.1 感官要求

应符合表1的要求。

表1 食品加工酵母的感官要求

项目	鲜酵母	高活性干酵母
色泽	淡黄色、乳白色	淡黄色至淡黄棕色
气味	具有酵母特殊气味，无腐败，无异臭	
组织	不发软，不粘手，用手易搓成粉末状	颗粒或条状
杂质	无肉眼可见异物	

5.2 理化要求

5.2.1 面包鲜酵母

应符合表2的规定。

表2 面包鲜酵母的理化要求

项目		低糖型	高糖型
发酵力（CO_2）/（mL/h）	≥	550	500
水分/%	≤	68	
酸度/mL	≤	30	

5.2.2 酿酒鲜酵母

应符合表3的规定。

表3 酿酒鲜酵母理化指标

项目		常温型	耐高温型
淀粉出酒率/%	≥	48.0	45
水分/%	≤	68.0	68.0
活细胞率/%	≥	96.0	96.0
酸度/（mL/100g）	≤	30	30

5.2.3 高活性干酵母

应符合表4的规定。

表4 高活性干酵母的理化要求

项目		面包高活性酵母		酿酒高活性酵母	
		低糖型	高糖型	常温型	耐高温型
发酵力（CO_2）/（mL/h）	≥	450	450	—	

续表

项目	面包高活性酵母		酿酒高活性酵母	
	低糖型	高糖型	常温型	耐高温型
淀粉出酒率［以96%（体积分数）乙醇计］/% ≥	—		48	45
水分/% ≤	5.5		5.5	
活细胞率/% ≥	75		80	
保存率/% ≥	80		80	

5.3 卫生要求

应符合表5的规定。

表5 卫生要求

项目	面包酵母	酿酒酵母
铅（以干基计）/（mg/kg） ≤	1.0	2.0
总砷（以As，干基计）/（mg/kg） ≤	1.5	2.0
致病菌（沙门氏菌、志贺氏菌、金黄色葡萄球菌）	不得检出	

6 分析方法

本标准中所用的水，在未注明其他要求时，均指符合GB/T 6682—1992中水的要求。

本标准中所用的试剂，在未标明规格时，均指分析纯（AR）。若有特殊要求另作明确规定。

本标准中的溶液，在未注明用何种溶液配制时，均指水溶液。

6.1 发酵力

6.1.1 方法提要

在30℃±0.2℃时，测定按一定成分配制的面团，在规定的时间内，经酵母发酵产生的二氧化碳气体的体积，用SJA发酵仪直接测定，或用排水法测定二氧化碳体积的排水量。结果均用毫升数表示。

发酵力读数方法：要求从零点开始作为起始点，如不能以零点为起始点，假如起始点为A，终点读数为B，则最终读数为从B点向下减去"0～A"的高度后的读数值。

6.1.2 仪器

6.1.2.1 SJA发酵仪（活力计）。

6.1.2.2 发酵力测定装置（见图1）。

6.1.2.3 恒温水浴：控温精度±0.2℃。

6.1.2.4 天平：精度0.01g。

6.1.2.5 恒温和面机。

注：能保证搅拌均匀，数据测定稳定。

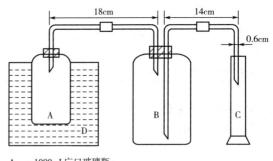

A——1000mL广口玻璃瓶；
B——2500mL小口试剂瓶；
C——1000mL玻璃量筒；
D——恒温水浴。

图1 发酵力测定装置

6.1.2.6 水银温度计：分度值为 0.1～0.2℃。

6.1.2.7 恒温箱。

6.1.3 试剂和材料

6.1.3.1 氯化钠。

6.1.3.2 硫酸。

6.1.3.3 排除液：称取 200g 氯化钠，加水溶解，加入 20mL 硫酸，用水稀释至 2000mL。

6.1.3.4 中筋小麦粉三级（符合 GB 1355）：每包面粉使用前用快速干燥仪测定水分。测定方法为：用称量盆在快速干燥仪上称取 3.00g 面粉，放入恒温干燥箱中，于 110℃下干燥 10min 后读数，即为面粉的水分（%）。

注：对于相同产地，质量相对稳定的面粉，发酵力测定时要求计算面粉含水量从而控制总加水量。

6.1.3.5 白砂糖

应符合 GB 317 的规定。

6.1.4 鲜酵母分析步骤

6.1.4.1 面团制备

a）面团不含糖（低糖型酵母）

称取 4.0g 氯化钠，加约 145mL 水溶解，制成盐水溶液（以下简称为盐水）。称取 280.0g 中筋小麦粉（6.1.3.4），倒入和面机中。另称取 6.0g 鲜酵母样品（若样品已冷藏，应事先在 30℃下放置 1h）至一 50mL 的小烧杯中，用上述盐水溶解鲜酵母，将溶解后的鲜酵母倒入和面机内，并用少量盐水洗涤小烧杯 2 次，洗涤液和剩下的盐水一并倒入和面机内，混合搅拌 5min，面团温度应为 30℃±0.2℃。

b）面团含糖 16%（高糖型酵母）

称取 2.80g 氯化钠和 44.8g 白砂糖，加约 125mL 水溶解，制成糖盐水。称取 280.0g 中筋小麦粉（6.1.3.4），倒入和面机中。另称取 9.0g 鲜酵母样品（若样品已冷藏，应事先在 30℃下放置 1h）至一 50mL 的小烧杯中，用上述糖盐水溶解鲜酵母，将溶解后的鲜酵母倒入和面机内，再用少量糖盐水洗涤小烧杯 2 次，洗涤液和剩下的糖盐水一并倒入和面机内，混合搅拌 5min，面团温度应为 30℃±0.2℃。

6.1.4.2 测定

a）方法一

将面团放入仪器的不锈钢盒中，送入活力室内。发酵温度为 30℃±0.5℃。调节记录仪零点，关闭放气小孔。从和面机到面团放入仪器内的第 8 分钟开始计时。记录第 1 小时面团产生的二氧化碳气体量，即为该酵母的发酵力。

b）方法二

测定装置如图 1 所示。立即将面团投入 A 瓶，并把 A 瓶放入 30℃±0.5℃恒温水浴中，连接 B 瓶（B 瓶内盛有 2000mL 排除液）。从和面到面团放入 A 瓶内的第 8 分钟，开始计时。记录第 1 小时的排水量，即为面团产生的二氧化碳气体量，记为该酵母的发酵力。

6.1.5 高活性干酵母分析步骤

6.1.5.1 面团制备

a）面团不含糖（低糖型酵母）

称取 4.0g 氯化钠，加约 150mL 水溶解，制成盐水。称取 280.0g 中筋小麦粉（6.1.3.4）和 2.8g 干酵母，倒入和面机中，混合搅拌 1min，然后加入盐水，继续混合搅拌 5min，面团温度应为 30℃ ±0.2℃。

b）面团含糖 16%（高糖型酵母）

称取 2.80g 氯化钠和 44.8g 白砂糖，加约 130mL 水溶解，制成糖盐水。分别称取 280.0g 中筋小麦粉（6.1.3.4）和 4.0g 高活性干酵母，倒入和面机中，混合搅拌 1min，加入糖盐水，继续混合搅拌 5min，面团温度应为 30℃ ±0.2℃。

6.1.5.2 测定

a）方法一

同 6.1.4.2a）。

b）方法二

同 6.1.4.2b）。

注：发酵力检验注意事项：

——发酵力检验室内室温应控制在 17~25℃，即夏季时室温不超过 25℃，冬季时室温不低于 17℃。

——冬天，糖盐水（或盐水）温度要求控制在不超过 38℃，如用 38℃ 以下的糖盐水（或盐水）检测发酵力时，面团温度不能控制在 30℃ ±0.2℃ 时，可将面粉放在 40℃ 烘箱中烘 10min~20min；夏天，室温较高时，糖盐水（或盐水）可在冰箱适当降温，但糖盐水（或盐水）温度要求控制在不低于 10℃，如用 10℃ 以上的糖盐水（或盐水）检测发酵力时，面团温度不能控制在 30℃ ±0.2℃ 时，可将面粉放在 4℃~10℃ 冰箱中静置 10min~20min。

——测量面团温度时，面团与温度计必须紧密、充分接触，看温度时，温度计应竖直，视线与温度计刻度线平行。测量时应多测几次温度。

——和好后面团温度要求控制在 30℃ ±0.2℃ 范围内，如和面后面团温度超出在 30℃ ± 0.2℃ 范围之外，应将面团扔掉后重做。

——每次发酵力检测时面团的柔软度要保持一致，和出的面团以柔软，表面光滑，不沾手为原则。

6.1.5.3 结果的允许差

平行试验，两次测定二氧化碳量之差应小于 20mL/h。

6.2 淀粉出酒率

6.2.1 仪器

6.2.1.1 高压蒸汽灭菌锅：0.3MPa。

6.2.1.2 碘量瓶：500mL。

6.2.1.3 恒温箱：控制精度 ±0.5℃。

6.2.1.4 密度酒精计：精度 0.2% vol。

6.2.1.5 容量瓶：100mL。

6.2.1.6 蒸馏烧瓶：1000mL。

6.2.1.7 分析天平：感量 0.1mg。

6.2.2 试剂和材料

6.2.2.1 黄玉米粉或白玉米粉（GB 1353）。

6.2.2.2 蔗糖溶液：20g/L。

6.2.2.3 α-淀粉酶。

6.2.2.4 糖化酶。

6.2.2.5 消泡剂：食用油。

6.2.2.6 硫酸溶液：10%（体积分数）。

6.2.2.7 氢氧化钠溶液：4mol/L。

6.2.3 分析步骤

6.2.3.1 酵母活化

称取 1.0g 酿酒鲜酵母或高活性酵母，加入 16mL 蔗糖溶液［6.2.2.2，38℃～40℃］，摇匀，置于 32℃恒温箱内活化 1h，备用。

6.2.3.2 液化

称取过 40 目筛的玉米粉（6.2.2.1）50g 于 500mL 三角瓶内，按每克玉米粉加入 80U～100U α-淀粉酶，并加入热水 175mL，搅匀。调 pH 至 6.0～6.5，在电炉上边加热边搅拌。至沸后停止加热，用自来水冲洗三角瓶壁上的玉米糊，室内容物总质量为 250g。放入 70℃～85℃恒温箱内液化 30min。

6.2.3.3 蒸煮

将装有已液化好玉米糊的三角瓶用棉塞和防水纸封口后，放入高压蒸汽灭菌锅，于压力 0.1MPa 保压 1h。取出，冷却至 60℃。

6.2.3.4 糖化

用硫酸溶液（6.2.2.6）调整煮沸液 pH 至 4.5 左右。按每克玉米粉加入 150U～200U 糖化酶，搅匀。放入 60℃恒温箱内，糖化 60min。冷却至 30℃～35℃。

6.2.3.5 发酵

于每个三角瓶中加入酵母活化液 2.0mL，摇匀，盖塞。将三角瓶放入 32℃恒温箱内，发酵 65h。测定耐高温型干酵母时，将碘量瓶放入 40℃恒温箱内发酵 65h。

6.2.3.6 蒸馏

用氢氧化钠溶液（6.2.2.7）中和发酵醪 pH 至 6.0～7.0，将发酵醪液全部倒入 1000mL 蒸馏烧瓶中。用 100mL 水几次冲洗碘量瓶，并将洗液倒入蒸馏烧瓶中，加入消泡剂 1 滴～2 滴，进行蒸馏。用 100mL 容量瓶（外加冰水浴）接收蒸馏液。当蒸馏液至约 95mL 时，停止蒸馏，取下。待温度平衡至室温后，定容至 100mL。

6.2.3.7 测量酒精度

将定容后的馏出液全部倒入一洁净、干燥的 100mL 量筒中，静置数分钟，待酒中气泡消失后，放入洗净、擦干的精密酒精计。静置后，水平观测与弯月面相切的刻度示值，同时插入温度计记录温度。根据测得的温度和酒精示值，查附录 A，换算成 20℃时的酒精度。

6.2.4 计算

出酒率按式（1）计算，其数值以%表示。

$$X_1 = \frac{D \times 0.8411 \times 100}{50(1-W) \times S} \times 100 \qquad (1)$$

式中：X_1——100g 样品的淀粉出酒率（以 96% 乙醇计），%；

　　　D——试样在 20℃时的酒精度，%（体积分数）；

0.8411——将 100% 乙醇换算成 96% 乙醇的系数；

　50——玉米粉的质量，单位为克（g）；

　S——玉米粉中的淀粉含量，%；

　W——玉米粉中的水分，%。

6.2.5　允许差

每个样品做三个平行试验，测定值相对误差≤2%。

6.3　水分

6.3.1　方法提要

样品于 103℃ ±2℃ 直接干燥，所失质量分数即为水分。

6.3.2　仪器

6.3.2.1　电热干燥箱。

6.3.2.2　分析天平：感量为 0.1mg。

6.3.2.3　称量瓶：50mm×30mm。

6.3.2.4　干燥器：用变色硅胶作干燥剂。

6.3.3　分析步骤

称量 3g（称准至 0.0002g）捣碎的鲜酵母样品，或 1g（称准至 0.0002g）高活性干酵母样品于已烘至恒重的称量瓶中，放入 103℃ ±2℃ 电热干燥箱内烘干 3h，移入干燥器中冷却。30min 后称重。再放入电热干燥箱内，继续烘干 1h，称重，直至恒重。

6.3.4　计算

水分的含量按式（2）计算，其数值以 % 表示。

$$X_2 = \frac{m_1 - m_2}{m_1 - m} \times 100 \tag{2}$$

式中：X_2——水分的含量，%；

　m_1——烘干前瓶加样品的质量，单位为克（g）；

　m_2——烘干后瓶加样品的质量，单位为克（g）；

　m——称量瓶的质量，单位为克（g）。

6.3.5　允许差

平行试验，两次测定之差，不得超过平均值的1%。

6.4　酸度

6.4.1　方法提要

采用酸碱滴定法测定样品的酸度。

6.4.2　仪器

6.4.2.1　三角瓶：250mL。

6.4.2.2　碱式滴定管：10mL。

6.4.2.3　分析天平：精度 0.01g。

6.4.3　试剂和溶液

6.4.3.1　1% 酚酞指示剂，按 GB/T 603 配制。

6.4.3.2　0.1mol/L 氢氧化钠标准溶液，按 GB/T 601 配制和标定。

6.4.4 分析步骤

称取2g～3g（称准至0.01g）鲜酵母样品于三角瓶中，加入50mL冷却过的去二氧化碳的水溶液，使溶解后溶液的温度在15℃～20℃，迅速加酚酞指示剂（6.4.3.1）2滴，用氢氧化钠标准溶液（6.4.3.2）滴定至微红色，保持15s不褪色为终点，记录消耗的氢氧化钠标准溶液体积数。

6.4.5 计算

酸度按式（3）计算：

$$X_3 = \frac{c \times V}{m_3 \times 0.1} \times 100 \tag{3}$$

式中：X_3——100g样品消耗0.1mol/L氢氧化钠标准溶液折算的酸度，单位为毫升（mL）；

c——氢氧化钠标准溶液的浓度（mol/L）；

m_3——样品的质量，单位为克（g）；

V——消耗氢氧化钠标准溶液的体积，单位为毫升（mL）。

6.4.6 允许差

在重复性条件下获得的两次独立测定结果的绝对差值不得超过算术平均值的5%。

6.5 活细胞率

6.5.1 方法提要

利用活的酵母细胞因新陈代谢的不断进行，具有一定的还原能力能将进入细胞的染色剂还原而不被染色的特点，计算定量高活性干酵母中的活细胞数。

6.5.2 仪器

6.5.2.1 显微镜。

6.5.2.2 血球计数板：16×25。

6.5.2.3 电子天平：精度0.1mg。

6.5.2.4 恒温水浴：控制精度±0.5℃。

6.5.3 试剂和材料

6.5.3.1 无菌生理盐水。

6.5.3.2 次甲基蓝染色液。

将0.025g次甲基蓝，0.042g氯化钾，0.048g六水氯化钙，0.02g碳酸氢钠，1.0g葡萄糖加无菌生理盐水定容至100mL。

6.5.4 酵母活化

称取0.1g高活性干酵母或0.3g鲜酵母（若样品已冷藏，应事先在30℃下放置1h），准确至0.0002g，准确加入20mL无菌生理盐水38℃～40℃中，在32℃恒温水浴中活化1h。

6.5.5 活细胞率的测定

将活化液振荡均匀，吸取酵母活化液0.1mL，加入染色液0.9mL，摇匀，室温下染色10min，立刻在显微镜下用血球计数板计数。

6.5.6 分析步骤

6.5.6.1 将盖玻片盖在血球计数板计数室上，使之紧紧盖在血球计数板上，用0.1mL刻度吸管吸取0.1mL染色后的溶液，从血球计数板和盖玻片结合处放0.02mL染色后的溶液至血球计数板的计数室内（从刻度吸管的最上端开始往下放0.02mL），让菌液自动吸入计数室。菌液中不得含有气泡，静置1min～2min后，用显微镜观察计数。

6.5.6.2 用10×接物镜和16×接目镜找出方格后，换用40×接物镜，调整微调至视野最清晰，开始计数，当细胞处于方格线上时，技术原则：数上不数下，数左不数右。计芽孢时，超过母细胞二分之一者按细胞计，小于二分之一者按芽孢计。

6.5.6.3 技术方法

调整显微镜（15×40）视野，检查计数室内酵母细胞分散是否均匀，随机计数4个中方格（100个小方格）内的酵母细胞数，取三次计数的平均值为结果。无色透明的细胞为酵母活细胞，被染为蓝色的为酵母死细胞。

6.5.7 计算

活细胞率按式（4）计算，其数值以%表示。

$$X_4 = \frac{A_1}{A_1 + d} \times 100 \tag{4}$$

式中：X_4——活细胞率，%；

A_1——酵母活细胞数；

d——酵母死细胞数。

6.5.8 允许差

平行试验，测定值相对误差≤5%。

6.6 保存率

6.6.1 面包酵母

6.6.1.1 方法提要

在一定温度下，将样品放置一定时间后，所测得的发酵力与原样品发酵力之比的百分数为该样品的保存率。

6.6.1.2 仪器

同6.1.2。

6.6.1.3 试剂和材料

同6.1.3。

6.6.1.4 分析步骤

将未拆封的原包装高活性干酵母放入47.5℃保温箱内，保温7d后取出，按6.1.5测定其发酵力。

6.6.1.5 计算

保存率按式（5）计算，其数值以%表示。

$$X_5 = \frac{A_3}{A_2} \times 100 \tag{5}$$

式中：X_5——保存率，%；

A_3——经保温后样品的发酵力，单位为毫升每小时（mL/h）；

A_2——原样品的发酵力，单位为毫升每小时（mL/h）。

6.6.1.6 允许差

平行试验，每次测定之差应小于2%。

6.6.2 酿酒酵母

6.6.2.1 方法提要

在一定温度下将样品放置一定时间后，所测得的酵母活细胞率与原样品的酵母活细胞率与原样品的酵母活细胞率之比的百分数，即为该批样品的保存率。

6.6.2.2 仪器

同6.5.2。

6.6.2.3 试剂和材料

同6.5.3。

6.6.2.4 分析步骤

a）测定并计算原样的酵母活细胞率。

同6.5.4~6.5.7。

b）测定经保温处理后样品的酵母活细胞率。

将原包装的酿酒高活性干酵母放入47.5℃恒温箱内，保温7d后，取出并自然冷却至室温。以下操作按6.5.4~6.5.7进行。

6.6.2.5 计算

酿酒酵母保存率按式（6）计算，其数值以%表示。

$$X_6 = \frac{X_8}{X_7} \times 100 \tag{6}$$

式中：X_6——试样的保存率，%；

X_7——原试样的酵母活细胞率，%；

X_8——经保温处理后样品的酵母活细胞率，%。

6.6.2.6 允许差

酿酒酵母保存率平行试验，两次测定结果之差小于2%。

6.7 净含量

按JJF1070—2005及国家质量技术监督局〔2005〕第75号令执行。

6.8 砷

按GB/T 5009.11测定。

6.9 铅

按GB/T 5009.12测定。

6.10 致病菌

按GB/T 4789.4、GB/T 4789.5、GB/T 4789.10测定。

7 检验规则

7.1 组批

同一生产厂名、同一产品名称、同一规格、同一商标及批号、并具有同样质量合格证的产品为一批。

7.2 抽样

7.2.1 按表6规定抽样标本及单位包装。

表6　袋装样品抽样表

批量范围/箱	抽取样品数/箱	抽去单位包装数/箱
<100	4	1
100～250	6	1
251～500	10	1
>500	20	1

7.2.2　将抽取的样品分为两份，一份做感官和理化分析，另一份保留备查。需要做微生物检验时，取样器和玻璃瓶应事先灭菌（样品不得接触瓶口），当抽取的样本总量少于200g时，应适当加大抽样比例。

7.3　出厂检验

7.3.1　产品出厂前，应由生产厂的质检部门负责按本标准规定逐批进行检验。符合标准要求，并签署质量合格证的产品方可出厂。

7.3.2　出厂检验的项目

7.3.2.1　面包酵母：包装、净含量、感官要求、发酵力、水分、酸度（鲜酵母）。

7.3.2.2　酿酒酵母：包装、净含量、感官要求、淀粉出酒率、活酵母率、水分、酸度（鲜酵母）。

7.4　型式检验

7.4.1　型式检验的项目：除7.3.2规定的项目外，还应检验活细胞率（面包酵母）、保存率、砷、铅、致病菌。

7.4.2　一般情况下，型式检验每半年进行一次。有下列情况之一时，亦进行型式检验：

　　a）原辅材料有较大变化时；

　　b）更改关键工艺或设备；

　　c）新试剂的产品或正常生产的产品停产3个月后，重新恢复生产时；

　　d）出厂检验与上次型式检验结果有较大差别时；

　　e）国家质量监督检验机构按有关规定需要抽检时。

7.5　判定规则

7.5.1　当产品中的卫生指标（铅、砷、致病菌）有一项不合格时，判整批产品为不合格。

7.5.2　除卫生指标以外的其他指标，如有一项指标不合格，应重新自同批产品中抽取两倍量样品进行复验，以复验结果为准。若仍有一项不合格，则判整批产品为不合格。

8　标志、包装、运输、贮存

8.1　标志

8.1.1　销售产品的标签应符合GB 7718的有关规定，并注明产品名称、原料（或配料）、净含量、生产日期（批号）、厂名、厂址、执行标准号。

8.1.2　外包装箱上应标明产品名称、生产日期（批号）、厂名、厂址、净重。

8.1.3　储运图示的标志应符合GB/T 191的有关规定。

8.2　包装

8.2.1　包装材料应符合《中华人民共和国食品卫生法》中第五章第十四条的有关规定。

8.2.2　内包装可用镀铝塑料袋、食用塑料膜及蜡纸等。

8.2.3　外包装可用瓦楞纸箱，包装要完整，无破损现象。

8.3　运输

8.3.1　产品在运输时，车厢或其他运输工具应保持清洁、干燥，无外来气味和污染物。

8.3.2　产品在运输时，箱子上不应压重物，应有防雨、防晒设施。

8.3.3　货物装卸时应轻拿轻放。

8.4　贮存

8.4.1　成品不应露天堆放，不应与有霉变、有毒、有异味、有腐蚀性物质混存混放。

8.4.2　成品仓库要保持阴凉、干燥、通风，仓库内应有防潮湿、防霉烂、防鼠虫害。对仓库要定期进行检查，如发现有虫害或霉变现象，应及时处理。

8.4.3　鲜酵母放入包装箱内，应于 −4℃ ~4℃ 储存。

8.4.4　高活性干酵母宜于 20℃ 以下阴凉、干燥处储存。

8.4.5　在上述条件下存放，鲜酵母保质期不低于 15d；高活性干酵母保质期不低于 12 个月。生产企业可根据自身技术条件和市场营销情况，在标签上具体标注产品的保质期。

参 考 文 献

[1]林作楫.食品加工与小麦品质改良.北京:中国农业出版社,1994.

[2]河田昌子.糕点"好吃"的科学.日本:柴田书店,1993.

[3]肖崇俊.西式糕点制作新技术精选.北京:中国轻工业出版社,2009.

[4]张守文.面包科学与加工工艺.北京:中国轻工业出版社,1996.

[5]田中康夫,松本博.糕点制造的基础和实践.日本:光琳株式会社,1991.

[6]二国二郎,中村道德,铃木繁男.淀粉科学.日本:朝仓书店,1984.

[7]诺曼.N波特著.食品科学.葛文镜,赖献桐等译.北京:中国轻工业出版社,1990.

[8]Hamed Faridi Jon M. Favbion. Dough Rheology and Baked product Textorf Van Nostrand Rein
hovd New York,1989.

[9]小原哲二郎,木村进.原色食品加工工程图鉴.日本:建帛社,1989.

[10]中谷匡儿.果子基本大百科.日本:集英社,1993.

[11]斯蒂格.费尔伯格(瑞典).食品乳状液.王果庭译.北京:中国轻工业出版社,1989.

[12]姜发堂,陆生槐.方便食品原料学和工艺学.北京:中国轻工业出版社,1997.

[13]竹林.洋果子材料的调理科学.日本:柴田书店,1989.

[14]中华全国工商业联合会烘焙业工会会刊.中华烘焙,1997(2).

[15]于景芝.酵母生产与应用手册.北京:中国轻工业出版社,2005.

[16]水越正彦.蛋糕烘焙机理和品质.新食品工业(日刊),1988,30(7):51－57.

[17]仓贺野妙子.影响饼干酥脆性的因素.新食品工业(日刊),1997,39(7):27－39.

[18]胡嘉鹏.糕点加工与低温流通.食品工业,1996(6):27－28.

[19]陈芳烈,陶民强.蛋糕制作工艺及基本理论(3).食品工业,1997(2):46－48.

[20]杨嘉丽.乳化剂在海绵蛋糕中的应用研究.食品安全导刊,2017(18):154－156.

[21]关裕亮等.曲奇饼干质量控制的研究.中国粮油学报,1997,12(4):6－13.

[22]张国权,曾泳仪,黄建蓉,等.糖醇对桃酥加工性能和感官品质的影响.食品工业,2017,38
(5):122－125.

[23]李真,董英,於来婷,等.大麦全粉对面团特性及面包焙烤品质的影响.现代食品科技,
2015,31(4):197－202.

[24]朱兴华.解决饼干自然破裂的探讨.食品工业,1996(6):33－34.

[25]姚大年,钱森和,张文明,等.戊聚糖在小麦品质改良中的研究与利用(综述).安徽农业
大学学报,2005(2):183－186.

[26]陈芳烈,陶民强.蛋糕制作工艺及基本理论(11).食品工业,1999(4):32－33.

[27]曾永青,李慧琴.新型吉士粉的研究及应用.中国食品添加剂,2009(3):146－152.

[28]邬海雄.广式月饼的生产技术.广州食品工业科技,2004(4):92－94.

[29]张卫东,马晓军.转化糖浆组成对月饼质量的影响研究.食品工业科技,2014,35(19):
132－136.

[30]范珺.如何采用健康环保的包装材料与方式延长月饼保质期.上海包装,2012(10):
37－39.

［31］袁永利.酶在面包工业中应用.粮食与油脂,2006(7):20-22.

［32］江正强.微生物木聚糖酶的生产及其在食品工业中应用的研究进展.中国食品学报,2005,5(1):1-9.

［33］马微,张兰威,钱程,等.谷氨酰胺转氨酶的功能特性及其在面粉制品加工中的应用.粮油食品科技,2004,12(3):12-14.

［34］孔祥珍,周惠明,吴刚.酶在面粉品质改良中作用.粮油食品科技,2003(2):4-6.

［35］水越正彦.蛋糕烘焙机理和品质.新食品工业(日刊),1988,30(6):63-73.

［36］Zhengqiang Jiang,Alain Le-Bail,Aimin Wu.Effect of the thermostable xylanase B(XynB)from *Thermotoga maritima* on the quality of frozen partially baked bread.Journal of Cereal Science,2008(47):172-179.

［37］国家粮油信息中心.世界粮油供需状况月报.中国粮食经济,2018(5):50-52.

［38］王立,吴桐,易翠平,等.无麸质大米面包研究进展.食品与机械,2017,33(3):199-206.

［39］王晓芳,李林轩,黄鹏.浅析小麦混合制粉工艺技术.现代面粉工业,2017,31(2):3-6.

［40］张充,陆兆新.小麦面粉强筋改良酶制剂研究进展.食品科学,2013,34(9):324-329.

［41］法国肖邦技术中国分公司.https://www.instrument.com.cn/netshow/SH102414/.

［42］谈晓君,李红洲,杨路宽,等.食品中常见人工合成甜味剂及检测技术研究进展.大众科技,2017,19(8):51-54.

［43］于志鹏,赵文竹,刘静波.鸡蛋清中功能蛋白及活性肽的研究进展.食品工业科技,2015,36(7):387-391.

［44］Jiang Zhengqiang,Cong Qianqian,Yan Qiaojuan.Characterisation of a thermostable xylanase from *Chaetomium* sp. and its application in Chinese steamed bread.Food Chemistry,2010(120):457-462.

［45］Wu Chao,Liu Ruoshi,Huang Weining.Effect of sourdough fermentation on the quality of Chinese Northern-style steamed breads.Journal of Cereal Science,2012(56):127-133.

［46］许真,王显伦.木聚糖酶对戊聚糖及面团品质的影响.食品科学,2017,38(15):196-200.

［47］思雨.面包行业增速快短保产品将成新需求.中国食品,2017(23):106-107.

［48］Mahsa M,Fatemeh G,Asgar F.Physicochemical assessment of fresh chilled dairy dessert supplemented with wheat germ.International Journal of Food Science & Technology,2016(51):78-86.

［49］Adhikari P,Shin J A,Lee J H.Production of trans-free margarine stock by enzymatic interesterification of rice bran oil,palm stearin and coconut oil.Journal of the Science of Food and Agriculture,2010,90(4):703-711.

［50］Decamps K,Joye I J,Haltrich D.Biochemical characteristics of *Trametes multicolor*pyranose oxidase and *Aspergillus niger* glucose oxidase and implications for their functionality in wheat flour dough.Food Chemistry,2012,131(4):1458-1492.

［51］吴昌术,刘双.面包老化的机理及控制途径.安徽农学通报,2017,23(5):100-102.

［52］孙书静.食品无菌包装技术的发展概况.塑料包装,2015,25(3):13-15.

［53］李红柳.生产过程烘烤类糕点微生物再污染的原因及控制措施.轻工科技,2015,31(6):8-9.

［54］朱克庆,邓奎力,郁莉萍.食品非热加工技术在面制主食品种的应用.粮食加工,2017,42

（5）：16－18.

［55］刘长虹,拱珊珊,李志建,等.深度发酵过程面团面筋蛋白的变化.食品科技,2015,40(2)：204－207.

［56］苏从毅,王辛,王四维,等.提高面包酵母耐冷冻性的研究进展.粮食与食品工业,2012,19(6)：77－79.

［57］邱竞,许卫红.谈我国休闲食品包装要求.塑料包装,2011,21(1)：27－30.

［58］徐宝财,王瑞,张桂菊,等.国内外食品乳化剂研究现状与发展趋势.食品科学技术学报,2017,35(4)：1－7.

［59］Fan Zhu. Effect of ozone treatment on the quality of grain products. Food Chemistry,2018(264)：358－366.

［60］Kun Wang,Fei Lu,Zhe Li. Recent developments in gluten－free bread baking approaches：a review. Food Science and Technology,2017,37(1)：1－9.

［61］Nore Struyf,Eva Van der Maelen,Sami Hemdane. Bread Dough and Baker's Yeast：An Uplifting Synergy. Comprehensive Reviews in Food Science and Food Safety,2017,16(5)：850－867.

［62］汪强,张月松,黄宇,等.食品中防腐剂的概述和应用前景.食品安全导刊,2018(Z1)：90－92.

［63］刘仁庆.玻璃纸与玻璃纤维纸.天津造纸,2010,32(3)：45－48.

［64］Simon Angelo Cichello. Oxygen absorbers in food preservation：a review. Journal of Food Science and Technology,2015,52(4)：1889－1895.

［65］Z. E. Martins,O. Pinho,I. M. P. L. V. O. Ferreira. Food industry by－products used as functional ingredients of bakery products. Trends in Food Science & Technology,2017(67)：106－128.

［66］邹恩坤,王晓曦,丁艳芳,等.小麦剥皮制粉及其对面粉品质的影响.粮食加工,2012,37(2)：8－11.